"十三五"国家重点图书出版规划项目
材料科学研究与工程技术系列

冲压模具设计与制造

Chongya Muju Sheji yu Zhizao

- 主　编　贺毅强　杨建明
- 副主编　徐政坤　冯立超　蔡小霞
- 主　审　陈志钢

哈爾濱工業大學出版社

内 容 简 介

本书共9章，主要介绍了冲压成形理论基础，五种基本冲压工序（冲裁、弯曲、拉深、成形和挤压）的工艺及模具设计方法，常用冲压设备的原理、结构、使用与维护，以及冲模材料、寿命、安全措施及冲压工艺过程的制订等。本书以培养技术应用能力为主线，将冲压成形原理、冲压工艺与模具设计、冲压成形设备等三门关联课程的内容进行了有机的融合，并选编了较多的应用实例和习题，突出了应用性、实用性、综合性和先进性，体系新颖，内容翔实。

本书可作为本科院校模具设计与制造专业及机械、机电类各相关专业的教材或参考用书，也可供从事模具设计与制造的工程技术人员参考。

图书在版编目(CIP)数据

冲压模具设计与制造/贺毅强，杨建明主编. —哈尔滨：哈尔滨工业大学出版社，2019.2

ISBN 978-7-5603-7751-3

Ⅰ.①冲… Ⅱ.①贺…②杨… Ⅲ.①冲模-设计-高等学校-教材 ②冲模-制模工艺-高等学校-教材 Ⅳ.①TG385.2

中国版本图书馆CIP数据核字(2018)第253121号

策划编辑 李艳文 范业婷
责任编辑 庞 雪
出版发行 哈尔滨工业大学出版社
社 址 哈尔滨市南岗区复华四道街10号 邮编150006
传 真 0451-86414749
网 址 http://hitpress.hit.edu.cn
印 刷 黑龙江艺德印刷有限责任公司
开 本 660mm×980mm 1/16 印张23 字数599千字
版 次 2019年2月第1版 2019年2月第1次印刷
书 号 ISBN 978-7-5603-7751-3
定 价 68.00元

致　　谢

感谢江苏省重点培育学科“机械工程资助项目”“江苏高校品牌专业建设工程资助项目（PPZY2015C214）”和“江苏省中高等职业教育衔接课程体系建设”立项课题、江苏省重点建材建设项目、江苏省研究生教育教改课题（JGZZ_075）及淮海工学院校级规划教材项目的资助！

前　言

本书是根据教育部颁布的本科专业目录和高等教育教学改革的需要，为适应近年来冲压加工技术日益广泛应用的形势，培养急需的应用型人才，引导相关专业课程建设，遵循“理论联系实际，体现应用性、实用性、综合性和先进性，激发创新”的原则，在总结近几年各院校模具专业教学改革经验的基础上撰写的。本书的主要特点有：

(1)根据从事冲压成形工艺及模具设计的工程技术应用型人才的实际要求，理论以“必需、够用”为度，着眼于解决现场实际问题，同时将相关知识融合为一体，突出综合素质的培养，并拓宽加强专业知识的广度，积极吸纳新技术，体现了应用性、实用性、综合性和先进性。

(2)将冲压成形原理、冲压工艺与模具设计、冲压成形设备等三门关联课程的内容进行了有机的融合，采用通俗易懂的文字和丰富的图表，在简要介绍冲压成形基本理论的基础上，较详细地介绍了各类冲压成形工艺及模具的设计与基本计算方法，讲述了常用冲压设备的类型、结构、选择、使用与维护等方面的基本知识，客观分析了冲压工艺、冲压模具、冲压设备、冲压材料及冲压件质量与经济性的关系，体系新颖，内容详实。

(3)各章均选编了较多的应用实例和习题，重点章节精选了综合应用实例和大型连续作业，实用性和可操作性强，便于教学和自学。

可书可作为本科院校模具设计与制造专业及机械、机电类各相关专业的教材或参考用书，也可供从事模具设计与制造的工程技术人员参考。

本书由淮海工学院的贺毅强和杨建明主编，张家界航空工业职业技术学院的徐政坤和淮海工学院的冯立超、蔡小霞担任副主编，广西科技大学的孙有平、长沙学院的张昊也参与了编写工作，湖南科技大学的陈志钢担任主审。全书共9章，第0章、第6章由贺毅强编写；第1章、第7章由杨建明编写；第2章由徐政坤编写；第3章由张昊编写；第4章由冯立超编写；第5章由蔡小霞编写；第8章由孙有平编写。在本书出版之际，向本书所引用的文献与资料的原作者和帮助本书出版的专家和同仁们表示由衷的感谢。

由于编者水平有限，书中疏漏之处在所难免，恳请广大读者批评指正并提出宝贵意见。

作　者

2018年9月

目　　录

第0章　绪　论

0.1　冲压的概念、特点及应用

冲压是利用安装在冲压设备(主要是压力机)上的模具对材料施加压力,使其产生分离或塑性变形,从而获得所需零件(俗称冲压件或冲件)的一种压力加工方法。冲压通常是在常温下对材料进行冷变形加工,且主要采用板料来加工所需零件,所以也称冷冲压或板料冲压。冲压是材料压力加工或塑性加工的主要方法之一,隶属于材料成形工程技术。

冲压所使用的模具称为冲压模具,简称冲模。冲模是将材料(金属或非金属)批量加工成所需冲件的专用工具。冲模在冲压中至关重要,没有符合要求的冲模,批量冲压生产就难以进行;没有先进的冲模,先进的冲压工艺就无法实现。冲压工艺与模具、冲压设备和冲压材料是冲压加工的三要素。

与机械加工及塑性加工的其他方法相比,冲压加工无论在技术方面还是经济方面都具有许多独特的优点。主要表现在:

①冲压加工的生产效率高,且操作方便,易于实现机械化与自动化。这是因为冲压主要依靠冲模和冲压设备来完成加工,普通压力机的行程次数为每分钟几十次,高速压力机的行程次数为每分钟数百次甚至可达千次以上,而且每次冲压行程就可能得到一个冲件。

②冲压时由模具保证了冲压件的尺寸与形状精度,且一般不破坏冲压材料的表面质量,而模具的寿命一般较长,所以冲压件的质量稳定、互换性好,具有“一模一样”的特征。

③冲压可加工出尺寸范围较大、形状较复杂的零件,小到钟表的秒针,大到汽车纵梁、覆盖件等,加上冲压时材料的冷变形硬化效应,冲压件的强度和刚度均较高。

④冲压一般没有切屑碎料生成,材料的消耗较少,且不需其他加热设备,因而冲压是一种省料、节能的加工方法,冲压件的成本较低。

但是,冲压加工所使用的模具一般具有专用性,有时一个复杂零件需要数套模具才能加工成形,且模具制造的精度高、技术要求高,是技术密集型产品。所以,只有在冲压件生产批量较大的情况下,冲压加工的优点才能得到充分体现,从而获得较好的经济效益。

冲压在现代工业生产中,尤其是在大批量生产中应用得十分广泛。很多工业部门越来越多地采用冲压方法加工产品零部件,使其在汽车、农业、仪器、仪表、电子、航空、航天、家电及轻工等领域被广泛采用。在上述相关工业部门中,冲压件所占的比重都相当大,少则60%,多则90%以上。不少过去用锻造、铸造和切削加工方法制造的零件,现在大多数也被质量轻、刚度好的冲压件所代替。因此可以说,如果生产中不广泛采用冲压工艺,许多工业部门要提高生产效率、提高产品质量、降低生产成本、进行产品更新换代等都是难以实现的。

0.2 冲压的基本工序及模具

由于冲压加工的零件种类繁多,各类零件的形状、尺寸和精度要求又各不相同,因而生产中采用的冲压工艺方法也是多种多样的。概括起来,冲压工序可分为分离工序和成形工序两大类:分离工序是指使坯料沿一定的轮廓线分离而获得一定形状、尺寸和断面质量的冲压件(俗称冲裁件)的工序;成形工序是指坯料在不破裂的条件下,产生塑性变形而获得一定形状和尺寸的冲压件的工序。分离工序和成形工序的具体内容及特点见表0.1和表0.2。

上述两类工序按基本变形方式不同又可分为冲裁、弯曲、拉深和成形四种基本工序,每种基本工序还包含多种单一工序。

表0.1 分离工序

工序		简图	特点
冲裁	切断	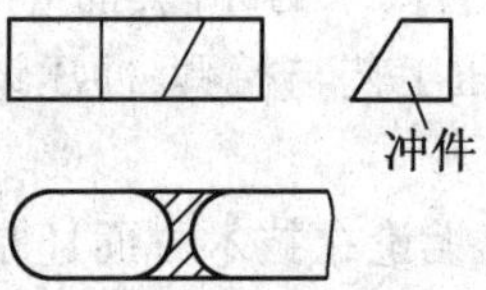	用剪刃或冲模切断板料,切断线不封闭
	落料	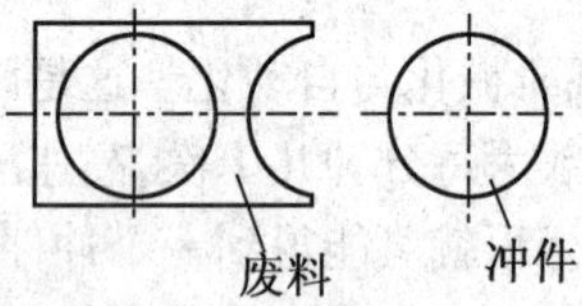	用冲模沿封闭线冲切板料,冲下来的部分为冲件
	冲孔	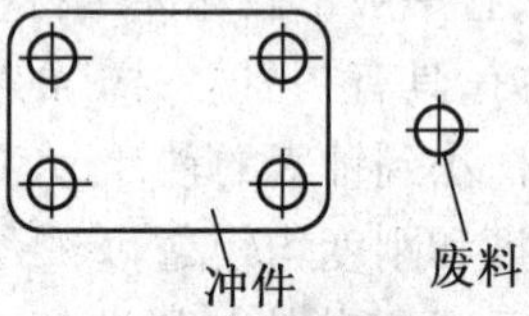	用冲模沿封闭线冲切板料,冲下来的部分为废料
冲裁	切口	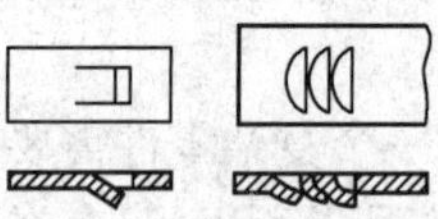	在坯料上沿不封闭线冲出缺口,切口部分发生弯曲
	切边	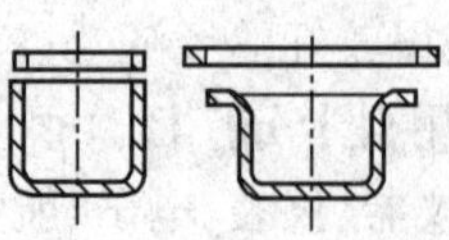	将工作的边缘部分切除
	剖切	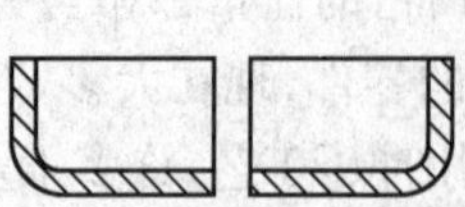	把工件切开,分成两个或多个零件

在实际生产中,当冲压件的生产批量较大、尺寸较小而公差要求较小时,若用分散的单一工序来冲压是不经济甚至难于达到要求的。这时在工艺上多采用工序集中的方案,即把两种或两种以上的单一工序集中在一副模具内完成,称为组合工序。根据工序组合的方法不同,又

可将冲压工序分为复合冲压、级进冲压和复合－级进冲压三种组合方式。

①复合冲压。在压力机的一次工作行程中，在模具的同一工位上同时完成两种或两种以上不同单一工序的一种组合方式。

②级进冲压。在压力机的一次工作行程中，按照一定的顺序在同一模具的不同工位上完成两种或两种以上不同单一工序的一种组合方式。

③复合－级进冲压。在一副冲模上包含复合和级进两种方式的组合工序。

表 0.2　成形工序

工序		简图	特点
弯曲	压弯	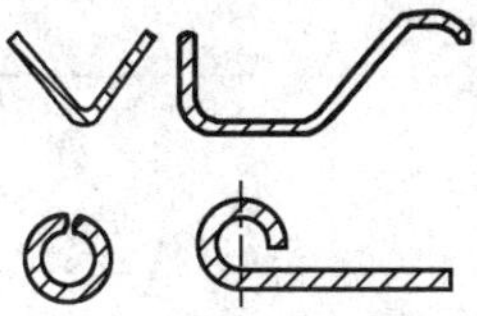	将板料沿直线弯成一定的角度和曲率
	拉弯	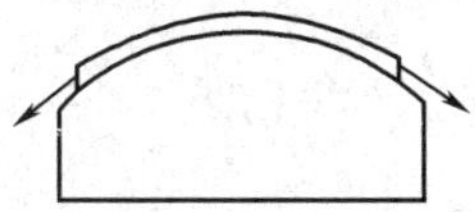	在拉力和弯矩的共同作用下实现弯曲变形
弯曲	扭弯	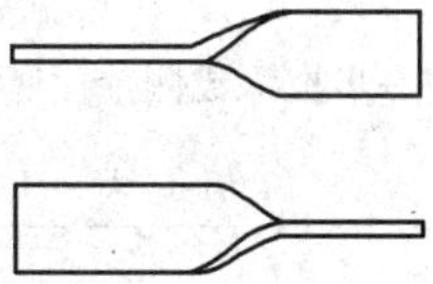	将工件的一部分相对另一部分扭转成一定角度
	辊弯	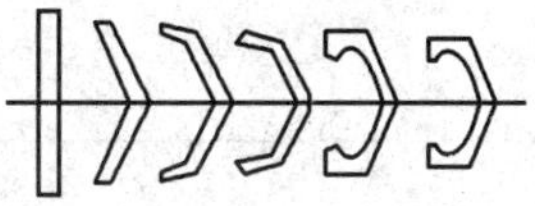	通过一系列轧辊将平板卷料辊弯成复杂形状
	翻孔	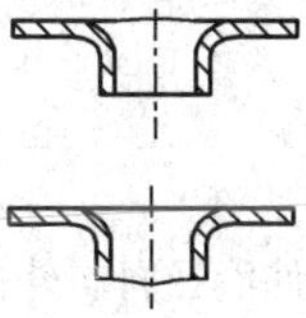	沿工件上孔的边缘翻出竖立边缘
	翻边	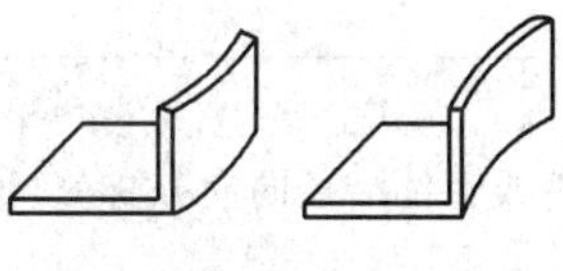	沿工件的外缘翻起弧形的竖立边缘
	扩口	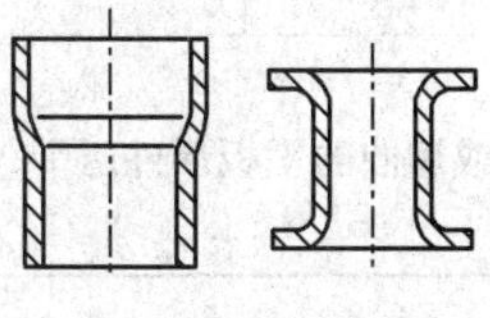	把空心件的口部扩大

续表 0.2

工序		简图	特点
弯曲	缩口	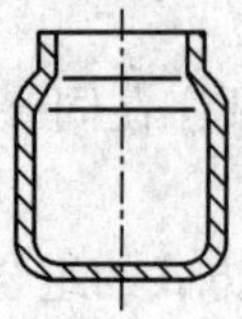	将空心件的口部缩小
	起伏	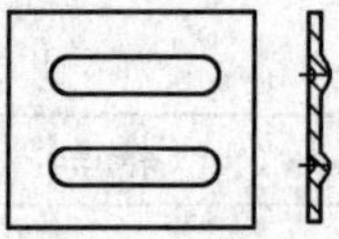	依靠材料的伸长变形使工件形成局部凹陷或凸起
拉深	拉深	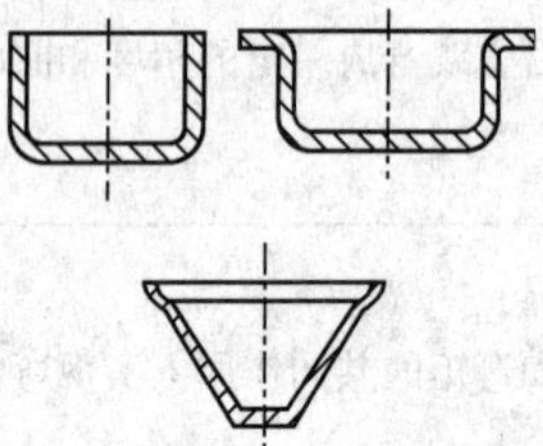	将平板坯料制成开口空心件，壁厚基本不变
	变薄拉深	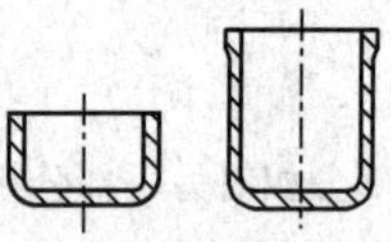	将空心件进一步拉深成侧壁比底部薄的零件
成形	卷缘	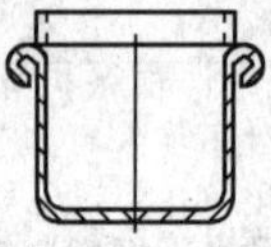	将空心件的口部卷成接近封闭的圆形
	胀形	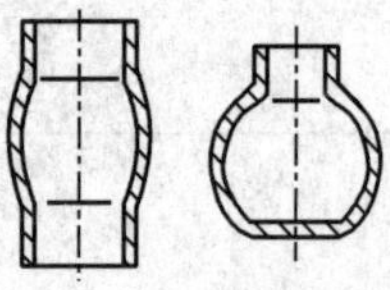	将空心件或管件沿径向向外扩张，形成局部直径较大的零件
	旋压	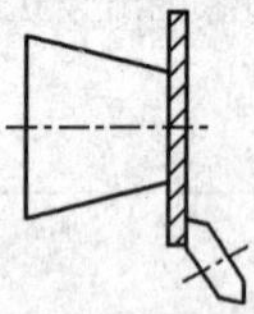	将空心件或管件沿径向向外扩张，形成局部直径较大的零件
	整形	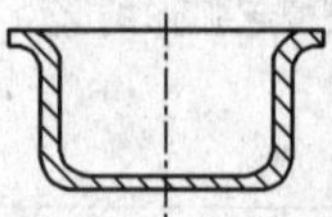	将空心件或管件沿径向向外扩张，形成局部直径较大的零件
	校平		将有拱弯或翘曲的平板形件压平，以提高其平面度

冲模的结构类型也很多。通常按工序性质可将冲模分为冲裁模、弯曲模、拉深模及成形模等;按工序的组合方式可将冲模分为单工序模、复合模及级进模等。但无论何种类型的冲模,都可看成由上模和下模两部分组成,上模被紧固在压力机滑块上,可随滑块做上、下往复运动,是冲模的活动部分;下模被固定在压力机工作台或垫板上,是冲模的固定部分。工作时,坯料在下模面上通过定位零件进行定位,压力机滑块带动上模下压,在模具工作零件(即凸模、凹模)的作用下,坯料便产生分离或塑性变形,从而获得所需形状与尺寸的冲件。上模回升时,模具的卸料与出件装置将冲件或废料从凸、凹模上卸下或推顶出来,以便进行下一次冲压循环。

0.3　冲压技术的现状及发展方向

随着科学技术的不断进步和工业生产的迅速发展,许多新技术、新工艺、新设备和新材料不断涌现,因而促进了冲压技术的不断革新和发展。其主要表现和发展方向如下:

(1)冲压成形理论及冲压工艺方面。

冲压成形理论的研究是提升冲压技术的基础。目前,国内外对冲压成形理论的研究非常重视,在材料冲压性能研究、冲压成形过程应力应变分析、板料变形规律研究及坯料与模具之间的相互作用研究等方面均取得了较大的进展。特别是随着计算机技术的飞速发展和塑性变形理论的进一步完善,近年来国内外已开始应用塑性成形过程的计算机模拟技术,即利用有限元(Finite Element Method,FEM)等数值分析方法模拟金属的塑性成形过程,根据分析结果,设计人员可预测某工艺方案成形的可行性及可能出现的质量问题,并通过在计算机上选择修改相关参数,实现工艺及模具的优化设计,这样既节省了昂贵的试模费用,也缩短了制模周期。

研究推广能提高劳动生产率及产品质量,降低成本和扩大冲压工艺应用范围的各种冲压新工艺,也是冲压技术的发展方向之一。目前,国内外相继涌现了精密冲压工艺、软模成形工艺、高能高速成形工艺、超塑性成形工艺及无模多点成形工艺等精密、高效、经济的冲压新工艺。其中,精密冲裁是提高冲裁件质量的有效方法,它扩大了冲压加工范围,目前精密冲裁加工零件的厚度可达25 mm,精度可达IT 6 ~ IT 7级;用液体、橡胶、聚氨酯等作为柔性凸模或凹模来代替刚性凸模或凹模的软模成形工艺,能加工出用普通加工方法难以加工的材料和复杂形状的零件,在特定生产条件下具有明显的经济效益;爆炸等高能高效的成形方法可用于加工各种尺寸大、形状复杂、批量小、强度高和精度要求较高的板料零件;利用金属材料的超塑性进行超塑性成形,可以用一次成形代替多道普通的冲压成形工序,这对于加工形状复杂和大型的板料零件具有突出的优越性;无模多点成形工艺是用高度可调的凸模群体代替传统模具进行板料曲面成形的一种先进工艺技术,我国已自主设计制造了具有国际领先水平的无模多点成形设备,解决了多点压机成形法,从而可随意改变变形路径与受力状态,提高了材料的成形极限,同时利用反复成形技术可消除材料内的残余应力,实现无回弹成形。无模多点成形系统以CAD/CAM/CAT技术为主要手段,能快速经济地实现三维曲面的自动化成形。

(2)冲模设计与制造方面。

冲模是实现冲压生产的基本条件。在冲模的设计和制造上,目前正朝着以下两方面发展:一方面,为了适应高速、自动、精密、安全等大批量现代生产的需要,冲模正向着高效率、高精度、高寿命及多工位、多功能的方向发展,与此相适应的新型模具材料及其热表处理技术,各种高效、精密、数控、自动化的模具加工机床和检测设备以及模具CAD/CAM技术也正在迅速发展；另一方面，为了适应产品更新换代、试制或小批量生产的需要，锌基合金冲模、聚氨酯橡胶冲模、薄板冲模、钢带冲模、组合冲模等各种简易冲模及其制造技术也得到了迅速发展。

精密、高效的多工位及多功能级进模和大型复杂的汽车覆盖件冲模代表了现代冲模的技术水平。目前，50 个工位以上的级进模步距精度可达 2 μm，多功能级进模不仅可以完成冲压全过程，还可完成焊接、装配等工序。我国已能自行设计制造出达到国际水平的精密多工位级进冲模，如某机电一体化的铁芯精密自动化多功能级进模，其主要零件的制造精度为 2 ~ 5 μm，步距精度为 2 ~ 3 μm，总寿命达 1 亿次。我国主要的汽车模具企业已能生产成套的轿车覆盖件模具，在设计制造方法方面已基本达到了国际水平，在模具结构、功能方面也接近国际水平，但在制造质量、精度、制造周期和成本方面与国际水平相比还存在一定差距。

模具材料及热处理与表面处理工艺对模具加工质量和寿命的影响很大，世界各主要工业国家在此方面的研究都取得了较大进展，开发了许多新钢种，其硬度可达 HRC 58 ~ 70，而其变形只为普通工具钢的 1/5 ~ 1/2。例如，火焰淬火钢可局部硬化，且无脱碳；我国研制的 65Nb、LD 和 CD 等新钢种，具有热加工性能好、热处理变形小、抗冲击性能佳等特点。与此同时，还发展了一些新的热处理和表面处理工艺，主要有气体软氮化、离子氮化、渗硼、表面涂镀、化学气相沉积（Chemical Vapor Deposition，CVD）、物理气相沉积（Physical Vapor Deposition，PVD）及激光表面处理等。这些方法能提高模具工作表面的耐磨性、硬度和耐蚀性，使模具寿命大大延长。

模具制造技术现代化是模具工业发展的基础。计算机技术、信息技术、自动化技术等先进技术正在不断地向传统制造技术渗透，与之交叉、融合形成了现代模具制造技术。其中高速铣削加工、电火花铣削加工、慢走丝线切割加工、精密磨削及抛光技术、数控测量等代表了现代冲模制造的技术水平。高速铣削加工不但具有加工速度高以及良好的加工精度和表面质量（主轴转速一般为 15 000 ~ 40 000 r/min，加工精度一般可达 10 μm，最好的表面粗糙度 $Ra \leq$ 1 μm），而且与传统切削加工相比，其具有温升低（工件只升高 3 ℃）、切削力小，因而可加工热敏材料和刚性差的零件，合理选择刀具和切削用量还可实现硬材料（HRC 60）的加工；电火花铣削加工（又称为电火花创成加工）是以高速旋转的简单管状电极做三维或二维轮廓加工（像数控铣一样），因此不再需要制造昂贵的成形电极，如日本三菱公司生产的 EDSCAN8E 电火花铣削加工机床，配置有电极损耗自动补偿系统、CAD/CAM 集成系统、在线自动测量系统和动态仿真系统，体现了当今电火花加工机床的技术水平；慢走丝线切割技术的发展水平已相当高，功能也相当完善，自动化程度已达到无人看管运行的程度，目前切割速度已达 300 mm^2/min，加工精度可达 ±1.5 μm，表面粗糙度达 0.1 ~ 0.2 μm；精密磨削及抛光已开始使用数控成形磨床、数控光学曲线磨床、数控连续轨迹坐标磨床及自动抛光机等先进设备和技术；模具加工过程中的检测技术也取得了很大的发展，现代三坐标测量机除了能高精度地测量复杂曲面的数据外，其良好的温度补偿装置、可靠的抗振保护能力、严密的除尘措施及简便的操作步骤，使现场自动化检测成为可能。此外，激光快速成形技术（Rapid Prototyping Manufacturing，RPM）与树脂浇注技术在快速经济制模技术中得到了成功的应用。利用 RPM 技术快速成形三维原型后，通过陶瓷精铸、电弧喷涂、消失模、熔模等技术可快速制造各种成形模。清华大学开发研制的 M – RPMS – Ⅱ型多功能快速原型制造系统是我国自主知识产权的世界唯一拥有两种快速成形工艺（分层实体制造（Slicing Solid Manufacturing，SSM）和熔融挤压成形（Melted Extrusion Modeling，MEM））的系统，它是基于“模块化技术集成”的概念而设计和制造的，具有较好的价格性能比；一汽模具制造有限公司以 CAD/CAM 加工的主模型为基础，将瑞士汽巴精化有限公司的高强度树脂浇注成形的树脂冲模应用在国产轿车的试制中，具有制造精度较高、周期短、费用低等特点，达到了20世纪90年代的国际水平，为我国轿车试制和小批量生产开辟了新的途径。

模具CAD/CAE/CAM技术是改造传统模具生产方式的关键技术，它以计算机软件的形式为用户提供一种有效的辅助工具，使工程技术人员能借助计算机对产品、模具结构、成形工艺、数控加工及成本等进行设计和优化，从而显著缩短模具设计与制造周期，降低生产成本，提高产品质量。随着功能强大的专业软件和高效集成制造设备的出现，以三维造型为基础、基于并行工程(Concurrent Engineering，CE)的模具CAD/CAE/CAM技术正成为发展方向，它能实现制造和装配的设计、成形过程的模拟和数控加工过程的仿真，还可对模具可制造性进行评价，使模具设计与制造一体化、智能化。

(3)冲压设备和冲压生产自动化方面。

性能良好的冲压设备是提高冲压生产技术水平的基本条件，高精度、高寿命、高效率的冲模需要与高精度、高自动化的冲压设备相匹配。为了满足大批量高速生产的需要，目前冲压设备也由单工位、单功能、低速的压力机向着多工位、多功能、高速和数控方向发展，加之机械手乃至机器人的大量使用，使冲压生产效率得到大幅度提高，各式各样的冲压自动线和高速自动压力机纷纷投入使用。如在数控四边折弯机中送入板料毛坯后，在计算机程序控制下便可依次完成四边弯曲，从而大幅度提高精度和生产率；在高速自动压力机上冲压电机定转子冲片时，一分钟可冲几百片，并能自动叠成定、转子铁芯，生产效率比普通压力机的生产效率提高几十倍，材料利用率高达97%；公称压力为250 kN的高速压力机的滑块行程次数已达2 000次/min以上。在多功能压力机方面，日本会田工程技术株式会社生产的2 000 kN冲压中心采用计算机数控技术(Computerized Numerical Control，CNC)控制，只需5 min就可完成自动换模、换料及调整工艺参数等工作；美国惠特尼(Whitney)公司生产的CNC金属板材加工中心在相同的时间内，加工冲压件的数量为普通压力机加工冲压件数量的4~10倍，并能进行冲孔、分段冲裁、弯曲及拉深等多种作业。

近年来，为了适应市场的激烈竞争，对产品质量的要求越来越高，且其更新换代的周期大为缩短。冲压生产为适应这一新的要求，开发了多种适合不同批量生产的工艺、设备和模具。其中，无须设计专用模具、性能先进的转塔数控多工位压力机、激光切割和成形机、CNC万能折弯机等新设备已投入使用，特别是近几年来在国外已经发展起来、国内亦开始使用的冲压柔性制造单元(Flexible Manufacturing Cell，FMC)和冲压柔性制造系统(Flexible Manufacturing System，FMS)代表了冲压生产新的发展趋势。FMS以数控冲压设备为主体，包括板料、模具、冲压件分类存放系统、自动上料与下料系统，生产过程完全由计算机控制，车间实现24 h无人控制生产。同时，根据不同的使用要求，可以完成各种冲压工序，甚至焊接、装配等工序，更换新产品方便迅速，冲压件精度也高。

(4)冲模标准化及专业化生产方面。

模具的标准化及专业化生产已得到模具行业的广泛重视。因为冲模属单件小批量生产，冲模零件既具有一定的复杂性和精密性，又具有一定的结构典型性。因此，只有实现了冲模的标准化，才能使冲模和冲模零件的生产实现专业化和商品化，从而降低模具成本，提高模具质量和缩短制造周期。目前，国外先进工业国家的模具标准化生产程度已达70%~80%，模具厂只需设计制造工作零件，大部分模具零件均从标准件厂购买，使生产效率大幅度提高。模具制造厂专业化程度越来越高，分工越来越细，如目前有模架厂、顶杆厂、热处理厂等，甚至某些模具厂仅专业化制造某类产品的冲裁模或弯曲模,这样更有利于制造水平的提高和制造周期的缩短。我国冲模标准化与专业生产近年来也有较大进展,除反映在标准件专业化生产厂家有较多增加外,标准件品种也有扩展,精度亦有提高。但总体情况还满足不了模具工业发展的要求,主要体现在标准化程度还不高(一般在40%以下),标准件的品种和规格较少,大多数标准件厂家未形成规模化生产,标准件质量也还存在较多问题。另外,标准件生产的销售、供货、服务等都还有待于进一步提高。

0.4 本课程的学习要求与学习方法

本课程融合了冲压成形原理、冲压工艺与冲模设计、冲模制造工艺等主要内容,是模具设计与制造专业的一门主干专业课。通过本课程的学习,应初步掌握冲压成形的基本原理,掌握冲压工艺过程编制、冲模设计和冲模制造工艺编制的基本方法,具有制订一般复杂程度冲压件的冲压工艺、设计中等复杂程度冲压模具和编制模具零件加工与装配工艺的能力,能够运用已学知识分析和解决冲压生产和冲模制造中常见的产品质量、工艺及模具方面的技术问题,并了解冲压新工艺、新模具、模具制造新技术及其发展方向。

冲模设计与制造是一门实践性和实用性都很强的学科,它以金属学与热处理、塑性力学、金属塑性成形原理等学科为基础,与冲压设备和机械制造技术紧密相关,因此学习时不但要注意系统学好本学科的基础理论知识,还要密切联系生产实际,认真参加试验、实训、课程设计等实践性教学环节,同时还要注意沟通与基础学科和相关学科知识间的联系,培养综合运用知识分析解决实际问题的能力。

本章思考与练习题

1. 什么是冲压?它与其他加工方法相比有什么特点?
2. 为何冲压加工的优越性只有在批量生产的情况下才能得到充分体现?
3. 冲压工序可分为哪两大类?它们的主要区别和特点是什么?
4. 简述冲压技术的发展趋势。

第1章　冲压模具设计基础

1.1　冲压成形理论基础

冲压成形是金属塑性成形加工中的一种,它主要是利用材料的塑性,在外力的作用下发生塑性变形而使材料成形的一种加工方法。因此,要掌握冲压成形的加工技术,就必须对冲压成形过程中材料的变形趋向性及其控制有充分的认识。

在冲压成形过程中,坯料的各个部分在同一模具的作用下,却有可能发生不同形式的变形,即具有不同的变形趋向性。在这种情况下,判断坯料各部分是否变形和以什么方式变形,以及能否通过正确设计冲压工艺和模具等措施来保证在进行和完成预期变形的同时,排除其他一切不必要的和有害的变形等,则是获得合格的高质量冲压件的根本保证。因此,分析研究冲压成形中的变形趋向及控制方法,对制订冲压工艺过程、确定工艺参数、设计冲压模具以及分析冲压过程中出现的某些产品质量问题等,都有非常重要的实际意义。

一般情况下,总是可以把冲压过程中的坯料划分成为变形区和传力区。冲压设备施加的变形力通过模具,并进一步通过坯料传力区作用于变形区,使其发生塑性变形。如图1.1所示,在拉深和缩口成形中,坯料的A区是变形区,B区是传力区,C区则是已变形区。

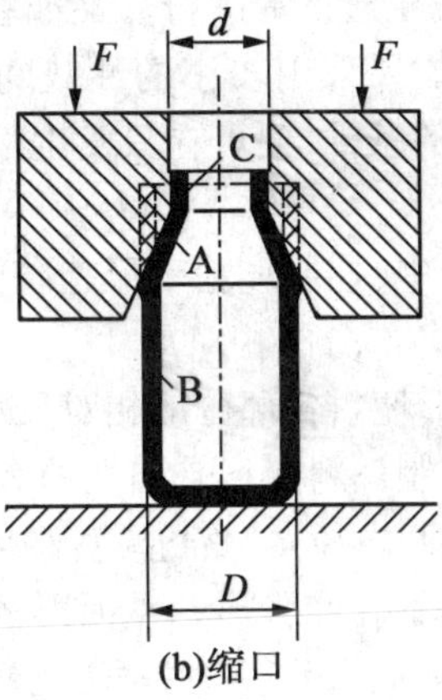

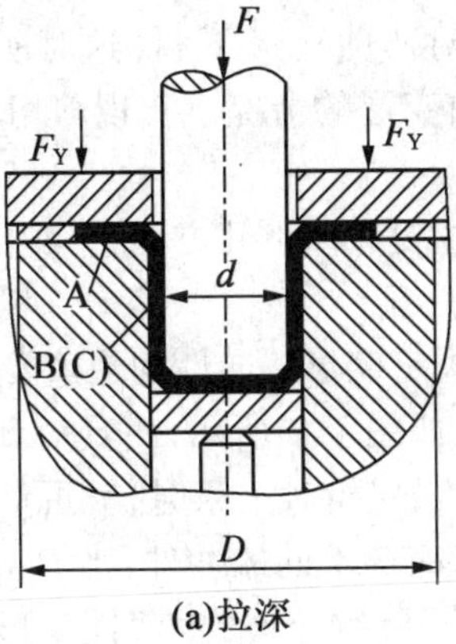

图1.1　冲压成形时坯料的变形区与传力区

A—变形区;B—传力区;C—已变形区

由于变形区发生塑性变形所需的力是由模具通过传力区获得的,而同一坯料上的变形区和传力区都是毗邻的,所以在变形区和传力区分界面上作用的内力性质和大小是完全相同的。在这样同一个内力的作用下,变形区和传力区都有可能产生塑性变形,但由于它们之间的尺寸关系及变形条件不同,其应力应变状态也不相同,因而它们可能产生的塑性变形方式及变形的先后是不相同的。通常,总有一个区需要的变形力比较小,并首先满足塑性条件进入塑性状态,产生塑性变形,这个区被称为相对的弱区。对于图1.1(a)所示的拉深变形,虽然变形区A和传力区B都受到径向拉应力 σ_r 的作用,但A区比B区还多一个切向压应力 σ_θ 的作用,根据屈雷斯加塑性条件 $\sigma_1-\sigma_3\geqslant\sigma_s$，A 区中 $\sigma_1-\sigma_3=\sigma_\theta+\sigma_r$，B 区中 $\sigma_1-\sigma_3=\sigma_r$，因 $\sigma_\theta+\sigma_r>\sigma_r$，所以在外力 F 的作用下，变形区 A 最先满足塑性条件产生塑性变形，成为相对弱区。

为了保证冲压过程的顺利进行，必须保证冲压工序中应该变形的部分（变形区）成为弱区，以便在把塑性变形局限于变形区的同时，排除传力区产生任何不必要的塑性变形的可能。由此可以得出一个十分重要的结论：在冲压成形过程中，需要最小变形力的区是个相对的弱区，而且弱区必先变形，因此变形区应为弱区。

"弱区必先变形，变形区应为弱区"的结论在冲压生产中具有很重要的实用意义。很多冲压工艺的极限变形参数的确定、复杂形状件的冲压工艺过程设计等，都是以这个结论作为分析和计算依据的。对于图 1.1(a)中的拉深变形，一般情况下 A 区是弱区而成为变形区，B 区是传力区。但当坯料外径 D 太大、凸模直径 d 太小而使得 A 区凸缘宽度太大时，由于要使 A 区产生切向压缩变形所需的径向拉力很大，这时 B 区可能会因拉应力过大率先发生塑性变形甚至拉裂而成为弱区。因此，为了保证 A 区成为弱区，应合理确定凸模直径与坯料外径的比值 d/D（即拉深系数），使 B 区拉应力还未达到塑性条件以前，A 区的应力先达到塑性条件而发生拉压塑性变形。

当变形区或传力区有两种以上的变形方式时，则首先实现的变形方式所需的变形力最小。因此，在工艺和模具设计时，除要保证变形区为弱区外，同时还要保证变形区必须实现的变形方式具有最小的变形力。例如，在图 1.1(b)所示的缩口成形过程中，变形区 A 可能产生的塑性变形是切向收缩的缩口变形和在切向压应力作用下的失稳起皱，传力区 B 可能产生的塑性变形是筒壁部分镦粗和失稳弯曲。在这四种变形趋向中，只有满足缩口变形所需的变形力最小这个条件（如通过选用合适的缩口系数 d/D 和在模具结构上采取增加传力区的支承刚性等措施），才能使缩口变形正常进行。又如在冲裁时，在凸模压力的作用下，坯料具有剪切和弯曲两种变形趋向，如果采用较小的冲裁间隙，建立对弯曲变形不利（这时所需的弯曲力增大了）而对剪切有利的条件，便可在只发生很小的弯曲变形的情况下实现剪切，提高了冲件的尺寸精度。

在实际生产当中，控制坯料变形趋向性的措施主要有以下几方面：

(1)改变坯料各部分的相对尺寸。

实践证明，变形坯料各部分的相对尺寸关系是决定变形趋向性的最重要因素，因而改变坯料的尺寸关系是控制坯料变形趋向性的有效方法。如图 1.2 所示，模具对环形坯料进行冲压时，当坯料的外径 D、内径 d_0 及凸模直径 d_p 具有不同的相对关系时，就可能具有三种不同的变形趋向（即拉深、翻孔和胀形），从而形成三种形状完全不同的冲件：当 D、d_0 都较小，并满足条件 $D/d_p<1.5$、$d_0/d_p<0.15$ 时，宽度为 $(D-d_p)$ 的环形部分产生塑性变形所需的力最小而成为弱区，因而产生外径收缩的拉深变形，得到拉深件（图 1.2(b)）；当 D、d_0 都较大，并满足条件 $D/d_p>2.5$、$d_0/d_p<0.2$ 时，宽度为 (d_p-d_0) 的内环形部分产生塑性变形所需的力最小而成为弱区，因而产生内孔扩大的翻孔变形，得到翻孔件（图 1.2(c)）；当 D 较大、d_0 较小（甚至为 0），并满足条件 $D/d_p>2.5$、$d_0/d_p<0.15$ 时，这时坯料外环的拉深变形和内环的翻孔变形阻力都很大，结果使凸、凹模圆角及附近的金属成为弱区而产生厚度变薄的胀形变形，得到胀形件（图 1.2(d)）。胀形时，坯料的外径和内孔尺寸都不发生变化或变化很小，成形仅靠坯料的局部变薄来实现。

(2)改变模具工作部分的几何形状和尺寸。

这种方法主要是通过改变模具的凸模和凹模圆角半径来控制坯料的变形趋向。如图 1.2(a)所示，如果增大凸模圆角半径 r_p、减小凹模圆角半径 r_d，可使翻孔变形的阻力减小、拉深变形的阻力增大，所以有利于翻孔变形的实现。反之，如果增大凹模圆角半径而减小凸模圆角半径，则有利于拉深变形的实现。

(3)改变坯料与模具接触面之间的摩擦阻力。

如图1.2所示，若加大坯料与压料圈及坯料与凹模端面之间的摩擦力(如加大压料力 F_Y 或减少润滑)，则由于坯料从凹模面上流动的阻力增大，结果不利于实现拉深变形而利于实现翻孔或胀形变形。如果增大坯料与凸模表面间的摩擦力，并通过润滑等方法减小坯料与凹模和压料圈之间的摩擦力，则有利于实现拉深变形。所以正确选择润滑及润滑部位，也是控制坯料变形趋势的重要方法。

(4)改变坯料局部区域的温度。

这种方法主要是通过局部加热或局部冷却来降低变形区的变形抗力或提高传力区强度，从而实现对坯料变形趋向的控制。例如，在拉深和缩口时，可采用局部加热坯料变形区的方法，使变形区软化，从而利于拉深或缩口变形。又如在不锈钢零件拉深时，可采用局部深冷传力区的方法来增大其承载能力，从而达到增大变形程度的目的。

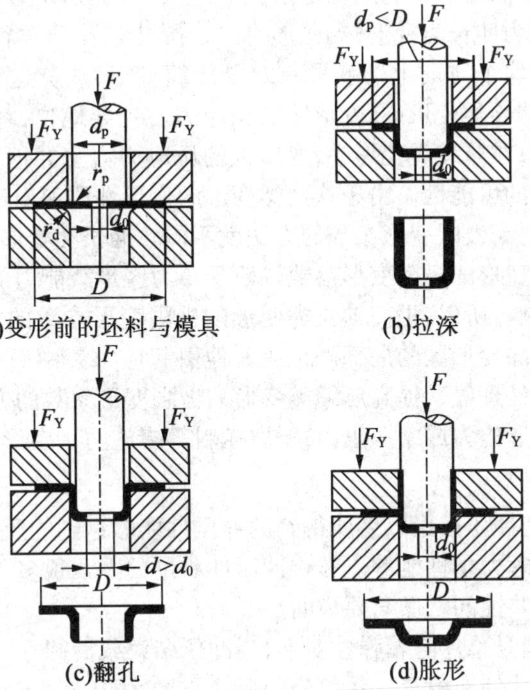

图1.2　环形坯料的变形趋势

1.2　冲压用材料

冲压所用的材料是冲压生产的三要素之一。事实上，对于先进的冲压工艺与模具技术，只有采用冲压性能良好的材料，才能成形出高质量的冲压件。因此，在冲压工艺及模具设计中，懂得合理地选用材料，并进一步了解材料的冲压成形性能，是非常必要的。

1.2.1　材料的冲压成形性能

材料对各种冲压成形方法的适应能力称为材料的冲压成形性能。材料的冲压成形性能好，就是指其便于冲压成形,单个冲压工序的极限变形程度和总的极限变形程度大,生产率高,容易得到高质量的冲压件,且模具损耗低,不易出废品等。由此可见,冲压成形性能是一个综合性的概念,其涉及的因素很多,但就其主要内容来看,有两个方面:一是成形极限,二是成形质量。

1. 成形极限

成形极限是指材料在冲压成形过程中能达到的最大变形程度。对于不同的冲压工序,成形极限是采用不同的极限变形系数来表示的,如弯曲时极限变形系数为最小相对弯曲半径,拉深时极限变形系数为极限拉深系数,翻孔时极限变形系数为极限翻孔系数等。由于冲压用材料主要是板料,冲压成形大多都是在板厚方向上的应力值近似为0的平面应力状态下进行的,因此不难分析:在变形坯料的内部,凡是受到过大拉应力作用的区域,都会使坯料局部严重变薄甚至拉裂;凡是受到过大压应力作用的区域,若压应力超过了临界应力就会使坯料丧失稳定而起皱。因此,为了提高成形极限,从材料方面看,必须提高材料的抗拉和抗压能力;从冲压工艺参数的角度来看,必须严格限制坯料的极限变形系数。

当作用于坯料变形区的拉应力为绝对值最大的应力时,在这个方向上的变形一定是伸长变形,故称这种冲压变形为伸长类变形,如胀形、扩口、圆孔翻孔等;当作用于坯料变形区的压应力的绝对值最大时,在这个方向上的变形一定是压缩变形,故称这种冲压变形为压缩类变形,如拉深、缩口等。在伸长类变形中,变形区的拉应力占主导地位,坯料厚度变薄,表面积增大,有产生破裂的可能性;在压缩类变形中,变形区的压应力占主导地位,坯料厚度增大,表面积减小,有产生失稳起皱的可能性。由于这两类变形的变形性质和出现的问题完全不同,因而影响成形极限的因素和提高极限变形参数的方法就不同。伸长类变形的极限变形参数主要取决于材料的塑性,压缩类变形的极限变形参数一般受传力区承载能力的限制,有时则受变形区或传力区失稳起皱的限制。所以,提高伸长类变形的极限变形参数的方法有:提高材料塑性;减少变形的不均匀性;消除变形区的局部硬化或其他引起应力集中而可能导致破坏的各种因素,如去毛刺或坯料退火处理等。提高压缩类变形的极限变形系数的方法有:提高传力区的承载能力,降低变形区的变形抗力或摩擦阻力;采取压料等措施防止变形区失稳起皱等。

2. 成形质量

成形质量是指材料经冲压成形以后所得到的冲压件能够达到的质量指标,包括尺寸精度、厚度变化、表面质量及物理力学性能等。影响冲压件质量的因素很多,不同冲压工序的情况又各不相同,这里只对一些共性问题做简要说明。

材料在塑性变形的同时总伴随着弹性变形,当冲压结束载荷卸除以后,由于材料的弹性回复,造成冲件的形状与尺寸偏离模具工作部分的形状与尺寸,从而影响了冲件的尺寸和形状精度。因此,为了提高冲件的尺寸精度,必须掌握回弹(即弹性回复)规律,控制回弹量。

材料经过冲压成形以后,一般厚度都会发生变化,有的变厚,有的变薄。厚度变薄后直接影响冲件的强度和使用,因此对强度有要求时,往往要限制其最大变薄量。

材料经过塑性变形以后,除产生加工硬化现象外,由于变形不均匀,材料内部还将产生残余应力,从而引起冲件尺寸和形状的变化,严重时还会引起冲件的自行开裂。消除硬化及残余应力的方法是冲压后及时安排热处理退火工序。

原材料的表面状态、晶粒大小、冲压时材料的粘模情况及模具对材料表面的擦伤等,都会影响冲件的表面质量。如原材料表面存在凹坑、裂纹、分层及锈斑或氧化皮等附着物时,将直接在冲件表面上形成相应缺陷;晶粒粗大的钢板拉深时会在拉深件表面产生所谓的“橘子皮”;易于粘模的材料会擦伤冲件并降低模具寿命。此外,模具间隙不均匀、模具表面粗糙等也会擦伤冲件表面。

1.2.2　板料的冲压成形性能试验

板料的冲压成形性能是通过试验来测试的。板料冲压成形性能的试验方法很多，但概括起来可分为间接试验和直接试验两类。在直接试验中，板料的应力状态和变形情况与实际冲压时的情况基本相同，试验所得结果比较准确。而在间接试验中，板料的受力情况和变形特点都与实际冲压时有一定的差别，所得结果只能在分析的基础上间接地反映板料的冲压成形性能。

1. 间接试验

间接试验有拉伸试验、剪切试验、硬度试验及金相试验等。其中，拉伸试验简单易行，不需专用的板料试验设备，而且所得的结果能从不同角度反映板料的冲压性能，所以它是一种很重要的试验方法。

通过拉伸试验，可以测得板料的强度、刚度、塑性及各向异性等力学性能指标。根据这些性能指标，即可定性地估计板料的冲压成形性能，现简述如下：

（1）强度指标（屈服极限 σ_s、抗拉强度 σ_b 或缩颈点应力 σ_j）。强度指标对冲压成形性能的影响通常用屈服极限与抗拉强度的比值 σ_s/σ_b（称为屈强比）来表示。一般屈强比越小，则 σ_s 与 σ_b 之间的差值越大，表示材料允许的塑性变形区间越大，成形过程的稳定性越好，破裂的危险性就越小，因而有利于提高极限变形程度，减小工序次数。因此，σ_s/σ_b 越小，材料的冲压成形性能越好。

（2）刚度指标（弹性模量 E、硬化指数 n）。弹性模量 E 越大或屈服极限与弹性模量的比值 σ_s/E（称为屈弹比）越小，在成形过程中抗压失稳的能力越强，卸载后的回弹量越小，有利于提高冲件的质量。n 值大的材料，硬化效应就大，这对于伸长类变形来说是有利的。因为 n 值越大，在变形过程中材料局部变形程度的增加会使该处变形抗力增大，这样就可以补偿该处因截面积减小而引起的承载能力的减弱，制止了局部集中变形的进一步发展，具有扩展变形区、使变形均匀化和增大极限变形程度的作用。

（3）塑性指标（均匀伸长率 δ_j 或缩颈点应变 ε_j、断后伸长率 δ 或断裂收缩率 Ψ）。均匀伸长率 δ_j 是在拉伸试验中开始产生局部集中变形（即刚出现缩颈）时的伸长率（即相对应变），它表示板料产生均匀变形或稳定变形的能力。一般情况下，冲压成形都在板料的均匀变形范围内进行，故 δ_j 对冲压性能有较为直接的意义。断后伸长率 δ 是在拉伸试验中试样拉断时的伸长率。通常 δ_j 和 δ 越大，材料允许的塑性变形程度也越大。

（4）各向异性指标（板厚方向性系数 r、板平面方向性系数 Δr）。板厚方向性系数 r 是指板料试样拉伸时，宽度方向与厚度方向的应变之比，即

$$r=\frac{\varepsilon_b}{\varepsilon_t}=\frac{\ln(b/b_0)}{\ln(t/t_0)} \tag{1.1}$$

式中　b_0——变形前试件的宽度；

b——变形后试件的宽度；

t_0——变形前试件的厚度；

t——变形后试件的厚度。

对于上述变量，一般取伸长率为 20% 时试样测试的结果。r 值的大小反映了在相同受力条件下板料平面方向与厚度方向的变形性能差异，r 值越大，说明板料在平面方向上越容易变形，而其在厚度方向上越难变形，这对拉深成形是有利的。如在复杂形状的曲面零件拉深成形时，若 r 值大，板料的中间部分在拉应力作用下，厚度方向变形较困难，则变薄量小，而在板平面与拉应力相垂直的方向上的压缩变形比较容易，则板料中间部分起皱的趋向性降低，因而有利于拉深的顺利进行和冲压件质量的提高；同样，在用 r 值大的板料进行筒形件拉深时，凸缘

切向压缩变形容易且不易起皱，筒壁变薄量小且不易拉裂，因而可增大拉深极限变形程度。

由于板料经轧制后晶粒沿轧制方向被拉长，杂质和偏析物也会定向分布，形成纤维组织，使得平行于纤维方向和垂直于纤维方向的材料的力学性能不同，因此在板料平面上存在各向异性，其程度一般用板厚方向性系数在几个特殊方向上的平均差值 Δr（称为板料平面方向性系数）来表示，即

$$\Delta r = (r_0 + r_{90} - 2r_{45})/2 \tag{1.2}$$

式中 r_0、r_{90}、r_{45}——板料的纵向（轧制方向）、横向及45°方向上的板厚方向性系数。

Δr 值越大，则方向性越明显，对冲压成形性能的影响也越大。例如弯曲，当弯曲件的折弯线与板料纤维方向垂直时，允许的极限变形程度就大，而当折弯线平行于纤维方向时，允许的极限变形程度就小，且方向性越明显，减小量就越大。又如拉深筒形件时，由于板平面方向性使拉深件出现口部不齐的"突耳"现象，方向性越明显，突耳的高度越大。由此可见，生产中应尽量设法降低板料的 Δr 值。

由于存在板平面方向性，实际应用中板厚方向性系数一般也采用加权平均值 $\bar{r}$ 来表示，即

$$\bar{r} = (r_0 + r_{90} + 2r_{45})/4 \tag{1.3}$$

2. 直接试验

直接试验（又称为模拟试验）是直接模拟某种冲压方式进行的试验，故试验所得的结果能较为可靠地鉴定板料的冲压成形性能。直接试验的方法很多，下面简要介绍几种较为重要的试验方法。

（1）弯曲试验。弯曲试验的目的是鉴定板料的弯曲性能。常用的弯曲试验是往复弯曲试验，将试样夹持在专用试验设备的钳口内，反复折弯直至出现裂纹。弯曲半径 r 越小，往复弯曲的次数越多，材料的成形性能就越好。这种试验主要用于鉴定厚度在2 mm以下的板料。

（2）胀形试验。鉴定板料胀形成形性能的常用试验方法是杯突试验，用试验规定的球形凸模将试样压入凹模，直至试样出现裂纹，测量此时试样上的凸包深度 IE 作为胀形性能指标。IE 值越大，表示板料的胀形性能越好。

（3）拉深试验。鉴定板料拉深成形性能的试验方法主要有筒形件拉深试验和球底锥形件拉深试验两种。

①筒形件拉深试验（又称为冲杯试验）是将不同直径的圆形试样（直径级差为1 mm）放在带压边装置的试验用拉深模中进行拉深，在试样不破裂的条件下，取可能拉深成功的最大试样直径 D_{max} 与凸模直径 d_p 的比值 K_{max} 作为拉深性能指标，即

$$K_{max} = D_{max}/d_p \tag{1.4}$$

式中 K_{max}——最大拉深程度；

K_{max} 越大，则板料的拉深成形性能越好。

②球底锥形件拉深试验（又称为福井试验）的原理是使用球形凸模和60°角的锥形凹模，在不用压料的条件下对直径为 D 的圆形试样进行拉深，使之成为无凸缘的球底锥形件，然后测出试样底部刚刚开裂时的锥口直径 d，并按下式算出 CCV 值：

$$CCV = (D - d)/D \tag{1.5}$$

CCV 值越大，则板料的成形性能越好。

1.2.3 对冲压材料的基本要求

冲压所用的材料不仅要满足冲压件的使用要求，还应满足冲压工艺的要求和后续加工（如切削加工、电镀、焊接等）的要求。冲压工艺对材料的基本要求主要如下。

（1）具有良好的冲压成形性能。

对于成形工序，为了有利于冲压变形和冲压件质量的提高，材料应具有良好的冲压成形性

能,即应具有良好的塑性(均匀伸长率 δ_j 大),屈强比 σ_s/σ_b 和屈弹比 σ_s/E 小,板厚方向性系数 r 大,板料平面方向性系数 Δr 小。

对于分离工序,只要求材料有一定的塑性,而对材料的其他成形性能指标没有严格的要求。

(2)具有较高的表面质量。

材料的表面应光洁平整,无氧化皮、裂纹、锈斑、划伤及分层等缺陷。因为表面质量好的材料成形时不易破裂,也不易擦伤模具,冲件的表面质量也好。

(3)材料的厚度公差应符合国家标准。

因为一定的模具间隙适用于一定厚度的材料,若材料的厚度公差太大,不仅直接影响冲件的质量,还可能导致模具或压力机的损坏。

1.2.4　冲压常用材料及选用

1. 冲压常用材料

冲压生产中最常用的材料是金属材料(包括黑色金属和有色金属),但有时也用非金属材料。其中黑色金属主要有普通碳素结构钢、优质碳素结构钢、合金结构钢、碳素工具钢、不锈钢、电工硅钢等;有色金属主要有纯铜、黄铜、青铜、铝等;非金属材料有纸板、层压板、橡胶板、塑料板、纤维板及云母等。

冲压用金属材料的供应状态一般是各种规格的板料和带料。板料的尺寸较大,可用于大型零件的冲压,也可将板料按排样尺寸剪裁成条料后用于中小型零件的冲压;带料(又称为卷料)有各种规格的宽度,展开长度可达几十米,成卷状供应,适应于大批量生产的自动送料。材料厚度很小时也是做成带料供应。

对于厚度在 4 mm 以下的轧制钢板,根据国家标准(GB/T 708—1991)规定,钢板厚度的精度分为 A(高级精度)、B(较高级精度)和 C(普通精度)三级。对于优质碳素结构冷轧薄钢板,根据国家标准(GB/T 710—1991)规定,钢板的表面质量可分为Ⅰ(特别高级的精整表面)、Ⅱ(高级的精整表面)、Ⅲ(较高级的精整表面)和Ⅳ(普通的精整表面)四组,每组按拉深级别又分为 Z(最深拉深)、S(深拉深)和 P(普通拉深)三级。

2. 冲压材料的合理选用

冲压材料的选用要考虑冲压件的使用要求、冲压工艺要求及经济性等。

(1)按冲压件的使用要求合理选材。

所选材料应能使冲压件在机器或部件中正常工作,并具有一定的使用寿命。为此,应根据冲压件的使用条件,使所选材料满足相应的强度、刚度、韧性及耐蚀性、耐热性等方面的要求。

(2)按冲压工艺要求合理选材。

对于任何一种冲压件,所选的材料应能按照其冲压工艺的要求,稳定地成形出不至于开裂或起皱的合格产品,这是最基本也是最重要的选材要求。为此可用以下方法合理选材:

①试冲。根据以往的生产经验及可能条件,选择几种基本能满足冲压件使用要求的板料进行试冲,最后选择没有开裂或皱褶的且废品率低的一种冲件。这种方法结果比较直观,但带有较大的盲目性。

②分析与对比。在分析冲压变形性质的基础上,把冲压成形时的最大变形程度与板料冲压成形性能所允许采用的极限变形程度进行对比,并以此作为依据,选取适合于该种零件冲压工艺要求的板材。

另外,同一种牌号或同一厚度的板材还有冷轧和热轧之分,在我国国产板材中,厚板($t>$ 4 mm)为热轧板,薄板($t<$4 mm)为冷轧板(也有热轧板)。与热轧相比,冷轧板尺寸精确、偏

差小,表面缺陷少、光亮,内部组织致密,冲压性能更优异。冷轧和热轧根据轧制方法不同又分为连轧与往复轧,一般来说,连轧钢板的纵向和横向性能差别较大,纤维的方向性比较明显,各向异性大;单张往复轧制时,钢板的各向均有相近程度的变形,故钢板的纵向和横向性能差别较小,冲压性能更好。此外,板料出厂或供货的性能状态也有不同,一般分为软(M)、半硬(Y2)、硬(Y)和特硬(T)四种状态,性能状态不同,其力学性能是有差别的。

(3)按冲压经济性要求合理选材。所选材料应在满足使用性能及冲压工艺要求的前提下,尽量使材料的价格低廉、来源方便、经济性好,以降低冲压件的成本。

1.3 冲压设备的选择

冲压工作是将冲压模具安装在冲压设备(主要为压力机)上进行的,因而模具的设计要与冲压设备的类型和主要规格相匹配,否则是不能工作的。正确选择冲压设备,关系到设备的安全使用、冲压工艺的顺利实施及冲压件质量、生产效率、模具寿命等一系列重要的问题。

对于冲压设备的选择,包括选择冲压设备的类型和规格两项内容。

1. 冲压设备类型的选择

冲压设备类型主要根据所要完成的冲压工艺性质、生产批量、冲压件的尺寸大小及精度要求等来选择。

(1)对于中小型冲裁件、弯曲件或拉深件等,主要选用开式机械压力机。开式压力机虽然刚度不高,在较大冲压力的作用下床身的变形会改变冲模的间隙分布,降低模具寿命和冲压件表面质量,但是由于它提供了极为方便的操作条件和易于安装机械化附属装置的特点,所以目前仍是中小型冲压件生产的主要设备。另外,在中小型冲压件生产中,若采用导板模或工作时要求导柱导套不脱离的模具,应选用行程较小的偏心压力机。

(2)对于大中型冲压件,多选用闭式机械压力机,包括一般用途的通用压力机和专用的精密压力机、双动或三动拉深压力机等。其中薄板冲裁或精密冲裁时,选用精度和刚度较高的精密压力机;在大型复杂拉深件生产中,应尽量选用双动或三动拉深压力机,因其可使所用模具结构简单,调整方便。

(3)在小批量生产中,多采用液压机或摩擦压力机。液压机没有固定的行程,不会因为板料厚度变化而超载,而且在需要很大的施力行程加工时,与机械压力机相比具有明显的优点,因此特别适合大型厚板冲压件的生产。但液压机的速度低、生产效率不高,而且冲压件的尺寸精度有时受到操作因素的影响而不十分稳定。摩擦压力机结构简单、造价低廉,具有不易发生超载破坏等特点,因此在小批量生产中常用来弯曲大而厚的弯曲件,尤其适用校平、整形、压印等成形工序。但摩擦压力机的行程次数小、生产效率低,而且操作也不太方便。

(4)在大批量生产或形状复杂件的大量生产中,应尽量选用高速压力机或多工位自动压力机。

2. 冲压设备规格的选择

在选定冲压设备的类型之后,应该进一步根据冲压件的大小、模具尺寸及冲压力来选定设备的规格。冲压设备的规格主要由以下主要参数确定:

(1)公称压力。

压力机滑块下滑过程中的冲击力就是压力机的压力,压力机压力的大小随滑块下滑的位置(或随曲柄旋转的角度)不同而不同。公称压力是指滑块距下死点前某一特定距离 S_p(称为公称压力行程)或曲柄旋转到距下死点前某一特定角度 α_p(称为公称压力角)时,滑块所产生的冲击力。公称压力一般用 P 表示，其大小也表示了压力机本身能够承受冲击的大小，图 1.3 中曲线 a、b 分别表示公称压力为 P_a 和 P_b 的压力机的许用压力曲线。

在冲压过程中，冲压力的大小也是随凸模（即压力机滑块）的行程变化而变化的，图 1.3 中曲线 1、2、3 分别表示冲裁、弯曲、拉深的实际冲压力曲线。从图中可以看出，三种冲压力曲线及压力机的许用压力曲线都不同步，在进行冲裁和弯曲时，公称压力为 P_a 的压力机能够保证在全部行程内压力机的许用压力都高于冲压力，因此选用许用压力曲线 a 的压力机是合适的。但在拉深时，虽然拉深变形所需的最大冲压力低于 P_a，但由于拉深变形最大冲压力出现在拉深行程的中前期，这个最大冲压力超过了相应位置上压力机的许用压力，因此不能选用公称压力为 P_a（曲线 a）的压力机，必须选择公称压力更大（如公称压力为 P_b（曲线 b））的压力机。由此可知，选择压力机时，必须使冲压力曲线不超过压力机的许用压力曲线。

在实际生产中，为了简便起见，压力机的公称压力可按如下经验公式确定：

对于施力行程较小的冲压工序（如冲裁、浅弯曲、浅拉深等）有

$$P \geqslant (1.1 \sim 1.3) F_{\Sigma} \tag{1.6}$$

对于施力行程度较大的冲压工序（如深弯曲、深拉深等）有

$$P \geqslant (1.6 \sim 2.0) F_{\Sigma} \tag{1.7}$$

式中　P——压力机的公称压力，kN；

F_{Σ}——冲压工艺总力，kN。

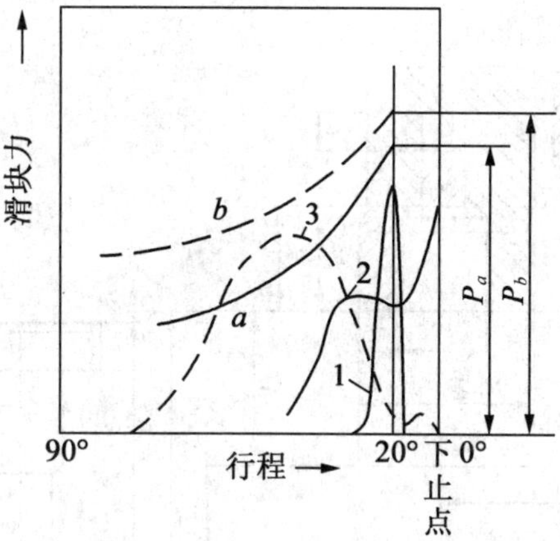

图 1.3　压力机许用压力曲线

a，b—压力机许用压力曲线；1—冲裁实际压力曲线；2—弯曲实际压力曲线；3—拉深实际压力曲线

（2）滑块行程。

滑块行程是指滑块从上止点至下止点之间的距离，用 S 表示。对于曲柄压力机，滑块行程等于曲柄半径的 2 倍。确定滑块行程时，应保证坯料能顺利地放入模具和冲压件能顺利地从模具中取出。例如，对于拉深工序，压力机滑块行程应大于拉深件高度的 2 倍，即 $S \geqslant 2h$（h 为拉深件高度）。

（3）行程次数。

行程次数是指压力机滑块每分钟往复运动的次数，它主要根据生产率要求、材料允许的变形速度和操作的可能性等来确定。

（4）工作台面尺寸。

压力机工作台面（或垫板平面）的长、宽尺寸一般应大于模具下模座尺寸，且每边留出 60～100 mm，以便于安装固定模具。当冲压件或废料从下模漏料时，工作台孔尺寸必须大于

漏料件尺寸。对于有弹顶装置的模具,工作台孔还应大于弹顶器的外形尺寸。

(5)滑块模柄孔尺寸。

滑块上模柄孔的直径应与模具模柄直径一致,模柄孔的深度应大于模柄夹持部分的长度。

(6)闭合高度。

压力机的闭合高度是指滑块处于下止点位置时,滑块底面至工作台面之间的距离。压力机闭合高度与垫板厚度的差值称为压力机的装模高度。没有垫板的压力机,其装模高度与闭合高度相等。模具的闭合高度是指模具在工作行程终了时(即模具处于闭合状态下),上模座的上平面与下模座的下平面之间的距离。选择压力机时,必须使模具的闭合高度介于压力机的最大装模高度与最小装模高度之间(图1.4),一般应满足:

$$(H_{max}-H_1)-5 \geqslant H \geqslant (H_{min}-H_1)+10 \tag{1.8}$$

式中 H_{max}——压力机最大闭合高度,即连杆调至最短(偏心压力机行程调到最小)时压力机的闭合高度,mm;

H_{min}——压力机最小闭合高度,即连杆调至最长(偏心压力机行程调到最大)时压力机的闭合高度,mm;

H_1——压力机工作垫板厚度,mm;

$H_{max}-H_1$——压力机最大装模高度,mm;

$H_{min}-H_1$——压力机最小装模高度,mm;

H——模具的闭合高度,mm。

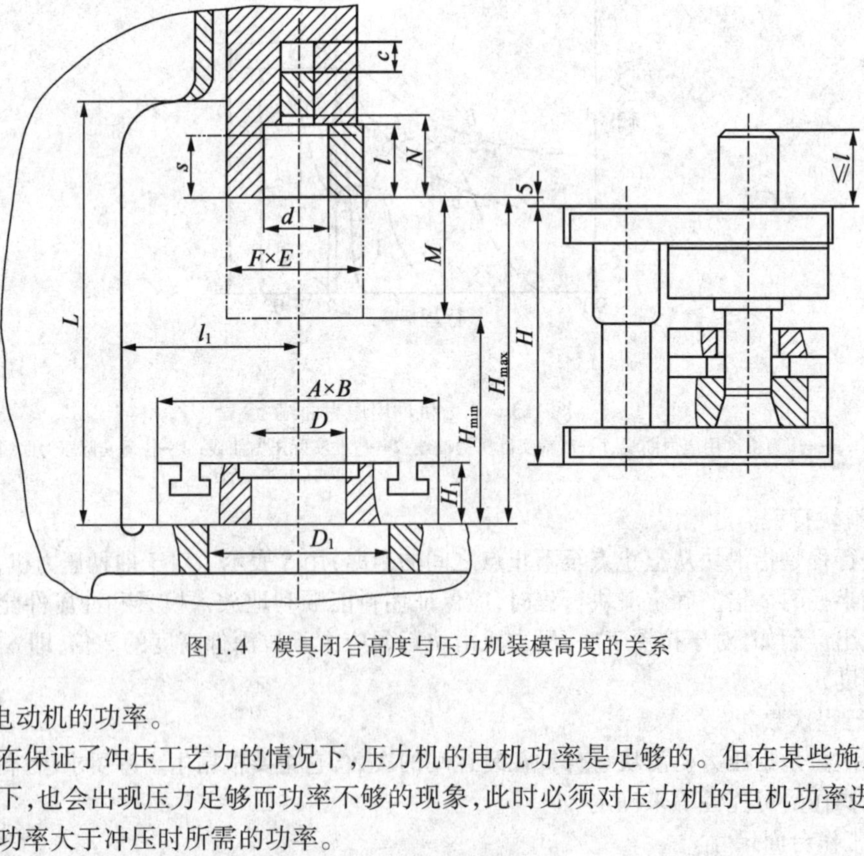

图1.4 模具闭合高度与压力机装模高度的关系

(7)电动机的功率。

一般在保证了冲压工艺力的情况下,压力机的电机功率是足够的。但在某些施力行程较大的情况下,也会出现压力足够而功率不够的现象,此时必须对压力机的电机功率进行校核,保证电机功率大于冲压时所需的功率。

几种常用压力机的主要技术规格见表1.1~1.3。

表 1.1　开式固定台压力机(部分)主要技术规格

型号		J23－6.3	J23－10	J23－16	J23－25	JC23－35	JG23－40	JB23－63	J23－80	J23－100	J23－125
公称压力/kN		63	100	160	250	350	400	630	800	1 000	1 250
滑块行程/mm		35	45	55	65	80	100	100	130	130	145
滑块行程次数/(次·min^{-1})		170	145	120	55	50	80	40	45	38	38
最大闭合高度/mm		150	180	220	270	280	300	400	380	480	480
闭合高度调节量/mm		35	35	45	55	60	80	80	90	100	110
滑块中心线至床身距离/mm		110	130	160	200	205	220	310	290	380	380
立柱距离/ mm		150	180	220	270	300	300	420	380	530	530
工作台尺寸/mm	前后	200	240	300	370	380	420	570	540	710	710
	左右	310	370	450	560	610	630	860	800	1 080	1 080
工作台孔尺寸/mm	前后	110	130	160	200	200	150	310	230	380	340
	左右	160	200	240	290	290	300	450	360	560	500
	直径	140	170	210	260	260	200	400	280	500	450
垫板尺寸/mm	厚度	30	35	40	50	60	80	80	100	100	100
	直径	—	—	—	—	150	—	—	200	—	250
模柄孔尺寸/mm	直径	30	30	40	40	50	50	50	60	60	60
	深度	55	55	60	60	70	70	70	80	75	80
滑块底面尺寸/mm	前后	—	—	—	—	190	230	360	350	360	—
	左右	—	—	—	—	210	300	400	370	430	—
床身最大可倾角		45°	35°	35°	30°	20°	30°	25°	30°	30°	25°

表 1.2 开式双柱可倾式压力机(部分)主要技术规格

型号		JA21－35	JD21－100	JA21－160	J21－400A
公称压力/kN		350	1 000	1 600	4 000
滑块行程/mm		130	可调 10～120	160	200
滑块行程次数/(次·min^{-1})		50	75	40	25
最大闭合高度/mm		280	400	450	550
闭合高度调节量/mm		60	85	130	150
滑块中心线至床身距离/mm		205	325	380	480
立柱距离/mm		428	480	530	896
工作台尺寸/mm	前后	380	600	710	900
	左右	610	1 000	1 120	1 400
工作台孔尺寸/mm	前后	200	300	—	480
	左右	290	420	—	750
	直径	260	—	460	600
垫板尺寸/mm	厚度	60	100	130	170
	直径	22.5	200	—	300
模柄孔尺寸/mm	直径	50	60	70	100
	深度	70	80	80	120
滑块底面尺寸/mm	前后	210	380	460	—
	左右	270	500	650	—

表 1.3 闭式单点压力机(部分)主要技术规格

型号		J31－100	J31－160A	J31－250	J31－315	J31－400A	J31－630
公称压力/kN		100	1 600	2 500	3 150	4 000	6 300
滑块行程/mm		165	160	315	315	400	400
滑块行程次数/(次·min^{-1})		35	32	20	25	20	12
最大闭合高度/mm		280	480	630	630	710	850
最大装模高度/mm		155	375	490	490	550	650
连杆调节长度/mm		100	120	200	200	250	200
床身两立柱间距离/mm		660	750	1 020	1 130	1 270	1 230
工作台尺寸/mm	前后	635	790	950	1 100	1 200	1 500
	左右	635	710	1 000	1 100	1 250	1 200
垫板尺寸/mm	厚度	125	105	140	140	160	200
	孔径	250	430	—	—	—	—
气垫工作压力/kN		—	—	400	250	630	1 000
气垫行程/mm		—	—	150	160	200	200
主电动机功率/kW		7.5	10	30	30	40	55

本章思考与练习题

1. 影响金属塑性的因素有哪些?

2. 什么是加工硬化和硬化指数? 加工硬化对冲压成形有何有利和不利的影响?

3. 什么是伸长类变形和压缩类变形? 试从受力状态、材料厚度变化、破坏形式等方面比较这两类变形的特点。

4. 何谓材料的各向异性系数? 其大小对材料的冲压成形有哪些方面的影响?

5. 何谓材料的冲压成形性能? 冲压成形性能主要包括哪两方面的内容? 材料冲压成形性能良好的标志是什么?

6. 金属塑性变形过程中的卸载规律与反载软化现象在冲压生产中有何实际意义?

7. 试用“弱区必先变形,变形区应为弱区”的规律说明圆形坯料拉深成形的条件。

8. 冲压对材料有哪些基本要求? 如何合理选用冲压材料?

9. 试分析比较 08 钢、20Cr13 和 HP59－1(软)三种材料的冲压成形性能。

10. 在图 1.5 所示的带凸缘筒形件(材料为 10 钢)的底部冲一个 $\phi35$ mm 的底孔,若已知模具闭合高度为 210 mm,下模座边界尺寸为 320 mm×280 mm,所需冲压工艺总力为 150 kN,试选择压力机的型号与规格。

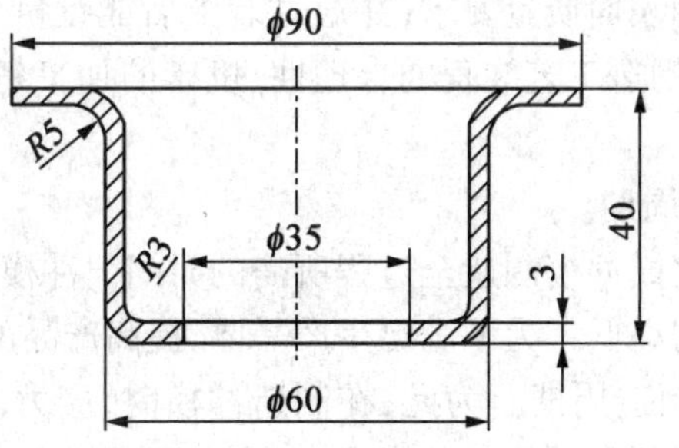

图 1.5　题 10 图

第2章　冲压模具制造基础

2.1　冲模制造的要求、过程与特点

2.1.1　冲模制造的基本要求

冲模制造的基本要求包括两个方面:一方面是对冲模制造工艺过程的基本要求;另一方面是对制造出来的冲模在质量和使用方面的基本要求。

1.对冲模制造工艺过程的基本要求

在冲模制造工艺过程中,应满足以下基本要求:

(1)要保证模具的质量。

保证模具的质量是指在正常生产条件下,按工艺过程所加工的模具零件应能达到模具设计图样所规定的全部精度和表面质量要求,并通过装配后能批量成形出合格的产品零件。一般情况下,冲模的质量是由制造工艺规程的合理性、机床的加工精度及先进程度、操作者的技术水平等决定的。

(2)要保证模具的制造周期。

冲模的制造周期是指完成冲模制造全过程所需的时间。冲模制造周期的长短主要取决于制模技术和生产管理水平的高低。为了满足生产需要,提高产品的竞争能力,必须在保证质量的前提下尽量缩短模具的制造周期。为此,在制造冲模时,应力求缩短模具零件加工工艺路线,制订合理的加工工序,编制科学的工艺标准,经济合理地使用加工设备,并推行和采用成组加工工艺、模具标准件和模具CAD/CAM技术。

(3)要保证模具的使用寿命。

模具的使用寿命是指模具在使用过程中的耐用程度,一般同一模具成形的冲压件越多,则标志模具的寿命越长。提高冲模寿命是一个综合性的问题,除了正确选用模具材料以外,还应在模具结构设计、制造方法、测试设备、热处理工艺、模具使用时的润滑条件及所用冲压设备的精度等方面综合予以改进和提高。

(4)要保证模具的精度。

模具精度包括模具零件(主要是工作零件)本身的精度和发挥模具效能所具有的精度,如凸、凹模的尺寸精度、形状与位置精度,模具零件装配后各零件之间的平行度、垂直度及定位与导向配合等精度。但通常所说的模具精度,主要是指模具工作零件的精度。一般来说,模具精度是通过制造精度获得的,而制造精度又受到加工方法及加工自身精度的限制。对大批量冲压成形用的模具,对其精度要求是:一方面要求同一模具成形出来的冲压件可以互换;另一方面模具本身的工作零件如有损坏,也要求可以互换。

(5)要保证模具的成本低廉。

模具成本是指模具设计制造费用与模具维修保养费用之和与模具成形出的冲压件总数的

比值。在模具生产厂家,主要是指模具的制造费用。由于模具是单件生产,加之模具本身的复杂程度和精度要求都较高,故模具的成本较高。为了降低模具的制造成本,应根据冲压件批量大小,合理选择模具材料,制订合理的加工工艺规程及设法提高工作效率。

2. 对冲模的基本要求

冲模制造出来以后,应达到以下基本要求:

(1)能冲出质量合格的冲压件。

冲压件的质量包括其形状、尺寸、精度、断面质量及外观等方面。

(2)具有一定的使用寿命。

制造和修理冲模时均应考虑冲模在使用过程中的受力情况和可能的磨损,使冲模的强度、刚性、耐磨性和冲击韧度都具有足够的耐用度。

(3)能正确而顺利地安装在规定的压力机上。

这就要求冲模的闭合高度、模柄或安装槽(孔)尺寸、顶杆及推杆尺寸等要与压力机有关的技术规格相适应。

(4)冲模的技术状态良好。

冲模的技术状态包括各零件的配合关系是否正确和稳定,冲模的安装、操作和维修是否方便等。

(5)保证交货期。

根据订货单位生产的需要,在保证质量的前提下,尽量缩短制造周期,按期交出合格的冲模。

(6)冲模的成本应低廉。

2.1.2　冲模制造的工艺过程

冲模制造的工艺过程如图2.1所示,主要包括冲压件分析估算、模具图样设计、工艺规程编制、模具零部件的加工和热处理、模具的装配、调试及检验与包装等内容。

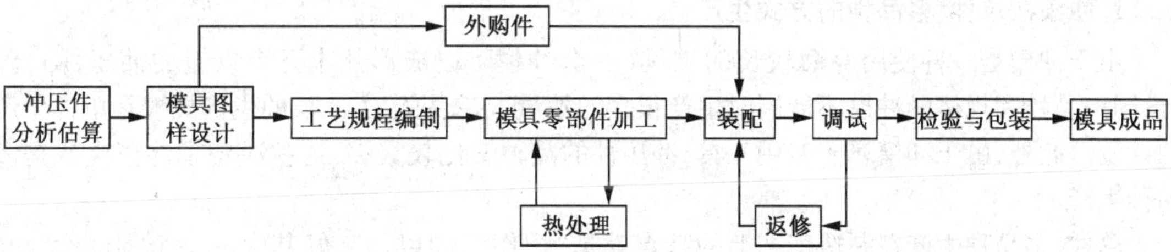

图2.1　冲模制造的工艺过程

1. 冲压件分析估算

在接受制造模具的委托时,首先根据冲压件图样或实物分析研究采用何种成形工艺方案,继而确定模具套数、模具结构及模具主要的加工方法,然后估算模具费用及交货期等。

2. 模具图样设计

模具图样设计是模具生产过程中最关键的工作,通常由技术部门完成。模具设计图样一般包括模具结构总装图和模具零件图,图样中除应有的结构形状、尺寸、精度和表面粗糙度以外,还需提出必要的技术要求,如零件材料、热处理及加工、使用等方面的要求。模具图样一旦确定,就成为生产的法规性技术文件,无论是模具原材料的准备、加工工艺的编制,还是模具的装配与验收等,都应以此为基础来进行工作。

3. 工艺规程编制

工艺规程是指按照模具设计图样,由工艺人员制订整个模具或零部件的加工工艺过程和操作方法,一般用表格形式制订出文件下发到各加工部门及车间。由于模具加工一般是单件生产,因此模具加工工艺规程常采用工艺过程的卡片形式。工艺过程卡片是以工序为单位,简要说明模具零部件加工与装配过程的一种工艺文件,它是进行技术准备、组织和指导生产的依据。

4. 模具零部件加工与热处理

按照零部件制造工艺规程或工艺卡片,利用机械加工、电加工及其他方法,分别进行毛坯准备、粗加工、半精加工、热处理及精加工或修研抛光,制造出符合设计图样要求的冲模零部件。

5. 模具装配

按规定的技术要求,将加工合格的零件进行配合与连接,装配成符合模具设计结构图要求的模具。除紧固定位用的螺钉和销钉外,一般零件在装配过程中仍需一定的人工修整或机械加工。

6. 模具调试与返修

对于装配后的模具,需要将其安装在冲压设备上进行试冲,检查模具在运行过程中是否正常,成形所得到的冲压件是否符合要求。如有不符合要求的冲压件,则必须拆下模具加以调整修正,然后再次试冲,直到能够完全正常运行并能成形出合格冲压件为止。

7. 模具检验与包装

调试合格后的模具还要进行外观检验,打好标记,并将试冲出来的冲压件随同模具进行包装,填好检验单及合格证,交付生产部门使用或按合同出厂。

2.1.3 冲模制造的特点

冲模制造属于机械制造范畴,但与一般机械制造相比,它具有如下一些特点。

1. 冲模按单件、多品种的方式生产

由于冲模是一种使用寿命较长的工具(一套冲模可以成形几十万个以上的冲压件),因此,同一品种和规格的冲模不能同时生产很多的数量,这就决定了冲模的生产规模是单件生产的性质。此外,由于冲模属于专用工具,冲压件的品种又比较繁多,这就决定了冲模生产是多品种生产。

单件、多品种生产在制造工艺上的特点就是"配作",即以加工好其中的一个零件作为基准件,配作加工另一件来保证零件之间的相对位置或配合精度要求。同时,为了降低加工成本,加工过程中一般采用通用夹具和刀具,由画线和试切法来保证尺寸精度。模具零件的毛坯一般采用铸造或锻造的方式处理,或购买标准模板。另外,对于同一工序的加工往往集中的内容较多,工艺编制时也往往只编制简单的综合工艺过程卡片。

2. 冲模生产具有成套加工性

冲模生产的成套性包括两个方面:一方面是冲模零件的成套性,另一方面是冲压工序的成套性。冲模零件的成套性是根据冲模的标准化、系列化设计,使冲模坯料成套供应,冲模各零部件的备料、锻、车、铣、刨、磨等初次及二次加工成套地投入和交出,并由生产管理部门专人负责管理,最后由钳工修整并按装配图进行装配、试冲、调整,直至冲出合格的冲压件。冲压工序的成套性是指一个冲压件需要多工序、多套冲模来成形时,在加工和调整中必须保持工序的成套性,即各道工序的冲模应由一个调整工或调整组负责按工序顺序进行调整,直至冲出合格冲压件。

3. 装配后的冲模均需试冲和调整

冲模在装配后,虽按设计图样检验合格,但仍不能成为最后的产品,它必须经过试冲调整并冲出合格冲压件后才能成为合格的产品。这是因为在冲压件设计、冲压工艺制订、冲模设计与制造等方面都含有不确定因素,不能事先给以精确判断,故按设计意图制造出来的冲模(特别是成形类冲模)一般不能一次性冲出合格的冲压件,必须将制造好的冲模先安装在压力机上进行试冲,并根据试冲时出现的缺陷进行修整。冲模制造的这个过程就是冲模的试模调整过程。

4. 有的冲模需要通过试验确定尺寸

在弯曲、拉深、翻边等塑性成形工序中,由于冲压中坯料的塑性变形规律不能被准确控制,计算出来的坯料或工序件尺寸也不精确,因此这些成形工序的坯料或工序件尺寸往往需要在理论计算基础上通过试冲才能最终决定。在这种情况下,一般应先制造出成形模,待试验决定坯料尺寸后,再制造冲制坯料的冲裁模。有些复杂形状件的成形模,其工作部分的形状与尺寸也需通过多次试冲才能最后确定。

2.2 冲模的一般加工方法

由于冲模的主要零件是成套性的单件、小批量生产,因此加工方法视其加工条件而有较大的差异。在加工手段落后的条件下,模具的加工主要依靠普通机械加工并配合钳工修配完成。随着科学技术的发展,模具的加工制造技术也有了很大的进步,已由一般的机械加工方法,发展到以数控机床加工为主的现代模具加工方法,并正向模具计算机辅助设计与制造(CAD/CAM)迈进。本节只对冲模的主要加工方法进行一般性的介绍。

2.2.1 常规机械加工方法

1. 普通切削机床加工

(1)车床加工。

车床是工厂中最普通的机械加工设备。车床的种类很多,在冲模制造中,除特殊情况外,一般使用车床。

在冲模零件加工中,车床主要用来加工圆形凸模、凹模镶套、导柱及导套等圆截面形状的零件,也可车锥面、镗孔、平端面、车螺纹及滚花等。经车削后的表面如需用磨削来进一步提高精度和表面质量,一般应留出0.3~0.5 mm的磨削余量。

(2)钻床加工。

钻床是一种孔加工机床。在钻床上可进行钻孔、铰孔、攻丝及孔端倒角等加工。在冲模制造中,钻床常用来加工各种螺栓过孔、螺纹孔、销钉孔、圆形漏料孔,以及进行镗或线切割加工前的预孔加工。

钻床的类型有台钻、立钻和摇臂钻,其中较小的零件在台钻上加工,较大的零件在立钻上加工,具有多个平行孔系的零件在摇臂钻上加工。

在冲模中，一般同一螺钉或销钉要同时穿过几块不同的模板，为了保证各模板上孔的位置一致，通常采用配钻的方式，即先加工好其中一件上的各孔，再以该件为基准，配作加工其他各件上的各孔。如加工冲模时，可先将凹模按图样要求加工出螺孔、销孔及其他有同位要求的圆形孔，并经淬硬后作为基准件，再通过基准件上这些已加工好的孔来引钻其他固定板、卸料板、模座上的各孔，使各模板上孔的位置保持一致。

(3)铣床加工。

铣床和铣刀的种类很多，故加工范围极广，可铣各种平面、沟槽及一些不规则曲面。在冲模制造中，应用最广的是立式铣床和万能铣床，加工的主要对象是各种冲模零件的平面及型孔，如各种模板的平面、模板上非圆形孔的粗加工或半精加工等。

利用铣床铣削冲模零件的平面时，在立式铣床和卧式铣床上都可进行加工，但立铣的加工质量和生产率都比较高，故在冲模标准件大批量生产中常采用立铣。

利用铣床铣削模板上的型孔时，通常是先在模板上按图样要求画线，用钻头在画线内周钻孔去掉余料，然后再用立铣刀在立式铣床或万能铣床上按画线加工成形。如孔形是尖角时，则只能先铣出圆角，再在铣削后经过钳工进行修整。

铣削后的零件如需用磨削来提高精度和表面粗糙度等级时，一般应留有 0.3 ~ 0.5 mm 的磨削余量。

(4)刨床加工。

冲模零件刨加工的主要设备是牛头刨床和龙门刨床。牛头刨床可以粗加工冲模零件的外形平面，也可刨斜面及垂直面，但加工时坯料上应进行画线，以作为加工的依据。这种机床操作简便，但生产效率和精度比铣床低，主要用于小型模板的平面加工和倒角，尤其适用于加工窄长形表面。龙门刨床主要用于大型模具零件的平面加工，龙门刨床上可同时安装几把刨刀，因而可同时对工件的不同部位进行刨削。

冲模零件的重要表面在刨削后应留 0.3 ~ 0.5 mm 的磨削余量。目前，原刨床加工多为铣床加工所代替，以提高生产效率。

(5)镗床加工。

在普通镗床上除了能将已加工过的孔通过切削扩大到所需的尺寸和精度以外，也可进行钻削、铰孔及倒角等。在冲模制造中，镗床广泛应用于有精度要求的大型模具导向孔和四角导向面的加工，也可用来加工圆筒形件拉深模的凹模腔。另外，当孔距公差要求不高，只要求两个(或多个)零件的孔位一致(同轴)时，在成批或大量生产的情况下，可采用一般专用镗床加工。如标准冲模模架的上、下模座，其导柱和导套安装孔都是标准的，可采用专用的双轴镗床来加工。

2.2.2 精密切削机床加工

在冲模零件加工中，所用到的精密切削机床主要是精密坐标镗床。精密坐标镗床能准确地加工出由直角坐标所确定的不同位置的各孔，孔距位置精度可达 0.005 ~ 0.015 mm。在冲模制造中，坐标镗床主要用于加工多圆孔凹模、卸料板及凸模固定板等零件中孔距精度要求较高的孔，也可以做准确的画线、中心距测量和其他线性尺寸的检验等工作。

利用坐标镗床镗孔时，应根据被加工零件的形状来选择合理的定位基准。基准的定位方法主要以画线、外圆或孔为定位基准，矩形件或不规则外形零件应以加工孔或以相互垂直的加工面为定位基准。

对于一些需热处理淬硬的冲模零件，由于热处理时易发生变形，致使热处理之前镗好的孔位精度受到破坏，这时为了保证各模板（如凸模固定板与凹模）上相应孔同心，可采用配镗法，即在镗削某零件（如凸模固定板）时，其孔位不是按图样中的尺寸和公差进行加工，而是根据另一零件（如凹模或凸凹模）热处理淬硬后的实际孔位来配作加工。

2.2.3　成形切削机床加工

1. 仿形刨床加工

仿形刨床加工是加工冲模零件的专用设备之一，主要用来加工各种小型复杂形状的凸模、凸凹模、凹模或电加工用的电极等。其加工后的零件精度及表面粗糙度等级都比普通刨床高，尺寸精度可达 ±0.02 mm，表面粗糙度为 0.63 ~ 2.5 μm。

图 2.2 所示为仿形刨床加工示意图，图中的滑块和联动摆臂能沿固定立柱做上下运动，当滑块到达最下部位置时，联动摆臂绕轴转动，从而形成刨刀的加工运动动作。

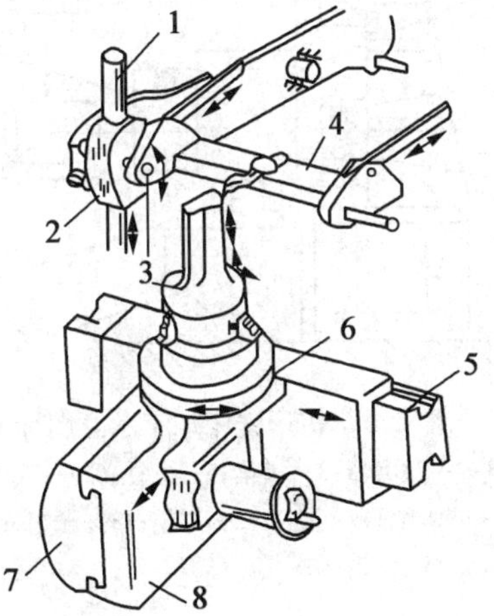

图 2.2　仿形刨床加工示意图

1—固定立柱；2—滑块；3—轴；4—联动摆臂；5—导轨；6—回转盘；7，8—滑板

仿刨前，零件毛坯需经一般的机械加工将必要的基准面（包括安装基准面和画线平面）精加工出来，然后画出轮廓线（或压出印痕），再按画线（或印痕）铣出轮廓并留均匀的仿刨余量（单边约 0.2 ~ 0.5 mm），最后按画线（或印痕）仿刨成形。若需淬硬的零件，仿刨时还应留出热处理后钳工的研磨余量，单边约 0.01 ~ 0.02 mm。仿刨时，还应注意刀具的选择、刀具装夹位置及工件装夹方法等，否则会影响仿刨的正常工作。

由于现代加工技术的不断进步，仿刨已逐渐被各种电加工及数控加工所取代。但在一些小型工厂中，仿刨仍在使用。

2. 仿形铣床加工

仿形铣床是依靠仿形触销跟踪一个三维靠模来仿制三维型面的一种成形切削加工机床。图 2.3 所示为仿形铣床加工示意图，加工时，触销始终压向靠模，并沿靠模相对移动，从而发出信号，经机床随动机构和放大器放大后用来控制驱动装置，使铣刀跟随触销进行相应的位移而完成对工件的加工。

采用仿形铣床加工时，除注意工件与靠模的装夹调整外，主要还应注意触销与铣刀的选择。触销的形状应与被加工型面的形状相适应,触销的倾斜角及端头圆弧半径均相应小于被加工型面的最小斜角和最小圆角半径。如铣削立体型面时,宜采用锥形指端状铣刀或球头铣刀,其铣刀的锥角或球头圆弧半径均应分别小于被加工面的斜角和圆弧半径;加工平面轮廓的型面时,则采用端头为平面的端铣刀;粗加工时宜选侧刃螺旋角较大的铣刀,精加工时应采用刀齿数较多的端铣刀。

仿形铣床主要用于加工大中型冲模工作零件上的立体型面,其加工精度可达 ±0.01 mm,表面粗糙度可达 0.8 ~ 1.6 μm,生产效率也较高,但加工的型面仍需钳工修整,且机床结构较复杂,事先需制作靠模,加工前的调整要求较高。目前,仿形铣床也正在被数控机床取代,但在给定模型的情况下,采用仿形铣床加工仍是最合理的加工方法。

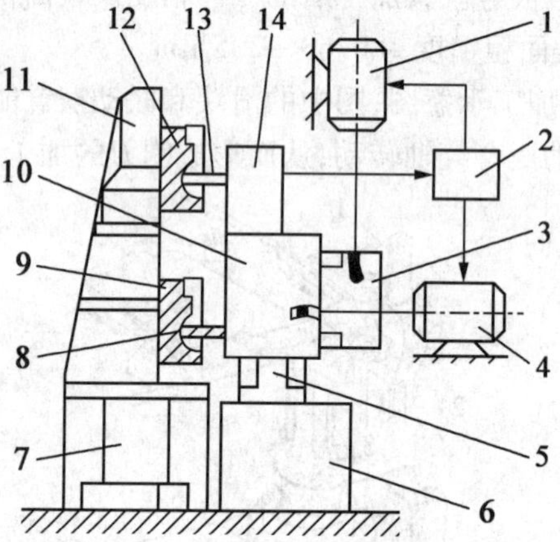

图 2.3 仿形铣床加工示意图

1,4—电动机;2—放大器;3—横梁;5—立柱;6,7—底座;8—铣刀;
9—工件;10—主轴箱;11—支架;12—靠模;13—触销;14—随动机构

2.2.4 普通磨削加工

冲模零件经过切削机床加工以后,为了提高表面质量,一般都还需经过磨削加工。磨削加工的主要设备是磨床,它是冲模加工不可缺少的设备。常用的普通磨削加工机床有平面磨床、外圆磨床、内圆磨床及万能磨床等。平面磨床主要用来磨削冲模零件中表面质量要求较高的平面,如各种模板的接合面与基准面、凸模的端面与平面状工作型面等。平磨以前零件应经过车、铣、刨等粗加工或半精加工,需热处理淬硬的零件一般在热处理以后进行平磨,但热处理前需要建立工艺基准时也应安排平磨。经平磨以后的平面,其表面粗糙度值可达 0.8 μm 以上。

外圆磨床、内圆磨床及万能磨床主要用来磨削冲模零件中的内外圆柱面、内外圆锥面及台肩部位,如圆形或圆锥形凸模与凹模、定位销、导正销、导柱与导套等。内、外圆磨削的工序安排与平磨基本相同,磨削精度可达 IT6 ~ IT9 级,表面粗糙度值可达 0.8 μm 以上。

2.2.5 精密磨削加工

在冲模制造中采用的精密磨削机床主要是坐标磨床。坐标磨床是以消除材料的热处理变形为目的而发展起来的机床,它可以磨削孔距精度很高的孔以及各种轮廓形状。该种机床设有精密坐标机构,砂轮架和工作台各移动部分装有数显装置,可显示其移动量(以 μm 为单位)的大小。此外,当使用小砂轮磨削且磨量又极小时,可利用磨触指示计放大砂轮和工件接触时的声音,借助耳机做听觉检验,因此坐标磨床可以对工件实现精密磨削。

坐标磨床可以精确地对工件的内孔、外径、沉孔、锥孔及垂直、横向、底部等面进行磨削,磨削精度可达 0.01 ~ 0.015 mm,表面粗糙度值可达 0.32 ~ 1.25 μm。在冲模制造中,坐标磨床主要用来磨削凹模或凸模上位置精密的圆孔(圆柱孔或圆锥孔),以及精密拉深模或成形模的凹模型孔等。

2.2.6　成形磨削加工

成形磨削是磨削复杂型面的一种精加工方法。在冲模制造中,成形磨削用来精加工经热处理淬硬后的凸模、凹模拼块等工作零件的型面,也可精加工电火花电极的工作型面,是目前比较有效的精加工方法。

冲模工作零件中的型面一般都是由圆柱面与平面相切或相交所组成,属于直母线型面。成形磨削的基本原理是把这些形状复杂的型面分解成若干个平面、圆柱面等简单型面,然后分段磨削,并使其连接圆滑、光洁,进而符合图样要求。

成形磨削的方法主要有两种:一种是在平面磨床上采用成形砂轮或专用夹具进行磨削;另一种是选用光学曲线磨床等专用成形磨床进行磨削。

1. 在平面磨床上的成形磨削加工

在平面磨床上进行成形磨削加工的方法又有如下两种:

(1)利用成形砂轮磨削。

这种方法是先把砂轮修整成与被加工工件型面完全吻合的反型面,然后再以此砂轮对工件进行磨削,使其获得所需的形状和精度。砂轮的修整方法有两种:一种是利用金刚石通过专用的夹具修整;另一种是利用滚轮挤压砂轮通过专用的工具修整。其中前者一般用于单件小批量零件磨削,后者用于批量零件的磨削。

(2)利用专用夹具磨削。

这种方法是将被磨削的工件按照一定条件装夹在专用夹具上,在加工过程中通过夹具依次移动或转动来调整工件相对砂轮的位置进行磨削,从而获得所需的形状和精度。通常采用的磨削夹具有精密平口钳、正弦磁力台、正弦分度夹具、万能夹具、旋转磁力台及中心孔夹板等。

在平面磨床上进行成形磨削,特别是在平面磨床上利用专用夹具进行成形磨削时,因为每次磨削时工艺上所需要的尺寸往往与被磨削零件的设计尺寸是不一致的,所以在成形磨削前,应根据设计尺寸换算出所需要的工艺尺寸,并绘出成形磨削工艺尺寸图。此外,这种磨削操作复杂,并需要熟练的技术。但由于不需要专用的成形磨削设备,所以利用平面磨床进行成形磨削的方法目前在一般中、小型工厂中仍有使用。

2. 光学曲线磨床加工

光学曲线磨床是利用光学投影放大系统将工件被磨削部分的形状尺寸放大映像到屏幕上,与屏幕上的工件放大图对照进行加工。光学曲线磨床的工作原理如图 2.4 所示,光线从光源射出,把工件和砂轮的阴影射入物镜,并经过三棱镜的折射和平面镜的反射,可在光屏上得到放大 50 倍的工件影像。将工件加工轮廓放大图(也放大 50 倍)挂在光屏上并使放大图与工件影像的基准重合,控制砂轮使其沿工件轮廓做磨削运动,将磨削前留下的加工余量磨去,直至工件实际轮廓的影像与其放大图轮廓线完全重合为止即完成磨削。

光学曲线磨床使用的砂轮一般为薄片砂轮，厚度为0.5 ~ 8 mm，直径在ϕ125 mm以内。为了保证加工精度，工件的放大图必须画得很准确，图上线条偏差应小于0.5 mm。

光学曲线磨床可以磨削平面、圆弧面和非圆弧形的复杂曲面，磨削精度可达 ±0.01 mm，特别适合于单件小批量生产中各种冲模零件上复杂曲面的磨削。

表2.1 和表2.2 分别列出了不同常规加工方法可能达到的公差等级与表面粗糙度，可供制订冲模零件加工工艺时参考。

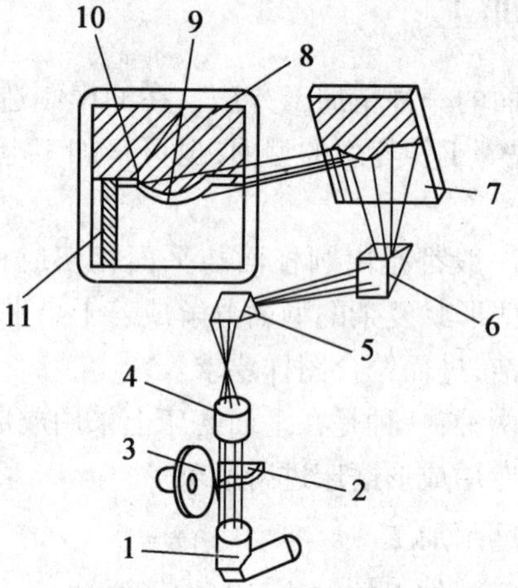

图2.4 光学曲线磨床的工作原理

1—光源；2—工件；3—砂轮；4—物镜；5，6—三棱镜；7—平面镜；8—光屏；9—放大后的工件影像；10—工件轮廓放大图；11—放大后的砂轮影像

2.3 电火花加工方法

2.3.1 电火花加工的原理、特点及应用

1. 电火花加工原理

电火花加工是利用两电极间脉冲放电时产生的电腐蚀作用，对工件进行加工的一种工艺方法。电火花加工原理如图2.5 所示，工件和工具电极分别接脉冲电源的两个输出端，工件与工具电极间充满工作液（通常为煤油）。加工时，脉冲电源产生脉冲电压，工具电极趋近工件，当工具电极与工件间达到一定距离（放电间隙）时，极间的工作液在很强的脉冲电压作用下被电离击穿而发生火花放电，瞬间的高温便在工件上蚀除金属形成一个小坑穴，同时工具电极也会因放电而出现损耗。放电后的电蚀产物通过流动的工作液排至放电间隙之外，经过短暂的间隔时间（即脉冲间隔），极间恢复绝缘，完成一次脉冲放电腐蚀。接着再进行下一次的脉冲放电，又使工件蚀除金属形成一个小坑。如此不断地进行放电腐蚀，工具电极不断地向工件移动（由自动进给调节装置维持适当的放电间隙），最后，工具电极的形状复制在工件上，从而在工件上加工出与工具电极形状相似的型面或型孔。

表 2.1 不同常规加工方法可能达到的公差等级

加工方法	IT01	IT0	IT1	IT2	IT3	IT4	IT5	IT6	IT7	IT8	IT9	IT10	IT11	IT12	IT13	IT14	IT15	IT16	IT17	IT18
精研磨	—	—	—																	
细研磨			—	—	—	—	—													
粗研磨					—	—	—	—												
终研磨						—	—	—												
初研磨								—	—											
精磨				—	—	—	—													
细磨						—	—	—												
粗磨								—	—	—										
圆磨							—	—	—											
平磨							—	—	—	—										
金刚石车削							—	—	—											
金刚石镗孔							—	—	—											
精铰								—	—	—										
细铰										—	—	—	—							
精铣										—	—	—								
细铣											—	—	—							
精车、精刨、精镗									—	—	—									
细车、细刨、细镗										—	—	—								
粗车、粗刨、粗镗												—	—	—						
插削												—	—	—						
钻削													—	—	—	—				
锻造																	—	—		
砂型铸造																—	—			

表 2.2 不同加工方法可能达到的表面粗糙度

加工方法		表面粗糙度 $Ra/\mu m$													
		0.012	0.025	0.05	0.10	0.20	0.40	0.80	1.60	3.20	6.30	12.5	25	50	100
锉							—	—	—	—	—	—	—		
刮削							—	—	—	—	—	—			
刨削	粗										—	—	—		
	半精								—	—	—				
	精						—	—	—						
插削									—	—	—	—	—		
钻孔								—	—	—	—	—	—		
扩孔	粗										—	—	—		
	精								—	—	—				
金刚镗孔				—	—	—	—								
镗孔	粗										—	—	—	—	
	半精							—	—	—	—				
	精						—	—	—						
铰孔	粗								—	—	—	—			
	半精						—	—	—	—					
	精				—	—	—	—	—						
滚铣	粗									—	—	—	—		
	半精							—	—	—	—				
	精						—	—	—						

续表 2.2

加工方法		表面粗糙度 Ra/μm													
		0.012	0.025	0.05	0.10	0.20	0.40	0.80	1.60	3.20	6.30	12.5	25	50	100
端面铣	粗									—	—	—			
	半精						—	—	—	—	—				
	精					—	—	—	—						
车外圆	粗										—	—	—		
	半精								—	—	—	—			
	精					—	—	—	—						
金刚车			—	—	—	—									
车端面	粗										—	—	—		
	半精								—	—	—	—			
	精						—	—	—						
磨外圆	粗							—	—	—	—				
	半精					—	—	—	—						
	精		—	—	—	—	—								
磨平面	粗								—	—					
	半精						—	—	—						
	精		—	—	—	—	—								
珩磨	平面		—	—	—	—	—	—	—						
	圆杆	—	—	—	—	—	—								

续表 2.2

加工方法		表面粗糙度 $Ra/\mu m$													
		0.012	0.025	0.05	0.10	0.20	0.40	0.80	1.60	3.20	6.30	12.5	25	50	100
研磨	粗					—	—	—	—						
	半精			—	—	—	—								
	精	—	—	—	—										
电火花加工								—	—	—	—	—	—		
螺纹加工	丝锥板牙							—	—	—	—				
	车							—	—	—	—	—			
	搓丝							—	—	—	—				
	滚压						—	—	—	—					
	磨					—	—	—	—						

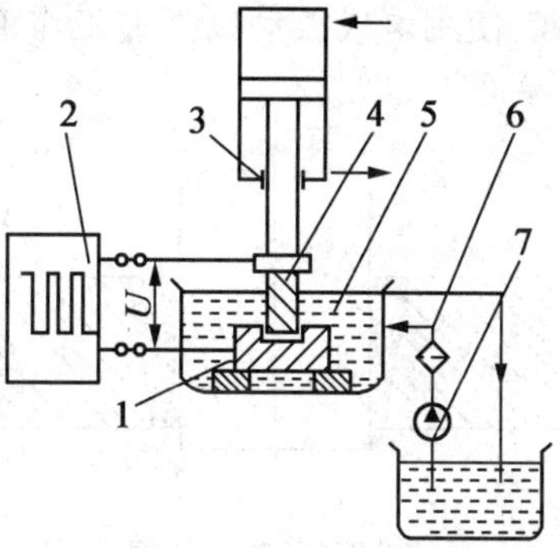

图2.5　电火花加工原理

1—工件;2—脉冲电源;3—自动进给调节装置;4—工具电极;5—工作液;6—过滤器;7—泵

2. 电火花加工特点

(1)采用电火花加工时,由于火花放电的电流密度很大,产生的高温足以熔化或气化任何导电材料,因此可以加工任何硬、脆、软、黏或高熔点的金属材料,包括热处理后的钢质零件。因此对于需热处理淬硬的冲模零件,可以将电火花加工安排在热处理工序之后,从而可消除热处理后变形对零件精度的影响,从而提高了冲模零件的加工精度。

(2)电火花加工时工具电极与工件不接触,两者之间的宏观作用力极小,所以便于加工小孔、窄缝等,而不受电极和工件刚度的限制。对于各种具有复杂形状型孔的凹模均可采用成形电极一次加工而不必担心加工面积过大而引起变形及开裂等问题,这样凹模可不用镶拼结构而采用整体结构,既能节约模具设计制造工时,又可提高凹模强度。

(3)采用电火花加工冲模,凸、凹模之间易于获得均匀的冲裁间隙和所需的漏料斜度,刃口平直耐磨,从而可以提高冲压件的质量和模具寿命。

④电火花加工是直接利用电能加工,操作方便,便于实现生产中的自动控制及加工自动化。加工后的零件精度高,表面粗糙度可达1.25 μm,只需钳工稍加修整后即可装配使用。

电火花加工也存在一些缺点,如难于得到较小的表面粗糙度值,型孔尖角的加工难于达到要求,工具电极有损耗而影响加工精度等。

3. 电火花加工的应用

由于电火花加工的独特优点,加上数控电火花机床的普及,已在模具制造等部门得到了广泛应用。在冲模制造中,电火花加工可用来加工各种凹模及凸凹模的型孔或型面、卸料板与凸模固定板的型孔等。但随着电火花线切割加工的广泛应用,一般冲模工作零件的电火花加工已逐渐为线切割加工所取代,因而冲模零件的电火花加工主要用于成形模和小孔冲模及多型孔冲模中的凹模及相应凸模固定板的加工。

2.3.2　电火花加工的工艺规律

1. 加工斜度

在电火花加工过程中,由于电蚀作用,工件与电极之间存在着电蚀产物,这些电蚀产物在放电期间排出的过程中便在电极与工件侧面之间产生二次放电。二次放电的结果使电极入口处的间隙增大,形成加工斜度,如图2.6所示。加工斜度的大小主要取决于单个脉冲能量的大小和电蚀产物的排出情况。加工通孔时,减小斜度的办法是使工具电极穿过工件被加工部分厚度的 1 ~2 倍,或改变冲油方式,使用电极振动以强迫工作液循环。精加工的斜度一般可控制在 10′以内。

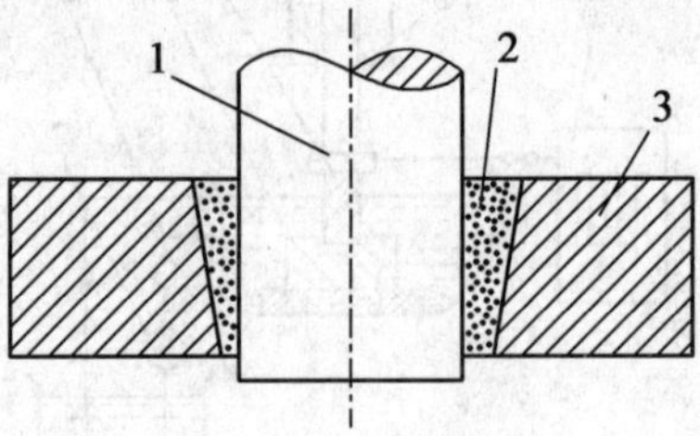

图 2.6　加工斜度
1—工具电极;2—电蚀产物;3—工件

2. **电极损耗**

在电火花加工过程中,对工件进行电蚀加工的同时,工具本身也受到电蚀,因而产生电极损耗。电极损耗是影响加工精度的一个重要因素,因此,加工中应设法减少电极损耗。影响电极损耗的因素主要是电源的电参数(脉冲宽度、峰值电流和脉冲间隔)、极性的配合、电极材料、加工面积、冲油与抽油方式及电极形状等。在冲模加工时,通常以长度损耗率(即电极长度方向上的损耗尺寸与工件上已加工出的深度尺寸之比)来衡量工具电极的损耗。

3. **极性效应**

在电火花加工过程中,即使阳极和阴极都用同一种材料,也总是其中一个电极的蚀除量比另一个电极的蚀除量多些,这种现象称为"极性效应"。一般来说,当阳极蚀除速度大于阴极蚀除速度时,称为正极性,反之称为负极性。

影响极性效应的主要因素是放电时的脉冲宽度。一般采用较窄的脉冲(放电时间小于 50 μs)加工时,阳极蚀除速度大于阴极蚀除速度,此时工件应接阳极,工具电极接阴极,即采用正极性加工。反之,用较宽的脉冲(大于 300 μs)加工时,阴极的蚀除速度大于阳极的蚀除速度,应采用负极性加工。

从提高加工生产率和减小工具电极损耗的要求出发,极性效应越显著越好。若采用交变的脉冲电源加工,则单个脉冲的极性效应便互相抵消,从而增加了工具电极的损耗。因此,一般都采用单向直流脉冲电源进行电火花加工。

4. **表面变质层**

由于电火花放电的瞬时高温作用和液体介质的急冷作用,工件加工表面会产生一层与原来材质不同的变质层。表面变质层的厚度与工件材料及电源脉冲参数有关,它随脉冲能量的增加而增厚。粗加工时变化层的厚度一般为 0.1 ~0.5 mm,精加工时变化层的厚度一般为 0.01 ~0.05 mm。

加工钢质工件时,表面变质层的硬度一般比较高,所以经电火花加工后工件的耐磨性提高。但变质层的存在给后续研磨抛光增加困难,而且变质层中的金相组织变化和产生的残余应力会降低工件的疲劳强度。所以,对于要求疲劳强度高的冲模零件,最好将表面变质层去掉(如采用机械抛光、电解抛光等)或采用喷砂等表面处理方法来改善表面层质量。

2.3.3　冲模电火花加工工艺

在实际生产中,冲模电火花加工的工艺过程是:选择电火花加工工艺方法→设计制造电极→准备待加工零件→在机床上装夹校正电极及待加工零件→调整机床主轴上、下位置→选择电规准→开机加工→中间检验→转换电规准加工→卸下零件检查。

下面对各主要工艺内容进行简要介绍。

1. 电火花加工工艺方法

对于冲模，凸、凹模配合间隙（特别是冲裁凸、凹模间隙）是一个很重要的质量指标，其大小和均匀性直接影响冲压件质量和模具寿命。采用电火花加工冲模时，其加工方法根据保证凸、凹模间隙的方法不同有以下三种。

（1）直接配合法。

直接配合法是直接利用适当加长的凸模作为工具电极加工凹模的型孔，加工后将凸模上的损耗部分切除。凸、凹模配合间隙的大小是靠调节电参数来控制放电间隙保证的。此法可以获得均匀的配合间隙，模具质量高，不需另外制造电极，工艺简单。但是以钢凸模作为电极与其他电火花加工性能好的电极材料相比，加工稳定性差，加工速度也较低。直接配合法适用于加工形状复杂的凹模或多型孔凹模。

（2）间接配合法。

间接配合法是将电极毛坯与凸模毛坯连接（粘接或钎焊）在一起同时加工，然后以与凸模尺寸一致的电极部分对凹模进行电火花加工，加工后再将电极部分去除。间接配合法的电极可选与凸模不同的材料（如铸铁），所以电加工性能比直接法好，且电极与凸模连接在一起加工，电极的形状尺寸与凸模一致，加工后凸、凹模间隙均匀，是一种使用比较广泛的加工方法。但由于电极与凸模必须同时磨削，这就限制了其他电加工性能更好的材料（如紫铜、石墨等）的选用。

上述两种加工方法都是靠控制放电间隙来保证凸、凹模配合间隙的。当凸、凹模配合间隙很小时，放电间隙也要求很小，而过小的放电间隙使得加工困难，这时可将电极的工作部分用化学浸蚀法蚀除一层金属，使断面尺寸单边缩小（$\delta - Z/2$）。其中，Z 为凸、凹模双边配合间隙，δ 为单边放电间隙，以此满足加工时的间隙要求。反之，当凸、凹模配合间隙较大时，可用电镀法将电极工作部分的断面尺寸单边扩大（$Z/2 - \delta$）。

（3）修配凸模法。

修配凸模法是根据凹模尺寸与精度单独设计制造电极，而凸模不加工到最终尺寸，留有一定的修配余量，用制好的电极电火花加工出凹模以后，再按凹模的实测尺寸来修配凸模，以达到所要求的配合间隙。这种方法可选用电加工性能好的电极材料，放电间隙也不受配合间隙的限制，但由于电极与凸模是分别制作的，所以配合间隙很难保证均匀一致，而且增加了制造电极和钳工的工作量，主要用于加工形状较简单的冲模。

由于电火花加工时会产生加工斜度，所以为了防止凹模型孔工作部分产生反向斜度而影响漏料，在电火花加工凹模型孔时应将凹模底面朝上，使型孔的加工斜度正好成为凹模的漏料斜度。

2. 工具电极设计与制造

电火花加工冲模时，工具电极的形状精确地复制在模具型孔上，因此模具型孔的加工精度与电极精度有密切的关系。为了保证电极的精度，在设计电极时必须适当地选择电极材料和确定合理的结构与尺寸，同时还应考虑使电极便于制造和安装。

（1）电极材料。

根据电火花加工原理，电极材料应选择损耗小、加工过程稳定、生产率高、机械加工性能好、来源丰富和价格低廉的导电材料。常用电极材料的种类和性能见表 2.3，具体选用时应根据加工对象、工艺方法及电源类型等因素综合考虑。

表 2.3 常用电极材料的种类和性能

电极材料	电火花加工性能		机械加工性能	说明
	加工稳定性	电极损耗		
钢	较差	中等	好	常用电极材料，但在选择电参数时应注意加工的稳定性
铸铁	一般	中等	好	常用电极材料
石墨	尚好	较小	尚好	常用电极材料，但机械强度较差，易崩角
黄铜	好	大	尚好	电极损耗太大
紫铜	好	较小	较差	常用电极材料，但磨削较困难
铜钨合金	好	小	尚好	价格高，多用于深孔、直壁孔、硬质合金穿孔
银钨合金	好	小	尚好	价格昂贵，用于精密冲模或有特殊要求的加工

(2)电极结构。

电极结构形式应根据电极外形尺寸的大小与复杂程度、电极的加工工艺性等因素综合考虑。常用的电极结构形式主要有整体式、组合式和镶拼式三种。

①整体式电极。整体式电极用整块材料制成，一般做成上下截面尺寸一致的直通式，如图 2.7 所示。当电极的体积较大时，为了减小电极质量，可在其端面开孔或挖空。对于体积小、易变形的电极，可在其有效长度以上的部分将截面尺寸增大。整体式电极是一种常用的结构形式。

②组合式电极。在同一模板上有多个型孔时，可以将多个电极组合在一起，一次完成各型孔的加工，这种电极称为组合式电极，如图 2.8 所示。用组合式电极加工生产率高，各型孔间的加工精度取决于电极的加工与装配精度。

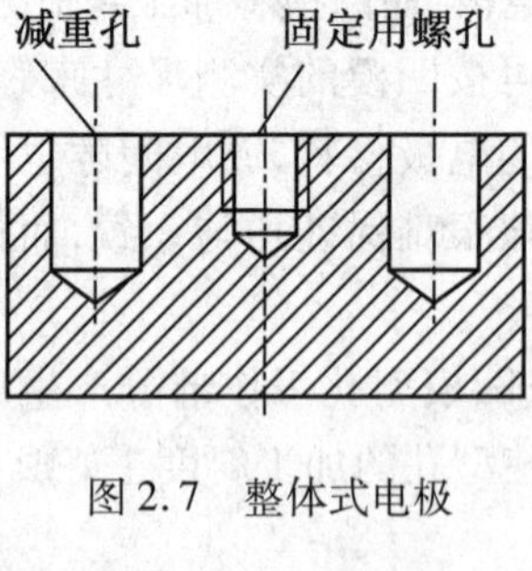

图 2.7 整体式电极

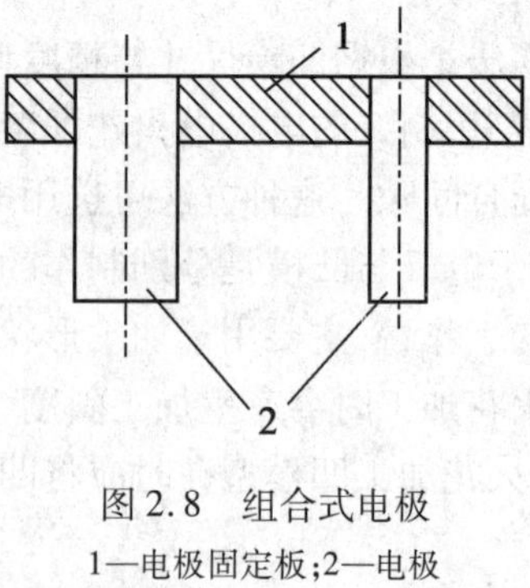

图 2.8 组合式电极

1—电极固定板；2—电极

③镶拼式电极。对于形状复杂的电极，采用整体结构又不便加工时，通常将其分成几块，分别加工后再镶拼成整体，这种电极称为镶拼式电极，如图 2.9 所示。镶拼式电极既便于加工，又节省材料，常用于复杂型孔的加工。

(3)电极尺寸。

电极尺寸包括电极截面尺寸和电极长度尺寸。

①电极截面尺寸。根据凸、凹模图样上尺寸及公差的标注方式不同,电极截面尺寸按下述两种情况确定。

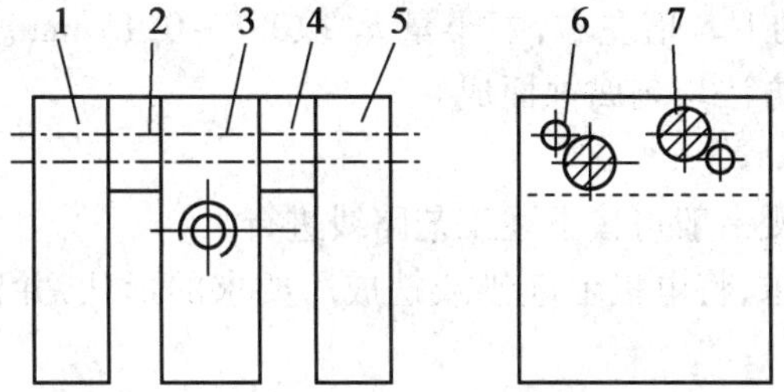

图 2.9　镶拼式电极

1,2,3,4,5—电极拼块;6—定位销;7—固定螺钉

(a)当凹模型孔标注尺寸及公差时,电极的截面尺寸按型孔尺寸均匀地缩小一个放电间隙 δ。

(b)当凸模标注尺寸及公差,而凹模按凸模配作保证双面配合间隙 Z 时,电极的截面尺寸根据配合间隙 Z 的大小不同而分三种情况确定:配合间隙等于放电间隙($Z=2\delta$)时,电极截面尺寸与凸模截面尺寸完全相同;配合间隙小于放电间隙($Z<2\delta$)时,电极截面尺寸应相比于凸模截面尺寸均匀地缩小$(2\delta-Z)/2$;配合间隙大于放电间隙($Z>2\delta$)时,电极截面尺寸应相比于凸模截面尺寸均匀地放大$(2\delta-Z)/2$。

电极截面尺寸的公差一般取型孔制造公差的 1/2 ~ 1/3,以考虑加工过程中机床、装夹校正等误差的影响。电极工作表面的粗糙度值应不大于型孔要求的表面粗糙度值,一般可取为相等。

②电极长度尺寸。电极长度尺寸取决于所加工零件的厚度、电极材料、使用次数、装夹形式、型孔的结构形状与尺寸、电加工余量等因素,一般情况可按下式计算(图 2.10(a)和(b)):

$$L=kt+h+l+(0.4\sim0.8)(n-1)kt \tag{2.1}$$

式中　L——电极长度,mm;

t——型孔有效厚度(电火花加工深度),mm;

h——当型孔底部挖空时电极需增加的长度,mm;

l——需夹持电极时而增加的长度,一般取10 ~ 20 mm;

n——电极使用次数;

k——与电极材料、型孔复杂程度等因素有关的系数。一般对于紫铜 k 为 2 ~ 2.5;对于黄铜 k 为 3 ~ 3.5;对于石墨 k 为 1.7 ~ 2;对于铸铁 k 为 2.5 ~ 3;对于钢 k 为 3 ~ 3.5。当电极损耗小、型孔简单、电极轮廓无尖角时 k 取小值,反之 k 取大值。

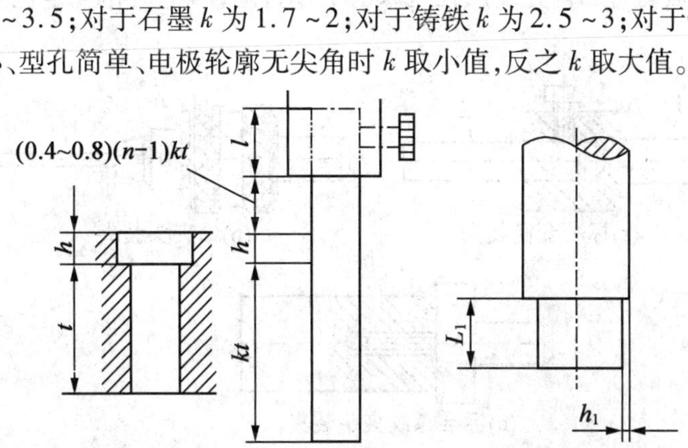

(a)反置型孔　(b)电极长度尺寸　(c)阶梯电极尺寸

图 2.10　电极长度尺寸

生产中为了减少脉冲参数的转换次数,简化操作,有时将电极适当加长,并将加长部分的截面尺寸均匀减小,做成阶梯电极,分别完成粗、精加工,如图 2.10(c)所示。阶梯部分的长度 L_1 一般取型孔有效厚度的 1.5 倍左右,缩小量 h_1 取0.1 ~ 0.15 mm。由于阶梯部分缩小量较小,一般可通过化学浸蚀方法均匀腐蚀而成。

(4)电极的制造。

若电极是单独制造,则一般可按下述工艺路线进行。

①刨或铣:按图样要求,将电极毛坯刨或铣成所要求的形状,并留有 1 mm 左右的加工余量。

②平磨:在平面磨床上磨六面(铜及石墨电极应在小台钳上用刮研的方法刮平或磨平)。

③画线:按图样要求在画线平台上划出电极截面轮廓线。

④刨或铣:按画线在刨床或铣床上加工成形,并留有 0.2 mm 左右的精加工余量。

⑤成形磨削或仿刨:对于铸铁或钢质电极,可用成形磨削加工成形;而对于铜电极,不能用成形磨削,可采用仿形刨削加工成形。

⑥退磁处理及钳工修整:将电极进行退磁处理后再按图样要求精修成形,并进行钻孔和装配等工作。

电极的加工除采用上述方法外,还可采用电火花线切割加工成形。电极加工后都应经钳工修整后才使用,其表面粗糙度值应小于 1.6 μm。

3. 凹模的准备

凹模的准备是指用电火花加工前凹模应达到的加工要求。为了提高电火花加工效率,保证加工精度和便于工作液强迫循环,凹模应先将型孔的大部分余量去除,只留出 0.3 ~1.5 mm 的单边余量,并经过热处理后平磨上、下面及基准,最后进行退磁处理后方可进行电火花加工。

4. 电极和工件的装夹与定位

(1)装夹。

整体式电极大多数是用通用夹具直接装夹在电火花机床主轴下端。如直径不大的电极可用标准套筒装夹(图 2.11(a))或钻夹头装夹(图 2.11(b));尺寸较大的电极可用标准螺纹夹头装夹(图 2.11(c));多电极可用通用夹具加定位块装夹,或用专用夹具装夹;镶拼式电极一般用连接板连接成所需的整体后再装到机床上校正。

工件的装夹一般是将工件先安放在机床的工作台上,与电极相互定位后再用压板和螺钉压紧。

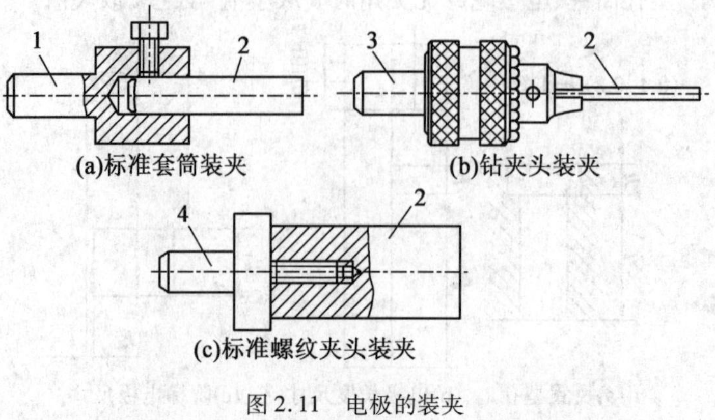

(a)标准套筒装夹　(b)钻夹头装夹

(c)标准螺纹夹头装夹

图 2.11　电极的装夹

1—标准套筒;2—电极;3—钻夹头;4—标准螺纹夹头

(2)校正。

电极装夹完毕后必须进行校正,使其轴心线(或轮廓素线)垂直于机床的工作台面(或凹模平面)。常用的校正方法有精密角尺校正和百分表校正两种。其中精密角尺校正是利用精密角尺对准缝隙来校正电极与工作台的垂直度,直至上下缝隙均匀为止(图 2.12(a));百分表校正是将百分表靠在电极上,通过上下移动电极时百分表的跳动量来校正电极与工作台的垂直度,直至百分表指针基本不动为止(图 2.12(b))。

(3)定位。

定位是指确定电极与工件之间的相互位置,以达到一定的精度要求。常用的定位方法有画线法和块规角尺法。其中画线法是先按图样在凹模的两面划出型孔线,再沿线打样冲眼,电火花加工时根据凹模背面的样冲眼确定电极的位置,此法适用于定位要求不高且凹模背面不加工台阶的情况;块规角尺法是先在凹模上磨出一个角尺面作为定位基准,然后使精密角尺与凹模的角尺面吻合,再在角尺与电极之间填入块规便可确定型孔的位置,如图 2.13 所示。

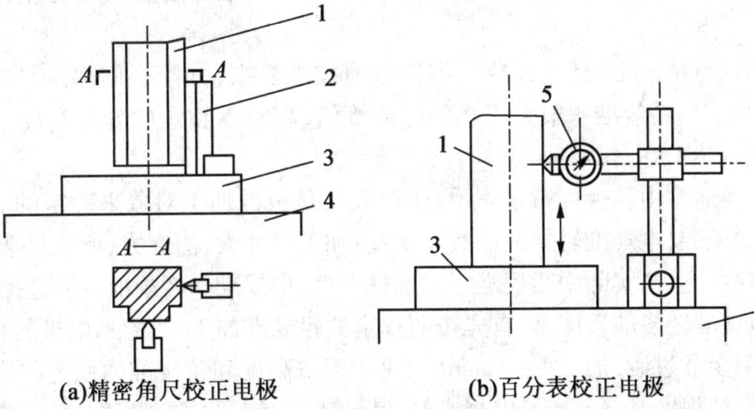

图 2.12　电极的校正

1—电极;2—角尺; 3—凹模; 4—工作台;5—百分表

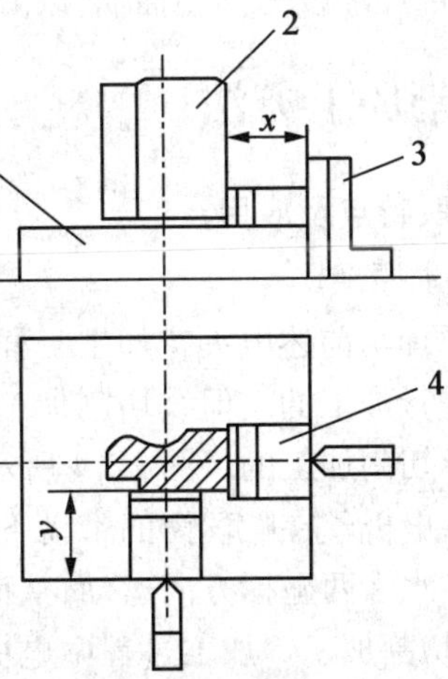

图 2.13　块规角尺定位法

1—凹模;2—电极;3—精密角尺; 4—块规

5. 电规准的选择与转换

电规准是指在电火花加工过程中使用的一组电脉冲参数,如电流峰值、脉冲宽度、脉冲间隔等。电规准选择是否恰当不仅影响模具的加工精度,还直接影响加工生产率和经济效益,应根据工件的加工要求、电极和工件材料、加工工艺指标和经济效果等进行选择,并在加工过程中正确及时地转换。

冲模加工时,常选择粗、中、精三种加工规准,每一种又可分数挡。从一个规准调整到另一个规准称为规准的转换。

粗规准主要用于粗加工,一般采用较大的电流峰值和较长的脉冲宽度(20 ~60 μs)。粗规准的加工速度较高,电极损耗小(钢电极损耗在10%以下),被加工表面粗糙度为12. 5 ~6. 3 μm。

中规准是粗、精加工间过渡性加工所采用的规准,用以减小精加工余量,促进加工稳定性和提高加工速度。中规准采用的脉冲宽度一般为6 ~20 μs,被加工表面粗糙度为3. 2 ~1. 6 μs。

精规准用来进行精加工,是达到冲模零件各项技术要求(如配合间隙、刃口斜度、表面粗糙度等)的主要规准。精规准一般采用小的电流峰值、高频率和短的脉冲宽度(2 ~6 μs),被加工表面粗糙度可达1. 6 ~0. 8 μm。

电规准的转换通常由转换挡数来表示,而挡数又是根据加工对象来确定的。一般加工尺寸小、形状简单的型腔,电规准转换的挡数可少些;加工尺寸大、深度大、形状复杂的型腔,电规准转换挡数应多些。生产实际中粗规准一般选择1挡,中规准和精规准一般选择2 ~4挡。

冲模加工电规准转换的程序是:首先按照选定的粗规准加工,当阶梯电极的台阶处进给到刃口时,转换成中规准过渡,加工1 ~2 mm(取决于刃口高度和精规准的稳定程度)后,再转为精规准加工,用末挡规准修穿。转换电规准时,其他工艺条件也要适当配合,如粗规准加工时排屑容易,冲油压力应小些;转入精规准后加工深度增加,放电间隙小,排屑困难,冲油压力应逐渐增大;当穿透工件时,冲油压力要适当降低;对加工斜度要求很小、精度要求较高和表面粗糙度值要求较小的冲模,应将上部冲油改为下端抽油,以减小二次放电的影响。

2.3.4 电火花线切割加工方法

1. 电火花线切割加工的原理、特点及应用

(1)电火花线切割加工的基本原理。

电火花线切割加工的基本原理与前述电火花加工一样,也是通过工具电极和工件之间脉冲放电时的电腐蚀作用对工件进行加工的。但线切割加工无须制作成形工具电极,而是采用移动着的细金属丝作为电极进行切割加工的。图2. 14所示为电火花线切割加工原理,工件接脉冲电源的正极,电极丝接负极,电极丝在贮丝筒的带动下以一定速度运动,而安装工件的工作台相对电极丝按预定的要求在水平两坐标方向运动,从而使电极沿着工作台所合成出的轨迹曲线对工件进行电腐蚀,实现切割加工。加工过程中电极丝与工件之间浇以循环流动的工作液,以便及时带走电蚀产物。电极丝以一定速度运动(称为走丝运动)可减小电极损耗,且不被放电火花烧断,同时也有利于电蚀产物的排除。

我国广泛使用的电火花线切割机床主要是数控电火花线切割机床,按其走丝速度分为快走丝和慢走丝两种。

快走丝线切割机床采用直径为 0.08 ~ 0.2 mm 的钼丝或直径为 0.03 ~ 0.1 mm 的钨丝作为电极，走丝速度约为 8 ~ 10 m/s，且为双向往复循环运行，反复通过加工间隙。工作液通常采用5%左右的乳化液及去离子水等。常用脉冲电源的脉宽为 0.1 ~ 100 μs，频率为 10 ~ 100 kHz。目前，该类机床的加工精度可达 ±0.01 mm，表面粗糙度为 2.5 ~ 0.63 μm，一般生产效率可达 30 ~ 40 mm^2/min，切割厚度最大可达 500 mm。

慢走丝线切割机床采用直径为 0.03 ~ 0.35 mm 的铜丝作为电极，走丝速度为 3 ~ 12 m/min，电极丝只是单向通过加工间隙，不重复使用，避免了电极损耗对加工精度的影响。工作液主要是去离子水和煤油。该类机床的加工精度可达 ±0.001 mm，表面粗糙度可达 0.32 μm。这类机床还能进行自动穿电极丝及自动卸除加工废料等，自动化程度较高，但其售价比快走丝线切割机床的售价要高得多。目前国内主要生产和使用的是快走丝数控电火花线切割机床。

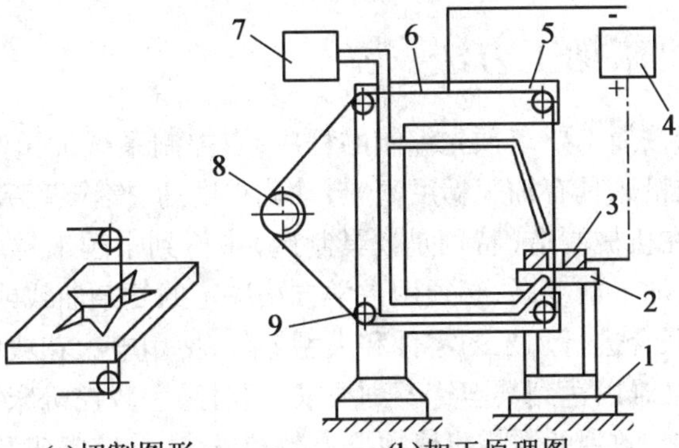

图 2.14　电火花线切割加工原理

1—工作台；2—夹具；3—工件；4—脉冲电源；5—线架；6—电极丝；7—工作液箱；8—贮丝筒；9—导轮

(2)电火花线切割加工的特点与应用。

电火花线切割加工与电火花穿孔加工相比具有如下特点：

①不需要另行设计制作电极，因而缩短了生产周期。

②由于电极丝比较细小，因此可以方便地加工出形状复杂、细小的内外成形表面，克服了成形磨削不宜加工内成形表面和电火花不宜加工外成形表面的缺点。采用四轴联动，还可加工锥面和上下异形体等零件。

③制造冲模时，在凸、凹模间隙适当(等于放电间隙)的情况下，凸、凹模可以同时加工出来，且间隙均匀。

④因电极丝在加工过程中做快速移动，且采用了正极性加工，所以电极丝的损耗很小，有利于提高加工精度。

⑤只要编制不同的程序就可加工不同的工件，灵活性强且自动化程度高，操作方便，加工周期短，成本低。

由于电火花线切割加工具有许多突出的优点，因而在国内外发展得都较快，已获得了广泛的应用。在冲模制造中，电火花线切割可用来加工各种材料和硬度的凸模、凹模、卸料型孔与固定板安装孔等，特别是用来加工形状复杂、带有尖角窄缝的小型凹模型孔或凸模，也可用来加工样板及电极。

2. 电火花线切割加工工艺

电火花线切割加工冲模工作零件的工艺过程如图 2.15 所示。

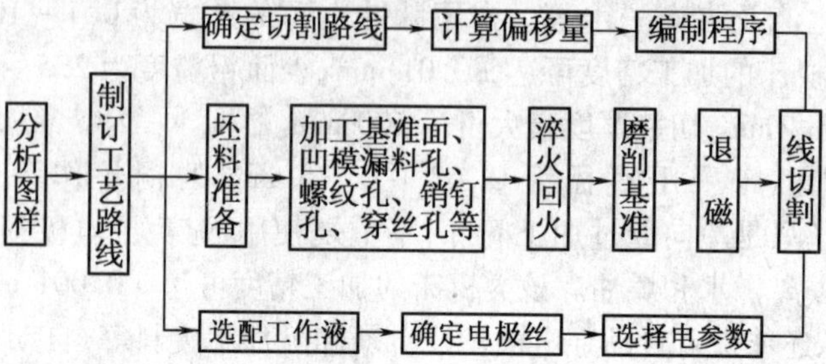

图 2.15　电火花线切割加工冲模工作零件的工艺过程

2.3.5　数控机床加工方法

数控机床通常是指按加工要求预先编制的程序，由控制系统发出数字信息指令进行工作的切削加工机床。数控机床具有加工精度高、自动化程度高、操作者劳动强度低及利于生产管理等一系列优点，因而在机械制造（特别是模具制造）中得到了越来越广泛的应用。在冲模制造中，对一些形状复杂、加工精度高、必须用数学方法决定的复杂曲线或曲面轮廓的零件，以及需钻、镗、铰、铣等工序联合进行加工的零件和大型零件，使用电火花或电火花线切割加工不太适合，用普通机械加工又难以达到甚至达不到要求，这时采用数控机床加工就比较方便了。

目前，在冲模加工中，常用的数控机床主要有数控铣床、数控磨床及数控加工中心等。

1. 数控铣床加工

数控铣床的控制系统是一台小型的电子计算机，它不但能使刀具和工件自动移动到按程序指令指定的位置上进行加工，而且还能自动修正刀具的尺寸和变换主轴的速度，实现复杂形状零件的精密加工。

数控铣床主要用来加工各种平面、沟槽及复杂曲面。根据被加工零件的复杂程度和精度要求不同，可采用两坐标联动、三坐标联动或五坐标联动的数控铣床。其中五坐标联动的数控铣床的铣刀轴可一直保持与加工面呈垂直状态，除可大幅度提高精度外，还可以对侧凹部分进行加工，大大提高了加工效率。

数控铣床在加工零件时，还具有刀具偏置和对称加工两个功能，从而给加工冲模零件带来了极大的方便性。刀具偏置功能是指能够根据程序编制所确定的切削轨迹向内侧或外侧自由偏置一个距离，这样在加工冲模的凸、凹模及卸料板过孔时，只需编制一个程序，加工时通过刀具偏置功能即可保证相互之间的间隙要求。对称加工功能是指能够通过简单的对称加工程序使机床加工出与某坐标轴完全对称的型面，即机床的进给可按数控指令的方向或相反的方向运动，刀具轴也能自由反转，而数控指令方向以外的其他指令仍然不变。

为提高加工精度和生产效率，目前又出现了一种数控和仿形相结合的多功能数控铣床。这种铣床一是能进行自动仿形加工；二是能将仿形控制与数控相结合，收集仿形动作及仿形条件的资料并进行储存，可模拟控制数值化加工；三是由于仿形加工与数控加工相结合，即主要形状用仿形加工，其他附加加工及孔加工用数控加工，这样可大大提高加工效率，且精度也可大大改善，为冲模零件的精密加工提供了极方便的条件。

2. 数控磨床加工

目前利用数控技术进行磨削加工的主要方法有数控成形磨床加工和连续轨迹坐标磨床加工。

(1)数控成形磨床加工。

利用数控成形磨床进行成形磨削的方式主要有三种:第一种方式是利用数控装置控制安装在工作台上的砂轮修整装置,自动修整出所需的成形砂轮,然后利用成形砂轮磨削工件;第二种方式是利用数控装置将砂轮修整成圆弧或双斜边圆弧形,然后由数控装置控制机床的垂直和横向进给运动,完成成形磨削加工;第三种方式是前两种方式的组合,即磨削前用数控装置将砂轮修整成工件形状的一部分,再控制砂轮依次磨削工件的不同部位,这种方法适用于磨削具有多处相同型面的工件。

数控成形磨削较普通成形磨削的自动化程度和磨削精度都高,现已进入实用阶段,为复杂精度模具零件的加工自动化提供了便利的条件。

(2)连续轨迹坐标磨床加工。

连续轨迹坐标磨床的特点是可以连续进行高精度的轮廓形状磨削,并且可以磨削具有曲线组合的型槽,可用于级进冲模、精密冲模中高精度零件的精加工,是目前比较先进的磨削加工设备之一。

利用连续轨迹坐标磨床进行磨削加工的特点是可连续不断地对零件进行加工,从而大大缩短了加工时间;加工可不受操作者技术水平的限制,完全可进行无人化运行;可进行高精度的轮廓形状加工,并能确保冲模的凸、凹模间隙均匀。

3. 数控加工中心加工

数控加工中心是一种多工序自动加工机床。它配有能容纳数十种甚至上百种刀具的刀库和相应的机械手,具有按程序自动换刀、工件换位和多坐标自动控制,可以在工件的一次安装中连续完成多个表面、多个工位的车、铣、镗、钻、攻螺纹等多种切削加工。利用数控加工中心可对冲模零件进行如下几方面的加工:

(1)多孔加工。

有些冲模,特别是大中型冲模,往往在零件上设有很多圆孔,并且孔的大小不一,这种情况下采用数控加工中心自动加工最为方便。

(2)成形加工。

只要在数控加工中心上输入正确的加工程序(可通过自动编程装置或CAD/CAM自动编程系统编制),即可对任何形状的工件进行自动加工,并且从粗加工到精加工都可预定刀具和选择切削条件,因此可用来加工精度要求高、形状复杂的冲模工作零件或各种模板。

2.3.6 其他加工方法

1. 冷挤压加工

冷挤压加工是利用淬硬的挤压冲头或挤压圈,在油压机的高压作用下缓慢挤入具有一定塑性的坯料,获得与冲头外形或挤压圈内形相同、凸凹相反的模具零件的一种无切屑的压力加工方法。冷挤压加工的加工精度较高,表面质量好,有的淬火后可不再进行磨削,且生产效率高,一个冲头或挤压圈可重复加工多个工件,因此多用于加工冲模中形状比较复杂、数量较多的同类凸模或凹模的工作型面。如电动机定子片及转子片中的凸、凹模,由于每一副冲模中需要十余个同样规格大小的凸模及凹模型孔，则非常适宜采用冷挤压加工。

(1)冷挤压加工凸模。

图2.16所示为冷挤压加工凸模的工作示意图，压套由45钢制成，而第一挤压圈与第二挤压圈则是由Cr12钢或硬质合金制成，并经热处理淬硬至HRC 60~62。压套与挤压圈用销钉紧固，第二挤压圈内型腔形状及尺寸与凸模要求的形状及尺寸相同，而第一挤压圈应比第二挤压圈内孔周边大0.05~0.08 mm。挤压时，为了让凸模能顺利地进入挤压圈，在压套的上端安装有导向板，挤压时作导向用。

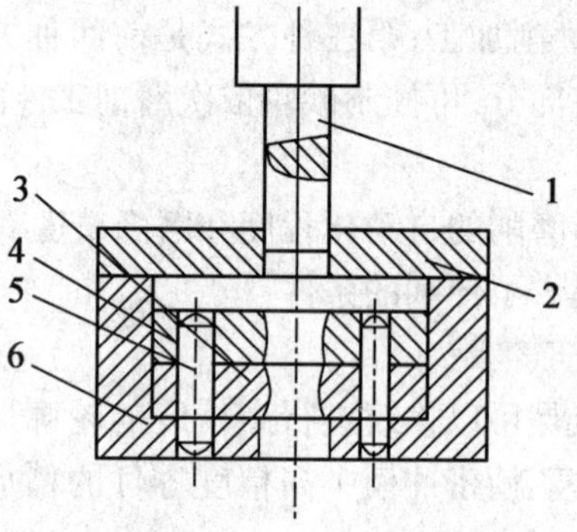

图2.16 冷挤压加工凸模的工作示意图
1—凸模；2—导向板；3—第二挤压圈；4—第一挤压圈；5—销钉；6—压套

凸模毛坯在挤压前，应经刨、磨加工成形，各面只留0.1 mm左右的挤压余量。经挤压后的凸模再经钳工适当修整并淬硬后即可使用。

(2)冷挤压加工凹模型孔。

用冷挤压方法加工凹模型孔时，先应将所要加工的凹模型孔用机械加工方法加工成形，周边留0.2~0.3mm的挤压余量。然后用挤压冲头对凹模型孔进行挤压，根据凹模精度及余量可用2~3个冲头依次挤压，每次挤去0.07~0.1 mm的余量。冷挤压后的凹模再经磨削后，钳工对其稍加修整并经热处理淬硬即可使用。

2. 电解加工

电解加工是利用金属在外电场的作用下于电解液中所产生的阳极溶解作用，使零件加工成形的一种方法。利用电解加工可以对零件进行成形磨削、抛光、修磨等加工，在冲模制造中广泛应用于凸、凹模(特别是硬质合金等难加工材料的凸、凹模)的成形加工及精加工。这里只简要介绍电解成形和电解磨削的加工原理及特点。

(1)电解成形。

图2.17所示为电解成形的加工原理，在工具电极和工件之间接上直流电源，工件接电源正极(阳极)，工具电极接电源负极(阴极)，并使工件与电极之间保持较小的间隙(一般为0.1~1 mm)，在间隙中通过高速流动(流动速度为50~60 m/s)的电解液。当接通电源，给阳极和阴极之间加上直流电压(5~25 V,1 000~10 000 A)时，阳极(工件)表面便不断溶解。由于阳极与阴极之间各点距离不等，则电流密度也不一样，因而阳极表面的溶解速度也不相同，距离小的地方溶解速度快。随着阴极不断进给，阳极表面不断被溶解，电解产物也不断被电解液冲走，最终阳极(工件)表面与阴极(电极)表面达到基本一致，从而在工件上加工出相似于电极表面相反形状的工作型面。

采用电解成形加工冲模零件的特点是:加工效率高,一般比电火花加工效率高 4 倍,比一般机械加工效率高十几倍;加工过程中工具电极基本不损耗,故可重复使用;不受工件材料和硬度的限制;加工精度可达 0.05 ~0.2 mm,表面粗糙度可达 0.6 ~0.2 μm。但电解加工设备投资大,电解液对设备和工艺装备有腐蚀作用。

电解成形加工的电极材料可采用 20 钢、20Cr、45 钢、45Cr、1Cr18Ni9Ti 及黄铜等,经铣削后由钳工按样板修整成形。根据工件材质不同电解液可采用不同的配方,如加工碳钢及合金钢时,可采用 $NaNO_3$(20%[①]) + NaCl(3% ~10%)或 NaCl (7% ~18%);加工 YG 类硬质合金时,可采用 NaOH(8% ~10%) + 酒石酸(8% ~16%) + NaCl(2%) + CrO_3(0.2% ~0.5%)。经电解加工后的零件可采用 $NaNO_3$(2%) + $NaCO_3$(0.6%) + 甘油(0.5%)的防腐剂处理,以防锈蚀。

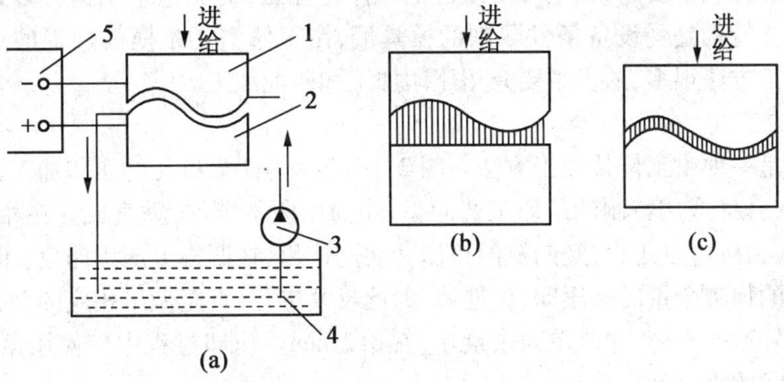

图 2.17　电解成形的加工原理

1—工具电极;2—工件;3—电解液泵;4—电解液;5—直流电源

(2)电解磨削。

图 2.18 所示为电解磨削的加工原理,工件接电源正极(阳极),导电砂轮接电源负极(阴极),两极间保持一定的电解间隙,并在电解间隙中注入电解液。接通电源后,阳极(工件)的金属表面发生化学溶解,表面金属原子失去电子变成离子而溶解于电解液中,同时电解液中氧与金属离子化合在阳极表面生成一层极薄的氧化膜。这层氧化膜具有较高的电阻使阳极溶解过程减缓,这时通过高速旋转的砂轮将这层氧化膜不断刮除,并被电解液带走。这样阳极溶解和机械磨削共同交替作用的结果,使工件表面不断被蚀除而形成光滑和一定尺寸精度的工作型面。

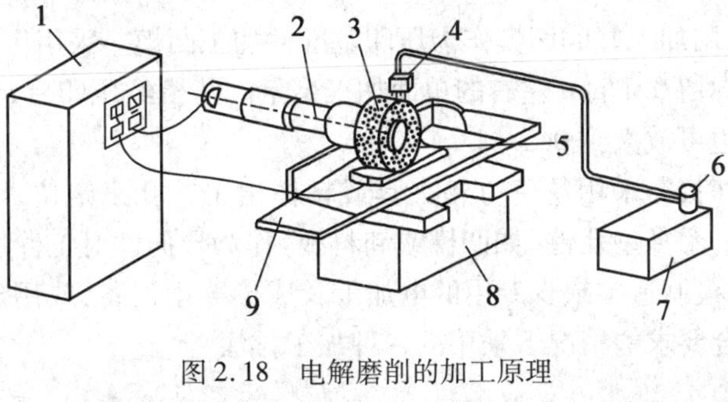

图 2.18　电解磨削的加工原理

1—直流电源;2—绝缘主轴;3—导电砂轮;4—电解液喷嘴;

5—工件;6—电解液泵; 7—电解液箱;8—机床本体;9—工作台

---

① 如无特殊说明,本书中的百分含量均指质量分数。

电解磨削的加工效率高,表面质量好(基本不产生磨削热烧伤和变形,表面粗糙度可达 0.025 ~0.12 μm),而且具有较高的加工精度,所以目前在模具制造中应用较广,特别适用于硬质合金冲模零件的精加工。

电解磨削砂轮目前常用的有金刚石电解磨轮、树脂结合剂电解磨轮、氧化铝(碳化硅)导电磨轮及石墨磨轮等。电解液的配方也较多,其中适用于硬质合金和钢质零件溶解速度相近的配方为 $NaNO_3$(5%) + Na_2HPO_3(1.5%) + KNO_3(0.3%,pH = 8 ~9) + $Na_2B_2O_7$(0.3%) + H_2O(92.9%)。

3. 钳工修整加工

冲模零件的加工主要是机、电加工或机电一体化加工,但无论采用何种方式,也离不开钳工的手工操作。特别是受设备条件限制的模具厂,钳工修整还是模具加工的主要方法之一。钳工修整的加工方法很多,这里主要介绍压印加工和研配加工。

(1)压印加工。

压印加工是一种钳工修整加工方法。图 2.19 所示为凹模型孔的压印加工,将已加工好并经淬硬的成品凸模(或用特制的压印工艺冲头)作为压印基准件,垂直放置在相应的凹模型孔上,通过手动压力机施以压力,经凸模的挤压和切削作用,在凹模上压出印痕,钳工按印痕均匀锉修型孔下部的加工余量后再压印,再锉修,如此反复进行,直至做出相应的型孔。压印前,凹模应预先加工好型孔轮廓,并留单面余量 0.1 ~0.2 mm。压印过程中应使用角尺反复校正基准件与工件之间的垂直度。

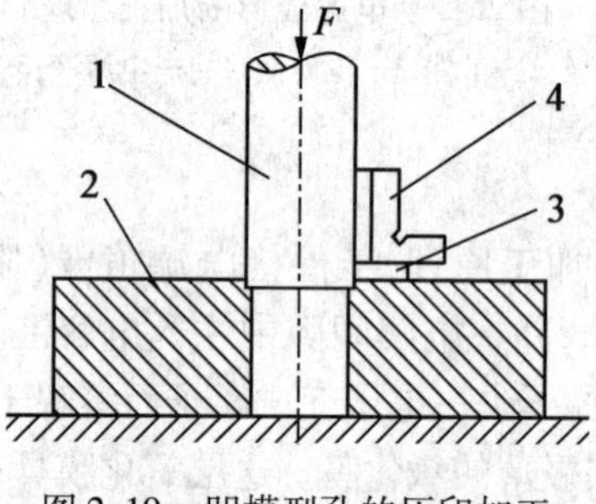

图 2.19 凹模型孔的压印加工
1—成品凸模;2—凹模;3—垫块;4—角尺

压印加工也可以用加工好的凹模作为压印基准件加工凸模。采用压印加工的凸模应经过预先加工,沿刃口轮廓留 0.1 mm 左右的单面加工余量。凸模经压印后,也可按印痕由仿刨加工完成,此时余量每边可放大到 0.5 ~1 mm。

压印多型孔工件时,需采用精密方箱夹具或精镗出工艺孔来定位,以便控制型孔间的位置,也可将已制出的一个多型孔件(如凹模或卸料板)作为导向件对工件进行压印。

压印加工是在冲模制造中缺少专用的电加工及成形磨削设备,或用成形磨削等方法难以达到凸、凹模间隙配合要求的情况下采用的一种加工方法。

(2)研配加工。

研配是一种手工制模精加工方法,主要用于两个互相配合的曲面要求形状和尺寸一致的情况。研配加工的基本过程是:先将一个零件按图样加工好(通常是按样板或样架加工),将其作为基准件,加工另一件时,将基准件的成形表面涂上红丹粉并使基准件与加工件的成形表面相接触,根据在加工件成形表面上印出的接触印痕数量,即可知道两个成形表面的吻合程度。同时,根据接触点位置,即可确定需要修磨的部位,以便进行修磨。经修磨后,再着色检验和进行修磨。如此循环修磨和检验,直至加工件的形状和尺寸与基准件完全一致(即着色检验全部接触)时为止。

冲模钳工的研配通常用于下述两种情况:

①二维曲面的配合。如冲裁凸、凹模刃口是曲线时,凸、凹模的配合面就是二维曲面。当冲裁间隙较小时,机加工达不到精度要求,就需靠钳工研配来保证。

②三维曲面的配合。如复杂形状件拉深或成形凸模和凹模的工作型面一般都是三维曲面,它们的形状和尺寸不易测量,一般都用模型、样架进行研合,着色检验后,再进行修磨成形。

钳工的研配工作一般采用风动砂轮机或在专用的修磨机上进行。研合时,导向要正确,并保证每次研合的方向和位置不变。

4. 快速成形技术

快速成形制造(Rapid Prototyping & Manufacturing, RPM)技术是国外于 20 世纪 80 年代末发展起来的一类先进制造技术。RPM 技术集数控技术、计算机技术和新型材料技术(有些还涉及激光技术)于一体,改变了传统切削加工方法材料递减的加工原理,而采用材料累加原理来制造模型或零件,因此可成形任意复杂形状的零件,也无须刀具、夹具和模具,从而大大缩短了产品的制造周期,提高了产品的竞争力,特别适合于新产品开发或多品种、小批量零件的制造。目前,RPM 技术已成为加速新产品开发及实现并行工程的有效手段,一些工业发达国家(如美国、日本等)已经全面应用这一技术来提高制造业的竞争能力。

快速成形技术制造零件的工艺流程如图 2. 20 所示。首先在计算机上设计零件的三维 CAD 模型,然后运用 CAD 软件对零件进行分层切片离散化,分层厚度应根据零件的技术要求及加工设备分辨能力等因素综合考虑。分层后对切片进行网格化处理,所得数据经过计算机进一步处理后生成 STL 格式文件,然后利用 STL 格式文件通过计算机控制造型工具(如激光等)扫描各层材料,生成零件的各层切片形状,并实现各层切片之间的连接,以得到所要求的原型或零件。

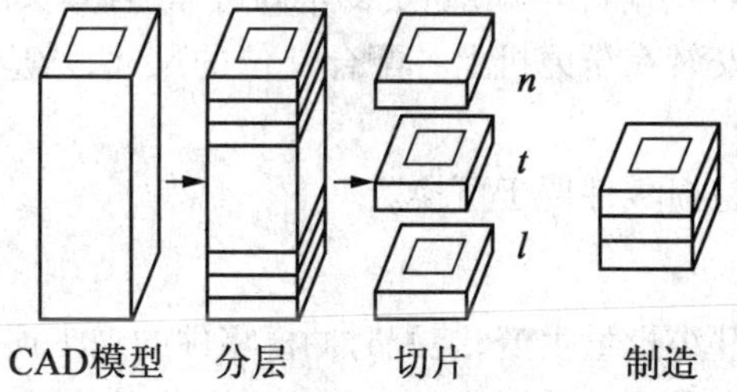

图 2. 20　快速成形技术制造零件的工艺流程

RPM 技术开创了不需任何机械加工而快速精确制造模具的方法。用 RPM 技术制造模具的方法一般是:先用 RPM 技术制造原型零件(其材料通常为树脂、胶纸、石蜡等),再通过喷涂法、石膏模铸造、实型铸造、熔模铸造等方法制造模具零件。也可用 RPM 技术直接制造模具零件,如用 RPM 技术中的选择性激光烧结法(Selective Laser Sintering, SLS)可直接烧结合金粉末制造金属零件。

RPM 技术应用在冲模制造中,可制造中等精度和型面复杂的拉深模、成形模及简易冲模(如锌基合金冲模)等,与机械加工相比其生产周期可缩短 40% ~60%,生产成本可降低 50% ~70%。一般来说,生产的零件数量越少,形状越复杂,RPM 技术就越显示其加工优越性。目前,RPM 技术和铸造的结合已在企业中产生了巨大的经济效益。随着 RPM 技术原型精度的提高,它在模具制造领域的应用也会前景光明。

2.4 冲模的装配

冲模的装配是根据模具结构特点和技术条件,以一定的装配顺序和方法,将符合图样技术要求的模具零件,经适当协调加工后组装成满足使用要求的模具整体。在装配过程中,既要保证配合零件的配合精度,又要保证零件之间的位置精度,对于需做相对运动的零部件,还必须保证它们之间的运动精度。因此,冲模装配是最后实现冲模设计和冲压工艺意图的过程,是冲模制造过程中的关键工序。

1. 冲模装配的技术要求

冲模装配后,应达到下述主要的技术要求:

①模具上、下模座的上平面与下底面要保持相互平行,其平行度公差一般在 400 mm 测量范围内公差等级为 IT5 ~ IT6 级,平行度公差在 400 mm 以上的测量范围内公差等级为 IT6 ~ IT7 级。

②模柄的轴心线应与上模座的上平面垂直,其垂直度公差在全长范围不大于 0.05 mm。

③用导柱、导套导向的模具,导柱、导套的轴心线应分别垂直于下模座的下底面与上模座的上平面,其垂直度公差在 160 mm 测量范围内公差等级为 IT4 ~ IT5 级,垂直度公差在 160 mm 以上测量范围内公差等级为 IT5 ~ IT6 级。同时应保证导柱、导套的配合间隙均匀,上模座沿导柱上、下移动时应平稳且无阻滞现象。

④凸模与凹模的间隙沿工作型面应均匀一致,并符合设计要求。

⑤保证冲压时坯料在冲模内的定位准确可靠,卸料与推件动作协调灵活,出件与退料畅通无阻,使模具各部分能协调地动作并冲出合格的冲压件。

⑥模具的紧固件(如螺钉、销钉等)应固定得牢固可靠,且其头部均不得高出安装基面。

⑦模具的闭合高度及安装在压力机上各配合部位的尺寸,均应符合所选压力机的规格要求。

⑧模具装配时应考虑易损零件便于更换。

2. 冲模的装配方法

由于冲模生产属于单件小批量生产,装配时冲模零件的加工误差积累会影响装配精度,因此传统的冲模装配工艺基本上都是采用修配和调整的配作装配法。近年来,随着模具加工技术的飞速发展,模具加工多采用先进的数控技术及计算机加工系统,因而对模具零件可以进行高精度的加工,而且模具的检测手段日益完善,使模具装配工作变得越来越简捷。装配时,只要将加工好的零件直接连接起来,不必或少量修配就能满足装配要求。因此冲模的装配方法大致有以下两种:

(1)配作装配法。

配作装配法是在零件加工时,只需对有关工作型面或型孔部位进行高精度加工,其余部位则按经济加工精度确定制造公差,装配时,由钳工采取配作或调整等方法使各零件装配后的相对位置保持正确关系,满足预定的装配精度要求。这种方法即使没有坐标镗床等高精度设备,也能装配出高质量的模具,从而实现能用精度不高的组成零件达到较高的装配精度,降低了零件的加工要求。但装配时耗费的工时较多,且需要钳工有很高的实践经验和技术水平。

(2)直接装配法。

直接装配法是装配前将模具所有零件的型面、型孔及安装孔等全部按图样加工完毕,装配时只要把各零件按一定顺序和方法连接在一起即可。当装配后的位置精度达不到要求时,只需适当修配某些零件来进行调整。这种装配方法简便迅速,且便于零件的互换,但模具的装配精度主要取决于零件的加工精度,为此要有先进的高精度加工设备及测量装置才能保证模具的质量。

在装配过程中究竟应选择上述哪种装配方法,在考虑时必须充分分析该冲模的结构特点、冲模零件加工工艺及加工精度等因素,以选择最方便又最可靠的装配方法来保证冲模的质量。如在零件加工中,若主要使用了电加工机床、数控机床等精密设备加工,由于加工出来的零件质量及精度都很高,且模架又采用了标准模架结构,则可采用直接装配法。反之,如果没有高精度加工设备,又没有采用标准模架,则只能采用配作装配法。

3. 冲模装配的工艺流程

冲模装配的工艺流程就是将冲模零件装配成模具整体的过程,一般按如下顺序和方法进行。

(1)做好装配前的准备。

在冲模装配之前,应做好以下准备工作:

①认真研究模具设计图样和冲模装配技术验收条件,并根据模具结构特点和技术要求制订合理的装配工艺方案。

②根据总装图上的零件明细表清点和清洗零件,并仔细检查主要零件工作部位的尺寸、精度和表面质量。

③清理布置好工作场地,准备好必要的装配工具、夹具、量具和所需的辅助材料。

(2)组件装配。

组件装配是指在冲模总装配前,将两个或两个以上的零件按照规定的技术要求连接成一个组件的局部装配工作,如凸模或凹模与其固定板的组装、卸料零件的组装等。零件的组装一定要按技术要求进行,这对整副模具的装配精度起到一定的保证作用。

本章思考与练习题

1. 试述冲模制造的工艺流程及特点。

2. 铣床加工与刨床加工相比有何相同和不同之处? 其各适应加工什么类型和要求的零件?

3. 试比较光学曲线磨床与坐标磨床的加工特点与适应范围。

4. 对于具有圆形型孔的多型孔凹模,加工时应如何保证各型孔之间的位置精度?

5. 在机械加工中,非圆形凸模和凹模的粗(半精)加工、精加工分别采用哪些方法? 试比较这些加工方法的优缺点。

6. 在冲模零件加工中,保证非淬硬零件(如凸模固定板、卸料板)与淬硬零件(如凹模、凸凹模)之间型孔(包括圆形孔、非圆形孔)位置一致的工艺方法有哪些?

7. 用于冲模数控加工的机床有哪些? 一般什么情况下采用数控机床加工?

8. 什么是电火花加工中的极性效应? 加工时如何选择加工极性?

9. 在用电火花加工方法进行凹模型孔加工时,怎样保证凸模与凹模的配合间隙?

10. 电火花加工与电火花线切割加工各有何优点?在冲模加工中,什么情况下采用电火花加工?什么情况下采用电火花线切割加工?加工前工件应达到什么要求?

11. 冲孔凸模刃口形状与尺寸如图 2.21 所示,凹模按凸模配作,保证间隙(双面)$Z = 0.04$ mm。现凹模采用电火花加工,已知加工时的放电间隙(单边)$\delta = 0.03$ mm,试确定加工电极的横断面尺寸,并作图标注。

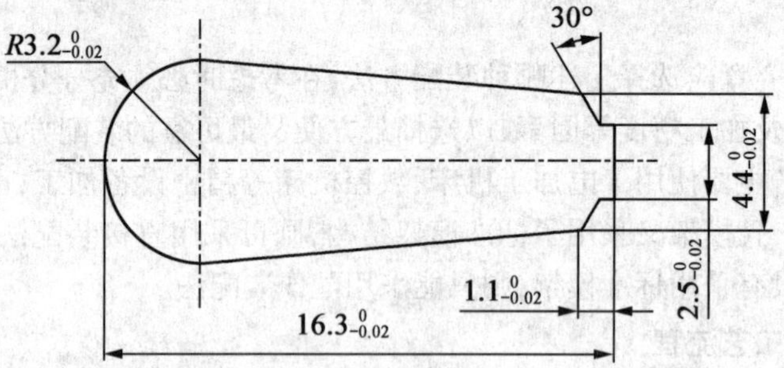

图 2.21　题 11 图

12. 图 2.22 所示为某落料凹模型孔,凸模按凹模配作,保证双面间隙为 0.06 mm,试编写凹模和凸模的线切割加工程序。已知电极丝为 ϕ0.12 mm 的钼丝,单边放电间隙为 0.01 mm。

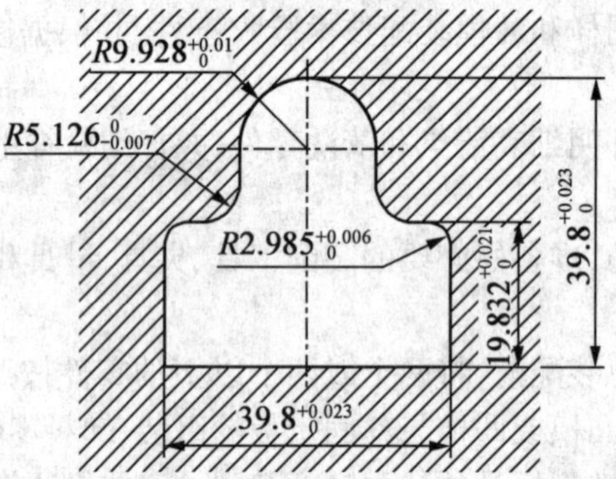

图 2.22　题 12 图

13. 冲模装配应达到哪些技术要求?常用的装配方法有哪几种?分别适应何种场合?

14. 试述冲模调试的目的及内容。

第3章　冲裁模设计与制造

冲裁是利用模具使板料产生相互分离的冲压工序。冲裁工序的种类很多，常用的有切断、落料、冲孔、切边、切口及剖切等。但一般来说，冲裁主要是指落料和冲孔。从板料上沿封闭轮廓冲下所需形状的冲件或工序件称为落料；从工序件上冲出所需形状的孔（冲去部分为废料）称为冲孔。例如，冲制一个平面垫圈，冲其外形的工序是落料，冲其内孔的工序是冲孔。

冲裁是冲压工艺中最基本的工序之一，它既可直接冲出成品零件，又可为弯曲、拉深及成形等其他工序制备坯料，因此在冲压加工中应用非常广泛。根据变形机理不同，冲裁可以分为普通冲裁和精密冲裁两大类。普通冲裁是以凸、凹模之间产生剪切裂纹的形式实现板料的分离；精密冲裁是以塑性变形的形式实现板料的分离。精密冲裁冲出的零件不但断面垂直、光洁，而且精度也比较高，但一般需要专门的精冲设备及精冲模具。

本章主要介绍普通冲裁的工艺、模具设计与制造等内容。

3.1　冲裁变形过程分析

3.1.1　冲裁变形过程

图3.1所示为冲裁工作示意图，凸模与凹模具有与冲件轮廓相同的锋利刃口，且相互之间保持均匀合适的间隙。冲裁时，板料置于凹模上方，当凸模随压力机滑块向下运动时，便迅速冲穿板料进入凹模，使冲件与板料分离而完成冲裁工作。

从凸模接触板料到板料相互分离的过程是在瞬间完成的。当凸、凹模间隙正常时，冲裁变形过程大致可分为以下三个阶段。

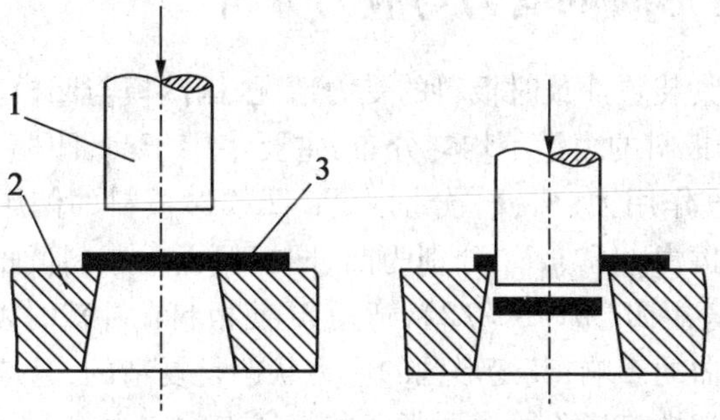

图3.1　冲裁工作示意图

1—凸模；2—凹模；3—板料

1.弹性变形阶段

如图3.2(a)所示，当凸模接触板料并下压时，在凸、凹模的压力作用下，板料开始产生弹性压缩、弯曲及拉伸（$AB' > AB$）等复杂变形。这时，凸模略挤入板料，板料下部也略翘曲挤入凹模洞口，并在与凸、凹模刃口接触处形成很小的圆角。同时，板料稍有翘曲，材料越硬，凸、凹模的间隙越大,板料的翘曲越严重。随着凸模的下压,刃口附近板料所受的应力逐渐增大,直至达到弹性极限,弹性变形阶段结束。

2. 塑性变形阶段

当凸模继续下压,使板料变形区的应力达到塑性条件时,便进入塑性变形阶段,如图3.2(b)所示。这时,凸模挤入板料和板料挤入凹模的深度逐渐加大,产生塑性剪切变形,形成光亮的剪切断面。随着凸模的下降,塑性变形程度增加,变形区材料硬化加剧,变形抗力不断上升,冲裁力也相应增大,当刃口附近的应力达到抗拉强度时,塑性变形阶段便结束。由于凸、凹模之间间隙的存在,此阶段中冲裁变形区还伴随着弯曲和拉伸变形,且间隙越大,弯曲和拉伸变形也大。

3. 断裂分离阶段

当板料内的应力达到抗拉强度后,凸模再向下压入时,则在板料上与凸、凹模刃口接触的部位先后产生微裂纹,如图3.2(c)所示。裂纹的起点一般在距刃口很近的侧面,且一般首先在凹模刃口附近的侧面产生,继而才在凸模刃口附近的侧面产生。随着凸模的继续下压,已产生的上、下微裂纹将沿最大剪应力方向不断地向板料内部扩展,当上、下裂纹重合时,板料便被剪断分离,如图3.2 (d)所示。随后,凸模将分离的材料推入凹模洞口,冲裁变形过程便结束了。

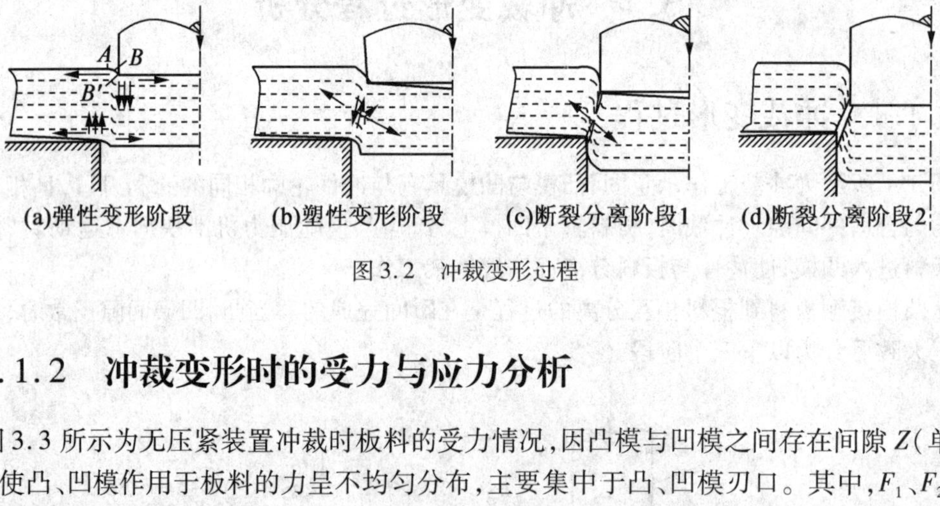

图3.2 冲裁变形过程

3.1.2 冲裁变形时的受力与应力分析

图3.3所示为无压紧装置冲裁时板料的受力情况,因凸模与凹模之间存在间隙Z(单边为$Z/2$),使凸、凹模作用于板料的力呈不均匀分布,主要集中于凸、凹模刃口。其中,F_1、F_2分别为凸、凹模对板料的垂直作用力;F_3、F_4分别为凸、凹模对板料的侧压力;μF_1、μF_2分别为凸、凹模端面与板料间的摩擦力;μF_3、μF_4分别为凸、凹模侧面与板料间的摩擦力。作用力F_1与F_2不在一直线上,形成弯矩M($M \approx F_1 Z/2$),弯矩M使板料在冲裁时发生翘曲。

由于冲裁时板料弯曲的影响,其变形区的应力状态是复杂的,且与变形过程有关。图3.4所示为板料冲裁过程中塑性变形阶段变形区一些特征点的应力状态,可做如下推断。

①A点(凸模侧面):径向受凸模侧压力作用并处于弯曲的内侧,因此径向应力σ_1为压应力;切向受凸模侧压力作用将引起拉应力,而板料的弯曲又引起压应力,因此切向应力σ_2为合成应力,一般为压应力;轴向受凸模的拉拽和垂直方向摩擦力的作用,因此轴向应力σ_3为拉应力。

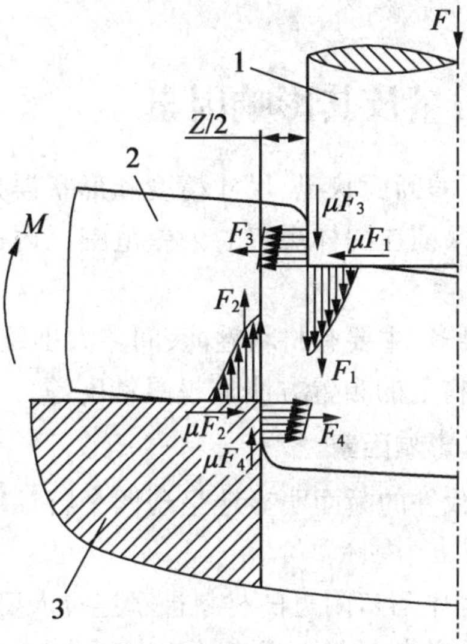

图 3.3　无压紧装置冲裁时板料的受力情况

1—凸模；2—板料；3—凹模

②*B* 点（凸模端面）：受凸模正压力作用，并处于板料弯曲内侧，因此产生三向压应力，*B* 点为强压应力区。

③*C* 点（凹模端面）：受凹模正压力作用，并处于板料弯曲外侧，因此径向应力 σ_1 和切向应力 σ_2 都为拉应力，轴向应力 σ_3 为压应力，但主要是受压应力作用。

④*D* 点（凹模侧面）：凹模侧压力将引起径向压应力和切向拉应力，而板料的弯曲又引起径向拉应力和切向压应力，因此径向应力 σ_1 和切向应力 σ_2 均为合成应力，一般都是拉应力；轴向受凹模侧壁垂直方向的摩擦力作用，因此轴向应力 σ_3 为拉应力，因而 *D* 点为强拉应力区。

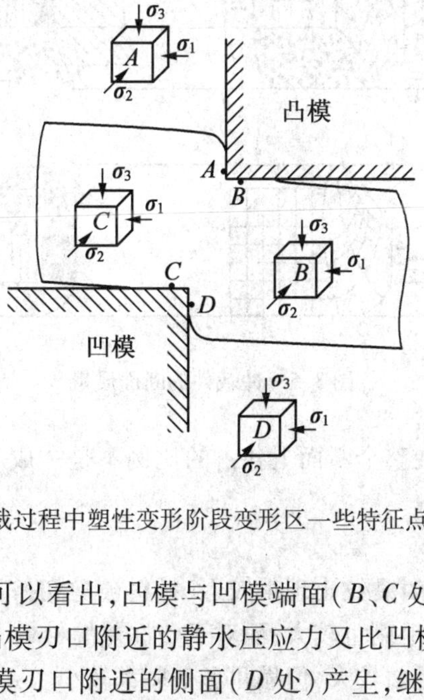

图 3.4　冲裁过程中塑性变形阶段变形区一些特征点的应力状态

从以上各点的应力状态可以看出，凸模与凹模端面（*B*、*C* 处）的静水压应力高于其侧面（*A*、*D* 处）的静水压应力，且凸模刃口附近的静水压应力又比凹模刃口附近的静水压应力高，这就是冲裁时裂纹首先在凹模刃口附近的侧面（*D* 处）产生，继而才在凸模刃口附近的侧面

(*A* 处)产生的原因。

3.1.3 冲裁件的质量及其影响因素

冲裁件的质量是指冲裁件的断面状况、尺寸精度和形状误差。冲裁件的断面应尽可能垂直、光滑、毛刺小;尺寸精度应保证在图样规定的公差范围以内;冲件外形应符合图样要求,表面应尽可能平直。

影响冲裁件质量的因素很多,主要有材料性能、间隙大小及均匀性、刃口锋利程度、模具结构及排样(冲裁件在板料或条料上的布置方法)、模具精度等。

1. 冲裁件的断面质量及其影响因素

由于冲裁变形的特点,冲裁件的断面明显地呈现四个特征区,即塌角、光面、毛面和毛刺,如图3.5所示。

①塌角a:塌角是冲裁过程中刃口附近的材料被牵连拉入变形(弯曲和拉伸)的结果。

②光面b:光面是紧挨塌角并与板平面垂直的光亮部分,是在塑性变形阶段凸模(或凹模)挤压切入材料后,因材料受刃口侧面的剪切和挤压作用而形成的。光面越宽,说明断面质量越好。正常情况下,普通冲裁的光面宽度约占全断面宽度的1/3~1/2。

③毛面c:毛面是表面粗糙且带有锥度的部分,是由于刃口附近的微裂纹在拉应力作用下不断扩展断裂而形成的。因毛面都是向材料体内倾斜,所以对一般应用的冲裁件并不影响其使用性能。

④毛刺d:毛刺是由于裂纹的起点不在刃口,而是在刃口附近的侧面自然形成的。普通冲裁的毛刺是不可避免的,但间隙合适时,毛刺的高度很小,易于去除。毛刺影响冲裁件的外观、手感和使用性能,因此冲裁件总是希望毛刺越小越好。

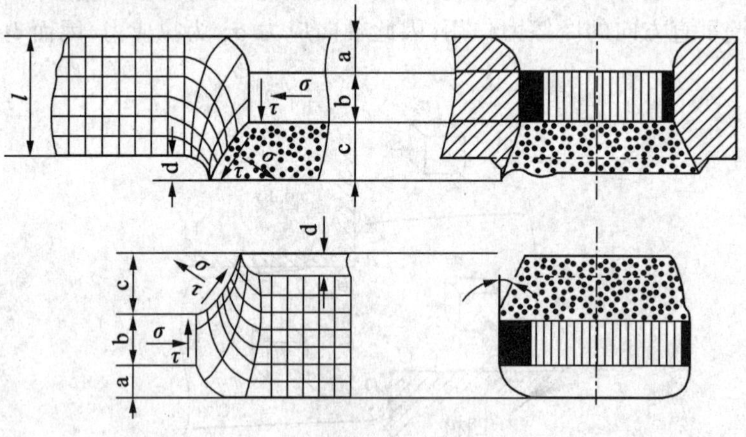

图3.5 冲裁件的断面质量

冲裁件的四个特征区域在整个断面上各占的比例不是一成不变的,其影响因素主要有以下几个方面:

(1)材料力学性能的影响。

对于塑性好的材料,冲裁时裂纹出现得较迟,材料被剪切挤压的深度较大,因而光面所占的比例大,毛面较小,但塌角、毛刺也较大;而对于塑性差的材料,断裂倾向严重,裂纹出现得较早,使得光面所占的比例小,毛面较大,但塌角和毛刺都较小。

(2)冲裁间隙的影响。

冲裁间隙是影响冲裁件断面质量的主要因素。当间隙合适时,上、下刃口处产生的剪切裂纹基本重合,这时光面约占板厚的1/2~1/3,塌角、毛刺和毛面斜角均较小,断面质量较好,如图3.6(a)所示。

当间隙过小时,凸模刃口处的裂纹相对凹模刃口处的裂纹向外错开,上、下裂纹不重合,材料在上、下裂纹相距最近的地方将发生第二次剪裂,上裂纹表面压入凹模时受到凹模壁的压挤产生第二光面或断续的小光亮块,同时部分材料被挤出,在表面形成薄而高的毛刺,如图3.6(b)所示。这种断面两端呈光面,中部有带夹层(潜伏裂纹)的毛面,塌角小,冲裁件的翘曲小,毛刺虽比合理间隙时高一些,但易去除,如果中间夹层裂纹不是很深,仍可使用。

当间隙过大时,材料的弯曲与拉伸增大,拉应力增大,易产生剪裂纹,塑性变形阶段较早结束,致使断面光面减小,毛面增大,且塌角、毛刺也较大,冲裁件翘曲增大。同时,上、下裂纹也不重合,凸模刃口处的裂纹相对凹模刃口处的裂纹向内错开了一段距离,致使毛面斜角增大,断面质量不理想,如图3.6(c)所示。

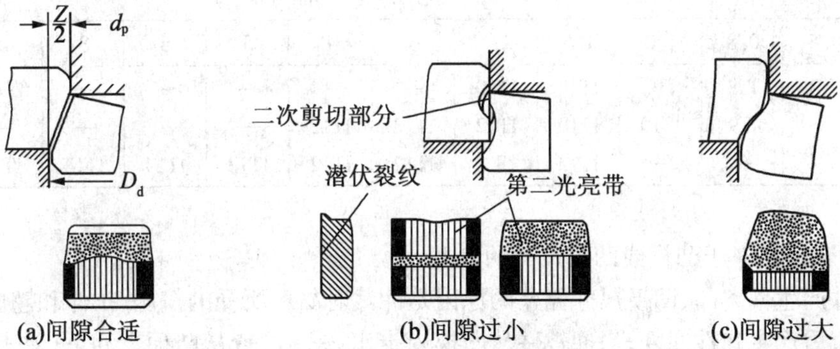

图3.6　间隙大小对冲裁件断面质量的影响

另外,当模具因安装调整等原因而间隙不均匀时,可能在凸、凹模之间存在着间隙合适、间隙过小和间隙过大的情况,因而将在冲裁件断面上分布着上述各种情况的断面。

(3)模具刃口状态的影响。

模具刃口状态对冲裁件的断面质量也有较大的影响。当凸、凹模刃口磨钝后,因挤压作用增大,所以冲裁件的圆角和光面增大。同时,因产生的裂纹偏离刃口较远,故即使间隙合理也将在冲裁件上产生明显的毛刺,如图3.7所示。实践表明,当凸模刃口磨钝时,会在落料件上端产生明显毛刺(图3.7(b));当凹模刃口磨钝时,会在冲孔件的孔口下端产生明显毛刺(图3.7(a));当凸、凹模刃口均磨钝时,则在落料件上端和孔口下端都会产生毛刺(图3.7(c))。因此,凸、凹模磨钝后,应及时修磨凸、凹模的工作端面,使刃口保持锋利状态。

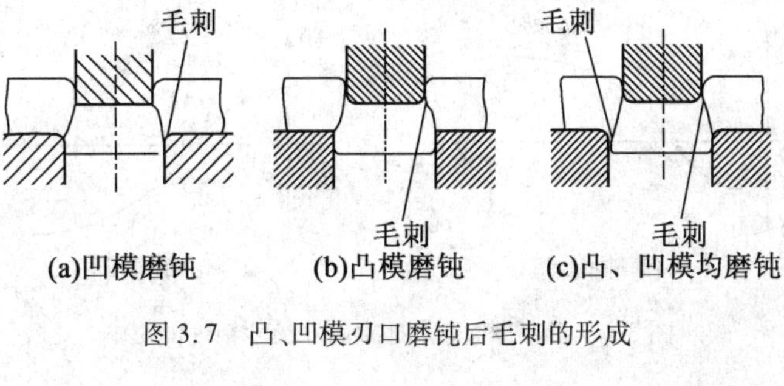

图3.7　凸、凹模刃口磨钝后毛刺的形成

2. 冲裁件尺寸精度及其影响因素

冲裁件的尺寸精度是指冲裁件实际尺寸与基本尺寸的差值,差值越小,则精度越高。冲裁件尺寸的测量和使用都是以光面的尺寸为基准的。从整个冲裁过程来看,影响冲裁件尺寸精度的因素有两方面:一是冲模的结构与制造精度;二是冲裁结束后冲裁件相对于凸模或凹模尺寸的偏差。

(1)冲模的结构与制造精度。

冲模的制造精度(主要是凸、凹模制造精度)对冲裁件尺寸精度有直接的影响,冲模的制造精度越高,冲裁件的精度亦高。冲裁件精度与冲模制造精度的关系见表 3.1。冲模结构对冲裁件精度的影响参看 3.7 节。

此外,凸、凹模的磨损和在压力作用下所产生的弹性变形也影响冲裁件的精度。

表 3.1　冲裁件精度与冲模制造精度的关系

冲模制造精度	材料厚度 t/mm											
	0.5	0.8	1.0	1.5	2	3	4	5	6	8	10	12
IT6 ~ IT7	IT8	IT8	IT9	IT10	IT10	—	—	—	—	—	—	—
IT7 ~ IT8	—	IT9	IT10	IT10	IT12	IT12	IT12	—	—	—	—	—
IT9	—	—	—	IT12	IT12	IT12	IT12	IT12	IT14	IT14	IT14	IT14

(2)冲裁件相对于凸模或凹模尺寸的偏差。

冲裁件产生偏离凸、凹模尺寸偏差的原因是冲裁时材料所受的挤压、拉伸和翘曲变形都要在冲裁结束后产生弹性回复,当冲裁件从凹模内推出(落料)或从凸模上卸下(冲孔)时,相对于凸、凹模尺寸就会产生偏差。影响这个偏差值的因素有凸、凹模间隙、材料性质、冲件形状与尺寸等。

凸、凹模间隙 Z 对冲裁件尺寸精度影响的一般规律如图 3.8 所示(δ 为冲裁件相对于凸、凹模尺寸的偏差)。从图 3.8 可以看出,当间隙较大时,材料所受拉伸作用增大,冲裁后因材料的弹性回复使落料件尺寸小于凹模刃口尺寸,冲孔件孔径大于凸模刃口尺寸;当间隙较小时,则材料受凸、凹模侧面挤压力增大,故冲裁后材料的弹性回复使落料尺寸增大,冲孔件孔径尺寸减小;当间隙为某一恰当值(即曲线与横轴 Z 的交点)时,冲裁件尺寸与凸、凹模尺寸完全一样,此时$\delta=0$。

材料性质直接决定了该材料在冲裁过程中的弹性变形量。对于比较软的材料,弹性变形量较小,冲裁后的弹性回复量亦较小,因而冲裁件的精度较高,对于材质硬的材料则情况正好相反。

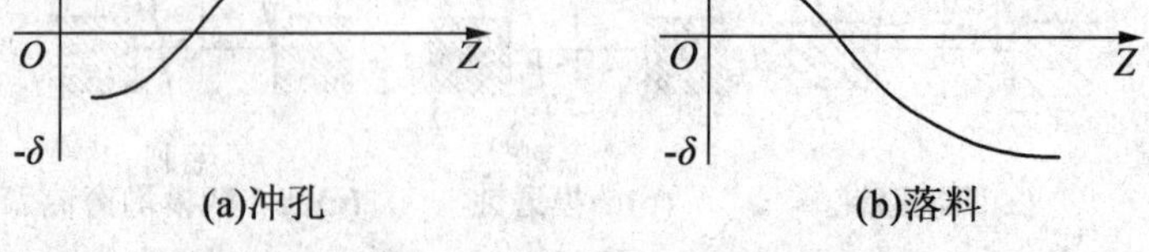

图 3.8　凸、凹模间隙对冲裁件尺寸精度的影响

材料的相对厚度 t/D（t 为冲裁件材料厚度，D 为冲裁件外径）越大，弹性变形量越小，因而冲裁件的精度越高。

冲裁件形状越简单、尺寸越小，则冲裁件的精度越高。这是因为模具精度易于保证，间隙均匀，冲裁件翘曲小，且冲裁件的弹性变形绝对量小。

3. 冲裁件的形状误差及其影响因素

冲裁件的形状误差是指翘曲、扭曲、变形等缺陷，其影响因素很复杂。翘曲是因间隙过大、弯矩增大、变形区拉伸和弯曲成分增多造成的，另外材料的各向异性和卷料未校正也会产生翘曲；扭曲是因材料不平、间隙不均匀、凹模后角对材料摩擦不均匀等造成的；变形是因冲裁件上孔间距或孔到边缘的距离太小等原因造成的。

综上所述，用普通冲裁方法得到冲裁件的断面质量和尺寸精度都不太好。一般金属冲裁件所能达到的经济精度为 IT14 ~ IT11，高的也只能达到 IT10 ~ IT8，厚料的精度等级比薄料的精度等级更低。若要进一步提高冲裁件的质量，则要在普通冲裁的基础上增加整修工序或采用精密冲裁方法。

3.2　冲裁件的工艺性

冲裁件的工艺性是指冲裁件对冲裁工艺的适用性，即冲裁加工的难易程度。良好的冲裁工艺性是指在满足冲裁件使用要求的前提下，能以最简单、最经济的冲裁方式将其加工出来。因此，在编制冲压工艺规程和设计模具之前，应从工艺角度分析冲件设计得是否合理，是否符合冲裁的工艺要求。

冲裁件的工艺性主要包括冲裁件的结构与尺寸、精度与断面粗糙度和材料等三个方面。

3.2.1　冲裁件的结构与尺寸

冲裁件的形状应力求简单、规则，有利于材料的合理利用，以便节约材料，减少工序数目，提高模具寿命，降低冲件成本。

冲裁件的内、外形转角处要尽量避免尖角，应以圆弧过渡，以便模具的加工，减少热处理开裂，减少冲裁时尖角处的崩刃和过快磨损。冲裁件的最小圆角半径可参照表 3.2 选取。

表 3.2　冲裁件的最小圆角半径　　mm

冲件种类		最小圆角半径			
		黄铜、铝	合金钢	软钢	备注
落料	交角≥90°	$0.18t$	$0.35t$	$0.25t$	≥0.25
	交角<90°	$0.35t$	$0.70t$	$0.50t$	≥0.50
冲孔	交角≥90°	$0.20t$	$0.45t$	$0.30t$	≥0.30
	交角<90°	$0.40t$	$0.90t$	$0.60t$	≥0.60

注：t 为材料厚度

尽量避免冲裁件上过于窄长的凸出悬臂和凹槽，否则会降低模具寿命和冲裁件质量。如图 3.9 所示，一般情况下，悬臂和凹槽的宽度 $B \geqslant 1.5t$（t 为材料厚度，当 $t<1$ mm 时，按 $t=$

1 mm计算)；当冲件材料为黄铜、铝和软钢时，$B \geq 1.2t$；当冲件材料为高碳钢时，$B \geq 2t$。悬臂长度 $L_T \leq 5B$，凹槽深度 $L_A \leq 5B$。

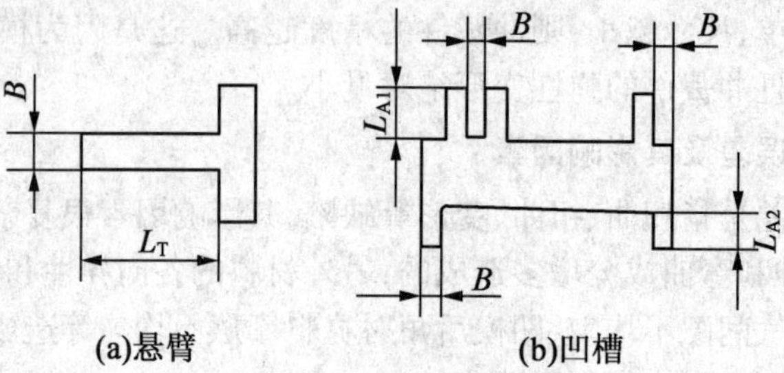

图 3.9 冲裁件的悬臂与凹槽

冲孔时，因受凸模强度的限制，孔的尺寸不应太小。冲孔的最小尺寸取决于材料性能、凸模强度及模具结构等。用无导向凸模和带护套凸模所能冲制的孔的最小尺寸可分别参考表 3.3 和表 3.4。

表 3.3 无导向凸模冲孔的最小尺寸

冲件材料	圆形孔（直径 d）	方形孔（孔宽 b）	矩形孔（孔宽 b）	长圆形孔（孔宽 b）
钢（$\tau_b > 700$ MPa）	$1.5t$	$1.35t$	$1.2t$	$1.1t$
钢（$\tau_b = 400 \sim 700$ MPa）	$1.3t$	$1.2t$	$1.0t$	$0.9t$
钢（$\tau_b = 700$ MPa）	$1.0t$	$0.9t$	$0.8t$	$0.7t$
黄铜、铜	$0.9t$	$0.8t$	$0.7t$	$0.6t$
铝、锌	$0.8t$	$0.7t$	$0.6t$	$0.5t$

注：τ_b 为抗剪强度；t 为材料厚度

表 3.4 带护套凸模冲孔的最小尺寸

冲件材料	圆形孔（直径 d）	矩形孔（孔宽 b）
硬钢	$0.5t$	$0.4t$
软钢及黄铜	$0.35t$	$0.3t$
铝、锌	$0.3t$	$0.28t$

注：t 为材料厚度

冲裁件的孔与孔之间、孔与边缘之间的距离受模具强度和冲裁件质量的制约，其值不应过小，一般要求 $c \geq (1 \sim 1.5)t$，$c' \geq (1.5 \sim 2)t$，如图 3.10(a)所示。在弯曲件或拉深件上冲孔时，为避免冲孔时凸模受水平推力而折断，孔边与直壁之间应保持一定的距离，一般要求 $L \geq R + 0.5t$，如图 3.10(b)所示。

3.2.2 冲裁件的精度与断面粗糙度

冲裁件的经济公差等级不高于 IT11 级，一般落料件公差等级最好低于 IT10 级，冲孔件公差等级最好低于 IT9 级。将冲裁可达到的冲裁件相关公差列于表 3.5 和表 3.6。如果冲裁件要求的公差值小于表中数值时,则应在冲裁后进行整修或采用精密冲裁。此外,冲裁件的尺寸标注及基准的选择往往与模具设计密切相关,应尽可能使设计基准与工艺基准一致,以减小误差。

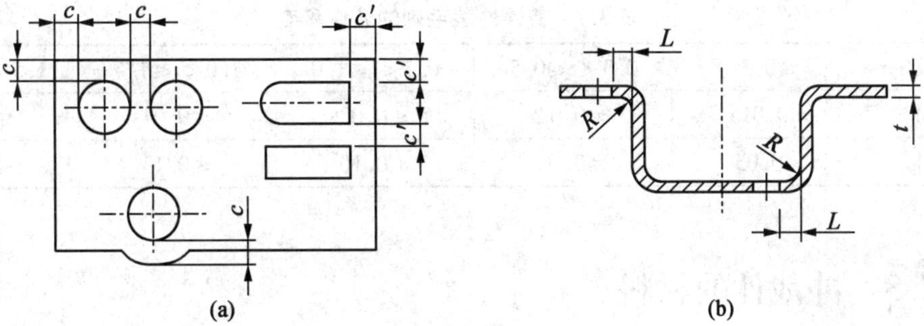

图 3.10　冲件上的孔距及孔边距

表 3.5　冲裁件外形与内孔的尺寸公差　mm

材料厚度 t/mm	冲裁件尺寸							
	一般精度的冲裁件(外形/内孔)				较高精度的冲裁件(外形/内孔)			
	<10	10~50	50~150	150~300	<10	10~50	50~150	150~300
0.2~0.5	0.08/0.05	0.10/0.08	0.14/0.12	0.20	0.025/0.02	0.03/0.04	0.05/0.08	0.08
0.5~1	0.12/0.05	0.16/0.08	0.22/0.12	0.30	0.03/0.02	0.04/0.04	0.06/0.08	0.10
1~2	0.18/0.06	0.22/0.10	0.30/0.16	0.50	0.04/0.03	0.06/0.06	0.08/0.10	0.12
2~4	0.24/0.08	0.28/0.12	0.40/0.20	0.70	0.06/0.04	0.08/0.08	0.10/0.12	0.15
4~6	0.30/0.10	0.35/0.15	0.50/0.25	1.0	0.10/0.06	0.12/0.10	0.15/0.15	0.20

注:①分子为外形尺寸公差,分母为内孔尺寸公差
②一般精度的冲裁件采用 IT8~IT7 级精度的普通冲裁模;较高精度的冲裁件采用 IT7~IT6 精度的高级冲裁模

表 3.6　冲裁件孔中心距的公差　mm

材料厚度 t/mm	普通冲裁模			高级冲裁模		
	孔中心距基本尺寸			孔中心距基本尺寸		
	<50	50~150	150~300	<50	50~150	150~300
<1	±0.10	±0.15	±0.20	±0.03	±0.05	±0.08
1~2	±0.12	±0.20	±0.30	±0.04	±0.06	±0.10
2~4	±0.15	±0.25	±0.35	±0.06	±0.08	±0.12
4~6	±0.20	±0.30	±0.40	±0.08	±0.10	±0.15

注:表中所列孔中心距的公差适用于两孔同时冲出的情况

冲裁件的断面粗糙度及毛刺高度与材料塑性、材料厚度、冲裁间隙、刃口锋利程度、冲模结构及凸、凹模工作部分的表面粗糙度等因素有关。用普通冲裁方式冲裁厚度为 2 mm 以下的金属板料时,其断面粗糙度一般为 12.5 ~ 3.2 μm,普通冲裁毛刺的允许高度见表 3.7。

表 3.7 普通冲裁毛刺的允许高度

mm

材料厚度 t/mm	≤0.3	0.3 < t≤0.5	0.5 < t≤1.0	1.0 < t≤1.5	1.5 < t≤2.0
试模时	≤0.015	≤0.02	≤0.03	≤0.04	≤0.05
生产时	≤0.05	≤0.08	≤0.10	≤0.13	≤0.15

3.2.3 冲裁件的材料

冲裁件所用的材料不仅要满足其产品使用性能的技术要求,还应满足冲裁工艺对材料的基本要求。冲裁工艺对材料的基本要求已在 1.2 节中介绍。此外,材料的品种与厚度还应尽量采用国家标准,同时尽可能采取"廉价代贵重,薄料代厚料,黑色代有色"等措施,以降低冲裁件的成本。

最后必须指出,当冲裁件的结构、尺寸、精度及断面粗糙度等要求与冲裁工艺性发生矛盾时,应与产品设计人员协商研究,并做必要、合理的修改,力求做到既满足使用要求,又便于冲裁加工,以达到良好的技术效果和经济效果。

3.3 冲裁间隙

冲裁间隙是指冲裁模中凸、凹模刃口之间的空隙。凸模与凹模间每侧的间隙称为单面间隙,用 $Z/2$ 表示;两侧间隙之和称为双面间隙,用 Z 表示 。如无特殊说明,冲裁间隙都是指双面间隙。

冲裁间隙的数值等于凸、凹模刃口尺寸的差值,如图 3.11 所示,即

$$Z = D_d - d_p \tag{3.1}$$

式中 D_d——凹模刃口尺寸;

d_p——凸模刃口尺寸。

冲裁间隙对冲裁过程有着很大的影响。在 3.1 节中已经分析了间隙对冲裁件质量起着决定性作用。除此以外,间隙对冲压力和模具寿命也有着较大的影响。

3.3.1 间隙对冲压力的影响

间隙很小时,因材料的挤压和摩擦作用增强,冲裁力必然较大。随着间隙的增大,材料所受的拉应力增大,容易断裂分离,因此冲裁力减小。但试验表明,当单面间隙介于材料厚度的 5% ~20% 时,冲裁力降低不多,降低不超过 5% ~10% 。因此,在正常情况下,间隙对冲裁力的影响不是很大。

间隙对卸料力、顶件力和推件力的影响比较显著。由于间隙的增大,冲裁件的光面变窄,材料弹性回复使落料件尺寸小于凹模尺寸,冲孔件尺寸大于凸模尺寸,因而卸料力、推件力或顶件力随之减小。一般当单面间隙增大到材料厚度的 15% ~25% 时,卸料力几乎降为 0。

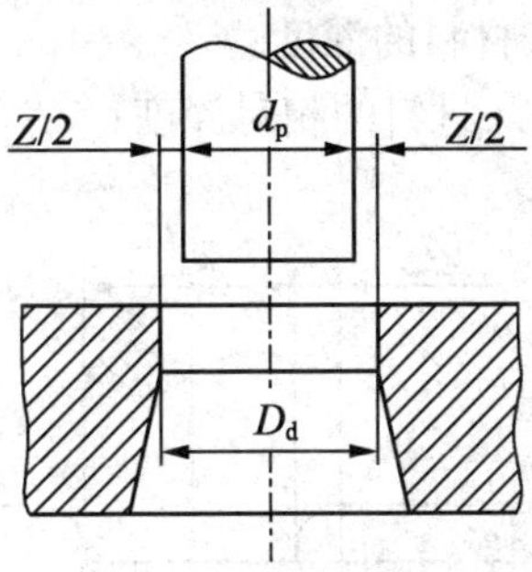

图 3.11　冲裁间隙

3.3.2　间隙对模具寿命的影响

模具寿命通常是用模具失效前所冲得的合格冲裁件数量来表示。冲裁模的失效形式一般有磨损、变形、崩刃和凹模胀裂。间隙大小主要对模具的磨损及凹模的胀裂产生较大影响。

在冲裁过程中,由于材料的弯曲变形,材料对模具的反作用力主要集中在凸、凹模刃口部分。如果间隙小,垂直冲裁力和侧向挤压力将增大,摩擦力也增大,且间隙小时,光面变宽,摩擦距离增大,摩擦发热严重,所以小间隙将使凸、凹模刃口磨损加剧,甚至使模具与材料之间产生黏结现象,严重时还会产生崩刃。另外,小间隙因落料件堵塞在凹模洞口的胀力也大,容易产生凹模胀裂。小间隙还易产生小凸模折断,凸、凹模相互啃刃等异常现象。

凸、凹模磨损后,其刃口处形成圆角,冲裁件上就会出现不正常的毛刺,且因刃口尺寸发生变化,冲裁件的尺寸精度也降低,模具寿命缩短。因此,为了减少模具的磨损,延长模具使用寿命,在保证冲裁件质量的前提下,应适当选用较大的间隙值。若采用小间隙,就必须提高模具硬度和精度,减小模具的表面粗糙度值,提供良好润滑,以减小磨损。

3.3.3　冲裁间隙值的确定

由上述分析可以看出,冲裁间隙对冲裁件质量、冲压力、模具寿命等都有很大的影响,但影响的规律各有不同。因此,并不存在一个绝对合理的间隙值,能同时满足冲裁件断面质量最佳、尺寸精度最高、冲模寿命最长、冲压力最小等各方面的要求。在冲压实际生产中,为了获得合格的冲裁件、较小的冲压力和保证模具具有一定的寿命,我们给间隙值规定一个范围,这个间隙值范围就称为合理间隙,这个范围的最小值称为最小合理间隙(Z_{min}),最大值称为最大合理间隙(Z_{max})。考虑到冲模在使用过程中会逐渐发生磨损,间隙会增大,故在设计和制造新模具时,应采用最小合理间隙。

确定合理间隙的方法有理论确定法和经验确定法两种。

1. 理论确定法

理论确定法的主要依据是保证凸、凹模刃口处产生的上 、下裂纹相互重合,以便获得良好的断面质量 。图 3.12 展示了冲裁过程中开始产生裂纹的瞬时状态,根据图中的几何关系,可得合理间隙 Z 的计算公式为

$$Z = 2t(1 - h_0/t)\tan\beta \tag{3.2}$$

式中　t——材料厚度;

h_0——产生裂纹时凸模挤入材料的深度；

h_0/t——产生裂纹时凸模挤入材料的相对深度；

β——裂纹与垂线间的夹角。

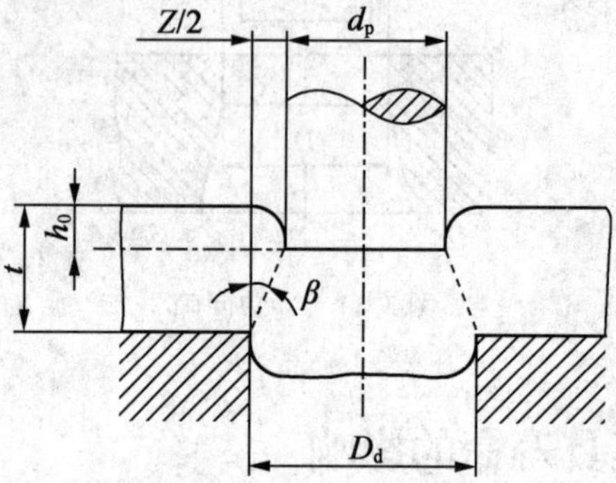

图 3.12　合理间隙的确定

由式(3.2)可以看出，合理间隙与材料厚度 t、相对挤入深度 h_0/t 及裂纹角 β 有关，而 h_0/t 与 β 又与材料性质有关，详见表 3.8。因此，影响间隙值的主要因素是材料性质和厚度。对于厚度越大、塑性越差的材料，其合理间隙值就越大；对于厚度越小、塑性越好的材料，其合理间隙值就越小。

表 3.8　h_0/t 与 β 值

材料	h_0/t		β	
	退火	硬化	退火	硬化
软钢、紫铜、软黄铜	0.5	0.35	6°	5°
中硬钢、硬黄铜	0.3	0.2	5°	4°
硬钢、硬青铜	0.2	0.1	4°	4°

理论计算法在生产中使用不方便，主要用来分析间隙与上述几个因素之间的关系。在实际生产中广泛采用经验数据来确定间隙值。

2. 经验确定法

经验确定法是根据经验数据来确定间隙值。有关间隙值的经验数值可在一般冲压手册中查到，选用时结合冲裁件的质量要求和实际生产条件考虑 。

这里推荐两种实用间隙表，供设计时参考：一种是按材料的性能和厚度来选择的间隙表，见表 3.9 和表 3.10；另一种是以实用方便为前提，综合考虑冲裁件质量诸因素的间隙分类表，即我国 1986 年发布的冲裁间隙指导性技术文件(JB/Z 271—1986)，其后经修改于 1997 年作为国家标准公布的冲裁间隙表(GB/T 16743—1997)，见表 3.11 和表 3.12。

表 3.9　冲裁模初始双面间隙 Z(一)　mm

材料厚度 t/mm	软铝		纯铜、黄铜、软钢 $w_C=0.08\%\sim0.2\%$		杜拉铝、中等硬钢 $w_C=0.3\%\sim0.4\%$		硬钢 $w_C=0.5\%\sim0.6\%$	
	Z_{min}	Z_{max}	Z_{min}	Z_{max}	Z_{min}	Z_{max}	Z_{min}	Z_{max}
0.2	0.008	0.012	0.010	0.014	0.012	0.016	0.014	0.018
0.3	0.012	0.018	0.015	0.021	0.018	0.024	0.021	0.027
0.4	0.016	0.024	0.020	0.028	0.024	0.032	0.028	0.036
0.5	0.020	0.030	0.025	0.035	0.030	0.040	0.035	0.045
0.6	0.024	0.036	0.030	0.042	0.036	0.048	0.042	0.054
0.7	0.028	0.042	0.035	0.049	0.042	0.056	0.049	0.063
0.8	0.032	0.048	0.040	0.056	0.048	0.064	0.056	0.072
0.9	0.036	0.054	0.045	0.063	0.054	0.072	0.063	0.081
1.0	0.040	0.060	0.050	0.070	0.060	0.080	0.070	0.090
1.2	0.050	0.084	0.072	0.096	0.084	0.108	0.096	0.120
1.5	0.075	0.105	0.090	0.120	0.105	0.135	0.120	0.150
1.8	0.090	0.126	0.108	0.144	0.126	0.162	0.144	0.180
2.0	0.100	0.140	0.120	0.160	0.140	0.180	0.160	0.200
2.2	0.132	0.176	0.154	0.198	0.176	0.220	0.198	0.242
2.5	0.150	0.200	0.175	0.225	0.200	0.250	0.225	0.275
2.8	0.168	0.224	0.196	0.252	0.224	0.280	0.252	0.308
3.0	0.180	0.240	0.210	0.270	0.240	0.300	0.270	0.330
3.5	0.245	0.315	0.280	0.350	0.315	0.385	0.350	0.420
4.0	0.280	0.360	0.320	0.400	0.360	0.440	0.400	0.480
4.5	0.315	0.405	0.360	0.450	0.405	0.490	0.450	0.540
5.0	0.350	0.450	0.400	0.500	0.450	0.550	0.500	0.600
6.0	0.480	0.600	0.540	0.660	0.600	0.720	0.660	0.780
7.0	0.560	0.700	0.630	0.770	0.700	0.840	0.770	0.910
8.0	0.720	0.880	0.800	0.960	0.880	1.040	0.960	1.120
9.0	0.870	0.990	0.900	1.080	0.990	1.170	1.080	1.260
10.0	0.900	1.100	1.000	1.200	1.100	1.300	1.200	1.400

注：①初始间隙值的最小值相当于间隙的公称值

②初始间隙的最大值是考虑凸模和凹模的制造公差所增加的数值

③在使用过程中，由于模具工作部分的磨损，间隙会有所增加，因而间隙的使用最大值要超过表中所列的数值

④本表适用于尺寸精度和断面质量要求较高的冲裁件

表 3.10 冲裁模初始双面间隙 Z(二) mm

材料厚度 t/mm	08、10、35 09Mn2、Q235		16Mn		40、50		65Mn	
	Z_{min}	Z_{max}	Z_{min}	Z_{max}	Z_{min}	Z_{max}	Z_{min}	Z_{max}
小于0.5	极小间隙							
0.5	0.040	0.060	0.040	0.060	0.040	0.060	0.040	0.060
0.6	0.048	0.072	0.048	0.072	0.048	0.072	0.048	0.072
0.7	0.064	0.092	0.064	0.092	0.064	0.092	0.064	0.092
0.8	0.072	0.104	0.072	0.104	0.072	0.104	0.064	0.092
0.9	0.090	0.126	0.090	0.126	0.090	0.126	0.090	0.126
1.0	0.100	0.140	0.100	0.140	0.100	0.140	0.090	0.126
1.2	0.126	0.180	0.132	0.180	0.132	0.180		
1.5	0.132	0.240	0.170	0.240	0.170	0.240		
1.75	0.220	0.320	0.220	0.320	0.220	0.320		
2.0	0.246	0.360	0.260	0.380	0.260	0.380		
2.1	0.260	0.380	0.280	0.400	0.280	0.400		
2.5	0.360	0.500	0.380	0.540	0.380	0.540		
2.75	0.400	0.560	0.420	0.600	0.420	0.600		
3.0	0.460	0.640	0.480	0.660	0.480.	0.660		
3.5	0.540	0.740	0.580	0.780	0.580	0.780		
4.0	0.640	0.880	0.680	0.920	0.680	0.920		
4.5	0.720	1.000	0.680	0.960	0.780	1.040		
5.5	0.940	1.280	0.780	1.100	0.980	1.320		
6.0	1.080	1.440	0.840	1.200	1.140	1.500		
6.5			0.940	1.300				
8.0			1.200	1.680				

注:①冲裁皮革、石棉和纸板时,双面间隙取 08 钢双面间隙的 25%

②本表适用于尺寸精度和断面质量要求不高的冲裁件

表 3.11　冲裁间隙分类

分类依据 \ 类别			Ⅰ	Ⅱ	Ⅲ
冲件断面质量	塌角宽度		(4% ~7%)t	(6% ~8%)t	(8% ~10%)t
	光面宽度		(35% ~55%)t	(25% ~40%)t	(15% ~25%)t
	毛面宽度		小	中	大
	毛刺高度		一般	小	一般
	毛面斜角 β		4°~7°	7°~8°	8°~11°
冲件精度	尺寸精度	落料件	接近凹模尺寸	稍小于凹模尺寸	小于凹模尺寸
		冲孔件	接近凸模尺寸	稍大于凸模尺寸	大于凸模尺寸
	翘曲度		稍小	小	较大
模具寿命			较低	较高	最高
力能消耗	冲裁力		较小	小	最小
	卸、推件力		较大	最小	小
	冲裁能		较大	小	稍小
适用场合			冲裁件切断面质量、尺寸精度要求高时，采用小间隙；冲模寿命较低	冲裁件切断面质量、尺寸精度要求一般时，采用中等间隙；因残余应力小，能减小破裂现象，适用于需继续塑性变形的冲压件	冲裁件切断面质量、尺寸精度要求不高时，应优先采用大间隙，以利于延长冲模寿命

注：选用冲裁间隙时，应针对冲件技术要求、使用特点及生产条件等因素，首先按表 3.11 确定拟采用的间隙类别，然后按表 3.12 相应选取该类间隙的比值，经简单计算便可得到合适间隙的具体数值

表 3.12　冲裁间隙比值　%

分类依据 \ 类别	Ⅰ	Ⅱ	Ⅲ
低碳钢(08F、10F、10、20、Q215、Q235)	3.0~7.0	7.0~10.0	10.0~12.5
中碳钢(45) 不锈钢(1Cr18Ni9Ti、4Cr13) 膨胀合金(可伐合金,4J29)	3.5~8.0	8.0~11.0	11.0~15.0
高碳钢(T8A、T10A、65Mn)	8.0~12.0	12.0~15.0	15.0~18.0
纯铝(L2、L3、L4、L5) 铝合金(软态,LF21) 黄铜(软态,H62) 紫铜(软态,T1、T2、T3)	2.0~4.0	4.5~6.0	6.5~9.5

续表 3.12 %

类别 分类依据	Ⅰ	Ⅱ	Ⅲ
黄铜(硬态)、铅黄铜 紫铜(硬态)	3.0~5.0	5.5~8.0	8.5~11.0
铝合金(硬态,LY12) 锡磷青铜、铝青铜、铍青铜	3.5~6.0	7.0~10.0	11.0~13.0
镁合金	1.5~2.5		
硅钢	2.5~5.0	5.0~9.0	

注:①表中适用于厚度为 10 mm 以下的金属材料;考虑到料厚对间隙比值的影响,将料厚分成 $t \leqslant 1.0$ mm, 1.0 mm $< t \leqslant 2.5$ mm, 2.5 mm $< t \leqslant 4.5$ mm, 4.5 mm $< t \leqslant 7.0$ mm 和 7.0 mm $< t \leqslant 10.0$ mm 五档;当料厚 $\leqslant 1.0$ mm 时,各类间隙比值取下限值,并以此为基数,随着料厚的增加,再逐挡递增(0.5%~1.0%)t(有色金属、低碳钢和高碳钢取大值)

②凸、凹模的制造偏差和磨损均使间隙变大,故新模具的冲裁间隙比值应取范围内的最小值

③其他金属材料的间隙比值可参照表中剪切强度相近的材料选取

④对于非金属材料,可依据材料的种类、硬度和厚度,在 $Z=(0.5\%\sim4.0\%)t$ 的范围内选取

应当指出,实用间隙表中的间隙值都是基于普通薄板材料而制订的,而对于极薄板或厚板的冲裁不一定很适用。如冲裁 0.2 mm 厚度以下的极薄板时,间隙值取为(5%~10%)t 则未必允许,因为在如此小的近乎为 0 的实际间隙下,模具在加工、装配、安装及工作时可能会出现卡模和啃模现象;而在冲裁厚板(如 $t>8$ mm)时,在(5%~10%)t 这种间隙值里,冲件切断面的缺陷会十分明显,这时可取更小些的间隙比值。所以,设计者在设计时要注意这一点,应灵活处理问题。

3.4 凸、凹模刃口尺寸的确定

冲裁件的尺寸精度主要取决于凸、凹模刃口尺寸及公差,模具的合理间隙值也是靠凸、凹模刃口尺寸及其公差来保证。因此,正确确定凸、凹模刃口尺寸及其公差,是冲裁模设计中的一项重要工作。

3.4.1 凸、凹模刃口尺寸计算的原则

在冲裁件尺寸的测量和使用中,都以光面的尺寸为基准。由前述冲裁过程可知,落料件的光面是因凹模刃口挤切材料产生的,而孔的光面是因凸模刃口挤切材料产生的。所以,在计算刃口尺寸时,应按落料和冲孔两种情况分别考虑,其原则如下:

①落料时,因落料件光面尺寸与凹模刃口尺寸相等或基本一致,应先确定凹模刃口尺寸,即以凹模刃口尺寸为基准。又因落料件尺寸会随凹模刃口的磨损而增大,为保证凹模磨损到一定程度仍能冲出合格零件,故凹模基本尺寸应取落料件尺寸公差范围内的较小尺寸。落料凸模的基本尺寸则是在凹模基本尺寸上减去最小合理间隙 。

②冲孔时,因孔的光面尺寸与凸模刃口尺寸相等或基本一致,应先确定凸模刃口尺寸,即以凸

模刃口尺寸为基准。又因冲孔的尺寸会随凸模刃口的磨损而减小,故凸模基本尺寸应取冲件孔尺寸公差范围内的较大尺寸。冲孔凹模的基本尺寸则是在凸模基本尺寸上加上最小合理间隙。

③凸、凹模刃口的制造公差应根据冲裁件的尺寸公差和凸、凹模加工方法确定,既要保证冲裁间隙要求和冲出合格零件,又要便于模具加工 。

3.4.2　凸、凹模刃口尺寸的计算方法

凸、凹模刃口尺寸的计算与加工方法有关,基本上可分为两类 。

1. 凸、凹模分别加工时的计算法

凸、凹模分别加工是指凸模与凹模分别按各自图样上标注的尺寸及公差进行加工,冲裁间隙由凸、凹模刃口尺寸及公差保证。这种方法要求分别计算出凸模和凹模的刃口尺寸及公差,并标注在凸 、凹模设计图样上,其优点是凸、凹模具有互换性,便于成批制造。但受冲裁间隙的限制,要求凸、凹模的制造公差较小,主要适用于简单规则形状(圆形、方形或矩形)的冲件。

设落料件外形尺寸为 $D_{-\Delta}^{\ 0}$,冲孔件内孔尺寸为 $d_{\ 0}^{+\Delta}$,根据刃口尺寸计算原则,可得

落料时:

$$D_d = (D_{max} - x\Delta)_{\ 0}^{+\delta_d} \tag{3.3}$$

$$D_p = (D_d - Z_{min})_{-\delta_p}^{\ 0} = (D_{max} - x\Delta - Z_{min})_{-\delta_p}^{\ 0} \tag{3.4}$$

冲孔时:

$$d_p = (d_{min} + x\Delta)_{-\delta_p}^{\ 0} \tag{3.5}$$

$$d_d = (d_p + Z_{min})_{\ 0}^{+\delta_d} = (d_{min} + x\Delta + Z_{min})_{\ 0}^{+\delta_d} \tag{3.6}$$

式中　D_d、D_p——落料凹、凸模刃口尺寸,mm;

d_p、d_d——冲孔凸、凹模刃口尺寸,mm;

D_{max}——落料件的最大极限尺寸,mm;

d_{min}——冲孔件孔的最小极限尺寸,mm;

Δ——冲件的制造公差,mm(若冲件为自由尺寸,可按 IT14 级精度处理);

Z_{min}——最小合理间隙,mm;

δ_p、δ_d——凸、凹模制造公差,mm(按“入体”原则标注,即凸模按单向负偏差标注,凹模按单向正偏差标注)。

δ_p、δ_d 可分别按 IT6 和 IT7 确定,也可查表 3.13,或取(1/4 ~ 1/6)Δ;x 为磨损系数,x 值在 0.5 ~ 1 之间,它与冲件精度有关,可查表 3.14 或按下列关系选取:冲件精度为 IT10 以上时,x = 1;冲件精度为 IT11 ~ IT13 时,x = 0.75;冲件精度为 IT14 以下时,x = 0.5。

表 3.13　规则形状(圆形、方形)件冲裁时凸、凹模的制造公差　mm

基本尺寸	凸模偏差 δ_p	凹模偏差 δ_d	基本尺寸	凸模偏差 δ_p	凹模偏差 δ_d
≤18	0.020	0.020	180 ~ 260	0.030	0.045
18 ~ 30	0.020	0.025	260 ~ 360	0.035	0.050
30 ~ 80	0.020	0.030	360 ~ 500	0.040	0.060
80 ~ 120	0.025	0.035	>500	0.050	0.070
120 ~ 180	0.030	0.040			

表 3.14 磨损系数 x

材料厚度 t/mm	非圆形冲件			圆形冲件	
	1	0.75	0.5	0.75	0.5
	冲件公差 Δ/mm				
1	<0.16	0.17 ~ 0.35	≥0.36	<0.16	≥0.16
1 ~ 2	<0.20	0.21 ~ 0.41	≥0.42	<0.20	≥0.20
2 ~ 4	<0.24	0.25 ~ 0.49	≥0.50	<0.24	≥0.24
>4	<0.30	0.31 ~ 0.59	≥0.60	<0.30	≥0.30

根据上述计算公式，可以将冲件与凸、凹模刃口尺寸及公差的分布状态用图 3.13 表示。从图 3.13 还可以看出，无论是冲孔还是落料，为了保证间隙值，凸、凹模的制造公差必须满足下列条件：

$$\delta_p + \delta_d \leqslant Z_{max} - Z_{min} \tag{3.7}$$

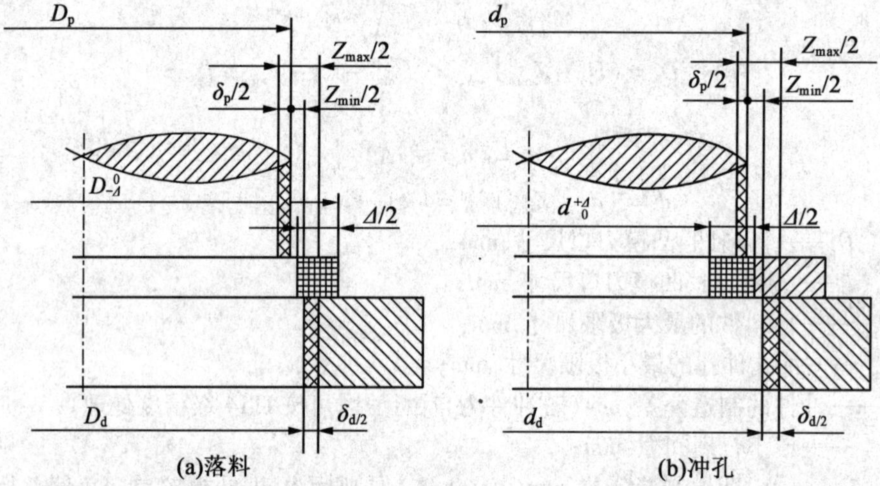

图 3.13 落料、冲孔时各部分尺寸及公差的分布状态

如果 $\delta_p + \delta_d > Z_{max} - Z_{min}$ 时，可以取 $\delta_p = 0.4(Z_{max} - Z_{min})$，$\delta_d = 0.6(Z_{max} - Z_{min})$。如果 $\delta_p + \delta_d \gg Z_{max} - Z_{min}$，则应采用下文介绍的凸、凹模配作方法。

当在同一工步冲出冲件上两个以上孔时，因凹模磨损后孔距尺寸不变，故凹模型孔的中心距可按下式确定：

$$L_d = (L_{min} + 0.5\Delta) \pm \Delta/8 \tag{3.8}$$

式中 L_d——凹模型孔中心距，mm；

L_{min}——冲件孔心距的最小极限尺寸，mm；

Δ——冲件孔心距公差，mm。

当冲件上有位置公差要求的孔时，凹模上型孔的位置公差一般可取冲件位置公差的1/3 ~ 1/5 。

例 3.1 冲裁图 3.14 所示的衬垫零件，材料为 Q235 钢，材料厚度 $t = 1$ mm，试计算凸、凹模的刃口尺寸及公差。

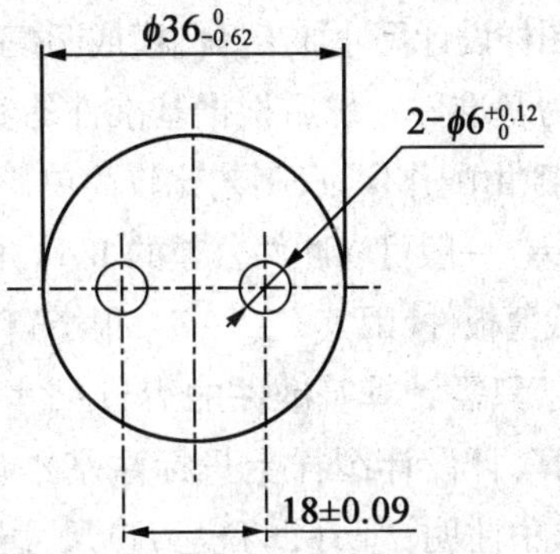

图3.14 衬垫零件

解 由图3.14可知,该零件属于无特殊要求的一般冲孔、落料件,$\phi36_{-0.62}^{0}$由落料工序获得,$2-\phi6_{0}^{+0.12}$及18±0.09由冲孔同时获得。查表3.10得,$Z_{min}=0.10$ mm,$Z_{max}=0.14$ mm,则$Z_{max}-Z_{min}=0.14-0.10=0.04$(mm)。

(1)落料($\phi36_{-0.62}^{0}$)。

$$D_d=(D_{max}-x\Delta)_{0}^{+\delta_d}$$
$$D_p=(D_d-Z_{min})_{-\delta_p}^{0}$$

查表3.13和表3.14得,$\delta_d=0.03$ mm,$\delta_p=0.02$ mm,$x=0.5$。

校核间隙:因为$\delta_p+\delta_d=0.02+0.03=0.05(\text{mm})>Z_{max}-Z_{min}=0.04(\text{mm})$,说明所取凸、凹模公差不能满足$\delta_p+\delta_d\leqslant Z_{max}-Z_{min}$,但相差不大,此时可调整如下:

$$\delta_p=0.4(Z_{max}-Z_{min})=0.4\times0.04\ \text{mm}=0.016\ \text{mm}$$
$$\delta_d=0.6(Z_{max}-Z_{min})=0.6\times0.04\ \text{mm}=0.024\ \text{mm}$$

将已知和查表的数据代入公式,即得

$$D_d=(36-0.5\times0.62)_{0}^{+0.024}=35.69_{0}^{+0.024}(\text{mm})$$
$$D_p=(35.69-0.10)_{-0.016}^{0}=35.59_{-0.016}^{0}(\text{mm})$$

(2)冲孔($\phi6_{0}^{+0.12}$)。

$$d_p=(d_{min}+x\Delta)_{-\delta_p}^{0}$$
$$d_d=(d_p+Z_{min})_{0}^{+\delta_d}$$

查表3.13和表3.14得,$\delta_d=0.02$ mm,$\delta_p=0.02$ mm,$x=1$。

校核间隙:因为$\delta_p+\delta_d=0.02+0.02=0.04(\text{mm})=Z_{max}-Z_{min}$,所以符合$\delta_p+\delta_d\leqslant Z_{max}-Z_{min}$。

将已知和查表的数据代入公式,即得

$$d_p=(6+1\times0.12)_{-0.02}^{0}=6.12_{-0.02}^{0}(\text{mm})$$
$$d_d=(6.12+0.10)_{0}^{+0.02}=6.22_{0}^{+0.02}(\text{mm})$$

(3)孔心距(18±0.09)。

$$\begin{aligned}L_d&=(L_{min}+0.5\Delta)\pm\Delta/8\\&=(17.91+0.5\times0.18)\pm0.18/8=18\pm0.023(\text{mm})\end{aligned}$$

2. 凸、凹模配作加工时的计算法

凸、凹模配作加工是指先按图样设计尺寸加工好凸模或凹模中的一件作为基准件(一般落料时以凹模为基准件,冲孔时以凸模为基准件),然后根据基准件的实际尺寸按间隙要求配作另一件。这种加工方法的特点是模具的间隙由配作保证,工艺比较简单,不必校核 $\delta_d + \delta_p \leqslant Z_{max} - Z_{min}$ 条件,并且还可以放大基准件的制造公差(一般可取冲件公差的1/4),使制造容易,因此是目前一般工厂常常采用的方法,特别适用于冲裁薄板件(因其 $Z_{max} - Z_{min}$ 很小)和复杂形状件的冲模加工。

采用凸、凹模配作法加工时,只需计算基准件的刃口尺寸及公差,并详细标注在设计图样上。而另一个非基准件不需计算,且设计图样上只标注基本尺寸(与基准件基本尺寸对应一致),不注公差,但要在技术要求中注明:"凸(凹)模刃口尺寸按凹(凸)模实际刃口尺寸配作,保证双面间隙值为 $Z_{min} \sim Z_{max}$"。

根据冲件的结构形状不同,刃口尺寸的计算方法如下:

(1)落料。

落料时以凹模为基准,配作凸模。落料件与落料凹模的形状与尺寸如图3.15所示,图3.15(b)所示为落料凹模刃口的轮廓图,图中虚线表示凹模磨损后尺寸的变化情况。

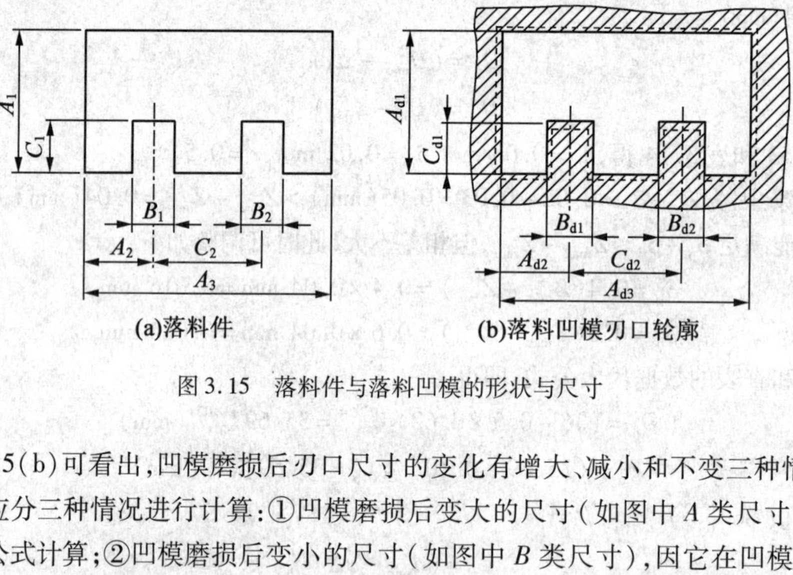

(a)落料件 (b)落料凹模刃口轮廓

图3.15 落料件与落料凹模的形状与尺寸

从图3.15(b)可看出,凹模磨损后刃口尺寸的变化有增大、减小和不变三种情况,故凹模刃口尺寸也应分三种情况进行计算:①凹模磨损后变大的尺寸(如图中 A 类尺寸),按一般落料凹模尺寸公式计算;②凹模磨损后变小的尺寸(如图中 B 类尺寸),因它在凹模上相当于冲孔凸模尺寸,故按一般冲孔凸模尺寸公式计算;③凹模磨损后不变的尺寸(如图中 C 类尺寸),可按凹模型孔中心距尺寸公式计算。其具体的计算公式见表3.15。

表3.15 以落料凹模为基准的刃口尺寸的计算

工序性质	落料件尺寸(图3.15(a))	落料凹模尺寸(图3.15(b))	落料凸模尺寸
落料	A 类尺寸:$A_{-\Delta}^{\ 0}$	$A_d = (A_{max} - x\Delta)_{\ 0}^{+\Delta/4}$	按凹模实际刃口尺寸配作,保证间隙 $Z_{min} \sim Z_{max}$
	B 类尺寸:$B_{\ 0}^{+\Delta}$	$B_d = (B_{min} + x\Delta)_{-\Delta/4}^{\ 0}$	
	C 类尺寸:$C \pm \Delta/2$	$C_d = (C_{min} + 0.5\Delta) \pm \Delta/8$	

注:A_d、B_d、C_d 为落料凹模刃口尺寸;A、B、C 为落料件的基本尺寸;A_{max}、B_{min}、C_{min} 为落料件的极限尺寸;Δ 为落料件的公差;x 为磨损系数

（2）冲孔。

冲孔时以凸模为基准，配作凹模。冲件孔与冲孔凸模的形状与尺寸如图 3.16 所示，图 3.16(b)所示为冲孔凸模刃口的轮廓，图中虚线表示凸模磨损后尺寸的变化情况。

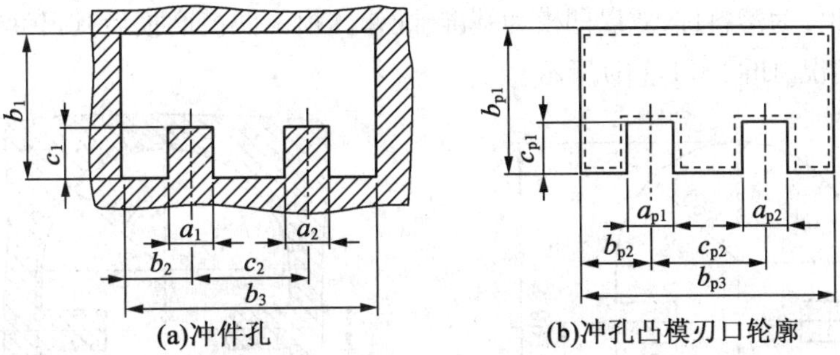

图 3.16　冲件孔与冲孔凸模的形状与尺寸

从图 3.16(b)看出，冲孔凸模刃口尺寸的计算同样要考虑三种不同的磨损情况：①凸模磨损后变大的尺寸（如图中 a 类尺寸），因其在凸模上相当于落料凹模尺寸，故按一般落料凹模尺寸公式计算；②凸模磨损后变小的尺寸（如图中 b 类尺寸），按一般冲孔凸模尺寸公式计算；③凸模磨损后不变的尺寸（如图中 c 类尺寸），仍按凹模型孔中心距的尺寸公式计算。其具体的计算公式见表 3.16。

表 3.16　以冲孔凸模为基准的刃口尺寸计算

工序性质	冲件孔尺寸(图 3.16(a))	冲孔凸模尺寸(图 3.16(b))	冲孔凹模尺寸
冲孔	a 类尺寸：$a_{-\Delta}^{\ 0}$	$a_p=(a_{max}-x\Delta)_{\ 0}^{+\Delta/4}$	按凸模实际刃口尺寸配作，保证间隙 $Z_{min}\sim Z_{max}$
	b 类尺寸：$b_{\ 0}^{+\Delta}$	$b_p=(b_{min}+x\Delta)_{-\Delta/4}^{\ 0}$	
	c 类尺寸：$c\pm\Delta$	$c_p=(c_{min}+0.5\Delta)\pm\Delta/8$	

注：a_d、b_d、c_d为冲孔凸模刃口尺寸；a、b、c 为冲件孔的基本尺寸；a_{max}、b_{min}、c_{min}为冲件孔的极限尺寸；Δ 为冲件孔的公差；x 为磨损系数

当采用电火花加工冲模时，一般是先采用成型磨削的方法加工凸模与电极，然后用尺寸与凸模相同或相近的电极（有的甚至直接用凸模作电极）在电火花机床上加工凹模。因此机械加工的制造公差只适用于凸模，而凹模的尺寸精度主要取决于电极精度和电火花加工间隙的误差。所以，电火花加工实质上也是配作加工，且不论是冲孔还是落料，都是以凸模作为基准件的。这时，凸模的尺寸可以由前面的公式转换而得。对于简单形状件（圆形、方形或矩形）有

冲孔时

$$d_p=(d_{min}+x\Delta)_{-\Delta/4}^{\ 0}$$

落料时

$$D_p=(D_{max}-x\Delta-Z_{min})_{-\Delta/4}^{\ 0}$$

对于复杂形状件，冲孔时凸模刃口尺寸仍按表 3.16 计算；落料时凸模刃口尺寸的计算按

照同样的原理,考虑凸模磨损后变大、变小和不变三种情况,但应注意间隙的取向。

例 3.2 如图 3.17(a)所示,该零件材料为 10 钢,材料厚度为 $t=2$ mm,按配作加工法计算落料凸、凹模的刃口尺寸及公差。

解 由于冲件为落料件,故以凹模为基准,配作凸模。凹模磨损后其尺寸变化有变大、变小和不变三种情况,如图 3.17(b)所示。

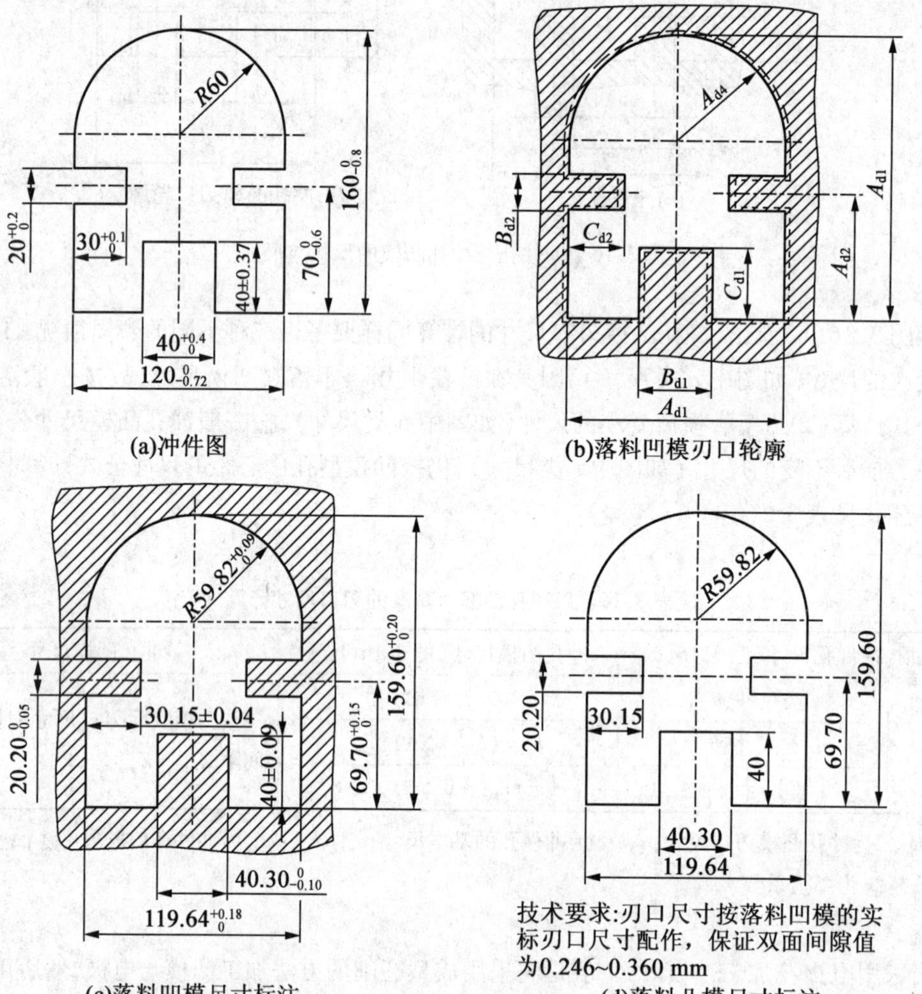

(a)冲件图 (b)落料凹模刃口轮廓

(c)落料凹模尺寸标注 (d)落料凸模尺寸标注

图 3.17 冲件及落料凸、凹模刃口尺寸

(1)凹模磨损后变大的尺寸:$A_1(120_{-0.72}^{0})$,$A_2(70_{-0.6}^{0})$,$A_3(160_{-0.8}^{0})$,$A_4(R60)$。

刃口尺寸计算公式为

$$A_d=(A_{max}-x\Delta)_{0}^{+\Delta/4}$$

因圆弧 $R60$ 与尺寸 $120_{-0.72}^{0}$ 相切,故 A_{d4} 不需采用刃口尺寸公式计算,而直接取 $A_{d4}=A_{d1}/2$。查表 3.14 得 $x_1=x_2=x_3=0.5$,所以

$$A_{d1}=(120-0.5\times0.72)_{0}^{+0.72/4}=119.64_{0}^{+0.18}(\text{mm})$$

$$A_{d2}=(70-0.5\times0.6)_{0}^{+0.6/4}=69.70_{0}^{+0.15}(\text{mm})$$

$$A_{d3}=(160-0.5\times0.8)^{+0.8/4}_{0}=159.60^{+0.20}_{0}\text{(mm)}$$

$$A_{d4}=A_{d1}/2=119.64^{+0.18}_{0}/2=59.82^{+0.09}_{0}\text{(mm)}$$

(2)凹模磨损后变小的尺寸:$B_1(40^{+0.4}_{0})$,$B_2(20^{+0.2}_{0})$。

刃口尺寸计算公式为

$$B_d=(B_{min}+x\Delta)^{0}_{-\Delta/4}$$

查表 3.14 得 $x_1=0.75$,$x_2=1$,所以

$$B_{d1}=(40+0.75\times0.4)^{0}_{-0.4/4}=40.30^{0}_{-0.10}\text{(mm)}$$

$$B_{d2}=(20+1\times0.2)^{0}_{-0.2/4}=20.20^{0}_{-0.05}\text{(mm)}$$

(3)凹模磨损后不变的尺寸:$C_1(40\pm0.37)$,$C_2(30^{+0.3}_{0})$。

刃口尺寸计算公式为

$$C_d=(C_{min}+0.5\Delta)\pm\Delta/8$$

$$C_{d1}=(39.63+0.5\times0.74)\pm0.74/8=40\pm0.09\text{(mm)}$$

$$C_{d2}=(30+0.5\times0.3)\pm0.3/8=30.15\pm0.04\text{(mm)}$$

查表 3.10 得 $Z_{min}=0.246$ mm,$Z_{max}=0.360$ mm,故落料凸模刃口尺寸按凹模实际刃口尺寸配作,保证双面间隙值为 0.246 ~ 0.360 mm。落料凹、凸模刃口尺寸标注如图 3.17(c)和(d)所示。

3.5　排　样

排样是指冲裁件在条料、带料或板料上的布置方法。排样是否合理将直接影响材料利用率、冲件质量、生产效率、冲模结构与寿命等。因此,排样是冲压工艺中一项重要的技术性很强的工作。

3.5.1　材料的合理利用

在批量生产中,材料费用约占冲裁件成本的 60% 以上。因此,合理利用材料、提高材料的利用率是排样设计主要考虑的因素之一。

1. 材料利用率

冲裁件的实际面积与所用板料面积的百分比称为材料利用率,它是衡量材料合理利用的一项重要的经济指标。

一个进距内的材料利用率 η(图 3.18)为

$$\eta=A/Bs\times100\% \tag{3.9}$$

式中　A——一个进距内冲裁件的实际面积,mm^2;

B——条料宽度,mm;

s——进距(冲裁时条料在模具上每次送进的距离),其值为两个对应冲件间对应点的间距,mm。

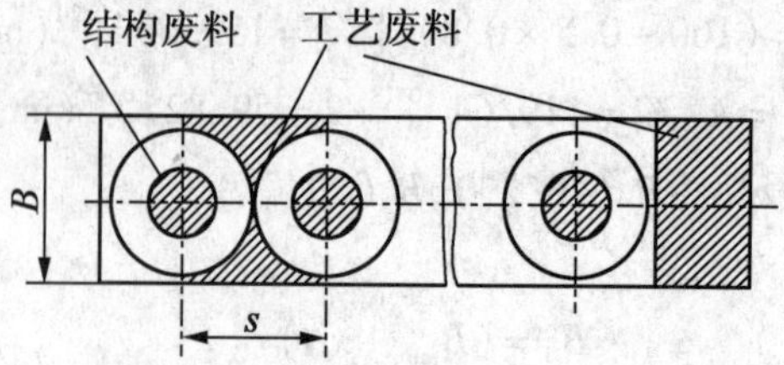

图 3.18 材料利用率的计算

一张板料(或条料、带料)上总的材料利用率 η_0 为

$$\eta_0 = nA_1/BL \times 100\% \tag{3.10}$$

式中 n——一张板料(或条料、带料)上冲裁件的总数目;

A_1——一个冲裁件的实际面积,mm^2;

L——板料(或条料、带料)的长度,mm;

B——板料(或条料、带料)的宽度,mm。

η 或 η_0 值越大,材料利用率就越高。一般 η_0 要比 η 小,原因是条料和带料可能有料头、料尾的消耗,整张板料在剪裁成条料时还会有边料消耗。

2. 提高材料利用率的措施

要提高材料利用率,主要从减少废料着手。冲裁所产生的废料分为两类(图 3.18):一类是工艺废料,是由于冲件之间和冲件与条料边缘之间存在余料(即搭边),以及料头、料尾和边余料而产生的废料;另一类是结构废料,是因冲件结构形状特点所产生的废料,如图中冲件因内孔存在而产生的废料。显然,要减少废料,主要是减少工艺废料。但在特殊情况下,也可利用结构废料。

提高材料利用率的措施主要有:

(1)采用合理的排样方法。

对于同一形状和尺寸的冲裁件,排样方法不同,材料的利用率也会不同。如图 3.19 所示,在同一圆形冲件的四种排样方法中,图 3.19(a)采用单排方法,材料利用率为 71%;图 3.19(b)采用平行双排方法,材料利用率为 72%;图 3.19(c)采用交叉三排方法,材料利用率为 80%;图 3.19(d)采用交叉双排方法,材料利用率为 77%。因而,从提高材料利用率的角度出发,图 3.19(c)的方法最好。

(2)选用合适的板料规格和合理的裁板方法。

在排样方法确定以后,可确定条料的宽度,再根据条料宽度和进距大小选用合适的板料规格和合理的裁板方法,以尽量减少料头、料尾和裁板后剩余的边料,从而提高材料的利用率。

(3)利用结构废料冲小零件。

对一定形状的冲裁件,结构废料是不可避免的,但充分利用结构废料是可能的,如图 3.20 所示,对于材料和厚度相同的两个冲裁件,尺寸较小的垫圈可以在尺寸较大的工字形件的结构废料中冲制出来。

此外,在使用条件许可的情况下,当取得产品零件设计单位同意后,也可通过适当改变零件的结构形状来提高材料的利用率。如图 3.21 所示,在零件 A 的三种排样方法中,图

3.21(c)的利用率最高,但也只能达到70%左右。若将零件 A 修改成零件 B 的形状,采用直排(图 3.21(d))的利用率便可提高到 80%,而且也不需调头冲裁,使操作过程简单化。

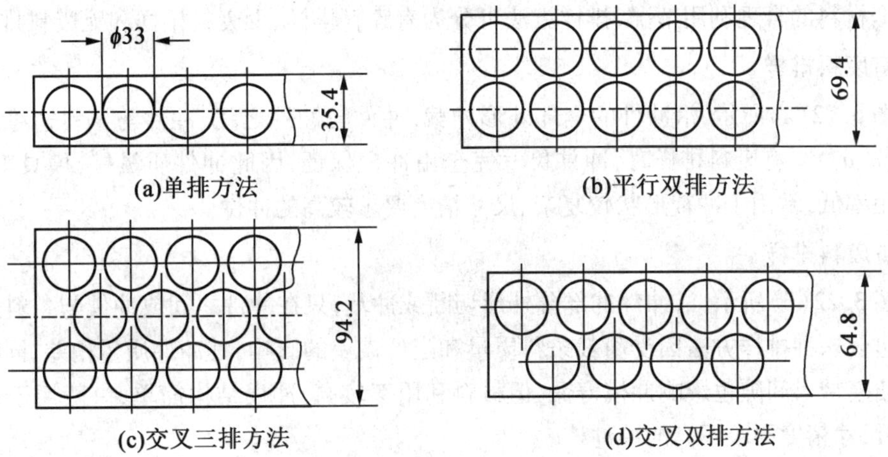

图 3.19　圆形冲件的四种排样方法

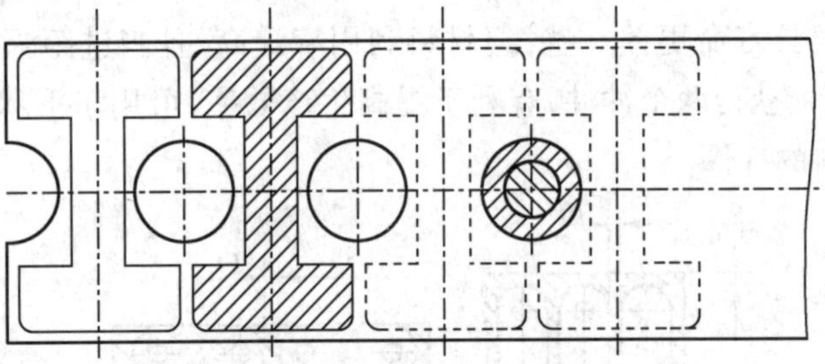

图 3.20　利用结构废料冲制小零件

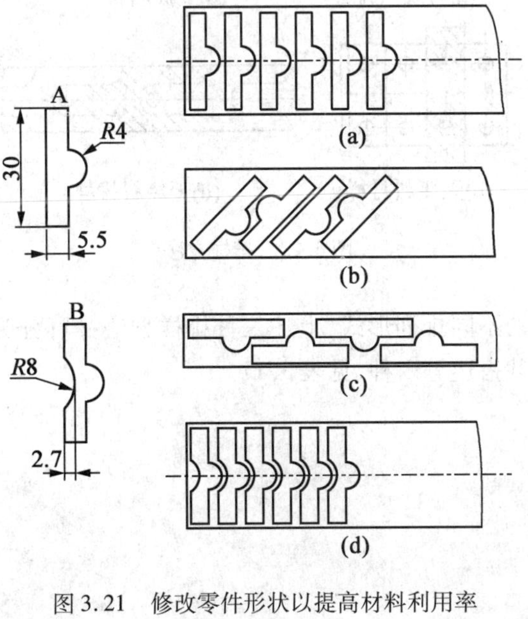

图 3.21　修改零件形状以提高材料利用率

3.5.2 排样方法

根据材料的合理利用情况，排样方法可分为有废料排样、少废料排样和无废料排样三种。

1. 有废料排样

如图 3.22(a)所示，沿冲件的全部外形冲裁，冲件与冲件之间、冲件与条料边缘之间都留有搭边(a、a_1)。有废料排样时，冲件尺寸完全由冲模保证，因此冲件质量好，模具寿命高，但材料利用率低，常用于冲裁形状较复杂、尺寸精度要求较高的冲件。

2. 少废料排样

如图 3.22(b)所示，沿冲件的部分外形切断或冲裁，只在冲件之间或冲件与条料边缘之间留有搭边。这种排样方法因受剪裁条料质量和定位误差的影响，其冲件质量稍差，同时边缘毛刺易被凸模带入间隙也影响冲模寿命，但材料利用率较高，冲模结构简单，一般用于形状较规则、某些尺寸精度要求不高的冲件。

3. 无废料排样

如图 3.22(c)和(d)所示，沿直线或曲线切断条料而获得冲件，无任何搭边废料。无废料排样的冲件质量和模具寿命更差一些，但材料利用率最高，且当进距为两倍冲件宽度时(图 3.22(c))，一次切断能获得两个冲件，有利于提高生产效率，可用于形状规则对称、尺寸精度不高或贵重金属材料的冲件。

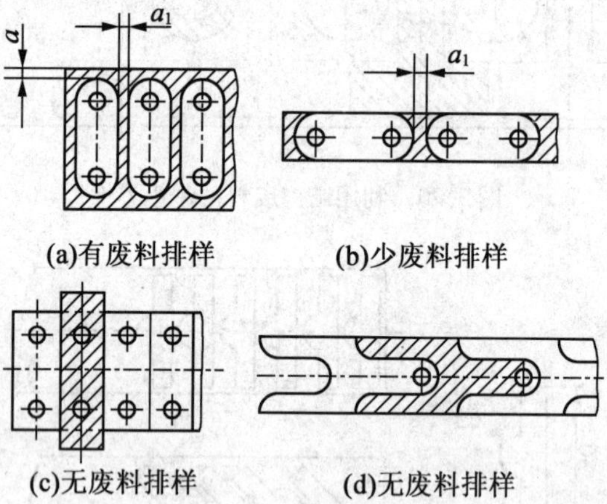

图 3.22 排样方法

根据冲件在条料上的不同排列形式，上述三种排样方法又可分为直排、斜排、直对排、斜对排、混合排、多排及冲裁搭边等六种，见表 3.17。

表 3.17　排样形式分类

排样形式	有废料排样		少废料排样、无废料排样	
	简图	应用	简图	应用
直排	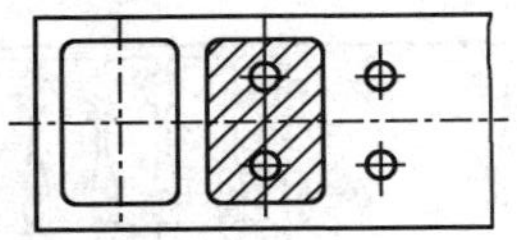	用于简单几何形状(方形、矩形、圆形)的冲件	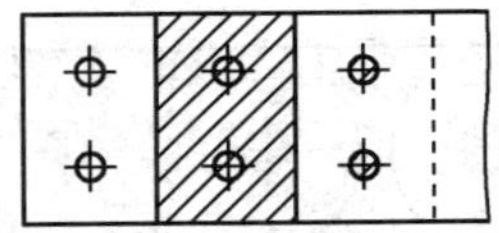	用于矩形或方形冲件
斜排	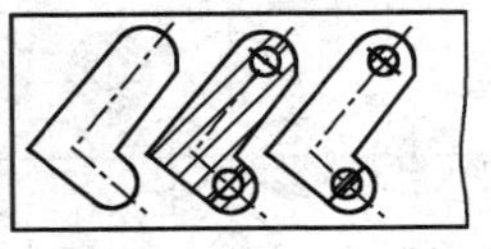	用于 T 形、L 形、S 形、十字形和椭圆形冲件	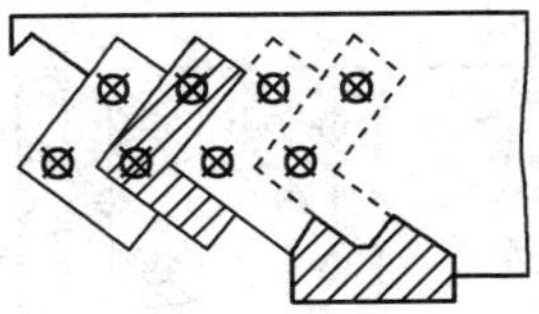	用于 L 形或其他形状的冲件，在外形上允许有不大的缺陷
直对排	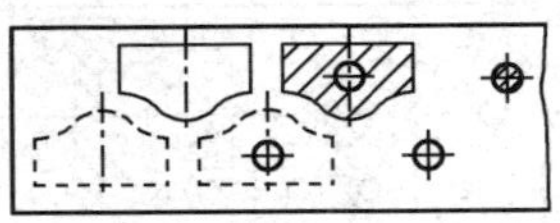	用于 T 形、门形、山形、梯形、三角形、半圆形的冲件	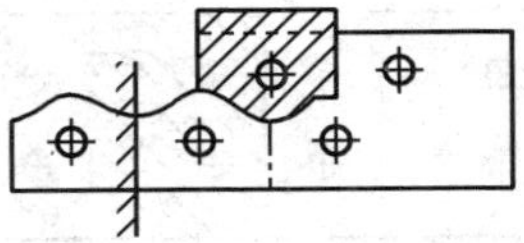	用于 T 形，门形、山形、梯形和三角形零件，在外形上允许有不大的缺陷
斜对排	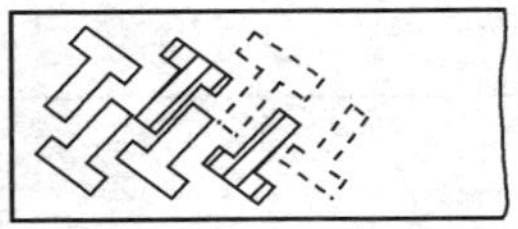	用于材料利用率比直对排时材料利用率高的情况	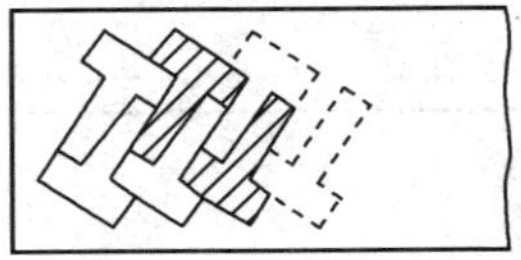	多用于 T 形冲件

续表 3.17

排样形式	有废料排样		少废料排样、无废料排样	
	简图	应用	简图	应用
混合排	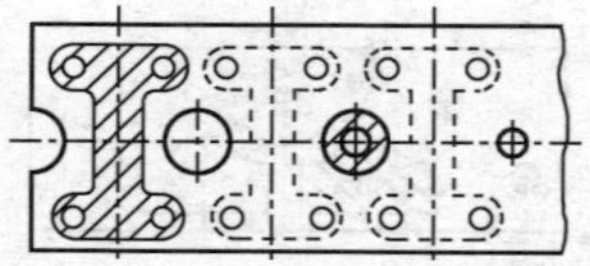	用于材料及厚度都相同的两种以上的冲件	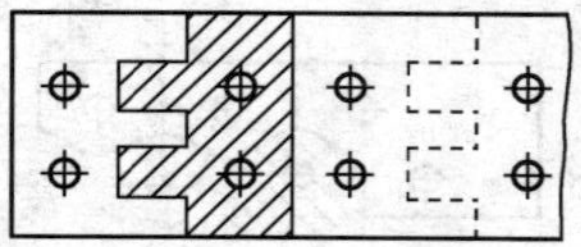	用于两个外形互相嵌入的不同冲件(铰链等)
多排	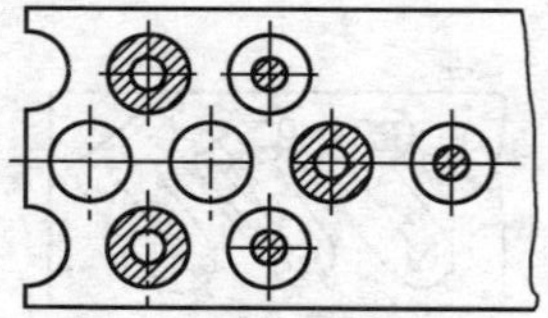	用于大批生产中尺寸不大的圆形、六角形、方形和矩形冲件	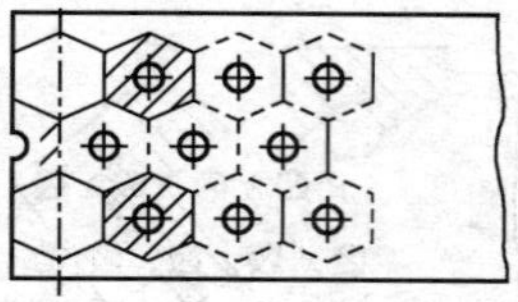	用于大批生产中尺寸不大的方形、矩形及六角形冲件
冲裁搭边	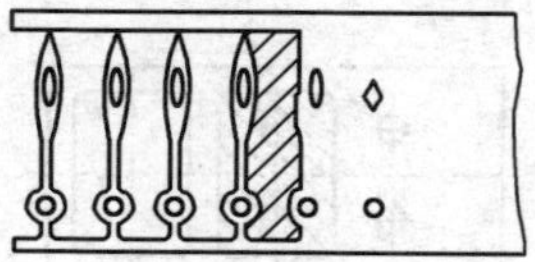	大批生产中用于小的窄冲件(表针及类似的冲件)或带料的连续拉深	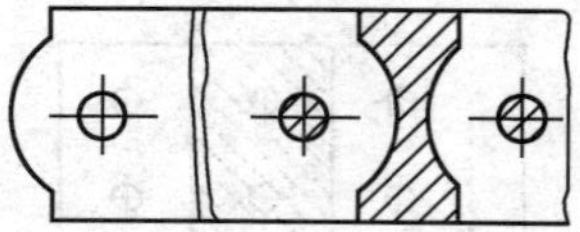	用于以宽度均匀的条料或带料冲制长形件

在实际确定排样时,通常可先根据冲件的形状和尺寸列出几种可能的排样方案(形状复杂的冲件可以用纸片剪成3~5个样件,再用样件摆出各种不同的排样方案),然后再综合考虑冲件的精度、批量、经济性、模具结构与寿命、生产率、操作与安全、原材料供应等方面的因素,最后决定最合理的排样方法。决定排样方案时应遵循的原则是:保证在最低的材料消耗和最高劳动生产率条件下得到符合技术要求的零件,同时要考虑方便生产操作,使冲模结构简单、寿命长,并适应车间生产条件、原材料供应等情况。

3.5.3　搭边与条料宽度的确定

1. 搭边

搭边是指排样时冲件之间以及冲件与条料边缘之间留下的工艺废料。搭边虽然是废料,但在冲裁工艺中却有很大的作用:补偿定位误差和送料误差,保证冲裁出合格的零件;增加条料刚度,方便条料送进,提高生产效率;避免冲裁时条料边缘的毛刺被拉入模具间隙,提高模具寿命。

搭边值的大小要合理。搭边值过大时,材料利用率低;搭边值过小时,达不到在冲裁工艺中的作用。在实际确定搭边值时,主要考虑以下因素:

①材料的机械性能。软材料、脆材料的搭边值取大一些,硬材料的搭边值可取小一些。

②冲件的形状与尺寸。当冲件的形状复杂或尺寸较大时,搭边值取大些。

③材料的厚度。厚材料的搭边值要取大一些。

④送料及挡料方式。用手工送料,且有侧压装置的搭边值可以小一些,用侧刃定距可比用挡料销定距的搭边值小一些。

⑤卸料方式。弹性卸料比刚性卸料的搭边值要小一些。

搭边值一般由经验确定,表3.18所示为最小搭边值的经验数据,供设计时参考。

2. 条料宽度与导料板间距

采用导料板导向的模具结构时,在排样方式与搭边值确定之后,就可以确定条料的宽度,进而可以确定导料板间距。条料的宽度要保证冲裁时冲件周边有足够的搭边值,导料板间距应使条料能在冲裁时顺利地在导料板之间送进,并与条料之间有一定的间隙。因此条料宽度与导料板间距和冲模的送料定位方式有关,应根据不同结构分别进行计算。

(1)用导料板导向且有侧压装置(图3.23(a))。

在这种情况下,条料是在侧压装置作用下紧靠导料板的一侧送进的,故按下列公式计算:

条料宽度

$$B_{-\Delta}^{\ 0} = (D_{\max} + 2a)_{-\Delta}^{\ 0} \tag{3.11}$$

导料板间距离

$$B_0 = B + z = D_{\max} + 2a + z \tag{3.12}$$

式中　$D_{\max}$——条料宽度方向冲件的最大尺寸;

a——搭边值,其最小值可参考表3.18;

Δ——条料宽度的单向(负向)偏差,见表3.19;

z——导料板与最宽条料之间的间隙,其最小值见表3.20。

此种情况也适应于用导料销导向的冲模,这时条料是通过人工紧靠导料销一侧送进的。

表 3.18 最小搭边值的经验数据 mm

材料厚度 t	圆形或圆角 $r>2t$ 的工件		矩形件边长 $l\leqslant 50$ mm		矩形件边长 $l>50$ mm 或圆角 $r\leqslant 2t$	
	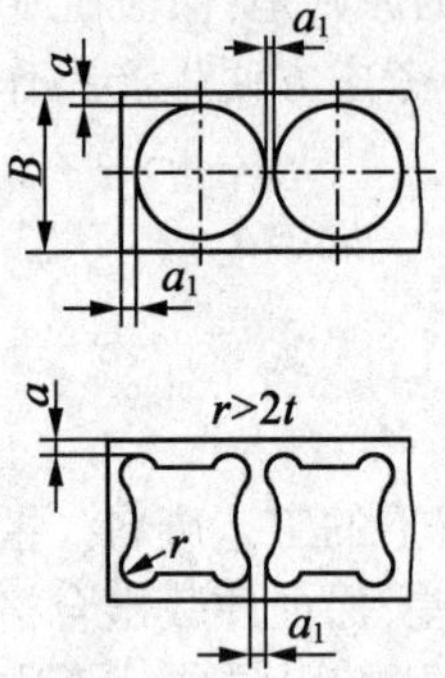		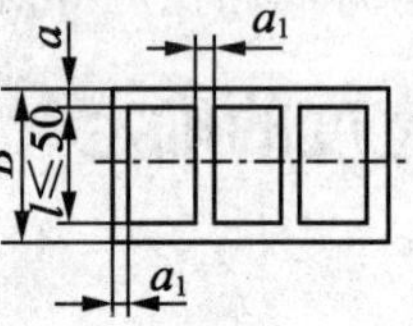		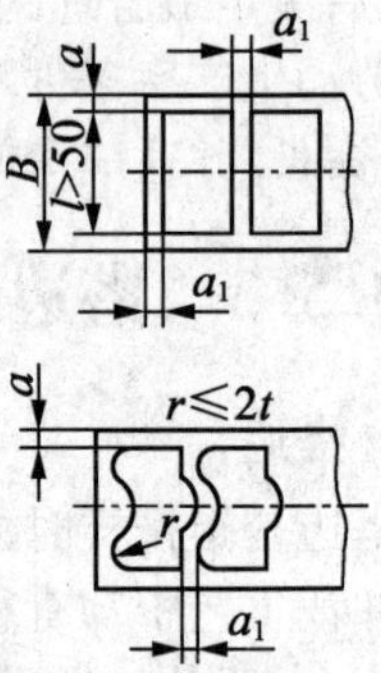	
	工件间 a_1	侧边 a	工件间 a_1	侧边 a	工件间 a_1	侧边 a
<0.25	1.8	2.0	2.2	2.5	2.8	3.0
0.25~0.5	1.2	1.5	1.8	2.0	2.2	2.5
0.5~0.8	1.0	1.2	1.5	1.8	1.8	2.0
0.8~1.2	0.8	1.0	1.2	1.5	1.5	1.8
1.2~1.6	1.0	1.2	1.5	1.8	1.8	2.0
1.6~2.0	1.2	1.5	1.8	2.5	2.0	2.2
2.0~2.5	1.5	1.8	2.0	2.2	2.2	2.5
2.5~3.0	1.8	2.2	2.2	2.5	2.5	2.8
3.0~3.5	2.2	2.5	2.5	2.8	2.8	3.2
3.5~4.0	2.5	2.8	2.5	3.2	3.2	3.5
4.0~5.0	3.0	3.5	3.5	4.0	4.0	4.5
5.0~12	$0.6t$	$0.7t$	$0.7t$	$0.8t$	$0.8t$	$0.9t$

注:表列搭边值适用于低碳钢,对于其他材料,应将表中数值乘以下列系数:

中等硬度钢	0.9	软黄铜、纯铜	1.2
硬钢	0.8	铝	1.3~1.4
硬黄铜	1~1.1	非金属	1.5~2
硬铝	1~1.2		

表 3.19 条料宽度的单向偏差 Δ

条料宽度 B/mm	材料厚度 t/mm				
	≤0.5	0.5~1	1~2	2~3	3~5
≤20	0.05	0.08	0.10		
20~30	0.08	0.10	0.15		
30~50	0.10	0.15	0.20		

续表 3.19

条料宽度 B/mm	材料厚度 t/mm				
	≤0.5	0.5~1	1~2	2~3	3~5
≤50		0.4	0.5	0.7	0.9
50~100		0.5	0.6	0.8	1.0
100~150		0.6	0.7	0.9	1.1
150~220		0.7	0.8	1.0	1.2
200~300		0.8	0.9	1.1	1.3

(2)用导料板导向且无侧压装置(图 3.23(b))。

当无侧压装置时,应考虑在送料过程中因条料在导料板之间摆动而使侧面搭边值减小的情况,为了补偿侧面搭边的减小,条料宽度应增加一个条料可能的摆动量(其值为条料与导料板之间的间隙 z),故按下列公式计算:

条料宽度

$$B_{-\Delta}^{\ 0} = (D_{max} + 2a + z)_{-\Delta}^{\ 0} \tag{3.13}$$

导料板间距离

$$B_0 = B + z = D_{max} + 2a + 2z \tag{3.14}$$

(3)用侧刃定距(图 3.23 (c))。

当条料用侧刃定距时,条料宽度必须增加侧刃切去的部分,故按下列公式计算:

条料宽度

$$B_{-\Delta}^{\ 0} = (D_{max} + 2a + nb_1)_{-\Delta}^{\ 0} \tag{3.15}$$

导料板间距离

$$B' = B + z = D_{max} + 2a + nb_1 + z \tag{3.16}$$

$$B_1' = D_{max} + 2a + y \tag{3.17}$$

式中　D_{max}——条料宽度方向冲件的最大尺寸;

a——侧搭边值;

b_1——侧刃冲切的料边宽度,其最小值见表 3.21;

n——侧刃数;

z——冲切前的条料与导料板间的间隙,其最小值见表 3.20;

y——冲切后的条料与导料板间的间隙,见表 3.21。

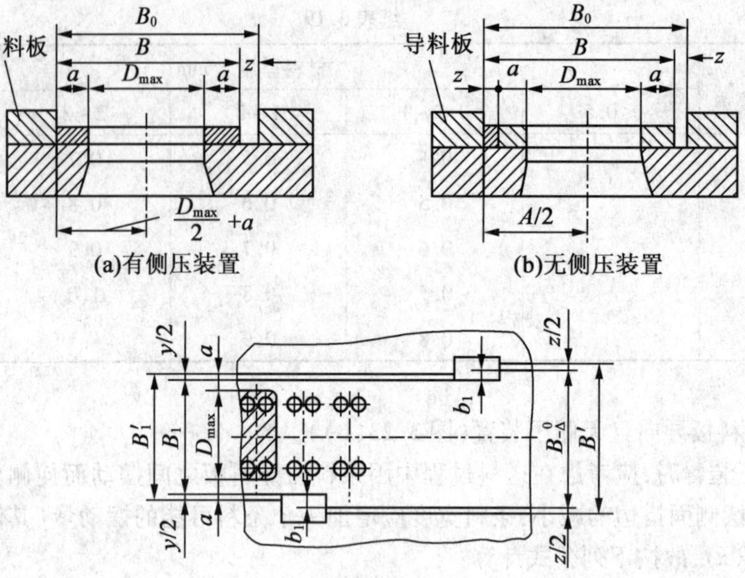

(a)有侧压装置　(b)无侧压装置

(c)用侧刃定距

图 3.23　条料宽度的确定

表 3.20　导料板与最宽条料之间的最小间隙 z_{min}　mm

材料厚度 t/mm	无侧压装置			有侧压装置	
	条料宽度 B/mm			条料宽度 B/mm	
	<100	100～200	200～300	<100	≥100
≤1	0.5	0.5	1	5	8
1～5	0.5	1	1	5	8

表 3.21　b_1 和 y 的值　mm

材料厚度 t/mm	b_1		y
	金属材料	非金属材料	
≤1.5	1～1.5	1.5～2	0.10
1.5～2.5	2.0	3	0.15
2.5～3	2.5	4	0.20

条料宽度确定之后,就可以选择板料规格,并确定裁板方式。板料一般为长方形,故裁板方式有纵裁(沿长边裁,也即沿板料轧制的纤维方向裁)和横裁(沿短边裁)两种。因为纵裁裁板次数少,冲压时条料调换次数少,工人操作方便,故在通常情况下应尽可能地选择纵裁。在以下情况下可考虑用横裁:

①横裁时的板料利用率显著高于纵裁时的板料利用率。

②纵裁后条料太长,受车间压力机排列的限制而操作不便时。

③条料太重,工人劳动强度太高时。

④纵裁不能满足冲裁后的成形工序(如弯曲)对材料纤维方向的要求时。

3.5.4　排样图

排样图是排样设计最终的表达形式,通常应绘制在冲压工艺规程的相应卡片上和冲裁模总装图的右上角。排样图的内容应反映出排样方法、冲件的冲裁方式、用侧刃定距时侧刃的形状与位置、材料利用率等。

绘制排样图时应注意以下几点:

①排样图上应标注条料宽度 $B_{-\Delta}^{\ 0}$、条料长度 L、板料厚度 t、端距 l、进距 s、冲件间搭边 a_1 和侧搭边 a、侧刃定距时侧刃的位置及截面尺寸等,如图 3.24 所示。

②用剖切线表示冲裁工位上的工序件形状(即凸模或凹模的截面形状),以便能从排样图上看出是单工序冲裁(图 3.24(a))、复合冲裁(图 3.24(b))还是级进冲裁(图 3.24(c))。

③采用斜排时,应注明倾斜角度的大小。必要时,还可用双点画线画出送料时定位元件的位置。对于有纤维方向要求的排样图,应用箭头表示条料的纹向。

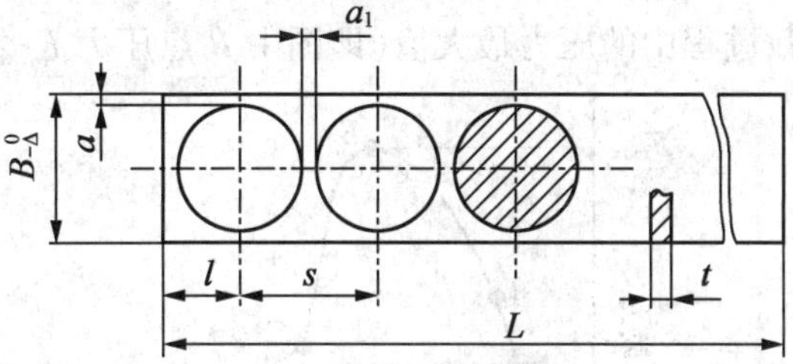

(a)单工序冲裁

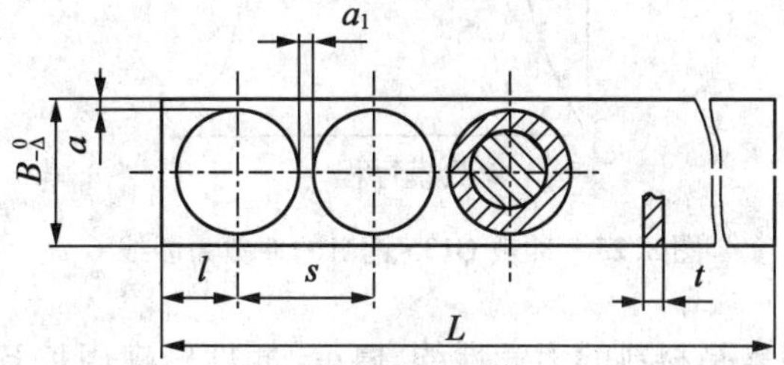

(b)复合冲裁

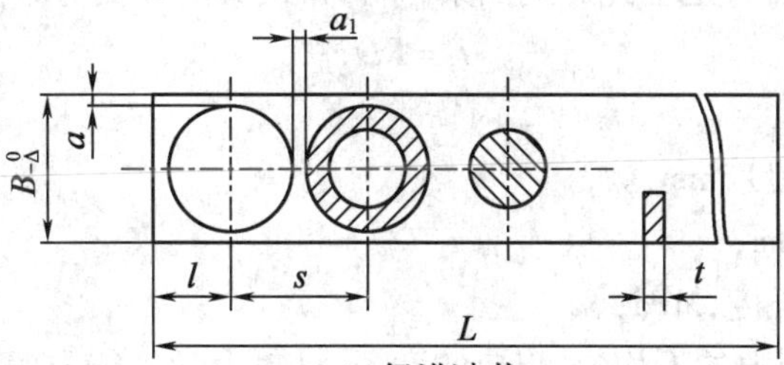

(c)级进冲裁

图 3.24　排样图画法

3.6 冲压力与压力中心的计算

3.6.1 冲压力的计算

在冲裁过程中,冲压力是冲裁力、卸料力、推件力和顶件力的总称。冲压力是选择压力机、设计冲裁模和校核模具强度的重要依据。

1. 冲裁力

冲裁力是冲裁时凸模冲穿板料所需的压力。在冲裁过程中,冲裁力是随凸模进入板料的深度(凸模行程)而变化的。图 3.25 所示为冲裁 Q135 钢时的冲裁力变化曲线,图中 *OA* 段是冲裁的弹性变形阶段,*AB* 段是塑性变形阶段,*B* 点为冲裁力的最大值,在此点材料开始被剪裂,*BC* 段为断裂分离阶段,*CD* 段是凸模克服与材料间的摩擦和将材料从凹模内推出所需的压力。通常,冲裁力是指冲裁过程中的压力最大值(即图中 *B* 点压力 F_{max})。

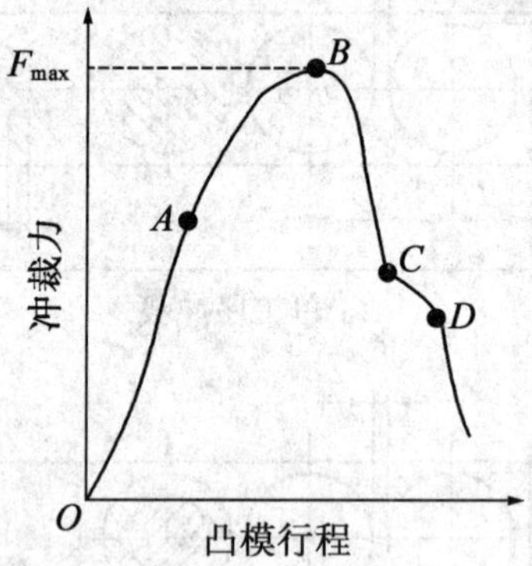

图 3.25 冲裁 Q135 钢时的冲裁力曲线

影响冲裁力的主要因素是材料的力学性能、厚度、冲件轮廓周长及冲裁间隙、刃口锋利程度与表面粗糙度等。综合考虑上述影响因素,平刃口模具的冲裁力可按下式计算:

$$F = KLt\tau_b \tag{3.18}$$

式中 F——冲裁力,N;

L——冲件周边长度,mm;

t——材料厚度,mm;

τ_b——材料抗剪强度,MPa;

K——考虑模具间隙的不均匀、刃口的磨损、材料力学性能与厚度的波动等因素引入的修正系数,一般取 $K=1.3$。

对于同一种材料,其抗拉强度与抗剪强度的关系为 $\sigma_b \approx 1.3\tau_b$,故冲裁力也可按下式计算:

$$F = Lt\sigma_b \tag{3.19}$$

2. 卸料力、推件力与顶件力的计算

当冲裁结束时,由于材料的弹性回复及摩擦的存在,从板料上冲裁下的部分会梗塞在凹模孔口内,而冲裁剩下的材料则会紧箍在凸模上。为使冲裁工作继续进行,必须将箍在凸模上和卡在凹模内的材料(冲件或废料)卸下或推出。从凸模上卸下箍着的料所需要的力称为卸料力,用 F_X 表示;将卡在凹模内的料顺冲裁方向推出所需要的力称为推件力,用 F_T 表示;逆冲裁方向将料从凹模内顶出所需要的力称为顶件力,用 F_D 表示,如图 3.26 所示。

卸料力、推件力与顶件力是从压力机和模具的卸料、推件和顶件装置中获得的,所以在选择压力机的公称压力和设计冲模以上装置时,应分别予以计算。影响这些力的因素较多,主要有材料的力学性能与厚度、冲件形状与尺寸、冲模间隙与凹模孔口结构、排样的搭边大小及润滑情况等。在实际计算时,常用下列经验公式:

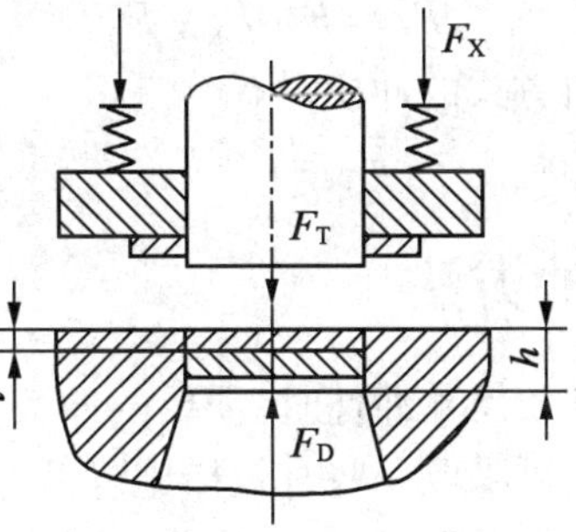

图 3.26　卸料力、推件力与顶件力

$$F_X = K_X F \tag{3.20}$$

$$F_T = nK_T F \tag{3.21}$$

$$F_D = K_D F \tag{3.22}$$

式中　K_X、K_T、K_D——卸料力系数、推件力系数和顶件力系数,其值见表 3.22;

F——冲裁力,N;

n——同时卡在凹模孔内的冲件(或废料)数,$n = h/t$(h 为凹模孔口的直刃壁高度,t 为材料厚度)。

表 3.22　卸料力系数、推件力系数及顶件力的系数

冲件材料		K_X	K_T	K_D
纯铜、黄铜		0.02 ~ 0.06	0.03 ~ 0.09	0.03 ~ 0.09
铝、铝合金		0.025 ~ 0.08	0.03 ~ 0.07	0.03 ~ 0.07
钢的厚度 t/mm	≤0.1	0.065 ~ 0.075	0.1	0.14
	0.1 ~ 0.5	0.045 ~ 0.055	0.063	0.08
	0.5 ~ 2.5	0.04 ~ 0.05	0.055	0.06
	2.5 ~ 6.5	0.03 ~ 0.04	0.045	0.05
	>6.5	0.02 ~ 0.03	0.025	0.03

3.6.2　压力机公称压力的确定

对于冲裁工序,压力机的公称压力应大于或等于冲裁时总冲压力的 1.1 ~ 1.3 倍,即

$$P \geqslant (1.1 \sim 1.3) F_{\Sigma} \tag{3.23}$$

式中 P——压力机的公称压力；

F_{Σ}——冲裁时的总冲压力。

冲裁时，总冲压力为冲裁力与冲裁力同时发生的卸料力、推件力或顶件力之和。模具结构不同，总冲压力所包含的力的成分有所不同，具体可分以下情况计算：

采用弹性卸料装置和下出料方式的冲模时有

$$F_{\Sigma}=F+F_{X}+F_{T} \tag{3.24}$$

采用弹性卸料装置和上出料方式的冲模时有

$$F_{\Sigma}=F+F_{X}+F_{D} \tag{3.25}$$

采用刚性卸料装置和下出料方式的冲模时有

$$F_{\Sigma}=F+F_{T} \tag{3.26}$$

3.6.3 降低冲裁力的方法

在冲裁高强度材料或厚料和大尺寸冲件时，需要的冲裁力很大。当生产现场没有足够吨位的压力机时，为了不影响生产，可采取一些有效措施降低冲裁力，以充分利用现有设备。同时，降低冲裁力还可以减小冲击、振动和噪声，对改善冲压环境也有积极意义。

目前，降低冲裁力的方法主要有以下几种。

1. 采用阶梯凸模冲裁

在多凸模的冲模中，将凸模设计成不同长度，使工作端面呈阶梯形布置（图3.27），这样各凸模冲裁力的最大值不同时出现，从而达到降低总冲裁力的目的。

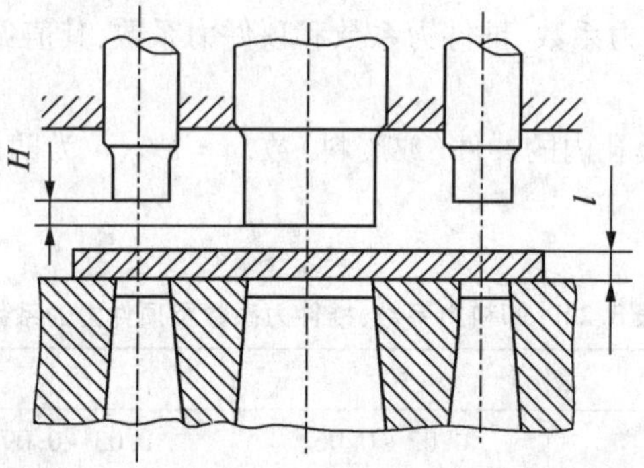

图3.27 阶梯凸模冲裁

阶梯凸模不仅能降低冲裁力，在直径相差悬殊、彼此距离又较小的多孔冲裁中，还可以避免小直径凸模因受材料流动挤压的作用而产生倾斜或折断现象。这时，一般将小直径凸模做短一些。此外，各层凸模的布置要尽量对称，使模具受力平衡。

阶梯凸模间的高度差 H 与板料厚度有关，可按如下关系确定：

材料厚度 $t<3$ mm 时

$$H=t$$

材料厚度 $t>3$ mm 时

$$H=0.5t$$

阶梯凸模冲裁的冲裁力，一般只按产生最大冲裁力的那一层阶梯进行计算。

2. **采用斜刃口冲裁**

一般在使用平刃口模具冲裁时，因整个刃口面都同时切入材料，切断是沿冲件周边同时发生的，故所需的冲裁力较大。采用斜刃口模具冲裁，就是将冲模的凸模或凹模制成与轴线倾斜一定角度的斜刃口，这样，冲裁时整个刃口不是全部同时切入，而是逐步将材料切断，因而能显著降低冲裁力。

斜刃口的配置形式如图3.28所示。因采用斜刃口冲裁时，会使板料产生弯曲，因此斜刃口配置的原则是：必须保证冲件平整，只允许废料产生弯曲变形。为此，落料时凸模应为平刃口，将凹模做成斜刃口(图3.28(a)和(b))；冲孔时则凹模应为平刃口，而将凸模做成斜刃口(图3.28(c)～(e))。斜刃口还应对称布置，以免冲裁时模具承受单向侧压力而发生偏移，啃伤刃口。向一边倾斜的单边斜刃口冲模，只能用于切口(图3.28(f))或切断。

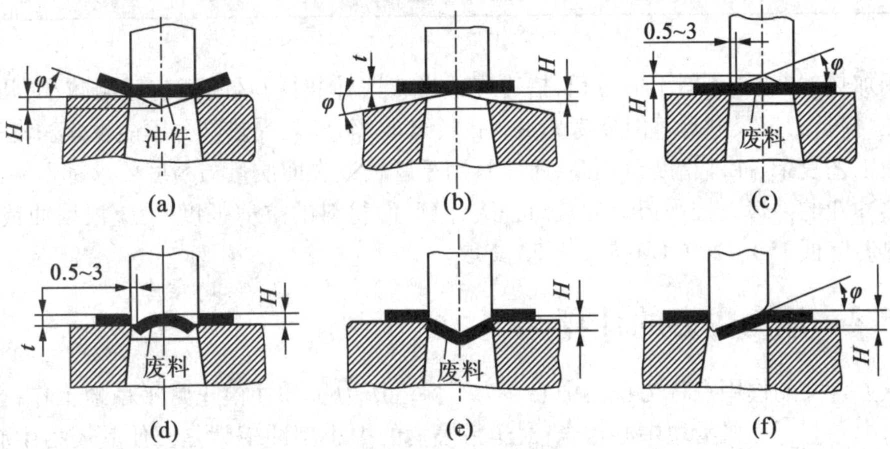

图3.28　斜刃口的配置形式

斜刃口的主要参数是斜刃角 φ 和斜刃高度 H。斜刃角 φ 越大越省力，但过大的斜刃角会降低刃口强度，并使刃口易于磨损，从而降低使用寿命。斜刃角也不能过小，过小的斜刃角起不到减力作用。斜刃高度 H 也不宜过大或过小，过大的斜刃高度会使凸模进入凹模太深，加快刃口的磨损，而过小的斜刃高度也起不到减力的作用。一般情况下，斜刃角 φ 和斜刃高度 H 可参考下列数值选取：

材料厚度 $t<3$ mm 时

$$H=2t,\varphi<5^\circ$$

材料厚度 $t=3\sim10$ mm 时

$$H=t,\varphi<8^\circ$$

斜刃口冲裁时的冲裁力可按下面简化公式计算：

$$F'=K'Lt \tag{3.27}$$

式中　F'——斜刃口冲裁时的冲裁力，N；

K'——减力系数，$H=t$ 时 $K'=0.4\sim0.6$；$H=2t$ 时 $K'=0.2\sim0.4$。

斜刃口冲裁的主要缺点是刃口制造与刃磨比较复杂，刃口容易磨损，冲件也不够平整，且省力不省功，因此一般情况下尽量不用，只用于大型、厚板冲件(如汽车覆盖件等)的冲裁。

3. **采用加热冲裁**

金属材料在加热状态下的抗剪强度会显著降低，因此采用加热冲裁能降低冲裁力。表

3.23 为部分钢在加热状态时的抗剪强度，从表中可以看出，当钢加热至 900 ℃时，其抗剪强度最低，冲裁最为有利，所以一般是将钢加热到 800 ~ 900 ℃时再进行加热冲裁。

表 3.23　部分钢在加热状态时的抗剪强度　MPa

材料 \ 加热温度/℃	200	500	600	700	800	900
Q195、Q215、10、15	360	320	200	110	60	30
Q235、Q255、20、25	450	450	240	130	90	60
Q275、30、35	530	520	330	160	90	70
40、45、50	600	580	380	190	90	70

采用加热冲裁时，条料不能过长，搭边应适当放大，同时模具间隙应适当减小，凸、凹模应选用耐热材料，刃口尺寸计算时要考虑冲件的冷却收缩，模具受热部分不能设置橡皮等。由于加热冲裁工艺复杂，冲件精度也不高，所以只用于厚板或表面质量与精度要求都不高的冲件。

加热冲裁的冲裁力按平刃口冲裁力公式计算，但材料的抗剪强度 τ_b 应根据冲裁温度（一般比加热温度低 150 ~ 200 ℃）按表 3.23 查取。

3.6.4　压力中心的计算

冲压力合力的作用点称为压力中心。为了保证压力机和冲模正常平稳地工作，必须使冲模的压力中心与压力机滑块中心重合，对于带模柄的中小型冲模就是要使其压力中心与模柄轴心线重合。否则，冲裁过程中压力机滑块和冲模将会承受偏心载荷，使滑块导轨和冲模导向部分产生不正常磨损，合理间隙得不到保证，刃口迅速变钝，从而降低冲件质量，缩短模具寿命甚至损坏模具。因此，设计冲模时，应正确计算出冲裁时的压力中心，并使压力中心与模柄轴心线重合，若因冲件的形状特殊，从模具结构方面考虑不宜使压力中心与模柄轴心线相重合，也应注意尽量使压力中心的偏离不超出所选压力机模柄孔投影面积的范围。

压力中心的确定有解析法、图解法和试验法，这里主要介绍解析法。

1. 单凸模冲裁时的压力中心

对于形状简单或对称的冲件，其压力中心即位于冲件轮廓图形的几何中心。冲裁直线段时，其压力中心位于直线段的中点。冲裁圆弧段时，其压力中心（图 3.29）的位置按下式计算：

$$x_0 = R\frac{180^\circ \times \sin\alpha}{\pi\alpha} = R\frac{b}{l} \tag{3.28}$$

式中　l——弧长；

R——圆弧半径；

α——圆弧中心角的一半；

b——圆弧对应弦长。

对于形状复杂的冲件，可先将组成图形的轮廓线划分为若干简单的直线段及圆弧段，分别计算其冲裁力，这些即为分力，由各分力之和算出合力。然后任意选定直角坐标轴 $X-Y$，并算出各线段的压力中心至 X 轴和 Y 轴的距离。最后根据“合力对某轴之矩等于各分力对同轴力矩之和”的力学原理，即可求出压力中心坐标。

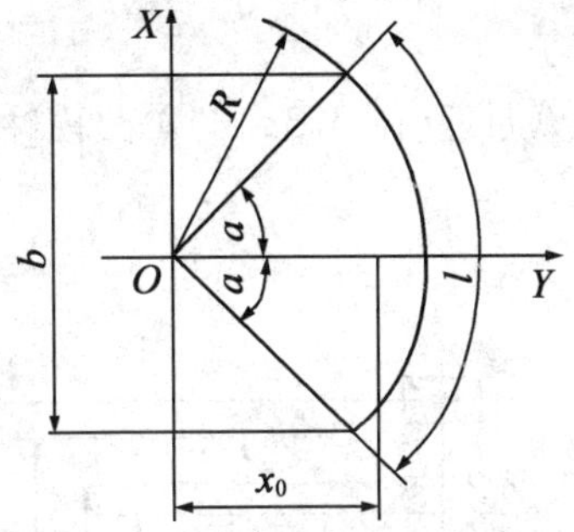

图 3.29　圆弧线段的压力中心

如图 3.30 所示,设图形轮廓各线段(包括直线段和圆弧段)的冲裁力为 $F_1,F_2,F_3,\cdots,F_n$,各线段压力中心至坐标轴的距离分别为 $x_1,x_2,x_3,\cdots,x_n$ 和 $y_1,y_2,y_3,\cdots,y_n$,则压力中心坐标计算公式为

$$x_0 = \frac{F_1x_1 + F_2x_2 + F_3x_3 + \cdots + F_nx_n}{F_1 + F_2 + F_3 + \cdots + F_n} = \frac{\sum_{i=1}^{n} F_ix_i}{\sum_{i=1}^{n} F_i} \tag{3.29}$$

$$y_0 = \frac{F_1y_1 + F_2y_2 + F_3y_3 + \cdots + F_ny_n}{F_1 + F_2 + F_3 + \cdots + F_n} = \frac{\sum_{i=1}^{n} F_iy_i}{\sum_{i=1}^{n} F_i} \tag{3.30}$$

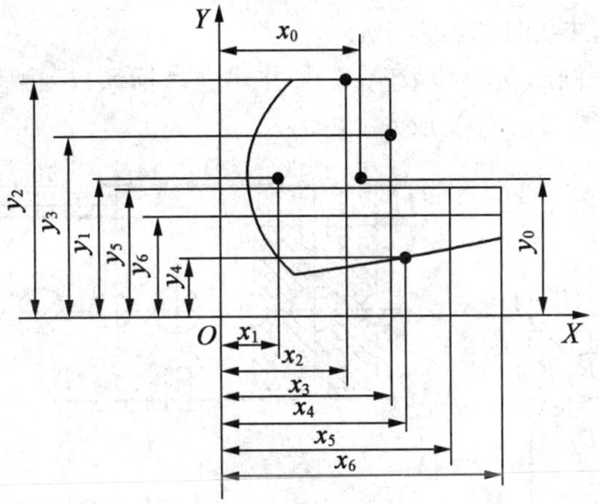

图 3.30　复杂形状件的压力中心计算

由于线段的冲裁力与线段的长度成正比,所以可以用各线段的长度 $L_1,L_2,L_3,\cdots,L_n$ 代替各线段的冲裁力 $F_1,F_2,F_3,\cdots,F_n$,这时压力中心坐标的计算公式为

$$x_0 = \frac{L_1x_1 + L_2x_2 + L_3x_3 + \cdots + L_nx_n}{L_1 + L_2 + L_3 + \cdots + L_n} = \frac{\sum_{i=1}^{n} L_ix_i}{\sum_{i=1}^{n} L_i} \tag{3.31}$$

$$y_0 = \frac{L_1y_1 + L_2y_2 + L_3y_3 + \cdots + L_ny_n}{L_1 + L_2 + L_3 + \cdots + L_n} = \frac{\sum_{i=1}^{n} L_iy_i}{\sum_{i=1}^{n} L_i} \tag{3.32}$$

2. 多凸模冲裁时的压力中心

多凸模冲裁时压力中心的计算原理(图3.31)与单凸模冲裁时的计算原理基本相同,其具体计算步骤如下:

(1)选定坐标轴 $X-Y$。

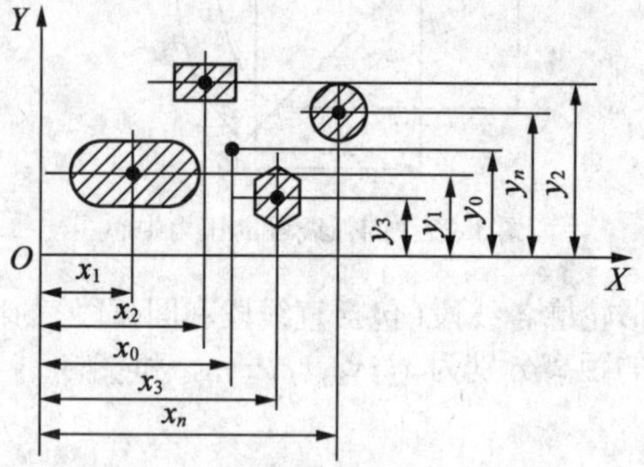

图3.31 多凸模冲裁时的压力中心计算

(2)按前述单凸模冲裁时压力中心的计算方法计算出各单一图形的压力中心到坐标轴的距离 $x_1,x_2,x_3,\cdots,x_n$ 和 $y_1,y_2,y_3,\cdots,y_n$。

(3)计算各单一图形轮廓的周长 $L_1,L_2,L_3,\cdots,L_n$。

(4)将计算数据分别代入式(3.31)和式(3.32),即可求得压力中心坐标(x_0,y_0)。

例3.3 如图3.32(a)所示,冲件(材料为10钢,厚度为0.8 mm)采用级进冲裁,排样图如图3.32(b)所示,试计算冲裁时的压力中心。

解 (1)根据排样图画出全部冲裁轮廓图,并建立坐标系,标出各冲裁图形压力中心在坐标系 $X-Y$ 中的坐标,如图3.32(c)所示。

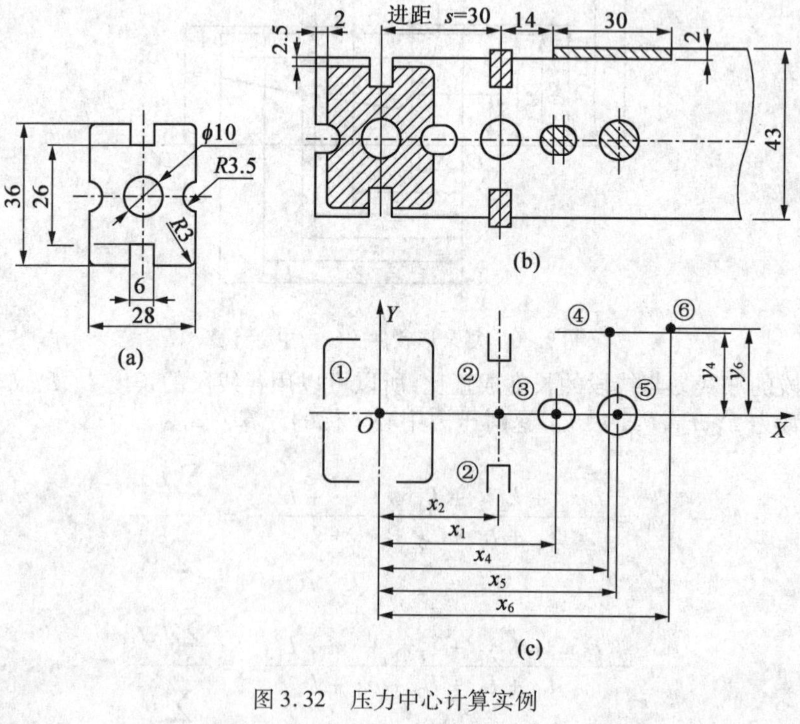

图3.32 压力中心计算实例

(2)计算各图形的冲裁长度及压力中心坐标。

落料与冲上、下缺口的图形轮廓虽然被分割开,但其整体仍是对称图形,故可分别合并成单凸模进行计算,计算结果列于表 3.24。

表 3.24　各图形的冲裁长度和压力中心坐标

序号	L_i	x_i	y_i	序号	L_i	x_i	y_i
①	97	0	0	④	30	59	20.5
②	32	30	0	⑤	31.4	60	0
③	26	45	0	⑥	2	74	21.5

(3)计算冲模压力中心。

将表 3.24 的数据代入式(3.29)和式(3.30),得

$$x_0 = \frac{97\times0+32\times30+26\times45+30\times59+31.4\times60+2\times74}{97+32+26+30+31.4+2}=27.2(\mathrm{mm})$$

$$y_0 = \frac{97\times0+32\times0+26\times0+30\times20.5+31.4\times0+2\times21.5}{97+32+26+30+31.4+2}=3.0(\mathrm{mm})$$

3.7　冲裁模的典型结构

冲裁模结构的合理性和先进性与冲裁件的质量和精度、冲裁加工的生产率和经济效益、模具的使用寿命和操作安全等都有着密切的关系。

3.7.1　冲裁模的分类

冲裁模的结构类型很多,一般可按下列不同特征分类:

(1)按工序性质分类,冲裁模可分为落料模、冲孔模、切断模、切口模及切边模等。

(2)按工序组合程度分类,冲裁模可分为单工序模、级进模、复合模等。

(3)按模具导向方式分类,冲裁模可分为开式模、导板模、导柱模等。

(4)按模具专业化程度分类,冲裁模可分为通用模、专用模、自动模、组合模及简易模等。

(5)按模具工作零件所用材料分类,冲裁模可分为钢质冲模、硬质合金冲模、锌基合金冲模、橡胶冲模及钢带冲模等。

(6)按模具结构尺寸分类,冲裁模可分为大型冲模、中小型冲模等。

3.7.2　冲裁模的结构组成

冲裁模的类型虽然很多,但任何一副冲裁模都是由上模和下模两个部分组成。上模通过模柄或上模座固定在压力机的滑块上,可随滑块做上、下往复运动,是冲模的活动部分;下模通过下模座固定在压力机工作台或垫板上,是冲模的固定部分。

图 3.33 所示是一副零部件比较齐全的连接板复合冲裁模。该模具的上模由模柄、上模座、垫板、凸模固定板、冲孔凸模、落料凹模、推件装置(由打杆、推件块构成)、导套及紧固用螺钉和销钉等零部件组成;下模由凸凹模、卸料装置(由卸料板、卸料螺钉、橡胶构成)、导料销、挡料销、凸凹模固定板、下模座、导柱及紧固用螺钉和销钉等零部件组成。工作时,条料沿导料

销送至挡料销处定位，开动压力机，上模随滑块向下运动，具有锋利刃口的冲孔凸模、落料凹模与凸凹模一起穿过条料使冲件和冲孔废料与条料分离而完成冲裁工作。滑块带动上模回升时，卸料装置将箍在凸凹模上的条料卸下，推件装置将卡在落料凹模与冲孔凸模之间的冲件推落在下模上面，而卡在凸凹模内的冲孔废料是在一次次冲裁过程中由冲孔凸模逐次向下推出的。将推落在下模上面的冲件取走后才可进行下一次冲压循环。

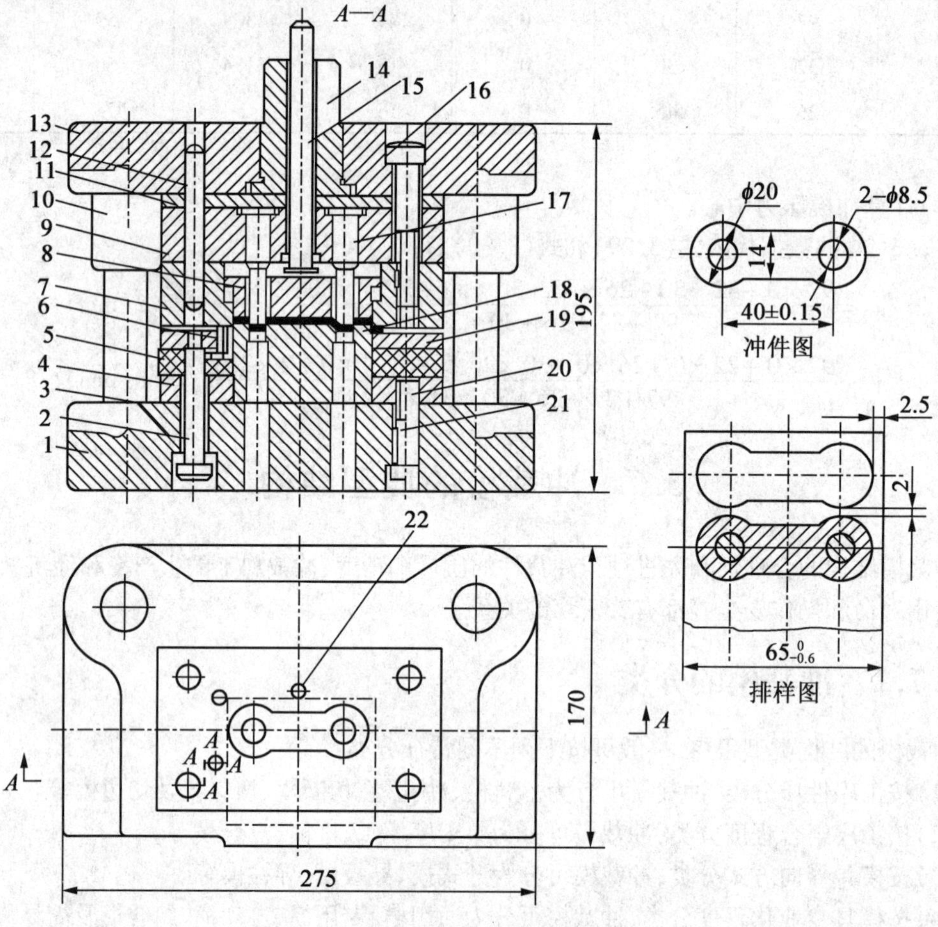

图 3.33　冲裁模的结构组成

1—下模座；2—卸料螺钉；3—导柱；4—凸凹模固定板；5—橡胶；6—导料销；7—落料凹模；8—推件块；9—凸模固定板；10—导套；11—垫板；12，20—销钉；13—上模座；活动挡料销；14—模柄；15—打杆；16，21—螺钉；17—冲孔凸模；18—凸凹模；19—卸料板；22—挡料销

从上述模具结构可知，组成冲裁模的零部件各有其独特的作用，并在冲压时相互配合，以保证冲压过程正常进行，从而冲出合格冲压件。根据各零部件在模具中所起的作用不同，一般又可将冲裁模分成以下几部分。

①工作零件：直接使坯料产生分离或塑性成形的零件，如图 3.33 中的冲孔凸模、落料凹模、凸凹模等。工作零件是冲裁模中最重要的零件。

②定位零件：确定坯料或工序件在冲模中正确位置的零件，如图 3.33 中的挡料销、导料销等。

③卸料与出件零件：这类零件是将箍在凸模上或卡在凹模内的废料或冲件卸下、推出或顶出，以保证冲压工作能继续进行，如图 3.33 中的卸料板、卸料螺钉、橡胶、打杆及推件块等。

④导向零件:确定上、下模的相对位置并保证运动导向精度的零件,如图 3.33 中的导柱、导套等。

⑤支承与固定零件:将上述各类零件固定在上、下模上以及将上、下模连接在压力机上的零件,如图 3.33 中的固定板、垫板、上模座、下模座及模柄等。这些零件是冲裁模的基础零件。

⑥其他零件:除上述零件以外的零件,如紧固件(主要为螺钉、销钉)和侧孔冲裁模中的滑块、斜楔等。

当然,不是所有的冲模都具备上述各类零件,但工作零件和必要的支承固定零件是不可缺少的。

3.7.3　冲裁模的典型结构

1. 单工序模

单工序冲裁模又称为简单冲裁模,是指在压力机的一次行程内只完成一种冲裁工序的模具,如落料模、冲孔模等。

(1)落料模。

落料模是指沿封闭轮廓将冲件从板料上分离的冲模。根据上、下模的导向形式,有三种常见的落料模结构。

①无导向落料模(又称为开式落料模)。图 3.34 所示为冲裁圆形零件的无导向落料模,工作零件为凸模和凹模,定位零件为导料板和定位板,卸料零件为卸料板,其余为支承固定零件。上、下模之间无直接导向关系。工作时,条料沿导料板送至定位板定位后进行冲裁,从条料上分离下来的冲件靠凸模直接从凹模洞口依次推下,箍在凸模上的废料由固定卸料板刮下来。照此循环,完成落料工作。该模具的卸料与定位零件可调,凸、凹模可快速更换,更换凸、凹模并调整卸料与定位零件,便可冲裁不同尺寸的零件。

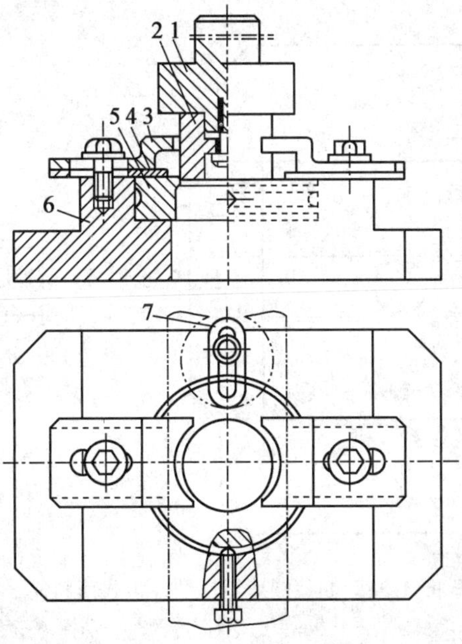

图 3.34　冲裁圆形零件的无导向落料模

1—模柄;2—凸模;3—卸料板;4—导料板;5—凹模;6—下模座;7—定位板

无导向落料模的特点是结构简单、制造容易,可用边角料冲裁,有利于降低冲件成本。但凸模的运动是靠压力机滑块导向的,不易保证凸、凹模的间隙均匀,冲件精度不高,同时模具安装调整麻烦,容易发生凸、凹模刃口啃切,因而模具寿命和生产率较低,操作也不够安全。这种落料模只适用于冲裁精度要求不高、形状简单和生产批量小的冲件。

②导板式落料模。图 3.35 所示为冲裁圆形零件的导板式落料模,工作零件为凸模和凹模,定位零件是活动挡料销、始用挡料销、导料板和承料板,导板既是导向零件又是卸料零件。工作时,条料沿承料板、导料板自右向左送进,首次送进时先用手将始用挡料销推进,使条料端部被始用挡料销阻挡定位,凸模下行与凹模一起完成落料,冲件由凸模从凹模孔中推下。凸模回程时,箍在凸模上的条料被导板卸下。继续送进条料时,先松手使始用挡料销复位,将落料后的条料端部搭边越过活动挡料销后再反向拉紧条料,活动挡料销抵住搭边定位,落料工作继续进行。因活动挡料销对首次落料起不到作用,故设置始用挡料销。

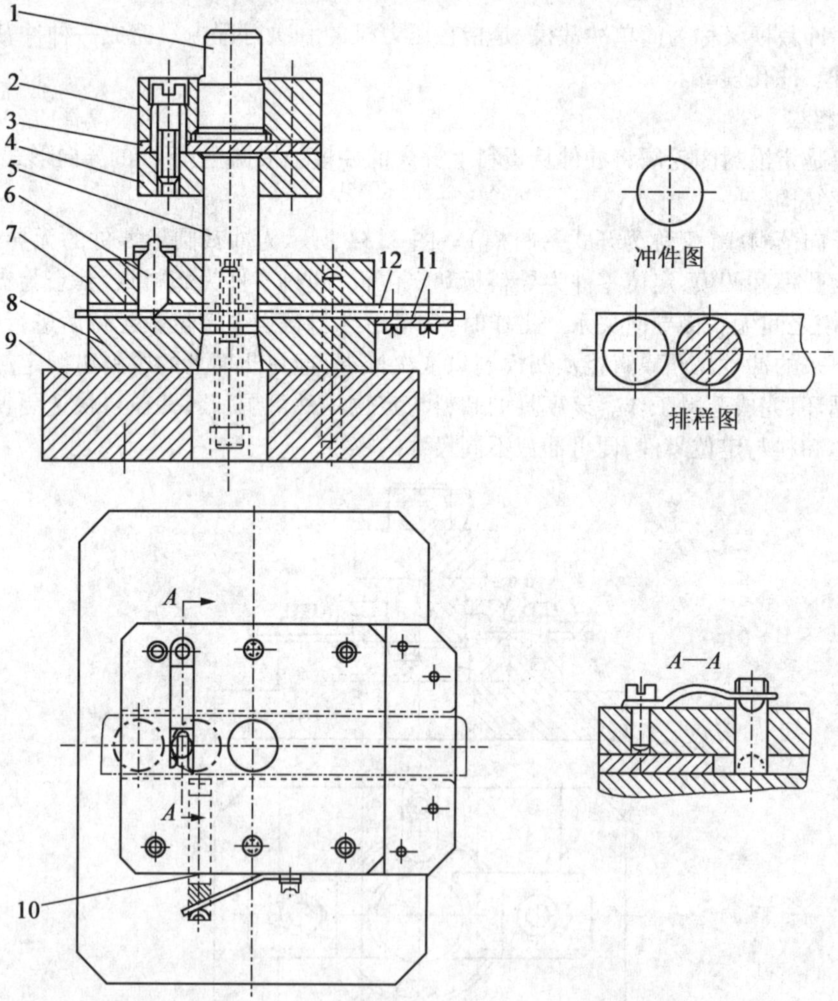

图 3.35 冲裁圆形零件的导板式落料模

1—模柄;2—上模板;3—垫板;4—凸模固定板;5—凸模;6—活动挡料销;7—导板;8—凹模;9—下模座;10—始用挡料销;11—承料板;12—导料板

这种冲模的主要特征是凸模的运动依靠导板导向,易于保证凸、凹模间隙的均匀性,同时凸模回程时导板又可起卸料作用(为了保证导向精度和导板的使用寿命,工作过程中不允许凸模脱离导板,故需采用行程较小的压力机)。导板模与无导向模相比,冲件精度高,模具寿命长,安装容易,卸料可靠,操作安全,但制造比较麻烦。导板模一般用于形状较简单、尺寸不大、材料厚度大于 0.3 mm 的小件冲裁。

③导柱式落料模。图 3.36 所示为导柱式固定卸料落料模,凸模和凹模是工作零件,钩形固定挡料销与导料板(与固定卸料板做成了一个整体)是定位零件,导柱、导套为导向零件,固定卸料板只起卸料作用。这种冲模的上、下模正确位置是利用导柱和导套的导向来保证的,且凸模在进行冲裁之前,导柱已经进入导套,从而保证了在冲裁过程中凸、凹模之间间隙的均匀性。该模具用固定挡料销和导料板对条料定位,冲件由凸模逐次从凹模孔中推下并经压力机工作台孔漏入料箱。

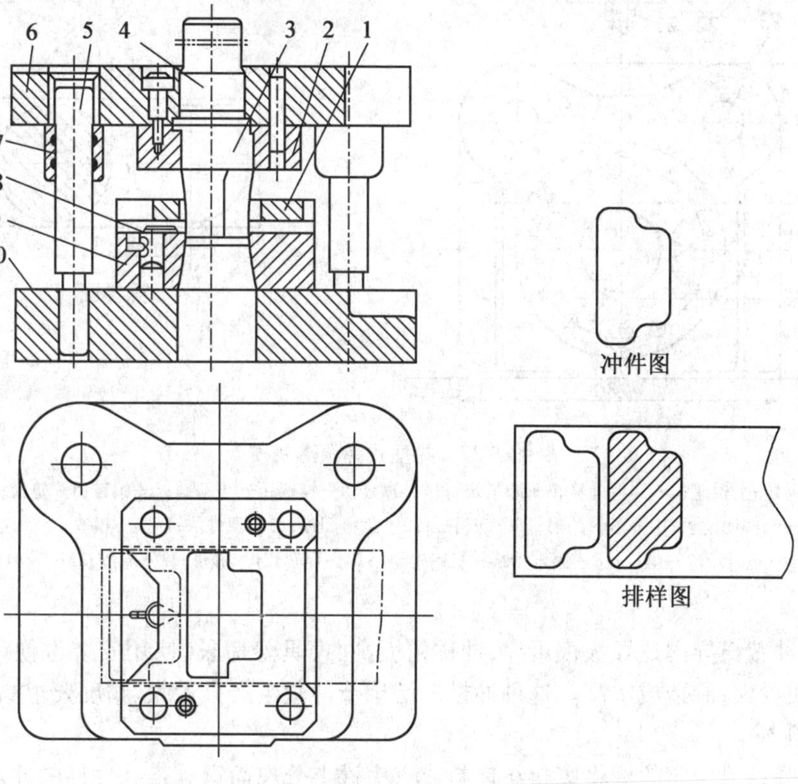

图 3.36　导柱式固定卸料落料模

1—固定卸料板;2—凸模固定板;3—凸模;4—模柄;5—导柱;6—上模座;7—导套;8—钩形固定挡料销;9—凹模;10—下模座

图 3.37 所示为导柱式弹顶落料模,该落料模除上、下模采用了导柱和导套进行导向以外,还采用了由卸料板、卸料弹簧及卸料螺钉构成的弹性卸料装置和由顶件块、顶杆、弹顶器(由托板、橡胶、螺栓、螺母构成)构成的弹性顶件装置来卸下废料和顶出冲件,冲件的变形小,且尺寸精度和平面度较高。这种结构广泛用于冲裁材料厚度较小,且有平面度要求的金属件和易于分层的非金属件。

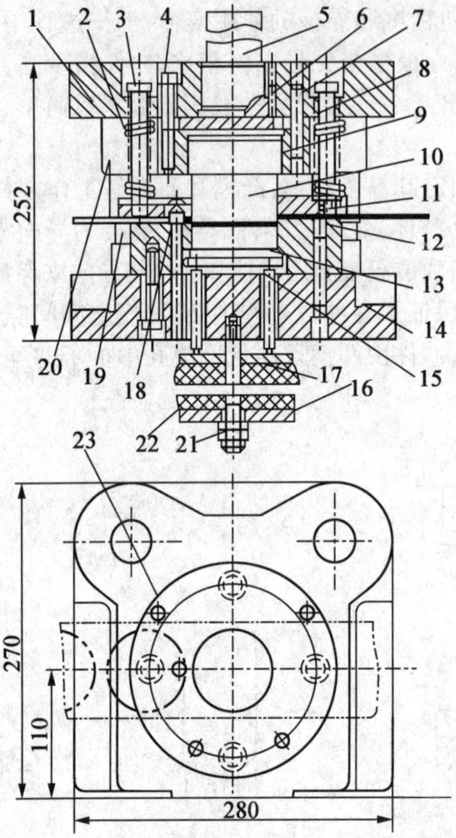

冲件图
(材料为30钢,材料厚度为0.3 mm)

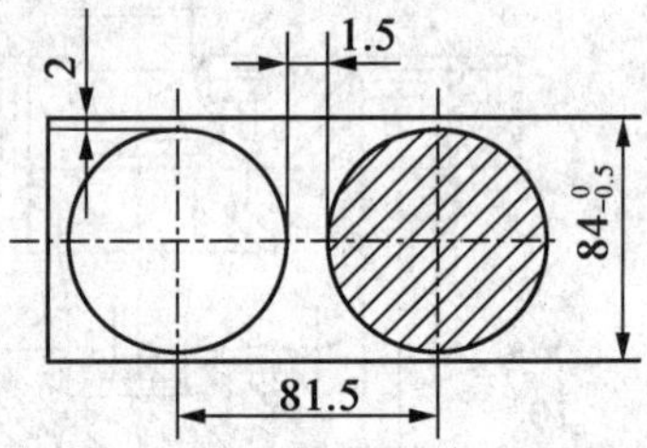

排样图

图 3.37　导柱式弹顶落料模

1—上模座;2—卸料弹簧;3—卸料螺钉;4—螺钉;5—模柄;6—止动销;7—销钉;8—垫板;
9—凸模固定板;10—落料凸模;11—卸料板;12—落料凹模;13—顶件块;14—下模座;15—顶杆;
16—托板;17—螺栓;18—固定挡料销;19—导柱;20—导套;21—螺母;22—橡胶;23—导料销

导柱式冲裁模导向比导板模可靠,冲件精度高,模具寿命长,使用安装方便。但模具轮廓尺寸较大,质量大,制造成本高。这种冲模广泛用于冲裁生产批量大、精度要求高的冲件。

(2)冲孔模。

冲孔模是指沿封闭轮廓将废料从坯料或工序件上分离而得到带孔冲件的冲裁模。冲孔模的结构与一般落料模相似,但冲孔模有自己的特点:冲孔大多是在工序件上进行的,为了保证冲件平整,冲孔模一般采用弹性卸料装置(兼压料作用),并注意解决好工序件的定位和取出问题;冲小孔时必须考虑凸模的强度和刚度,以及快速更换凸模的结构;冲裁成形零件上的侧孔时,需考虑凸模水平运动方向的转换机构等。

图 3.38 所示为导柱式冲孔模,凸模和凹模是工作零件,定位销是定位零件,卸料板、卸料螺钉和橡胶构成弹性卸料装置。工件以内孔 $\phi50$ 和圆弧槽 $R7$ 分别在定位销上定位,弹性卸料装置在凸模下行冲孔时可将工件压紧,以保证冲件平整,在凸模回程时又能起卸料的作用。冲孔废料直接由凸模依次从凹模孔内推出。定位销 1 的右边缘与凹模板外侧平齐,可使工件定位时右凸缘悬于凹模板之外,以便于取出冲件。

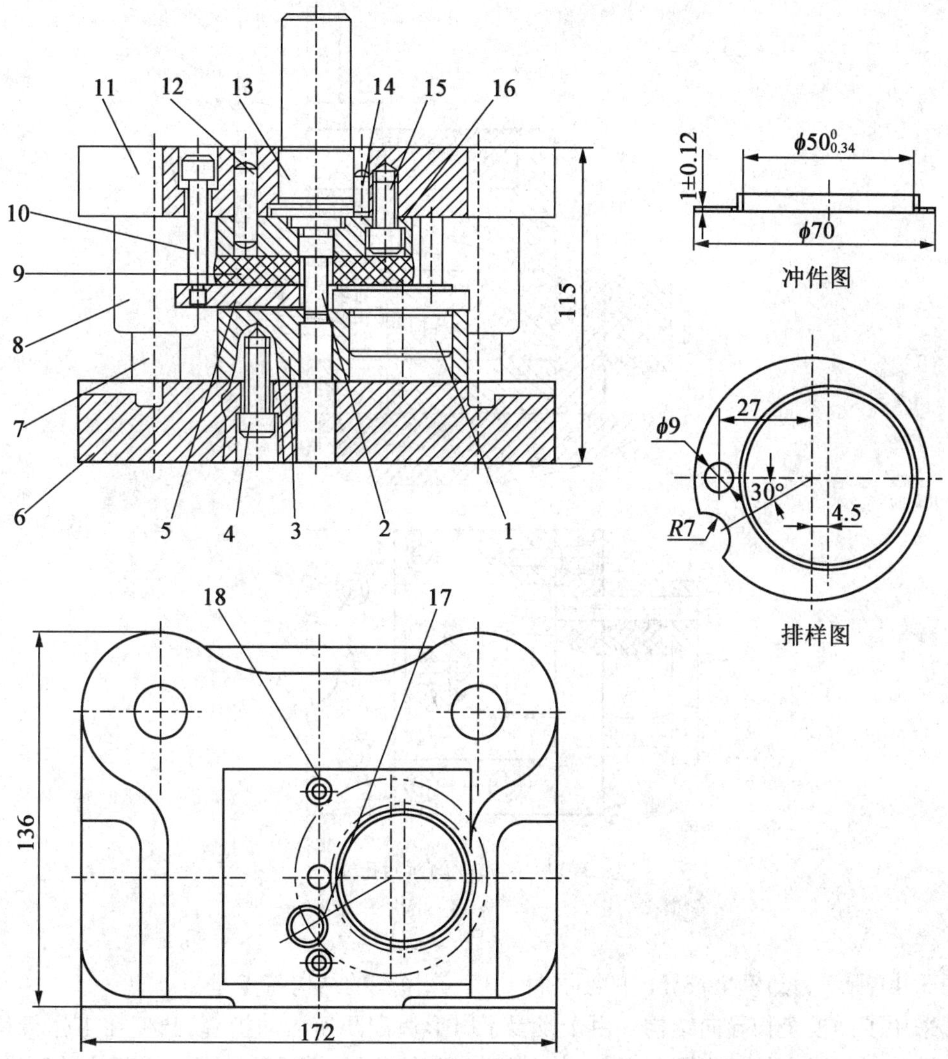

图3.38 导柱式冲孔模

1,17—定位销；2—凸模；3—凹模；4,15—螺钉；5—卸料板；6—下模座；7—导柱；8—导套；9—橡胶；10—卸料螺钉；11—上模座；12,18—销钉；13—模柄；14—防转销；16—固定板

图3.39所示为斜楔式侧面冲孔模，该模具是依靠固定在上模的斜楔把压力机滑块的垂直运动变为推动滑块的水平运动，从而带动凸模在水平方向进行冲孔。凸模与凹模的对准是依靠滑块在导滑槽内滑动来保证的，上模回升时滑块的复位靠橡胶的弹性回复来完成。斜楔的工作角度 α 取40°~50°为宜，需要较大冲裁力时，α 也可取30°，以增大水平推力。要获得较大的凸模工作行程，α 可增加到60°。工件以内形在凹模上定位，为了保证冲孔位置的准确，弹压板在冲孔之前就把工件压紧。为了排除冲孔废料，应注意开设漏料孔。这种结构的凸模常对称布置，最适宜壁部对称孔的冲裁，主要用于冲裁空心件或弯曲件等成形件上的侧孔、侧槽及侧切口等。

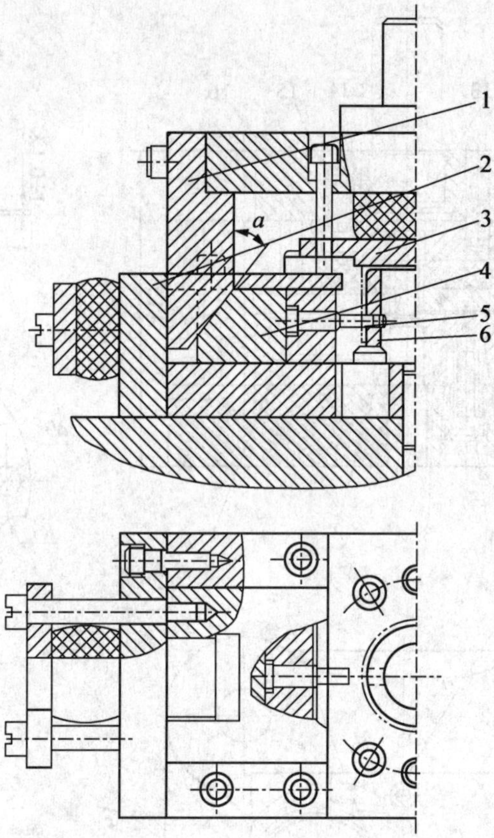

图 3.39　斜楔式侧面冲孔模

1—斜楔;2—座板;3—弹压板; 4—滑块;5—凸模;6—凹模

图 3.40 所示为凸模全长导向的小孔冲孔模,该模具的结构特点是:

①采用了凸模全长导向结构。由于设置了扇形块和凸模活动护套,凸模在工作行程中除了进入被冲材料以内的工作部分以外,其余部分都得到了凸模活动护套不间断的导向作用,因而大大提高了凸模的稳定性。

②模具导向精度高。模具的导柱不但在上、下模之间导向,而且对弹压卸料板也导向。冲压过程中,由于导柱的导向作用,严格地保持了卸料板中凸模护套与凸模之间的精确滑配,避免了卸料板在冲裁过程中的偏摆。此外,为了提高导向精度,消除压力机滑块导向误差的影响,该模具还采用了浮动模柄结构。

图 3.41 所示为短凸模多孔冲孔模,用于冲裁孔多而尺寸小的的冲裁件。该模具的主要特点是采用了厚垫板短凸模的结构。由于凸模大为缩短,同时凸模以卸料板为导向,其配合为 H7/h6,而与凸模固定板以 H8/h6 间隙配合,得到良好的导向,因此大大提高了凸模的刚度。卸料板与导板用螺钉、销钉紧固定位,导板以固定板为导向(两者以 H7/h6 配合)做上、下运动,保证了卸料板不产生水平偏摆,避免了凸模承受侧压力而折断。该模具配备了较强压力的弹性元件,这是小孔冲裁模的共同特点,其卸料力一般取冲裁力的 10%,以利于提高冲孔的质量。

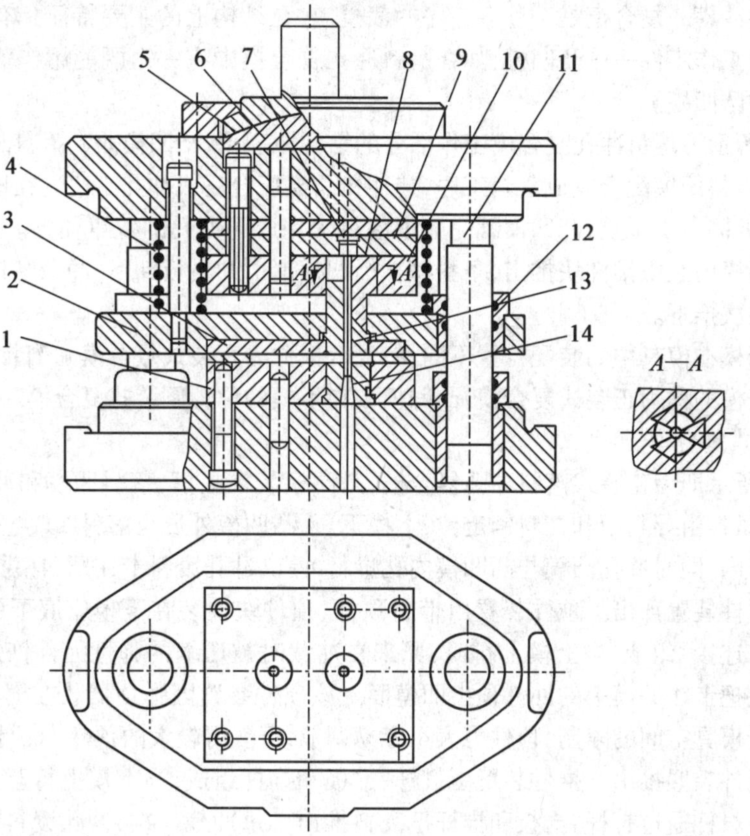

图 3.40　凸模全长导向的小孔冲孔模

1—凹模固定板;2—弹压卸料板;3—托板;4—弹簧;5,6—浮动模柄;7—凸模;8—扇形块;9—凸模固定板;10—扇形块固定板;11—导柱;12—导套;13—凸模活动护套;14—凹模

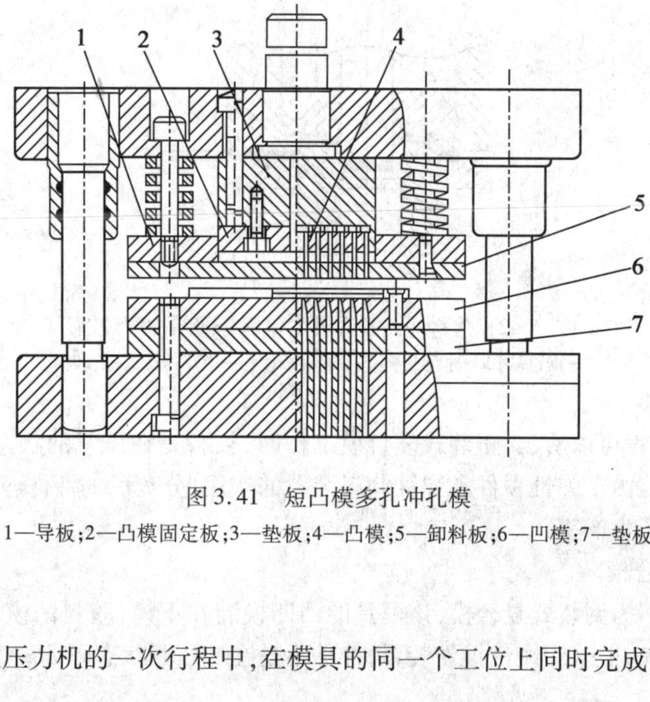

图 3.41　短凸模多孔冲孔模

1—导板;2—凸模固定板;3—垫板;4—凸模;5—卸料板;6—凹模;7—垫板

2. 复合模

复合模是指在压力机的一次行程中,在模具的同一个工位上同时完成两道或两道以上不

同冲裁工序的冲模。复合模是一种多工序冲裁模,它在结构上的主要特征是有一个或几个具有双重作用的工作零件——凸凹模,如在落料冲孔复合模中有一个既能用作落料凸模又能用作冲孔凹模的凸凹模。

图3.42所示为落料冲孔复合模工作部分的结构原理图,凸凹模兼起落料凸模和冲孔凹模的作用,它与落料凹模配合完成落料工序,与冲孔凸模配合完成冲孔工序。在压力机的一次行程内,在冲模的同一工位上,凸凹模既完成了落料又完成了冲孔的双重任务。冲裁结束后,冲件卡在落料凹模内腔由推件块推出,条料箍在凸凹模上由卸料板卸下,冲孔废料卡在凸凹模内由冲孔凸模逐次推下。

根据凸凹模在模具中的装配位置不同,将复合模分为正装式复合模和倒装式复合模两种。凸凹模装在上模的称为正装式复合模,凸凹模装在下模的称为倒装式复合模。

(1)正装式复合模。

图3.43所示即为正装式落料冲孔复合模,凸凹模装在上模,落料凹模和冲孔凸模装在下模。工作时,条料由导料销和挡料销定位,上模下压,凸凹模外形与落料凹模进行落料,落下的冲件卡在凹模内,同时冲孔凸模与凸凹模内孔进行冲孔,冲孔废料卡在凸凹模孔内。卡在凹模内的冲件由顶件装置顶出。顶件装置由带肩顶杆、顶件块及装在下模座底下的弹顶器(与下模座的螺纹孔连接)组成,当上模上行时,原来在冲裁时被压缩的弹性元件恢复,弹性力通过顶杆和顶件块把卡在凹模中的冲件顶出凹模面。该顶件装置因弹顶器装在模具底下,弹性元件的高度不受模具空间的限制,顶件力大小容易调节,可获得较大的顶件力。卡在凸凹模内的冲孔废料由推件装置推出。推件装置由打杆、推板和推杆组成,当上模上行至上止点时,压力机滑块内的打料杆通过打杆、推板和推杆把废料推出。每冲裁一次,冲孔废料被推出一次,凸凹模孔内不积存废料,因而胀力小,凸凹模不易破裂,但冲孔废料落在下模工作面上,清除废料较麻烦(尤其是孔较多时)。条料的边料由弹性卸料装置卸下。由于采用固定挡料销和导料销,故需在卸料板上钻出让位孔。

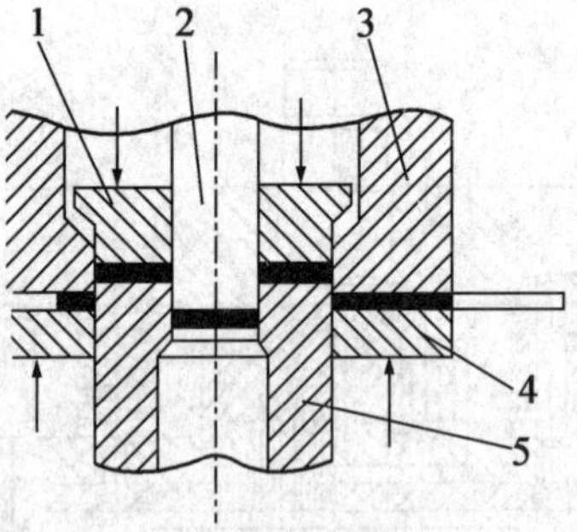

图3.42 落料冲孔复合模工作部分的结构原理图

1—推件块;2—冲孔凸模;3—落料凹模;4—卸料板;5—凸凹模

从上述工作过程可以看出,正装式复合模工作时,板料是在压紧的状态下分离,故冲出的冲件平直度较高,但由于弹性顶件和弹性卸料装置的作用,分离后的冲件容易被嵌入边料中影响操作,从而影响了生产率。

(2)倒装式复合模。

图3.33所示即为倒装式复合模,该模具的凸凹模装在下模,落料凹模和冲孔凸模装在上模。倒装式复合模一般采用刚性推件装置,冲件不是在被压紧状态下分离,因而冲件的平直度

不高。同时由于冲孔废料直接从凸凹模内孔推下,当采用直刃壁凹模洞口时,凸凹模内孔中会聚积废料,凸凹模壁厚较小时可能引起胀裂,因而这种复合模结构适用于冲裁材料较硬或厚度大于 0.3 mm 的冲件。如果在上模内设置弹性元件,即可用来冲制材料较软或料厚小于 0.3 mm、平直度要求较高的冲件。

从正装式复合模和倒装式复合模结构分析中可以看出,两者各有优缺点。正装式复合模较适用于冲制材料较软或料厚较薄、平直度较高的冲件,还可以冲制孔边距较小的冲件。而倒装式复合模结构简单(省去了顶出装置),便于操作,并为机械化出件提供了条件,故应用非常广泛。

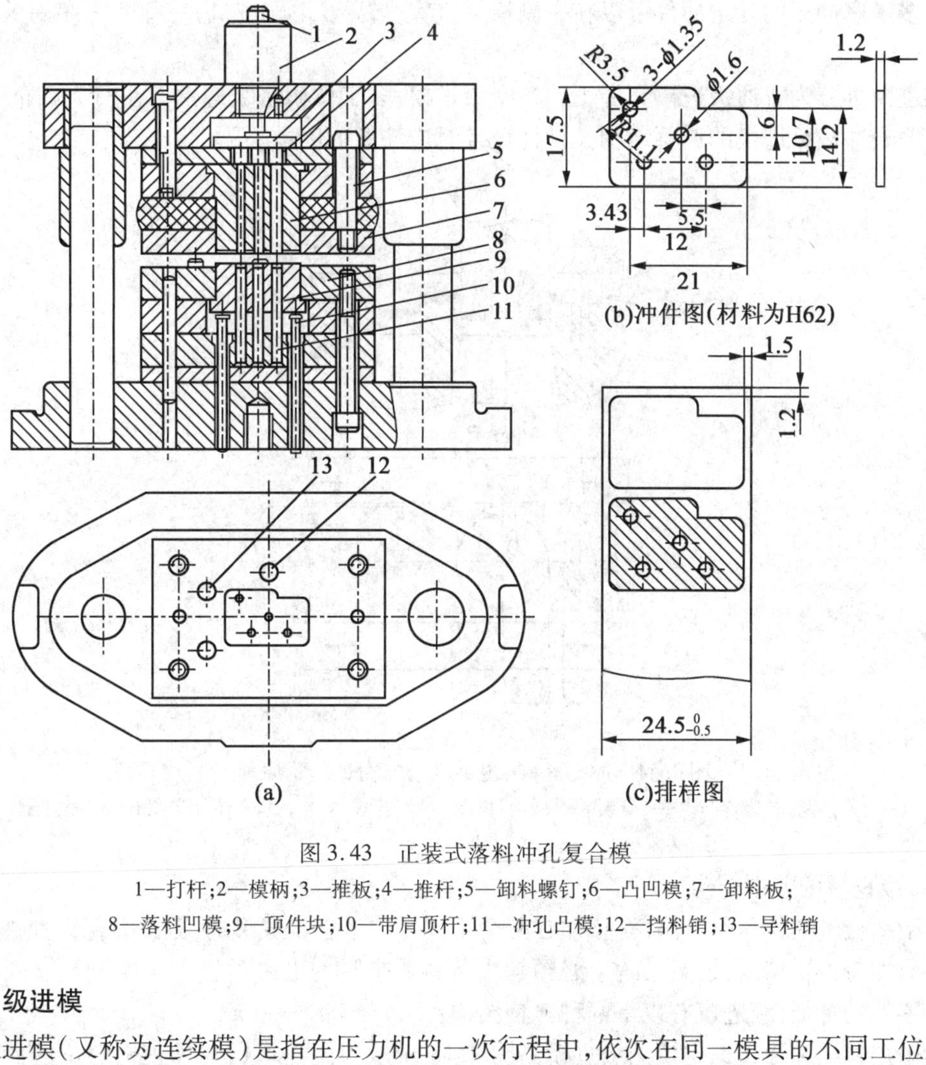

图 3.43　正装式落料冲孔复合模

1—打杆;2—模柄;3—推板;4—推杆;5—卸料螺钉;6—凸凹模;7—卸料板;8—落料凹模;9—顶件块;10—带肩顶杆;11—冲孔凸模;12—挡料销;13—导料销

3. 级进模

级进模(又称为连续模)是指在压力机的一次行程中,依次在同一模具的不同工位上同时完成多道工序的冲裁模。在级进模上,根据冲件的实际需要,将各工序沿送料方向按一定顺序安排在模具的各工位上,通过级进冲压便可获得所需冲件。

图 3.44 所示为冲孔落料级进模工作部分的结构原理图。沿条料送进方向的不同工位上分别安排了冲孔凸模和落料凸模,冲孔和落料凹模型孔均开设在凹模上。条料沿导料板从右往左送进时,先用始用挡料销(用手压住始用挡料销可使始用挡料销伸出导料板挡住条料,松开手后在弹簧作用下始用挡料销便缩进导料板以内起不到挡料作用)定位,在 O_1 的位置上由

冲孔凸模冲出内孔 d，此时落料凸模因无料可冲为空行程。当条料继续向左送进时，松开始用挡料销，利用固定挡料销粗定位，送进距离 $s = D + a_1$，这时条料上已冲出的孔处在 O_2 的位置上，当上模再下行时，落料凸模端部的导正销首先导入条料孔中进行精确定位，接着落料凸模对条料进行落料，得到外径为 D、内径为 d 的环形垫圈。与此同时，在 O_1 的位置上又由冲孔凸模冲出了内孔 d，待下次冲压时在 O_2 的位置上又可冲出一个完整的冲件。这样连续冲压，在压力机的一次行程中可在冲模两个工位上分别进行冲孔和落料两种不同的冲压工序，且每次冲压均可得到一个冲件。

级进模不但可以完成冲裁工序，还可完成成形工序（如弯曲、拉深等），甚至装配工序。许多需要多工序冲压的复杂冲件可以在一副模具上完全成形，因而它是一种多工序高效率的冲模。

级进模可分为普通级进模和多工位精密级进模，多工位精密级进模将在第 7 章介绍，这里只介绍普通冲裁级进模的典型结构及排样设计时应注意的问题。

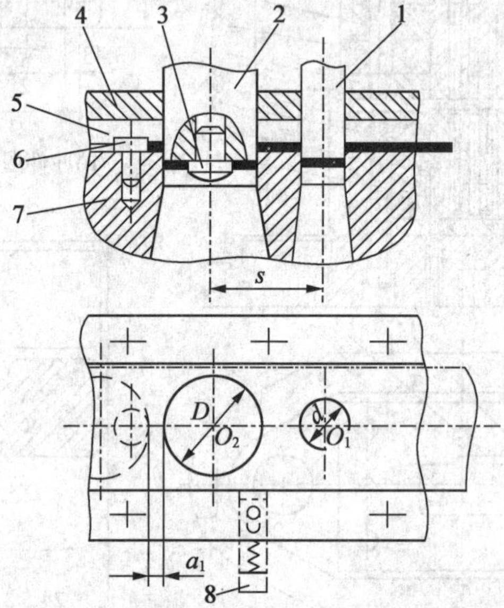

图 3.44　冲孔落料级进模工作部分的结构原理图

1—冲孔凸模；2—落料凸模；3—导正销；4—卸料板；5—导料板；6—固定挡料销；7—凹模；8—始用挡料销

（1）级进模的典型结构。

由于用级进模冲压时，冲件是依次在几个不同工位上逐步成形的，因此要保证冲件的尺寸及内外形相对位置精度，模具结构上必须解决条料或带料的准确送进与定距问题。根据级进模定位零件的特征，级进模有以下两种典型结构：

①用挡料销和导正销定位的级进模。图 3.45 所示为用挡料销和导正销定位的冲孔落料级进模，上、下模通过导板（兼卸料板）导向，冲孔凸模与落料凸模之间的中心距等于送料距离 s（称为进距或步距），条料由固定挡料销粗定位，由装在落料凸模上的两个导正销精确定位。为了保证首件冲裁时的正确定距，采用了始用挡料销。工作时，先用手按住始用挡料销对条料进行初始定位，冲孔凸模在条料上冲出两孔，然后松开始用挡料销，将条料送至固定挡料销进行粗定位，上模下行时导正销先行导入条料上已冲出的孔进行精确定位，接而同时进行落料和冲孔。以后各次冲裁时都由固定挡料销控制进距进行粗定位，每次行程即可冲下一个冲件并

冲出两个内孔。

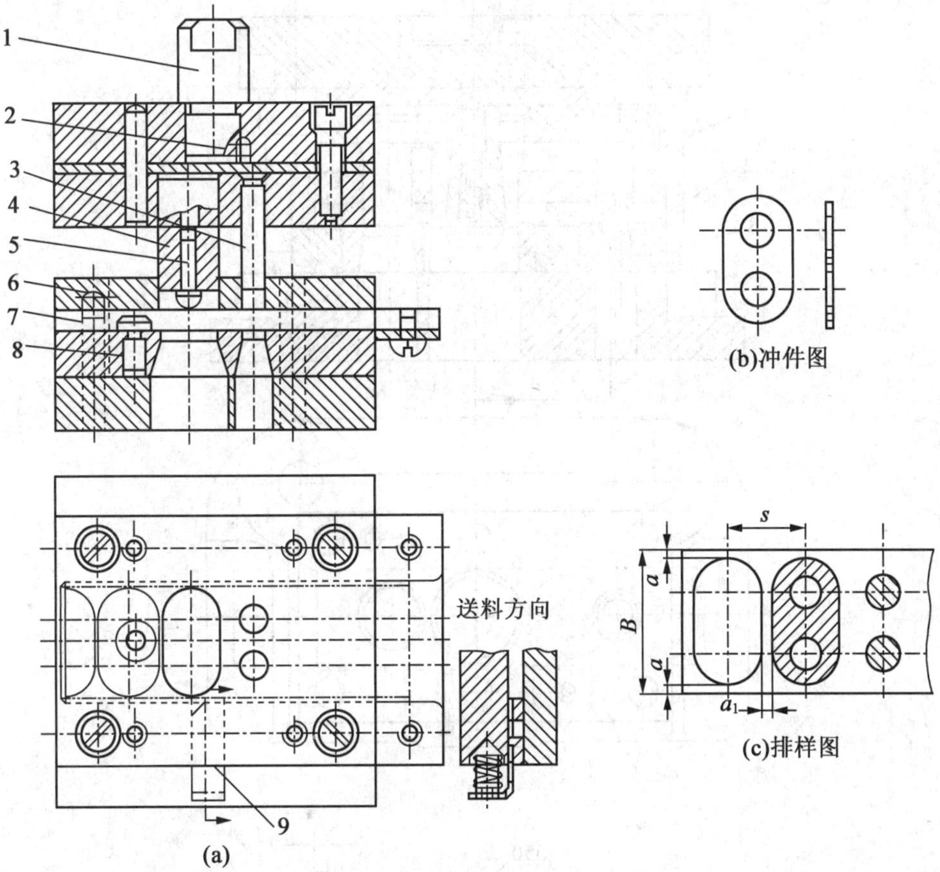

图 3.45　用挡料销和导正销定位的冲孔落料级进模

1—模柄;2—止转螺钉;3—冲孔凸模;4—落料凸模;5—导正销;
6—导板;7—导料板;8—固定挡料销;9—始用挡料销

图 3.46 所示为具有自动挡料装置的级进模。自动挡料装置由挡料杆、冲搭边的凸模和凹模组成。开始工作时,冲孔和落料的两次送进分别由两个始用挡料销定位,第三次及其以后的送料均由自动挡料装置定位。由于挡料杆始终不离开凹模的上平面,所以送料时都能用挡料杆挡住条料搭边,在冲孔、落料的同时,凸模和凹模也把搭边冲出一个缺口,使条料可以继续送进一个进距,从而起自动挡料的作用。另外,该模具还设有由侧压块和侧压簧片组成的侧压装置,可将条料始终压向对面的导料板上,使条料送进方向更加准确。

②侧刃定距的级进模。图 3.47 所示为双侧刃定距的冲孔落料级进模。它用一对侧刃代替了始用挡料销、固定挡料销和导正销,来控制条料的送进距离。侧刃实际上是一个具有特殊功用的凸模,其作用是在压力机每次冲压行程中,沿条料边缘切下一块长度等于进距的边料。由于沿送料方向上,侧刃前后两导料板的间距不同,前宽后窄形成一个凸肩,所以条料上只有被切去料边的部分方能通过,通过的距离即等于进距。采用双侧刃前后对角排列,在料头和料尾冲压时都能起到定距作用,从而减少条料的损耗,对于工位较多的级进模都应采用这种结构方式。此外,由于该模具冲裁的板料较薄(0.3 mm),又是侧刃定距,所以采用弹性卸料代替固定卸料。

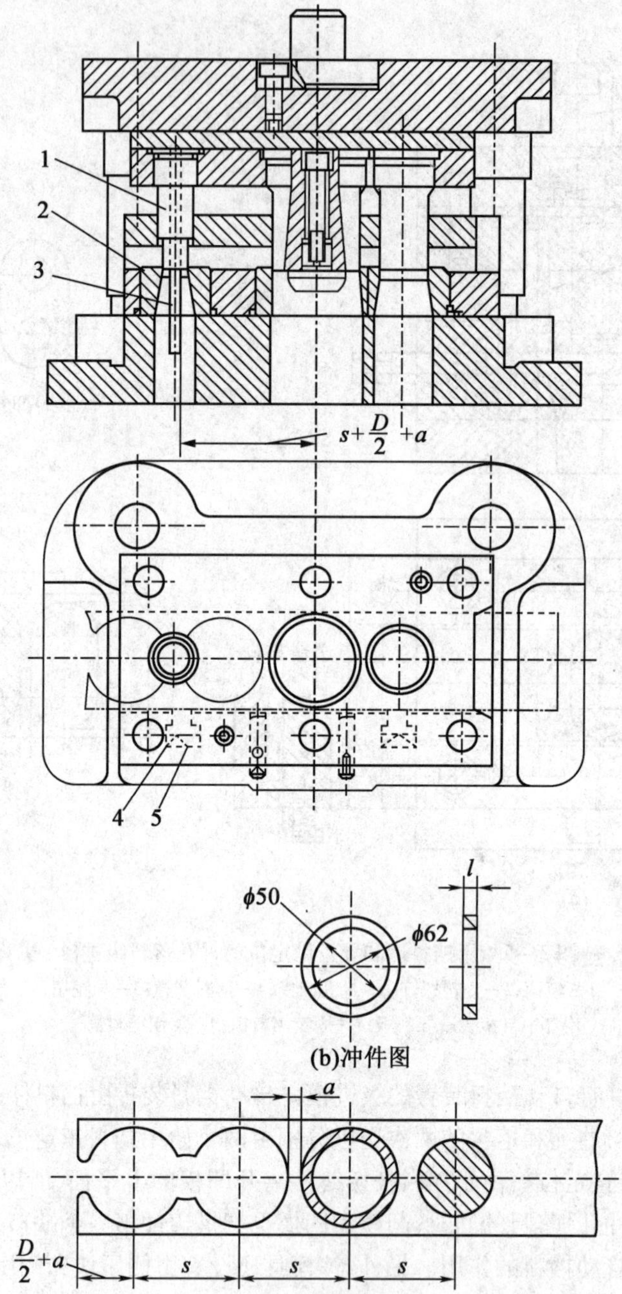

(b)冲件图

(c)排样图

图 3.46　具有自动挡料装置的级进模

1—冲搭边凸模;2—冲搭边凹模;3—挡料杆;4—侧压块;5—侧压簧片

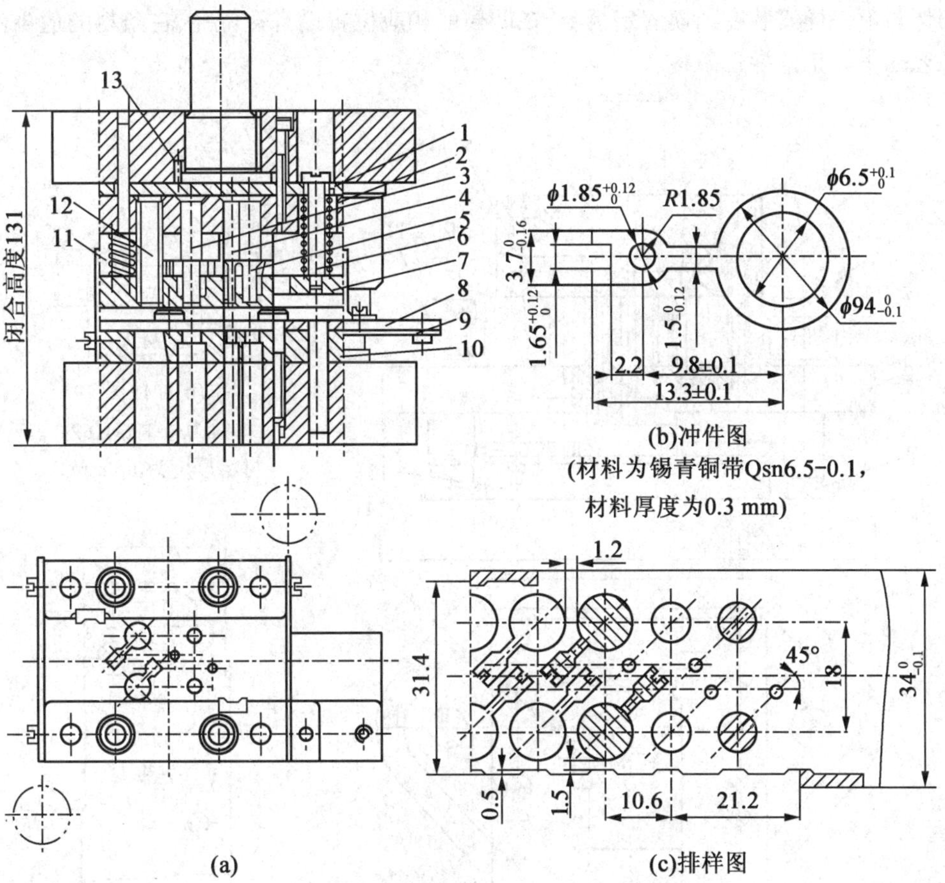

图 3.47　双侧刃定距的冲孔落料级进模

1—垫板;2—固定板;3—落料凸模;4,5—冲孔凸模;6—卸料螺钉;7—卸料板;8—导料板;9—承料板;10—凹模;11—弹簧;12—侧刃;13—止转销

图 3.48 为侧刃定距的弹压导板级进模。该模具除了具有上述侧刃定距级进模的特点外，还具有如下特点:凸模以装在弹压导板中的导板镶块导向,弹压导板又以导柱导向,保证了凸模与凹模的正确配合,并加强了凸模的纵向稳定性,避免小凸模产生纵向弯曲;凸模与固定板为间隙配合,凸模装配调整和更换较方便;弹压导板用卸料螺钉与上模连接,加上凸模与固定板是间隙配合,因此能消除压力机导向误差对模具的影响,可延长模具的寿命;设置了淬硬的侧刃挡块,提高了导料板挡料处的耐用度,从而提高了条料的定距精度。

比较上述两种定位方法的级进模不难看出,如果板料厚度较小,用导正销定位时孔的边缘可能被导正销摩擦压弯,因而不能起到正确导正和定位的作用;对窄长形的冲件,一般进距较小不宜安装始用挡料销和固定挡料销;落料凸模尺寸不大时,若在凸模上安装导正销将影响凸模强度。因此,固定挡料销与落料凸模上安装的导正销定位的级进模,一般适用于冲制板料厚度大于 0.3 mm、材料较硬的冲件及进距与落料凸模稍大的场合。否则,宜用侧刃定位。侧刃定位的级进模不存在上述问题,且操作方便、效率高、定位准确,但材料消耗较多,冲裁力增大,模具也比较复杂。

在实际生产中,对精度要求较高、工位较多的级进冲裁可采用既有侧刃又有导正销联合定位的级进模。此时侧刃相当于始用和固定挡料销,用于粗定位,导正销用于精定位。不同的是导正销像凸模一样安装在凸模固定板上，在凹模的相应位置设有让位孔，在条料的适当位置预冲出工艺孔供导正销导正条料。

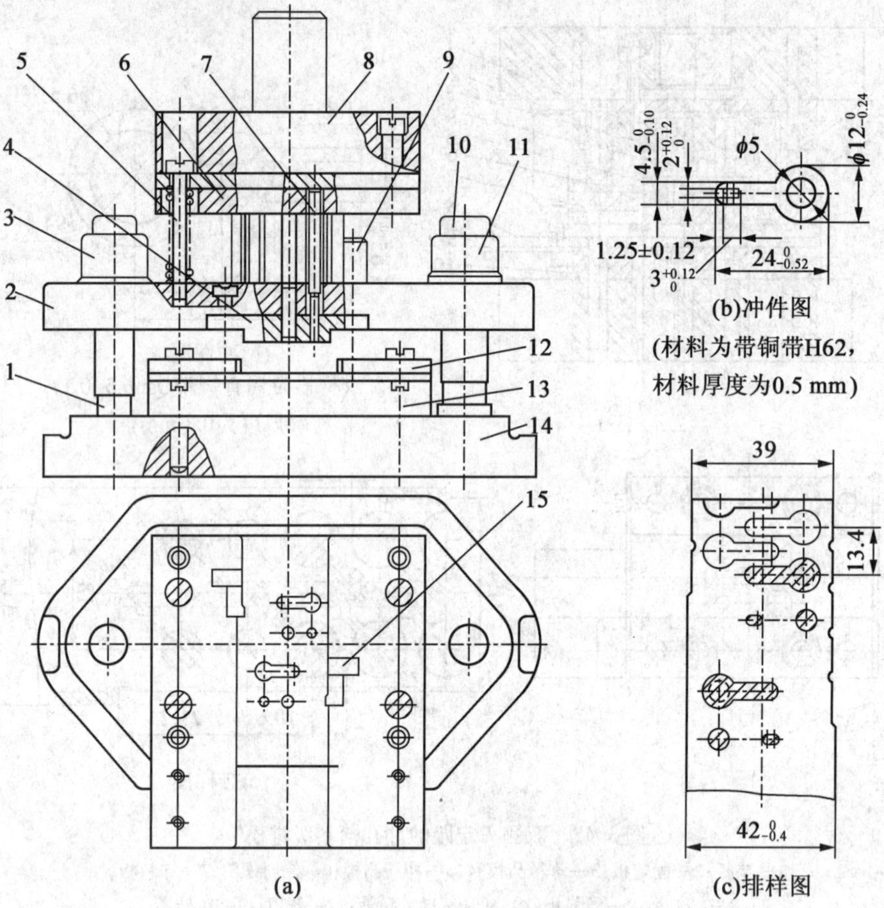

图 3.48　侧刃定距的弹压导板级进模

1,10—导柱；2—弹压导板；3,11—导套；4—导板镶块；5—卸料螺钉；6—凸模固定板；7—冲孔凸模；8—上模座；9—限位柱；12—导料板；13—凹模；14—下模座；15—侧刃挡块

(2)级进冲裁的排样。

采用级进模冲裁时，排样设计十分重要，它不仅要考虑材料的利用率，还要考虑冲件的精度要求、冲压成形规律、模具结构及强度等问题。

①冲件的精度对排样的要求：冲件精度要求较高时，除了注意采用精确定位方法外，还应尽量减少工位数，以减少工位积累误差。孔距公差较小的孔应尽量在同一工位上冲出。

②模具结构对排样的要求：冲件较大或冲件虽小但工步较多时，为减小模具轮廓尺寸，可采用级进－复合排样方法，如图 3.49 (a)所示，以减小工位数。

③模具强度对排样的要求：对于孔壁间距离较小的冲件，其孔应分步冲出，如图 3.49(b)所示；工位之间凹模型孔壁厚较小时应增设空位，如图 3.49(c)所示；对于外形复杂的冲件，应分步冲出，以简化凸、凹模结构，增加强度，便于加工和装配，如图 3.49(d)所示；侧刃的位置应尽量避免导致凸、凹模局部工作而损坏刃口，可将侧刃与落料凹模刃口之间的距离增大 0.2～0.4 mm，以避免落料凸、凹模切下条料端部的极小宽度，如图 3.49(b)所示。

④冲压成形规律对排样的要求：需要经过弯曲、拉深、翻边等成形工序的冲件，采用级进冲压

时,位于变形部位的孔应安排在成形工位之后冲出,落料或切断工步一般安排在最后的工位上。

⑤全部是冲裁工序的级进模,一般是先冲孔后落料或切断。先冲出的孔可作为后续工位的定位孔,若该孔不适合于定位或定位精度要求较高时,则可在料边冲出辅助定位工艺孔(又称导正销孔),如图3.49(a)所示。套料级进冲裁时,按由里向外的顺序,先冲内轮廓后冲外轮廓,如图3.49(e)所示。图3.49中 s 表示步距,b 表示侧刃宽度。

上文介绍了单工序模、复合模、级进模三类冲裁模的典型结构,这三类模具的结构特点与适用场合各有不同,表3.25列出了它们之间的对比关系,供类型选择时参考。

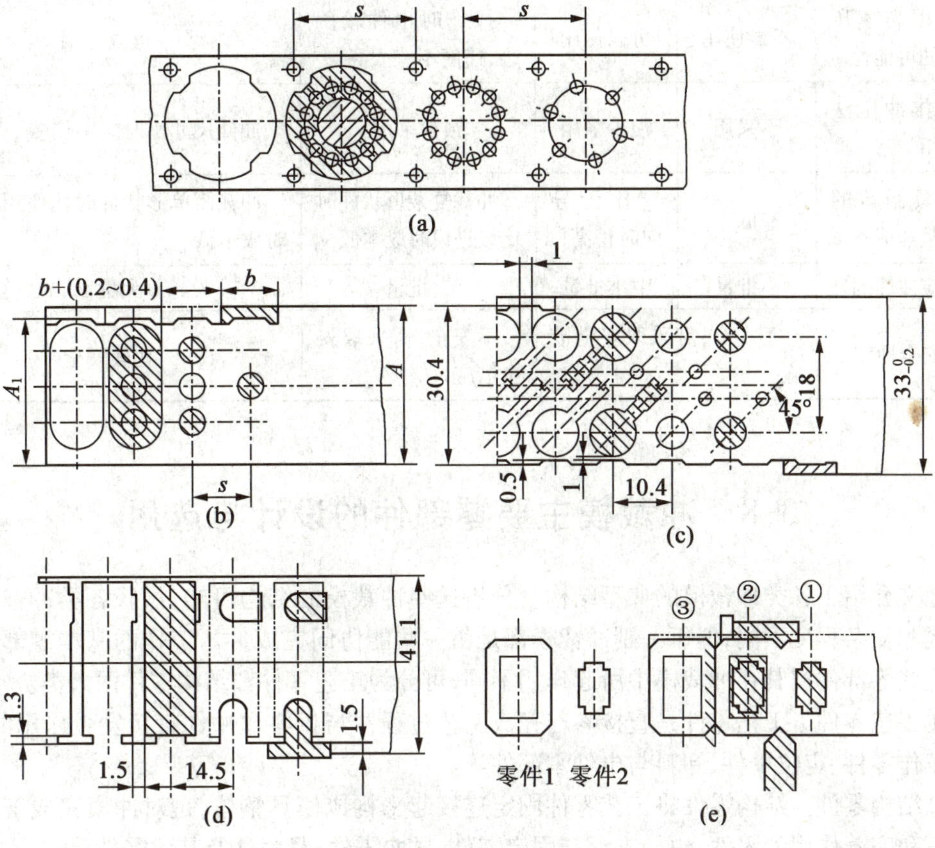

图3.49　级进冲裁时的排样设计

表3.25　三类冲裁模的对比关系

模具种类 / 比较项目	单工序模		复合模	级进模
	无导向	有导向		
冲件精度	低	一般	可达IT10~IT8级	IT13~IT10级
冲件平整度	差	一般	因压料较好,冲件平整	不平整,要求质量较高时需校平
冲件最大尺寸和材料厚度	尺寸和厚度不受限制	中小型尺寸、厚度较大	尺寸在300 mm以下,厚度在0.05~3 mm之间	尺寸在250 mm以下,厚度在0.1~6 mm之间

续表 3.25

比较项目＼模具种类	单工序模		复合模	级进模
	无导向	有导向		
生产率	低	较低	冲件或废料落到或被顶到模具工作面上,必须用手工或机械清理,生产率稍低	工序间可自动送料,冲件和废料一般从下模漏下,生产效率高
使用高速压力机的可能性	不能使用	可以使用	操作时出件较困难,速度不宜太高	可以使用
多排冲压法的应用	不采用	很少采用	很少采用	冲件尺寸小时应用较多
模具制造的工作量和成本	低	比无导向时稍高	冲裁复杂形状件时比级进模时成本低	冲裁简单形状件时比使用复合模时成本低
适应冲件批量	小批量	中小批量	大批量	大批量
安全性	不安全,需采取安全措施		不安全,需采取安全措施	比较安全

3.8 冲裁模主要零部件的设计与选用

上文介绍了各类冲裁模的典型结构。分析这些冲裁模的结构可知,尽管各类冲裁模的结构形式和复杂程度不同,但每一副冲裁模都是由一些能协同完成冲压工作的基本零部件构成的。这些零部件按其在冲裁模中所起作用不同,可分为工艺零件和结构零件两大类。

①工艺零件。工艺零件是直接参与完成工艺过程并与板料或冲件直接发生作用的零件,包括工作零件、定位零件、卸料与出件零部件等。

②结构零件。结构零件将工艺零件固定连接起来构成模具整体,是对冲模完成工艺过程起保证和完善作用的零件,包括支承与固定零件、导向零件、紧固件及其他零件等。

冲裁模零部件的详细分类如图 3.50 所示。

中国国家标准化管理委员会对中小型冷冲模先后制订了 GB/T 7653—1994 及 GB/T 8845—2006 等标准。这些标准根据模具类型、导向方式、凹模形状等不同,规定了 14 种典型组合形式。在每种典型组合中,又规定了多种模架类型及相应的凹模周界尺寸(长 × 宽或直径)、凹模厚度、凸模长度和固定板、卸料板、垫板、导料板等模板的具体尺寸,还规定了选用标准件的种类、规格、数量、布置方式、有关的尺寸及技术条件等。这样,在模具设计时,重点就只需放在工作零件的设计上,其他零件可尽量选用标准件或选用标准件后再进行二次加工,简化了模具设计,缩短了设计周期,同时为模具计算机辅助设计奠定了基础。为此,本节着重介绍冲裁模各主要零部件的结构、设计要点及标准选用等基本知识。关于冲裁模零部件的材料、热处理要求与选用将在第 8 章中介绍。

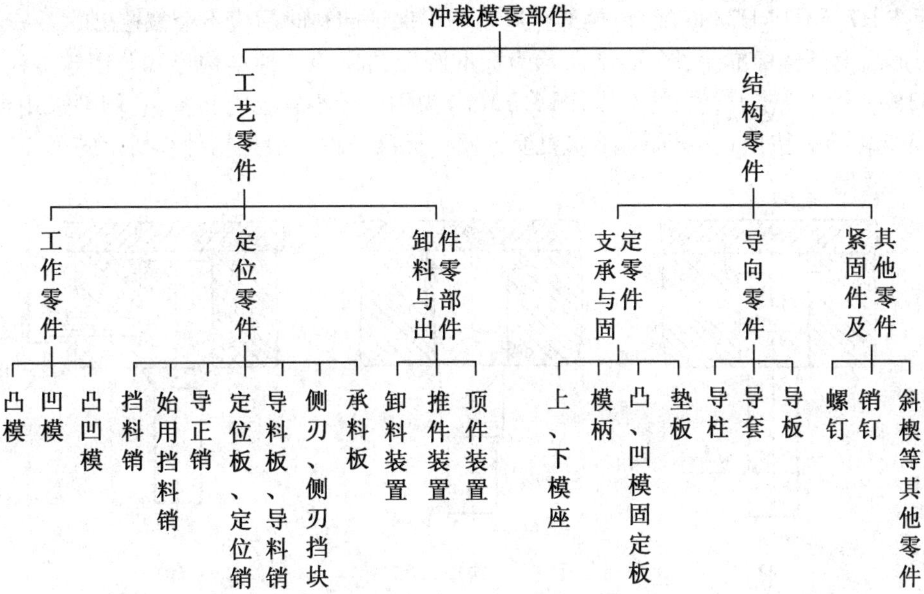

图 3.50　冲裁模零部件的详细分类

3.8.1　工作零件

1. 凸模

(1)凸模的结构形式与固定方法。

由于冲件的形状和尺寸不同,生产中使用的凸模结构形式很多:按整体结构分,有整体式(包括阶梯式和直通式)、护套式和镶拼式;按截面形状分,有圆形和非圆形;按刃口形状分,有平刃、斜刃等。但不管凸模的结构形状如何,其基本结构均由两部分组成:一是工作部分,用以成形冲件;二是安装部分,用来使凸模正确地固定在模座上。对刃口尺寸不大的小凸模,从增加刚度等因素考虑,可在这两部分之间增加过渡段,如图 3.51 所示。

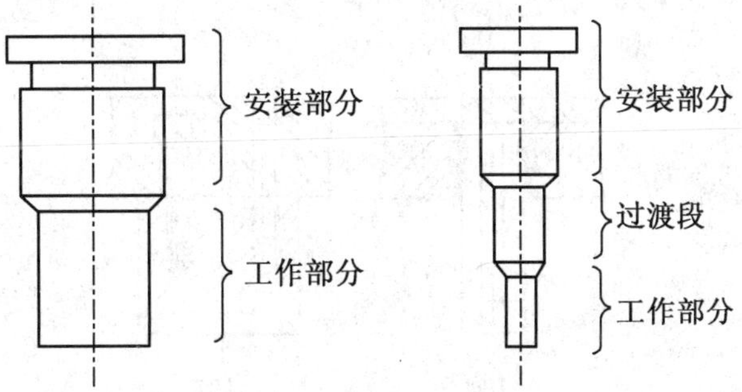

图 3.51　凸模的结构组成

凸模的固定方法有台肩固定、铆接固定、黏结剂浇注固定、螺钉与销钉固定等。

下面分别介绍整体式圆形与非圆形凸模及护套式小孔凸模的结构形式与固定方式:

①圆形凸模。为了保证强度、刚度及便于加工与装配,圆形凸模常做成圆滑过渡的阶梯形,前端直径为 d 的部分是具有锋利刃口的工作部分,中间直径为 D 的部分是安装部分,它与

固定板按 H7/m6 或 H7/n6 配合,尾部台肩是为了保证卸料时凸模不会被拉出。

圆形凸模已经标准化,图 3.52 所示为标准圆形凸模的三种结构形式及固定方法。其中,图 3.52(a)为用于较大直径的凸模,图 3.52(b)为用于较小直径的凸模,它们都采用台肩式固定;图 3.52(c)为快换式小凸模,维修更换方便。标准凸模一般根据计算所得的刃口直径 d 和长度要求选用。

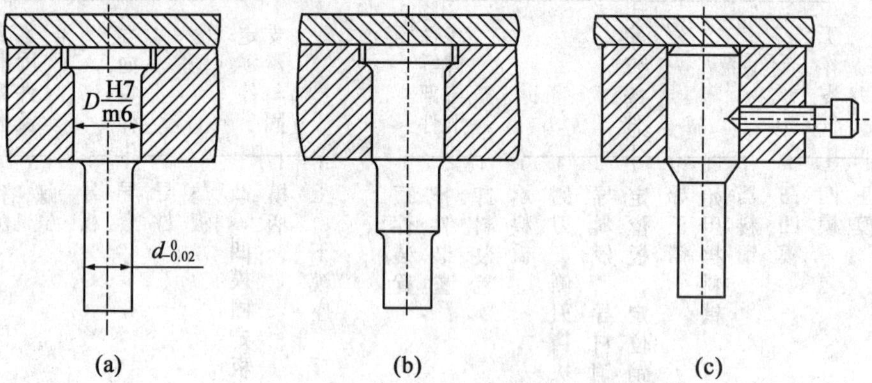

图 3.52 标准圆形凸模的结构及固定

②非圆形凸模。非圆形凸模一般有阶梯式(图 3.53(a)和(b))和直通式(图 3.53(c)~(e))两种方式。为了便于加工,阶梯式非圆形凸模的安装部分通常做成简单的圆形或方形,用台肩或铆接法固定在固定板上,安装部分为圆形时还应在固定端接缝处打入防转销。直通式非圆形凸模便于用线切割或成形铣、成形磨削加工,通常用铆接法或黏结剂浇注法固定在固定板上,尺寸较大的凸模也可直接通过螺钉和销钉固定。

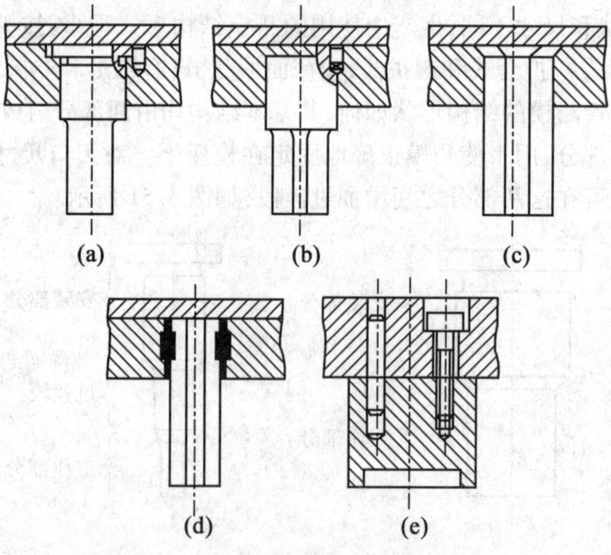

图 3.53 非圆形凸模的结构及固定

采用铆接法固定凸模时,凸模与固定板安装孔仍按 H7/m6 或 H7/n6 配合,同时安装孔的上端沿周边要制成(1.5~2.5)×45°的斜角,作为铆窝。铆接时一般用手锤击打头部,因此凸模必须限定淬火长度,或将尾部回火,以便头部一端的材料保持较低硬度,图 3.54(a)、(b)分别表示凸模铆接前和铆接后的情形。凸模铆接后还要与固定板一起将铆端磨平。

用黏结剂浇法固定凸模时,固定板上的安装孔尺寸比凸模大,留有一定间隙以便填充黏结剂。同时,为了黏结牢靠,在凸模固定端或固定板相应的安装孔上应开设一定的槽形。用黏结剂浇固定法的优点是安装部位的加工要求低,特别对多凸模冲裁时可以简化凸模固定板的加工工艺,便于在装配时保证凸模与凹模的正确配合。常用的黏结剂有低熔点合金、环氧树脂、无机黏结剂等,各种黏结剂均有一定的配方,也有一定的配制方法,有的在市场上可以直接买到。

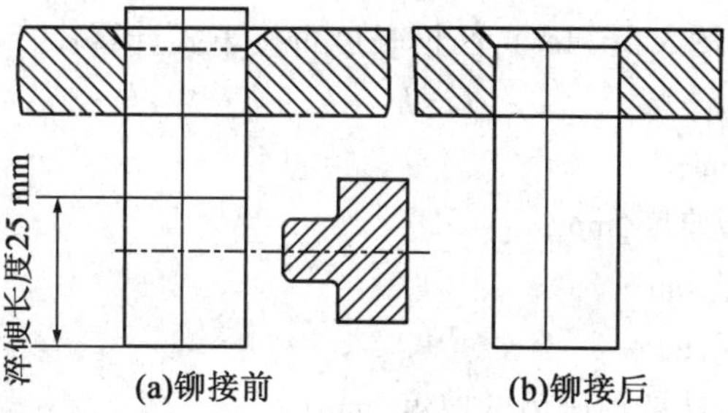

图 3.54　凸模的铆接固定

③冲小孔凸模。所谓小孔通常是指孔径 d 小于被冲板料的厚度或直径 $d<1$ mm的圆孔和面积 $A<1\ mm^2$ 的异形孔。冲小孔的凸模强度和刚度差,容易弯曲和折断,所以必须采取措施提高它的强度和刚度。生产实际中,最有效的措施之一就是对小凸模增加起保护作用的导向结构,如图 3.55 所示。其中图 3.55(a)和图 3.55(b)是局部导向结构,用于导板模或利用弹压卸料板对凸模进行导向的模具上,其导向效果不如全长导向结构;图 3.55(c)和图 3.55(d)基本上是全长导向保护,其护套装在卸料板或导板上,工作过程中护套对凸模在全长方向始终起导向保护作用,避免了小凸模受到侧压力,从而可有效防止小凸模的弯曲和折断。

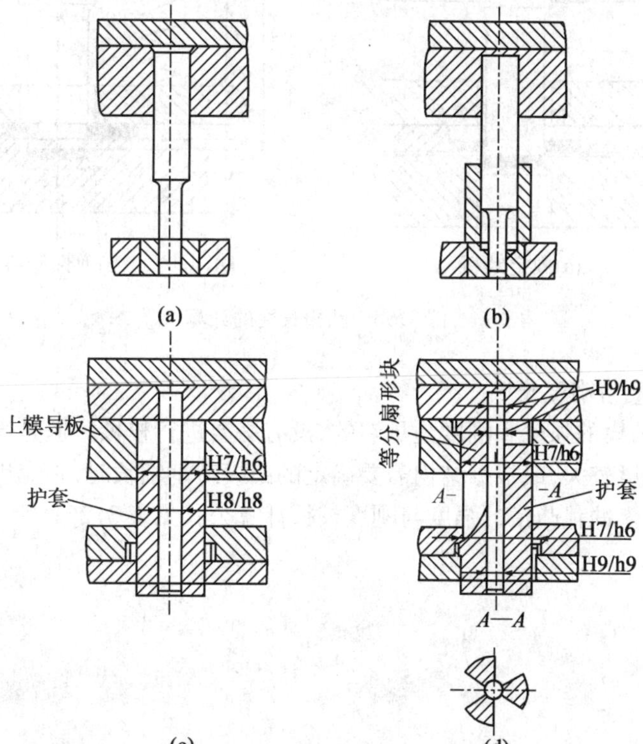

图 3.55　冲小孔凸模及其导向结构

(2)凸模长度计算。

凸模的长度尺寸应根据模具的具体结构确定,同时要考虑凸模的修磨量及固定板与卸料板之间的安全距离等因素。

当采用固定卸料时(图3.56(a)),凸模长度可按下式计算:

$$L = h_1 + h_2 + h_3 + h \tag{3.33}$$

当采用弹性卸料时(图3.56(b)),凸模长度可按下式计算:

$$L = h_1 + h_2 + h_4 \tag{3.34}$$

式中 L——凸模长度,mm;

h_1——凸模固定板厚度,mm;

h_2——卸料板厚度,mm;

h_3——导料板厚度,mm;

h_4——卸料弹性元件被预压后的厚度,mm;

h——附加长度,mm,它包括凸模的修磨量、凸模进入凹模的深度、凸模固定板与卸料板之间的安全距离等,一般取 $h = 15 \sim 20$ mm。

若选用标准凸模,按照上述方法算得凸模长度后,还应根据冲模标准中的凸模长度系列选取最接近的标准长度作为实际凸模的长度。

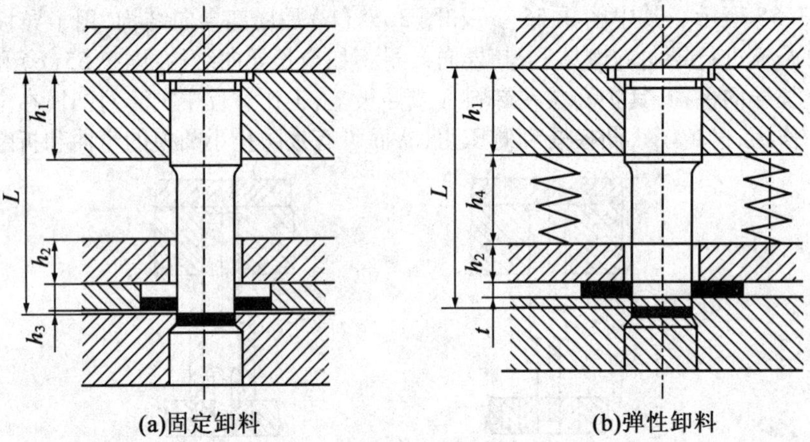

图3.56 凸模长度的计算

(3)凸模的强度与刚度校核。

一般情况下,凸模的强度和刚度是足够的,没有必要进行校核。但是当凸模的截面尺寸很小而冲裁的板料厚度较大,或根据结构需要确定的凸模特别细长时,则应进行承压能力和抗纵向弯曲能力的校核。冲裁凸模的强度与刚度校核计算公式见表3.26。

表 3.26　冲裁凸模强度与刚度校核计算公式

校核内容	计算公式			式中符号意义
弯曲应力	简图	无导向 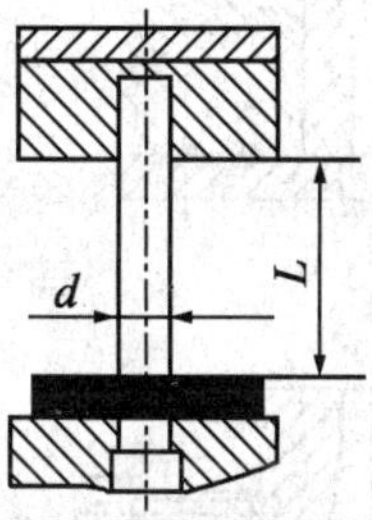 	有导向 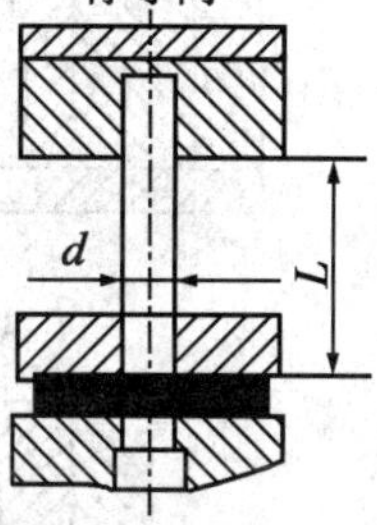 	L——凸模允许的最大自由长度,mm d——凸模最小直径,mm A——凸模最小断面的面积,mm^2 J——凸模最小断面的惯性矩,mm^4 F——冲裁力,N t——冲压材料厚度,mm τ——冲压材料抗剪强度,MPa $[\sigma_{压}]$——凸模材料的许用压应力,MPa,碳素工具钢淬火后的许用压应力一般为淬火前许用压应力的 1.5~3 倍
	圆形	$L \leqslant 90\frac{d^2}{\sqrt{F}}$	$L \leqslant 270\frac{d^2}{\sqrt{F}}$	
	非圆形	$L \leqslant 416\sqrt{\frac{J}{F}}$	$L \leqslant 1\,180\sqrt{\frac{J}{F}}$	
压应力	圆形	$d \geqslant \frac{5.2t\tau}{[\sigma_{压}]}$		
	非圆形	$A \geqslant \frac{F}{[\sigma_{压}]}$		

2. 凹模

(1)凹模的外形结构与固定方法。

凹模的结构形式也较多,按外形凹模可分为标准圆凹模和板状凹模;按结构凹模可分为整体式凹模和镶拼式凹模;按刃口形式凹模可分为平刃凹模和斜刃凹模。这里只介绍整体式平刃口凹模。

图 3.57(a)和(b)所示为国家标准中的两种冲裁圆凹模及其固定方法,这两种圆凹模尺寸都不大,一般以 H7/m6(图 3.57(a))或 H7/r6(图 3.57(b))的配合关系压入凹模固定板,然后再通过螺钉、销钉将凹模固定板固定在模座上。这两种圆凹模主要用于冲孔(孔径 $d=1\sim28$ mm,材料厚度 $t<2$ mm),可根据使用要求及凹模的刃口尺寸从相应的标准中选取。

实际生产中,由于冲裁件的形状和尺寸千变万化,因而大量使用外形为矩形或圆形的凹模板(板状凹模),在其上面开设所需要的凹模孔口,用螺钉和销钉直接固定在模座上,如图 3.57(c)所示。凹模板轮廓尺寸已经标准化,它与标准固定板、垫板和模座等配套使用,设计时可根据算得的凹模轮廓尺寸选用。图 3.57(d)所示为快换式冲孔凹模及其固定方法。

凹模采用螺钉和销钉定位固定时,要保证螺孔间、螺孔与销孔间及螺孔或销孔与凹模刃口间的距离不能太近,否则会影响模具寿命。一般螺孔与销孔间、螺孔或销孔与凹模刃口间的距离取大于两倍孔径值,其最小许用值可参考表 3.27。

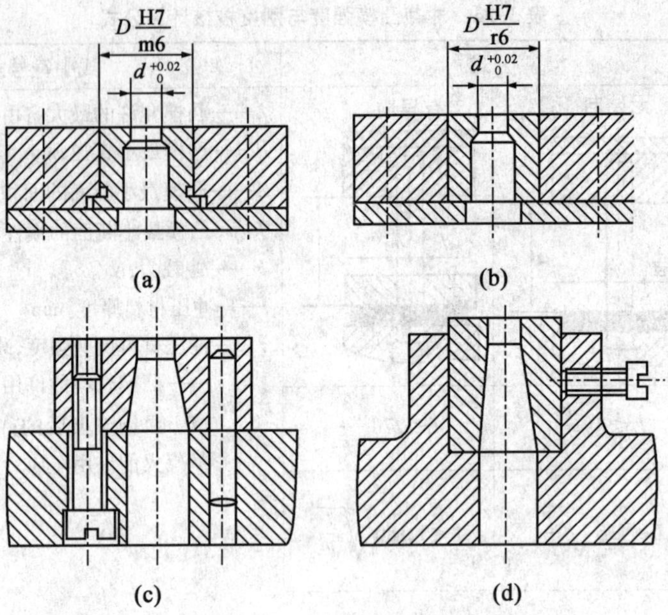

图3.57 凹模形式及其固定

表3.27 螺孔、销孔之间及至刃壁的最小距离 mm

简图		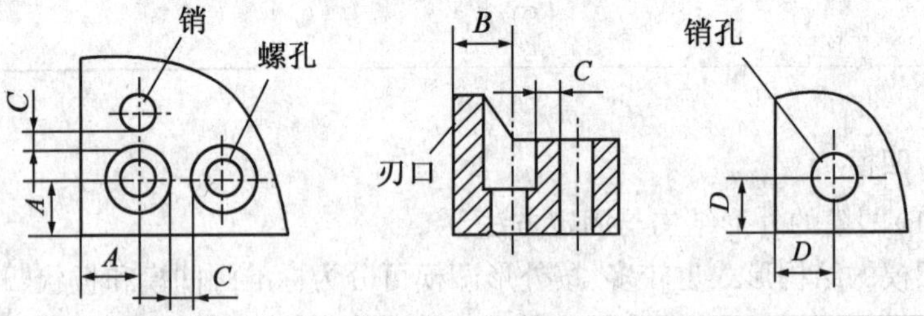						
螺钉孔		M6	M8	M10	M12	M16	M20	M24
A	淬火	10	12	14	16	20	25	30
	不淬火	8	10	11	13	16	20	25
B	淬火	12	14	17	19	24	28	35
C	淬火	5						
	不淬火	3						
销钉孔		$\phi4$	$\phi6$	$\phi8$	$\phi10$	$\phi12$	$\phi16$	$\phi20$
D	淬火	7	9	11	12	15	16	20
	不淬火	4	6	7	8	10	13	16

(2)凹模刃口的结构形式。

冲裁凹模刃口形式有直筒形和锥形两种，选用时主要根据冲件的形状、厚度、尺寸精度以及模具的具体结构来决定。表3.28列出了冲裁凹模的刃口形式、主要参数、特点及适用范围，可供设计选用时参考。

(3)凹模轮廓尺寸的确定。

凹模轮廓尺寸包括凹模板的平面尺寸 $L \times B$(长 × 宽)及厚度尺寸 H。从凹模刃口至凹模外边缘的最短距离称为凹模的壁厚 c。对于简单对称形状刃口的凹模,由于压力中心即为刃口对称中心,所以凹模的平面尺寸即可沿刃口型孔向四周扩大一个凹模壁厚来确定,如图 3.58(a)所示,即

$$L = l + 2c \quad B = b + 2c \tag{3.35}$$

式中　l——沿凹模长度方向刃口型孔的最大距离,mm;

b——沿凹模宽度方向刃口型孔的最大距离,mm;

c——凹模壁厚,mm,主要考虑布置螺孔与销孔的需要,同时也要保证凹模的强度和刚度,计算时可参考表 3.29 选取。

对于多型孔凹模,如图 3.58(b)所示,设压力中心 O 沿矩形 $l \times b$ 的宽度方向对称,而沿长度方向不对称,则为了使压力中心与凹模板中心重合,凹模平面尺寸应按下式计算:

$$L = l' + 2c \quad B = b + 2c \tag{3.36}$$

式中　l'——沿凹模长度方向压力中心至最远刃口间距的 2 倍,mm。

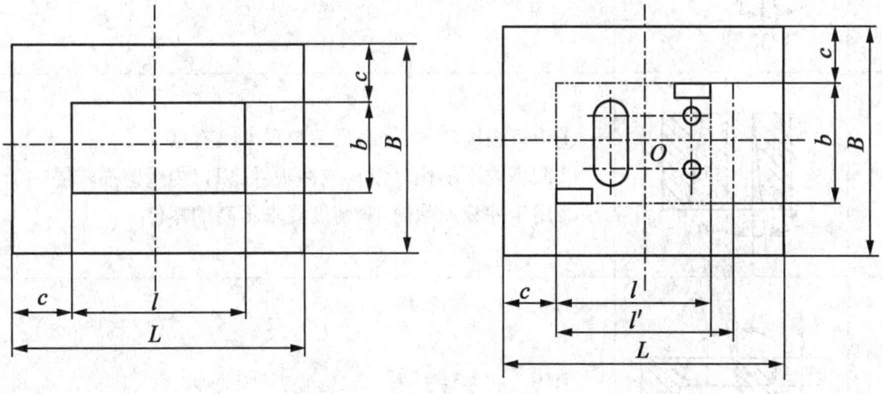

(a)　　(b)

图 3.58　凹模轮廓尺寸的计算

表 3.28　冲裁凹模的刃口形式、主要参数、特点及适用范围

刃口形式	序号	简图	特点及适用范围
直筒形刃口	1	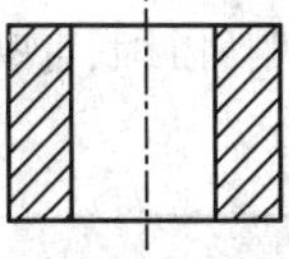	①刃口为直通式,强度高,修磨后刃口尺寸不变 ②用于冲裁大型或精度要求较高的零件,模具装有反向顶出装置,不适用于下漏料(或零件)的模具
	2	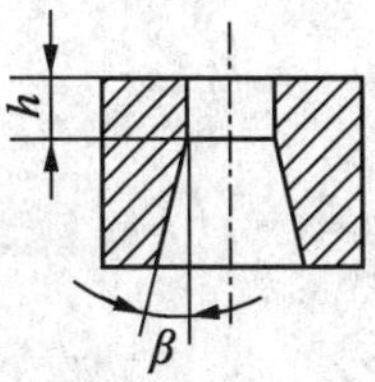	①刃口强度较高,修磨后刃口尺寸不变 ②凹模内易积存废料或冲裁件,尤其间隙小时刃口直壁部分磨损较快 ③用于冲裁形状复杂或精度要求较高的零件

续表 3.28

刃口形式	序号	简图	特点及适用范围
直筒形刃口	3	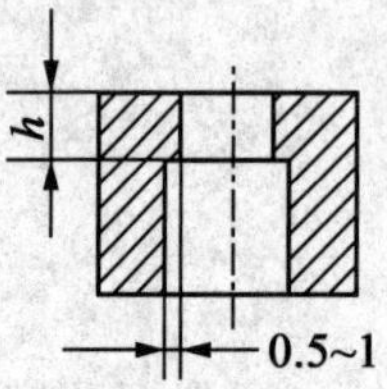	①特点同序号 2，且刃口直壁下面的扩大部分可使凹模加工简单，但采用下漏料方式时刃口强度不如序号 2 的刃口强度高 ②用于冲裁形状复杂、精度要求较高的中小型件，也可用于装有反向顶出装置的模具
	4	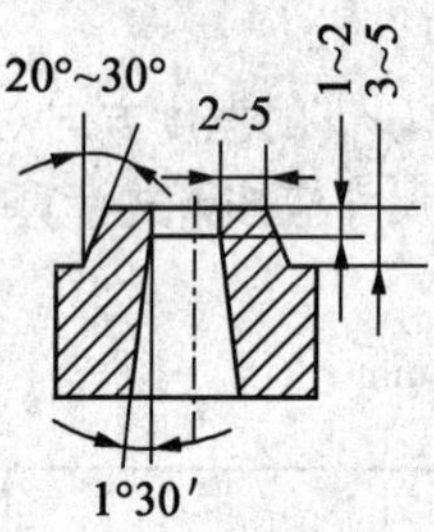	①凹模硬度较低（有时可不淬火），一般为 HRC40 左右，可用手锤敲击刃口外侧斜面以调整冲裁间隙 ②用于冲裁薄而软的金属或非金属零件
锥形刃口	5	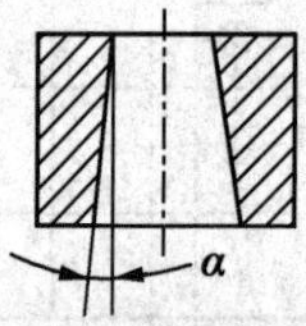	①刃口强度较差，修磨后刃口尺寸略有增大 ②凹模内不易积存废料或冲裁件，刃口内壁磨损较慢 ③用于冲裁形状简单、精度要求不高的零件
	6	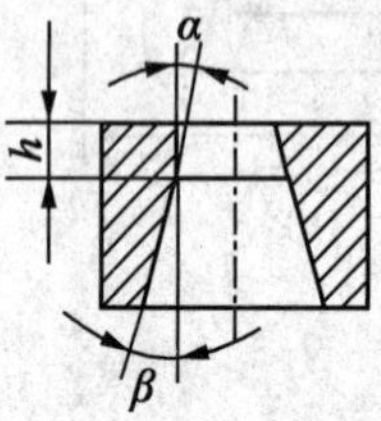	①特点同序号 5 ②可用于冲裁形状较复杂的零件

	材料厚度 t/mm	α/(′)	β/(°)	刃口高度 h/mm	备注
主要参数	<0.5 0.5~1 1~2.5	15	2	≥4 ≥5 ≥6	α 值适用于钳工加工，采用线切割加工时，可取 $\alpha=5'\sim20'$
	2.5~6 >6	30	3	≥8 ≥10	

表3.29　凹模壁厚 c　mm

条料宽度/mm	冲件材料厚度 t/mm			
	≤0.8	0.8~1.5	1.5~3	3~5
≤40	20~25	22~28	24~32	28~36
40~50	22~28	24~32	28~36	30~40
50~70	28~36	30~40	32~42	35~45
70~90	32~42	35~45	38~48	40~52
90~120	35~45	40~52	42~54	45~58
120~150	40~50	42~54	45~58	48~62

注:①冲件料薄时壁厚取表中较小值,反之壁厚取表中较大值

②型孔为圆弧时壁厚取小值;型孔为直边时壁厚取中值;型孔为尖角时壁厚取大值

凹模板的厚度主要是从螺钉旋入深度和凹模刚度的需要考虑的,一般应不小于8 mm。随着凹模板平面尺寸的增大,其厚度也相应增大。

整体式凹模板的厚度可按如下经验公式估算:

$$H = K_1 K_2 \sqrt[3]{0.1F} \tag{3.37}$$

式中　F——冲裁力,N;

K_1——凹模材料修正系数,对于合金工具钢取 $K_1=1$,对于碳素工具钢取 $K_1=1.3$;

K_2——凹模刃口周边长度修正系数,可参考表3.30选取。

表3.30　凹模刃口周边长度修正系数 K_2

刃口长度/mm	<50	50~75	75~150	150~300	300~500	>500
修正系数 K_2	1	1.12	1.25	1.37	1.5	1.6

以上得到的凹模轮廓尺寸为 $L \times B \times H$,当设计标准模具或虽然设计非标准模具但凹模板毛坯需要外购时,应将计算尺寸 $L \times B \times H$ 按冲模国家标准中凹模板的系列尺寸进行修正,取接近的较大规格的尺寸。

3. 凸凹模

凸凹模是复合模中的主要工作零件,工作端的内外缘都是刃口,一般内缘与凹模刃口结构形式相同,外缘与凸模刃口结构形式相同,图3.59所示为凸凹模的常见结构及固定形式。

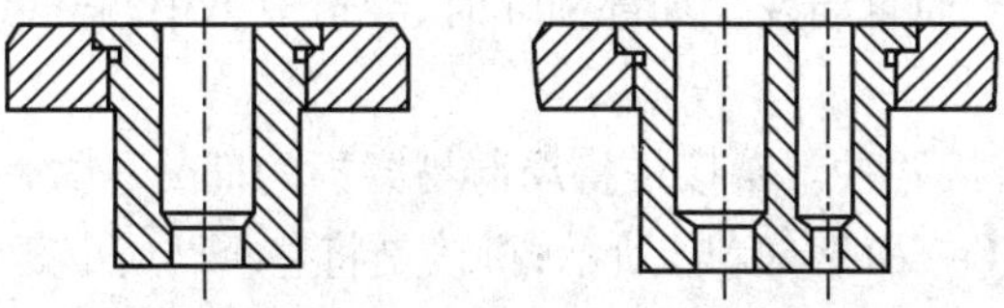

(a)结构A　(b)结构B

图3.59　凸凹模的常见结构及固定形式

由于凸凹模内外缘之间的壁厚是由冲件孔边距决定的,所以当冲件孔边距离较小时必须考虑凸凹模强度,凸凹模强度不够时就不能采用复合模冲裁。凸凹模的最小壁厚与冲模的结

构有关：正装式复合模因凸凹模内孔不积存废料，胀力小，最小壁厚可小些；倒装式复合模的凸凹模内孔一般积存废料，胀力大，最小壁厚应大些。

凸凹模的最小壁厚目前一般按经验数据确定：倒装式复合模的凸凹模最小壁厚可查表3.31；对于正装式复合模，冲件材料为黑色金属时凸凹模的最小壁厚取其材料厚度的1.5倍，但不应小于0.7 mm；冲件材料为有色金属等软材料时凸凹模的最小壁厚取等于材料厚度的值，但不应小于0.5 mm。

表3.31　倒装式复合模的凸凹模最小壁厚　　mm

材料厚度/mm	最小壁厚 a/mm	材料厚度/mm	最小壁厚 a/mm
0.4	1.4	2.8	6.4
0.6	1.8	3.0	6.7
0.8	2.3	3.2	7.1
1.0	2.7	3.5	7.6
1.2	3.2	3.8	8.1
1.4	3.6	4.0	8.5
1.6	4.0	4.2	8.8
1.8	4.4	4.4	9.1
2.0	4.9	4.6	9.4
2.2	5.2	4.8	9.7
2.5	5.8	5.0	10
简图	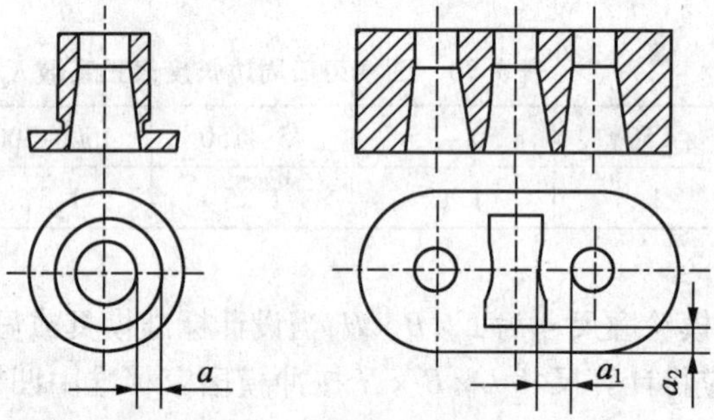		

4. **凸模与凹模的镶拼结构**

对于大、中型和形状复杂、局部薄弱的凸模或凹模，如果采用整体式结构，往往给锻造、机械加工及热处理带来困难，而且当发生局部损坏时，会造成整个凸、凹模的报废。为此，常采用镶拼结构的凸、凹模。

镶拼结构有镶接和拼接两种。镶接是将局部易磨损的部分另做一块，然后镶入凸、凹模本体或固定板内，如图3.60(a)和3.60(b)所示；拼接是将整个凸、凹模根据形状分段成若干块，再分别将各块加工后拼接起来，如图3.60(c)、3.60(d)所示。

(1)镶拼结构设计的一般原则。

镶拼结构设计的一般原则如下：

①便于加工制造，减少钳工工作量，提高模具加工精度。为此，应尽量将复杂的内形加工变成外形加工，以便于切削加工和磨削，如图3.61(a)～(c)所示；尽量使分割后拼块的形状与

尺寸相同,以便对拼块进行同时加工和磨削,如图 3.61(c)~(e)所示;应沿转角和尖角处分割,并尽量使拼块角度大于90°,如图 3.61(f)所示;圆弧尽量单独分块,拼接线应处于离切点4~7 mm的直线处,大圆弧和长直线可分为几块,如图 3.61(i)所示;拼接线应与刃口垂直,长度一般取12~15 mm,如图 3.61(i)所示。

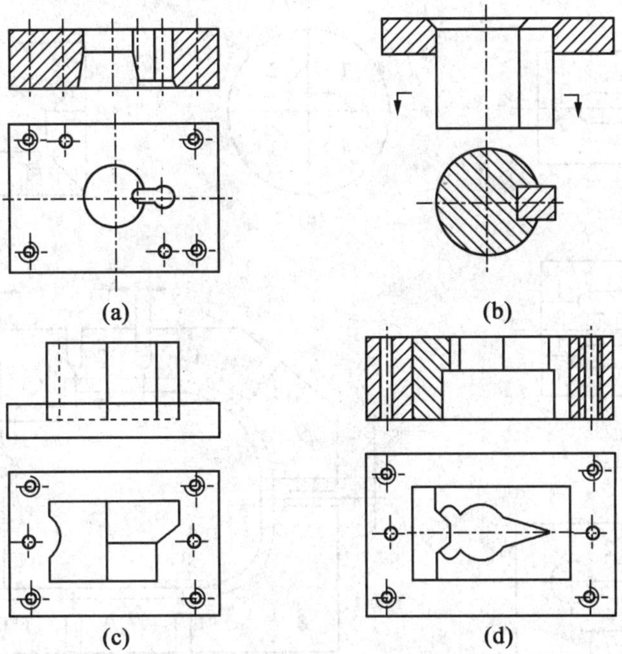

图 3.60　凸、凹模的镶拼结构

②便于装配、调整和维修。为此,比较薄弱或容易磨损的局部凸出或凹进部分应单独分为一块,如图 3.61(a)、(b)、(i)所示;有中心距公差要求时,拼块之间应能通过磨削或增减垫片的方法来调整,如图 3.61(g)、(h)所示;拼块之间尽量以凸、凹模槽形相嵌,便于拼块定位,防止冲裁过程中发生相对移动,如图 3.61(b)所示。

③满足冲裁工艺要求,提高冲件质量。为此,凸模与凹模的拼接线应至少错开 3~5 mm,以免冲件产生毛刺。

(2)镶块结构的固定方法。

镶块结构的固定方法主要有以下几种:

① 平面式固定。平面式固定是把拼块直接用螺钉、销钉紧固定位于固定板或模座平面上,如图 3.62(a)所示。这种固定方法主要用于大型的镶拼凸、凹模。

②嵌入式固定。嵌入式固定是把各拼块拼合后,采用过渡配合(K7/h6)将其嵌入固定板凹槽内,再用螺钉紧固,如图 3.62(b)所示。这种方法多用于中小型凸、凹模镶块的固定。

③压入式固定。压入式固定是把各拼块拼合后,采用过盈配合(U8/h7)将其压入固定板内,如图 3.62(c)所示。这种方法常用于形状简单的小型镶块的固定。

④斜楔式固定。斜楔式固定是利用斜楔和螺钉把各拼块固定在固定板上,如图 3.62(d)所示。拼块镶入固定板的深度应不小于拼块厚度的1/3。这种方法也是中小型凹模镶块(特别是多镶块)常用的固定方法。

此外,还有用黏接剂浇的固定方法。

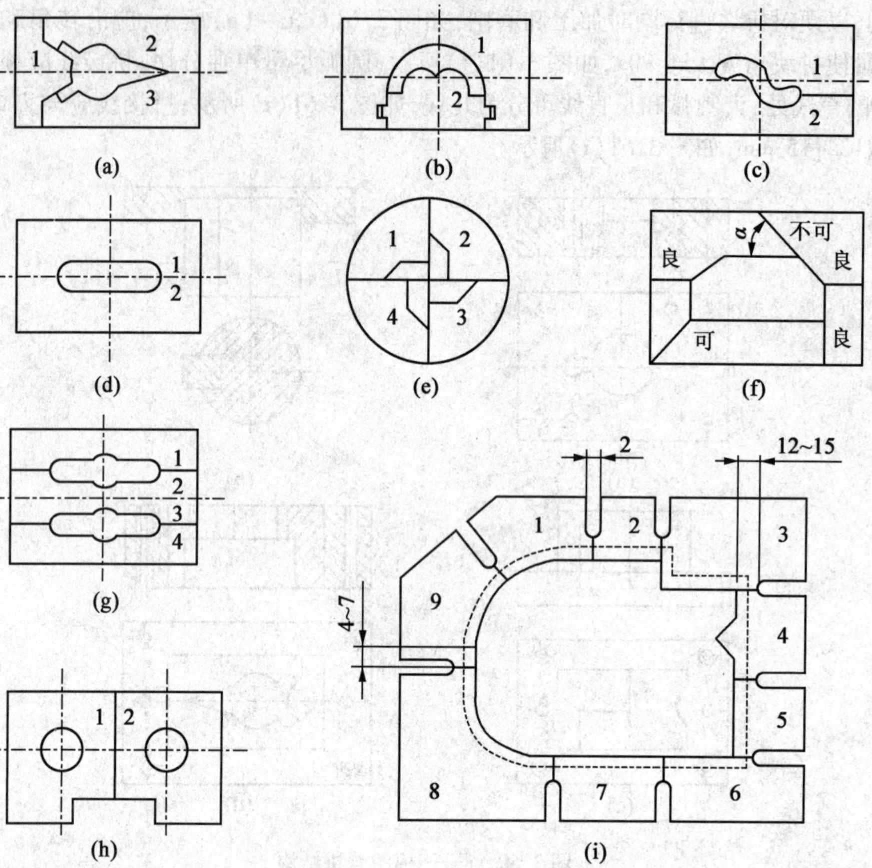

图 3.61　镶拼结构设计原则

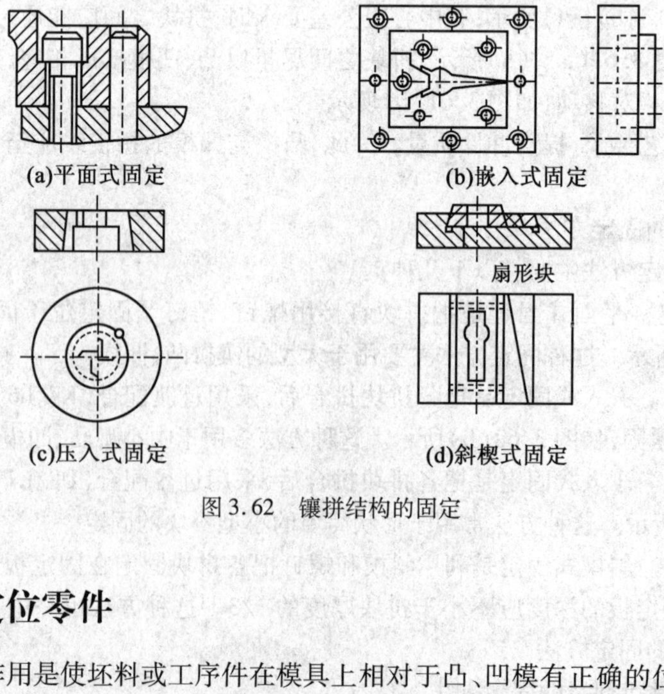

图 3.62　镶拼结构的固定

3.8.2　定位零件

定位零件的作用是使坯料或工序件在模具上相对于凸、凹模有正确的位置。定位零件的结构形式很多,用于对条料进行定位的定位零件有挡料销、导料销、导料板、侧压装置、导正销及侧刃等,用于对工序件进行定位的定位零件有定位销、定位板等。

定位零件基本上都已标准化,可根据坯料或工序件形状、尺寸、精度及模具的结构形式与生产率要求等选用相应的标准。

1. **挡料销**

挡料销的作用是挡住条料搭边或冲件轮廓以限定条料送进的距离。根据挡料销的工作特点及作用分为固定挡料销、活动挡料销和始用挡料销。

(1)固定挡料销。

固定挡料销一般固定在位于下模的凹模上。国家标准中的固定挡料销结构如图 3.63(a)所示,该类挡料销广泛用于冲压中、小型冲件时的挡料定距,其缺点是销孔距凹模孔口较近,削弱了凹模的强度。图 3.63(b)所示是一种钩形挡料销,这种挡料销的销孔距离凹模孔口较远,不会削弱凹模的强度,但为了防止钩头在使用过程中发生转动,需增加防转销,从而增加了制造工作量。

(2)活动挡料销。

当凹模安装在上模时,挡料销只能设置在位于下模的卸料板上。此时若在卸料板上安装固定挡料销,因凹模上要开设让开挡料销的让位孔,这会削弱凹模的强度,这时应采用活动挡料销。

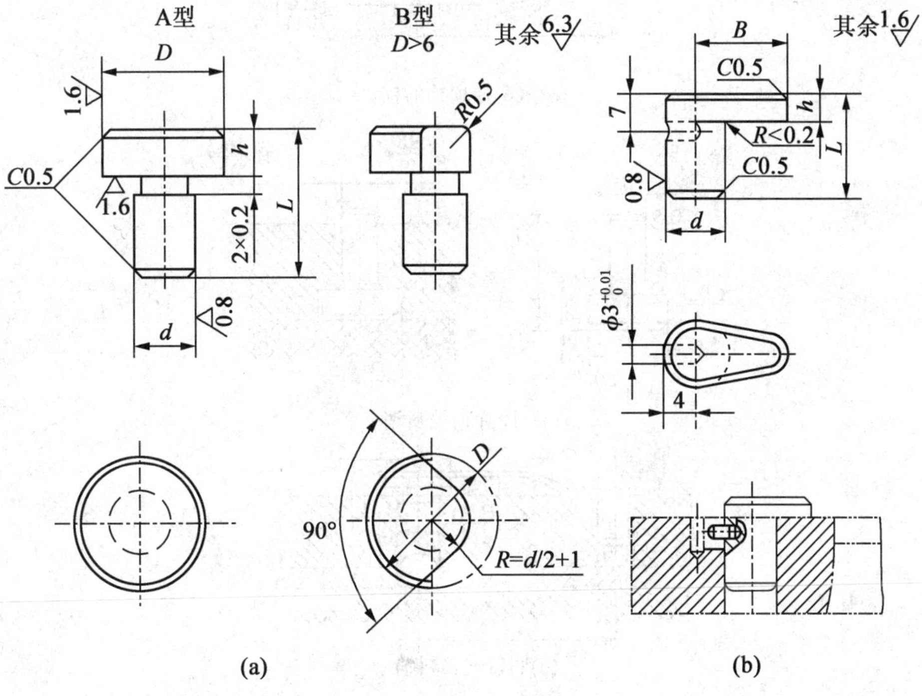

图 3.63　固定挡料销

国家标准中的活动挡料销结构如图 3.64 所示,其中图 3.64(a)所示为压缩弹簧弹顶挡料销;图 3.64(b)所示为扭簧弹顶挡料销;图 3.64(c)所示为橡胶弹顶挡料销(直接依靠卸料装置中的弹性橡胶);图 3.64(d)所示为回带式挡料销,这种挡料销对着送料方向带有斜面,送料时搭边碰撞斜面使挡料销跳起并越过搭边,然后将条料后拉,挡料销便挡住搭边而定位,即每次送料都要先推后拉,做方向相反的两个动作,操作比较麻烦。采用哪种结构形式的挡料销需根据卸料方式、卸料装置具体结构及操作等因素决定。回带式挡料销常用于有固定卸料板或导板的模具(图 3.35)上,其他形式的挡料销常用于具有弹性卸料板的模具(图 3.33)上。

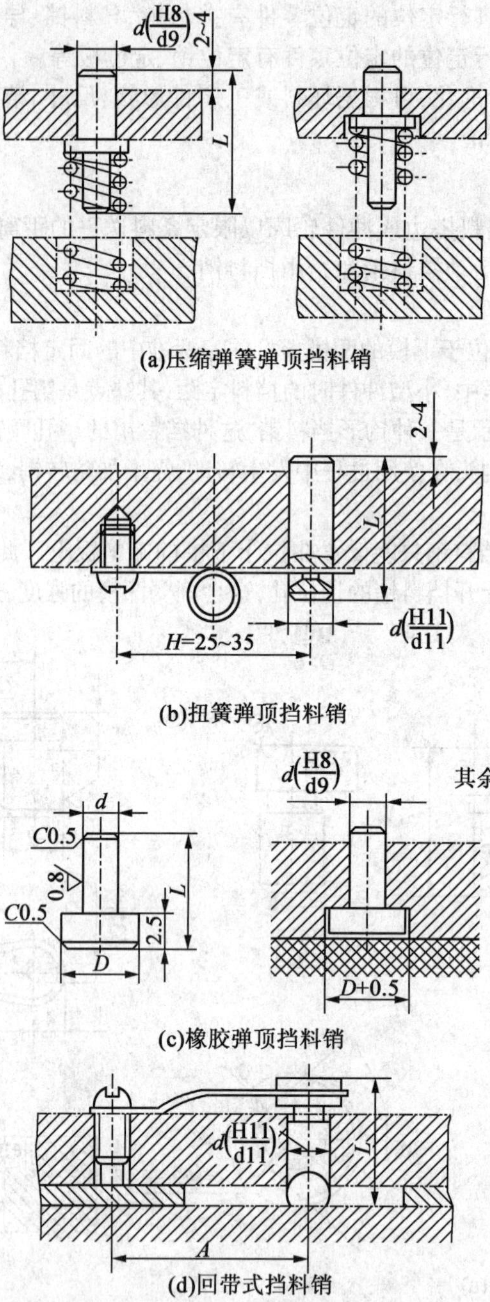

(a)压缩弹簧弹顶挡料销

(b)扭簧弹顶挡料销

(c)橡胶弹顶挡料销

(d)回带式挡料销

图 3.64　国家标准中的活动挡料销结构

(3)始用挡料销。

始用挡料销在条料开始送进时起定位作用,以后送进时不再起定位作用。采用始用挡料销的目的是为了提高材料的利用率。图 3.65 所示为国家标准中的始用挡料销。

始用挡料销一般用于条料以导料板导向的级进模(图 3.45)或单工序模(图 3.35)中。一副模具中用几个始用挡料销取决于冲件的排样方法和凹模上的工位安排。

2. 导料销

导料销的作用是保证条料沿正确的方向送进。导料销一般设有两个,并位于条料的同一侧，条料从右向左送进时导料销位于后侧，从前向后送进时导料销位于左侧。导料销可设在凹模面上（一般为固定式的），也可设在弹压卸料板上（一般为活动式的），还可设在固定板或下模座上，用挡料螺栓代替。

固定式和活动式导料销的结构与固定式和活动式挡料销基本一致，可从标准中选用。导料销多用于单工序模或复合模中。

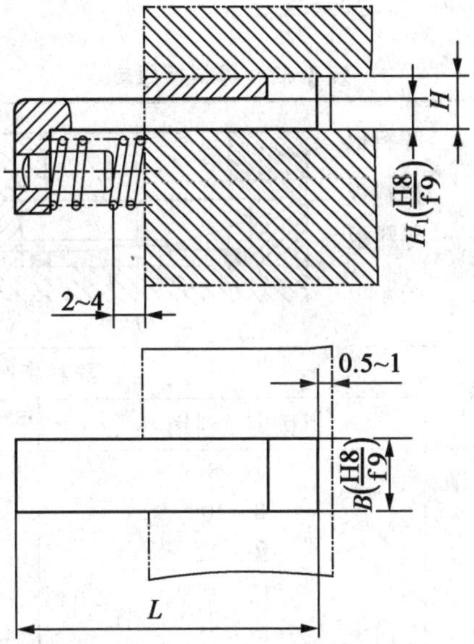

图 3.65　国家标准中的始用挡料销

3. **导料板**

导料板的作用与导料销的作用相同，但采用导料板定位时操作更方便，在采用导板导向或固定卸料的冲模中必须用导料板导向。导料板一般设在条料两侧，其结构有两种：一种是国家标准结构，如图 3.66(a) 所示，它与导板或固定卸料板分开制造；另一种是与导板或固定卸料板制成整体的结构，如图 3.66(b) 所示。为使条料沿导料板顺利通过，两个导料板间距离应略大于条料的最大宽度，导料板厚度 H 取决于挡料方式和板料厚度，以便于送料为原则。采用固定挡料销时，导料板厚度见表 3.32。

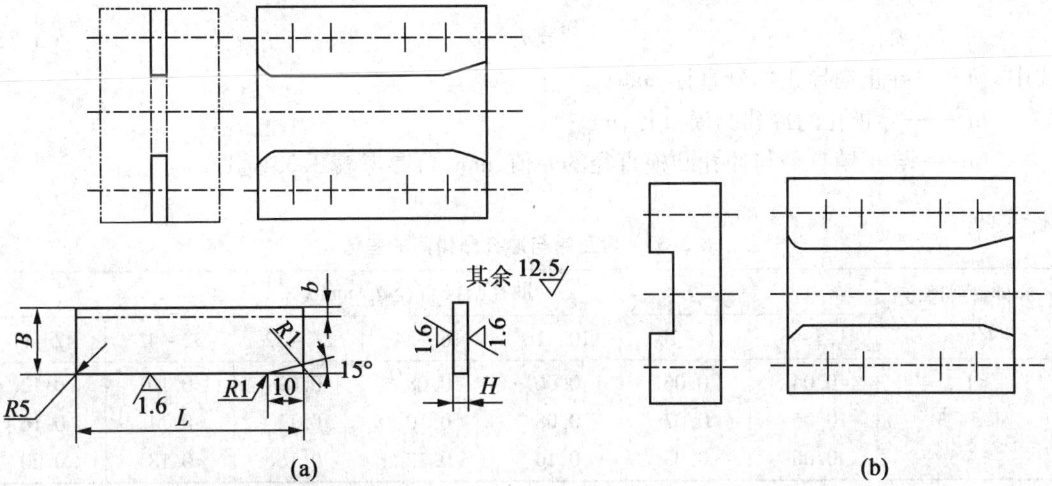

图 3.66　导料板结构

4. 导正销

使用导正销的目的是消除送料时用挡料销、导料板(或导料销)等定位零件做粗定位时的误差,保证冲件在不同工位上冲出的内形与外形之间的相对位置公差要求。导正销主要用于级进模(图3.45),也可用于单工序模。导正销通常设置在落料凸模上,与挡料销配合使用,也可与侧刃配合使用。

表3.32 导料板厚度 mm

简图	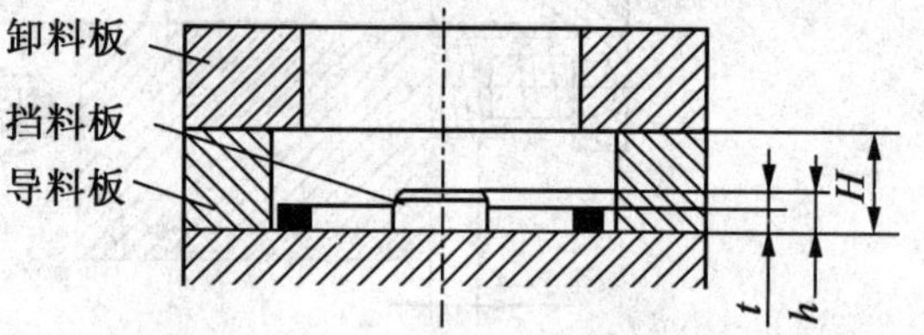		
材料厚度 t	挡料销高度 h	导料板厚度 H	
		固定挡料销	自动挡料销或侧刃
0.3~2	3	6~8	4~8
2~3	4	8~10	6~8
3~4	4	10~12	8~10
4~6	5	12~15	8~10
6~10	8	15~25	10~15

国家标准中的导正销结构如图3.67所示,其中A型用于导正 $d=2\sim12$ mm的孔;B型用于导正 $d\leqslant10$ mm 的孔,也可用于级进模上对条料工艺孔的导正,导正销背部的压缩弹簧在送料不准确时可避免导正销的损坏;C型用于导正 $d=4\sim12$ mm 的孔,导正销拆卸方便,且凸模刃磨后导正销长度可以调节;D型可用于导正12~50 mm 的孔。

为了使导正销工作可靠,导正销的直径一般应大于2 mm。当冲件上的导正孔径小于2 mm时,可在条料上另冲直径大于2 mm的工艺孔进行导正。

导正销的头部由圆锥形的导入部分和圆柱形的导正部分组成。导正部分的直径可按下式计算:

$$d=d_p-a \tag{3.38}$$

式中 d——导正销导正部分直径,mm;

d_p——导正孔的冲孔凸模直径,mm;

a——导正销直径与冲孔凸模直径的差值,mm,可参考表3.33选取。

表3.33 导正销与冲孔凸模间的差值 a mm

冲件材料厚度	冲孔凸模直径 d_p/mm						
t/mm	1.5~6	6~10	10~16	16~24	24~32	32~42	42~60
<1.5	0.04	0.06	0.06	0.08	0.09	0.10	0.12
1.5~3	0.05	0.07	0.08	0.10	0.12	0.14	0.16
3~5	0.06	0.08	0.10	0.12	0.16	0.18	0.20

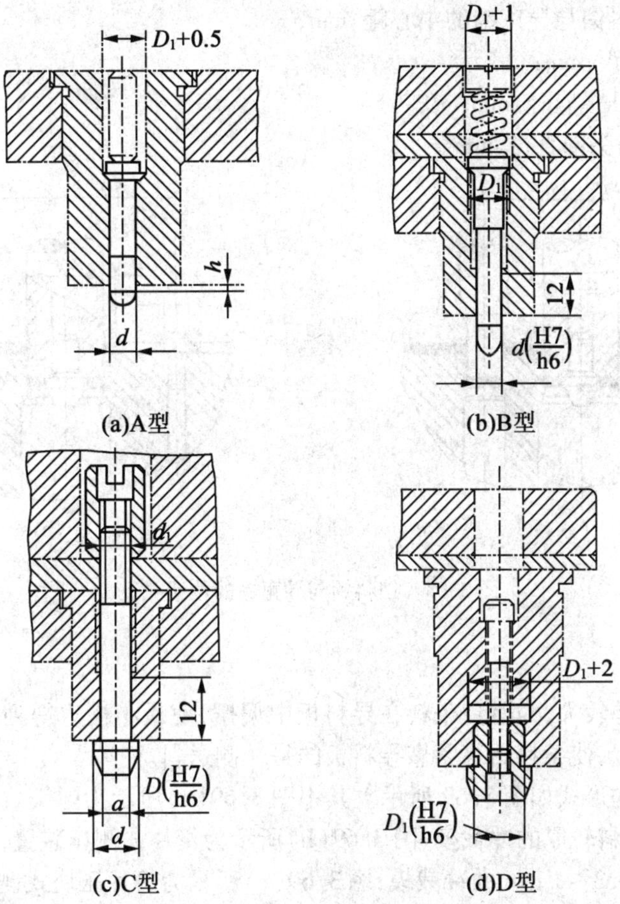

图 3.67　国家标准中的导正销结构

导正部分的直径公差可按 h6 ~ h9 选取。导正部分的高度一般取 $h=(0.5\sim1)t$，或按表 3.34 选取。

表 3.34　导正销的导正部分高度 h　mm

冲件材料厚度 t/mm	导正孔直径 d/mm		
	1.5 ~ 10	10 ~ 25	25 ~ 50
<1.5	1	1.2	1.5
1.5 ~ 3	0.6t	0.8t	t
3 ~ 5	0.5t	0.6t	0.8t

由于导正销常与挡料销配合使用，挡料销只起粗定位作用，所以挡料销的位置应能保证导正销在导正过程中条料有被前推或后拉少许的可能。挡料销与导正销的位置关系如图 3.68 所示。

按图 3.68(a)方式定位时，挡料销与导正销的中心距为

$$s_1 = s - D_p/2 + D/2 + 0.1 \tag{3.39}$$

按图 3.68(b)的方式定位时，挡料销与导正销的中心距为

$$s_1' = s + D_p/2 - D/2 - 0.1 \tag{3.40}$$

式中 s_1、s_1'——挡料销与导正销的中心距,mm;

s——送料进距,mm;

D_p——落料凸模直径,mm;

D——挡料销头部直径,mm。

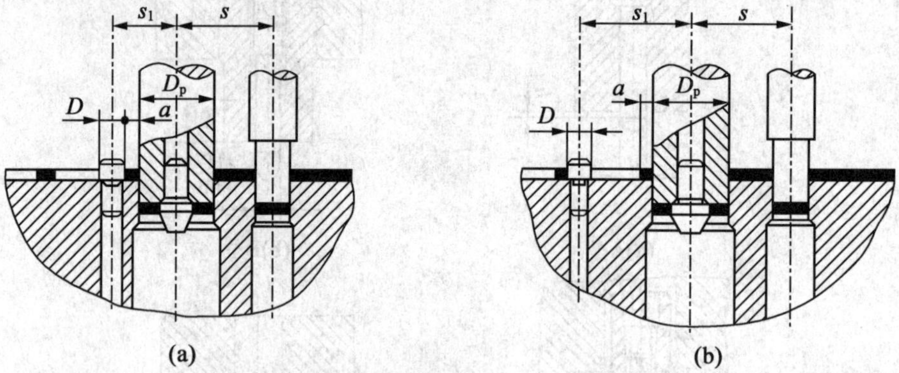

图 3.68 挡料销与导正销的位置关系

5. 侧压装置

如果条料的公差较大,为避免条料在导料板中偏摆,使最小搭边得到保证,应在送料方向的一侧设置侧压装置,使条料始终紧靠导料板的另一侧送料。

侧压装置的结构形式如图 3.69 所示。其中图 3.69(a)所示为弹簧式侧压装置,其侧压力较大,宜用于被冲材料较厚的冲裁模;图 3.69(b)所示为簧片式侧压装置,其侧压力较小,常用于被冲材料厚度为 0.3 ~ 1 mm 的冲裁模;图 3.69(c)所示为簧片压块式侧压装置,其应用场合与图 3.69(b)所示装置一致;图 3.69(d)所示为板式侧压装置,其侧压力大且均匀,一般装在模具进料一端,适用于侧刃定距的级进模。在上述四种结构形式中,图 3.69(a)和图 3.69(b)所示的两种形式已经标准化。

在一副模具中,侧压装置的数量和设置位置视实际需要而定。但对于料厚小于 0.3 mm 及采用辊轴自动送料装置的模具不宜采用侧压装置。

6. 侧刃

侧刃也是对条料起送进定距作用的,图 3.47 所示即为使用侧刃定距的级进模。国家标准中的侧刃结构如图 3.70 所示,Ⅰ型侧刃的工作端面为平面,Ⅱ型侧刃的工作端面为台阶面。台阶面侧刃在冲切前凸出部分先进入凹模起导向作用,可避免因侧刃单边冲切时产生的侧压力导致侧刃损坏。Ⅰ型和Ⅱ型侧刃按断面形状都分为长方形侧刃和成形侧刃,长方形侧刃(ⅠA 型、ⅡA 型)结构简单,易于制造,但当侧刃刃口尖角磨损后,在条料侧边形成的毛刺会影响送进和定位的准确性,如图 3.71(a)所示。成形侧刃(ⅠB 型、ⅡB 型、ⅠC 型和ⅡC 型)如果磨损后在条料侧边形成的毛刺离开了导料板和侧刃挡块的定位面,因而不影响送进和定位的准确性,如图 3.71(b)所示,但这种侧刃消耗材料增多,结构较复杂,制造较麻烦。长方形侧刃一般用于板料厚度小于 1.5 mm、冲件精度要求不高的送料定距;成形侧刃用于板料厚度小于 0.5 mm、冲件精度要求较高的送料定距。

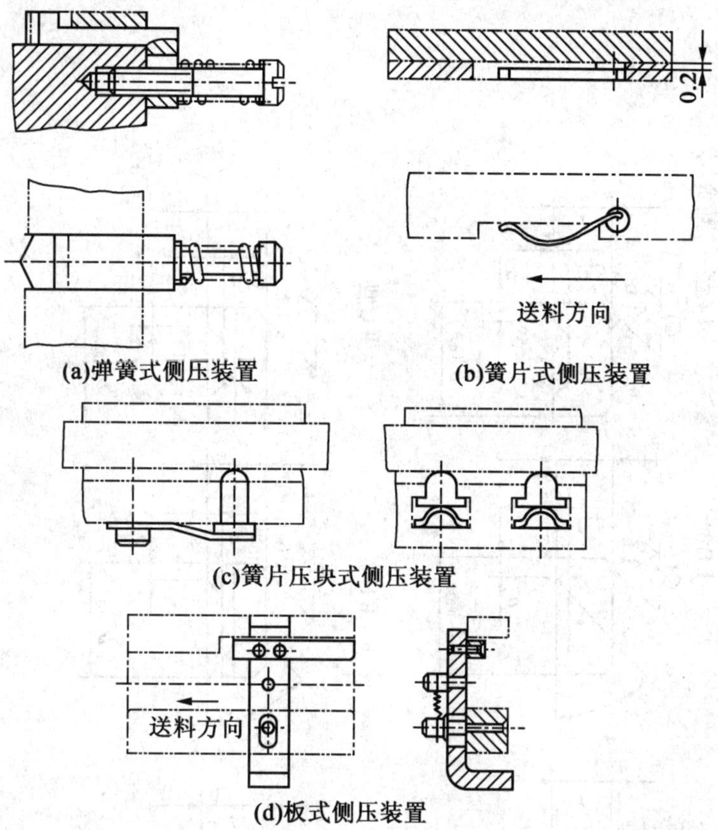

图 3.69　侧压装置的结构形式

侧刃相当于一种特殊的凸模，按与凸模相同的固定方式固定在凸模固定板上，长度与凸模长度基本相同。侧刃断面的主要尺寸是宽度 b，其值原则上等于送料进距，但对长方形侧刃和侧刃与导正销兼用时，宽度 b 按下式确定：

$$b = [s + (0.05 \sim 0.1)]_{-\delta_c}^{0} \tag{3.41}$$

式中　b——侧刃宽度，mm；

s——送料进距，mm；

δ_c——侧刃宽度制造公差，可取 h6。

在生产实际中，还可采用既可起定距作用，又可成形冲件部分轮廓的特殊侧刃，如图 3.72 所示中的侧刃 1 和 2。

侧刃的其他尺寸可参考标准确定。侧刃凹模按侧刃实际尺寸配制，留单边间隙与冲裁间隙相同。

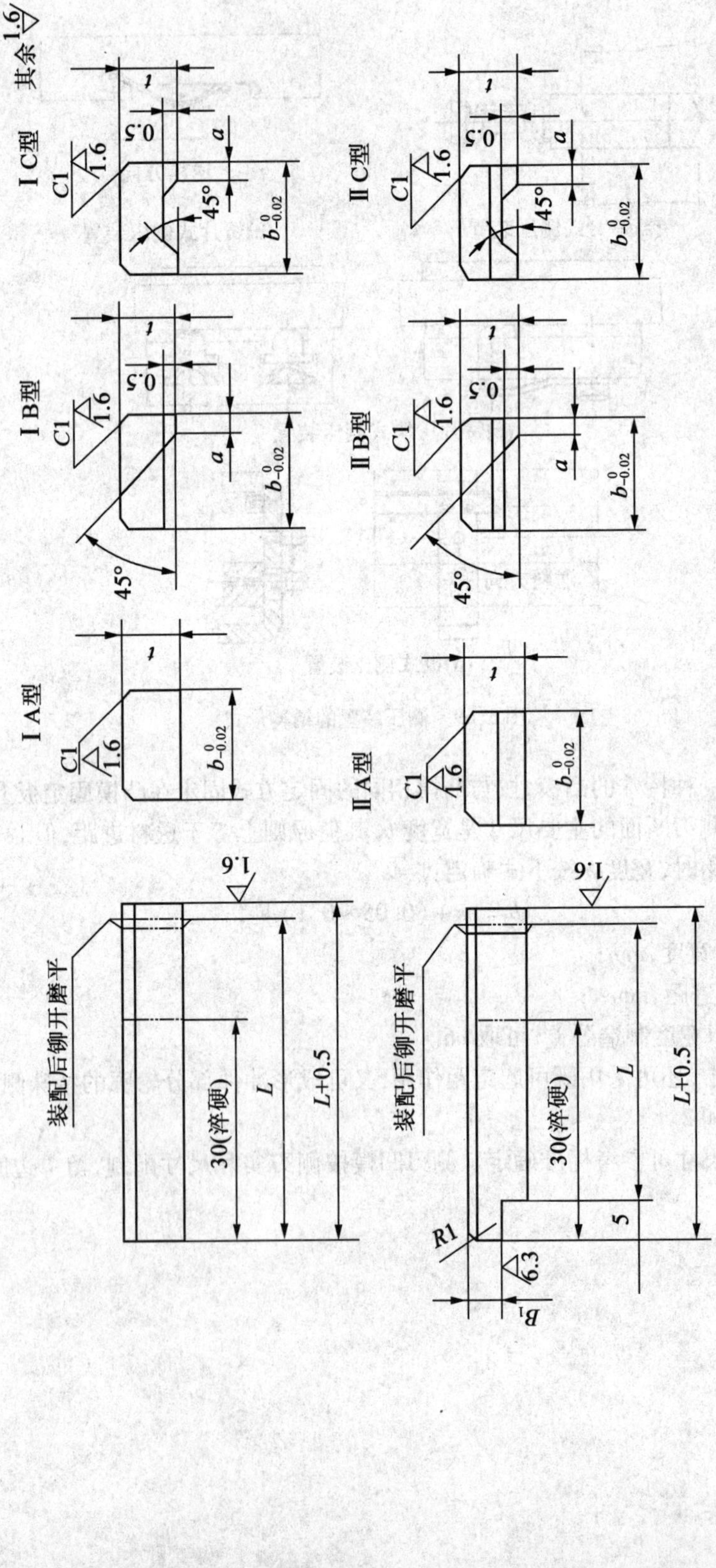

图3.70 国家标准中的侧刃结构

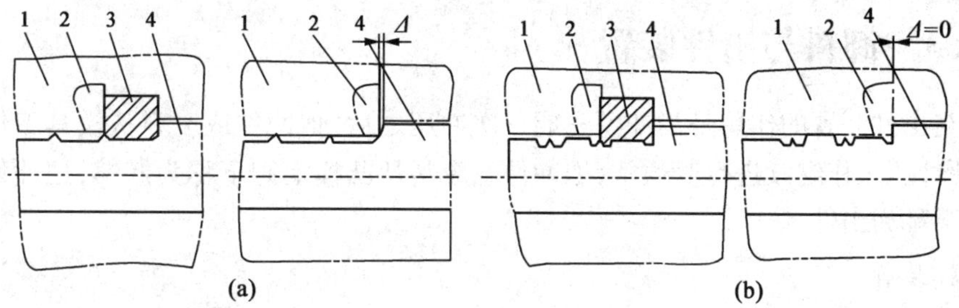

图 3.71　侧刃定位的误差比较

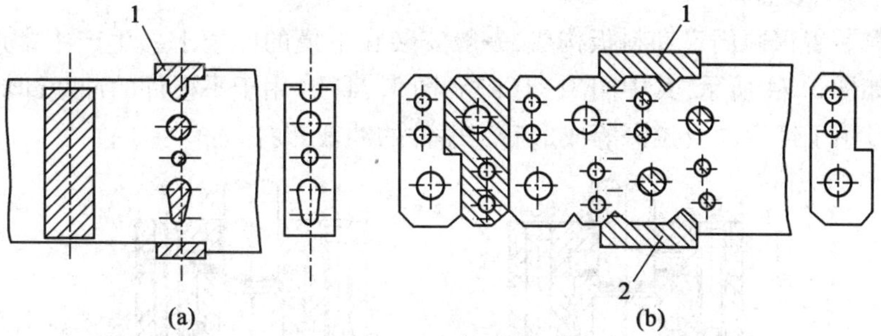

图 3.72　特殊侧刃

7. 定位板与定位销

定位板和定位销是作为单个坯料或工序件的定位用。常见的定位板和定位销的结构形式如图 3.73 所示，其中图 3.73(a)是以坯料或工序件的外缘作为定位基准；图 3.73(b)是以坯料或工序件的内缘作为定位基准。具体选择哪种定位方式，应根据坯料或工序件的形状、尺寸大小和冲压工序性质等决定。定位板的厚度或定位销的定位高度应比坯料或工序件厚度大 1 ~ 2 mm。

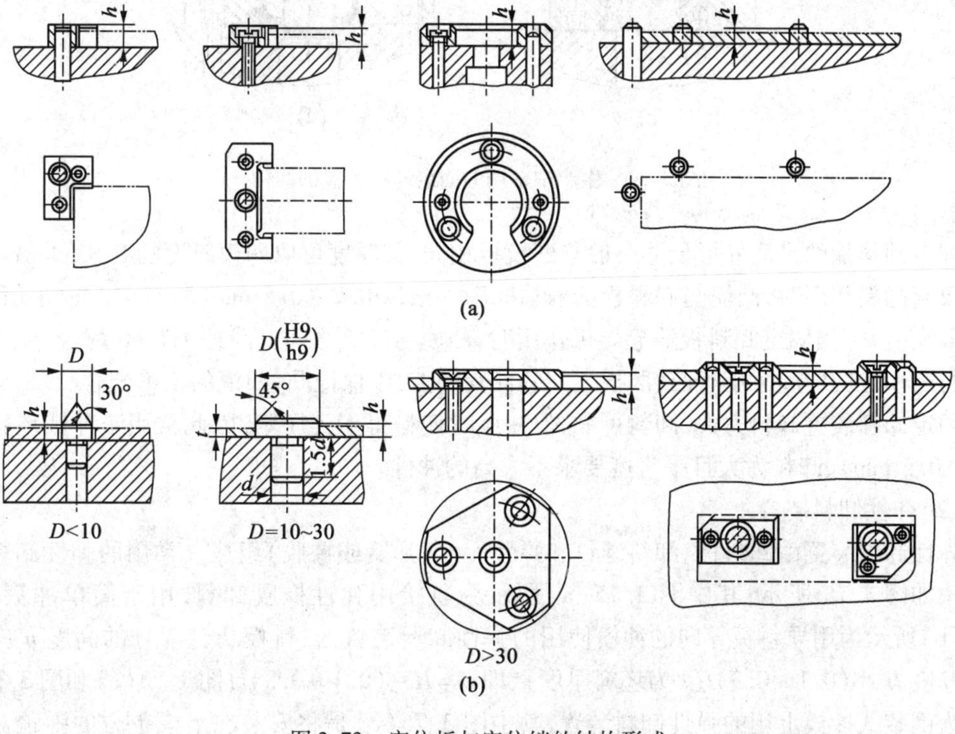

图 3.73　定位板与定位销的结构形式

3.8.3 卸料与出件装置

卸料与出件装置的作用是当冲模完成一次冲压之后,把冲件或废料从模具工作零件上卸下来,以便冲压工作继续进行。通常,把冲件或废料从凸模上卸下称为卸料,把冲件或废料从凹模中卸下称为出件。

1. 卸料装置

卸料装置按卸料方式可分为固定卸料装置、弹性卸料装置和废料切刀三种。

(1)固定卸料装置。

固定卸料装置仅由固定卸料板构成,一般安装在下模的凹模上。生产中常用的固定卸料装置的结构如图3.74所示,其中图3.74(a)和图3.74(b)用于平板件的冲裁卸料,图3.74(c)和图3.74(d)用于经弯曲或拉深等成形后工序件的冲裁卸料。

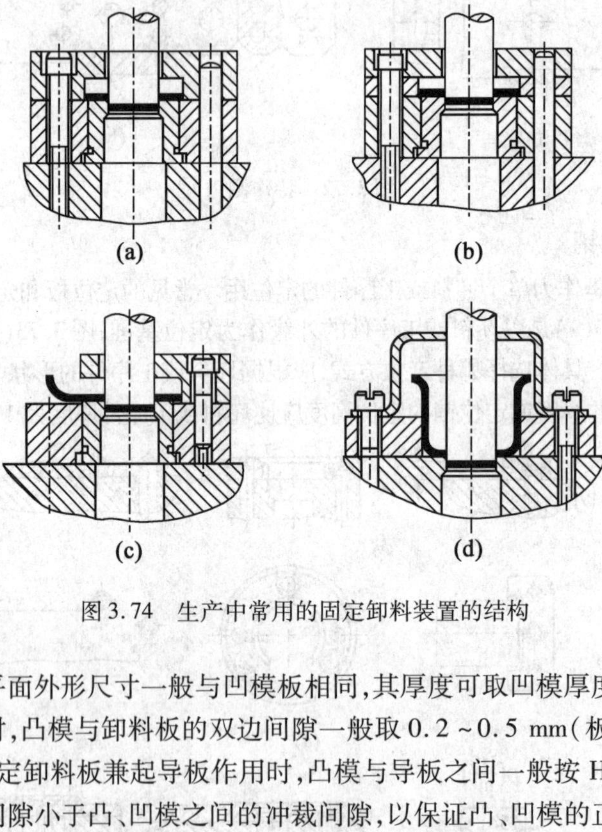

图3.74 生产中常用的固定卸料装置的结构

固定卸料板的平面外形尺寸一般与凹模板相同,其厚度可取凹模厚度的0.8~1倍。当卸料板仅起卸料作用时,凸模与卸料板的双边间隙一般取0.2~0.5 mm(板料薄时取小值,板料厚时取大值)。当固定卸料板兼起导板作用时,凸模与导板之间一般按H7/h6配合,但应保证导板与凸模之间的间隙小于凸、凹模之间的冲裁间隙,以保证凸、凹模的正确配合。

固定卸料装置卸料力大,卸料可靠,但冲压时坯料得不到压紧,因此常用于冲裁坯料较厚(大于0.5 mm)、卸料力大且平直度要求不太高的冲件。

(2)弹性卸料装置。

弹性卸料装置由卸料板、卸料螺钉和弹性元件(弹簧或橡胶)组成。常用的弹性卸料装置的结构如图3.75所示,其中图3.75(a)所示为直接用弹性橡胶卸料,用于简单冲裁模;图3.75(b)所示为用导料板导向的冲模使用的弹性卸料装置,卸料板凸台部分的高度 h 应比导料板厚度 H 小(0.1~0.3)t(t 为坯料厚度),即 $h=H-(0.1\sim0.3)t$;图3.75(c)和图3.75(d)所示为倒装式冲模上用的弹性卸料装置,其中图3.75(c)是将安装在下模下方的弹顶器作为弹性元件,卸料力大小容易调节;图 3.75(e)所示为带小导柱的弹性卸料装置,卸料板由小导柱导向,可防止卸料板产生水平摆动,从而保护小凸模不被折断,多用于小孔冲裁模。

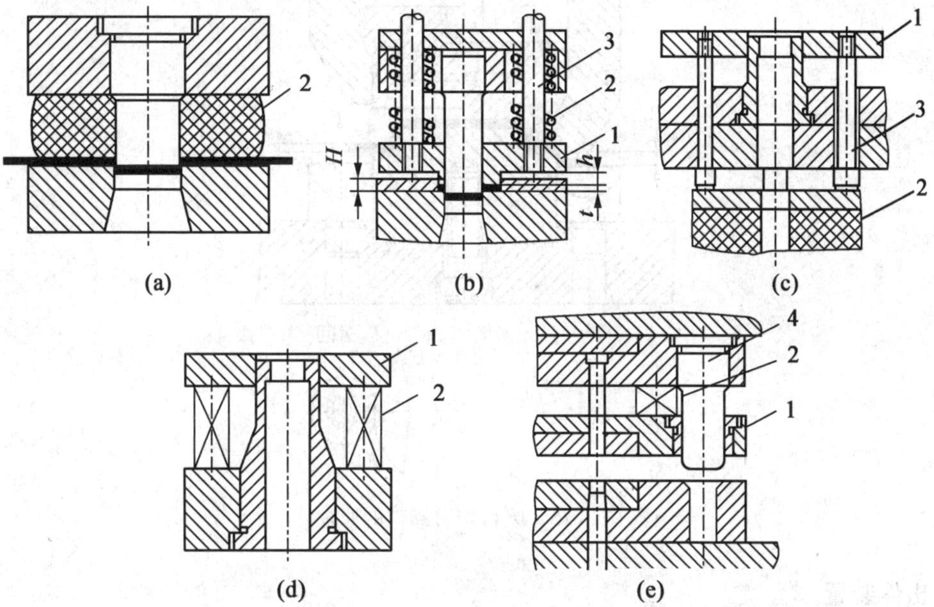

图 3.75　常用的弹性卸料装置的结构

1—卸料板;2—弹性元件;3—卸料螺钉;4—小导柱

弹性卸料板的平面外形尺寸等于或稍大于凹模板尺寸,厚度取凹模厚度的 0.6 ~0.8 倍。卸料板与凸模的双边间隙根据冲件料厚确定,一般取 0.1 ~0.3 mm(料厚时取大值,料薄时取小值)。在级进模中,特别小的冲孔凸模与卸料板的双边间隙可取0.3 ~0.5 mm。当卸料板对凸模起导向作用时,卸料板与凸模间按 H7/h6 配合,但其间隙应比凸、凹模间隙小,此时凸模与固定板按 H7/h6 或 H8/h7 配合。此外,为便于可靠卸料,在模具开启状态时,卸料板工作平面应高出凸模刃口端面 0.3 ~0.5 mm。

卸料螺钉一般采用标准的阶梯形螺钉,其数量按卸料板形状与大小确定,卸料板为圆形时常用 3 ~4 个阶梯形螺钉;卸料板为矩形时一般用 4 ~6 个阶梯形螺钉。卸料螺钉的直径根据模具大小可选 8 ~12 mm,各卸料螺钉的长度应一致,以保证装配后卸料板水平和均匀卸料。

弹性卸料装置可装于上模或下模,依靠弹簧或橡皮的弹力来卸料,卸料力不太大,但冲压时可兼起压料作用,故多用于冲裁料薄及平面度要求较高的冲件。

(3)废料切刀。

废料切刀是在冲裁过程中将冲裁废料切断成数块,从而实现卸料的一种卸料零件。废料切刀卸料的原理如图 3.76 所示,废料切刀安装在下模的凸模固定板上,当上模带动凹模下压进行切边时,同时把已切下的废料压向废料切刀上,从而将其切开卸料。这种卸料方式不受卸料力大小限制,卸料可靠,多用于大型冲件的落料或切边冲模上。

废料切刀已经标准化,可根据冲件及废料尺寸、材料厚度等进行选用。废料切刀的刃口长度应比废料宽度大些,安装时切刀刃口应比凸模刃口低,其值 h 大约为板料厚度的 2.5 ~4 倍,且不小于 2 mm。冲件形状简单时,一般设两个废料切刀,冲件形状复杂时,可设多个废料切刀或采用弹性卸料与废料切刀联合卸料。

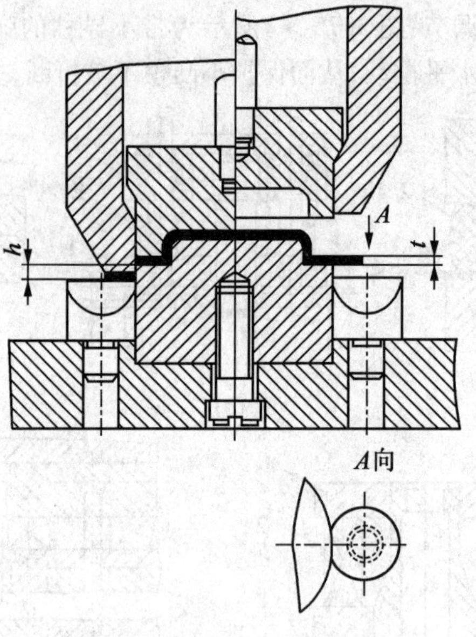

图 3.76　废料切刀卸料的原理

2. 出件装置

出件装置的作用是从凹模内卸下冲件或废料。为了便于学习，把装在上模内的出件装置称为推件装置，装在下模内的出件装置称为顶件装置。

(1)推件装置。

推件装置有刚性推件装置和弹性推件装置两种。图 3.77 所示为刚性推件装置，它是在冲压结束后上模回程时，利用压力机滑块上的打料杆撞击模柄内的打杆，再将推力传至推件块而将凹模内的冲件或废料推出的。刚性推件装置的基本零件有推件块、推板、连接推杆和打杆(图 3.77(a))。当打杆下方投影区域内无凸模时，也可省去由连接推杆和推板组成的中间传递结构，而由打杆直接推动推件块，甚至直接由打杆推件(图 3.77(b))。

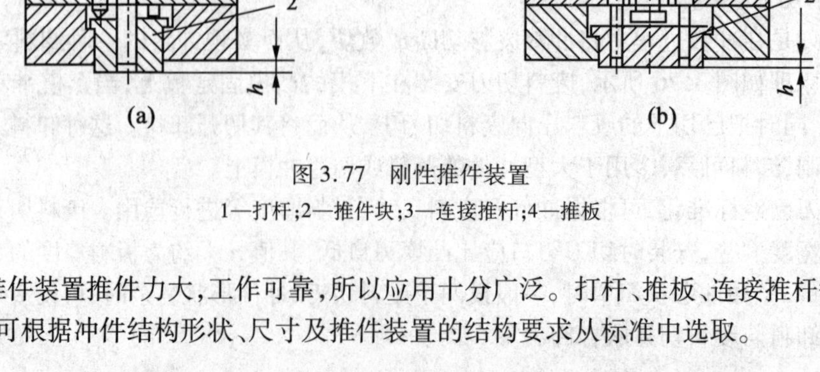

图 3.77　刚性推件装置

1—打杆；2—推件块；3—连接推杆；4—推板

刚性推件装置推件力大，工作可靠，所以应用十分广泛。打杆、推板、连接推杆等都已标准化，设计时可根据冲件结构形状、尺寸及推件装置的结构要求从标准中选取。

图3.78所示为弹性推件装置。与刚性推件装置不同的是,它是以安装在上模内的弹性元件的弹力来代替打杆给予推件块的推件力。根据模具结构的可能性,可把弹性元件装在推板之上(图3.78(a)),也可装在推件块之上(图3.78(b))。采用弹性推件装置时,可使板料处于压紧状态下分离,因而冲件的平直度较高。但开模时冲件易嵌入边料中,取件较麻烦,且受模具结构空间限制,弹性元件产生的弹力有限,所以主要适用于板料较薄且平直度要求较高的冲件。

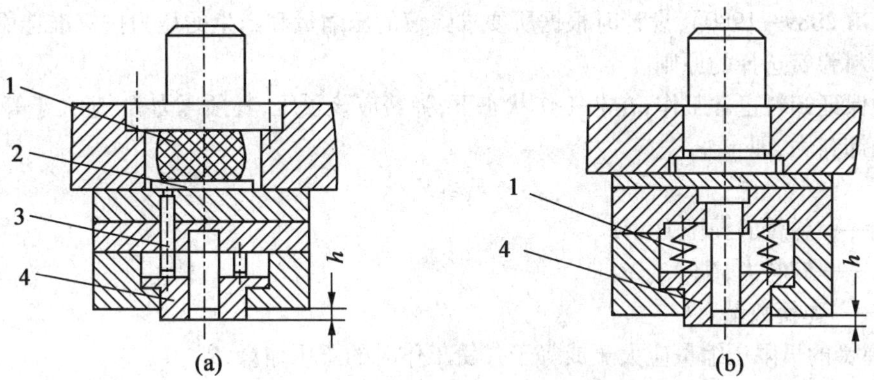

图3.78　弹性推件装置

1—弹性元件;2—推板;3—连接推杆;4—推件块

(2)顶件装置。

顶件装置一般是弹性的,其基本零件是顶件块、顶杆和弹顶器,如图3.79(a)所示。弹顶器可做成通用的,其弹性元件可以是弹簧或橡胶。图3.79(b)所示为直接在顶件块下方安放弹簧,可用于顶件力不大的场合。

弹性顶件装置的顶件力容易调节,工作可靠,冲件平直度较高,但冲件也易嵌入边料,产生与弹性推件同样的问题。大型压力机本身具有气垫可作为弹顶器。

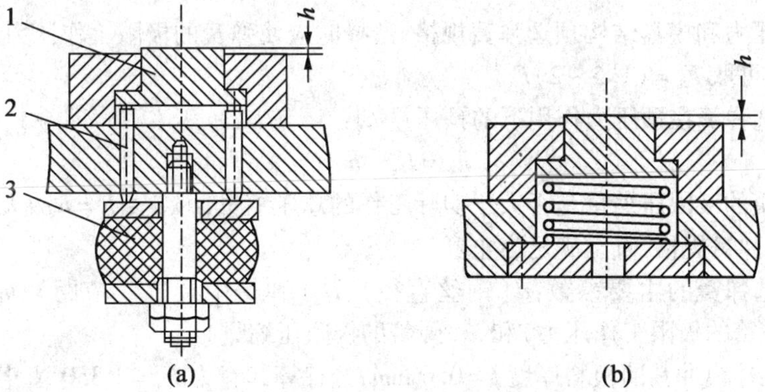

图3.79　弹性顶件装置

1—顶件块;2—顶杆;3—弹顶器

在推件和顶件装置中,推件块和顶件块工作时与凹模孔口配合并做相对运动,对它们的要求是:模具处于闭合状态时,其背后应有一定空间,以备修模和调整的需要;模具处于开启状态时,必须顺利复位,且工作面应高出凹模平面0.2~0.5 mm,以保证可靠推件或顶件;与凹模和凸模的配合应保证顺利滑动，一般与凹模的配合为间隙配合，推件块或顶件块的外形配合面可按 h8 制造，与凸模的配合可呈较松的间隙配合，或根据材料厚度取适当间隙。

3. 弹性元件的选用与计算

在冲裁模卸料与出件装置中，常用的弹性元件是弹簧和橡胶。考虑模具设计时出件装置中的弹性元件很少需专门的选用与计算，这里只介绍卸料弹性元件的选用与计算。

(1)弹簧的选用与计算。在卸料装置中，常用的弹簧是圆柱螺旋压缩弹簧。这种弹簧已标准化(GB 2089—1980)，设计时根据所要求弹簧的压缩量和产生的压力按标准选用即可。

①卸料弹簧选择的原则。

a. 为保证卸料正常工作，在非工作状态下，弹簧应该预压，其预压力 F_y 应大于等于单个弹簧承受的卸料力，即

$$F_y \geqslant F_x / n \tag{3.42}$$

式中 F_y——弹簧的预压力，N；

F_x——卸料力，N；

n——弹簧数量。

b. 弹簧的极限压缩量应大于或等于弹簧工作时的总压缩量，即

$$h_j \geqslant h = h_y + h_x + h_m \tag{3.43}$$

式中 h_j——弹簧的极限压缩量，mm；

h——弹簧工作时的总压缩量，mm；

h_y——弹簧在预压力作用下产生的预压量，mm；

h_x——卸料板的工作行程，mm；

h_m——凸模或凸凹模的刃磨量，mm，通常取 $h_m = 4 \sim 10$ mm。

c. 选用的弹簧能够合理地布置在模具的相应空间。

②卸料弹簧的选用与计算步骤。

a. 根据卸料力和模具安装弹簧的空间大小，初定弹簧数量为 n，计算每个弹簧应产生的预压力 F_y。

b. 根据预压力和模具结构预选弹簧规格，选择时应使弹簧的极限工作压力 F_j 大于预压力 F_y，初选时一般可取 $F_j = (1.5 \sim 2)F_y$。

c. 计算预选弹簧在预压力作用下的预压量 h_y：

$$h_y = F_y \cdot h_j / F_j \tag{3.44}$$

d. 校核弹簧的极限压缩量是否大于实际工作的总压缩量，即 $h_j \geqslant h = h_y + h_x + h_m$。如不满足，则必须重选弹簧规格，直至满足为止。

e. 列出所选弹簧的主要参数：d(钢丝直径)、D_2(弹簧中径)、t(节距)、h_0(自由长度)、n(圈数)、F_j(弹簧的极限工作压力)和 h_j(弹簧的极限压缩量)。

例 3.4 某冲模冲裁的板料厚度 $t = 0.6$ mm，经计算卸料力 $F_x = 1\ 350$ N，若采用弹性卸料装置，试选用和计算卸料弹簧。

解 (1)假设考虑了模具结构，初定弹簧的个数 $n = 4$，则每个弹簧的预压力为

$$F_y = F_x / n = 1\ 350 \div 4 \approx 338(\text{N})$$

(2)初选弹簧规格。按 $2F_y$ 估算弹簧的极限工作压力 F_j 为

$$F_j = 2F_y = 2 \times 338 = 676(\text{N})$$

查标准 GB 2089—1980，初选弹簧规格为 $d \times D_2 \times h_0 = 4 \times 22 \times 60$，$F_j = 670$ N，$h_j = 20.9$ mm。

(3)计算所选弹簧的预压量 h_y。

$$h_y = F_y \cdot h_j / F_j = 338 \times 20.9 \div 670 \approx 10.5(\text{mm})$$

(4)校核所选弹簧是否合适。

卸料板工作行程 $h_x = 0.6 + 1 = 1.6(\text{mm})$,取凸模刃磨量 $h_m = 6$ mm,则弹簧工作时的总压缩量为

$$h = h_y + h_x + h_m = 10.5 + 1.6 + 6 = 18.1(\text{mm})$$

因为 $h < h_j = 20.9$ mm,故所选弹簧合适。

(5)弹簧的参数。

所选弹簧的主要参数为:$d = 4$ mm,$D_2 = 22$ mm,$t = 7.12$ mm,$n = 7.5$ 圈,$h_0 = 60$ mm,$F_j = 670$ N,$h_j = 20.9$ mm。弹簧的标记为:弹簧 4 mm×22 mm×60 mm(GB 2089—1980)。弹簧的安装高度为 $h_a = h_0 - h_y = 60 - 10.5 = 49.5(\text{mm})$。

(2)橡胶的选用与计算。

由于橡胶允许承受的载荷较大,安装调整灵活方便,因而是冲裁模中常用的弹性元件。冲裁模中用于卸料的橡胶有合成橡胶和聚氨酯橡胶,其中聚氨酯的性能比合成橡胶的性能优异,是常用的卸料弹性元件。冲模标准中还专门规定了聚氨酯橡胶的规格与尺寸(GB 8267.9—1981),选用很方便。

①卸料橡胶选择的原则。

a. 为保证卸料正常工作,应使橡胶的预压力 F_y 大于或等于卸料力 F_x,即

$$F_y \geqslant F_x \tag{3.45}$$

b. 橡胶的压力与压缩量之间不是线性关系,合成橡胶压缩的特性曲线如图 3.80 所示。橡胶压缩时产生的压力按下式计算:

$$F = Ap \tag{3.46}$$

式中　A——橡胶的横截面积(与卸料板贴合的面积),mm^2;

p——橡胶的单位压力,MPa,其值与橡胶的压缩量、形状及尺寸有关,可从图 3.80 所示的橡胶特性曲线或从表 3.35 中选取。

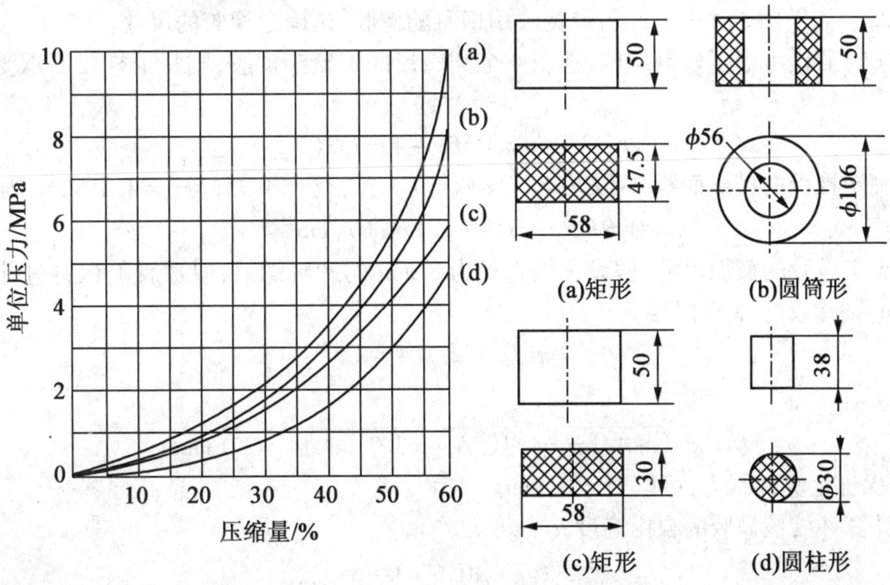

图 3.80　合成橡胶压缩的特性曲线

表 3.35 橡胶压缩量与单位压力

压缩量/%		10	15	20	25	30	35
单位压力 p/MPa	聚氨酯橡胶	1.1		2.5		4.2	5.6
	合成橡胶	0.26	0.50	0.74	1.06	1.52	2.10

c. 橡胶极限压缩量应大于或等于橡胶工作时的总压缩量，即

$$h_j \geqslant h = h_y + h_x + h_m \tag{3.47}$$

式中 h_j——橡胶的极限压缩量，mm，为了保证橡胶不过早失效，一般合成橡胶取 $h_j=(0.35\sim0.45)h_0$，聚氨酯橡胶取 $h_j=0.35h_0$（h_0 为橡胶的自由高度）；

h——橡胶工作时的总压缩量，mm；

h_y——橡胶的预压量，mm，一般合成橡胶取 $h_y=(0.1\sim0.15)h_0$，聚氨酯橡胶取 $h_y=0.1h_0$；

h_x——卸料板的工作行程，mm，一般取 $h_x=t+1$（t 为板料厚度）；

h_m——凸模或凸凹模的刃磨量，一般取 $h_m=4\sim10$ mm。

d. 橡胶的高度 h_0 与外径 D 之比应满足条件：

$$0.5 \leqslant h_0/D \leqslant 1.5 \tag{3.48}$$

②橡胶的选用与计算步骤。

a. 根据模具结构确定橡胶的形状与数量 n。

b. 确定每块橡胶所承受的预压力 $F_y=F_x/n$。

c. 确定橡胶的横截面积及截面尺寸。

d. 计算并校核橡胶的自由高度 h_0。橡胶的自由高度可按下式计算：

$$h_0 = \frac{h_x + h_m}{0.25\sim0.3} \tag{3.49}$$

橡胶自由高度的校核式为 $0.5 \leqslant h_0/D \leqslant 1.5$。若 $h_0/D > 1.5$，可将橡胶分成若干层，并在层间垫以钢垫片；若 $h_0/D < 1.5$，则应重新确定其尺寸。

例 3.5 如果例 3.4 中将卸料弹簧改用聚氨酯橡胶，试确定橡胶的尺寸。

解 (1)假设考虑了模具结构，选用 4 个圆筒形的聚氨酯橡胶，则每个橡胶所承受的预压力为

$$F_y = F_x/n = 1\,350 \div 4 \approx 338(\text{N})$$

(2)确定橡胶的横截面积 A：取 $h_y=10\%h_0=0.1\,h_0$，查表 3.35，得 $p=1.1$ MPa，则

$$A = F_y/p = 338 \div 1.1 \approx 307(\text{mm}^2)$$

(3)确定橡胶的截面尺寸：假设选用直径为 8 mm 的卸料螺钉，取橡胶上螺钉过孔的直径 $d=10$ mm，则橡胶外径 D 根据

$$\pi(D^2-d^2)/4 = A$$

求得

$$D = \sqrt{d^2+4A/\pi} = \sqrt{10^2+4\times307\div3.14} \approx 22(\text{mm})$$

为了保证足够卸料力，可取 $D=25$ mm。

(4)计算并校核橡胶的自由高度 h_0：

$$h_0 = \frac{h_x+h_m}{0.35-0.10} = \frac{0.6+1+6}{0.25} = 30(\text{mm})$$

因为 $h_0/D=30\div20=1.5$，故所选橡胶符合要求。橡胶的安装高度 $h_a=h_0-h_y=30-0.1\times30=27$(mm)。

3.8.4　模架及其零件

模架是上、下模座与导向零件的组合体。为了便于学习和选用标准，这里将冲裁模零件分类中的导向零件与属于支承固定零件中的上、下模座作为模架及其零件进行介绍。

1. 模架

冲模模架已经标准化。标准冲模模架主要有两大类：一类是由上、下模座和导柱、导套组成的导柱模模架；另一类是由弹压导板、下模座和导柱、导套组成的导板模模架。

(1)导柱模模架。

导柱模模架按其导向结构形式可分为滑动导向模架和滚动导向模架两种。滑动导向模架中导柱与导套通过小间隙或无间隙滑动配合，因导柱、导套结构简单，加工与装配方便，故应用最广泛；滚动导向模架中导柱通过滚珠与导套实现有微量过盈的无间隙配合(一般过盈量为 0.01～0.02 mm)，导向精度高，使用寿命长，但结构较复杂，制造成本高，主要用于精密冲裁模、硬质合金冲裁模、高速冲模及其他精密冲模。

根据导柱、导套在模架中的安装位置不同，滑动导向模架有对角导柱模架、后侧导柱模架、后侧导柱窄形模架、中间导柱模架、中间导柱圆形模架和四导柱模架等六种结构形式，如图 3.81 所示。滚动导向模架有对角导柱模架、中间导柱架、四导柱模架和后侧导柱模架等四种结构形式，如图 3.82 所示。

对角导柱模架、中间导柱模架和四导柱模架的共同特点是导向零件都是安装在模具的对称线上，滑动平稳，导向准确可靠。不同的是，对角导柱模架工作面的横向(左右方向)尺寸一般大于纵向(前后方向)尺寸，故常用于横向送料的级进模、纵向送料的复合模或单工序模；中间导柱模架只能纵向送料，一般用于复合模或单工序模；四导柱模架常用于精度要求较高或尺寸较大冲件的冲压及大批量生产用的自动模。

后侧导柱模架的特点是导向装置在后侧，横向和纵向送料都比较方便，但如有偏心载荷，压力机导向又不精确，就会造成上模偏斜，导向零件和凸、凹模都易磨损，从而影响模具寿命，一般用于较小的冲模。

(2)导板模模架。

导板模模架有对角导柱弹压导板模架和中间导柱弹压导板模架两种，如图 3.83 所示。导板模模架的特点是：弹压导板对凸模起导向作用，并与下模座以导柱、导套为导向构成整体结构；凸模与固定板是间隙配合而不是过渡配合，因而凸模在固定板中有一定的浮动量，这样的结构形式可以起保护凸模的作用。因而导板模模架一般用于带有细小凸模的级进模。

国家标准将模架精度分为 0Ⅰ级、Ⅰ级、0Ⅱ级、Ⅱ级和Ⅲ级。其中Ⅰ级、Ⅱ级和Ⅲ级为滑动导向模架用精度，0Ⅰ级和 0Ⅱ级为滚动导向模架用精度。各级精度对导柱导套的配合精度、上模座上平面对下模座下底面的平行度、导柱导套的轴心线对上模座上平面与下模座下底面的垂直度等都规定了公差值及检验方法。这些规定保证了整个模架具有一定的精度，加上工作零件的制造精度和装配精度达到一定的要求后，整个模具达到一定的精度就有了基本的保证。

标准模架的选用包括三个方面：①根据冲件形状、尺寸、精度、模具种类及条料送进方向等选择模架的类型；②根据凹模周界尺寸和闭合高度要求确定模架的大小规格；③根据冲件精度、模具工作零件配合精度等确定模架的精度。

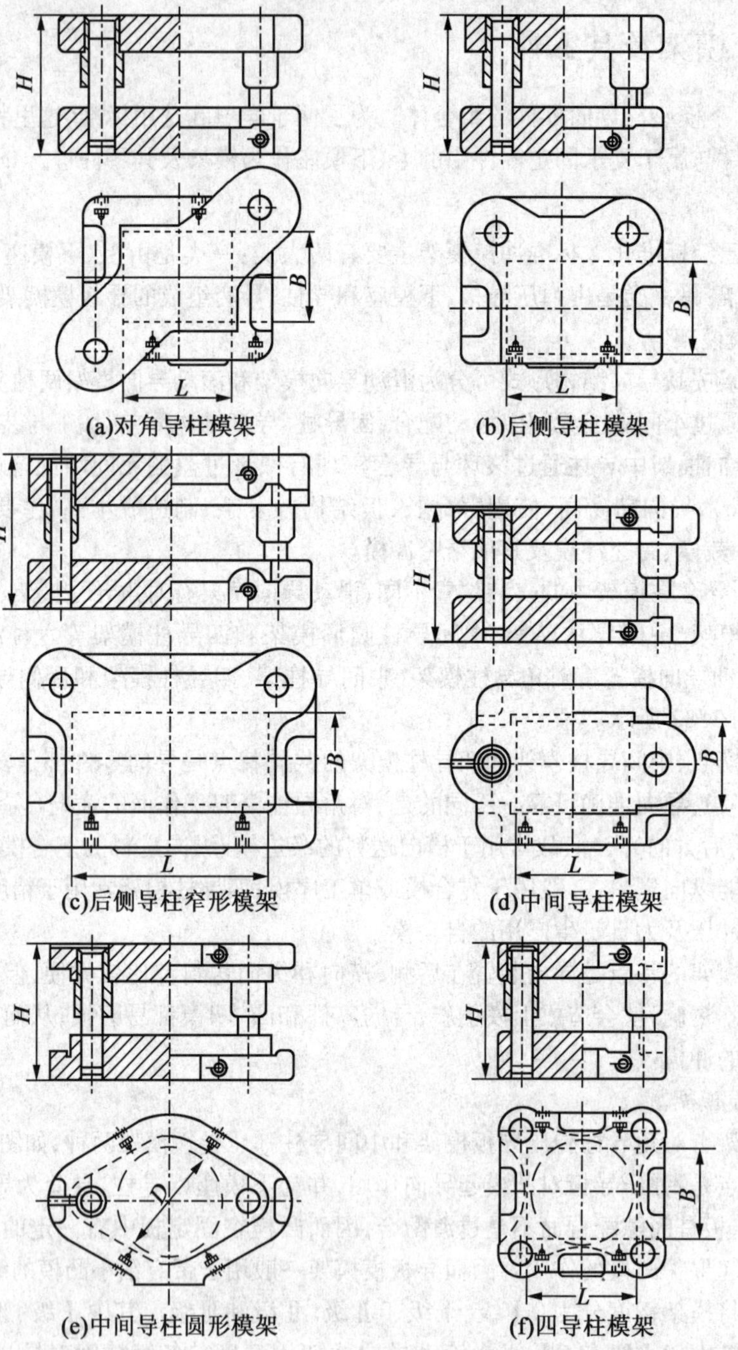

(a)对角导柱模架　(b)后侧导柱模架　(c)后侧导柱窄形模架　(d)中间导柱模架　(e)中间导柱圆形模架　(f)四导柱模架

图 3.81　滑动导向模架

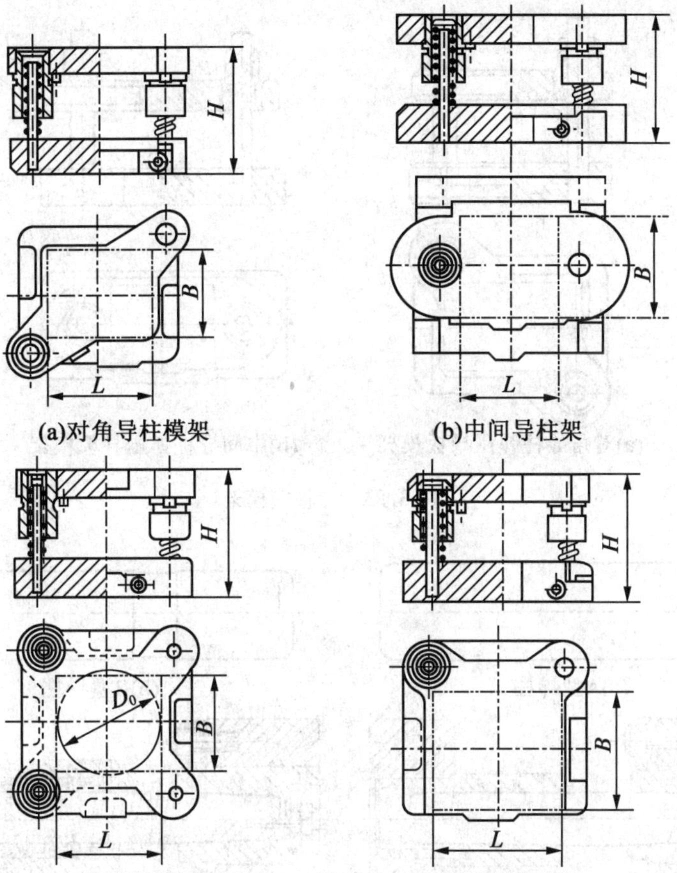

(a)对角导柱模架　(b)中间导柱架　(c)四导柱模架　(d)后侧导柱模架

图 3.82　滚动导向模架

2. 导向零件

对于批量较大、公差要求较高的冲件，为保证模具有较高的精度和寿命，一般都采用导向零件对上、下模进行导向，以保证上模相对于下模的正确运动。导向零件有导柱、导套和导板，并且都已经标准化，但生产中最常用的是导柱和导套。

图 3.84 所示为常用的标准导柱结构形式，其中 A 型和 B 型导柱结构较简单，但与模座为过盈配合（H7/r6），装拆麻烦；A 型和 B 型可卸导柱通过锥面与衬套配合并用螺钉和垫圈紧固，衬套再与模座以过渡配合（H7/m6）并用压板和螺钉紧固，其结构较复杂，制造麻烦，但导柱磨损后可及时更换，便于模具维修和刃磨。为了使导柱顺利地进入导套，导柱的顶部一般均以圆弧过渡或以 30°锥面过渡。

图 3.85 所示为常用的标准导套结构形式。其中 A 型和 B 型导套与模座为过盈配合（H7/r6），与导柱配合的内孔开有贮油环槽，以便贮油润滑，扩大的内孔是为了避免导套与模座过盈配合时孔径缩小而影响导柱与导套的配合；C 型导套与模座也用过渡配合（H7/m6）并用压板与螺钉紧固，磨损后便于更换或维修。

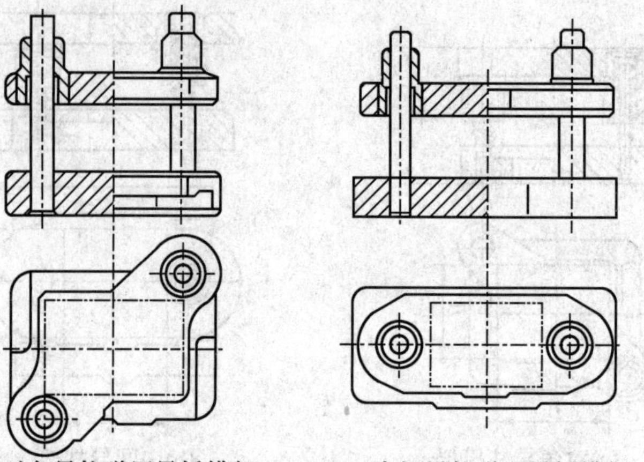

(a)对角导柱弹压导板模架　　(b)中间导柱弹压导板模架

图 3.83　导板模模架

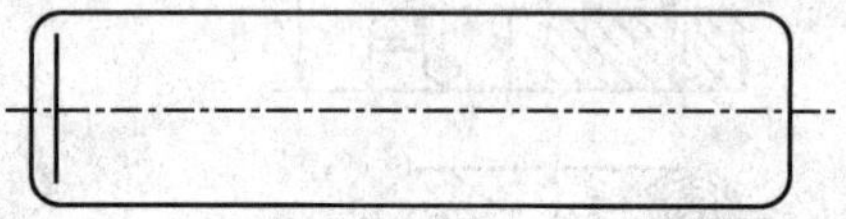

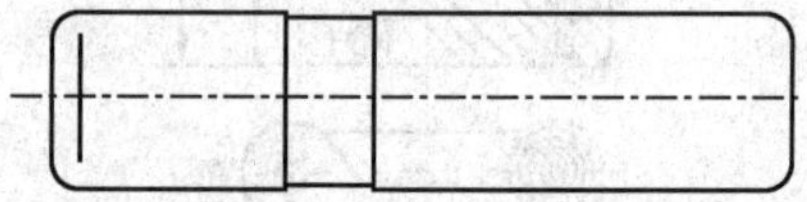

(a)A型导柱　　(b)B型导柱

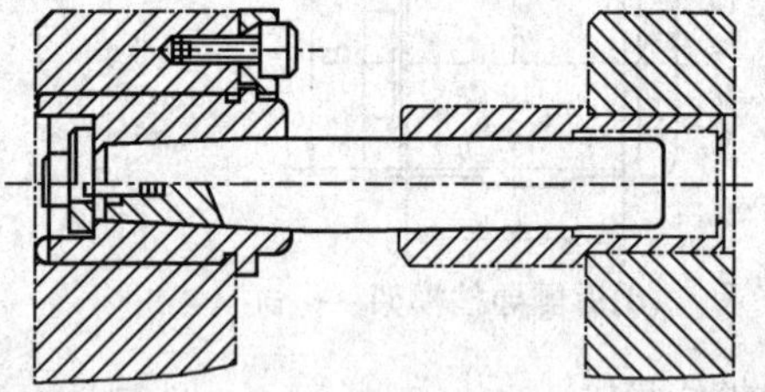

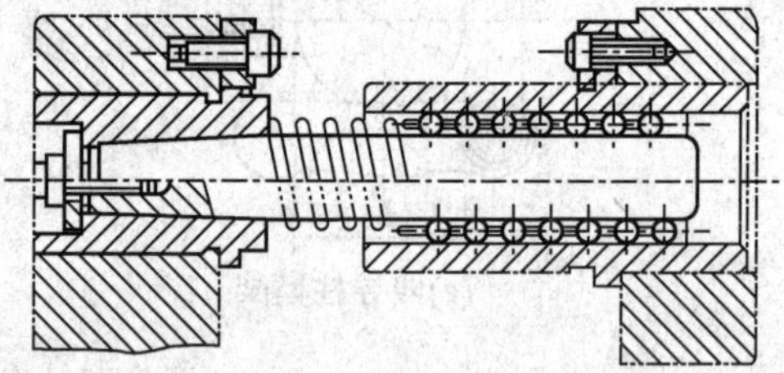

(c)A型可卸导柱　　(d)B型可卸导柱

图 3.84　常用的标准导柱结构形式

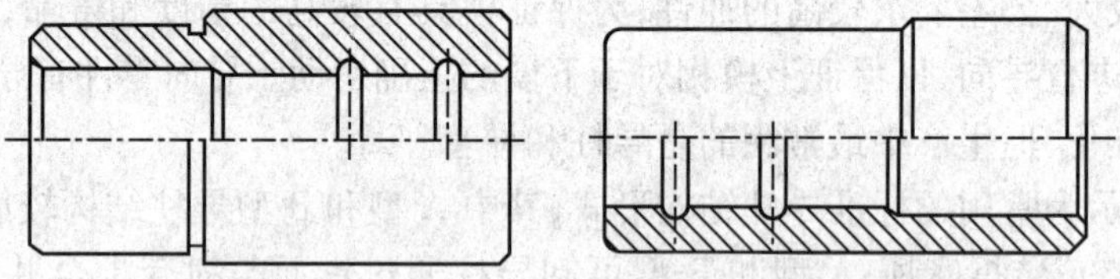

(a)A型导套　　(b)B型导套

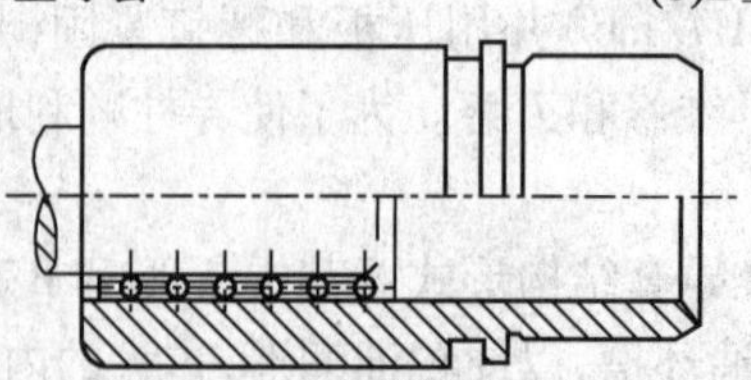

(c)C型导套

图 3.85　常用的标准导套结构形式

A 型导柱、B 型导柱和 A 型可卸导柱一般与 A 型或 B 型导套配套用于滑动导向，导柱与导套按 H7/h6 或 H7/h5 配合，但应注意使其配合间隙小于冲裁间隙。B 型可卸导柱的公差和表面粗糙度值较小，一般与 C 型导套配套用于滚动导向，导柱与导套之间通过滚珠实现有微量过盈的无间隙配合，且滑动摩擦磨损较小，因而是一种精度高、寿命长的精密导向装置。在滚动导向装置中，滚珠用保持器隔离而均匀排列，并用弹簧托起使之保持在导柱导套相配合的部位，工作时导柱与导套之间不允许脱离。

导柱、导套的尺寸规格根据所选标准模架和模具实际的闭合高度确定，但还应符合图 3.86 所示的安装尺寸要求，并保证有足够的导向长度。

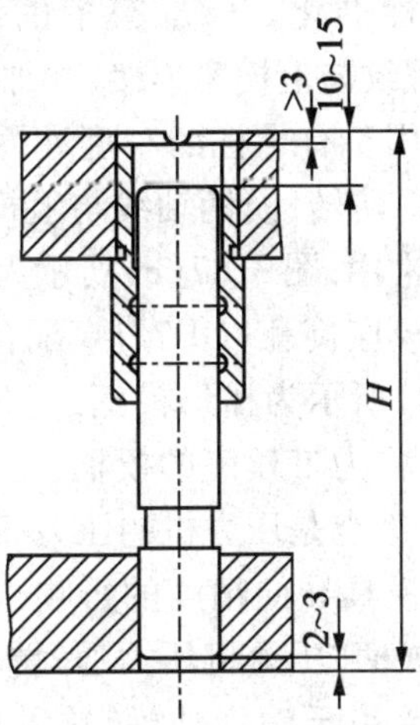

图 3.86　导柱与导套安装尺寸要求

3. 上、下模座

上、下模座的作用是直接或间接地安装冲模的所有零件，并分别与压力机的滑块和工作台连接，以传递压力。因此，上、下模座的强度和刚度是主要考虑的问题。一般情况下，模座因强度不够而产生破坏的可能性不大，但若刚度不够，工作时会产生较大的弹性变形，导致模具的工作零件和导向零件迅速发生磨损。

设计冲模时，模座的尺寸规格一般根据模架类型和凹模周界尺寸从标准中选取。如果标准模座不能满足设计要求，则可参考标准设计。设计时应注意以下几点：

①模座的外形尺寸根据凹模周界尺寸和安装要求确定。对于圆形模座，其直径应比凹模板直径大 30 ~ 70 mm；对于矩形模座，其长度应比凹模板长度大40 ~ 70 mm，而宽度可以等于或略大于凹模板宽度，但应考虑有足够安装导柱、导套的位置。模座的厚度一般取凹模板厚度的 1.0 ~ 1.5 倍，考虑受力情况，上模座厚度可比下模座厚度小 5 ~ 10 mm。对于大型非标准模座，还必须根据实际需要，按铸件工艺性要求和铸件结构设计规范进行设计。

②所设计的模座必须与所选压力机工作台和滑块的有关尺寸相适应，并进行必要的校核。如下模座尺寸应比压力机工作台孔或垫板孔尺寸每边大 40 ~ 50 mm等。

③上、下模座的导柱与导套安装孔的位置尺寸必须一致，其孔距公差要求在 ±0.01 mm 以下。模座上、下面的平行度及模座的导柱、导套、安装孔的轴线应与模座上、下平面垂直，安装滑动式导柱和导套时，垂直度公差一般为 4 级。

④模座材料应根据工艺力大小和模座的重要性选用，一般的模座选用 HT200 或 HT250，也可选用 Q235 或 Q255，大型重要的模座可选用 ZG35 或 ZG45。

3.8.5 其他支承与固定零件

1. 模柄

模柄的作用是把上模固定在压力机滑块上,同时使模具中心通过滑块的压力中心。中小型模具一般都是通过模柄与压力机滑块相连接的。

模柄的结构形式较多,并已标准化。标准模柄的结构形式如图 3. 87 所示,其中图 3.87(a)所示为旋入式模柄,通过螺纹与上模座连接,并加螺钉防松,这种模柄装拆方便,但模柄轴线与上模座的垂直度较差,多用于有导柱的小型冲模;图3.87(b)所示为压入式模柄,它与上模座孔以 H7/m6 配合并加销钉防转,模柄轴线与上模座的垂直度较好,适用于上模座较厚的各种中小型冲模,在生产中最常用;图 3.87(c)所示为凸缘式模柄,用 3 ~4 个螺钉固定在上模座的窝孔内,模柄的凸缘与上模座窝孔以 H7/js6 配合,主要用于大型冲模或上模座中开设了推板孔的中小型模;图 3.87(d)所示为槽形模柄,图 3.87(e)所示为通用模柄,这两种模柄都是用来直接固定凸模,故也可称为带模座的模柄,主要用于简单冲模,更换凸模方便;图 3.87(f)所示为浮动式模柄,其主要特点是压力机的压力通过凹球面模柄和凸球面垫块传递到上模,可以消除压力机导向误差对模具导向精度的影响,主要用于硬质合金冲模等精密导柱模;图 3.87(g)所示为推入式活动模柄,压力机压力通过模柄接头、凹球面垫块和活动模柄传递到上模,也是一种浮动模柄,主要用于精密冲模,这种模柄因模柄的槽孔单面开通(呈 U 形),所以使用时导柱、导套不宜脱离。

选择模柄时,先根据模具大小、上模结构、模架类型及精度等确定模柄的结构类型,再根据压力机滑块上模柄孔尺寸确定模柄的尺寸规格。一般模柄直径应与模柄孔直径相等,模柄长度应比模柄孔深度小 5 ~10 mm。

2. 凸模固定板与垫板

凸模固定板的作用是将凸模或凸凹模固定在上模座或下模座的正确位置上。凸模固定板为矩形或圆形板件,外形尺寸通常与凹模外形尺寸一致,厚度可取凹模厚度的 60% ~80%。固定板与凸模或凸凹模为 H7/n6 或 H7/m6 配合,压装后应将凸模端面与固定板一起磨平。对于多凸模固定板,其凸模安装孔之间的位置尺寸应与凹模型孔相应的位置尺寸保持一致。

垫板的作用是承受并扩散凸模或凹模传递的压力,以防止模座被挤压损伤。因此,当凸模或凹模与模座接触的端面上产生的单位压力超过模座材料的许用挤压应力时,就应在与模座的接触面之间加上一块淬硬磨平的垫板,否则可不加垫板。

垫板的外形尺寸与凸模固定板相同,厚度可取 3 ~10 mm。凸模固定板和垫板的轮廓形状及尺寸均已标准化,可根据上述尺寸确定原则从相应标准中选取。

3.8.6 紧固件

冲模中用到的紧固件主要是螺钉和销钉,其中螺钉起连接固定作用,销钉起定位作用。螺钉和销钉都是标准件,种类很多,但冲模中广泛使用的螺钉是内六角螺钉,它紧固牢靠,螺钉头不外露,模具外形美观。销钉常用圆柱销。

模具设计时,螺钉和销钉的选用应注意以下几点:

①在同一个组合中,螺钉的数量一般不少于 3 个(被连接件为圆形时螺钉的数量为 3 ~6 个;被连接件为矩形时螺钉的数量为 4 ~8 个),并尽量沿被连接件的外缘均匀布置。销钉的

数量一般都用两个，且尽量远距离地错开布置，以保证定位可靠。

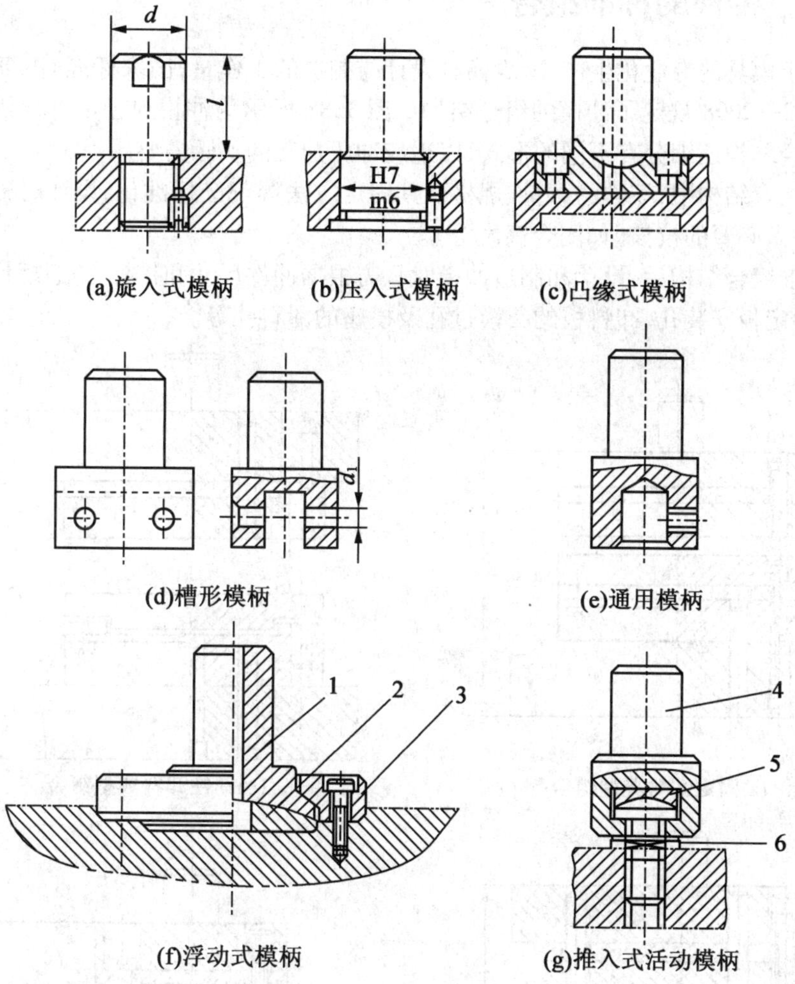

图 3.87　标准模柄的结构形式

1—凹球面模柄；2—凸球面垫块；3—压板；4—模柄接头；5—凹球面垫块；6—活动模柄

②螺钉和销钉的规格应根据冲压工艺力及凹模厚度等条件确定。螺钉规格可参考表 3.36 选用，销钉的公称直径可取与螺钉大致相同或小一个规格。螺钉的旋入深度和销钉的配合深度都不能太浅，也不能太深，一般可取其公称直径的 1.5 ~ 2 倍。

表 3.36　螺钉规格的选用

凹模厚度 H/mm	≤13	13 ~ 19	19 ~ 25	25 ~ 32	>32
螺钉规格	M4、M5	M5、M6	M6、M8	M8、M10	M10、M12

③螺钉之间的距离、螺钉与销钉之间的距离以及螺钉、销钉距凹模刃口和外边缘的距离均不应过小，以防降低模板强度，其最小距离可参考表 3.27。

④各被连接件的销孔应配合加工，以保证位置精度。销钉与销孔之间采用 H7/m6 或 H7/n6 配合。

3.8.7 冲模的标准组合

为了便于模具的专业化生产,减少模具设计与制造的工作量,国家标准 GB/T 2851—2008 和 GB/T 2852—2008 规定了冲模的组合结构。图 3.88 所示为冲模典型的标准组合结构。各种典型的组合结构还细分有不同的形式,以适应冲压加工的实际需要。

在每种组合结构中,零件的数量、规格及其固定方法等都已标准化,设计时根据凹模周界大小选用,并做必要的校核(如闭合高度等)。

选用标准组合结构后,设计和制造冲模时只需根据冲件尺寸和排样方法设计和加工凸模、凹模孔口、固定板安装孔、卸料板的凸模过孔及模座的漏料孔等。

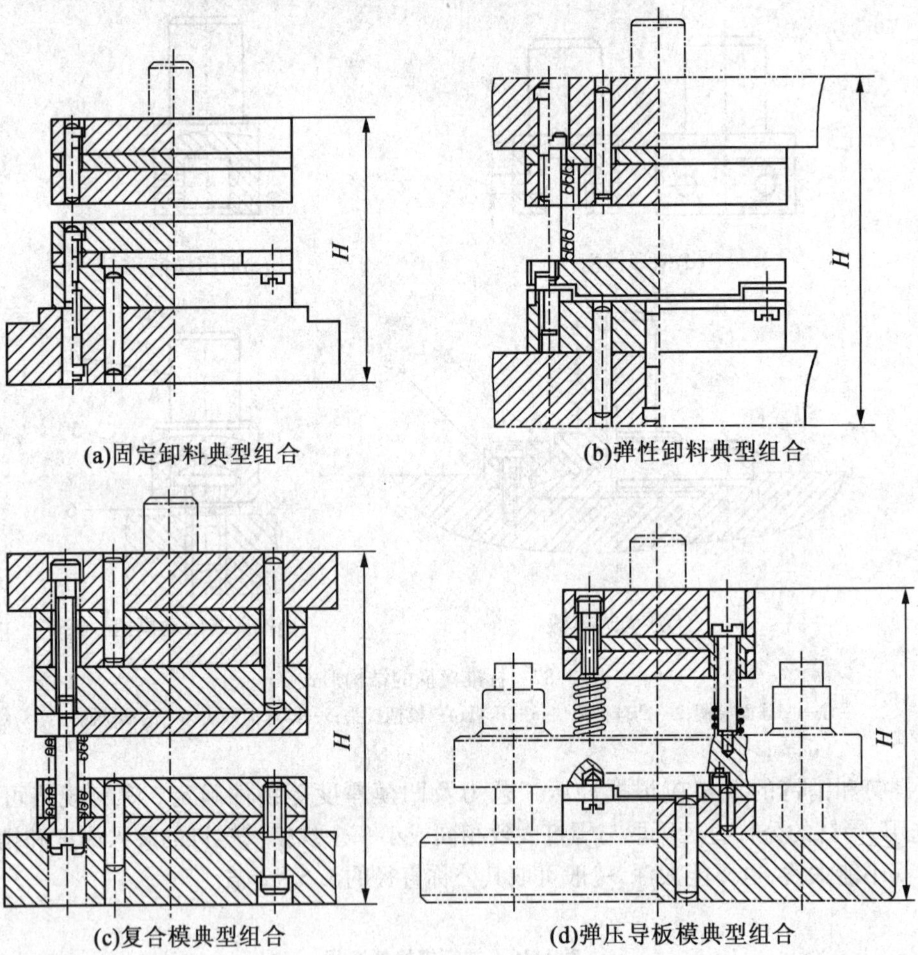

(a)固定卸料典型组合　(b)弹性卸料典型组合

(c)复合模典型组合　(d)弹压导板模典型组合

图 3.88　冲模典型的标准组合结构

3.9 冲裁模零件的制造

因冲裁模零件大部分已标准化,所以冲裁模零件的制造主要是工作零件的制造。对于只部分标准化的零件(如卸料板、固定板、上、下模座等),只需根据需要做一些后续加工。考虑目前标准化普及程度不够的现状,本节除介绍工作零件的制造以外,还对模架组成零件、卸料板和固定板的制造进行简单介绍。

3.9.1　工作零件的加工

冲裁模工作零件的结构形状较复杂，精度和表面质量要求较高，其加工质量直接影响模具的使用寿命和冲件的质量。

1. 凸、凹模加工的技术要求

(1)加工后凸、凹模的尺寸和精度必须达到设计要求(刃口部分一般为IT6～IT9)，其间隙要均匀、合理。

(2)刃口部分要保持尖锐锋利，刃口侧壁应平直或稍有利于卸料的斜度。

(3)凸模的工作部分与安装部分之间应圆滑过渡，过渡圆角半径一般为3～5 mm。

(4)凸、凹模刃口侧壁转角处为尖角时(刃口部位除外)，若图样上没有注明，加工时允许按$R0.3$ mm制造。

(5)镶拼式凸、凹模的镶块结合面缝隙不得超过0.03 mm。

(6)加工级进模或多凸模单工序模时，凹模型孔与凸模固定板安装孔和卸料板型孔的孔位应保持一致；加工复合模时，凸凹模的外轮廓与内孔的相互位置应符合图样中所规定的要求。

(7)凸、凹模的表面粗糙度应符合图样的要求，一般刃口部位为$Ra=1.6\sim0.4$ μm，安装部位和销孔为$Ra=1.6\sim0.8$ μm，其余部位为$Ra=12.5\sim6.3$ μm。

(8)加工后的凸、凹模应有足够的硬度和韧性，对碳素工具钢和合金钢材料，热处理硬度为HRC58～62。

2. 凸、凹模的加工方法

根据凸、凹模的结构形状、尺寸精度、间隙大小、加工条件及冲裁性质不同，凸、凹模的加工一般有分别加工和配作加工两种方案，其中配作加工方案根据加工基准不同又分为以凹模为基准的配作加工和以凸模为基准的配作加工两种。各种加工方案的加工特点和适应范围见表3.37。

表3.37　凸模与凹模的加工方案

加工方案		加工特点	适用范围
分别加工	方案一	凸、凹模分别按图样加工至尺寸和精度要求，冲裁间隙是通过凸、凹模的实际刃口尺寸之差来保证的	(1)凸、凹模刃口形状较简单，刃口直径大于5 mm的圆形凸、凹模 (2)要求凸模或凹模具有互换性 (3)成批生产 (4)加工手段较先进，分别加工能保证加工精度
配作加工	方案二	以凸模为基准，先加工好凸模，然后按凸模的实际刃口尺寸配作凹模，并保证凸、凹模之间规定的间隙值	(1)凸、凹模刃口形状较复杂，冲裁间隙比较小 (2)冲孔时采用方案二，落料时采用方案三 (3)复合模冲裁时，可先分别加工好冲孔凸模和落料凹模，再配作加工凸凹模，并保证规定的冲裁间隙
	方案三	以凹模为基准，先加工好凹模，然后按凹模的实际刃口尺寸配作凸模，并保证凸、凹模之间规定的间隙值	

在进行具体加工时，由于加工设备和凸、凹模结构形状的不同，上述每种加工方案又有多种加工方法。冲裁凸模常用的加工方法见表3.38，冲裁凹模常用的加工方法见表3.39。

表3.38 冲裁凸模常用的加工方法

凸模形式		常用的加工方法	适应场合
圆形凸模		车削加工毛坯，淬火后精磨，最后对工作表面抛光及刃磨	各种圆凸模
非圆形凸模	阶梯式	方法一：凹模压印锉修法。车、铣或刨削加工毛坯，磨削安装面和基准面，画线铣轮廓，留0.2～0.3 mm单边余量，用凹模（已加工好）压印后锉修轮廓，淬硬后抛光、磨刃口	无间隙冲模，设备条件较差，无成形加工设备
		方法二：仿形刨削加工。粗铣或刨加工轮廓，留0.2～0.3 mm的单边余量，用凹模（已加工好）压印后仿形精刨，最后淬火、抛光、磨刃口	一般要求的凸模
	直通式	方法一：线切割。粗加工毛坯，磨削安装面和基准面，画线加工安装孔、穿丝孔，淬硬后磨安装面和基准面，线切割成形，抛光、磨刃口	形状较复杂或尺寸较小、精度较高的凸模
		方法二：成形磨削。粗加工毛坯，磨削安装面和基准面，画线加工安装孔，加工轮廓，留0.2～0.3 mm的单边余量，淬硬后磨安装面，再成形磨削轮廓	形状不太复杂、精度较高的凸模或镶块

表3.39 冲裁凹模常用的加工方法

型孔形式	常用的加工方法	适应场合
圆形孔	方法一：钻铰法。车削加工毛坯上、下面及外形，钻、铰工作型孔，淬硬后磨削上、下面，研磨、抛光工作型孔	孔径小于5 mm的圆孔凹模
	方法二：磨削法。车削加工毛坯上、下面及外形，钻、镗工作型孔，画线加工安装孔，淬硬后磨上、下面和工作型孔，抛光	较大孔径的圆孔凹模
圆形孔系	方法一：坐标镗法。粗加工毛坯上、下面和凹模外形，磨上、下面和定位基面，钻、坐标镗削各型孔，加工安装孔，淬火后磨上、下面，研磨、抛光型孔	位置精度要求较高的多圆孔凹模
	方法二：立铣加工法。毛坯粗、精加工与坐标镗方法相同，不同之处为孔系加工用坐标法在立铣机床上加工，后续加工与坐标镗方法也一样	位置精度要求一般的多圆孔凹模
非圆形孔	方法一：锉削法。毛坯粗加工后按样板划轮廓线，切除中心余料后按样板修锉，淬火后磨上、下面，再研磨抛光型孔	工厂设备条件较差，形状较简单的凹模
	方法二：仿形铣法。凹模型孔精加工在仿形铣床或立式铣床上用靠模加工（要求铣刀半径小于型孔圆角半径），钳工锉斜度，淬火后磨上、下面，再研磨抛光型孔	形状不太复杂、精度不太高、过渡圆角较大的凹模

续表 3.39

型孔形式	常用加工方法	适应场合
非圆形孔	方法三:压印加工法。毛坯粗加工后,用加工好的凸模对凹模进行压印后修锉,淬火后再研磨抛光型孔	尺寸不太大、形状不太复杂的凹模
	方法四:线切割法。毛坯外形加工好后,画线加工安装孔和穿丝孔,淬火,磨上、下面和基面,切割型孔,研磨抛光	精度要求较高的各种形状的凹模
	方法五:成形磨削法。毛坯外形加工好后,画线粗加工型孔轮廓,淬火,磨上、下面和基面,成形磨削型孔轮廓,研磨抛光	凹模镶拼件
	方法六:电火花加工法。毛坯外形加工好后,画线加工安装孔和去型孔余量,淬火,磨上、下面和基面,做电极或用凸模电火花加工凹模型孔,研磨抛光	形状复杂、精度高的整体式凹模

注:表中加工方法应根据工厂设备情况和模具要求具体选用

3. 凸、凹模加工工艺过程

根据前述凸、凹模加工方法,可制订的凸、凹模加工工艺过程可以有多种,但典型的主要有以下三种:

①备料(下料、锻造)→退火→毛坯外形加工(包括外形粗加工和基准精加工)→画线(刃口轮廓线、螺孔与销孔中心线)→刃口轮廓粗加工(铣或刨、钻等)→刃口轮廓精加工(仿形刨或压印锉修、仿形铣等)→螺孔、销孔加工→淬火与回火→研磨或抛光。

此工艺过程中钳工工作量较大,技术要求高,适用于形状简单、热处理变形小的凸、凹模。

②备料(下料、锻造)→退火→毛坯外形加工(包括外形粗加工和基面精加工)→画线(刃口轮廓线、螺孔与销孔中心线)→刃口轮廓粗加工(铣或刨、钻等)→螺孔、销孔加工→淬火与回火→磨削上、下面与基面→刃口轮廓精加工(成形磨削或坐标磨削)→研磨或抛光。

此工艺过程能消除热处理变形对凸、凹模精度的影响,加工精度较高,适用于热处理变形较大而精度要求较高的凸、凹模。

③备料(下料、锻造)→退火→毛坯外形加工(包括外形粗加工和基准精加工)→画线(刃口轮廓线、螺孔和销孔中心线)→螺孔、销孔和穿丝孔加工→淬火与回火→磨削上、下面与基面→线切割刃口轮廓→研磨或抛光。

此工艺过程以线切割加工为主要精加工工艺,特别适合形状复杂、热处理变形较大的直通式凸、凹模,是目前生产中主要采用的加工工艺。

加工实例:图 3.89 ~ 3.91 分别为某冲孔凸模、冲槽凸模和落料凹模的零件图,其加工工艺过程分别见表 3.40 ~ 3.42。

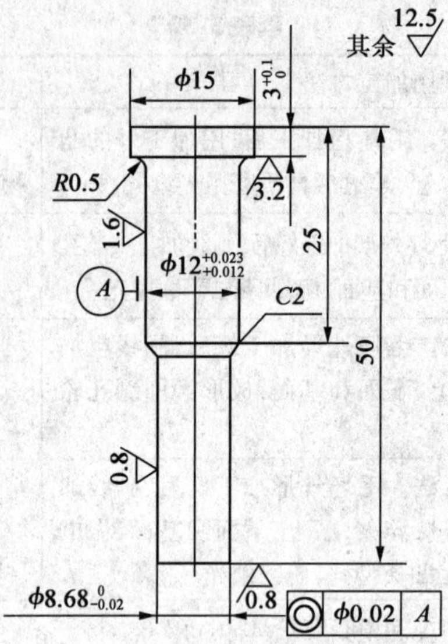

图 3.89 冲孔凸模

（材料为 T10A；热处理后得到的硬度为 HRC58 ~62）

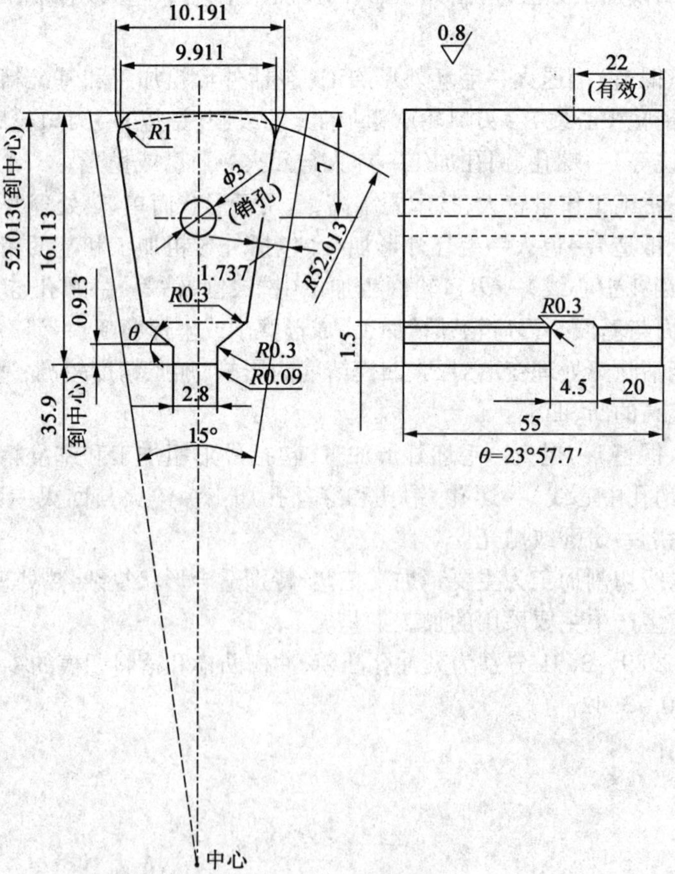

图 3.90 冲槽凸模

（材料为 CrWMn；热处理后得到的硬度为 HRC58 ~62）

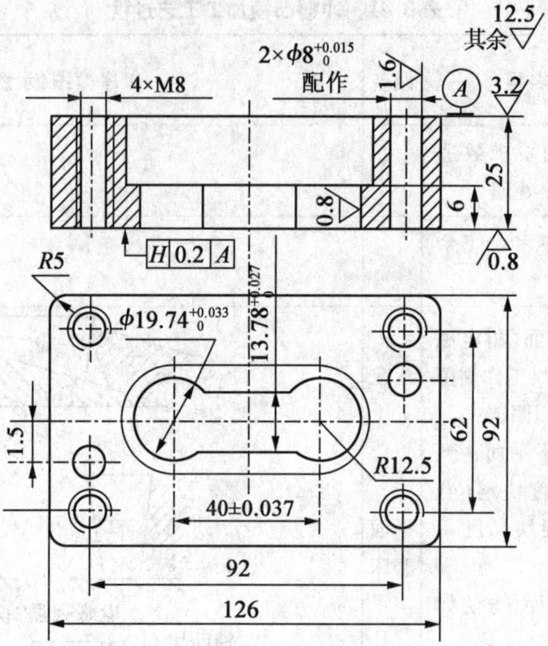

图 3.91　落料凹模

（材料为 T10A；热处理后得到的硬度为 HRC60～64）

表 3.40　冲孔凸模加工工艺过程

工序号	工序名称	工序内容	设备	工序简图(示意图)
1	备料	将毛坯锻成圆棒 φ18 mm×55 mm		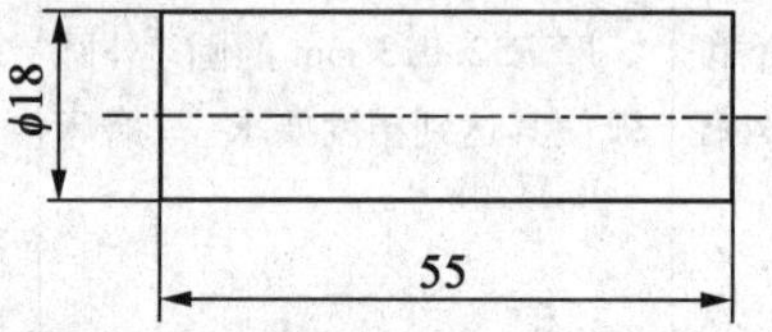
2	热处理	退火		
3	车削	按图车全形，单边留 0.2 mm 的精加工余量	车床	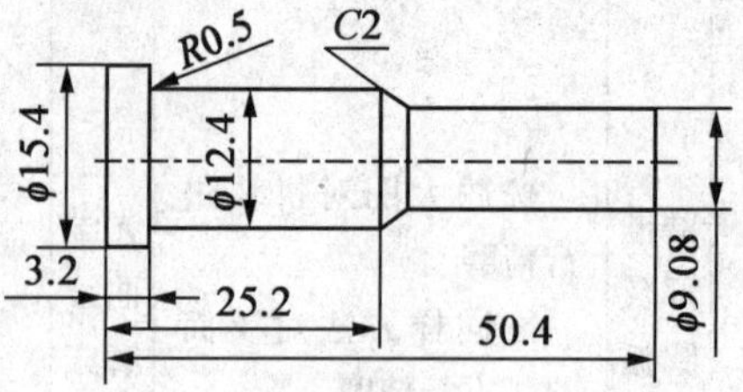
4	热处理	按热处理工艺，淬火回火使硬度达到 HRC58～62		
5	磨削	磨外圆、两端面达设计要求	磨床	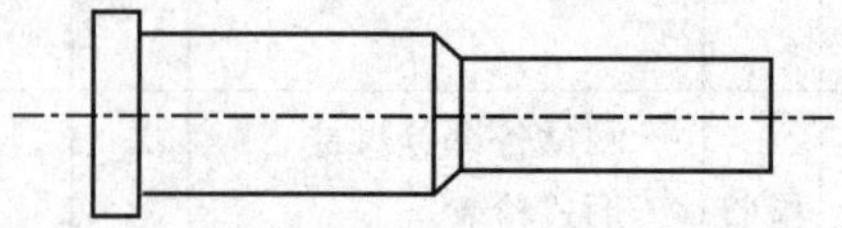
6	钳工精修	全面达到设计要求		
7	检验			

表 3.41　冲槽凸模加工工艺过程

工序号	工序名称	工序内容	设备	工序简图(示意图)
1	坯料准备	按加工图要求放适当余量,并热处理		
2	坯料检验	尺寸、形状和加工余量的检验		
3	平面磨削	粗磨两侧面(将电磁吸盘倾斜 15°,工作周围用辅助块加以固定) 磨削上、下平面达到要求(用角度块定位)并保证各镶块高度一致 精磨两侧面(方法如前) 磨削两端面使总长(55.5 mm)达到一致 磨槽(4.5 mm)	平面磨床	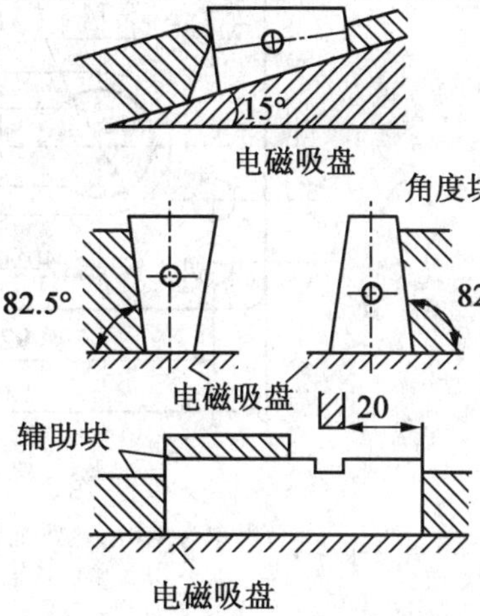
4	磨削外径	磨 $R52.013$ mm 的圆弧使其达到精度要求	外圆磨床	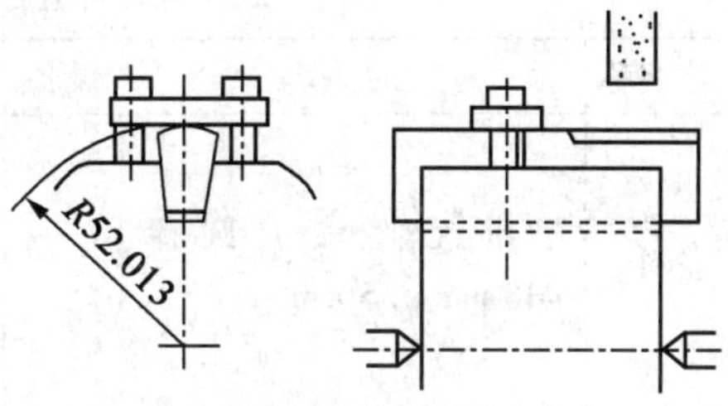
5	磨槽部及圆弧	按放大图对拼块进行精磨 按同样方法对反面圆弧进行精磨	光学曲线磨床	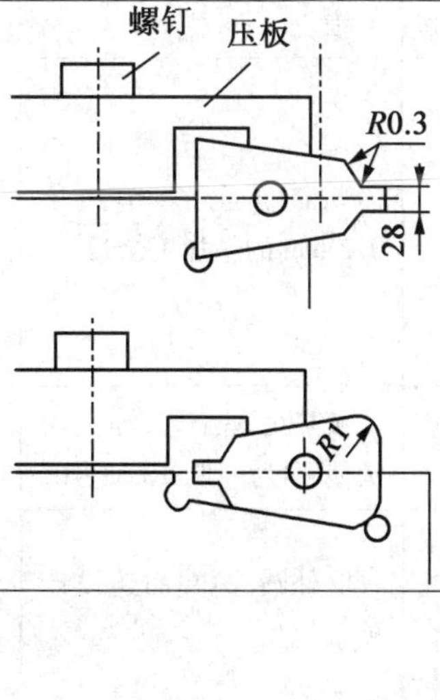
6	检验	测量各部分尺寸 形式检验 硬度检验		

表 3.42　落料凹模加工工艺过程

工序号	工序名称	工序内容	设备	工序简图(示意图)
1	备料	将毛坯锻成长方体 135 mm×100 mm×30 mm		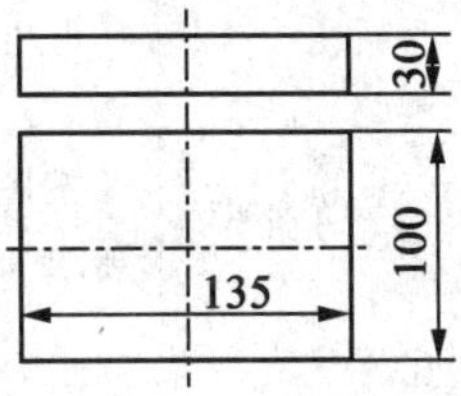
2	热处理	退火		
3	粗刨	刨六面达到 126 mm×92 mm×26 mm,互为直角	刨床	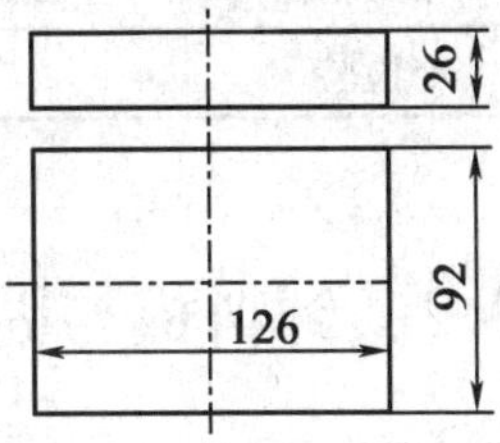
4	热处理	调质		
5	磨平面	光六面、互为直角	磨床	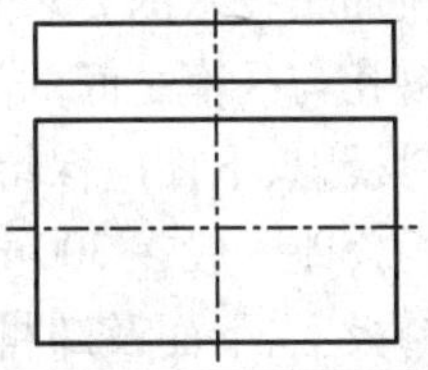
6	钳工画线	划出各孔位置线、型孔轮廓线		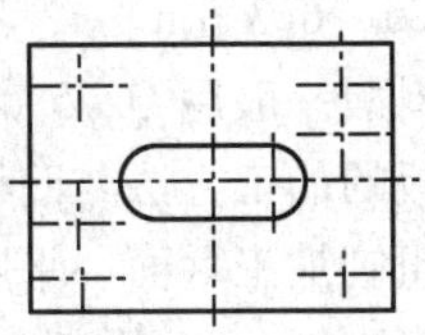
7	铣漏料孔	达到设计要求	铣床	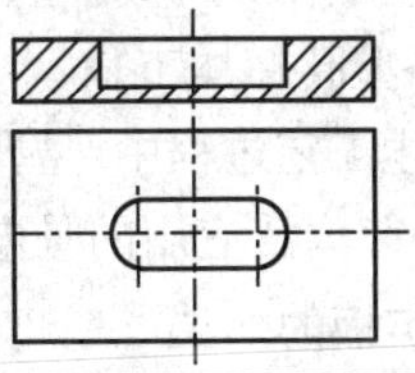
8	加工螺钉孔、销钉孔及穿丝孔	按位置加工螺钉孔、销钉孔及穿丝孔	钻床	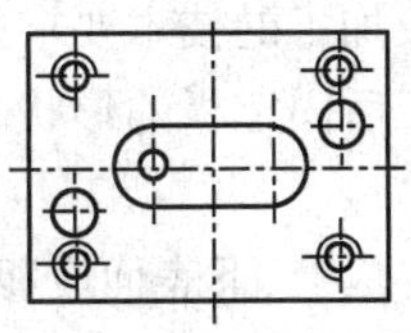
9	热处理	按热处理工艺,淬火回火使硬度达到 HRC60~64		
10	磨平面	磨光上、下平面	磨床	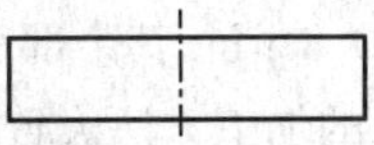

续表 3.42

工序号	工序名称	工序内容	设备	工序简图(示意图)
11	线切割	按图切割型孔达到尺寸要求		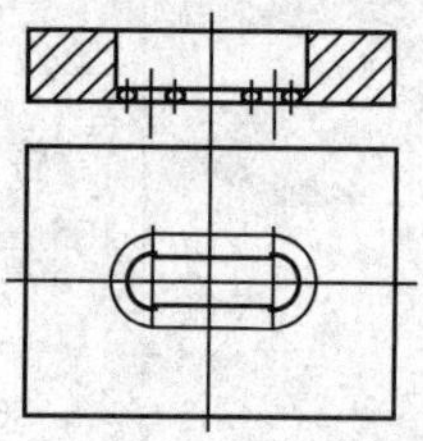
12	钳工精修	全面达到设计要求		
13	检验			

3.9.2　卸料板与固定板的加工

1. 卸料板的加工

卸料板加工技术的要求是:

①卸料孔与凸模之间的间隙应符合图样的设计要求,孔的位置与凹模孔对应一致。

②卸料板上、下面应保持平行,卸料孔的轴心线也必须与卸料板支承面保持垂直,其平行度和垂直度公差一般在 300 mm 范围内不超过 0.02 mm。

③卸料板上、下面及卸料孔的表面粗糙度值一般为 1.6 ~ 0.8 μm,其余部位的表面粗糙度值可为 12.5 ~ 6.3 μm。

④卸料板一般用 Q275 钢或 45 钢制造,一般不需要淬硬处理。

卸料板的加工方法与凹模的加工方法有些类似,加工工艺过程为:备料(下料、锻造)→退火→铣或粗刨加工六面→平磨上、下面及侧基面→画线→螺孔加工(固定卸料板的销孔在装配时与凹模配作)→型孔粗加工(铣或钻,单边留余量 0.3 ~ 0.5 mm,精加工为线切割时只钻穿丝孔)→型孔精加工。

在上述工艺过程中,型孔的精加工方法有按凸模的配作法(压印锉修等)和电火花线切割加工法,目前广泛应用的是电火花线切割加工法。

2. 固定板的加工

固定板加工的技术要求是:

①加工后固定板的形状、尺寸和精度均应符合图样的设计要求,非工作部分外缘锐边应倒角成 $C1 \sim C2$。

②固定板上、下表面应相互平行,其平行度允差在 300 mm 内不大于0.02 mm;固定板的安装孔轴心线应与支承面垂直,其垂直度允差在 100 mm 内不大于 0.01 mm。

③固定板安装孔位置与凹模孔位置对应一致;安装孔有台肩时,各孔台肩深度应相同。

④固定板一般选用 Q255 钢或 45 钢,不需淬硬处理;上、下面及安装孔的表面粗糙度值一般为 1.6 ~ 0.8 μm,其余部分的表面粗糙度值为 12.5 ~ 6.3 μm。

固定板的加工方法大致与卸料板相同,主要保证安装孔位置尺寸要与凹模孔的位置尺寸一致,否则不能保证凸、凹模孔的间隙均匀一致。当固定板安装孔为圆孔时,可采用钻孔后精镗(坐标镗)或与凹模孔配钻后铰孔等方法;当固定板安装孔为非圆形孔时,其加工方法分两种情况:

①当凸模为直通式结构时,可利用已加工好的凹模或卸料板做导向,采用锉修的或压印锉修方法加工,也可采用线切割加工。

②当凸模为阶梯形结构时,固定板安装孔大于凹模孔,这种情况下主要采用线切割加工。

3.9.3　模座及导向零件的加工

1. 上、下模座的加工

上、下模座属于板类零件,一般都是由平面和孔系组成。模座经机械加工后应满足如下技术要求:

①模座上、下面平行度允差在 300 mm 范围内应小于 0.03 mm;模座上的导柱、导套安装孔的轴线必须与模座上、下面垂直,垂直度允差在 500 mm 范围内应小于 0.01 mm。

②上、下模座的导柱、导套安装孔的位置尺寸(中心距)应保持一致。非工作面的外缘锐边倒角成 C1 ~ C4。

③模座上、下工作面及导柱、导套安装孔的表面粗糙度值为 1.6 ~0.8 μm,其余部位的表面粗糙度值为 12.5 ~6.3 μm。

④模座的材料一般为铸铁 HT200 或 HT250,也可用 Q230 或 Q255。

模座的加工主要是平面加工和孔系加工。加工过程中为了保证技术要求和加工方便,一般遵循先面后孔的原则,即先加工平面,再以平面定位进行孔系加工。平面的加工一般先在铣床或刨床上进行粗加工,再在平面磨床上进行精加工,以保证模座上、下面的平面度、平行度及表面粗糙度要求,同时作为孔加工的定位基准以保证孔的垂直度要求。导柱、导套安装孔的加工根据加工要求和生产条件,可以在专用镗床(批量较大时)、坐标镗床、双轴镗床上进行加工,也可在铣床或摇臂钻床上采用坐标法或引导元件进行加工。加工时将上、下模座重叠在一起,一次装夹同时加工出导柱和导套安装孔,以保证上、下模座上导柱和导套安装孔间距离一致。图 3.92 所示为冷冲模模座,其加工工艺过程分别见表 3.43 和表 3.44。

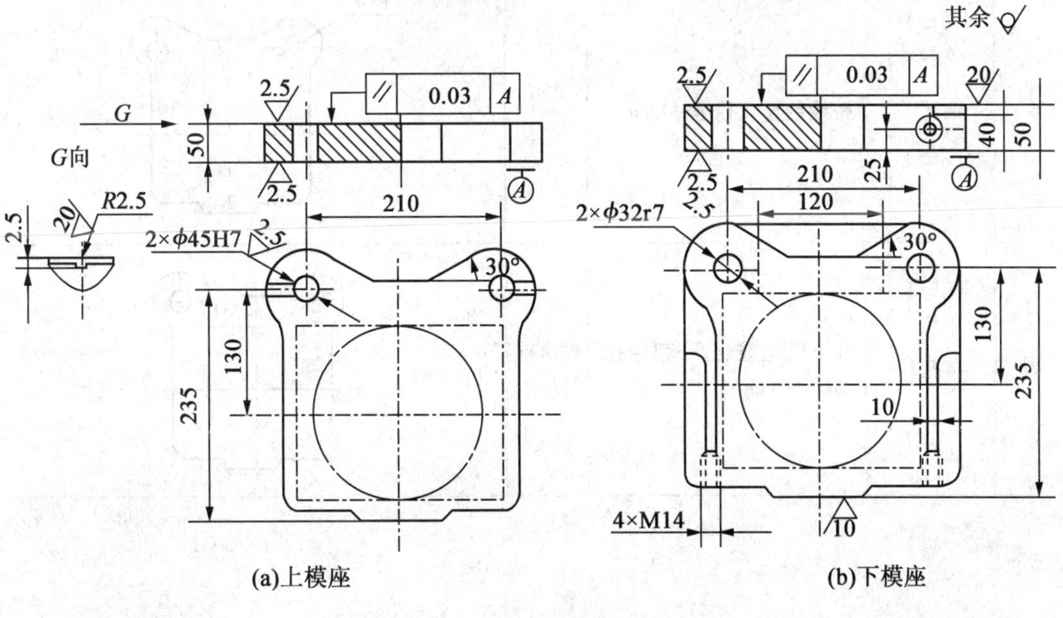

图 3.92　冷冲模模座
（材料为 HT200）

表 3.43 上模座的加工工艺过程

工序号	工序名称	工序内容	设备	工序简图(示意图)
1	备料	铸造毛坯		
2	刨平面	刨上、下平面，保证尺寸为 50.8 mm	牛头刨床	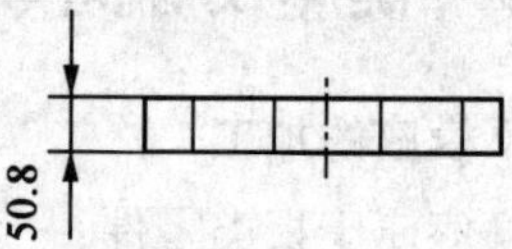
3	磨平面	磨上、下平面，保证尺寸为 50 mm	平面磨床	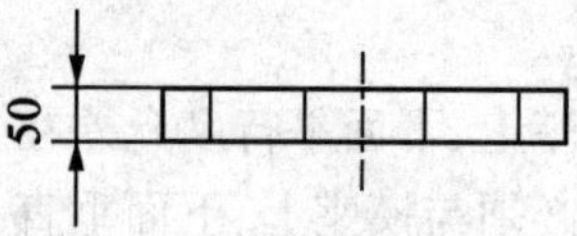
4	钳工画线	画前部线和导套孔线		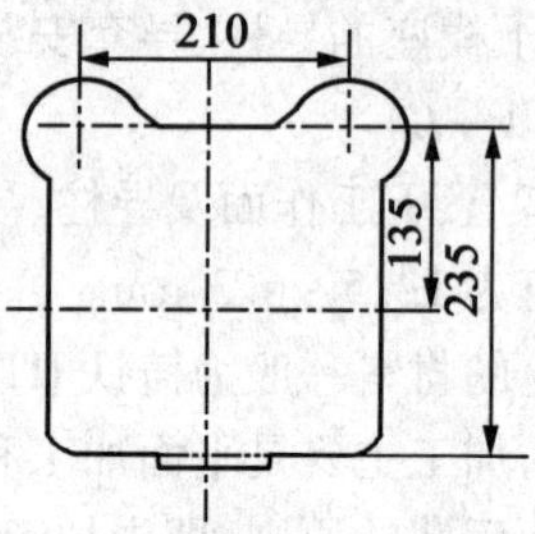
5	铣前部	按线铣前部	立铣床	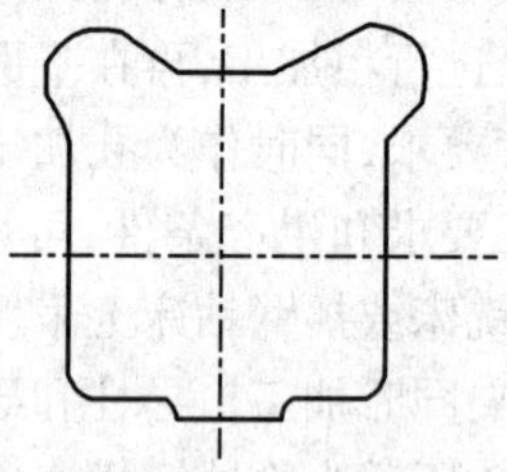
6	钻孔	按线钻导套孔至 ϕ43 mm	立式钻床	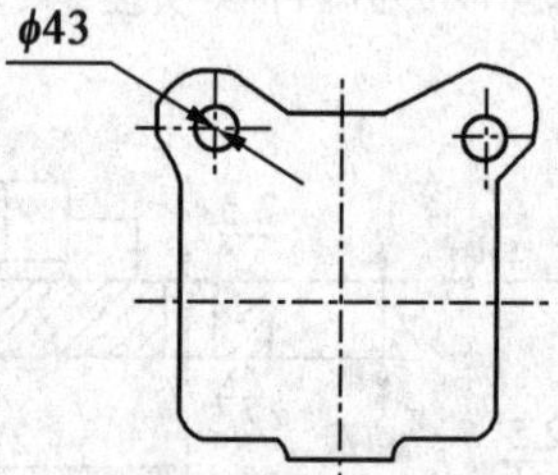
7	镗孔	和下模座重叠，一起镗孔至 ϕ45H7 mm	镗床或铣床	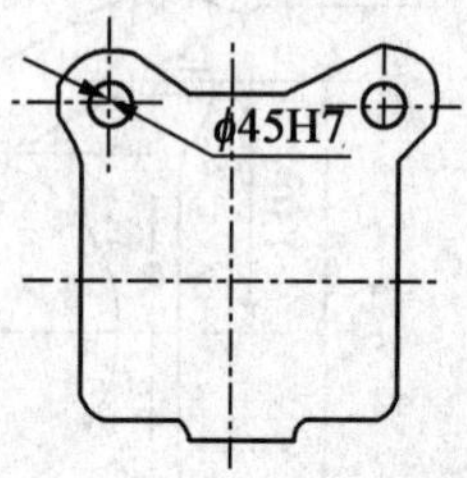

续表 3.43

工序号	工序名称	工序内容	设备	工序简图(示意图)
8	铣槽	按线铣 R2.5 mm 的圆弧槽	卧式铣床	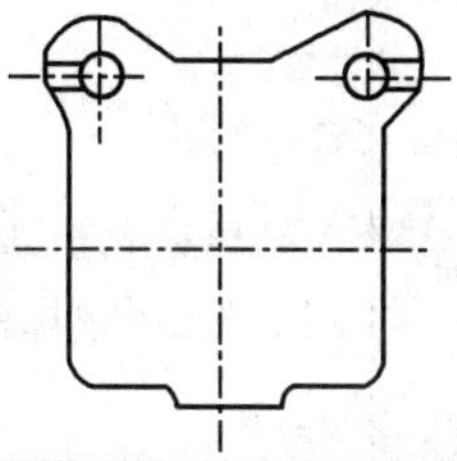
9	检验			

表 3.44　下模座的加工工艺过程

工序号	工序名称	工序内容	设备	工序简图(示意图)
1	备料	铸造毛坯		
2	刨平面	刨上、下平面,保证尺寸为 50.8 mm	牛头刨床	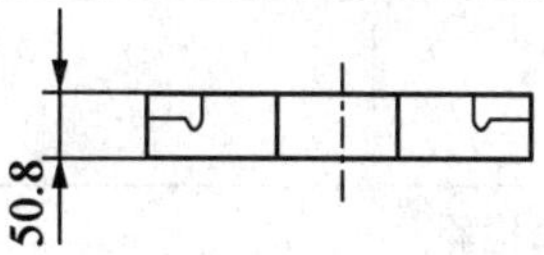
3	磨平面	磨上、下平面,保证尺寸为 50 mm	平面磨床	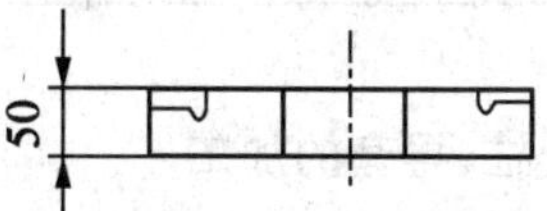
4	钳工画线	画前部线、导柱孔线和螺纹孔线		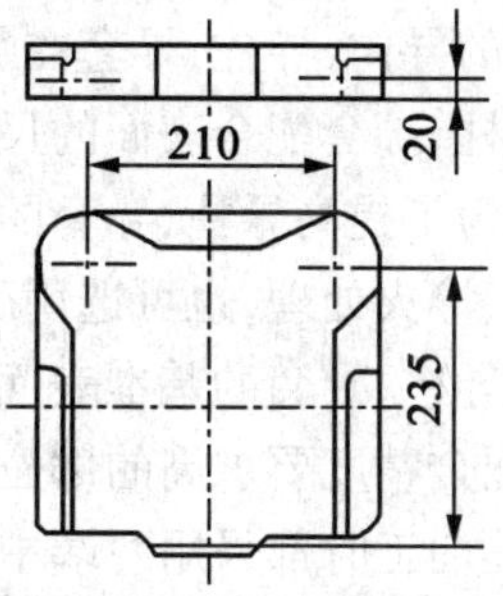
5	铣床加工	按线铣前部、铣肩台至尺寸	立铣床	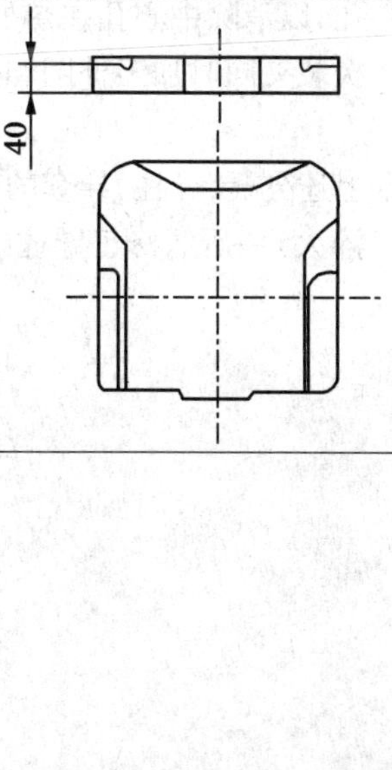

续表 3.44

工序号	工序名称	工序内容	设备	工序简图(示意图)
6	钻床加工	钻导柱孔至 $\phi30$ mm,钻螺纹底孔并攻螺纹	立式钻床	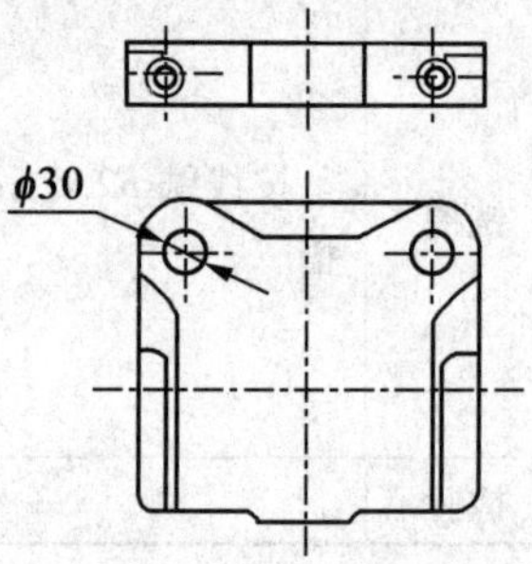
7	镗孔	与上模座重叠,一起镗孔至 $\phi32_{-0.050}^{-0.025}$ mm	镗床或铣床	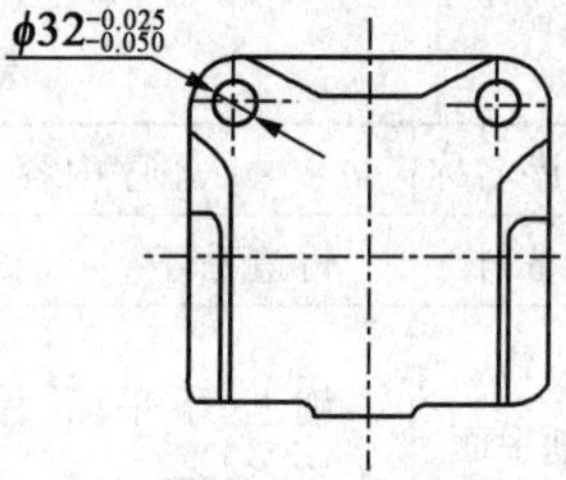
8	检验			

2. **导柱、导套的加工**

导柱、导套在模具中起定位和导向作用,保证凸、凹模工作时具有正确的相对位置。为了保证良好的导向,导柱、导套在装配后应保证模架的活动部分移动平稳。所以在加工过程中除了保证导柱、导套配合表面的尺寸和形状精度外,还应保证导柱、导套各自配合面之间的同轴度要求。为了提高导柱、导套的耐磨性并保持较好的韧性,导柱、导套一般选用低碳钢(20 钢)进行渗碳、淬火处理,也可选用碳素工具钢(T10A)淬火处理,淬火硬度为 HRC58 ~ 62。

构成导柱、导套的基本表面是旋转体圆柱面,因此导柱导套的主要加工方法是车削和磨削,对于配合精度要求高的部位,配合表面还要进行研磨。为了保证导柱、导套的形状和位置精度,导柱加工时都采用两端中心孔定位,使各主要工序的定位基准统一(热处理后还应注意修正中心孔,以消除中心孔在热处理时可能产生的变形和其他缺陷);加工导套时,粗加工一般采用一次装夹同时加工外圆和内孔,精加工采用互为基准的方法来保证内孔和外圆的同轴要求。

根据上述分析,导柱、导套的加工工艺过程如下:下料→粗车、半精车内外圆柱表面→热处理(渗碳、淬火)→研磨修正导柱中心孔→粗磨、精磨配合表面→研磨导柱、导套配合表面。

3.10　冲裁模设计与制造步骤及实例

3.10.1　冲裁模设计与制造步骤

冲裁模设计与制造工作一般分为冲裁工艺设计、冲裁模具设计与冲裁模具制造三个阶段。现分步骤简要概述如下。

1. 分析冲裁件的工艺性

根据冲裁件图样及技术要求，分析其结构形状、尺寸、精度及所用材料等是否符合冲裁的工艺要求(对照 3.2 节的内容分析)。良好的工艺性能应体现在材料消耗少、工序数目少、模具结构简单、制造成本低、使用寿命长、操作安全方便及产品质量稳定等，即能以简单、经济的方法将零件冲制而成。如果发现冲裁件的工艺性较差，应会同产品设计人员，在保证使用要求的前提下，对冲裁件的形状、尺寸、精度要求及材料选用等做必要的、合理的修改。

通过冲裁件的工艺性分析，确定零件能否进行冲裁，并明确在冲裁工艺及模具设计中主要解决的问题或难点。

2. 确定冲裁工艺方案

在工艺性分析的基础上，根据冲裁件的特点和要求确定合理的冲裁工艺方案。冲裁工艺方案是指冲裁零件所采用的工序性质、工序数量、工序顺序及工序的组合方式，是设计制造模具和指导冲压生产的依据。

(1)工序性质与数量的确定。

对于一般的冲裁件，通常外形采用落料，内形采用冲孔。当冲件上孔的数量较多且相距较近时，为了保证模具强度和不使孔变形，一般采用两次或多次冲孔工序(图 3.49(a)和(b))。当冲件的形状较复杂或局部尺寸较薄弱时，为了便于模具加工和保证强度，通常可将冲件的外形(或内形)分步冲出，这时外形或内形的冲裁工序中可以包含一次或多次冲孔(或冲槽)和一次落料工序(图 3.49(d))。当冲件外形规则、尺寸较大而精度要求不高时，可采用切断工序。

(2)工序顺序的确定。

当多工序冲件采用单工序冲裁时，一般先落料使工件与条料分离，再冲孔或冲缺口，并尽量使后续工序的定位一致，以减少定位误差和避免尺寸换算。冲裁大小不同且相距较近的孔时，为了减小孔的变形，应先冲大孔后冲小孔。当多工序冲件采用级进冲裁时，一般先冲孔或冲缺口，最后落料或切断，同时要做到工艺稳定，使先冲部分能为后冲部分提供可靠定位(也可在条料边缘冲出工艺孔定位)，后冲部分不影响先冲部分的质量。采用侧刃定距时，侧刃切边工序应与首次冲孔同时进行。采用双侧刃时应前后错开排列。

(3)工序组合方式的确定。

工序是否组合及组合的方式与冲件的生产批量、尺寸、精度要求及模具的结构、强度、加工及操作等因素有关。一般小批量生产采用单工序冲裁，中批量和大批量生产采用复合冲裁或级进冲裁；冲件精度等级高且要求平整时，宜采用复合冲裁；冲件尺寸较小时，考虑单工序冲裁操作不方便，常采用复合冲裁或级进冲裁；冲件尺寸较大时，料薄时可用复合冲裁或单工序冲裁，料厚时受压力机压力限制只宜采用单工序冲裁；冲件上孔与孔之间或孔与边缘之间的距离过小时，受凸凹模强度限制，不宜采用复合冲裁而宜采用级进冲裁，但级进模轮廓尺寸受压力机台面尺寸限制，所以级进冲裁宜适应尺寸不大、宽度较小的异形冲件；对于形状复杂的冲件，考虑模具的加工、装配与调整方便，采用复合冲裁比级进冲裁更为适宜，但复合冲裁时其出件和废料清除比较麻烦，其工作安全性和生产率不如级进冲裁的工作安全性和生产率。

实际确定冲裁工艺方案时，通常可以先拟定出几种不同的工艺方案，然后根据冲件的生产批量、尺寸、精度、复杂程度、材料厚度、模具制造、冲压设备及安全操作等方面进行全面的分析和研究，从中确定技术可行、经济合理、满足产量和质量要求的最佳冲裁工艺方案。

3. 确定模具总体的结构方案

在冲裁工艺方案确定以后，根据冲件的形状特点、精度要求、生产批量、模具制造条件、操作与安全要求，以及利用现有设备的可能，确定每道冲裁工序所用冲模的总体结构方案。确定模具总体结构方案，就是对模具做出通盘的考虑和总体结构上的安排，它既是模具零部件设计与选用的基础，又是绘制模具总装图的必要准备，因而也是模具设计的关键，必须十分重视。

模具总体结构方案的确定包括以下内容：

(1) 模具类型。

模具类型主要是指单工序模、复合模和级进模三种，在有些单件试制或小批量生产的情况下，也采用简易模或组合模。模具类型应根据生产批量、冲件形状与尺寸、冲件质量要求、材料性质与厚度、冲压设备与制模条件、操作与安全等因素确定。考虑冲裁工艺方案中已根据上述因素确定了冲裁工序性质、数量及组合方式，这些已基本决定了所用模具的类型，所以此处模具类型的确定只需与冲裁工艺方案相适应即可。

(2) 操作与定位方式。

根据生产批量确定采用手工操作、半自动化操作或自动化操作；根据坯料或工序件的形状、冲件精度要求、材料厚度、模具类型及操作方式等确定采用坯料的送进导向与送料定距方式或工序件的定位方式。

(3) 卸料与出件方式。

根据材料厚度、冲件尺寸与质量要求、冲裁工序性质及模具类型等，确定采用弹性卸料、固定卸料或废料切刀卸料等卸料方式和弹性顶件、刚性推件（或弹性推件）或凸模直接推件等出件方式。

(4) 模架类型及精度。

模架分为滑动导向模架、滚动导向模架和导板模架，根据导向零件的布置又分为后侧式框架、中间式框架、对角式框架和四角式模架。模架类型及精度等级主要根据冲件尺寸与精度、材料厚度、模具类型、送料与操作等因素确定。对于生产批量较小、冲件精度要求较低和材料较厚的单工序冲裁模，也可采用无导向模架。

4. 进行有关工艺与设计计算

在冲裁工艺与模具结构方案确定以后，为了进一步设计模具零件的具体结构，应进行以下有关工艺与设计方面的计算。

(1) 排样设计与计算。

根据冲件形状特征、质量要求、模具类型与结构方案、材料利用率等方面因素进行冲件的排样设计。设计排样时，在保证冲件质量和模具寿命的前提下，主要考虑材料的充分利用，所以，对形状复杂的冲件，应多列几种不同的排样方案（特殊形状件可用纸板按冲件比例做出样板以进行实物排样），估算材料利用率，比较各种方案的优缺点，选择出最佳的排样方案。

排样方案确定以后，查出搭边值，根据模具类型和定位方式画出排样图，计算条料宽度、进距及材料利用率，并选择板料规格，确定裁板方式（纵裁或横裁），进而确定条料长度，计算一块条料或整块板料的材料利用率。

(2)计算冲压力与压力中心，初选压力机。

根据冲件尺寸、排样图和模具结构方案，计算冲裁力、卸料力、推件力、顶件力及冲压总力，并计算模具的压力中心。根据冲压总力、冲件尺寸、模架类型与精度等初步选定压力机的类型与规格。

(3)计算凸、凹模刃口尺寸及公差。

根据冲件形状与尺寸精度要求，确定刃口尺寸计算方法，并计算刃口尺寸及其公差。

5. 设计、选用模具零部件，绘制模具总装草图

(1)确定凸、凹模结构形式，计算凹模轮廓尺寸及凸模结构尺寸。

根据凸、凹模的刃口形状、尺寸大小及加工条件等确定凸、凹结构形式，进而计算凹模轮廓尺寸及凸模结构尺寸。凹模轮廓尺寸应保证使模板中心与压力中心重合的要求，并尽量选用标准系列尺寸。对于细长凸模，应进行强度与刚度校核。

(2)选择定位零件。

定位零件一般都已标准化，根据定位方式及坯料的形状与尺寸，选用相应的标准规格。选择不到合适的标准件时，可参考国家标准（GB 2866. 11—1981）自行设计。

(3)设计、选用卸料与出件零件。

根据卸料与出件方式及凸、凹模轮廓与刃口尺寸，设计卸料板、推件块、顶件块结构及尺寸，并从标准中选用合适的卸料螺钉、推杆、顶板及顶杆等。当采用了弹性卸料与出件方式时，还应进行弹簧或橡胶的选用与计算。

(4)选择模架，并确定其他模具零件的结构尺寸或标准规格。

根据凹模轮廓尺寸、模架类型和大致的模具闭合高度，从标准中选取模架规格，并相应确定固定板与垫板的轮廓尺寸及其他结构尺寸，选择模柄及紧固件的类型与规格。

(5)绘制模具总装草图，校核压力机。

根据模具总体结构方案及设计选用的模具零部件，绘制模具总装草图，检查核对各模具零件的位置关系、相关尺寸、配合关系及结构工艺性等是否合适或合理，并校核压力机的有关参数，如闭合高度、工作台面尺寸、滑块尺寸等。

需要说明的是，模具总装草图的绘制与零部件的设计选用往往是交错进行的，一般要经过设计、计算、绘图、修改的多次反复。只有这样，才能设计出合理可行的模具，并提高设计效率。

6. 绘制模具总装图和零件图

在对模具总装草图检查核对基本无误后，便可绘制模具总装图和拆画模具零件图。总装图和零件图均应严格按照机械制图国家标准（GB/T 14689—2008、GB 10609. 1—2008 和 GB/T 10609. 2—2009）绘制，同时，在实际生产中，结合冲模的工作特点和安装、调整的需要，总装图在图面布置、视图表达、技术要求等方面已形成一定的习惯，但这些习惯不应违反制图标准。

(1)模具总装图的绘制。

模具总装图的图面布置一般如图 3. 93 所示，总装图中的各项内容简要说明如下：

①主视图。主视图是模具总装图的主体部分，一般应画上、下模剖视图。上、下模可以画成闭合的状态，也可画成开启状态，对称模具还可画成半开半闭的状态。其中闭合状态和半开

半闭状态能直观地反映出模具的工作原理,便于装配调整和确定模具零件的相关尺寸。主视图中条料、冲件及废料的剖切面最好涂黑或涂红,并在主视图左侧或右侧标注模具的闭合高度。

②俯视图。俯视图一般表示下模的上平面。在不影响表达下模的情况下,也可一半表示下模上平面,一半表示上模上平面,还可以局部表示上模上平面。俯视图一般只俯视可见部分,但有时为了表达重要零件之间的位置关系,有些未见部分也用虚线表示。俯视图上应标注下模轮廓尺寸,并将条料和排样状态用双点画线表示。

③侧视图或上模俯视图、局部或辅助视图。这些视图一般情况下不要求画出,只有当模具结构过于复杂,仅用上述主视图和俯视图难以表达清楚时才按需要画出,但也宜少勿多,尽量使图面简洁明了。

④冲件图及排样图。冲件图是表达该模具冲压后所得冲件的形状及尺寸。冲件图应严格按比例画出,其方向也应尽量与冲压方向一致,如果不能一致,必须用箭头注明冲压方向。冲件图下方还应注明冲件名称、材料、板料厚度及绘图比例。对于落料模、复合模和级进模,还要给出排样图,排样图的方向也要尽量与冲压方向一致。

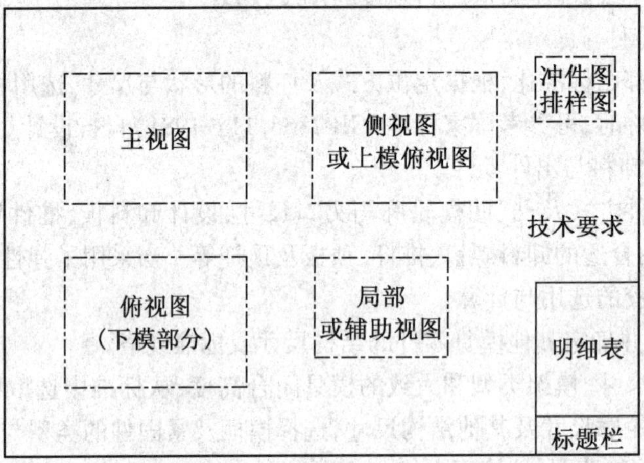

图 3.93 模具总装图的图面布置

⑤技术要求。技术要求中一般只简要注明本模具所使用压力机型号、模具闭合高度(当主视图中不便标注时)、模具总体形位公差以及装配、安装、调试、使用等方面的要求。

总装图绘制的一般步骤是:先在主视图和俯视图中的适当位置画出冲件视图(级进模应按排样图画出不同工位上的冲件状态图),然后画出工作零件,再依次画出其他各部分零部件。主、俯视图的绘制应同时对应进行,这样有利于零件尺寸的协调。主、俯视图(必要的还有其他视图)绘制完成后,再绘制冲件图、排样图,最后列出标题栏和明细表,写出有关技术要求。

(2)模具零件图绘制。

模具总装图中的非标准零件均需分别画出零件图。有些标准零件需要补充加工(如上、下标准模座上的螺钉孔、销钉孔、模柄安装孔及漏料孔等)时,也需要画出零件图,但在此情况下,通常只画出需加工的部位,而其余非加工部位可以只用双点画线表示轮廓,并在图中注明标准件规格代号即可。零件图的绘制顺序一般是先画出工作零件,再依次按照依赖关系画出其他零件。绘制零件图时应注意以下几点:

①应尽量按该零件在总装图中的装配方位画出,不要任意旋转或颠倒。视图要完整,且宜

少勿多，以能将零件结构表达清楚为限。

②图中尺寸、公差、表面粗糙度的标注要齐全、合理，符合国家标准。不同零件上有关联要求的尺寸（如孔距尺寸、配合尺寸、刃口尺寸等）应尽量一起标注，并给出适当公差或提出配作（或保持一致）的要求。

③图中各项尺寸公差及表面粗糙度的选用要适当，既要满足模具的加工质量要求，又要考虑尽量降低制模成本。

模具总装图和零件图绘制完成后，还要从总体功能结构、零部件结构与装配关系、尺寸与精度、选材与热处理、加工工艺性与操作安全性等方面进行一次全面检查与校核，尽量减少差错，避免造成不必要的损失。

7. 确定模具零件加工工艺过程

模具设计完成以后，便可实施加工，制造出模具实体。在实施加工以前，先应根据模具设计图样和现有加工条件确定模具零件的加工工艺过程。模具零件加工工艺过程确定的步骤及方法参见 3.9 节。

8. 确定模具的装配工艺过程

在模具零件制造出来以后，便可确定模具装配工艺过程，将模具零件装配成模具整体。确定装配工艺过程时，首先要认真分析研究模具总装图样及应满足的技术要求，明确各零部件之间的装配关系，然后合理地选择装配方法、装配基准及装配顺序，并确定装配工具、设备及检验方法和工具。具体方法和步骤可参见 2.3 节和 3.10 节。模具装配以后还要进行试冲调整。

9. 编写有关技术文件

上述全部过程进行完以后，有些内容要以技术文件的形式确定下来，作为实际指导生产的依据或查阅、修改的原始设计资料。技术文件包括冲件的冲压工艺规程、模具零件的加工工艺规程、模具的装配工艺规程及设计说明书。

冲压工艺规程、零件加工工艺规程及模具装配工艺规程是将相应的冲压工艺方案、加工工艺过程、装配工艺过程用表格或卡片的形式表示出来，用以指导生产。设计说明书是将设计过程用文字、简图或表格形式记录下来，作为设计依据存档，便于修改设计或类比设计时查阅。说明书的主要内容有冲件的工艺性分析、冲裁工艺方案的制订、模具总体结构方案的确定、有关工艺与设计计算、模具主要零件的设计与选用说明、模具结构的技术与经济分析、模具零件的加工工艺分析说明、模具装配工艺分析说明及其他需要说明的内容等。

3.10.2　冲裁模设计与制造实例

图 3.94 所示为接触环零件，材料为锡青铜带 QSn6.5 -0.1(M)，厚度为 $t=0.3$ mm。已知每年班产量 15 万件，试确定冲裁工艺方案，设计冲裁模，并编制主要模具零件的加工工艺。

1. 零件的工艺性分析

(1)结构与尺寸。

该零件结构较简单，形状对称，尺寸较小。悬臂宽度（1.5、1.025）大于 $1.5t$，臂长（3.25、1.3）小于 5 倍臂宽；凹槽宽度 $1.65^{+0.12}_{0}>1.5t$，深度也较小；最小孔径 $\phi1.85^{+0.12}_{0}>0.9t$；孔至边缘间最小距离（0.925）$>1.5t$，均适宜于冲裁加工。

(2)精度。

零件尺寸公差除 $\phi9.4^{0}_{-0.1}$ 接近于 IT11 级以外，其余尺寸均低于 IT12 级，亦无其他特殊要求。从表 3.5 可知,利用普通冲裁方式可以达到零件图样要求。

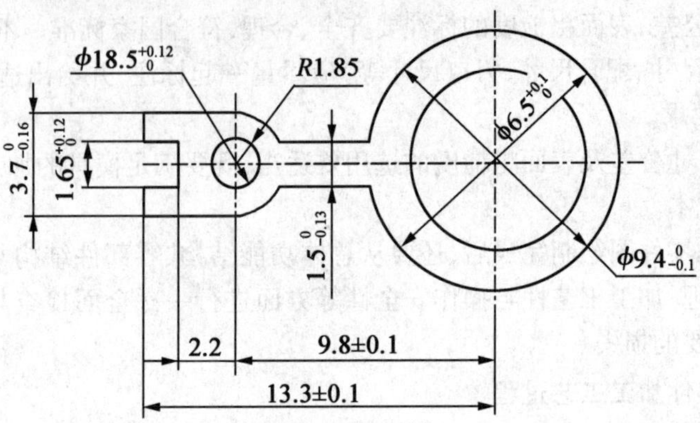

图 3.94 接触环零件

(3)材料。

材料为锡青铜带 QSn6.5 - 0.1(M),该材料为软态带料,抗剪强度 $\tau_b = 255$ MPa(表 1.3),断后伸长率 $\delta = 38\%$。此材料具有较高的弹性和良好的塑性,其冲裁加工性较好。

根据以上分析,该零件的工艺性较好,可以冲裁加工。

2. 确定冲裁工艺方案

该零件包括落料和冲孔两个基本工序,可采用的冲裁工艺方案有单工序冲裁、复合冲裁和级进冲裁三种。由于零件属于大批量生产,尺寸又较小,因此采用单工序冲裁效率太低,且不便于操作。若采用复合冲裁,虽然冲出的零件精度和平直度较好,生产效率也较高,但因零件的孔边距太小,模具强度不能保证。采用级进冲裁时,生产效率高,操作方便,通过设计合理的模具结构和排样方案可以达到较好的零件质量且避免模具强度不够的问题。

根据以上分析,该零件采用级进冲裁工艺方案。

3. 确定模具总体的结构方案

(1)模具类型。

根据零件的冲裁工艺方案,采用级进冲裁模。

(2)操作与定位方式。

虽然零件的生产批量较大,但合理安排生产即使用手工送料方式也能够达到批量要求,且能降低模具成本,因此采用手工送料方式。考虑零件尺寸较小,材料厚度较小,为了便于操作和保证零件的精度,宜采用导料板导向、侧刃定距的定位方式。为减小料头、料尾的材料消耗并提高定距的可靠性,采用双侧刃前后对角布置。

(3)卸料与出件方式。

考虑零件厚度较小,采用弹性卸料方式。为了便于操作并提高生产率,冲件和废料采用由凸模直接从凹模洞口推下的下出件方式。

(4)模架类型及精度。

由于零件厚度薄,冲裁间隙很小,又是级进模,因此采用导向平稳的对角导柱模架。考虑零件精度要求不是很高,但冲裁间隙较小,因此采用Ⅰ级模架精度。

4. 工艺与设计计算

(1)排样设计与计算。

该零件材料厚度较小,尺寸小,近似 T 形,因此可采用 45°的斜对排样,如图 3.95 所示。

考虑模具强度的影响,在冲孔和落料工位之间增设了一个空位。

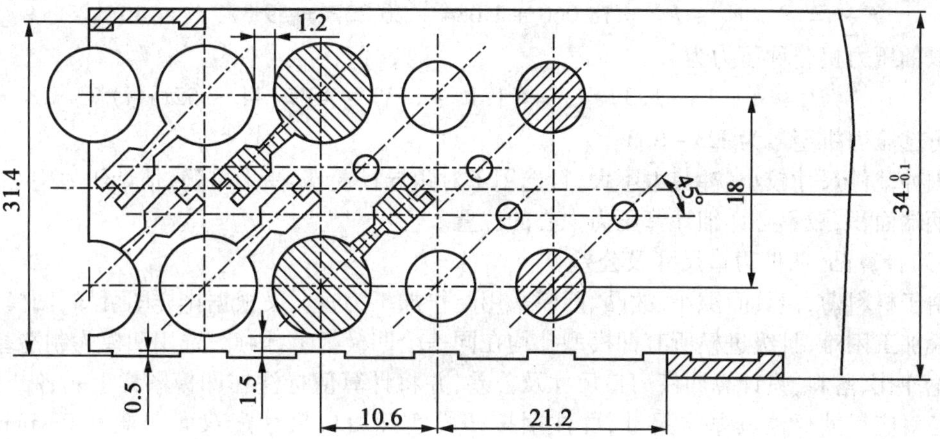

图3.95　排样图

根据排样图的几何关系,可以近似地算出两排中心距为18 mm。

查表3.18～3.21,取 $a = 1.5$ mm,$a_1 = 1.2$ mm,$\Delta = 0.10$ mm,$z = 0.5$ mm,$b_1 = 1.3$ mm,$y = 0.1$ mm。另因采用的ⅠC型侧刃,故料宽每边需增加燕尾形切入深度 $a' = 0.5$ mm。因此,条料宽度为

$$B_{-\Delta}^{\ 0} = (D_{max} + 2a + 2a' + nb_1)_{-\Delta}^{\ 0}$$
$$= (18 + 9.4 + 2 \times 1.5 + 2 \times 0.5 + 2 \times 1.3)_{-0.10}^{\ 0} = 34_{-0.10}^{\ 0}(\text{mm})$$

冲裁后废料宽度为

$$B_1 = D_{max} + 2a + 2a' = 18 + 9.4 + 2 \times 1.5 + 2 \times 0.5 = 31.4(\text{mm})$$

进距为

$$s = 9.4 + 1.2 = 10.6(\text{mm})$$

导料板间距为

$$B' = B + z = 34 + 0.5 = 34.5(\text{mm})$$
$$B_1' = B_1 + y = 31.4 + 0.1 = 31.5(\text{mm})$$

由零件图近似算得一个零件的面积为54 mm^2,一个进距内冲两件,故 $A = 54 \times 2 = 108(\text{mm}^2)$。一个进距内的坯料面积为 $B \cdot s = 34 \times 10.6 = 360.4(\text{mm}^2)$。因此材料利用率为

$$\eta = A/(Bs) \times 100\% = 108 \div 360.4 \times 100\% \approx 30\%$$

(2)计算冲压力与压力中心,初选压力机。

①冲裁力:根据零件图可算得一个零件内外周边之和 $L_1 = 77$ mm,侧刃冲切长度 $L_2 = 13.8$ mm,根据排样图一模冲两件和双侧刃布置,故总冲裁长度 $L = (77 + 13.8) \times 2 = 181.6$ mm。又 $\tau_b = 255$ MPa,$t = 0.3$ mm,取 $K = 1.3$,则

$$F = KLt\tau_b = 1.3 \times 181.6 \times 0.3 \times 255 = 18\ 060(\text{N})$$

②卸料力:查表3.22,取 $K_X = 0.06$,则

$$F_X = K_X F = 0.06 \times 18\ 060 = 1\ 084(\text{N})$$

③推件力:根据材料厚度取凹模刃口直壁高度 $h = 5$ mm,故 $n = h/t = 5 \div 0.3 = 16$。查表3.22,取 $K_T = 0.07$,则

$$F_T = nK_T F = 16 \times 0.07 \times 18\ 060 = 20\ 227(\text{N})$$

总冲压力为

$$F_{\sum} = F + F_X + F_T = 18\ 060 + 1\ 084 + 20\ 227 = 39\ 371\ \text{N} \approx 40(\text{kN})$$

应选取的压力机公称压力为

$$P_0 \geqslant (1.1 \sim 1.3)F_{\sum} = (1.1 \sim 1.3) \times 40 = 44 \sim 52(\text{kN})$$

因此可选压力机型号为 J23－6.3。

因冲裁件尺寸较小，冲裁力不大，且选用了对角导柱模架，受力平稳，估计压力中心不会超出模柄端面积，故不必详细计算压力中心的位置。

(3)计算凸、凹模刃口尺寸及公差。

由于材料薄，模具间隙小，故凸、凹模采用配作加工为宜。又根据排样图可知，凹模的加工较凸模加工困难，且级进模所有凹模型孔均在同一个凹模板上，因此，选用凹模为制造基准件。故无论冲孔、落料，只计算凹模刃口尺寸及公差，并将计算值标注在凹模图样上。各凸模仅按凹模各对应尺寸标注其基本尺寸，并注明按凹模实际刃口尺寸配双面间隙 0.03 mm(查表 3.11 和表 3.12，按照Ⅱ类间隙)，侧刃按侧刃孔配单面间隙 0.015 mm。

①落料凹模刃口尺寸。

按磨损情况分类计算落料凹模的刃口尺寸。

a. 凹模磨损后增大的尺寸，按公式 $A_d = (A_{max} - x\Delta)^{+\Delta/4}_{0}$ 计算。

(a)$9.4^{0}_{-0.1}$。

$$A_{d1} = (9.4 - 0.75 \times 0.1)^{+0.1/4}_{0} = 9.33^{+0.025}_{0}(\text{mm})$$

(b)$1.5^{0}_{-0.12}$。

$$A_{d2} = (1.5 - 0.75 \times 0.12)^{+0.12/4}_{0} = 1.41^{+0.03}_{0}(\text{mm})$$

(c)$3.7^{0}_{-0.16}$。

$$A_{d3} = (3.7 - 0.75 \times 0.16)^{+0.16/4}_{0} = 3.58^{+0.04}_{0}(\text{mm})$$

(d)13.3 ±0.1。

$$A_{d4} = (13.3 + 0.1 - 0.75 \times 0.2)^{+0.2/4}_{0} = 13.25^{+0.05}_{0}(\text{mm})$$

(e)2.2 ±0.12。

$$A_{d5} = (2.2 + 0.12 - 0.75 \times 0.24)^{+0.24/4}_{0} = 2.14^{+0.06}_{0}(\text{mm})$$

b. 凹模磨损后减小的尺寸，按公式 $B_d = (B_{min} + x\Delta)^{0}_{-\Delta/4}$ 计算。

对于 $1.65^{+0.12}_{0}$：

$$B_d = (1.65 + 0.75 \times 0.12)^{0}_{-0.12/4} = 1.74^{0}_{-0.03}(\text{mm})$$

c. 凹模磨损后不变的尺寸，按公式 $C_d = (C_{min} + 0.5\Delta) \pm \Delta/8$ 计算。

对于 9.8 ±0.1：

$$C_d = (9.8 - 0.1 + 0.5 \times 0.2) \pm 0.2/8 = 9.8 \pm 0.025(\text{mm})$$

②冲孔凹模刃口尺寸。

冲孔凹模均为圆形，故可按公式 $d_d = (d_{min} + x\Delta + Z_{min})^{+\Delta/4}_{0}$ 计算。

(a)$6.5^{+0.1}_{0}$。

$$d_{d1} = (6.5 + 0.75 \times 0.1 + 0.03)^{+0.1/4}_{0} = 6.61^{+0.025}_{0}(\text{mm})$$

(b)$1.85^{+0.12}_{0}$。

$$d_{d2} = (1.85 + 0.75 \times 0.12 + 0.03)^{+0.12/4}_{0} = 1.97^{+0.03}_{0}(\text{mm})$$

③侧刃孔尺寸可按公式 $A_d = (A + 0.5Z_{min})^{+\delta_d}_{0}$ 计算，取 $\delta_d = 0.02$，则

$$A_d = (A + 0.5Z_{min})^{+\delta_d}_{0} = (10.6 + 0.5 \times 0.03)^{+0.02}_{0} = 10.61^{+0.02}_{0}(\text{mm})$$

当采用线切割机床加工凹模时,各型孔尺寸和孔距尺寸的制造公差均可标注为 ±0.01(机床一般可达到的加工误差),本例即采用此种加工的标注法。

5. 设计选用模具零部件并绘制模具总装草图

限于篇幅,这里只介绍凸、凹模零件的设计过程,其他零件的设计或选用过程暂略。

(1)凹模设计。

凹模采用矩形板状结构和直接通过螺钉、销钉与下模座固定的固定方式。因冲件的批量较大,考虑凹模的磨损和保证冲件的质量,凹模刃口采用直刃壁结构,刃壁高度取 5 mm,漏料部分沿刃口轮廓单边扩大 0.8 mm(为便于加工,落料凹模漏料孔可设计成近似于刃口轮廓的简化形状),如图 3.96 所示。凹模轮廓尺寸计算如下:

沿送料方向的凹模型孔壁间最大距离为

$$l = 31.81 + 21.2 + 10.61 \approx 63.6\ (\mathrm{mm})$$

垂直于送料方向的凹模型孔壁间最大距离为

$$b = 31.4 - 2 \times 0.5 + 2 \times 6 = 42.4\ (\mathrm{mm};\text{取侧刃厚度为 } 6\ \mathrm{mm})$$

沿送料方向的凹模长度为

$$L = l + 2c = 63.6 + 2 \times 20 = 103.6\ (\mathrm{mm};\text{查表 3.20,取 } c = 20\ \mathrm{mm})$$

垂直于送料方向的凹模宽度为

$$B = b + 2c = 42.4 + 2 \times 20 = 82.4\ (\mathrm{mm})$$

凹模厚度为

$$\begin{aligned} H &= K_1K_2\sqrt[3]{0.1F} = 1 \times 1.25\sqrt[3]{0.1 \times 18\ 060} \\ &= 15.2\ (\mathrm{mm};\text{查表 3.21,取 } K_2 = 1.25, K_1 = 1) \end{aligned}$$

根据算得的凹模轮廓尺寸,选取与计算值相接近的标准凹模板轮廓尺寸为 $L \times B \times H =$ 100 mm × 80 mm × 16 mm。

凹模的材料选用 CrWMn,工作部分热处理后淬火硬度为 HRC60 ~ 64。

(2)凸模设计。

落料凸模刃口部分为非圆形,为便于凸模和固定板的加工,可设计成阶梯形结构,并将安装部分设计成便于加工的长圆形,通过铆接的方式与固定板固定。凸模的尺寸根据刃口尺寸、卸料装置和安装固定要求确定。凸模的材料也选用 CrWMn,工作部分热处理后淬火硬度为 HRC58 ~ 62。

冲孔凸模的设计与落料凸模基本相同,因为刃口部分为圆形,其结构更简单。考虑冲孔凸模直径很小,故需对最小凸模($\phi 1.85^{+0.12}_{0}$ 冲孔凸模)进行强度和刚度的校核。

①凸模最小直径的校核(强度校核)。

因孔径虽小,但远大于材料厚度,估计凸模的强度和刚度是足够的。为使弹压卸料板加工方便,取凸模与卸料板的双面间隙为 0.2mm(不起导向作用)。

根据表 3.26,凸模的最小直径 d 应满足:

$$\begin{aligned} d &\geqslant 5.2\, t\, \tau_b / [\sigma_{压}] = 5.2 \times 0.3 \times 255 \div 1\ 200 \\ &= 0.33\ (\mathrm{mm};\text{取}[\sigma_{压}] = 1\ 200\ \mathrm{MPa}) \end{aligned}$$

而 $d_{p2} = d_{d2} - Z_{min} = 1.97 - 0.03 = 1.94\ (\mathrm{mm})$,因 $d_{p2} > 0.33$ mm,所以凸模强度足够。

②凸模最大自由长度的校核(刚度校核)。

根据表 3.26,凸模最大自由长度 L 应满足:

$$L \leqslant 90d^2/\sqrt{F} = 90 \times 1.94^2 \div \sqrt{1.3 \times 3.14 \times 1.94 \times 0.3 \times 255} = 13.8\ (\mathrm{mm})$$

由此可知，小冲孔凸模工作部分长度不能超过 13.8 mm。本例取小冲孔凸模工作部分长度为 12 mm，大冲孔凸模和落料凸模的长度为 15 mm，如图 3.97 ~3.99 所示。

其他主要模具零部件的尺寸规格为：模架 100 mm ×80 mm ×（120 ~145）mm，凸模固定板 100 mm × 80 mm × 18 mm，卸料板 100 mm × 80 mm × 12 mm（台阶高度 4.5 mm），垫板 100 mm ×80 mm ×4 mm，卸料弹簧2.5 mm ×12 mm ×40 mm，模柄 A30 mm ×78 mm。

根据模具总体结构方案和已设计选用的模具零部件，绘制模具的总装草图，并检查核对模具零件的相关尺寸、配合关系及结构工艺性等，校核压力机的参数，最后做出合理的修改。

6. 绘制正规模具总装图和非标准模具零件图

本例的模具总装图如图 3.47 所示，凹模、落料凸模、冲孔凸模、凸模固定板和卸料板分别如图 3.96 ~3.101 所示。

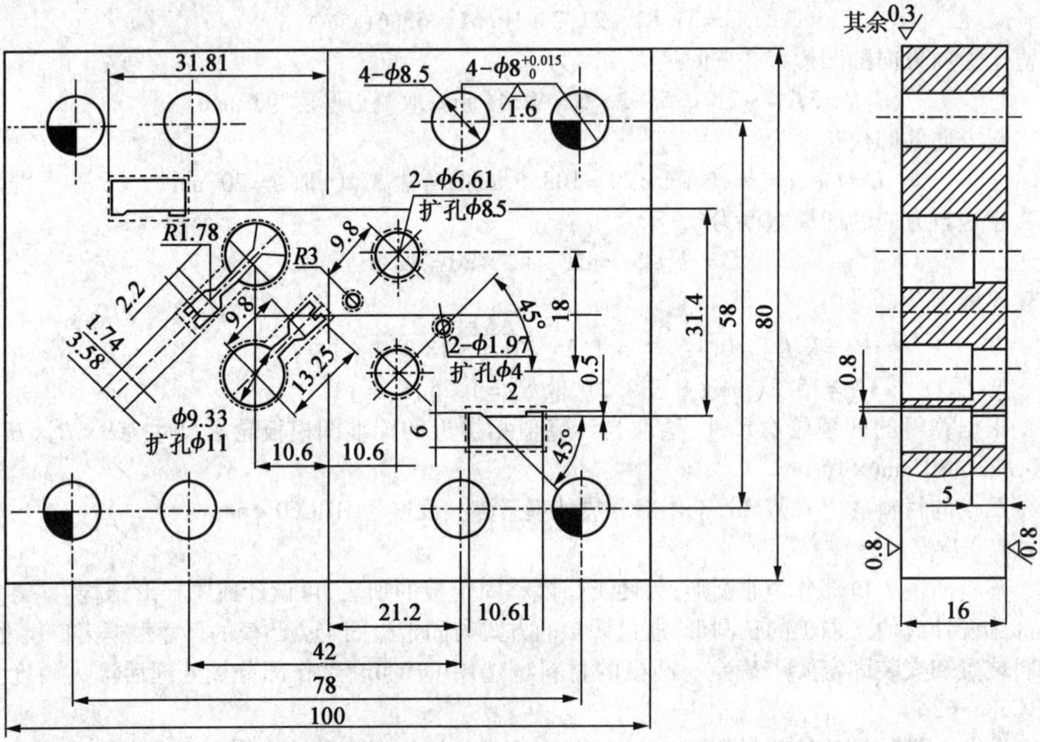

技术要求：
1.型孔制造公差为±0.01 mm，表面粗糙度为0.4 μm；
2.型孔位置尺寸公差为 ±0.01 mm；
3.热处理后淬火硬度为HRC 60~64 mm；
4.材料为CrWMn

图 3.96 凹模

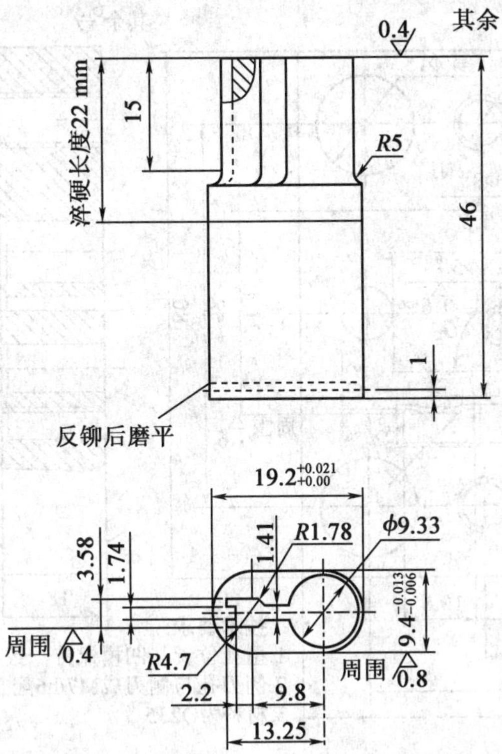

技术要求:
1.刃口部分按凹模实际刃口尺寸配作，保证双面间隙为0.03mm;
2.保持刃口锋利;
3.淬硬部分为HRC 58~62;
4.材料为CrWMn

图 3.97　落料凸模

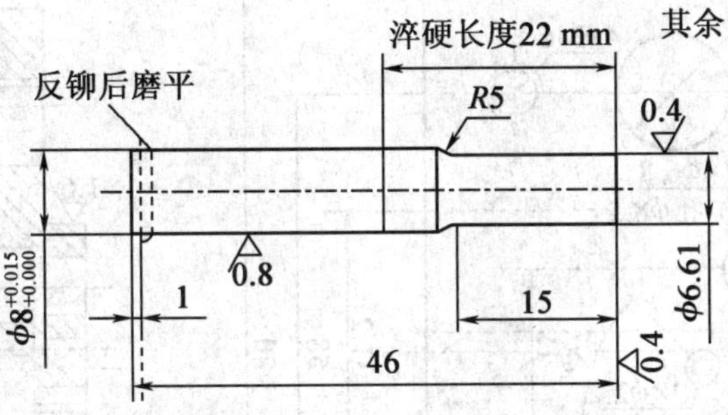

技术要求:
1.刃口部分按凹模实际刃口尺寸配作，保证双面间隙为0.03 mm;
2.保持刃口锋利;
3.淬硬部分为HRC 58~62;
4.材料为CrWMn

图 3.98　大冲孔凸模

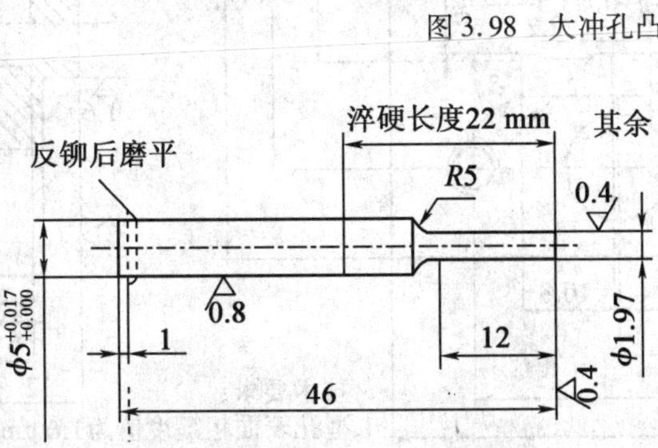

技术要求:
1.刃口部分按凹模实际刃口尺寸配作，保证双面间隙为0.03 mm;
2.保持刃口锋利;
3.淬硬部分为HRC 58~62;
4.材料为CrWMn

图 3.99　小冲孔凸模

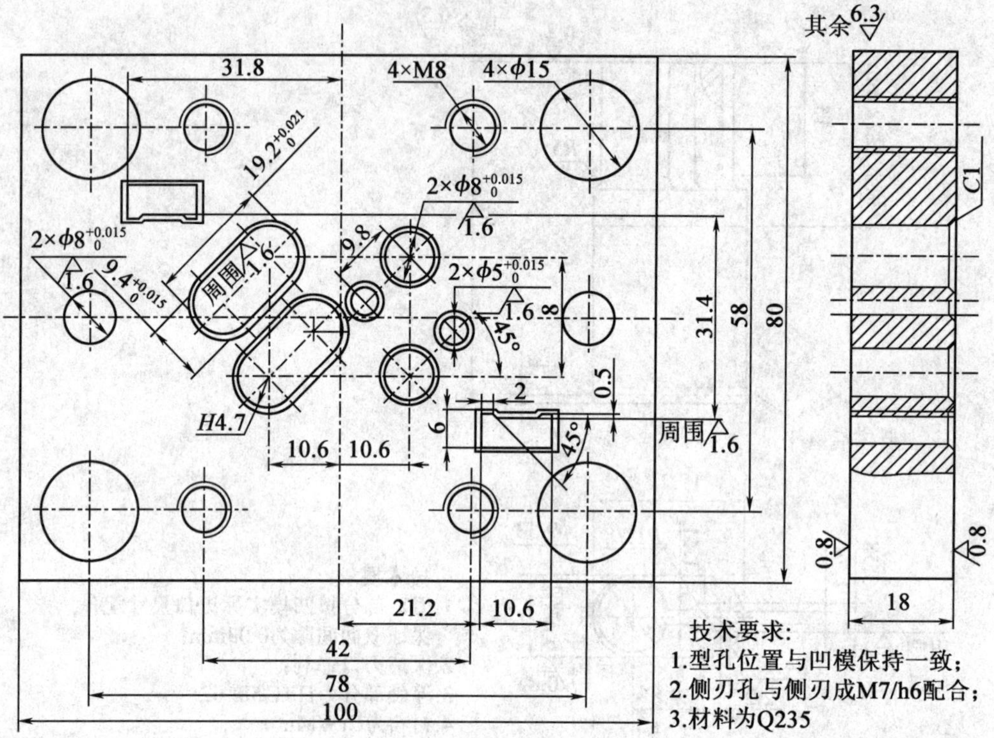

技术要求:
1.型孔位置与凹模保持一致;
2.侧刃孔与侧刃成M7/h6配合;
3.材料为Q235

图 3.100　凸模固定板

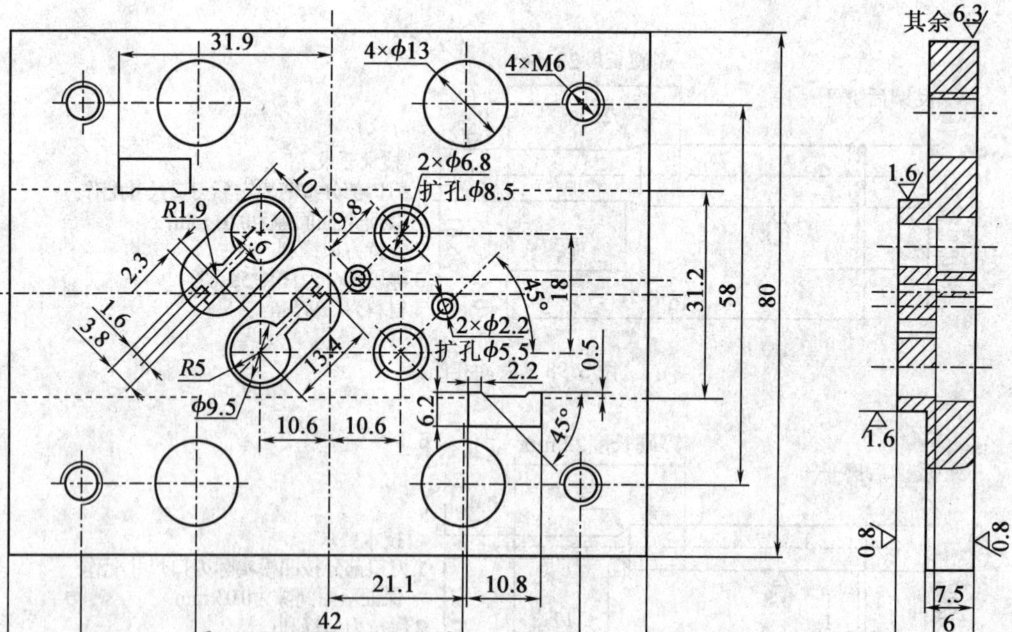

技术要求:
1.型孔表面粗糙度值为1.6 μm;
2.型孔位置与凹模保持一致;
3.材料为Q275

图 3.101　卸料板

7. 制订模具零件的加工工艺过程

以凹模、落料凸模和凸模固定板为例，制订的加工工艺过程分别见表3.45～3.47。

表 3.45　凹模加工工艺过程

工序号	工序名称	工序内容	设备
1	备料	将毛坯锻成 105 mm×85 mm×22 mm	
2	热处理	退火	
3	铣	铣六面，厚度留单边磨量 0.2～0.3 mm	铣床
4	平磨	磨厚度到上限尺寸，磨侧基面保证互相垂直	平面磨床
5	钳工	画各型孔、螺孔、销孔的位置线，画漏料孔轮廓线	
6	铣	铣漏料孔达要求	铣床
7	钳工	钻 4－ϕ8.5 mm、钻铰 4－$\phi 8^{+0.015}_{0}$ mm，在各型孔处钻穿丝孔	钻床
8	热处理	淬火、回火，保证硬度为 HRC60～64	
9	平磨	磨厚度及侧基面见光	平面磨床
10	线切割	按图切割各型孔，留 0.005～0.01 mm 的单边研量	线切割机床
11	钳工	研光各型孔使其达到要求	
12	检验		

表 3.46　落料凸模加工工艺过程

工序号	工序名称	工序内容	设备
1	备料	将毛坯锻成 52 mm×25 mm×15 mm	
2	热处理	退火	
3	铣	铣六面，留单边磨量 0.2～0.3 mm	铣床
4	平磨	磨六面，保证各面互相垂直，上下面到上限尺寸，侧面留单边余量0.1～0.2 mm	平面磨床
5	钳工	画 R4.7 mm 及刃口轮廓线	
6	铣	按线铣 R4.7 mm 及刃口轮廓，留单边余量 0.1～0.2 mm	铣床
7	钳工	用已加工好的凹模压印痕	
8	仿刨	按印痕仿刨型面，间隙留在凸模上，并留研量 0.01～0.015 mm	仿形刨床
9	热处理	淬火、回火，保证硬度为 HRC58～62	
10	平磨	磨上、下面见光，磨 $9.4^{+0.015}_{+0.006}$ 使其达到要求	平面磨床
11	成形磨削	磨 R4.7 mm，保证 $19.2^{+0.021}_{+0.008}$，并与 $9.4^{+0.015}_{+0.006}$ 光滑连接	成形磨床
12	钳工	研光刃口型面，保证配合间隙达到技术要求	
13	检验		

表3.47 凸模固定板加工工艺过程

工序号	工序名称	工序内容	设备
1	备料	将毛坯锻成105 mm×85 mm×22 mm	
2	热处理	退火	
3	铣	铣六面,厚度留单边磨量0.2~0.3 mm	铣床
4	平磨	磨厚度到相应尺寸,磨两侧基面保证其互相垂直	平面磨床
5	钳工	画出各型孔、螺孔、销孔的位置线	
6	钳工	钻4-ϕ15 mm,钻攻4-M8 mm,在各安装型孔处钻穿丝孔(2-$\phi 8^{+0.015}_{0}$ mm在装配时钻铰)	钻床
7	线切割	按图切割各安装孔使其达到要求	线切割机床
8	钳工	在各安装孔处倒角C1	
9	检验		

8. 确定模具的装配工艺过程(略)

本章思考与练习题

1. 板料冲裁时,其切断面具有什么特征?这些特征是如何形成的?

2. 影响冲裁件尺寸精度的因素有哪些?如何提高冲裁件的尺寸精度?

3. 什么是冲裁间隙?实际生产中如何选择合理的冲裁间隙?

4. 冲裁凸、凹模刃口尺寸的计算方法有哪几种?各有何特点?分别适应什么场合?

5. 什么是材料的利用率?在冲裁工作中如何提高材料的利用率?

6. 什么是压力中心?压力中心在冲模设计中起什么作用?

7. 什么是冲裁力、卸料力、推件力和顶件力?如何根据冲模结构确定冲压工艺总力?

8. 冲裁模一般由哪几类零部件组成?它们在冲裁模中分别起什么作用?

9. 试比较单工序模、级进模和复合模的结构特点及应用。

10. 常用冲裁凸、凹模结构形式与固定方式有哪几种?什么情况下凸、凹模要设计成镶拼式结构?

11. 冲裁模的卸料方式有哪几种?分别适应于何种场合?

12. 模架的作用是什么?一般由哪些零件组成?如何选择模架?

13. 计算冲裁图3.102所示零件的凸、凹模刃口尺寸及其公差(图3.102(a)按分别加工法,图3.102(b)按配作加工法)。

14. 用复合冲裁方式冲裁图3.102(a)所示的零件,设模具采用弹性卸料、刚性推件的倒装式复合模,试完成以下有关冲裁工艺、模具设计与制造的工作。

(1)确定合理的排样方法,画出排样图,并计算材料利用率和条料宽度(条料采用导料销和挡料销定位)。

(2)计算冲压力及冲压总力,并确定压力机的公称压力。

(3)绘制模具结构草图。

(4)绘制凸模、凹模及凸凹模零件图。

(5)编制凸模、凹模及凸凹模零件的加工工艺规程。

(6)确定模具的装配工艺过程。

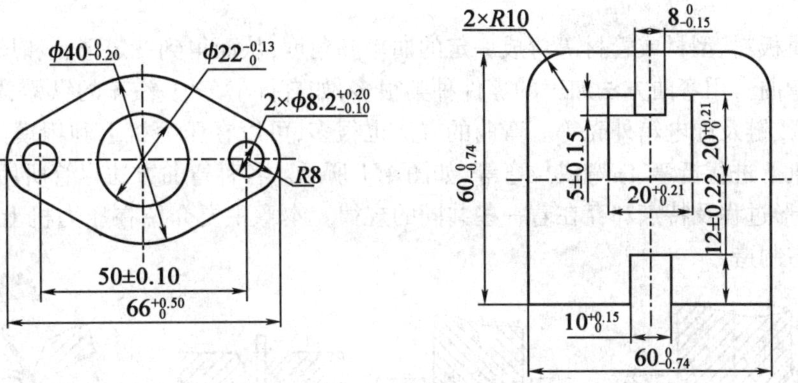

(a)材料为Q235,厚度为1.5 mm　(b)材料为08钢,厚度为1 mm

图 3.102　题 13 ~ 15 图

15. 用级进冲裁方式冲裁图 3.102(a)所示的零件,设模具采用弹性卸料、固定挡料销和导正销定位的级进模,试完成以下有关冲裁工艺、模具设计与制造的工作。

(1)确定合理的排样方法,画出排样图,并计算材料利用率和条料宽度。

(2)计算冲压力及压力中心,并确定压力机的公称压力。

(3)选用与计算卸料弹性元件。

(4)绘制模具结构草图。

(5)绘制凸、凹模零件图。

(6)编制凸、凹模零件的加工工艺规程。

16. 试分析图 3.103 所示零件的冲裁工艺性,并确定其冲裁工艺方案(零件按中批量生产)。

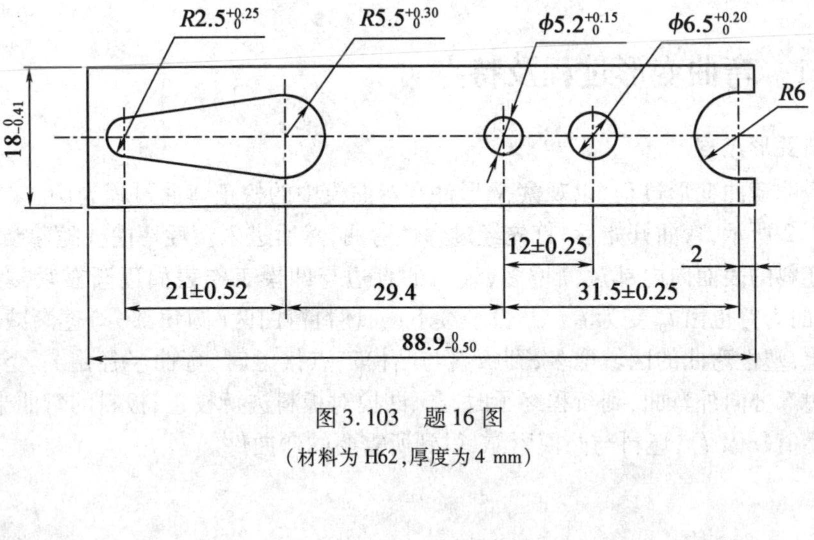

图 3.103　题 16 图

(材料为 H62,厚度为 4 mm)

第4章　弯曲模设计与制造

将金属板料、型材或管材等弯成一定的曲率和角度,从而得到一定形状和尺寸零件的冲压工序称为弯曲。用弯曲方法加工的零件种类很多,如自行车车把、汽车的纵梁、桥、电器零件的支架、门窗铰链及配电箱外壳等。弯曲的方法也很多,可以在压力机上利用模具弯曲,也可在专用弯曲机上进行折弯、滚弯或拉弯等,如图4.1所示。各种弯曲方法尽管所用设备与工具不同,但其变形过程及特点却存在着一些共同的规律。本章主要介绍在压力机上进行弯曲的弯曲模设计与制造。

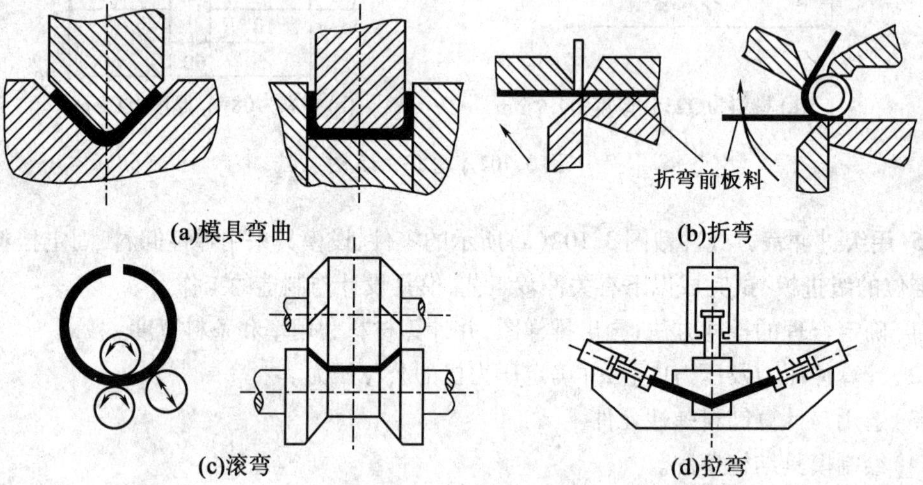

图4.1　弯曲加工方法

4.1　弯曲变形过程分析

4.1.1　弯曲变形过程及特点

1.弯曲变形过程

为了说明弯曲变形过程,以观察V形件在弯曲模中的校正弯曲过程为例。

如图4.2所示,弯曲开始后,首先经过弹性弯曲,然后进入塑性弯曲。随着凸模的下压,塑性弯曲由坯料的表面向内部逐渐增多,坯料的直边与凹模工作表面逐渐靠紧,弯曲半径从 r_0 变为 r_1,弯曲力臂也由 l_0 变为 l_1。凸模继续下压,坯料弯曲区(圆角部分)逐渐减小,在弯曲区的横截面上,塑性弯曲的区域增多,到板料与凸模三点接触时,弯曲半径由 r_1 变为 r_2。此后,坯料的直边部分向外弯曲,到行程终了时,凸、凹模对板料进行校正,板料的弯曲半径及弯曲力臂达到最小值(r 及 l),坯料与凸模紧靠,得到所需要的弯曲件。

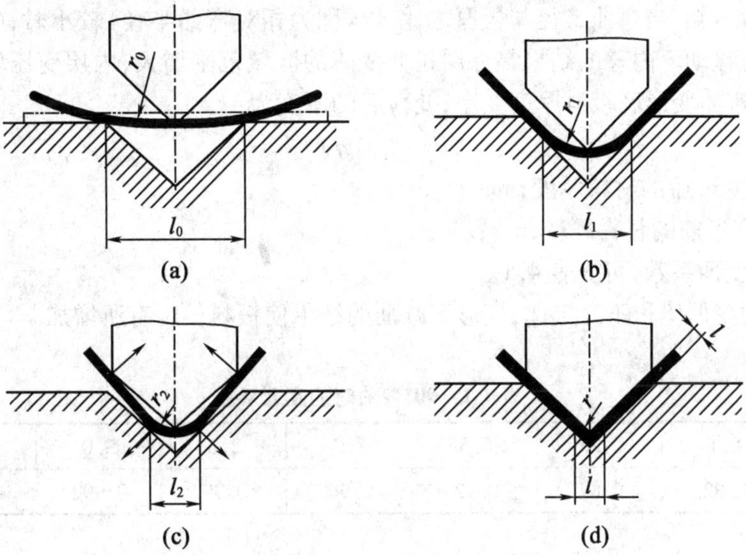

图4.2　V形件弯曲过程

由V形件的弯曲过程可以看出,弯曲成形的过程是从弹性弯曲到塑性弯曲的过程,弯曲成形的效果表现为弯曲变形区弯曲半径和角度的变化。

2. 弯曲变形特点

为了分析弯曲变形特点,可采用网格法,如图4.3所示。通过观察板料弯曲变形后位于弯曲件侧壁的坐标网格的变化情况,可以看出:

①弯曲变形区主要集中在圆角部分,此处的正方形网格变成了扇形。圆角以外除靠近圆角的直边处有少量变形外,其余部分不发生变形。

②在变形区内,板料的外区(靠凹模一侧)切向受拉而伸长($\overset{\frown}{bb} > \overline{bb}$),内区(靠凸模一侧)切向受压而缩短($\overset{\frown}{aa} < \overline{aa}$)。由内、外表面至板料中心,其缩短和伸长的程度逐渐减小。从外层的伸长到内层的缩短,其间必有一层金属的长度在变形前后保持不变($\overset{\frown}{oo} = \overline{oo}$),称为中性层。

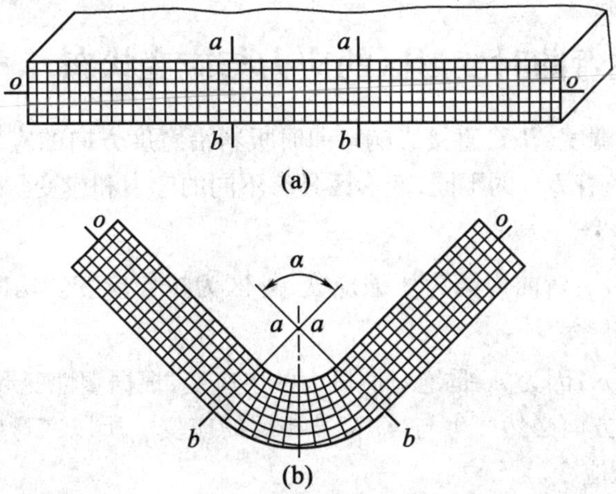

图4.3　板料弯曲前后坐标网格的变化

③由试验可知，当弯曲半径与板厚之比 r/t（称为相对弯曲半径）较小时，中性层位置将从板料中心向内移动。内移的结果是外层拉伸变薄的区域范围增大，内层受压增厚的区域范围减小，从而使弯曲变形区板料厚度变小，变薄后的厚度为

$$t_1 = \eta t \tag{4.1}$$

式中 t_1——变形后的材料厚度，mm；

t——变形前的材料厚度，mm；

η——变薄系数，可查表4.1。

根据塑性变形体积不变定律，变形区减薄的结果使板料长度有所增加。

表4.1 90°弯曲时的变薄系数 η

r/t	0.1	0.25	0.5	1.0	2.0	3.0	4.0	>4
η	0.82	0.87	0.92	0.96	0.99	0.992	0.995	1

④弯曲变形区板料横截面的变化分两种情况：窄板（板宽 B 与料厚 t 之比 $B/t<3$）弯曲时，内区因厚度受压而使宽度增加，外区因厚度受拉而使宽度减小，因而原矩形截面变成了扇形（图4.4(a)）；宽板（$B/t>3$）弯曲时，因板料在宽度方向的变形受到相邻材料彼此间的制约作用，不能自由变形，所以横截面几乎不变，仍为矩形（图4.4(b)）。

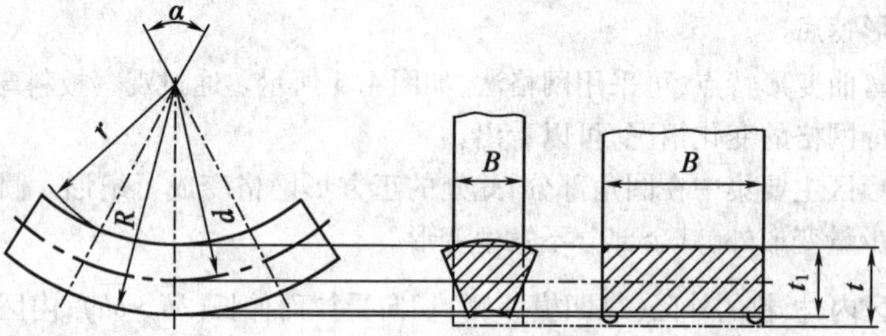

(a)窄板($B/t<3$) (b)宽板($B/t>3$)

图4.4 弯曲变形区的横截面变化

4.1.2 塑性弯曲时变形区的应力与应变状态

由于板料的相对宽度（B/t）直接影响弯曲时板料沿宽度方向的应变，进而影响应力，因此板料在塑性弯曲时，随着 B/t 的不同，变形区具有不同的应力和应变状态。

1. 应变状态

长度方向（切向）ε_θ：弯曲内区为压缩应变，外区为拉伸应变。切向应变是绝对值最大的主应变。

厚度方向（径向）ε_t：因为 ε_θ 是绝对值最大的主应变，根据塑性变形体积不变定律可知，沿板料厚度和宽度两个方向必然产生与 ε_θ 符号相反的应变。所以在弯曲的内区 ε_t 为拉应变，在弯曲的外区 ε_t 为压应变。

宽度方向 ε_ϕ：窄板弯曲时，因材料在宽度方向上可以自由变形，故在内区宽度方向应变 ε_ϕ 与切向应变 ε_θ 符号相反而为拉应变，在外区 ε_ϕ 则为压应变；宽板弯曲时，由于沿宽度方向受

到材料彼此之间的制约作用,不能自由变形,故可以近似认为,无论外区还是内区,其宽度方向的应变为 $\varepsilon_\phi=0$。

由此可见,窄板弯曲时的应变状态是立体的,而宽板弯曲的应变状态则是平面的。

2. 应力状态

长度方向(切向)σ_θ:内区受压,则 σ_θ 为压应力;外区受拉,则 σ_θ 为拉应力。切向应力是绝对值最大的主应力。

厚度方向(径向)σ_t:塑性弯曲时,由于变形区曲度增大,以及金属各层之间的相互挤压的作用,从而在变形区引起径向压应力 σ_t。通常在板料表面 $\sigma_t=0$,由表及里 σ_t 逐渐增大,至应力中性层处达到最大值。

宽度方向 σ_ϕ:对于窄板,由于宽度方向可以自由变形,因而无论是内区还是外区,$\sigma_\phi=0$;对于宽板,因为宽度方向受到材料的制约作用,$\sigma_\phi\neq0$。内区由于宽度方向的伸长受阻,所以 σ_ϕ 为压应力;外区由于宽度方向的收缩受阻,所以 σ_ϕ 为拉应力。

因此,从应力状态来看,窄板弯曲时的应力状态是平面的,宽板弯曲时的应力状态则是立体的。

根据以上分析,可将板料弯曲时的应力、应变状态归纳于表 4.2。

表 4.2　板料弯曲时的应力、应变状态

相对宽度	变形区域	应力、应变状态分析		
		应力状态	应变状态	特点
窄板 $\left(\frac{B}{t}<3\right)$	内区(压区)	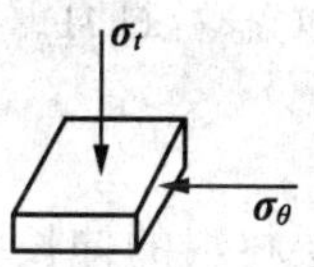	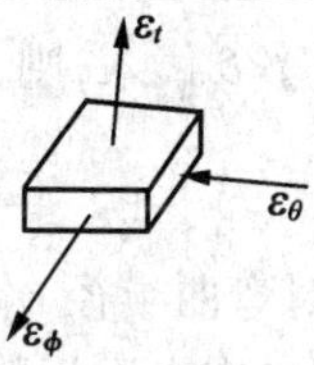	平面应力状态,立体应变状态
	外区(拉区)	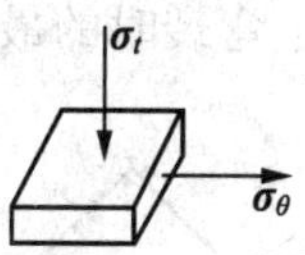	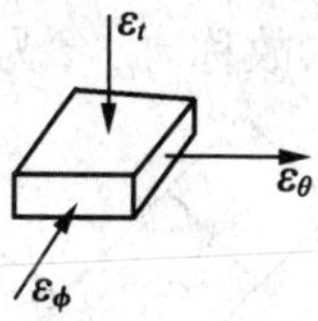	
宽板 $\left(\frac{B}{t}>3\right)$	内区(压区)	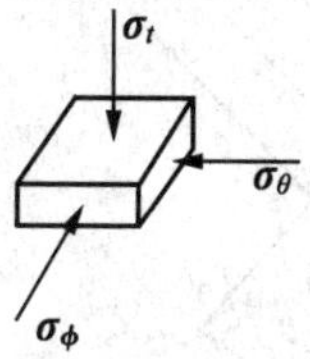	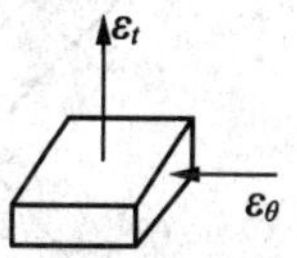	立体应力状态,平面应变状态
	外区(拉区)	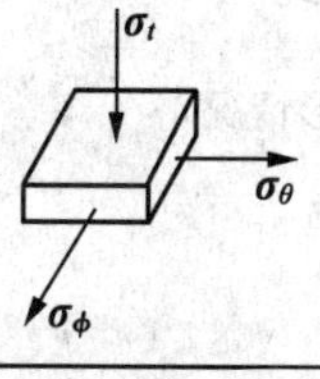	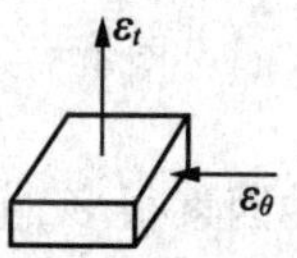	

4.2 弯曲件的质量问题及控制

弯曲是一种变形工艺，由于弯曲变形过程中变形区应力应变分布的性质、大小和表现形态不尽相同，加上板料在弯曲过程中要受到凹模摩擦阻力的作用，所以在实际生产中弯曲件容易产生许多质量问题，其中常见的是弯裂、回弹、偏移、翘曲与剖面畸变。

4.2.1 弯裂及其控制

弯曲时板料的外侧受拉伸，当外侧的拉伸应力超过材料的抗拉强度以后，在板料的外侧将产生裂纹，此种现象称为弯裂。实践证明，板料是否会产生弯裂，在材料性质一定的情况下，主要与弯曲半径 r 与板料厚度 t 的比值 r/t（称为相对弯曲半径）有关，r/t 越小，其变形程度就越大，越容易产生裂纹。

1. 最小相对弯曲半径

如图 4.5 所示，设中性层半径为 ρ，弯曲中心角为 α，则最外层金属（半径为 R）的伸长率 $\delta_{外}$ 为

$$\delta_{外}=\frac{\overset{\frown}{aa}-\overset{\frown}{oo}}{\overset{\frown}{oo}}=\frac{(R-\rho)\alpha}{\rho\alpha}=\frac{R-\rho}{\rho}$$

设中性层位置在半径为 $\rho=r+t/2$ 处，且弯曲后厚度保持不变，则 $R=r+t$，且有

$$\delta_{外}=\frac{(r+t)-(r+t/2)}{r+t/2}=\frac{t/2}{r+t/2}=\frac{1}{2r/t+1} \tag{4.2}$$

如将 $\delta_{外}$ 以材料断后伸长率 δ 代入，则 r/t 转化为 $r_{\min}/t$，且有

$$r_{\min}/t=\frac{1-\delta}{2\delta} \tag{4.3}$$

从式(4.2)可以看出，相对弯曲半径 r/t 越小，外层材料的伸长率就越大，即板料切向变形程度越大，因此，生产中常用 r/t 来表示板料的弯曲变形程度。当外层材料的伸长率达到材料断后伸长率后，就会导致弯裂，故称 $r_{\min}/t$ 为板料不产生弯裂时的最小相对弯曲半径。

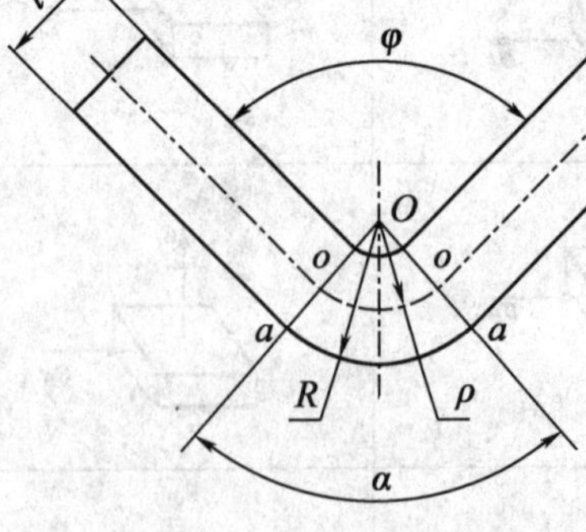

图 4.5 弯曲时的变形情况

影响最小相对弯曲半径的因素很多，主要有：

(1) 材料的塑性及热处理状态。

材料的塑性越好，其断后伸长率 δ 越大，由式(4.3)可以看出，$r_{\min}/t$ 就越小。

经退火处理后的坯料塑性较好，r_{min}/t 较小；经冷作硬化的坯料塑性降低，r_{min}/t 较大。

(2)板料的表面和侧面质量。

板料的表面及侧面(剪切断面)的质量差时，容易造成应力集中并降低塑性变形的稳定性，使材料过早地被破坏。对于冲裁或剪裁的坯料，若未经退火，由于切断面存在冷变形硬化层，也会使材料塑性降低。在这些情况下，均应选用较大的相对弯曲半径。

(3)弯曲方向。

板料经轧制以后产生纤维组织，使板料性能呈现明显的方向性。一般顺着纤维方向的力学性能较好，不易拉裂。因此，当弯曲线与纤维方向垂直时(图 4.6(a))，r_{min}/t 可取较小值；当弯曲线与纤维方向平行时(图 4.6(b))，r_{min}/t 则应取较大值。当弯曲件有两个互相垂直的弯曲线时，排样时应使两个弯曲线与板料的纤维方向成 45°夹角，如图 4.6(c)所示。

(4)弯曲中心角 α。

理论上弯曲变形区外表面的变形程度只与 r/t 有关，而与弯曲中心角 α 无关，但实际上由于接近圆角的直边部分也产生一定的变形，这就相当于扩大了弯曲变形区的范围，分散了集中在圆角部分的弯曲应变，从而可以减缓弯曲时弯裂的危险。弯曲中心角 α 越小，减缓作用越明显，因而 r_{min}/t 可以越小。

由于上述各种因素对 r_{min}/t 的综合影响十分复杂，所以 r_{min}/t 的数值一般通过试验方法确定。各种金属材料在不同状态下的最小相对弯曲半径的数值参见表 4.3。

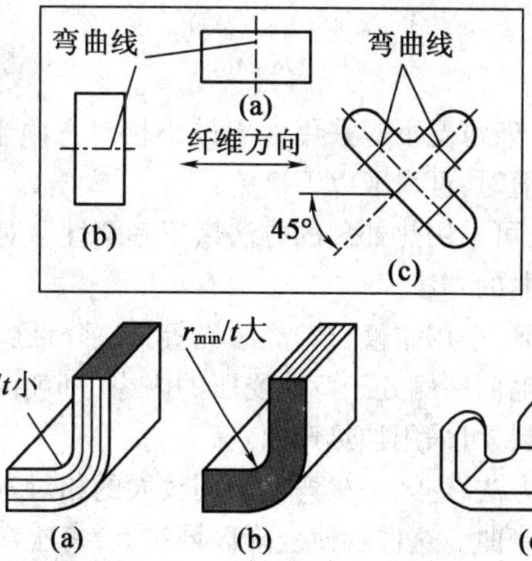

图 4.6　板料纤维方向对 r_{min}/t 的影响

表 4.3　最小相对弯曲半径 r_{min}/t

材料	退火状态		冷作硬化状态	
	弯曲线的位置			
	垂直纤维方向	平行纤维方向	垂直纤维方向	平行纤维方向
08、10、Q195、Q215	0.1	0.4	0.4	0.8
15、20、Q235	0.1	0.5	0.5	1.0
25、30、Q255	0.2	0.6	0.6	1.2
35、40、Q275	0.3	0.8	0.8	1.5

续表 4.3

材料	退火状态		冷作硬化状态	
	弯曲线的位置			
	垂直纤维方向	平行纤维方向	垂直纤维方向	平行纤维方向
45、50	0.5	1.0	1.0	1.7
55、60	0.7	1.3	1.3	2.0
铝	0.1	0.35	0.5	1.0
纯铜	0.1	0.35	1.0	2.0
软黄铜	0.1	0.35	0.35	0.8
半硬黄铜	0.1	0.35	0.5	1.2
紫铜	0.1	0.35	1.0	2.0
磷铜	—	—	1.0	3.0
$Cr_{18}Ni_9$	1.0	2.0	3.0	4.0

注:①当弯曲线与纤维方向不垂直也不平行时,可取垂直和平行方向二者的中间值

②冲裁或剪裁后的板料若未做退火处理,则应作为硬化的金属选用

③弯曲时应使板料有毛刺的一边处于弯角的内侧

2. 控制弯裂的措施

为了控制或防止弯裂,一般情况下应采用大于最小相对弯曲半径的数值。当零件的相对弯曲半径小于表 4.3 所列数值时,可采取以下措施:

①经冷变形硬化的材料,可采用热处理的方法恢复其塑性。对于剪切断面的硬化层,还可以采取先去除然后再进行弯曲的方法。

②去除坯料剪切面的毛刺,采用整修、挤光、滚光等方法降低剪切面的表面粗糙度值。

③弯曲时使切断面上的毛面一侧处于弯曲受压的内缘(即朝向弯曲凸模)。

④对于低塑性材料或厚料,可采用加热弯曲。

⑤采取两次弯曲的工艺方法,即第一次弯曲采用较大的相对弯曲半径,中间退火后再按零件要求的相对弯曲半径进行弯曲。这样就使变形区域扩大,每次弯曲的变形程度减小,从而减小了外层材料的伸长率。

⑥对于较厚板料的弯曲,如果结构允许,可采取先在弯角内侧开出工艺槽后再进行弯曲的工艺,如图 4.7(a)和(b)所示。对于较薄的材料,可以在弯角处压出工艺凸肩,如图 4.7(c)所示。

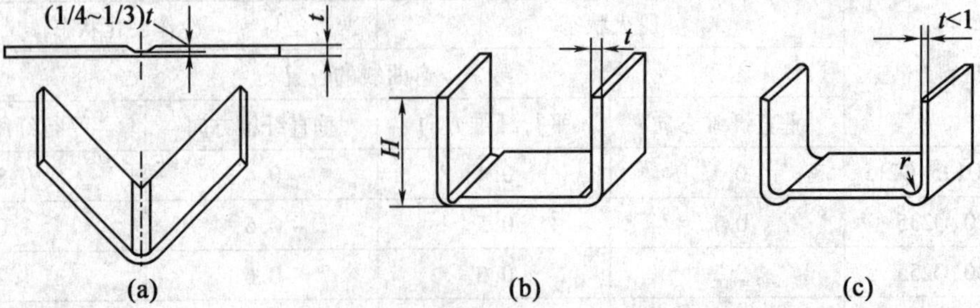

图 4.7 在弯角处开工艺槽或压出工艺凸肩

4.2.2 回弹及其控制

弯曲是一种塑性变形工序，塑性变形时总包含弹性变形，当弯曲载荷卸除以后，塑性变形保留下来，而弹性变形将完全消失，使得弯曲件在模具中所形成的弯曲半径和弯曲角度在出模后发生改变，这种现象称为回弹。由于弯曲时内、外区切向应力方向不一致，因而弹性回复方向也相反，即外区弹性缩短而内区弹性伸长，这种反向的回弹就大大加剧了弯曲件圆角半径和角度的改变。所以，与其他变形工序相比，弯曲过程的回弹现象是一个不能忽视的重要问题，它直接影响弯曲件的精度。

回弹的大小通常用弯曲件的弯曲半径或弯曲角与凸模相应半径或角度的差值来表示，如图 4.8 所示，即

$$\Delta r = r - r_\rho \tag{4.4}$$

$$\Delta\varphi = \varphi - \varphi_\rho \tag{4.5}$$

式中　Δr、$\Delta\varphi$——弯曲半径与弯曲角的回弹值；

r、φ——弯曲件的弯曲半径与弯曲角；

r_ρ、φ_ρ——凸模的半径和角度。

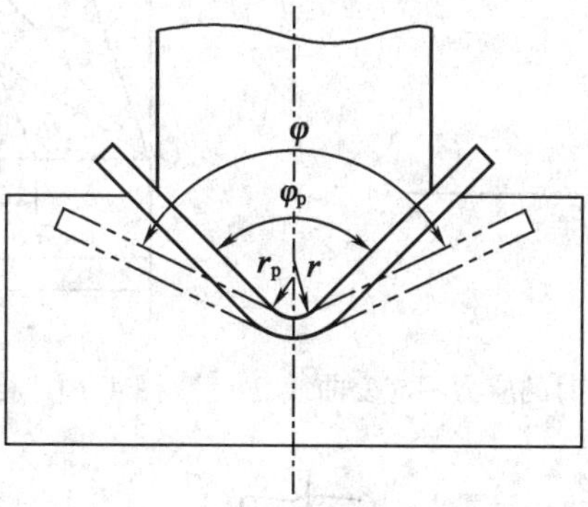

图 4.8　弯曲时的回弹

一般情况下，Δr、$\Delta\varphi$ 为正值时称为正回弹，但在有些校正弯曲时，也会出现负回弹。

1. 影响回弹的因素

(1) 材料的力学性能。

由式(1.11)可知，卸载时弹性回复的应变量与材料的屈服极限 σ_s 成正比，与弹性模量 E 成反比，即 σ_s/E 越大，材料的回弹值也就越大。例如，图 4.9 所示为退火状态的软钢拉伸时的应力 - 应变曲线，当拉伸到 P 点后卸除载荷时，产生 $\Delta\varepsilon_1$ 的回弹，其值 $\Delta\varepsilon_1 = \sigma_P/\tan\alpha = \sigma_P/E$，即材料的弹性模量 E 越大，材料的回弹值越小。图中的虚线为同一材料经冷作硬化后的拉伸曲线，屈服极限提高了，当应变均为 ε_P 时，材料的回弹 $\Delta\varepsilon_2$ 比退火状态的回弹 $\Delta\varepsilon_1$ 大。

(2) 相对弯曲半径 r/t。

r/t 越大，弯曲变形程度越小，中性层附近的弹性变形区域增加，同时在总的变形量中，弹性变形量所占比例也相应增大(由图 4.10 中的几何关系可以看出 $\Delta\varepsilon_1/\varepsilon_P > \Delta\varepsilon_2/\varepsilon_Q$)。因此，相对弯曲半径 r/t 越大，回弹也越大。这也是 r/t 很大的零件不易弯曲成形的原因。

(3) 弯曲角度 φ(或弯曲中心角 α)。

φ 越小(或 α 越大)，弯曲变形区域就越大，因而回弹积累越大，回弹也就越大。

(4)弯曲方式。

在无底凹模内做自由弯曲时(图4.11)的回弹比在有底凹模内做校正弯曲时(图4.2)的回弹大。校正弯曲时回弹较小的原因之一是凹模V形面对坯料的限制作用,当坯料与凸模三点接触后,随着凸模的继续下压,坯料的直边部分则向与之前相反的方向变形,弯曲终了时可以使产生了一定曲度的直边重新压平并与凸模完全贴合。卸载后直边部分的回弹是向V形闭合方向进行,而圆角部分的回弹是向V形张开方向进行,两者回弹方向相反,可以相互抵消一部分;另一个原因是板料圆角变形区受凸、凹模压缩的作用,不仅使弯曲变形外区的拉应力有所减小,而且在外区中性层附近还出现和内区同号的压缩应力,随着校正力的增加,压应力区向板料外表面逐步扩展,致使板料的全部或大部分断面均出现压应力,于是圆角部分的内、外区回弹方向一致,故校正弯曲时的回弹比自由弯曲时的回弹大为减小。

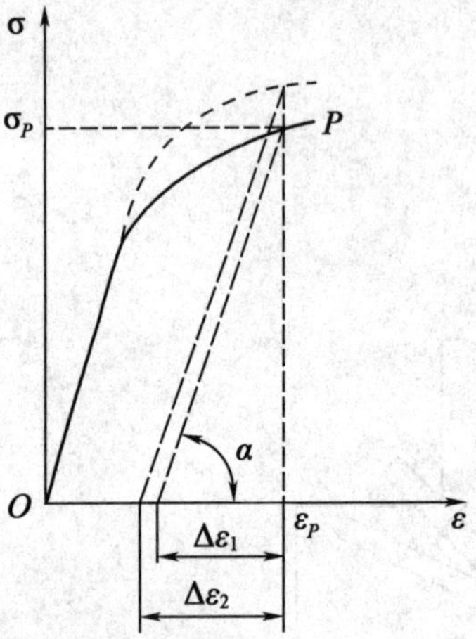

图4.9　退火状态的软钢拉伸时的应力-应变曲线

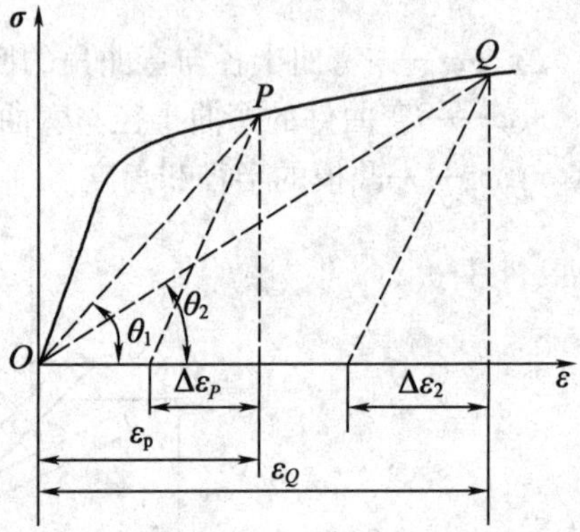

图4.10　相对弯曲半径对回弹的影响

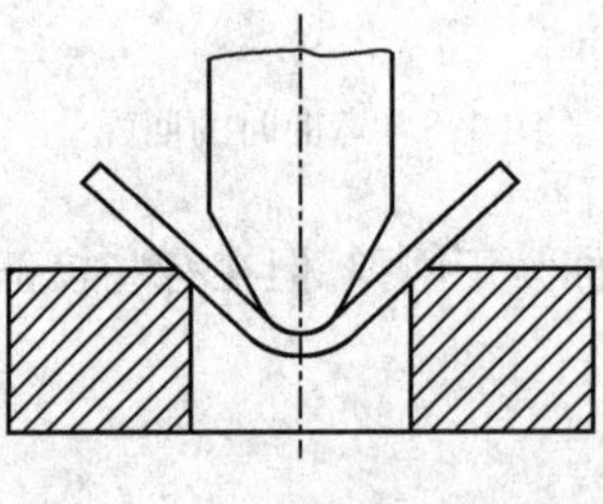

图4.11　无底凹模内的自由弯曲

(5)凸、凹模间隙。

在弯曲U形件时,凸、凹模之间的间隙对回弹有较大的影响。间隙较大时,材料处于松动状态,回弹就大;间隙较小时,材料被挤紧,回弹就小。

(6)弯曲件的形状。

弯曲件形状复杂时,一次弯曲成形角的数量较多,则弯曲时各部分互相牵制的作用越大,弯曲中拉伸变形的成分越大,故回弹值就小。如弯⊔形件的回弹比弯U形件的回弹小,弯U形件的回弹比弯V形件的回弹小。

2. 回弹值的确定

为了得到形状与尺寸精确的弯曲件,需要事先确定回弹值。由于影响回弹的因素很多,用理论方法计算回弹值很复杂，而且也不准确，因此，在设计与制造模具时，往往先根据经验数值和简单的计算来初步确定模具工作部分的尺寸，然后在试模时修正。

(1)小变形程度($r/t \geqslant 10$)自由弯曲时的回弹值。

当 $r/t \geqslant 10$ 时，弯曲件的角度和圆角半径的回弹都较大。这时在考虑回弹后，凸模工作部分的圆角半径和角度可按以下公式进行计算：

$$r_p = \frac{r}{1 + \dfrac{3\sigma_s r}{Et}} \tag{4.6}$$

$$\varphi_p = 180° - \frac{r}{r_p}(180° - \varphi) \tag{4.7}$$

式中　r、φ——弯曲件的圆角半径和角度；

r_p、φ_p——凸模的圆角半径和角度；

σ_s——弯曲件材料的屈服极限；

E——弯曲件材料的弹性模量；

t——弯曲件材料厚度。

(2)大变形程度($r/t < 5$)自由弯曲时的回弹值。当 $r/t < 5$ 时，弯曲件的圆角半径回弹量很小，可以不予考虑，因此只需确定角度的回弹值。表 4.4 所示为自由弯曲 V 形件弯曲角为 90°时部分材料的平均回弹角。

表 4.4　自由弯曲 V 形件弯曲角为 90°时部分材料的平均回弹角($\Delta\varphi_{90}$)

材料	r/t	材料厚度 t/mm		
		<0.8	0.8~2	>2
软钢　σ_b = 350 MPa	<1	4°	2°	0°
黄铜　σ_b = 350 MPa	1~5	5°	3°	1°
铝和锌	>5	6°	4°	2°
中硬钢　σ_b = 400~500 MPa	<1	5°	2°	0°
硬黄铜　σ_b = 350~400 MPa	1~5	6°	3°	1°
硬青铜	>5	8°	5°	3°
硬钢　σ_b > 550 MPa	<1	7°	4°	2°
	1~5	9°	5°	3°
	>5	12°	7°	6°
硬铝 LY12	<2	2°	3°	4°30′
	2~5	4°	6°	8°30′
	>5	6°30′	10°	14°

当弯曲件的弯曲角不为 90°时，其回弹角可按下式计算：

$$\Delta\varphi = \frac{\varphi}{90}\Delta\varphi_{90} \tag{4.8}$$

式中　φ——弯曲件的弯曲角，(°)；

$\Delta\varphi$——弯曲件的弯曲角为 φ 时的回弹角，(°)；

$\Delta\varphi_{90}$——弯曲件的弯曲角为 90°时的回弹角，(°)，见表 4.4。

(3)校正弯曲时的回弹值。

校正弯曲时也不需考虑弯曲半径的回弹，只考虑弯曲角的回弹值。弯曲角的回弹值可按表 4.5 中的经验公式进行计算。

表 4.5 V 形件校正弯曲时的回弹角 $\Delta\varphi$

材料	弯曲角 φ			
	30°	60°	90°	120°
08、10、Q195	$\Delta\varphi=0.75r/t-0.39$	$\Delta\varphi=0.58r/t-0.80$	$\Delta\varphi=0.43r/t-0.61$	$\Delta\varphi=0.36r/t-1.26$
15、20、Q215、Q235	$\Delta\varphi=0.69r/t-0.23$	$\Delta\varphi=0.64r/t-0.65$	$\Delta\varphi=0.434r/t-0.36$	$\Delta\varphi=0.37r/t-0.58$
25、30、Q255	$\Delta\varphi=1.59r/t-1.03$	$\Delta\varphi=0.95r/t-0.94$	$\Delta\varphi=0.78r/t-0.79$	$\Delta\varphi=0.46r/t-1.36$
35、Q275	$\Delta\varphi=1.51r/t-1.48$	$\Delta\varphi=0.84r/t-0.76$	$\Delta\varphi=0.79r/t-1.62$	$\Delta\varphi=0.51r/t-1.71$

例 4.1 如图 4.12(a)所示，该零件材料为 LY12，$\sigma_s=361$ MPa，$E=71\times10^3$ MPa，求凸模圆角半径 r_p 及角度 φ_p。

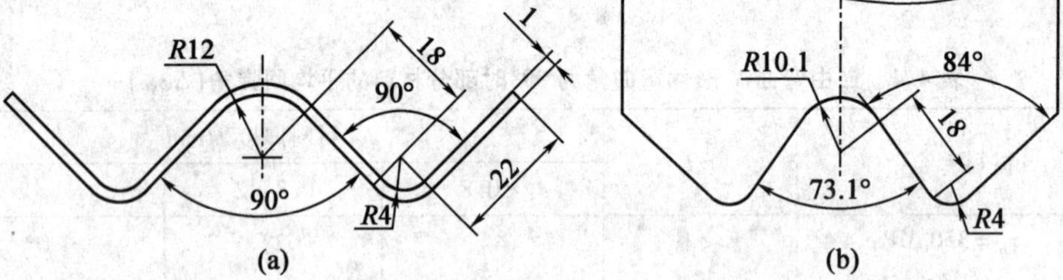

图 4.12 回弹值计算实例

解 (1)零件中间弯曲部分($r=12$ mm，$\varphi=90°$，$t=1$ mm)。

因为 $r/t=12\div1=12>10$，故零件的圆角半径回弹和角度回弹都要考虑。由式(4.6)和式(4.7)得

$$r_p=\frac{r}{1+\dfrac{3\sigma_s r}{Et}}=\frac{12}{1+\dfrac{3\times361\times12}{71\times10^3\times1}}=10.1(\text{mm})$$

$$\varphi_p=180°-\frac{r}{r_p}(180°-\varphi)=180°-\frac{12}{10.1}\times(180°-90°)=73.1°$$

(2)零件两侧弯曲部分($r=4$ mm，$\varphi=90°$，$t=1$ mm)。

因为 $r/t=4\div1=4<5$，故只需考虑弯曲角度的回弹。查表 4.4，得到 $\Delta\varphi=6°$，故

$$\varphi_p=\varphi-\Delta\varphi=90°-6°=84°$$

$$r_p=r=4\text{ mm}$$

计算后的凸模尺寸如图 4.12(b)所示。

3. 控制回弹的措施

在实际生产中，由于材料的力学性能及厚度的变动等，要完全消除弯曲件的回弹是不可能

的，但可以采取一些措施来控制或减小回弹所引起的误差，以提高弯曲件的精度。控制弯曲件回弹的措施主要有以下几方面。

(1)改进弯曲件的设计。

①尽量避免选用过大的相对弯曲半径 r/t。如有可能，在弯曲变形区压出加强筋或成形边翼，以提高弯曲件的刚度，抑制回弹，如图 4.13 所示。

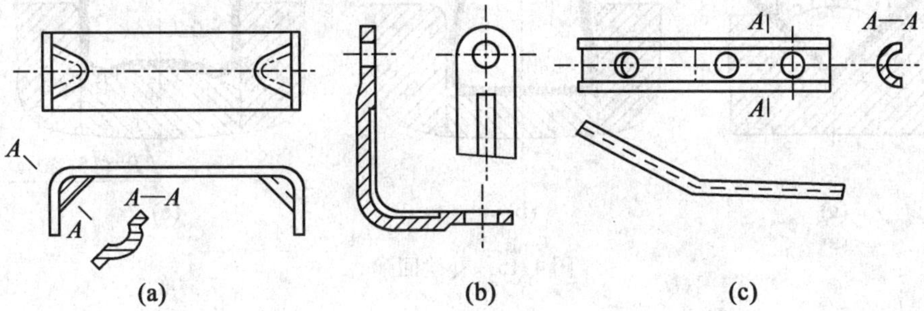

图 4.13　在弯曲件结构上考虑减小回弹

②采用 σ_s/E 小、力学性能稳定和板料厚度波动小的材料。如用软钢来代替硬铝、铜合金等，不仅回弹小，而且成本低，易于弯曲。

(2)采取合适的弯曲工艺。

①用校正弯曲代替自由弯曲。

②对经冷作硬化后的材料在弯曲前进行退火处理，弯曲后再用热处理方法恢复材料性能。对于回弹较大的材料，必要时可采用加热弯曲。

③采用拉弯工艺方法。拉弯工艺如图 4.14 所示，在弯曲过程中对板料施加一定的拉力，使弯曲件变形区的整个断面都处于同向拉应力，卸载后变形区的内、外区回弹方向一致，从而可以大大减小弯曲件的回弹。这种方法对于弯曲 r/t 很大的弯曲件特别有利。

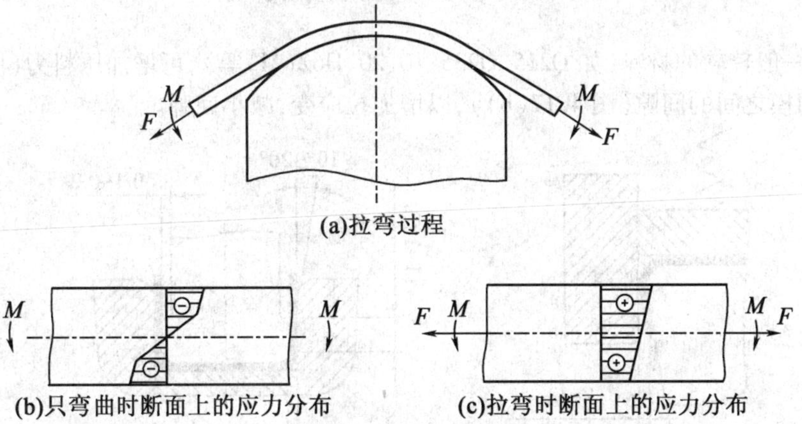

图 4.14　拉弯工艺

(3)合理设计弯曲模结构。

①在凸模上减去回弹角(图 4.15(a)和(b))，使弯曲件弯曲后其回弹得到补偿。对于 U 形件，还可将凸、凹模底部设计成弧形(图 4.15(c))，弯曲后利用底部向上的回弹来补偿两直边向外的回弹。

②当弯曲件材料厚度大于0.8 mm,且塑性较好时,可将凸模设计成图4.16所示的局部突起形状,使凸模作用力集中在弯曲变形区,以加大变形区的变形程度,从而减小回弹。

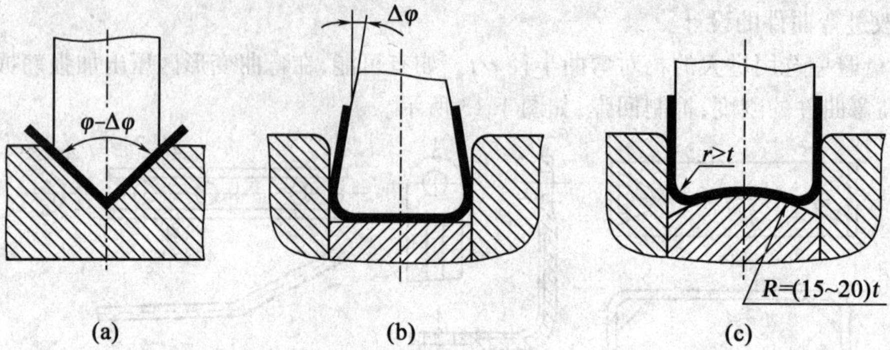

图4.15 补偿回弹

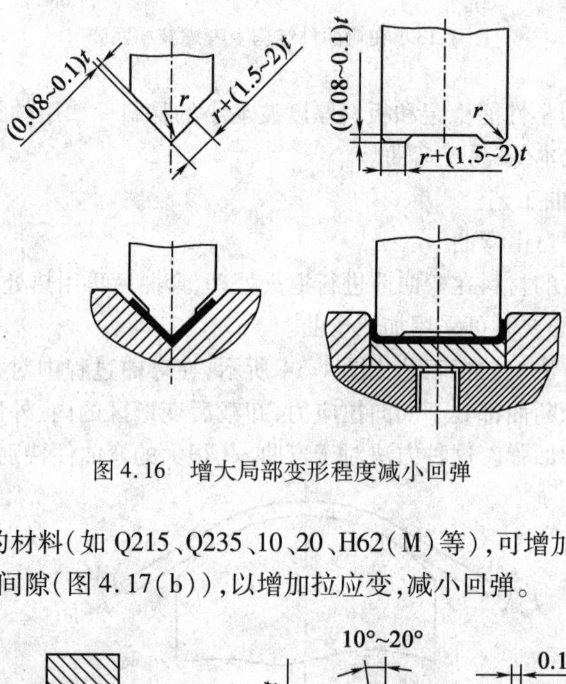

图4.16 增大局部变形程度减小回弹

③对于一般较软的材料(如Q215、Q235、10、20、H62(M)等),可增加压料力(图4.17(a))或减小凸、凹模之间的间隙(图4.17(b)),以增加拉应变,减小回弹。

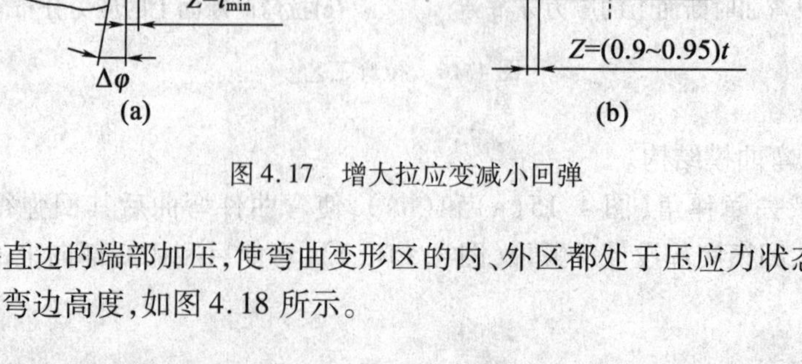

图4.17 增大拉应变减小回弹

④在弯曲件直边的端部加压,使弯曲变形区的内、外区都处于压应力状态而减小回弹,并能得到较精确的弯边高度,如图4.18所示。

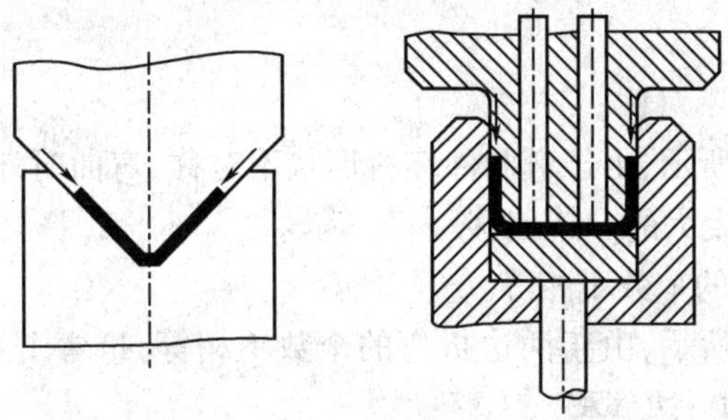

图 4.18　在弯曲件端部加压减小回弹

⑤采用橡胶或聚氨酯代替刚性凹模进行软凹模弯曲，可以使坯料紧贴凸模，同时使坯料产生拉伸变形，获得类似拉弯的效果，能显著减小回弹，如图 4.19 所示。

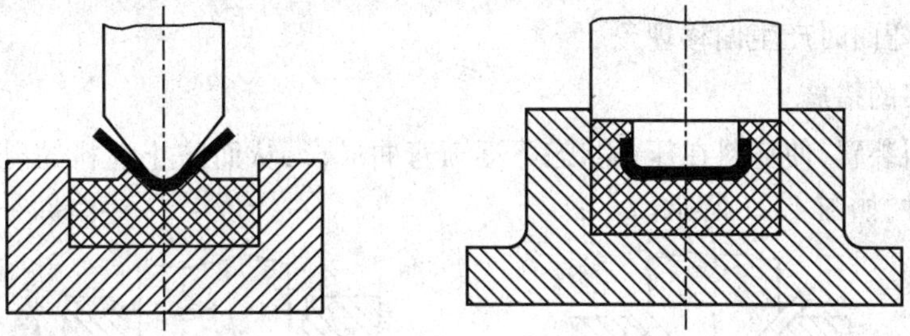

图 4.19　采用软凹模弯曲减小回弹

4.2.3　偏移及其控制

在弯曲过程中，坯料沿凹模边缘滑动时要受到摩擦阻力的作用，当坯料各边所受到的摩擦力不等时，坯料会沿其长度方向产生滑移，从而使弯曲后的零件两直边长度不符合图样要求，这种现象称为偏移，如图 4.20 所示。

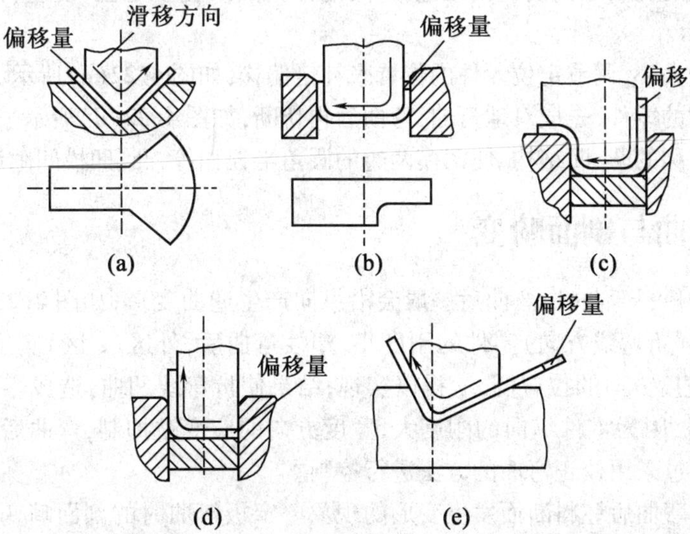

图 4.20　弯曲时的偏移现象

1. 产生偏移的原因

(1)弯曲件坯料形状不对称。

如图4.20(a)和(b)所示,由于弯曲件坯料形状不对称,弯曲时坯料的两边与凹模接触的宽度不相等,使坯料沿宽度大的一边偏移。

(2)弯曲件两边折弯的个数不相等。

如图4.20(c)和(d)所示,由于两边折弯的个数不相等,折弯个数多的一边摩擦力大,因此坯料会向折弯个数多的一边偏移。

(3)弯曲凸、凹模结构不对称。

如图4.20(e)所示,在V形件弯曲中,如果凸、凹模两边与对称线的夹角不相等,角度大的一边坯料所受凸、凹模的压力大,因而摩擦力也大,所以坯料会向角度大的一边偏移。

此外,坯料定位不稳定、压料不牢、凸模与凹模的圆角不对称、间隙不对称和润滑情况不一致时,也会导致弯曲时产生偏移现象。

2. 控制偏移的措施

①采用压料装置,使坯料在压紧状态下逐渐弯曲成形,从而防止坯料的滑动,而且还可得到平整的弯曲件,如图4.21所示。

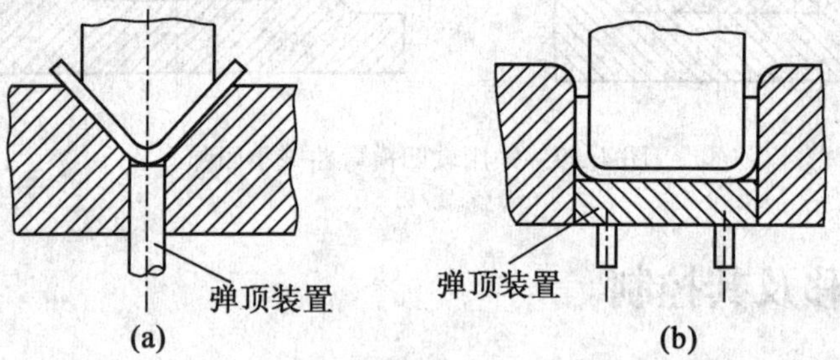

图4.21 控制偏移的措施1

②利用毛坯上的孔或弯曲前冲出工艺孔,用定位销插入孔中定位,使坯料无法移动,如图4.22(a)和(b)所示。

③根据偏移量大小,调节定位元件的位置来补偿偏移,如图4.22(c)所示。

④对于不对称的零件,先成对地弯曲,弯曲后再切断,如图4.22(d)所示。

⑤尽量采用对称的凸、凹结构,使凹模两边的圆角半径相等,凸、凹模间隙调整对称。

4.2.4 翘曲与剖面畸变

对于细而长的板料弯曲件,弯曲后一般会沿纵向产生翘曲变形,如图4.23所示。这是因为沿板料宽度方向(折弯线方向)零件的刚度小,塑性弯曲后,外区(a区)宽度方向的压应变 ε_{ϕ} 和内区(b区)宽度方向的拉应变 ε_{ϕ} 得以实现,结果使折弯线凹曲,造成零件的纵向翘曲。当板弯件短而粗时,因为零件纵向的刚度大,宽度方向的应变被抑制,弯曲后翘曲则不明显。翘曲现象一般可通过采用校正弯曲的方法进行控制。

剖面畸变是指弯曲后坯料断面发生变形的现象。窄板弯曲时的剖面畸变如图4.4(a)所示。弯曲管材和型材时,由于径向压应力 σ_t 的作用,也会产生图4.24所示的剖面畸变现象。另外,在薄壁管的弯曲中,还会出现内侧面因受宽向压应力 σ_θ 的作用而失稳起皱的现象,因此弯曲时管中应添加填料或芯棒。

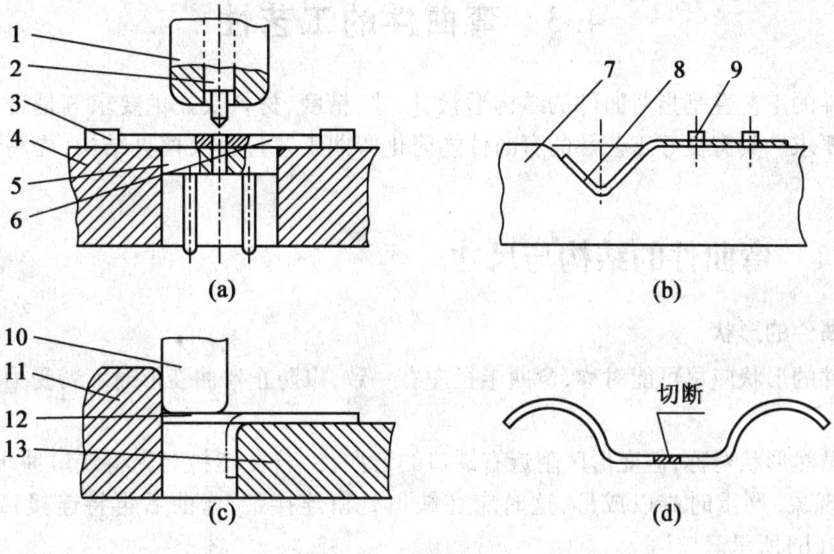

图 4.22　控制偏移的措施 2

1,10—凸模；2—导正销；3—定位板；4,7,13—凹模；

5—顶板；6,12—坯料；8—弯曲件；9—定位销；11—定位块

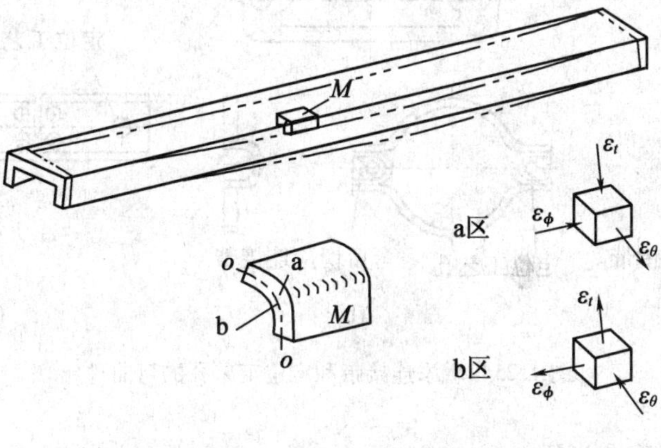

图 4.23　弯曲后的翘曲现象

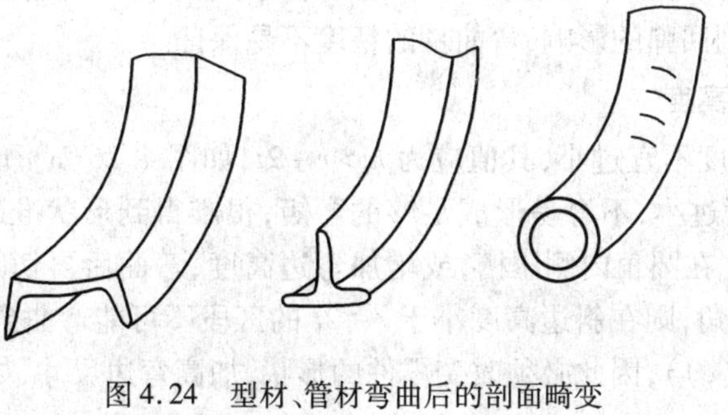

图 4.24　型材、管材弯曲后的剖面畸变

4.3 弯曲件的工艺性

弯曲件的工艺性是指弯曲件的结构形状、尺寸、精度、材料及技术要求等是否符合弯曲加工的工艺要求。具有良好工艺性的弯曲件能简化弯曲工艺过程及模具结构，提高弯曲件的质量。

4.3.1 弯曲件的结构与尺寸

1. 弯曲件的形状

弯曲件的形状应尽可能对称，弯曲半径左右一致，以防止弯曲变形时坯料受力不均匀而产生偏移。

有些虽然形状对称，但变形区附近有缺口的弯曲件，若在坯料上先将缺口冲出，弯曲时会出现叉口现象，严重时难以成形，这时应在缺口处留连接带，弯曲后再将连接带切除，如图4.25(a)和(b)所示。

为了保证坯料在弯曲模内准确定位，或防止在弯曲过程中坯料发生偏移，最好能在坯料上预先增添定位工艺孔，如图4.25(b)和(c)所示。

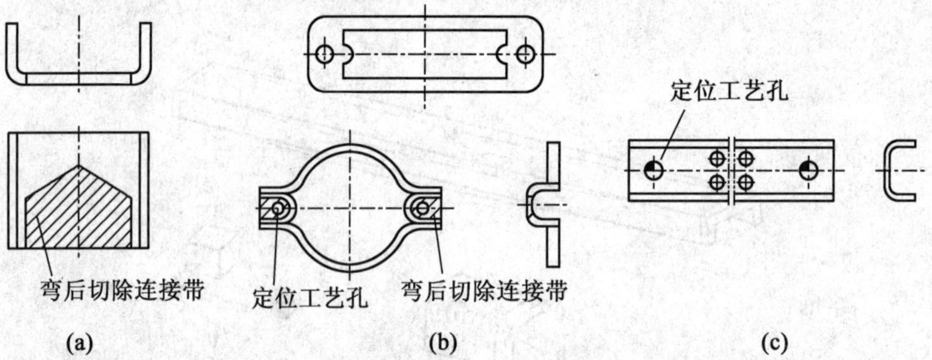

图4.25 增添连接带和定位工艺孔的弯曲件

2. 弯曲件的相对弯曲半径

弯曲件的相对弯曲半径 r/t 应大于最小相对弯曲半径(表4.3)，但也不宜过大。因为相对弯曲半径过大时，受到回弹的影响，弯曲件的精度不易保证。

3. 弯曲件的弯边高度

弯曲件的弯边高度不宜过小，其值应为 $h > r + 2t$，如图4.26(a)所示。当 h 较小时，弯边在模具上支持的长度过小，不容易形成足够的弯矩，很难得到形状准确的零件。当零件要求 $h < r + 2t$ 时，则须预先在圆角内侧压槽，或增加弯边高度，弯曲后再切除，如图4.26(b)所示。如果所弯直边带有斜角，则在斜边高度小于 $r + 2t$ 的区段不可能弯曲到要求的角度，而且此处也容易开裂(图4.26(c))，因此必须改变零件的形状，加高弯边尺寸，如图4.26(d)所示。

4. 弯曲件的孔边距离

带孔的板料弯曲时，如果孔位于弯曲变形区内，则弯曲时孔的形状会发生变形，因此必须使孔位于变形区之外，如图4.27所示。一般孔边到弯曲半径 r 中心的距离要满足以下关系：

①当 $t<2$ mm 时，$L\geqslant t$。

②当 $t\geqslant 2$ mm 时，$L\geqslant 2t$。

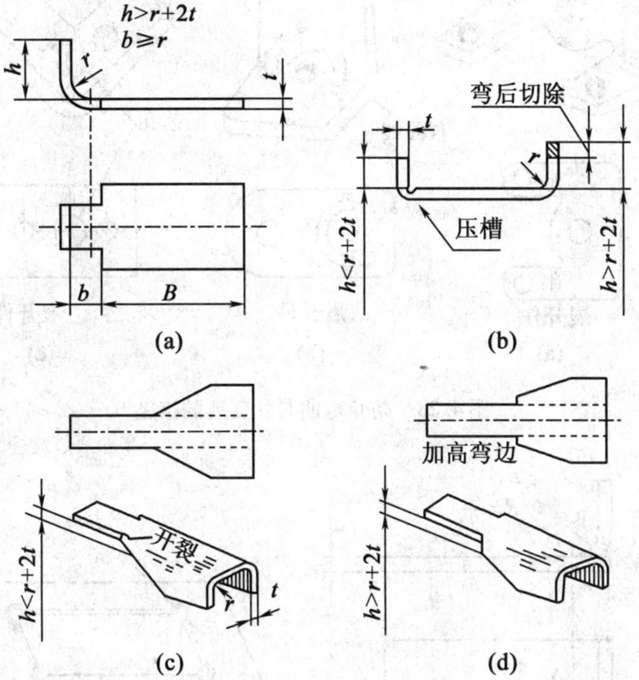

图 4.26　弯曲件的弯边高度

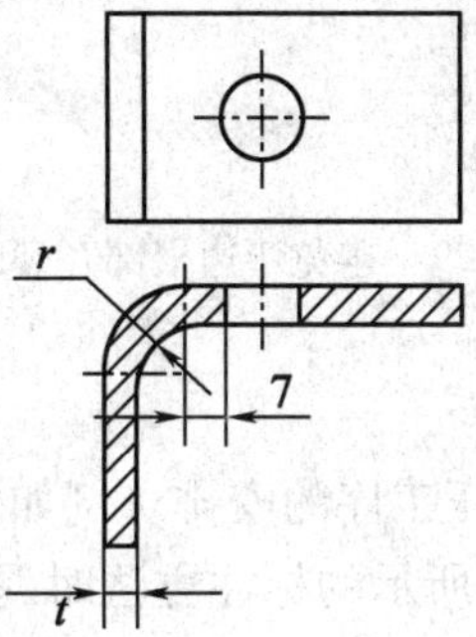

图 4.27　弯曲件的孔边距离

如果上述关系不能满足，在结构许可的情况下，可在靠变形区一侧预先冲出凸缘形缺口或月牙形槽（图 4.28（a）和（b）），也可在弯曲线上冲出工艺孔（图 4.28（c）），以改变变形范围，利用工艺变形来保证所需孔不产生变形。

5. 避免弯边根部开裂

在局部弯曲坯料上的某一部分时，为避免弯边根部撕裂，应使不弯部分退出弯曲线之外，即保证 $b\geqslant r$（图 4.26（a））。如果不能满足条件 $b\geqslant r$，可在弯曲部分和不弯部分之间切槽（图 4.29（a），槽深 l 应大于弯曲半径 R），或在弯曲前冲出工艺孔（图 4.29（b））。

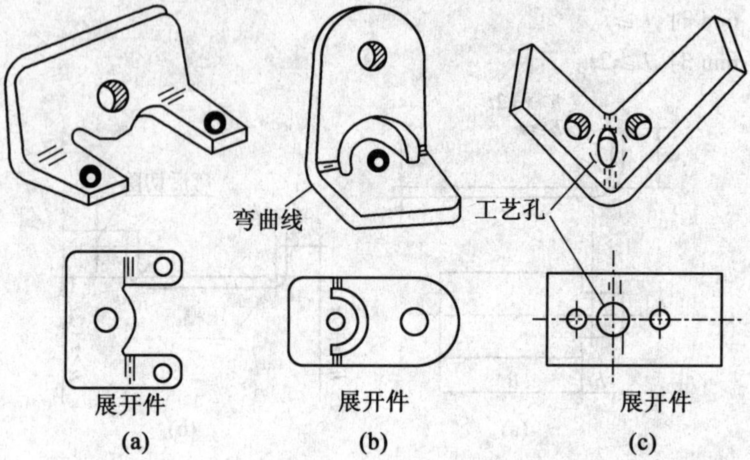

图 4.28　防止弯曲时孔变形的措施

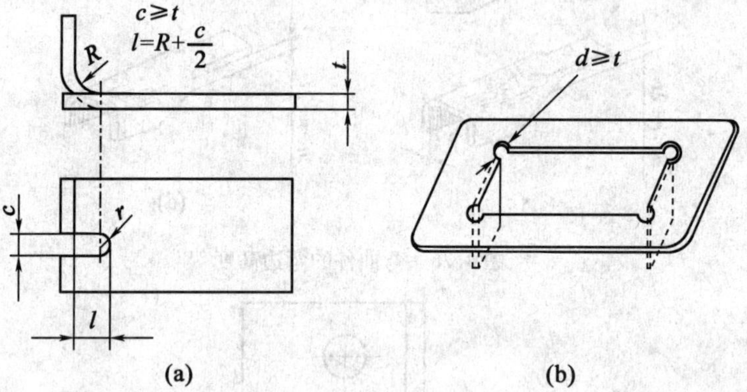

图 4.29　避免弯边根部开裂的措施

6. 弯曲件的尺寸标注

弯曲件尺寸标注不同会影响冲压工序的安排。例如,图 4.30 所示为弯曲件的位置尺寸的三种标注方法,其中采用图 4.30(a)所示的标注方法时,孔的位置精度不受坯料展开长度和回弹的影响,可先冲孔落料(复合工序),然后再弯曲成形,工艺和模具设计较简单;图 4.30(b)和(c)所示的标注法受弯曲回弹的影响,冲孔只能安排在弯曲之后进行,增加了工序,还会造成诸多不便。

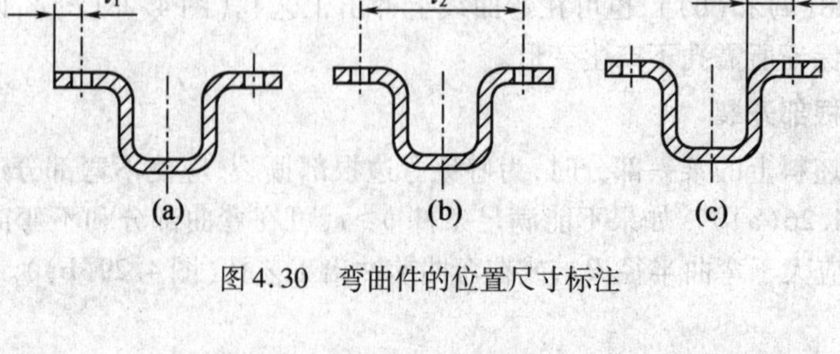

图 4.30　弯曲件的位置尺寸标注

4.3.2 弯曲件的精度

弯曲件的精度受坯料定位、偏移、回弹及翘曲等因素的影响，弯曲的工序数目越多，精度也越低。对弯曲件的精度要求应合理，一般弯曲件长度的尺寸公差等级在 IT13 级以下，角度公差大于 15′。弯曲件未注公差的长度尺寸的极限偏差见表 4.6；弯曲件角度的自由公差值见表 4.7。

表 4.6　弯曲件未注公差的长度尺寸的极限偏差

mm

长度尺寸 l/mm		3 ~ 6	6 ~ 18	18 ~ 50	50 ~ 120	120 ~ 260	260 ~ 500
材料厚度 t/mm	≤2	±0.3	±0.4	±0.6	±0.8	±1.0	±1.5
	2 ~ 4	±0.4	±0.6	±0.8	±1.2	±1.5	±2.0
	>4	–	±0.8	±1.0	±1.5	±2.0	±2.5

表 4.7　弯曲件角度的自由公差值

弯边长度 l/mm	≤6	≤6 ~ 10	10 ~ 18	18 ~ 30	30 ~ 50
角度公差 $\Delta\beta$	±3°	±2°30′	±2°	±1°30′	±1°15′
弯边长度 l/mm	50 ~ 80	80 ~ 120	120 ~ 180	180 ~ 260	260 ~ 360
角度公差 $\Delta\beta$	±1°	±50′	±40′	±30′	±25′

4.3.3 弯曲件的材料

弯曲件的材料要求具有足够的塑性，屈弹比 σ_s/E 和屈强比 σ_s/σ_b 小。足够的塑性和较小的屈强比能保证弯曲时不开裂，较小的屈弹比能使弯曲件的形状和尺寸准确。最适宜于弯曲的材料有软钢、黄铜及铝等。

脆性较大的材料（如磷青铜、铍青铜、弹簧钢等），要求弯曲时有较大的相对弯曲半径 r/t，否则容易发生裂纹。

对于非金属材料，只有塑性较大的纸板、有机玻璃才能进行弯曲，而且在弯曲前坯料要进行预热，相对弯曲半径也应较大，一般要求 $r/t>5$。

4.4 弯曲件的展开尺寸计算

为了确定弯曲前坯料的形状与大小，需要计算弯曲件的展开尺寸。弯曲件展开尺寸的计算基础是应变中性层在弯曲前后长度保持不变。

4.4.1 弯曲中性层位置的确定

根据中性层的定义，弯曲件的坯料长度应等于弯曲件中性层的展开长度。由于在塑性弯曲时，中性层的位置要发生位移，所以，计算中性层展开长度，首先应确定中性层位置。中性层位置以曲率半径 ρ 表示（图 4.31），常用下面经验公式确定：

$$\rho = r + xt \tag{4.9}$$

式中 r——弯曲件的内弯曲半径；

t——材料厚度；

x——中性层位移系数，见表4.8。

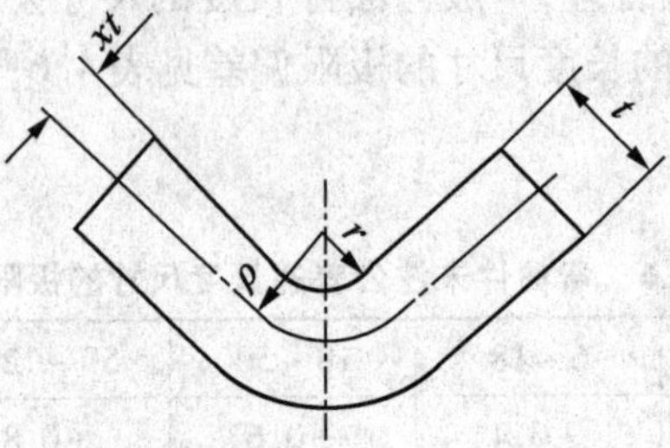

图4.31 中性层位置

表4.8 中性层位移系数 x

r/t	0.1	0.2	0.3	0.4	0.5	0.6	0.7	0.8	1.0	1.2
x	0.21	0.22	0.23	0.24	0.25	0.26	0.28	0.30	0.32	0.33
r/t	1.3	1.5	2	2.5	3	4	5	6	7	≥8
x	0.34	0.36	0.38	0.39	0.40	0.42	0.44	0.46	0.48	0.50

4.4.2 弯曲件展开尺寸计算

弯曲件的展开长度等于各直边部分长度与各圆弧部分长度之和。直边部分的长度是不变的，而圆弧部分的长度则需考虑材料的变形和中性层的位移。

1. $r/t > 0.5$ 的弯曲件

$r/t > 0.5$ 的弯曲件由于变薄不严重，按中性层展开的原理，坯料总长度应等于弯曲件直线部分和圆弧部分长度之和（图4.32），即

$$L_z = l_1 + l_2 + \frac{\pi\alpha}{180}\rho = l_1 + l_2 + \frac{\pi\alpha}{180}(r + xt) \tag{4.10}$$

式中 L_z——坯料展开总长度，mm；

ρ——弯曲中心角，(°)。

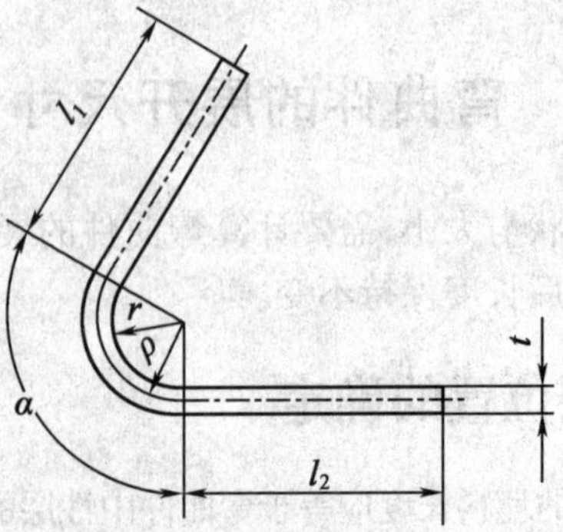

图4.32 $r/t > 0.5$ 的弯曲

2. $r/t<0.5$ 的弯曲件

对于 $r/t<0.5$ 的弯曲件，由于弯曲变形时不仅零件的圆角变形区严重变薄，而且与其相邻的直边部分也变薄了，故应按变形前后体积不变条件来确定坯料长度。通常可采用表 4.9 所列的经验公式计算。

表 4.9　$r/t<0.5$ 的弯曲件坯料长度计算公式

简图	计算公式
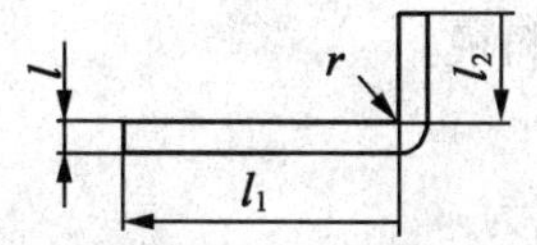	$L_z=l_1+l_2+0.4t$
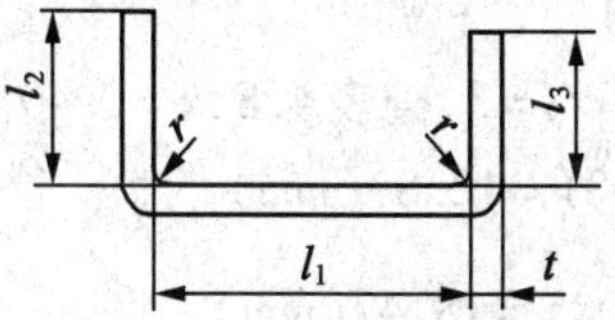	$L_z=l_1+l_2+l_3+0.6t$ （一次同时弯曲两个角）
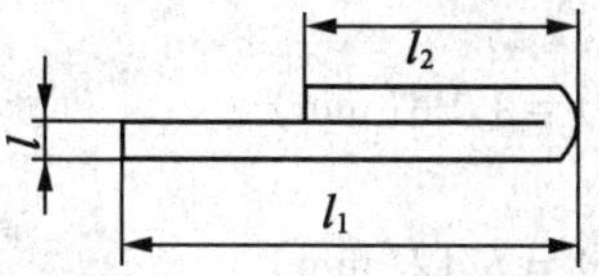	$L_z=l_1+l_2-0.43t$
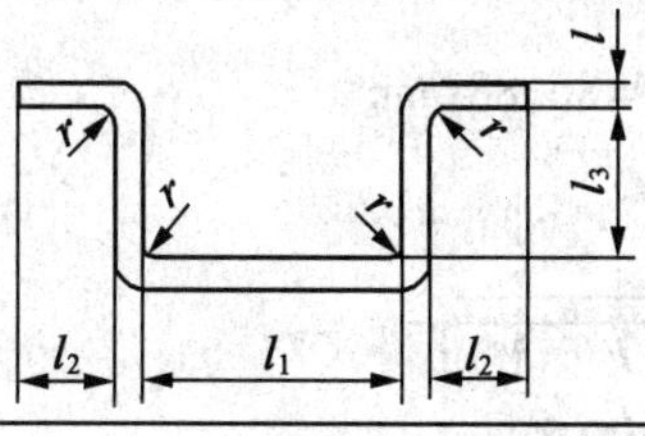	$L_z=l_1+2l_2+2l_3+t$ （一次同时弯曲四个角）
	$L_z=l_1+2l_2+2l_3+1.2t$ （分为两次弯曲四个角）

3. 铰链式弯曲件

对于 $r/t=0.6\sim3.5$ 的铰链式弯曲件（图 4.33），通常采用推圆的方法成形，在卷圆过程中板料有所增厚，中性层发生外移，故其坯料长度 L_z 可按下式近似计算：

$$L_z=l+1.5\pi(r+x_1t)+r\approx l+5.7r+4.7x_1t \tag{4.11}$$

式中　l——直线段长度；

r——铰链内半径；

x_1——中性层位移系数，查表 4.10。

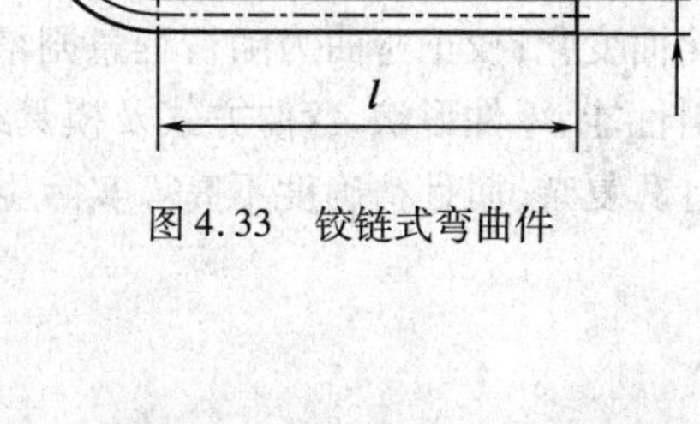

图 4.33　铰链式弯曲件

表 4.10 卷圆时中性层位移系数 x_1

r/t	0.5~0.6	0.6~0.8	0.8~1.0	1.0~1.2	1.2~1.5	1.5~1.8	1.8~2.0	2.0~2.2	2.2
x_1	0.76	0.73	0.70	0.67	0.64	0.61	0.58	0.54	0.5

需要指出的是,上述坯料长度的计算公式只能用于形状比较简单、尺寸精度要求不高的弯曲件。对于形状比较复杂或精度要求高的弯曲件,在利用上述公式初步计算坯料长度后,还需反复试弯,不断修正,才能最后确定坯料的形状及尺寸。这是因为很多因素没有考虑,可能产生较大的误差,故在生产中宜先制造弯曲模,后制造坯料的落料模。

例 4.2 计算图 4.34 所示 V 形支架的坯料展开长度。

解 零件的相对弯曲半径 $r/t>0.5$,故坯料展开长度公式为

$$L_z=2(l_{直1}+l_{直2}+l_{弯1}+l_{弯2})$$

在 $R4$ 圆角处,$r/t=2$,查表 4.8,$x=0.38$;在 $R6$ 圆角处,$r/t=3$,查表 4.8,$x=0.40$。故

$$l_{直1}=EF=32.5-(30\times\tan 30°+4\times\tan 30°)=12.87(\text{mm})$$

$$l_{直2}=BC=\frac{30}{\cos 30°}-(8\times\tan 60°+4\times\tan 30°)=18.47(\text{mm})$$

$$l_{弯1}=\frac{\pi\alpha}{180}(r+xt)=\frac{\pi\times 60}{180}\times(4+0.38\times 2)=4.98(\text{mm})$$

$$l_{弯2}=\frac{\pi\alpha}{180}(r+xt)=\frac{\pi\times 60}{180}\times(6+0.40\times 2)=7.12(\text{mm})$$

$$L_z=2\times(12.87+18.47+4.98+7.12)=86.88(\text{mm})$$

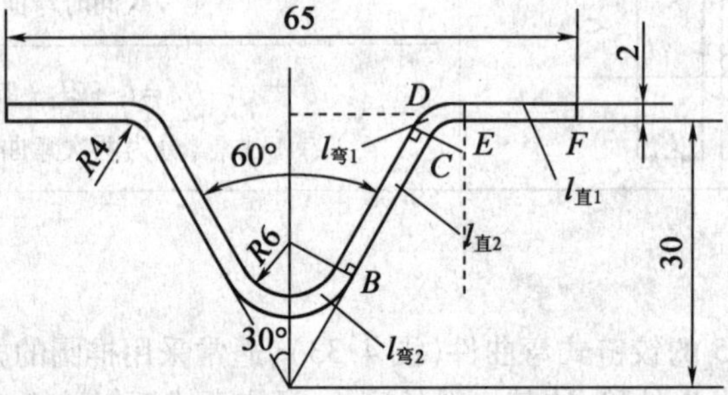

图 4.34 V 形支架

4.5 弯曲力的计算

弯曲力是设计弯曲模和选择压力机的重要依据之一,特别是在设计弯曲坯料较厚、弯曲线较长、相对弯曲半径较小和材料强度较大的弯曲件时,必须对弯曲力进行计算。

各弯曲阶段的弯曲力是不同的:弹性阶段弯曲力较小,可以略去不计;自由弯曲阶段的弯曲力基本不随凸模行程的变化而变化;校正弯曲力随行程急剧增加。弯曲力不仅与弯曲变形过程有关,还与坯料尺寸、材料性能、零件形状、弯曲方式及模具结构等多种因素有关,因此用理论公式来计算弯曲力不但计算复杂,而且精确度不高。实际生产中常用经验公式来进行粗略计算。

4.5.1　自由弯曲时的弯曲力

V 形件的弯曲力为

$$F_{自} = \frac{0.6KBt^2\sigma_b}{r+t} \tag{4.12}$$

U 形件的弯曲力为

$$F_{自} = \frac{0.7KBt^2\sigma_b}{r+t} \tag{4.13}$$

⎿⏌形件的弯曲力为

$$F_{自} = 2.4Bt\sigma_b ac \tag{4.14}$$

式中　$F_{自}$——自由弯曲在冲压行程结束时的弯曲力,N;

K——安全系数,一般取 $K=1.3$;

B——弯曲件的宽度,mm;

r——弯曲件的内弯曲半径,mm;

t——弯曲件的材料厚度,mm;

σ_b——材料的抗拉强度,MPa;

a——系数,其值见表 4.11;

c——系数,其值见表 4.12。

表 4.11　系数 a 值

r/t \ 断后伸长率 δ/%	20	25	30	35	40	45	50
10	0.416	0.379	0.337	0.302	0.265	0.233	0.204
8	0.434	0.398	0.361	0.326	0.288	0.257	0.227
6	0.459	0.426	0.392	0.358	0.321	0.290	0.259
4	0.502	0.467	0.437	0.407	0.371	0.341	0.312
2	0.555	0.552	0.520	0.507	0.470	0.445	0.417
1	0.619	0.615	0.607	0.680	0.576	0.560	0.540
0.5	0.690	0.688	0.684	0.680	0.678	0.673	0.662
0.25	0.704	0.732	0.746	0.760	0.769	0.764	0.764

表 4.12　系数 c 值

Z/t \ r/t	10	8	6	4	2	1	0.5
1.20	0.130	0.151	0.181	0.245	0.388	0.570	0.765
1.15	0.145	0.161	0.185	0.262	0.420	0.605	0.822
1.10	0.162	0.184	0.214	0.290	0.460	0.675	0.830
1.08	0.170	0.200	0.230	0.300	0.490	0.710	0.960

续表 4.12

Z/t \ r/t	10	8	6	4	2	1	0.5
1.06	0.180	0.204	0.250	0.322	0.520	0.755	1.120
1.04	0.190	0.222	0.277	0.360	0.560	0.835	1.130
1.05	0.208	0.250	0.355	0.410	0.760	0.990	1.380

注：Z 为凸、凹模间隙，一般有色金属的 Z/t 为 1.0～1.1；黑色金属的 Z/t 为 1.05～1.15

4.5.2 校正弯曲时的弯曲力

校正弯曲时的弯曲力比自由弯曲力大得多，一般按下式计算：

$$F_{校} = A \cdot q \tag{4.15}$$

式中 $F_{校}$——校正弯曲力，N；

A——校正部分在垂直于凸模运动方向上的投影面积，mm^2；

q——单位面积校正力，MPa，其值见表 4.13。

表 4.13 单位面积校正力 q MPa

材料	材料厚度 t/mm			
	≤1	1～3	3～6	6～10
铝	10～20	20～30	30～40	40～50
黄铜	20～30	30～40	40～60	60～80
10、15、20 钢	30～40	40～60	60～80	80～100
20、30、35 钢	40～50	50～70	70～100	100～120

4.5.3 顶件力或压料力

若弯曲模有顶件装置或压料装置，其顶件力 F_D（或压料力 F_Y）可以近似取自由弯曲力的 30%～80%，即

$$F_D(F_Y) = (0.3 \sim 0.8) F_{自} \tag{4.16}$$

4.5.4 压力机公称压力的确定

对于有压料的自由弯曲，压力机公称压力应为

$$P = (1.6 \sim 1.8)(F_{自} + F_Y)$$

对于校正弯曲，由于校正弯曲力是发生在接近压力机下止点的位置，且校正弯曲力比压料力或推件力大得多，故 F_Y 值可忽略不计，压力机公称压力可取

$$P = (1.1 \sim 1.3) F_{校}$$

4.6　弯曲件的工序安排

弯曲件的工序安排是在工艺分析和计算后进行的一项工艺设计工作。安排弯曲件的工序时应根据零件的形状、尺寸、精度等级、生产批量以及材料的性能等因素进行考虑。弯曲工序安排合理,则可以简化模具结构,提高零件质量和劳动生产率。

4.6.1　弯曲件工序安排的原则

①对于形状简单的弯曲件,如V形件、U形件及Z形件等,可以一次弯曲成形。而对于形状复杂的弯曲件,一般要多次弯曲才能成形。

②对于批量大而尺寸小的弯曲件,为使操作方便、定位准确和提高生产率,应尽可能地采用级进模或复合模弯曲成形。

③需要多次弯曲时,一般应先弯两端,后弯中间部分,前次弯曲应考虑后次弯曲有可靠的定位,后次弯曲不能影响前次弯曲已弯成的形状。

④对于非对称弯曲件,为避免弯曲时坯料偏移,应尽可能地采用成对弯曲后再切成两件的工艺(图4.22(d))。

4.6.2　典型弯曲件的工序安排

图4.35~4.38所示分别为一次弯曲、二次弯曲、三次弯曲及四次弯曲成形实例,可供制订零件弯曲工艺过程时参考。

图4.35　一次弯曲成形实例

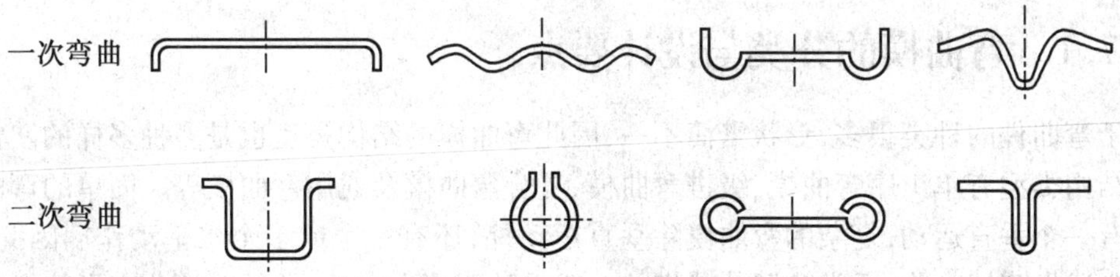

图4.36　二次弯曲成形实例

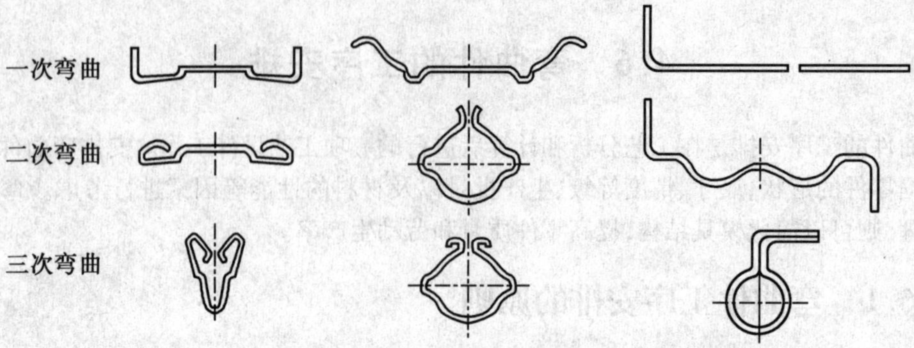

图 4.37 三次弯曲成形实例

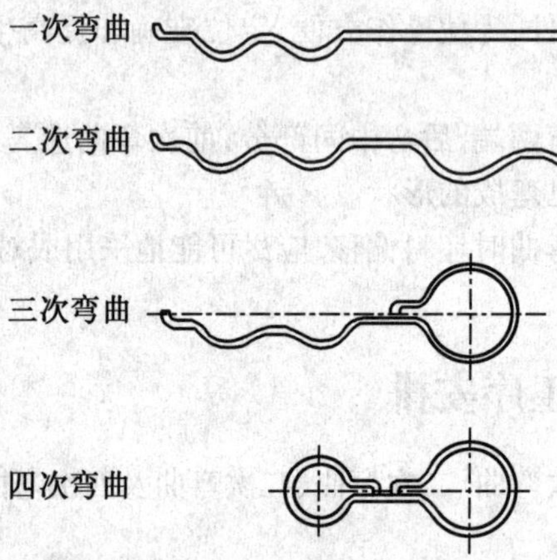

图 4.38 四次弯曲成形实例

4.7 弯曲模的典型结构

4.7.1 弯曲模的分类与设计要点

由于弯曲件的种类很多,形状繁简不一,因此弯曲模的结构类型也是多种多样的。常见的弯曲模结构类型有单工序弯曲模、级进弯曲模、复合弯曲模及通用弯曲模等。简单的弯曲模工作时只有一个垂直运动,复杂的弯曲模除垂直运动外,还有一个或多个水平动作。因此,弯曲模设计难以做到标准化,通常参照冲裁模的一般设计要求和方法,并针对弯曲变形特点进行设计。设计时应考虑以下要点:

①坯料的定位要准确、可靠,尽可能地采用坯料的孔定位,防止坯料在变形过程中发生偏移。

②模具结构不应妨碍坯料在弯曲过程中应有的转动和移动,避免弯曲过程中坯料发生过度变薄和断面发生畸变。

③模具结构应能保证弯曲时上、下模之间水平方向的错移力得到平衡。

④为了减小回弹,弯曲行程结束时应使弯曲件的变形部位在模具中得到校正。

⑤坯料的安放和弯曲件的取出要方便、迅速,生产率高,操作安全。

⑥弯曲回弹量较大的材料时，模具结构上必须考虑凸、凹模加工及试模时便于修正的可能性。

4.7.2　弯曲模的典型结构

1. 单工序弯曲模

(1)V形件弯曲模。

凹模通过螺钉和销钉直接固定在下模座上。对于顶杆和弹簧组成的顶件装置，工作行程起压料作用，可防止坯料偏移，回程时又可将弯曲件从凹模内顶出。弯曲时，坯料由定位板定位，在凸、凹模作用下，一次便可将平板坯料弯曲成V形件。

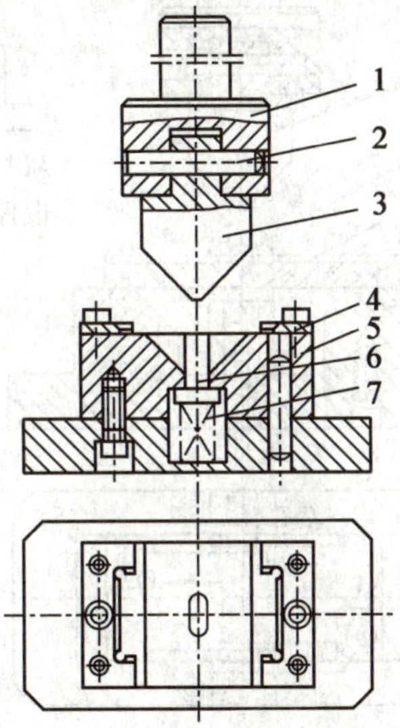

图4.39　V形件弯曲模

1—槽形模柄；2—销钉；3—凸模；4—定位板；5—凹模；6—顶杆；7—弹簧

图4.40所示为V形件折板式弯曲模，两块活动凹模由铰链连接，铰链的心轴可沿支架的长槽做上下滑动，定位板固定在活动凹模上。弯曲前，顶杆将心轴顶到最高位置，使两块活动凹模成一个平面，平板坯料放在定位板上定位。工作时，在凸模作用下，两块凹模将绕铰链心轴转动，而铰链心轴沿支架槽下滑，从而使坯料随活动凹模一起折弯成形。当凸模回程时，活动凹模借助顶杆的作用复位并顶出弯曲件。在弯曲过程中，由于坯料始终与活动凹模和定位板接触，即使坯料形状不对称也不会产生相对滑动和偏移，因此弯曲件的精度和表面质量都较高。图中铰链心轴中心至凹模面的距离 s 影响凹模成V形时底部开口宽度 b 的大小，b 过大时弯边接触凹模的面积减小，将失去折板凹模的优越性。为了使全部直边都能与凹模接触，一般 s 值不能大于弯曲件的外弯曲半径，即 $s \leq r_p + t$。这种弯曲模特别适用于有精确孔位的小零件、坯料不易放平稳的带窄条的零件以及没有足够压料面的零件。

(2)L形件弯曲模。对于两直边不相等的L形弯曲件，如果采用一般的V形件弯曲模弯曲，两直边的长度不容易保证，这时可采用图4.41所示的L形件弯曲模。其中图4.41(a)适用于两直边长度相差不大的L形件，图4.41(b)适用于两直边长度相差较大的L形件。由于是单边弯曲，弯曲时坯料容易偏移，因此必须在坯料上冲出工艺孔，利用定位销定位。对于图

4.41(b)，还必须采用压料板将坯料压住，以防止弯曲时坯料上翘。另外，由于单边弯曲时凸模将承受较大水平的侧压力，因此需设置反侧压块，以平衡侧压力。反侧压块的高度要保证在凸模接触坯料以前先挡住凸模，为此，反侧压块应高出凹模的上平面，其高度差 h 可按下式确定：

$$h \geqslant 2t + r_1 + r_2$$

式中　t——材料厚度；

r_1——反侧压块导向面的入口圆角半径；

r_2——凸模导向面端部圆角半径，可取 $r_1 = r_2 = (2 \sim 5)\ t$。

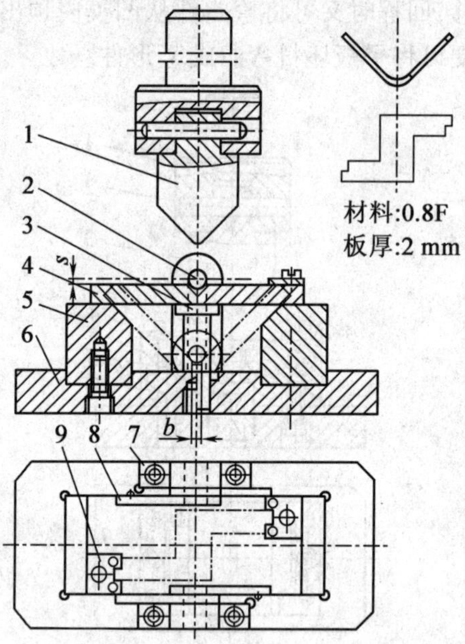

图 4.40　V 形件折板式弯曲模

1—凸模；2—心轴；3—顶杆；4—活动凹模；5—支承板；6—下模座；7—支架；8—铰链；9—定位板

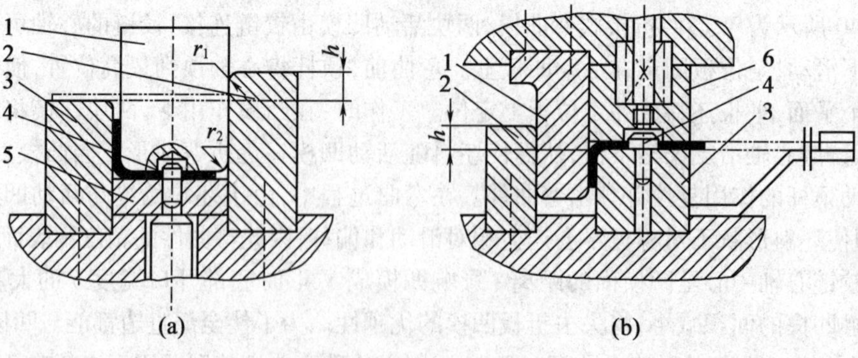

图 4.41　L 形件弯曲模

1—凸模；2—反侧压块；3—凹模；4—定位销；5—顶板；6—压料板

(3) U 形件弯曲模。

图 4.42 所示为下出件 U 形弯曲模，弯曲后零件由凸模直接从凹模推下，不需手工取出弯曲件，模具结构很简单，且对提高生产率和安全生产有一定意义。但这种模具不能进行校正弯

曲,弯曲件的回弹较大,底部也不够平整,适用于高度较小、底部平整度要求不高的小型 U 形件。为减小回弹,弯曲半径和凸、凹模间隙应取较小值。

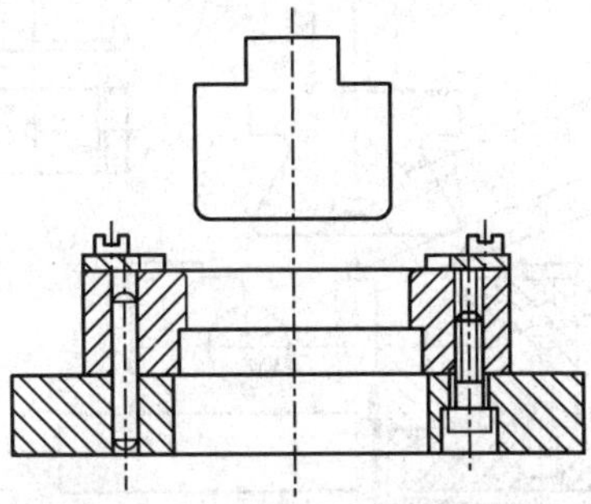

图 4.42　下出件 U 形弯曲模

图 4.43 所示为上出件 U 形弯曲模,坯料用定位板和定位销定位,凸模下压时将坯料及顶板同时压下,待坯料在凹模内成形后,凸模回升,弯曲后的零件就在弹顶器(图中未画出)的作用下,通过顶杆和顶板顶出,完成弯曲工作。该模具的主要特点是在凹模内设置了顶件装置,弯曲时顶板能始终压紧坯料,因此弯曲件底部平整。同时顶板上还装有定位销,可利用坯料上的孔(或工艺孔)定位,即使 U 形件两直边高度不同,也能保证弯边的高度尺寸。因有定位销定位,定位板可不做精确定位。如果要进行校正弯曲,顶板可接触下模座作为凹模底来用。

图 4.44 所示为弯曲角小于 90°的闭角 U 形件弯曲模,在凹模内安装有一对可转动的凹模镶件,其缺口与弯曲件外形相适应。凹模镶件受拉簧和止动销的作用,非工作状态下该件总是处于图示位置。模具工作时,坯料在凹模和定位销上定位,随着凸模的下压,坯料先在凹模内弯曲成夹角为 90°的 U 形过渡件,当工件底部接触到凹模镶件后,凹模镶件就会转动而使工件最后成形。凸模回程时,带动凹模镶件反转,并在拉簧作用下保持复位状态。同时,顶杆配合凸模一起将弯曲件顶出凹模,最后将弯曲件由垂直于图面方向从凸模上取下。

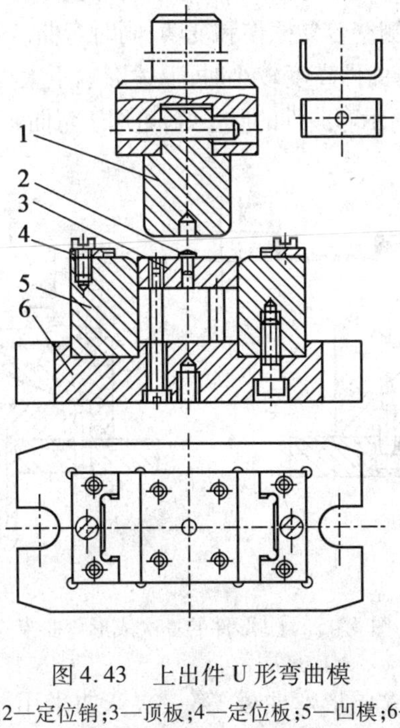

图 4.43　上出件 U 形弯曲模

1—凸模;2—定位销;3—顶板;4—定位板;5—凹模;6—下模座

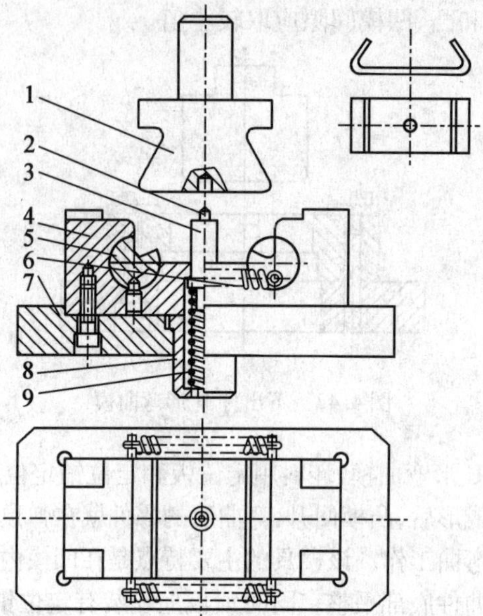

图 4.44　弯曲角小于 90°的闭角 U 形件弯曲模

1—凸模;2—定位销;3—顶杆;4—凹模;5—凹模镶件;6—拉簧;7—下模座;8—弹簧座;9—弹簧

(4) 乚厂形件弯曲模。

根据乚厂形件的高度、弯曲半径及尺寸精度的要求不同,可将乚厂形件弯曲模分为一次成形弯曲模和二次成形弯曲模。

图 4.45 所示为乚厂形件的一次成形弯曲模,凸模为阶梯形。从图 4.45(a)可以看出,弯曲过程中由于凸模肩部妨碍了坯料的转动,外角弯曲线不断上移,并且随着凸模的下压,坯料通过凹模圆角的摩擦力逐步增加,使得弯曲件侧壁容易擦伤和变薄,同时弯曲后容易产生较大的回弹,使得弯曲件两肩与底部不易平行。但当弯曲件高度较小时,上述影响不太大。图 4.45(b)采用了摆块式凹模,弯曲件的质量比图 4.45(a)所示弯曲件的质量好,可用于弯曲 r 较小的乚厂形件,但模具结构复杂些。

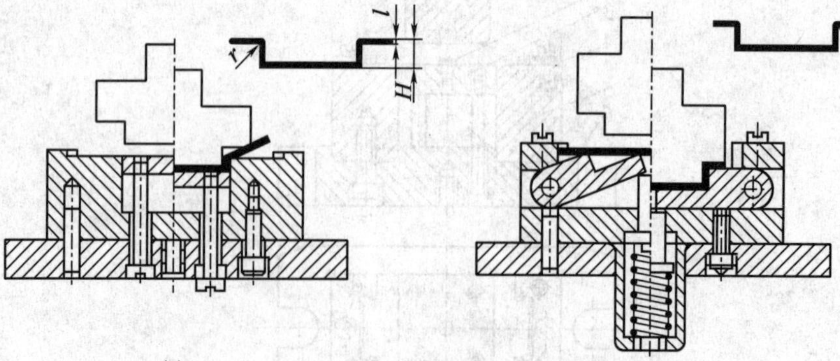

(a)　　　　　　　　　　(b)

图 4.45　乚厂形件的一次成形弯曲模

图 4.46 所示为乚厂形件二次成形弯曲模,第一次弯曲采用图 4.46(a)所示的模具先弯外

角,弯成U形工序件;第二次弯曲采用图4.46(b)所示的模具再弯内角,弯成⎿⏌形件。由于第二次弯曲内角时工序件需倒扣在凹模上定位,如果⎿⏌形件的高度较小,凹模壁厚就会很小,因此为了保证凹模的强度,⎿⏌形件的高度 H 应大于 $(12\sim15)t$。

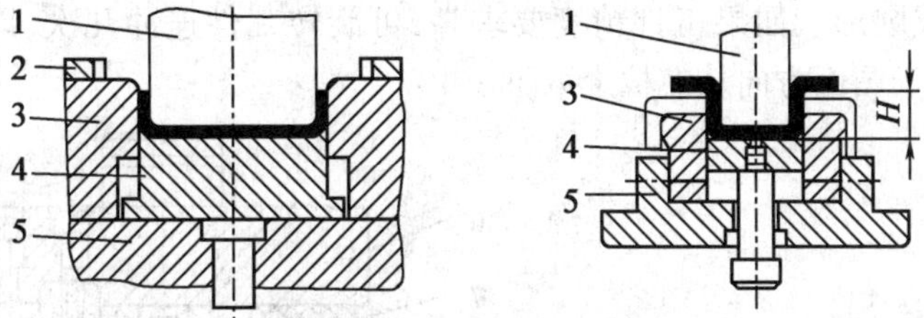

(a)一次弯曲　　(b)二次弯曲

图4.46　⎿⏌形件二次成形弯曲模

1—凸模;2—定位板;3—凹模;4—顶板;5—下模座

图4.47所示为两次弯曲复合的⎿⏌形件弯曲模,凸凹模下行时,先与凹模将坯料弯成U形,继续下行时再与活动凸模一起将U形弯成⎿⏌形。这种结构需要凹模下腔空间较大,以方便工件侧边的转动。

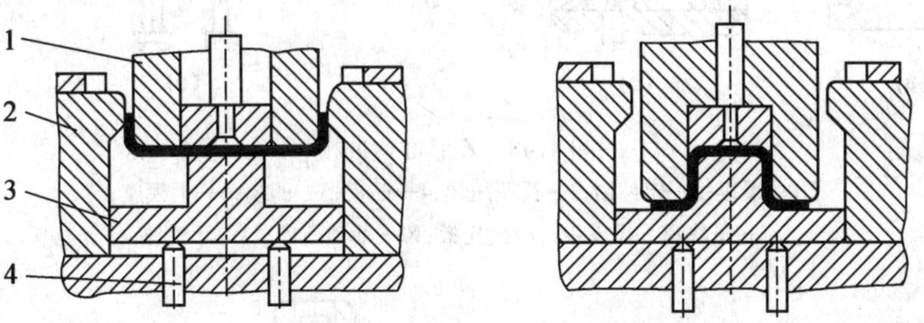

图4.47　两次弯曲复合的⎿⏌形件弯曲模

1—凸凹模;2—凹模;3—活动凸模;4—顶杆

(5)Z形件弯曲模。

Z形件一次弯曲即可成形。图4.48(a)所示的Z形件弯曲模结构简单,但由于没有压料装置,弯曲时坯料容易滑动,只适用于精度要求不高的零件。

图4.48(b)所示的Z形件弯曲模设置了顶板和定位销,能有效防止坯料的偏移。反侧压块的作用是平衡上、下模之间水平方向的错移力,同时也为顶板导向,防止其窜动。

图4.48(c)所示的Z形件弯曲模,弯曲前活动凸模在橡皮的作用下与凸模端面平齐。弯曲时活动凸模与顶板将坯料压紧,并由于橡皮的弹力较大,推动顶板下移使坯料左端弯曲。当顶板接触下模座后,橡皮被压缩,则凸模相对于活动凸模下移而将坯料右端弯曲成形。当压块与上模座相碰时,整个弯曲件得到校正。

(6)圆形件弯曲模。

一般圆形件尽量采用标准规格的管材切断成形,只有当标准管材的尺寸规格或材质不能满足要求时,才采用板料弯曲成形。用模具弯曲圆形件通常限于中小型件,大直径圆形件可采用滚弯成形。

①对于直径 $d\leqslant5$ mm的小圆形件,一般先弯成U形,再将U形弯成圆形。图4.49(a)所示为用两套简单模弯圆的方法。由于工件小,分两次弯曲操作不便,可将两道工序合并,如图

4.49(b)和(c)所示。其中图4.49(b)所示为有侧楔的一次弯圆模,上模下行时,芯棒先将坯料弯成U形,随着上模的继续下行,侧楔便推动活动凹模将U形弯成圆形;图4.49(c)所示为另一种一次弯圆模,上模下行时,压板将滑块往下压,滑块带动芯棒先将坯料弯成U形,然后凸模再将U形弯成圆形。如果工件精度要求高,可旋转工件连冲几次,以获得较好的圆度。弯曲后工件由垂直于图面方向从芯棒上取下。

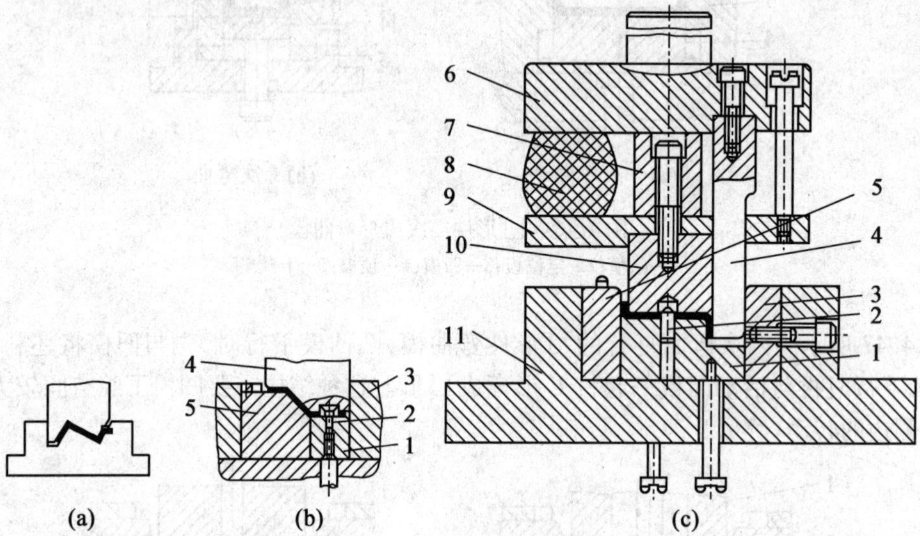

图4.48 Z形件弯曲模

1—顶板;2—定位销;3—反侧压块;4—凸模;5—凹模;6—上模座;7—压块;8—橡皮;9—凸模托板;10—活动凸模;11—下模座

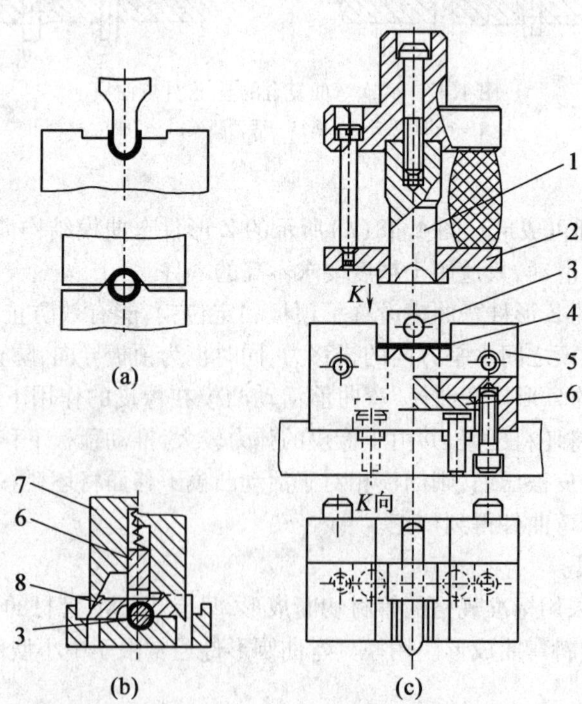

图4.49 小圆弯曲模

1—凸模;2—压板;3—芯棒;4—坯料;5—凹模;6—滑块;7—侧楔;8—活动凹模

②对于直径 $d \geq 20$ mm 的大圆形件，根据圆形件的精度和材料厚度等要求不同，可以采用一次成形、二次成形和三次成形的方法。如图 4.50 所示，用三道工序弯曲大圆，这种方法生产率低，适用于材料厚度较大的工件。如图 4.51 所示，用两道工序弯曲大圆，先预弯成三个 120°的波浪形，然后再用第二套模具将其弯成圆形，使工件顺着凸模轴线的方向取下。

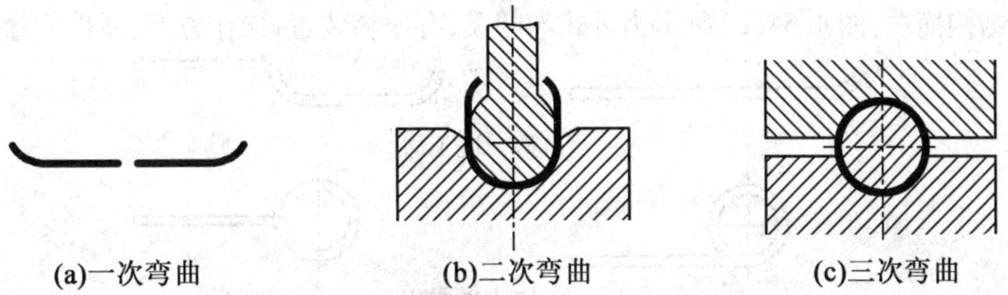

图 4.50　大圆三次弯曲模

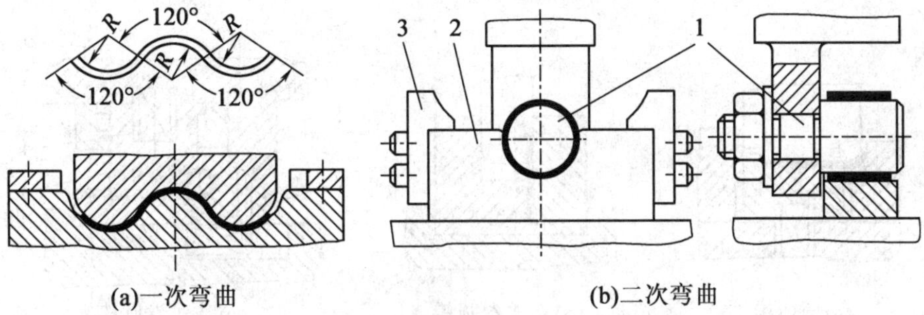

图 4.51　大圆二次弯曲模

1—凸模；2—凹模；3—定位板

图 4.52(a)所示为带摆动凹模的大圆一次成形弯曲模，上模下行时，凸模先将坯料压成 U 形，上模继续下行，摆动凹模将 U 形弯成圆形，工件顺凸模轴线方向推开支撑取下。这种模具生产率较高，但由于回弹，在工件接缝处留有缝隙和少量直边，工件精度差，模具结构也较复杂。图 4.52(b)所示为坯料绕芯棒卷制圆形件的方法，反侧压块的作用是为凸模导向，并平衡上、下模之间水平方向的错移力。这种模具结构简单，工件的圆度较好，但需要行程较大的压力机。

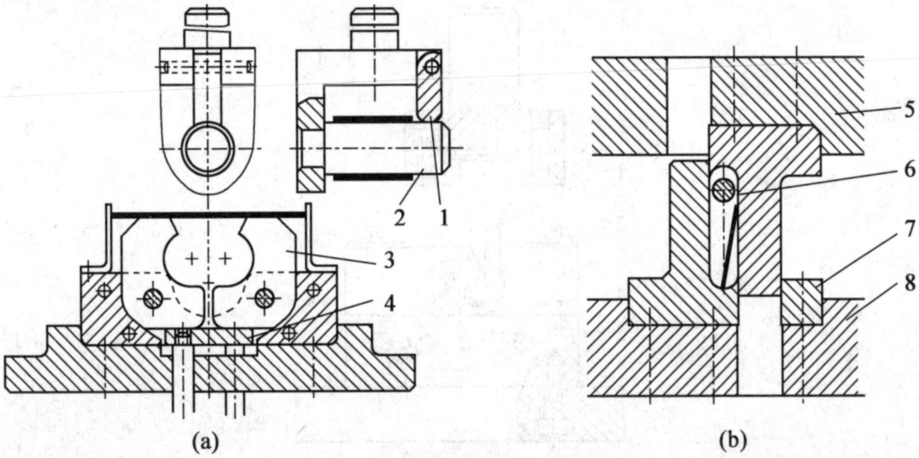

图 4.52　大圆一次成形弯曲模

1—支撑；2—凸模；3—摆动凹模；4—顶板；5—上模座；6—芯棒；7—反侧压块；8—下模座

(7)铰链件弯曲模。

标准的铰链或合页都是采用专用设备生产的,生产率很高,价格便宜,只有当选不到合适的标准铰链件时才用模具弯曲。图 4.53 所示为常见的铰链件形式和弯曲工序的安排。图 4.54(a)所示为第一道工序的预弯模;铰链卷圆的原理通常是采用推圆法,图 4.54(b)所示为立式卷圆模,结构简单;图 4.54(c)所示为卧式卷圆模,有压料装置,操作方便,零件质量也较好。

(a)第一道工序

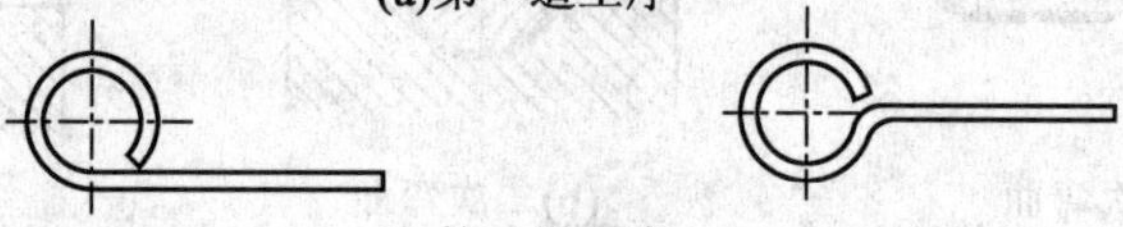

(b)第二道工序

图 4.53 铰链件形式和弯曲工序的安排

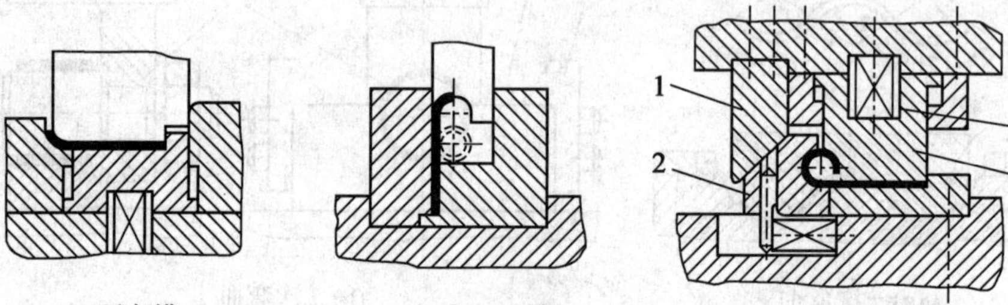

(a)预弯模 (b)立式卷圆模 (c)卧式卷圆模

图 4.54 铰链件弯曲模

1—斜楔;2—凹模;3—凸模;4—弹簧

(8)其他形状件的弯曲模。

对于其他形状的弯曲件,由于品种繁多,其工序安排和模具设计根据弯曲件的形状、尺寸、精度要求、材料性能及生产批量等的不同各有差异。图 4.55 ~4.57 所示为三种不同特殊形状零件的弯曲模实例。

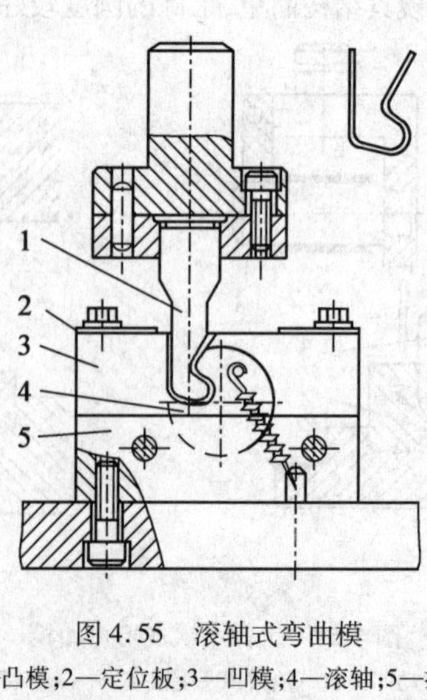

图 4.55 滚轴式弯曲模

1—凸模;2—定位板;3—凹模;4—滚轴;5—挡板

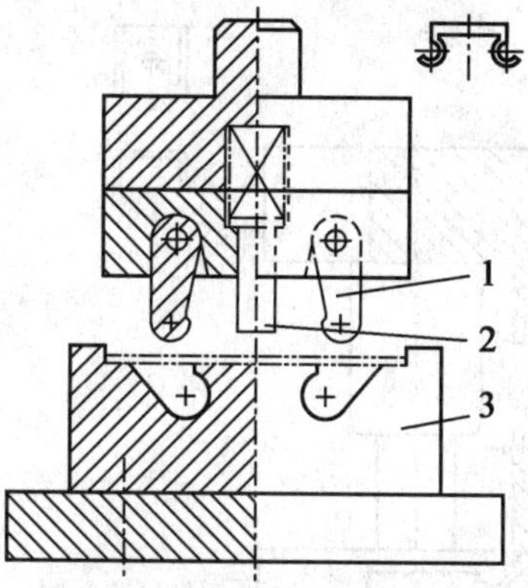

图 4.56　带摆动凸模的弯曲模
1—摆动凸模;2—压料装置;3—凹模

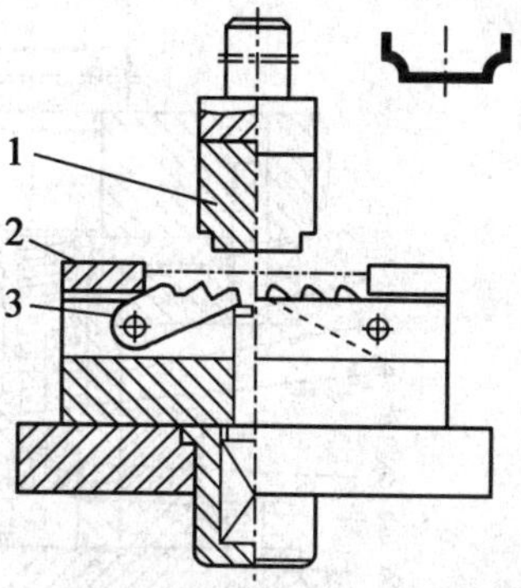

图 4.57　带摆动凹模的弯曲模
1—凸模;2—定位板;3—摆动凹模

2. 级进模

对于批量大、尺寸小的弯曲件,为了提高生产率和安全性,保证零件质量,可以采用级进弯曲模进行多工位的冲裁、弯曲、切断等工艺成形,如图 4.58 所示。

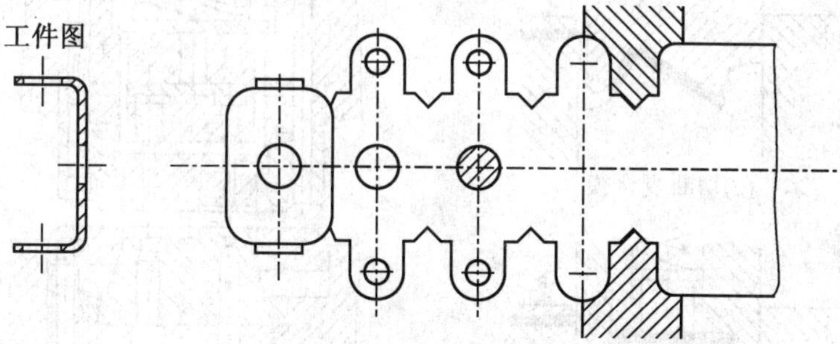

图 4.58　级进工艺成形

图 4.59 所示为冲孔、切断和弯曲的两工位级进弯曲模,条料以导料板导向并送至反侧压块的右侧定距。上模下行时,在第一工位由冲孔凸模与凹模完成冲孔,同时由兼作上剪刃的凸凹模与下剪刃将条料切断,紧接着在第二工位由弯曲凸模与凸凹模将所切断的坯料压弯成形。上模回程时,卸料板卸下条料,推杆则在弹簧的作用下推出工件,从而获得底部带孔的 U 形弯曲件。在该模具中,弹性卸料板除了起卸料作用以外,冲压时还能压紧条料,防止单边切断时条料上翘。同样,弹性推杆除了推件外还可以在坯料切断后将其压紧,防止弯曲时坯料发生偏移。推杆上的导正销能在弯曲前导正坯料上已冲出的孔,反侧压块除了定位外还能平衡凸凹模在单边切断时产生的水平错移力。另外,因该模具中有冲裁工序,故采用了对角导柱模架。

3. 复合模

对于尺寸不大的弯曲件,还可以采用复合模,即在压力机一次行程内,在模具同一位置上完成落料、弯曲、冲孔等几种不同的工序。图 4.60(a)和(b)是切断复合模、弯曲复合模的结构简图。图 4.60(c)所示为落料、弯曲、冲孔复合模,模具结构紧凑,工件精度高,但凸凹模修磨困难。

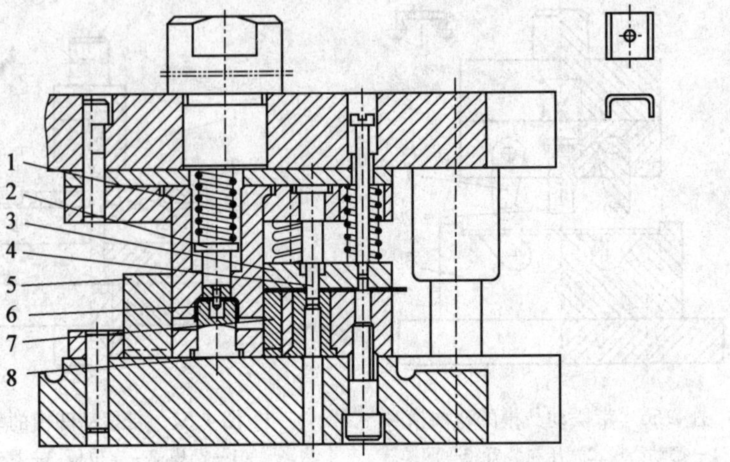

图 4.59 级进弯曲模

1—凸凹模;2—推杆;3—卸料板;4—冲孔凸模;5—反侧压块;6—弯曲凸模;7—下剪刃;8—冲孔凹模

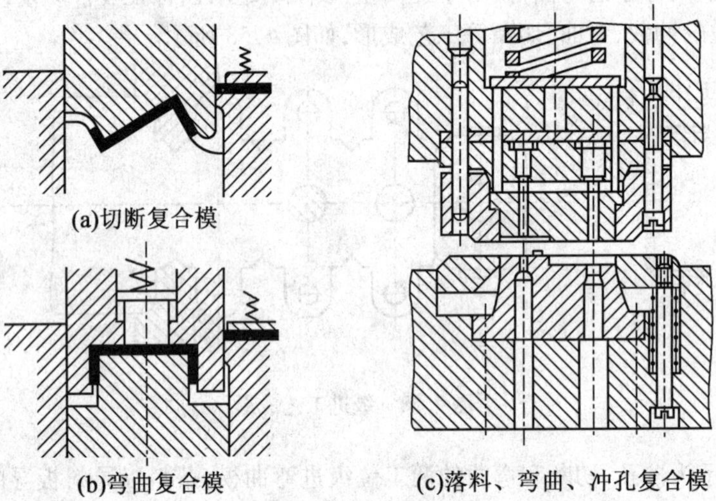

图 4.60 复合弯曲模

4. 通用弯曲模

对于小批量生产或试制生产的弯曲件,因为生产量少、品种多、尺寸经常改变,采用专用的弯曲模时成本高、周期长,采用手工加工时劳动强度大、精度不易保证,所以生产中常采用通用弯曲模。

采用通用弯曲模不仅可以成形一般的 V 形件、U 形件和乚⅃形件,还可成形精度要求不高的复杂形状件,图 4.61 所示为经过多次 V 形弯曲成形复杂零件。

图 4.62 所示为折弯机用弯曲模的端面形状。凹模的四面分别制出适应于弯曲不同形状或尺寸零件的几种槽口(图 4.62(a)),凸模有直臂式和曲臂式两种(图 4.62(b)和(c)),工作部分的圆角半径也做成几种不同尺寸,以便按工件需要更换。

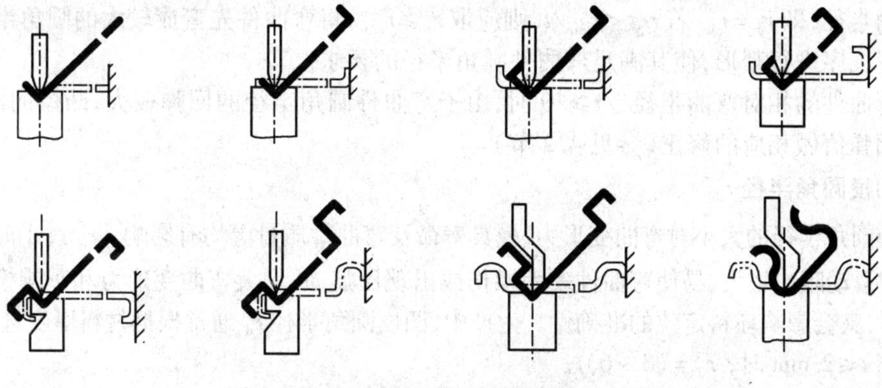

图 4.61　经过多次 V 形弯曲成形复杂零件

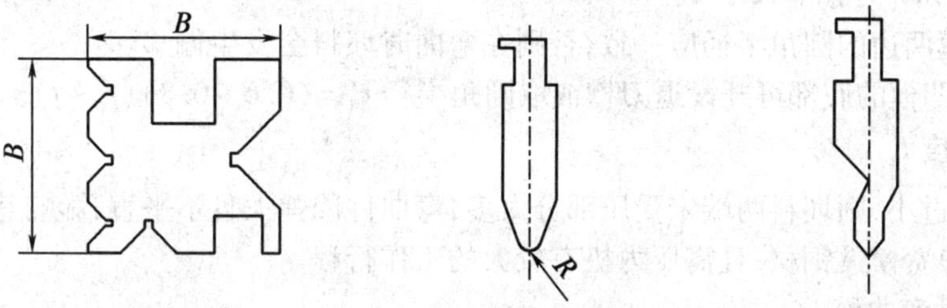

(a)通用凹模　(b)直臂式凸模　(c)曲臂式凸模

图 4.62　折弯机用弯曲模的端面形状

4.8　弯曲模工作零件的设计与制造

4.8.1　弯曲模工作零件的设计

弯曲模工作零件的设计主要是确定凸、凹模工作部分的圆角半径、凹模深度及凸、凹模间隙、横向尺寸及公差等，凸、凹模安装部分的结构设计与冲裁凸、凹模时的结构设计基本相同。弯曲凸、凹模工作部分的结构及尺寸如图 4.63 所示。

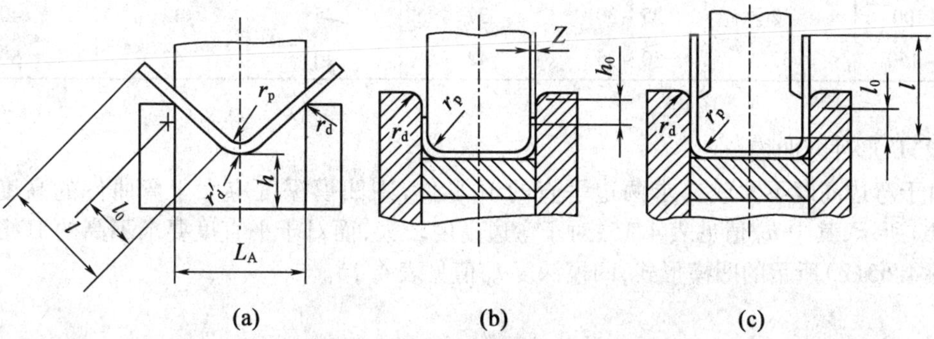

图 4.63　弯曲凸、凹模工作部分的结构及尺寸

1. 凸模圆角半径 r_p

当弯曲件的相对弯曲半径 $r/t<5$ 且不小于 r_{min}/t（表 4.3）时，凸模的圆角半径取等于弯曲

件的圆角半径，即 $r_p=r$。若 $r/t<r_{min}/t$，则应取 $r_p \geqslant r_{min}$，将弯曲件先弯成较大的圆角半径，然后采用整形工序进行整形，使其满足弯曲件圆角半径的要求。

当弯曲件的相对弯曲半径 $r/t \geqslant 10$ 时，由于弯曲件圆角半径的回弹较大，凸模的圆角半径应根据回弹值做相应的修正（参见 4.2 节）。

2. 凹模圆角半径 r_d

凹模圆角半径的大小对弯曲变形力、模具寿命及弯曲件质量等均有影响。r_d 过小时，坯料拉入凹模的滑动阻力增大，易使弯曲件表面擦伤或出现压痕，并增大弯曲变形力和影响模具寿命；r_d 过大时，又会影响坯料定位的准确性。生产中，凹模圆角半径 r_d 通常根据材料厚度选取：

①当 $t \leqslant 2$ mm 时，$r_d=(3\sim6)t$。

②当 $t=2\sim4$ mm 时，$r_d=(2\sim3)t$。

③当 $t>4$ mm 时，$r_d=2t$。

另外，凹模两边的圆角半径应一致，否则在弯曲时坯料会发生偏移。

V 形弯曲凹模的底部可开设退刀槽或取圆角半径 $r'_d=(0.6\sim0.8)(r_p+t)$。

3. 凹模深度 l_0

凹模深度过小，则坯料两端未受压部分太多，弯曲件回弹大且不平直，影响其质量；凹模深度若过大，则浪费模具钢材，且需压力机有较大的工作行程。

（1）V 形件弯曲模。

凹模深度 l_0 及底部最小厚度 h 值可查表 4.14，但应保证凹模开口宽度 L_A 不能大于弯曲坯料展开长度的 0.8 倍。

表 4.14 V 形件弯曲模的凹模深度 l_0 及底部最小厚度 h mm

弯曲件边长 l/mm	材料厚度 t/mm					
	≤2		2～4		>4	
	h	l_0	h	l_0	h	l_0
10～25	20	10～15	22	15	—	—
25～50	22	15～20	27	25	32	30
50～75	27	20～25	32	30	37	35
75～100	32	25～30	37	35	42	40
100～150	37	30～35	42	40	47	50

（2）U 形件弯曲模。

对于弯边高度不大或要求两边平直的 U 形件，则凹模深度应大于弯曲件的高度，如图 4.63(b)所示，其中 h_0 值见表 4.15；对于弯边高度较大，而对于平直度要求不高的 U 形件，可采用图 4.63(c)所示的凹模形式，凹模深度 l_0 值见表 4.16。

表 4.15 U 形件弯曲凹模的 h_0 值 mm

材料厚度 t/mm	≤1	1～2	2～3	3～4	4～5	5～6	6～7	7～8	8～10
h_0	3	4	5	6	8	10	15	20	25

表 4.16　U 形件弯曲模的凹模深度 l_0　mm

弯曲件边长 l/mm	材料厚度 t/mm				
	<2	1~2	2~4	4~6	6~10
<50	15	20	25	30	35
50~75	20	25	30	35	40
75~100	25	30	35	40	40
100~150	30	35	40	50	50
150~200	40	45	55	65	65

4. 凸、凹模间隙

弯曲 V 形件时，凸、凹模间隙是由调整压力机的闭合高度来控制的，模具设计时可以不考虑。对于 U 形类弯曲件，设计模具时应当确定合适的间隙值。间隙过小，会使弯曲件直边料厚减薄或出现划痕，同时还会降低凹模寿命，增大弯曲力；间隙过大，则回弹增大，从而降低了弯曲件精度。生产中，U 形件弯曲模的凸、凹模单边间隙一般可按如下公式确定：

弯曲有色金属时

$$Z = t_{min} + ct \tag{4.17}$$

弯曲黑色金属时

$$Z = t_{max} + ct \tag{4.18}$$

式中　Z——弯曲凸、凹模的单边间隙；

t——弯曲件的材料厚度(基本尺寸)；

t_{min}、t_{max}——弯曲件材料的最小厚度和最大厚度；

c——间隙系数，可查表 4.17。

5. U 形件弯曲凸、凹模横向尺寸及公差

确定 U 形件弯曲凸、凹模横向尺寸及公差的原则是：弯曲件标注外形尺寸时(图 4.64(a))，应以凹模为基准件，间隙取在凸模上；弯曲件标注内形尺寸时(图4.64(b))，应以凸模为基准件，间隙取在凹模上；基准凸、凹模的尺寸及公差则应根据弯曲件的尺寸、公差、回弹情况以及模具磨损规律等因素确定。

(1)弯曲件标注外形尺寸时(图 4.64(a))有

$$L_d = (L_{max} - 0.75\Delta)^{+\delta_d}_{0} \tag{4.19}$$

$$L_p = (L_d - 2Z)^{0}_{-\delta_p} \tag{4.20}$$

(2)弯曲件标注内形尺寸时(图 4.64(b))有

$$L_p = (L_{min} + 0.75\Delta)^{0}_{-\delta_p} \tag{4.21}$$

$$L_d = (L_p + 2Z)^{+\delta_d}_{0} \tag{4.22}$$

式中　L_d、L_p——弯曲凸、凹模的横向尺寸；

L_{max}、L_{min}——弯曲件的横向最大极限尺寸、最小极限尺寸；

Δ——弯曲件横向的尺寸公差；

δ_d、δ_p——弯曲凸、凹模的制造公差，可采用 IT7 ~ IT9 级精度，一般取凸模的精度比凹模精度高一级，但要保证 $\delta_d/2 + \delta_p/2 + t_{max}$ 的值在最大允许间隙范围以内；

Z——凸、凹模的单边间隙。

表 4.17 U 形件弯曲模凸、凹模的间隙系数 c 值

弯曲件高度 H/mm	材料厚度 t/mm								
	弯曲件宽度 $B \leqslant 2H$				弯曲件宽度 $B > 2H$				
	≤0.5	0.6~2	2.1~4	4.1~5	≤0.5	0.6~2	2.1~4	4.1~7.5	7.6~12
10	0.05	0.05	0.04	—	0.10	0.10	0.08	—	—
20	0.05	0.05	0.04	0.03	0.10	0.10	0.08	0.06	0.06
35	0.07	0.05	0.04	0.03	0.15	0.10	0.08	0.06	0.06
50	0.10	0.07	0.05	0.04	0.20	0.15	0.10	0.06	0.06
75	0.10	0.07	0.05	0.05	0.20	0.15	0.10	0.10	0.08
100	—	0.07	0.05	0.05	—	0.15	0.10	0.10	0.08
150	—	0.10	0.07	0.05	—	0.20	0.15	0.10	0.10
200	—	0.10	0.07	0.07	—	0.20	0.15	0.15	0.10

当弯曲件的精度要求较高时,其凸、凹模可以采用配作法加工。

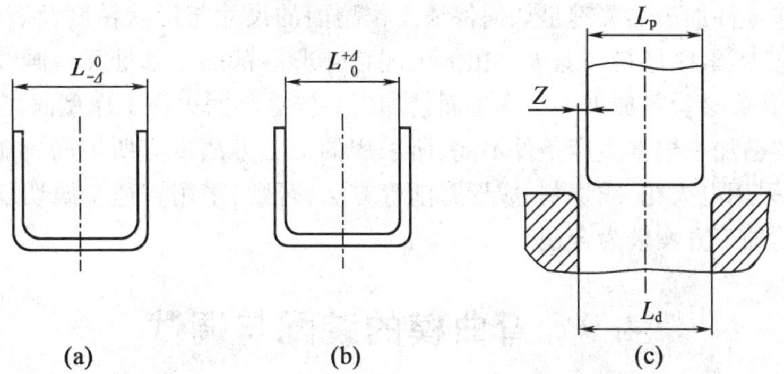

图 4.64　标注外形与内形的弯曲件及模具尺寸

4.8.2　弯曲模工作零件的制造

弯曲模工作零件的加工方法与冲裁模基本相同,一般都是根据零件的尺寸精度、形状复杂程度与表面质量等要求及设备条件制订的,按图样进行加工与制造。但由于弯曲变形工艺的特殊性,弯曲模工作零件的制造又有如下一些特点:

①弯曲凸、凹模的加工一般要采用样板或样件来控制精度。

因为弯曲凸、凹模工作部分的形状比较复杂,几何形状及尺寸精度要求较高,因此在制造时,特别是大中型弯曲模,凸、凹模工作表面的曲线和折线多数需要用事先做好的样板或样件来控制,以保证制造精度。样板及样件的精度一般应为 ±0.05 mm。另外,由于弯曲件回弹的影响,加工出来的凸模与凹模的形状不可能与零件最后的形状完全相同,因此,必须要有一定的修正值,该值应根据操作者的实践经验和反复试验而定,并应根据修正值来加工样板及样件。

②弯曲凸、凹模的淬火工序一般在试模后进行。弯曲成形时,由于材料的弹性与塑性变形,弯曲件要产生回弹。因此,在制造弯曲模时,必须要考虑材料的回弹值,以便使所弯曲的零件能符合图样所规定的要求。但由于影响回弹的因素很多,模具设计时要准确控制回弹是不可能的,这就要求在制造模具时,要反复试模和修正,直到弯出合格的零件为止。为了便于对凸、凹模形状和尺寸进行修正,需要在试模合适后才能进行淬硬定形。

③当凸、凹模采用配作法加工时,其加工次序应按弯曲件尺寸标注情况来选择。对于尺寸标注在内形上的弯曲件,一般先加工凸模,凹模按加工好的凸模配制,并保证合适的间隙值;对于尺寸标注在外形上的弯曲件,应先加工凹模,凸模按加工好的凹模配制,并保证合适的间隙值。

④弯曲凸、凹模工作部分的表面质量要求较高,表面粗糙度值一般应在 0.4 μm 以下,因此在加工或试模时,应将其在加工时留下的刀痕去除,并在淬火后仔细地精修或抛光。

⑤弯曲凸、凹模的圆角半径及间隙的均匀性对弯曲件质量影响较大,因此,加工时除要保证圆角半径对称、间隙均匀以外,还应便于试模后修正,并在修正角度时不要影响弯曲件的直线尺寸。

⑥弯曲凸、凹模的材料及硬度要求可根据弯曲件所用材料、厚度及批量选用。对于一般要求的凸、凹模,常用 T8A、T10A 钢,淬硬到 HRC56 ~ 60;对于形状复杂或生产批量较大的弯曲

件,凸、凹模可采用 CrWMn、Cr12 或 Cr12MoV,淬硬到 HRC58～62。

弯曲模工作零件加工的关键是如何保证工作型面的尺寸与形状精度及表面粗糙度,其加工工艺过程通常为:锻制坯料→退火→粗加工坯料外形→精加工基准面→画线→工作型面粗加工→螺孔、销孔或穿丝孔加工→工作型面精加工→淬火与回火→工作型面光整加工。

工作型面的精加工根据生产条件不同,所采用的加工方法也有所不同。如果模具加工设备比较齐全,可采用电火花、线切割、成形磨削等方法,否则,采用普通金属切削机床加工和钳工锉修相配合的加工方案较为合适。

4.9 弯曲模的装配与调试

4.9.1 弯曲模的装配

弯曲模的装配方法基本上与冲裁模的装配方法相同,即确定装配基准件和装配顺序→按基准件装配有关零件→控制调整模具间隙和压料、顶件装置→试冲与调整。

对于单工序弯曲模,一般没有导向装置,可按图样要求分别装配上、下模,凸、凹模间隙在模具安装到压力机上时进行调整。因弯曲模间隙较大,可采用垫片法或标准样件来调整,以保证间隙的均匀性。弯曲模顶件或压料装置的行程也较大,所用的弹簧或橡皮要有足够的弹力,其大小允许在试模时确定。另外,因弯曲时的回弹很难准确控制,一般要在试模时反复修正凸、凹模的工作部分,因此,固定凸、凹模的销钉都应在试冲合格后打入。

对于级进或复合弯曲模,除了弯曲工序外一般都包含冲裁工序,且有导向装置,故通常以凹模为基准件,先装配下模,再以下模为基准装配上模。装配时应分别根据弯曲和冲裁的特点保证各自的要求。

4.9.2 弯曲模的调试

弯曲模装配后需要安装在压力机上试冲,并根据试冲的情况进行调整或修正。弯曲模试冲时的常见问题、产生原因及调整方法见表 4.18。

表 4.18 弯曲模试冲时的常见问题、产生原因及调整方法

常见问题	产生原因	调整方法
弯曲件的回弹较大	①凸、凹模的回弹补偿角不够 ②凸模进入凹模的深度太浅 ③凸、凹模之间的间隙过大 ④校正弯曲时的校正力不够	①修正凸模的角度或形状 ②增加凹模型槽的深度 ③减少凸模、凹模之间的间隙 ④增大校正力或修正凸、凹模形状,使校正力集中在变形部位
弯曲件底面不平	①推件杆着力点分布不均匀 ②压料力不足 ③校正弯曲时的校正力不够	①增加推件杆并使其位置分布对称 ②增大压料力 ③增加校正力

续表 4.18

常见问题	产生原因	调整方法
弯曲件产生偏移	①弯曲力不平衡 ②定位不稳定 ③压料不牢	①分析产生弯曲力不平衡的原因，加以克服或减少 ②增加定位销、定位板或导正销 ③增加压料力
弯曲件的弯曲部位产生裂纹	①材料的塑性差 ②弯曲线与材料纤维方向平行 ③坯料剪切断面的毛边在弯角外侧	①将坯料退火或改用塑性好的材料 ②改变落料排样，使弯曲线与材料纤维成一定的角度 ③使毛边位于弯角的内侧，光面在外侧
弯曲件表面擦伤	①凹模圆角半径过小，表面粗糙度值太大 ②坯料黏附在凹模上	①增大凹模圆角半径，减小凹模型面的表面粗糙度值 ②合理润滑，或在凸、凹模工作表面镀硬铬
弯曲件尺寸过长或不足	①间隙过小，材料被拉长 ②压料装置的压力过大，材料被拉长 ③坯料长度计算错误或不准确	①增大凸、凹模间隙 ②减少压料装置的压力 ③坯料的落料尺寸应在弯曲试模后确定

4.10　弯曲模的设计与制造实例

图 4.65 所示为压板零件，材料为 10 钢，厚度为 1 mm，中批量生产，试设计弯曲模，并确定主要模具零件的加工工艺。

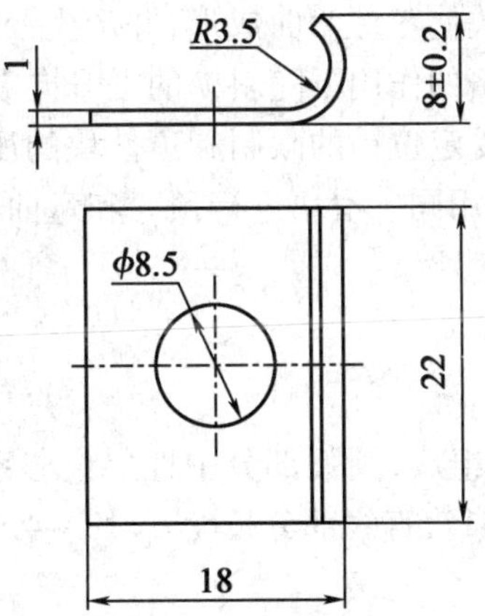

图 4.65　压板零件

1. 零件的工艺分析

根据零件的结构形状和批量要求，可采用落料、冲孔－弯曲两道工序冲压成形，这里只考虑弯曲工序。

该零件的结构、尺寸、精度和材料均符合弯曲的工艺性要求，相对弯曲半径 $r/t = 3.5 < 5$，回

弹量不大。但零件形状不对称，弯曲时主要解决好坯料的偏移问题。

零件的弯曲部位是 $R3.5$ mm 的圆弧，按图中标注的尺寸(8±0.2)mm，可算出圆心角为135°~147°，故应按圆心角为147°设计模具。

2. 模具结构方案的确定

弯曲该类零件常见的模具结构有图4.66所示的两种方案。其中图4.66(a)所示为最常用的弯曲模，但用于本零件时定位困难，且左、右摩擦力不相等，弯曲时会产生偏移，零件尺寸难以保证；图4.66(b)所示为滚轴式弯曲模，其凹模旋转角必须小于90°，而本零件的弯头部位接近半圆，也不宜采用这种方案。

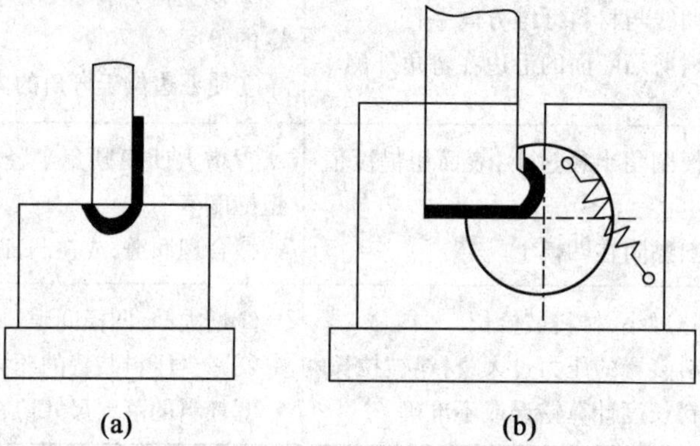

图4.66 弯曲模结构方案示意图

考虑上述两种方案都不可行，可采用楔块式弯曲模，压板弯曲模结构总图如图4.67所示。弯曲前，顶件块与滑块(兼作凹模)的上表面平齐，坯料以 $\phi8.5$ 的孔套在定位销上定位。上模下行时，凸模与顶件块将坯料压紧。继续下行，坯料在凸模与滑块的作用下开始弯曲，当凸模在弹簧的作用下到达下止点时，完成圆弧的预弯曲。此时，滑块在斜楔的作用下向左运动，当上模继续下行到达下止点时，滑块使零件弯曲成形，并产生校正力。上模回程时，凸模因受弹簧的作用先不动，滑块在复位弹簧的作用下随斜楔的上升向右移动复位，继而凸模上升，顶件块将零件顶出。该模具中，坯料受定位销的限制和顶件块的压紧作用，避免了弯曲时的偏移。同时，将凸模做成活动式，实现了用同一滑块进行预弯和弯曲的先后动作，并避免了凸模回程时与滑块产生的干涉。

3. 有关工艺与设计计算

(1)坯料的展开长度。

弯曲件由直边和圆弧两部分组成，圆弧部分中性层位移系数由 $r/t=3.5$ 查表4.8，得 $x=0.41$。经计算，圆弧中心角 $\alpha=141°$，直线部分长度 $l=18-4.5=13.5$(mm)，故坯料的展开长度为

$$L_z=l+\frac{\pi\alpha}{180}(r+xt)=13.5+\frac{3.14\times141}{180}\times(3.5+0.41\times1)=23.1(\text{mm})$$

(2)弯曲力。

弯曲过程有两步，第一步是凸模向下运动的弯曲，第二步是通过滑块向左压圆弧的弯曲，并施加校正力。

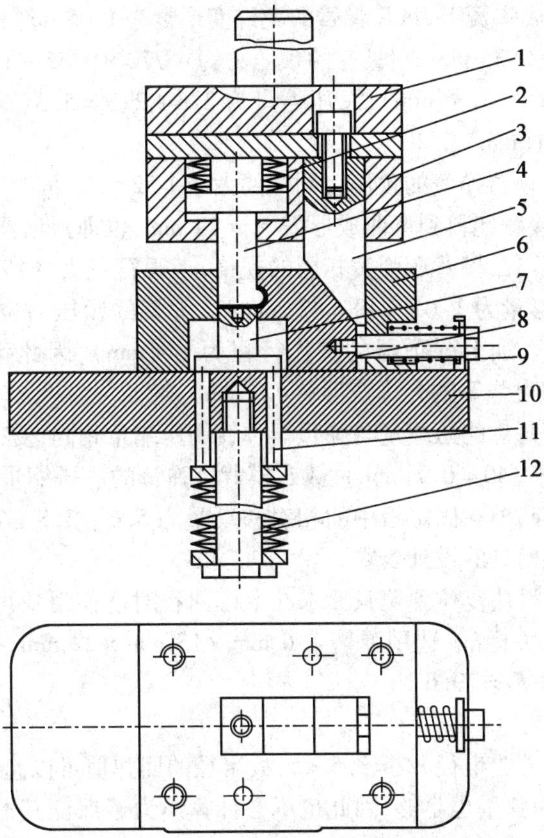

图 4.67　压板弯曲模结构总图

1—上模座；2—凸模背压弹簧；3，6—固定板；4—凸模；5—斜楔；7—顶件块；8—滑块；9—复位弹簧；10—下模座；11—顶杆；12—弹顶器

第一步弯曲的弯曲力按自由弯曲计算，根据式（4.12），取 $\sigma_b = 400$ MPa，得

$$F_1 = \frac{0.6KBt^2\sigma_b}{r+t} = \frac{0.6 \times 1.3 \times 22 \times 1^2 \times 400}{3.5+1} = 1\ 525(\text{N})$$

第二步弯曲的弯曲力按校正弯曲计算，根据式（4.15），取 $q = 30$ MPa，得

$$F_2 = A \cdot q = 22 \times 8 \times 30 = 5\ 280(\text{N})$$

校正力是通过斜楔传递给滑块的，取斜楔的角度为 45°，故总弯曲力为

$$F = F_1 + F_2 = 1\ 525 + 5\ 280 = 6\ 805(\text{N})$$

（3）弹簧。

本模具中采用的弹簧有凸模背压弹簧、弹顶器弹簧和滑块复位弹簧。

①凸模背压弹簧。对凸模背压弹簧的基本要求是：

a. 弹簧的预压力必须大于初始弯曲力 1 525 N，以便由弹簧的弹力完成对坯料的预弯曲。

b. 凸模达到下止点时才开始与凸模固定板有相对运动，这时斜楔才开始推动滑块向左运动 2.5 mm（由凸、凹模间隙及工作部位尺寸关系确定，如图 4.67 所示），因斜楔的角度为 45°，故凸模在固定板中的行程也是 2.5 mm，即弹簧进一步的压缩量为2.5 mm。

由于需要弹簧产生的弹力较大，而弹簧尺寸又受安装空间的限制，因此只宜采用弹力较大的碟形弹簧。通过初步计算并对照有关碟形弹簧标准规格，选用八片外径 ϕ50 mm、材料厚度为2 mm 的碟形弹簧组成弹簧组，每片弹簧的允许变形量为1.05 mm，允许载荷为4 770 N。设定每片弹簧的预压量为0.35 mm，则具有的预压力为4 770 ×0.35 ÷1.05 =1 590(N)，八片弹簧的预压高度为0.35 ×8 =2.8(mm)，总压缩量为2.8 +2.5 =5.3(mm)，没有超过弹簧的允许变形量1.05 ×8 =8.4(mm)。

②弹顶器弹簧。弹顶器弹簧的预压力同样要大于1 525 N。同时，根据弯曲件尺寸要求并考虑凹模强度，凸模从接触坯料到弯曲成形需下行14 mm，也即弹顶器的工作行程为14 mm。

弹顶器弹簧也采用与凸模背压弹簧相同的规格，考虑行程大的特点，用40 片弹簧组成弹簧组，则其最大允许变形量为1.05 ×40 =42(mm)。弹簧的预压力也取1 590 N，则总预压量为0.35 ×40 =14(mm)。加上弹顶器的工作行程为14(mm)，因此弹簧的总压缩量为14 +14 =28(mm)，也没有超过弹簧的允许变形量42(mm)。

由于凸模背压弹簧每片的压缩量与弹顶器弹簧的压缩量相同，受力也相同，因弹顶器弹簧每片弹簧的压缩量为28 ÷40 =0.7(mm)，故凸模背压弹簧的总压缩量为0.7 ×8 =5.6(mm)，减去预压的2.8 mm，则凸模在固定板中的相对移动量为5.6 -2.8 =2.8(mm)。因此上述选用的两组弹簧都能符合模具的设计要求。

③滑块复位弹簧。滑块复位弹簧只要求在上模回程时能使滑块可靠复位，可采用一般圆柱螺旋压缩弹簧。查有关标准，选用弹簧1.6 mm ×15 mm ×22 mm，弹簧的极限压缩量 h_j = 15.2 mm，极限工作压力 F_j =79.6 N。

(4)回弹。

因圆弧部分的相对弯曲半径 $r/t=3.5<5$，故半径的回弹值可以忽略。凸模工作部分设计成半圆形，补偿角度的回弹量也足够，因此也不必计算。为了保证其形状，施加校正力以保证弯曲件的质量。

(5)凸模与滑块(凹模)工作部位尺寸确定。

滑块(凹模)在初始位置要配合凸模完成第一次弯曲，然后滑块在斜楔的作用下向左移动，完成圆弧部位的弯曲成形。凸模与凹模的间隙通过式(4.18)计算，由表4.17 查出系数 $c=0.10$，则

$$Z=t_{max}+ct=1.1+0.1\times 1=1.2(\text{mm})$$

因弯曲半径的回弹值可以忽略，故凸模圆角半径 $r_p=r=3.5$ mm。凹模的圆角取 $r_d=3t=$ 3 mm。凸模与滑块(凹模)工作部位尺寸关系如图4.68 所示。由图4.68 可看出，当滑块移动行程为2.5 mm 时，就可使滑块 R4.5 mm 的圆心与凸模圆心重合，因此滑块的行程即为2.5 mm。

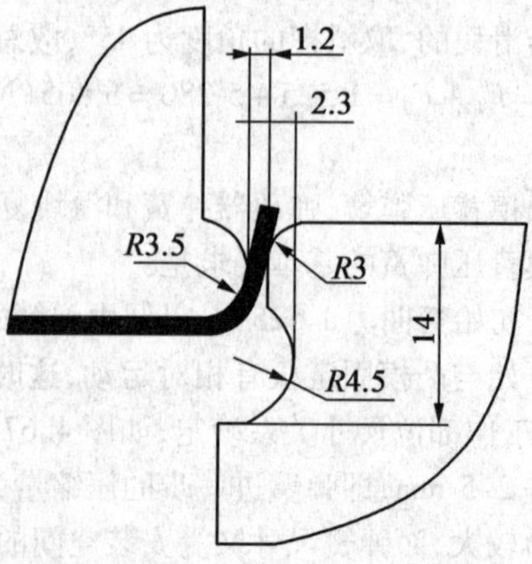

图4.68　凸模与滑块(凹模)工作部位尺寸关系

由前述可知，当凸模到达下止点后，上模还可能下降的距离为 8.4 mm − 5.6 mm = 2.8 mm，其中 8.4 mm 是弹簧的允许变形量）。而滑块的行程为 2.5 mm，斜楔角度为 45°，因此可以满足设计要求。

4. 主要模具零件的设计

（1）凸模。

凸模上部的圆柱是碟形弹簧的导向杆，至下止点时，凸模的上顶面与垫板接触，对工件施加压力。凸模上部圆柱的直径稍小于弹簧内径（ϕ25.4 mm），取 ϕ24 mm。圆柱的高度是弹簧压缩变形后的高度，每片弹簧高度是 3.4 mm，工作时的总压缩量是 0.7 mm，故圆柱的高度为 (3.4 − 0.7) × 8 = 21.6 (mm)。凸模的中间部位是圆柱形台肩，直径取 ϕ50 mm，下部为工作部分，具体尺寸如图 4.69 所示。

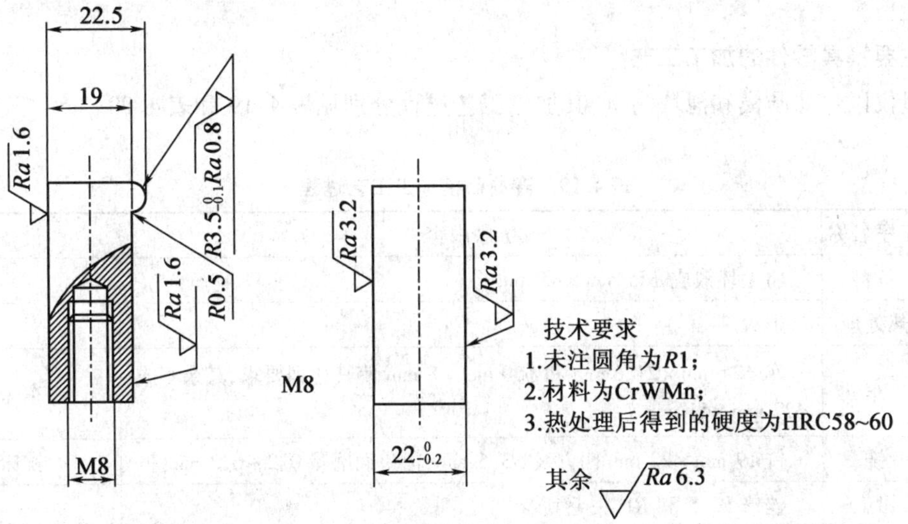

图 4.69　凸模

（2）滑块。

滑块的斜面、底面和台阶面是滑动工作面，要求表面光滑。滑块的上面是坯料定位面，侧面圆弧部位是弯曲凹模的工作部位，具体结构和尺寸如图 4.70 所示。滑块的右侧装有螺栓和弹簧，用于滑块的复位。

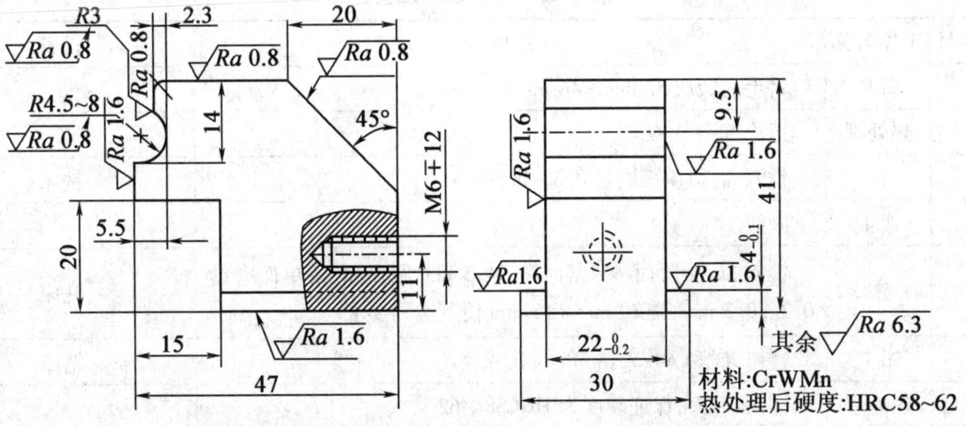

图 4.70　滑块

(3)斜楔。

斜楔的横截面为矩形,其宽度可比滑块的宽度略小,取 21 mm;长度取 24 mm。斜楔的斜面及与斜面相对的侧面是滑动工作面,斜楔与凸模固定板采用 H7/k6 配合,并用 M10 的螺栓将斜楔固定在垫板上。为了便于调整圆弧部位的间隙,并控制校正力的大小,斜楔与固定板之间可设置调整垫片。

(4)顶件块。

顶件块在弹顶器的作用下,与凸模形成足够的压紧力而完成第一次弯曲,并对坯料起定位作用。顶件块上部为矩形,其宽度与坯料相等,上面设有定位销,弯曲前坯料的 ϕ8.5 孔套在定位销上定位。顶件块下部为圆柱形,外径可与碟形弹簧外径相等,底面通过四个顶杆与弹顶器相接触。当模具处于开启状态时,顶件块在弹顶器的作用下,其上表面与滑块等高,以便于坯料的定位。

5. 主要模具零件的加工工艺

这里仅以弯曲凸模和滑块为例,其加工工艺过程分别见表 4.19 和表 4.20。

表 4.19 弯曲凸模加工工艺过程

工序号	工序名称	工序内容	设备
1	备料	将毛坯锻成 ϕ55 mm × 85 mm	
2	热处理	退火	
3	车	车 ϕ24 mm × 21.6 mm 和 ϕ50 mm × 8 mm 使其达到要求,其余车成 ϕ27 mm × 51 mm	车床
4	铣	铣 19 mm × 22 mm 四方及 R3.5 mm,留单面磨量 0.2 ~ 0.3 mm	铣床
5	钳工	锉修 R3.5 和 R1,去毛刺	
6	热处理	淬火、回火,保证硬度为 HRC58 ~ 62	
7	平磨	磨 19 mm × 22 mm 四方及端面使其达到要求	平面磨床
8	钳工	修研 R3.5 及 R0.5 使其达到要求	
9	检验		

表 4.20 滑块加工工艺过程

工序号	工序名称	工序内容	设备
1	备料	将毛坯锻成 52 mm × 46 mm × 35 mm	
2	热处理	退火	
3	铣	铣六面,留单面磨量 0.2 ~ 0.3 mm	铣床
4	钳工	画线	
5	铣	铣 4 mm 台阶面、45°斜面和 R4.5 mm 圆弧面,留单面磨量 0.2 ~ 0.3 mm,铣 20 mm × 15 mm 使其达到要求	铣床
6	钳工	锉修 R3 和 R4.5,钻 M6 底孔并攻丝	钻床
7	热处理	淬火、回火,保证硬度为 HRC58 ~ 62	

续表 4.20

工序号	工序名称	工序内容	设备
8	平磨	磨 $Ra=0.8$ μm、$Ra=1.6$ μm 的各平面，使其达到尺寸要求	平面磨床
9	钳工	修研 $R4.5$ 及 $R3$ 使其达到要求	
10	检验		

本章思考与练习题

1. 弯曲变形有哪些特点？宽板与窄板弯曲时为什么得到的截面形状不同？

2. 弯曲的变形程度用什么来表示？弯曲时的极限变形程度受到哪些因素的影响？

3. 为什么说弯曲时的回弹是弯曲工艺不能忽视的问题？试述减小弯曲件回弹的常用措施。

4. 什么是弯曲时的偏移？产生偏移的原因有哪些？如何减小和克服偏移？

5. 试分析图 4.71 所示零件的弯曲工艺性，并针对弯曲工艺性的不合理之处提出解决措施。零件材料为 20 钢，未注弯曲内表面圆角半径为 2 mm。

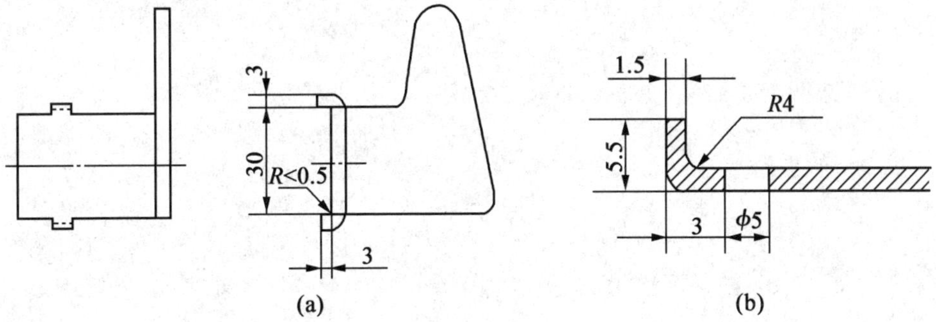

图 4.71　题 5 图

6. 弯曲模的结构有哪些特点？

7. 计算下图所示零件的展开长度。该零件需在模具内弯成什么形状和尺寸，出模后才能得到图 4.72 所示的形状和尺寸？

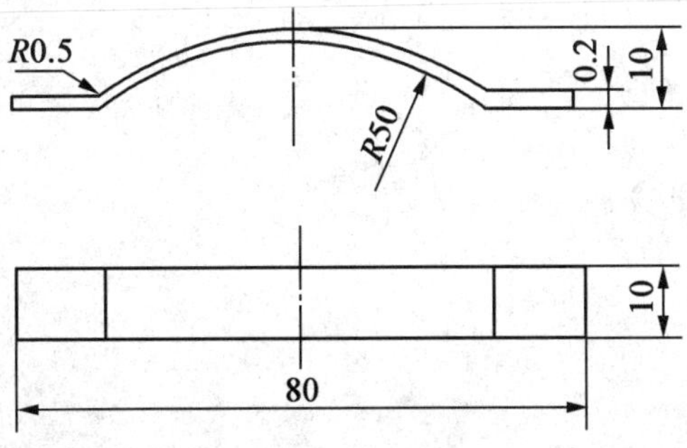

图 4.72　题 7 图

8. 弯曲如图 4.73 所示的零件，材料为 35 钢，已退火，厚度为 $t=4$ mm。完成以下工作内容：

(1)分析弯曲件的工艺性。

(2)计算弯曲件的展开长度和弯曲力(采用校正弯曲)。

(3)绘制弯曲模结构草图。

(4)确定弯曲凸、凹模工作部位的尺寸,绘制凸、凹模零件图。

(5)编制凸、凹模零件的加工工艺过程。

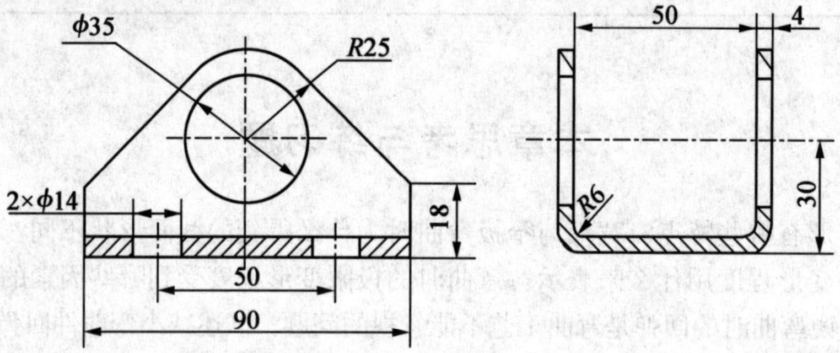

图 4.73 题 8 图

第 5 章　拉深模设计与制造

拉深是把一定形状的平板坯料或空心件通过拉深模制成各种开口空心件的冲压工序。用拉深的方法可以制成筒形、阶梯形、盒形、球形、锥形及其他复杂形状的薄壁零件，可加工从轮廓尺寸几毫米、厚度仅 0.2 mm 的小零件到轮廓尺寸达 2 ~ 3 m、厚度 200 ~ 300 mm 的大型零件。因此，拉深在汽车、拖拉机、电器、仪表、电子、航空及航天等各种工业部门及日常生活用品的冲压生产中占据相当重要的地位。

拉深分为不变薄拉深和变薄拉深。不变薄拉深制成的零件其各部分厚度与拉深前坯料的厚度相比基本保持不变；变薄拉深制成的零件其筒壁厚度与拉深前相比则有明显的变薄。在实际生产中，应用较广的是不变薄拉深，因此，通常拉深主要是指不变薄拉深。

5.1　拉深变形过程分析

5.1.1　拉深变形过程及特点

1. 拉深变形过程

图 5.1 所示为将平板圆形坯料拉深成圆筒形件的变形过程示意图。拉深凸模和凹模与冲裁凸、凹模不同，它们都有一定的圆角而不是锋利的刃口，其间隙一般稍大于板料厚度。

为了说明拉深时坯料的变形过程，在平板坯料上沿直径方向画出一个局部的扇形区域 *Oab*。当凸模下压时，坯料被拉入凹模，扇形 *Oab* 变为以下三部分：筒底部分为 *Oef*；筒壁部分为 *cdef*；凸缘部分为 *a′b′cd*。当凸模继续下压时，筒底部分基本不变，凸缘部分的材料继续转变为筒壁，筒壁部分逐步增高，凸缘部分逐步缩小，直至全部变为筒壁。可见，坯料在拉深过程中，变形主要是集中在凹模面上的凸缘部分，拉深过程的本质就是使凸缘部分逐渐收缩转化为筒壁的过程。坯料的凸缘部分是变形区，底部和已形成的筒壁为传力区。

如果圆形平板坯料的直径为 D，拉深后筒形件的直径为 d，通常以筒形件直径与坯料直径的比值来表示拉深变形程度的大小，即

$$m = d/D \tag{5.1}$$

式中　m——拉深系数，m 越小，拉深变形程度越大；相反，m 越大，拉深变形程度就越小。

为了进一步说明拉深时金属变形的过程，可以进行如下网格法试验：在圆形平板坯料上画许多间距都等于 a 的同心圆和分度相等的辐射线，组成图 5.2(a) 所示的网格，拉深后网格的变化情况如图 5.2(b) 和 (d) 所示。从图中可以看出，筒形件底部的网格基本上保持原来的形状，而筒壁上的网格与坯料凸缘部分（即外径为 D、内径为 d 的环形部分）的网格相比则发生了较大的变化：原来直径不等的同心圆变为筒壁上直径相等的圆，且间距增大了，越靠近筒形件口部增大越多，即由原来的 a 变为 $a_1, a_2, a_3 \cdots$，且 $a_1 > a_2 > a_3 \cdots > a$；原来分度相等的辐射线变成筒壁上的垂直平行线，其间距也缩小了，越近筒形件口部缩小越多，即由原来的 $b_1 > b_2 > b_3 > \cdots > b$ 变为 $b_1 = b_2 = b_3 = \cdots = b$。如果拿一个小单元来说，在拉深前是扇形，其面积为 A_1（图 5.2(a)），拉深后则变为矩形，其面积为 A_2（图 5.2(b)）。实践证明，拉深后板料厚度变化

很小,因此可以近似认为拉深前后小单元的面积不变,即 $A_1 = A_2$。

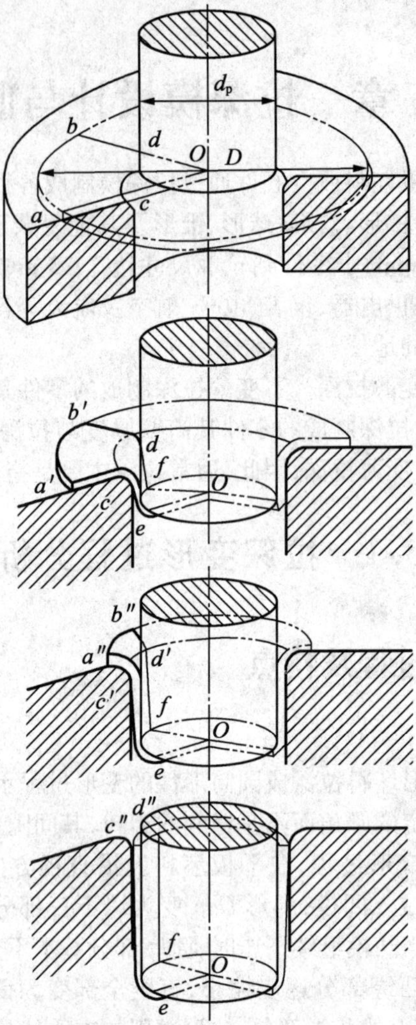

图 5.1　拉深变形过程示意图

为什么拉深前的扇形小单元会变为拉深后的矩形呢?这是由于坯料在模具的作用下金属内部产生了内应力,对一个小单元来说(图 5.2(c)),径向受拉应力 σ_1 作用,切线方向受压应力 σ_3 作用,因而径向产生拉伸变形,切向产生压缩变形,径向尺寸增大,切向尺寸减小,结果形状由扇形变为矩形。当凸缘部分的材料变为筒壁时,外缘尺寸由初始的 πD 逐渐缩小变为 πd;而径向尺寸由初始的 $(D-d)/2$ 逐步伸长变为高度 H,$H>(D-d)/2$。

综上所述,拉深变形过程可概括如下:在拉深过程中,由于外力的作用,坯料凸缘区内部的各个小单元体之间产生了相互作用的内应力,径向为拉应力 σ_1,切向为压应力 σ_3。在 σ_1 和 σ_3 的共同作用下,凸缘部分的金属材料发生塑性变形,径向伸长,切向压缩,且不断被拉入凹模中变为筒壁,最后得到直径为 d、高度为 H 的开口空心件。

2. 拉深变形特点

观察圆筒形件的拉深变形过程并分析拉深件的质量可以看出,圆筒形件的拉深变形具有如下一些特点:

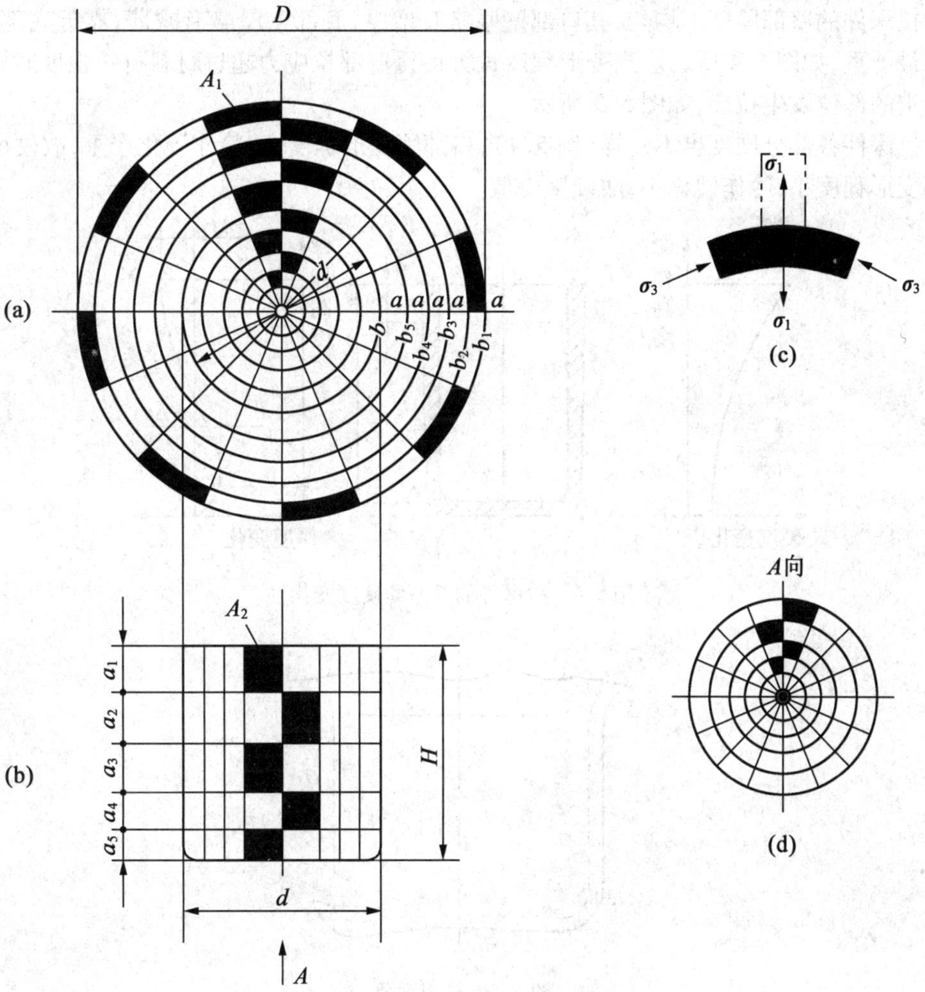

图 5.2　拉深前后的网格变化

①拉深过程中,坯料的凸缘部分是主要变形区,其余部分只发生少量变形,但要承受并传递拉深力,故是传力区。

②变形区受切向压应力和径向拉应力作用,产生切向压缩和径向伸长变形。

当变形程度较大时,变形区主要发生失稳起皱现象,如图 5.3 所示。

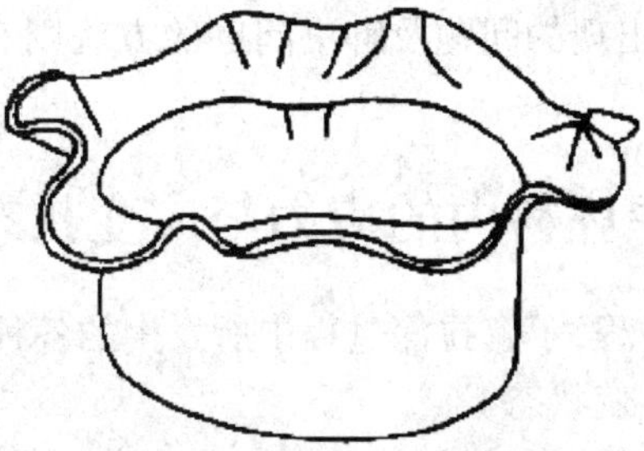

图 5.3　失稳起皱现象

③拉深件的壁部厚度不均匀,其口部壁厚略有增厚,底部壁厚略有减薄,靠近底部圆角处变薄得最严重,如图 5.4 所示。当变形程度过大使得壁部拉应力超过材料抗拉强度时,将在变薄最严重的部位发生拉裂,如图 5.5 所示。

④拉深件各部分硬度也不一样(图 5.4),口部因变形程度大,冷作硬化严重,故硬度较高;而底部变形程度小,冷作硬化小,故硬度也低。

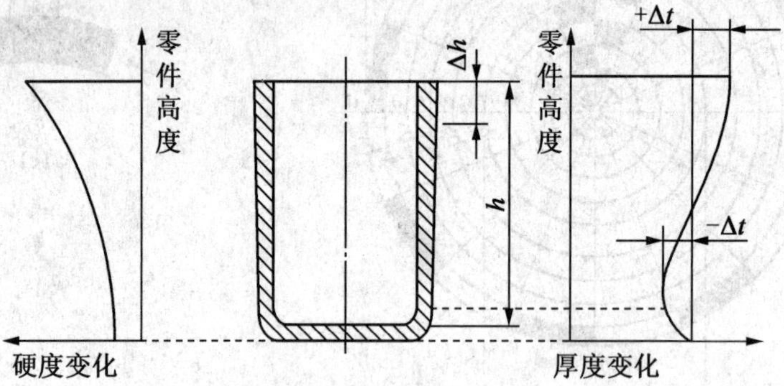

图 5.4 拉深件的壁厚和硬度变化

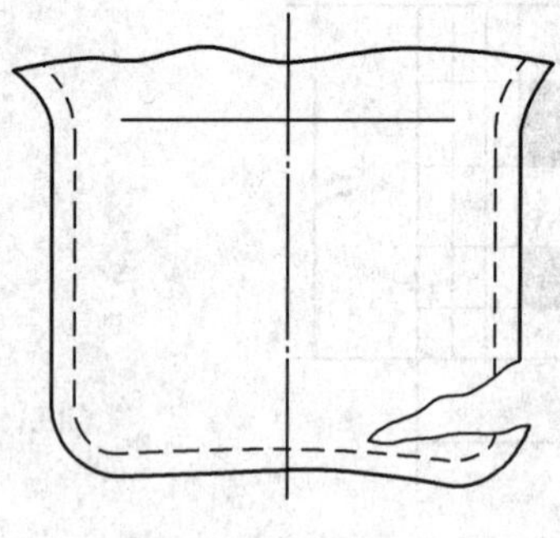

图 5.5 拉裂现象

上述是圆筒形件拉深的变形特点。实际上,拉深件的种类很多,由于其几何形状不同,其变形区的位置、变形的性质、坯料各部分的应力应变状态和分布规律等都有相当大的差别,有些甚至是本质上的区别。表 5.1 所示为几种常见类型的拉深件及其变形特点。

由表 5.1 可以看出,对于同一类型的拉深件,尽管其形状和尺寸还有一定区别,但有共同的变形特点,生产中出现质量问题的形式和解决问题的方法也基本相同。而对于不同类型的拉深件,其变形特点和生产中出现的问题及解决问题的方法则有很大差别。这些将在后面详细论述。

5.1.2 拉深过程中坯料内的应力与应变状态

为了更深刻地认识拉深过程,了解拉深过程中所发生的各种现象或问题,有必要分析拉深过程中坯料各部分的应力与应变状态。

图 5.6 所示为拉深过程中某瞬时坯料的应力与应变分布情况,图中 σ_1、ε_1 分别代表坯料径向的应力(σ_ϕ)和应变(ε_ϕ);σ_2、ε_2 分别代表坯料厚度方向的应力(σ_t)和应变(ε_t);σ_3、ε_3 分别代表坯料切向的应力(σ_θ)和应变(ε_θ)。根据应力应变状态的不同,可将拉深坯料划分为五个区域:凸缘平面区、凸缘圆角区、筒壁区、底部圆角区和筒底区。

1. **凸缘平面区(图 5.6(a) ~ (c))**

凸缘平面区是拉深的主要变形区,材料在径向拉应力 σ_1 和切向压应力 σ_3 的共同作用下产生切向压缩与径向伸长变形而逐渐被拉入凹模。在厚度方向,由于压料圈的作用,产生了压应力 σ_2,但通常 σ_1 和 σ_3 的绝对值比 σ_2 的绝对值大得多。厚度方向的变形决定于径向拉应力 σ_1 和切向压应力 σ_3 之间的比例关系,一般在材料产生切向压缩与径向伸长的同时,厚度有所增大,越靠近外缘,板料增厚越多。如果不压料或压料力较小,这时板料增厚比较大。当拉深变形程度较大,板料又比较薄时,则在坯料的凸缘部分(特别是外缘部分),在切向压应力 σ_3 作用下可能因失稳而拱起,形成所谓的起皱。

表 5.1　拉深件的类型及变形特点

拉深件名称			拉深件简图	变形特点
直壁类拉深件	轴对称零件	圆筒形件		①拉深过程中变形区是坯料的凸缘部分,其余部分是传力区 ②坯料变形区在切向压应力和径向拉应力作用下,产生切向压缩与径向伸长的一向受压一向受拉的变形 ③极限变形程度主要受坯料传力区承载能力的限制
		带凸缘圆筒形件		
		阶梯形件	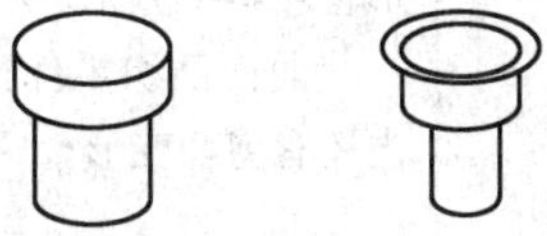	
	非轴对称零件	盒形件	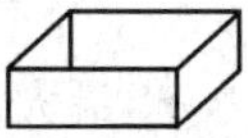	①变形性质同前,差别仅在于一向受拉一向受压的变形在坯料周边上分布不均匀,圆角部分变形大,直边部分变形小 ②在坯料的周边上,变形程序大与变形程序小的部分之间存在着相互影响与作用
		带凸缘盒形件	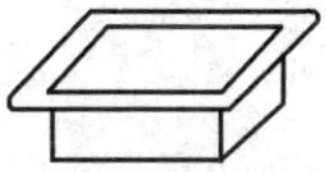	
		其他形状零件	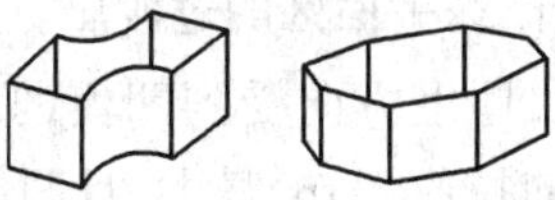	
		曲面凸缘的零件	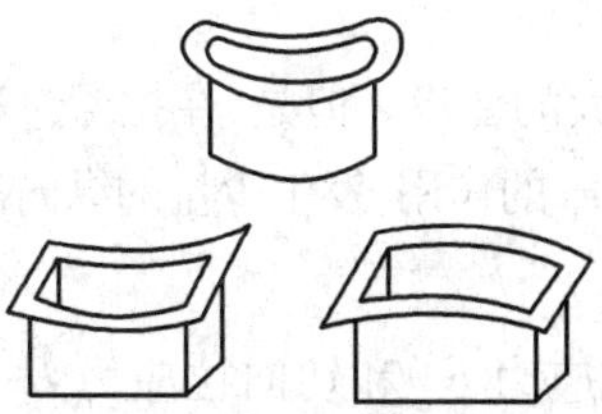	除具有与前项相同的变形性质外,还有如下特点: ①因零件各部分高度不同,在拉深开始时有严重的不均匀变形 ②在拉深过程中,坯料变形区内还要发生剪切变形

续表 5.1

拉深件名称			拉深件简图	变形特点
曲面类拉深件	轴对称零件	球面类零件	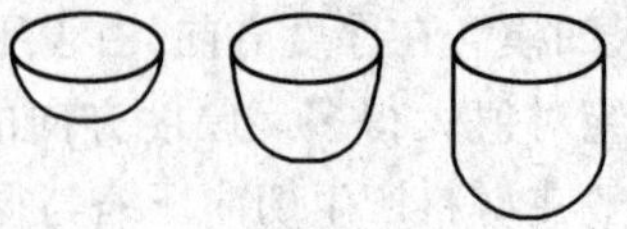	拉深时坯料变形区由两部分组成: ①坯料外部是一向受拉一向受压的拉深变形 ②坯料的中间部分是受两向拉应力的胀形变形区
		锥形件		
		其他曲面零件	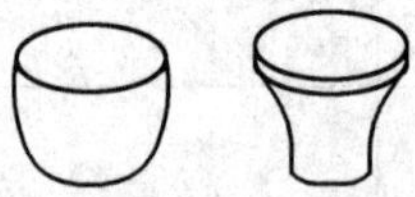	
	非轴对称零件	平面凸缘零件	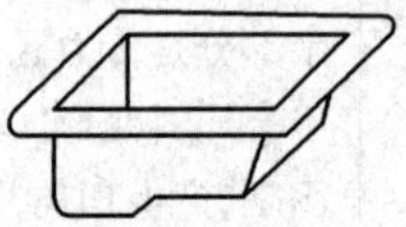	①拉深时坯料的变形区也是由外部的拉深变形区和内部的胀形变形区所组成,但这两种变形在坯料中分布是不均匀的 ②曲面凸缘零件拉深时,在坯料外周变形区内还有剪切变形
		曲面凸缘零件	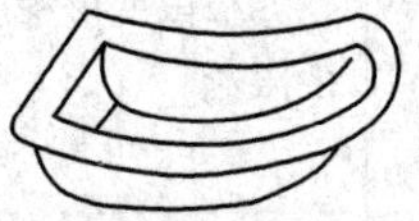	

由于该处的切向压应力 σ_3 值不大,而径向拉应力 σ_1 最大,且凹模圆角越小,由弯曲引起的拉应力越大,所以有可能出现破裂。

2. 凸缘圆角区(图 5.6(a)、(b)和(d))

凸缘圆角区也是变形区,但它是变形次于凸缘平面区的过渡压。该处径向受拉应力 σ_1 的作用而伸长,切向受压应力 σ_3 的作用而压缩,厚度方向受到凹模的弯曲作用而产生压应力 σ_2。由于该处的切向压应力 σ_3 值不大,而径向拉应力 σ_1 最大,且凹模圆角越小,由弯曲引起的拉应力越大,所以有可能出现破裂。

3. 筒壁区(图 5.6(a)、(b)和(e))

这部分材料已经形成筒形,材料不再发生大的变形。但是,在拉深过程中,凸模的拉深力要经由筒壁传递到凸缘区,因此它承受单向拉应力 σ_1 的作用,发生少量的纵向伸长变形和厚度减薄。

4. 底部圆角区(图 5.6(a)、(b)和(f))

底部圆角区从拉深开始一直承受径向拉应力 σ_1 和切向拉应力 σ_3 的作用,厚度方向受到凸模圆角的压力和弯曲作用而产生压应力 σ_2,因而该区材料变薄最严重,尤其是与侧壁相切的部位,所以此处最容易出现拉裂,是拉深的“危险断面”。

5. 筒底区(图 5.6(a)、(b)和(g))

筒底区在拉深开始时即被拉入凹模,并在拉深的整个过程中保持其平面形状。它受切向和径向的双向拉应力作用,变形是双向拉伸变形,厚度小有减薄。但这个区域的材料由于受到与凸模接触面的摩擦阻力约束,基本上不产生塑性变形或者只产生不大的塑性变形。

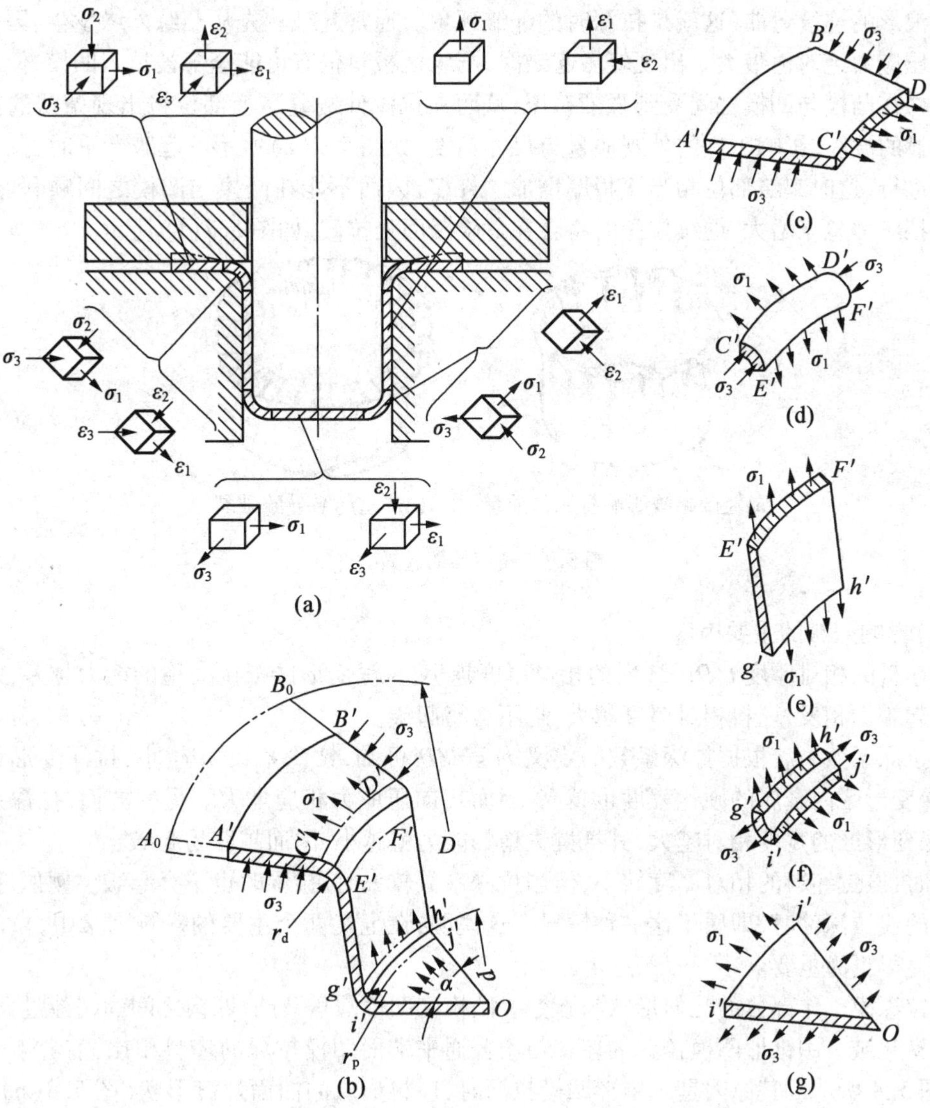

图 5.6　拉深过程中某瞬间坯料的应力与应变分布情况

上述筒壁区、底部圆角区和筒底区这三个部分的主要作用是传递拉深力,即把凸模的作用力传递到变形区凸缘部分,使之产生足以引起拉深变形的径向拉应力 σ_1,因而又称为传力区。

5.1.3　拉深件的主要质量问题及控制

生产中可能出现的拉深件质量问题较多,但主要的是起皱和拉裂。

1. 起皱

拉深时坯料凸缘区出现波纹状的皱褶称为起皱,如图 5.7 所示。起皱是一种受压失稳现象。

(1)起皱产生的原因。

凸缘部分是拉深过程中的主要变形区,而该变形区受最大切向压应力作用,其主要变形是切向压缩变形。当切向压应力较大而坯料的相对厚度 t/D(t 为材料厚度,D 为坯料直径)又较小时，凸缘部分的材料厚度与切向压应力之间失去了应有的比例关系，从而在凸缘的整个周围产生波浪形的连续弯曲，这就是拉深时的起皱现象。通常起皱首先从凸缘外缘发生，因为这里的切向压应力绝对值最大。出现轻微起皱时，凸缘区板料仍有可能全部被拉入凹模，但起皱部位的波峰在凸模与凹模之间受到强烈挤压，从而在拉深件侧壁靠上部位将出现条状的挤光痕迹和明显的波纹，影响工件的外观质量与尺寸精度，如图5.7(a)所示。起皱严重时，拉深便无法顺利进行，这时起皱部位相当于板厚增加了许多，因而不能在凸模与凹模之间顺利通过，并使径向拉应力急剧增大，继续拉深时将会在危险断面处拉破，如图5.7(b)所示。

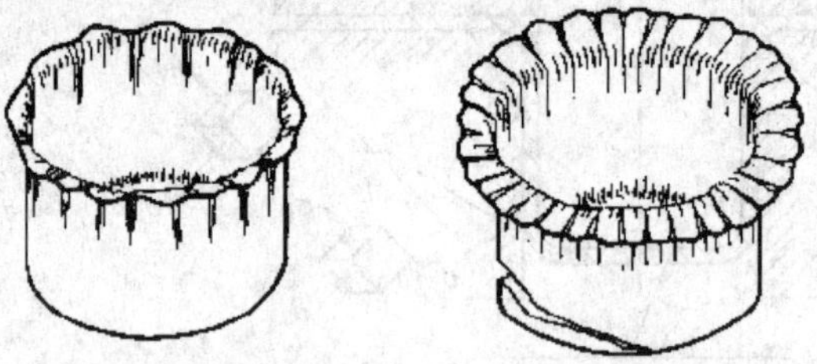

(a)轻微起皱影响拉深件质量　　(b)严重起皱导致破裂

图5.7　拉深件的起皱破坏

(2)影响起皱的主要因素。

①坯料的相对厚度 t/D。坯料的相对厚度越小，拉深变形区抵抗失稳的能力越差，因而就越容易起皱。相反，坯料相对厚度越大，越不容易起皱。

②拉深系数 m。根据拉深系数的定义 $m=d/D$ 可知，拉深系数 m 越小，拉深变形程度越大，拉深变形区内金属的硬化程度也越高，因而切向压应力相应增大。另一方面，拉深系数越小，凸缘变形区的宽度相对越大，其抵抗失稳的能力就越小，因而越容易起皱。

有时，虽然坯料的相对厚度较小，但当拉深系数较大时，拉深时也不会起皱。例如，拉深高度很小的浅拉深件时，即属于这一种情况。这说明，在上述两个主要的影响因素中，拉深系数的影响显得更为重要。

③拉深模工作部分的几何形状与参数。凸模和凹模圆角及凸、凹模之间的间隙过大时，则坯料容易起皱。用锥形凹模拉深的坯料与用普通平端面凹模拉深的坯料相比，前者不容易起皱，如图5.8所示。其原因是用锥形凹模拉深时，坯料形成的曲面过渡形状(图5.8(b))比平面形状具有更大的抗压失稳能力。而且，凹模圆角处对坯料造成的摩擦阻力和弯曲变形的阻力都减到了最低限度，凹模锥面对坯料变形区的作用力也有助于使它产生切向压缩变形，因此，其拉深力比平端面凸模要小得多，拉深系数可以大为减小。

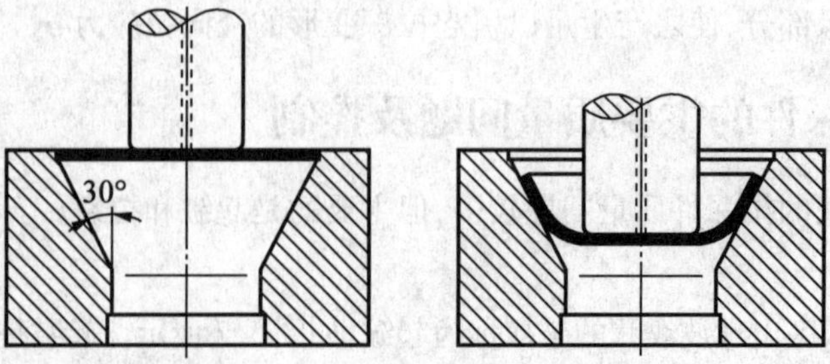

(a)　　(b)

图5.8　锥形凹模的拉深

(3)控制起皱的措施。

为了防止起皱,最常用的方法是在拉深模具上设置压料装置,使坯料凸缘区夹在凹模平面与压料圈之间通过,如图5.9所示。当然并不是任何情况下都会发生起皱现象,当变形程度较小、坯料相对厚度较大时,一般不会起皱,这时就可不必采用压料装置。判断是否采用压料装置可按表5.2确定。

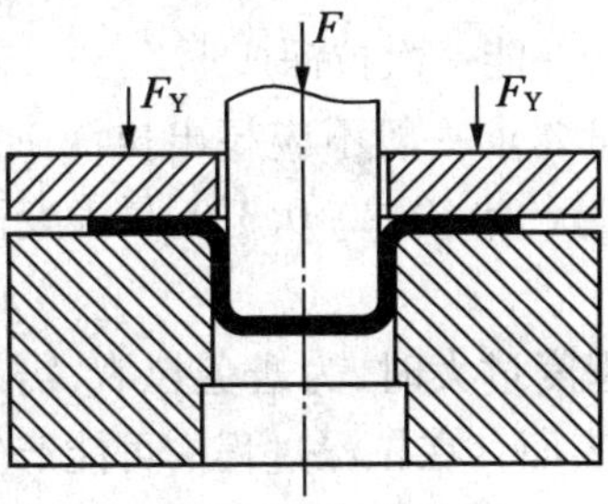

图5.9 带压料圈的模具结构

表5.2 采用或不采用压料装置的条件

拉深方法	首次拉深		以后各次拉深	
	$\frac{t}{D}/\%$	m_1	$\frac{t}{D}/\%$	m_n
采用压料装置	<1.5	<0.6	<1.0	<0.8
可用可不用压料装置	1.5~2.0	0.6	1.0~1.5	0.8
不用压料装置	>2.0	>0.6	>1.5	>0.8

2. 拉裂

(1)拉裂产生的原因。

在拉深过程中,由于凸缘变形区应力应变很不均匀,靠近外边缘的坯料压应力大于拉应力,其压应变为最大主应变,坯料有所增厚;而靠近凹模孔口的坯料拉应力大于压应力,其拉应变为最大主应变,坯料有所变薄。因而,当凸缘区转化为筒壁后,拉深件的壁厚就不均匀,口部壁厚增大,底部壁厚减小,壁部与底部圆角相切处变薄得最严重(图5.4)。变薄最严重的部位成为拉深时的危险断面,当筒壁的最大拉应力超过了该危险断面材料的抗拉强度时,便会产生拉裂(图5.5)。另外,当凸缘区起皱时,坯料难以或不能通过凸、凹模间隙,使得筒壁拉应力急剧增大,也会导致拉裂(图5.7(b))。

(2)控制拉裂的措施。

生产实际中常用适当加大凸、凹模圆角半径、降低拉深力、增加拉深次数、在压料圈底部和凹模上涂抹润滑剂等方法来避免拉裂的产生。

5.2 拉深件的工艺性

5.2.1 拉深件的结构与尺寸

(1)拉深件应尽量简单、对称,并能一次拉深成形。

(2)拉深件壁厚公差或变薄量要求一般不应超出拉深工艺的壁厚变化规律。根据统计,不变薄拉深工艺的筒壁最大增厚量约为(0.2 ~0.3)t,最大变薄量约为(0.1 ~0.18)t(t 为板料厚度)。

(3)当零件一次拉深的变形程度过大时,为避免拉裂,需采用多次拉深,这时在保证必要的表面质量前提下,应允许内、外表面存在拉深过程中可能产生的痕迹。

(4)在保证装配要求的前提下,应允许拉深件侧壁有一定的斜度。

(5)拉深件的底部或凸缘上有孔时,孔边到侧壁的距离应满足 $a \geqslant R + 0.5t$(或 $r + 0.5t$),如图 5.10(a)所示。

(6)拉深件的底与壁、凸缘与壁、矩形件的四角等处的圆角半径应满足:$r \geqslant t$,$R \geqslant 2t$,$r_g \geqslant 3t$,如图 5.10 所示。否则,应增加整形工序。对于一次整形的零件,圆角半径可取 $r \geqslant (0.1 \sim 0.3)t$,$R \geqslant (0.1 \sim 0.3)t$。

(7)拉深件的径向尺寸应只标注外形尺寸或内形尺寸,而不能同时标注内、外形尺寸。对于带台阶的拉深件,其高度方向的尺寸标注一般应以拉深件底部为基准,如图 5.11(a)所示。若以上部为基准(图 5.11(b)),则高度尺寸不易保证。

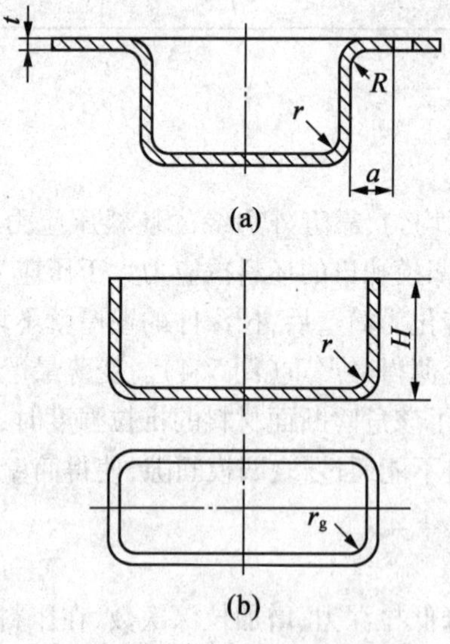

图 5.10 拉深件的圆角半径

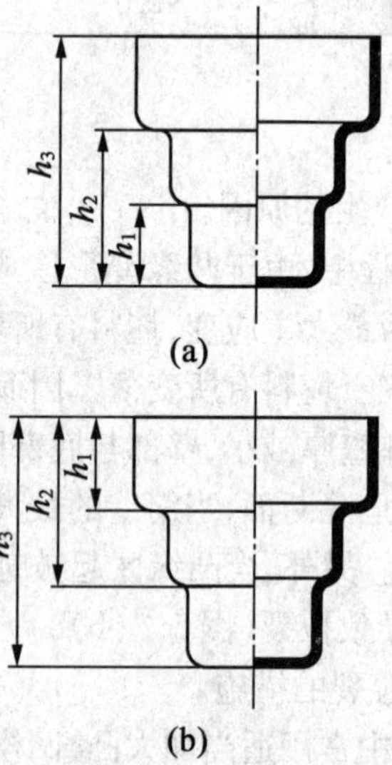

图 5.11 带台阶拉深件的尺寸标注

5.2.2 拉深件的精度

一般情况下,拉深件的尺寸精度应在 IT13 级以下,不宜高于 IT11 级。圆筒形拉深件的径向尺寸精度和带凸缘圆筒形拉深件的高度尺寸精度分别见表 5.3 和表 5.4。

对于精度要求高的拉深件，应在拉深后增加整形工序，以提高其精度。由于材料各向异性的影响，拉深件的口部或凸缘外缘一般是不整齐的，出现“突耳”现象，需要增加切边工序。

表 5.3　圆筒形拉深件径向尺寸的偏差值　mm

板料厚度 t/mm	拉深件直径 d/mm			板料厚度 t/mm	拉深件直径 d/mm		
	<50	50～100	100～300		<50	50～100	100～300
0.5	±0.12	—	—	2.0	±0.40	±0.50	±0.70
0.6	±0.15	±0.20	—	2.5	±0.45	±0.60	±0.80
0.8	±0.20	±0.25	±0.30	3.0	±0.50	±0.70	±0.90
1.0	±0.25	±0.30	±0.40	4.0	±0.60	±0.80	±1.00
1.2	±0.30	±0.35	±0.50	5.0	±0.70	±0.90	±1.10
1.5	±0.35	±0.40	±0.60	6.0	±0.80	±1.00	±1.20

表 5.4　带凸缘圆筒形拉深件高度尺寸的偏差值　mm

板料厚度 t/mm	拉深件高度 H/mm					
	<18	18～30	30～50	50～80	80～120	120～180
<1	±0.3	±0.4	±0.5	±0.6	±0.8	±1.0
1～2	±0.4	±0.5	±0.6	±0.7	±0.9	±1.2
2～4	±0.5	±0.6	±0.7	±0.8	±1.0	±1.4
4～6	±0.6	±0.7	±0.8	±0.9	±1.1	±1.6

5.2.3　拉深件的材料

用于拉深件的材料，要求其具有较好的塑性，屈强比 σ_s/σ_b 小，板厚方向性系数 r 大，板平面方向性系数 Δr 小。

屈强比（σ_s/σ_b）越小，一次拉深允许的极限变形程度越大，拉深的性能越好。例如，低碳钢的屈强比 $\sigma_s/\sigma_b \approx 0.57$，其一次拉深的最小拉深系数为 $m=0.48\sim0.50$；65Mn 钢的 $\sigma_s/\sigma_b \approx 0.63$，其一次拉深的最小拉深系数为 $m=0.68\sim0.70$。所以有关材料标准规定，作为拉深用的钢板，其屈强比不大于 0.66。

板厚方向性系数 r 和板平面方向性系数 Δr 反映了材料的各向异性性能。当 r 较大或 Δr 较小时，材料宽度的变形比厚度方向的变形容易，板平面方向的性能差异较小，拉深过程中材料不易变薄或拉裂，因而有利于拉深成形。

5.3 旋转体拉深件坯料尺寸的确定

5.3.1 坯料形状和尺寸确定的原则

1. 形状相似性原则

拉深件的坯料形状一般与拉深件的截面轮廓形状近似相同，即当拉深件的截面轮廓是圆形、方形或矩形时，相应坯料的形状应分别为圆形、近似方形或近似矩形。另外，坯料周边应光滑过渡，以使拉深后得到等高侧壁（如果零件要求等高时）或等宽凸缘。

2. 表面积相等原则

对于不变薄拉深，虽然在拉深过程中板料的厚度有增厚也有变薄，但实践证明，拉深件的平均厚度与坯料厚度相差不大。由于拉深前后拉深件与坯料质量相等且体积不变，因此，可以按坯料面积等于拉深件表面积的原则确定坯料尺寸。

应该指出，用理论计算方法确定坯料尺寸不是绝对准确的，而是近似的，尤其是变形复杂的复杂拉深件。在实际生产中，由于材料性能、模具几何参数、润滑条件、拉深系数以及零件几何形状等多种因素的影响，有时拉深的实际结果与计算值有较大出入，因此，应根据具体情况予以修正。对于形状复杂的拉深件，通常是先做好拉深模，并对理论计算方法初步确定的坯料进行反复试模修正，直至得到的工件符合要求时，再将符合实际的坯料形状和尺寸作为制造落料模的依据。

由于金属板料具有板平面方向性和受模具几何形状等因素的影响，制成的拉深件口部一般不整齐，尤其是深拉深件。因此在多数情况下还需采取加大工序件高度或凸缘宽度的办法，拉深后再经过切边工序以保证零件质量。切边余量可参考表5.5和表5.6。但当零件的相对高度 H/d 很小并且高度尺寸要求不高时，也可以不用切边工序。

表5.5 圆筒形拉深件的切边余量 Δh mm

工件高度 h	工件的相对高度 h/d				附图
	0.5~0.8	0.8~1.6	1.6~2.5	2.5~4	
≤10	1.0	1.2	1.5	2	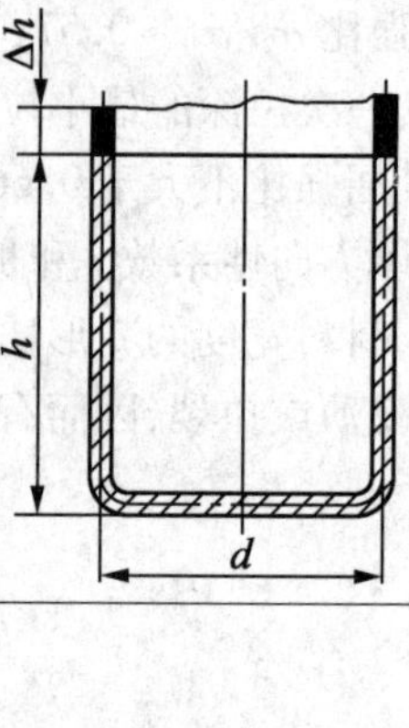
10~20	1.2	1.6	2	2.5	
20~50	2	2.5	3.3	4	
50~100	3	3.8	5	6	
100~150	4	5	6.5	8	
150~200	5	6.3	8	10	
200~250	6	7.5	9	11	
250	7	8.5	10	12	

表 5.6　带凸缘圆筒形拉深件的切边余量 ΔR　mm

凸缘直径 d_1	凸缘的相对直径 d_1/d				附图
	≤1.5	1.5~2	2~2.5	2.5~3	
≤25	1.6	1.4	1.2	1.0	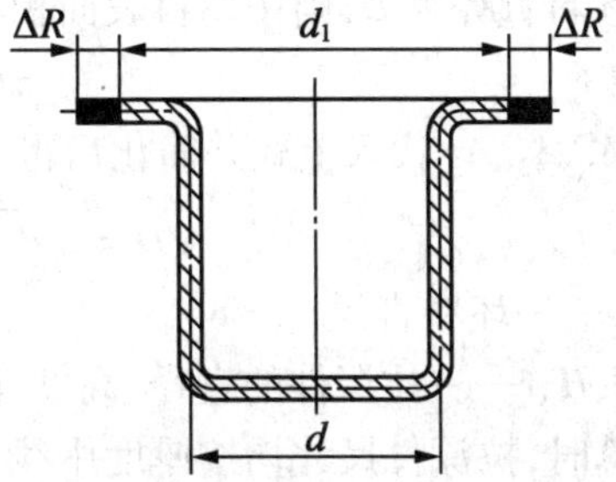
25~50	2.5	2.0	1.8	1.6	
50~100	3.5	3.0	2.5	2.2	
100~150	4.3	3.6	3.0	2.5	
150~200	5.0	4.2	3.9	2.7	
200~250	5.5	4.6	3.8	2.8	
>250	6	5	4	3	

5.3.2　简单旋转体拉深件坯料尺寸的确定

旋转体拉深件坯料的形状是圆形，所以坯料尺寸的计算主要是确定坯料直径。对于简单旋转体拉深件，可首先将拉深件划分为若干个简单而又便于计算的几何体，并分别求出各简单几何体的表面积，再把各简单几何体的表面积相加即为拉深件的总表面积，然后根据表面积相等原则，即可求出坯料直径。

例如，图 5.12 所示的圆筒形拉深件，可分解为无底圆筒、1/4 凹圆环和圆形板三部分，每一部分的表面积分别为

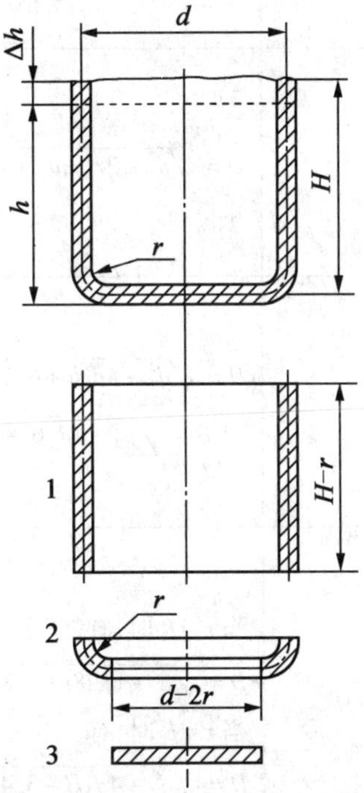

图 5.12　圆筒形拉深件坯料尺寸计算图

1—无底圆筒；2—1/4 凹圆环；3—圆形板

$$A_1 = \pi d(H - r)$$

$$A_2 = \pi[2\pi r(d - 2r) + 8r^2]/4$$

$$A_3 = \pi(d - 2r)^2/4$$

设坯料直径为 D，则按坯料表面积与拉深件表面积相等原则，则有

$$\pi D^2/4 = A_1 + A_2 + A_3$$

分别将 A_1、A_2、A_3 代入上式并简化后得

$$D = \sqrt{d^2 + 4dH - 1.72dr - 0.56r^2} \tag{5.2}$$

式中 D——坯料直径；

d、H、r——拉深件的直径、高度、圆角半径。

计算时，拉深件尺寸均按厚度中线尺寸计算，但当板料厚度小于 1 mm 时，也可以按零件图标注的外形或内形尺寸计算。

常用旋转体拉深件坯料直径的计算公式见表 5.7。

表 5.7 常见旋转体拉深件坯料直径的计算公式

序号	零件形状	坯料直径 D
1	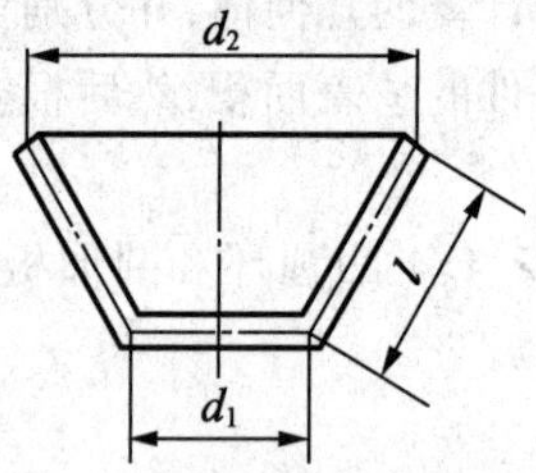	$D = \sqrt{d_1^2 + 2l(d_1 + d_2)}$
2	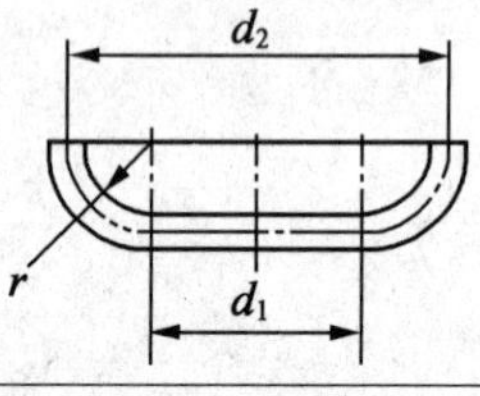	$D = \sqrt{d_1^2 + 2r(\pi d_1 + 4r)}$
3	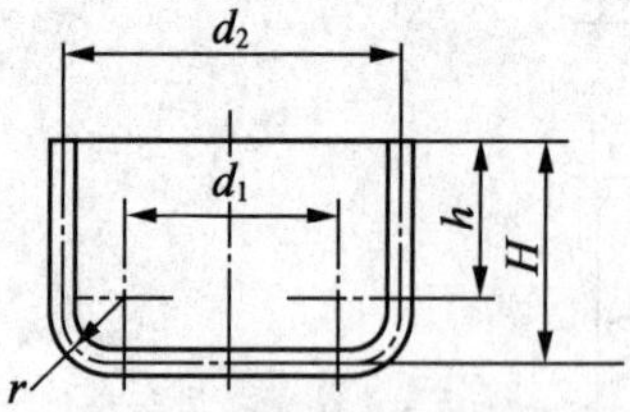	$D = \sqrt{d_1^2 + 4d_2h + 6.28rd_1 + 8r^2}$ 或 $D = \sqrt{d_2^2 + 4d_2H - 1.72rd_2 - 0.56r^2}$
4	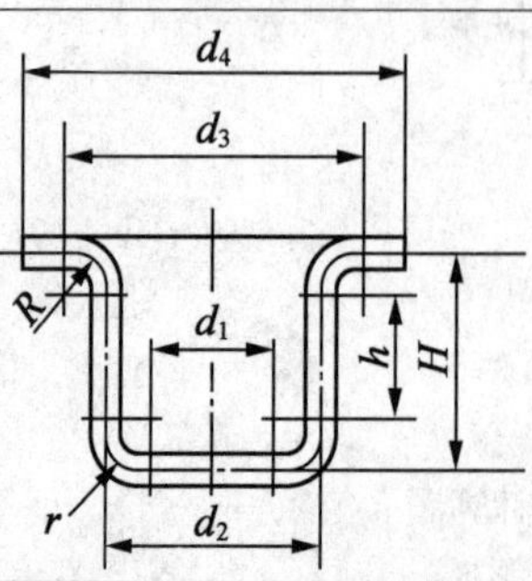	当 $r \neq R$ 时，有 $D = \sqrt{d_1^2 + 6.28rd_1 + 8r^2 + 4d_2h + 6.28Rd_2 + 4.56R^2 + d_4^2 - d_3^2}$ 当 $r = R$ 时，有 $D = \sqrt{d_4^2 + 4d_2H - 3.44rd_2}$

续表 5.7

序号	零件形状	坯料直径 D
5	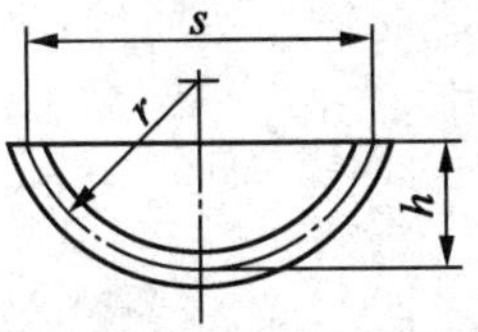	$D=\sqrt{8rh}$ 或 $D=\sqrt{s^2+4h^2}$
6	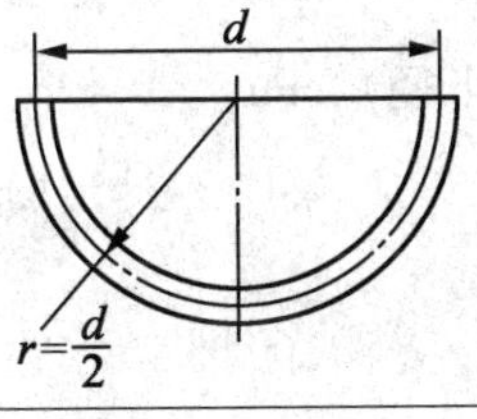	$D=\sqrt{2d^2}=1.414d$
7	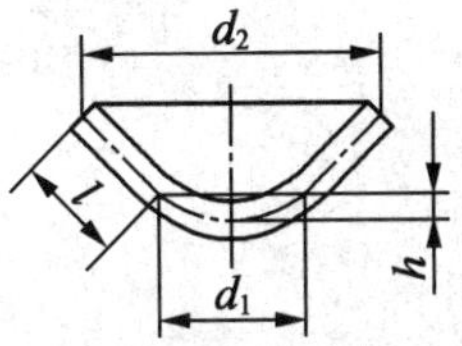	$D=\sqrt{d_1^2+4h^2+2l(d_1+d_2)}$
8	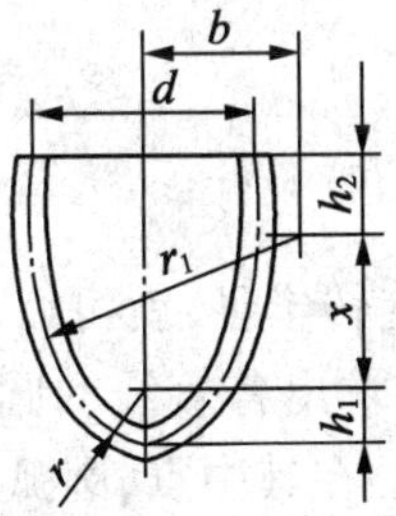	$D=\sqrt{8r_1\left[x-b\left(\arcsin\dfrac{x}{r_1}\right)\right]+4dh_2+8rh_1}$
9	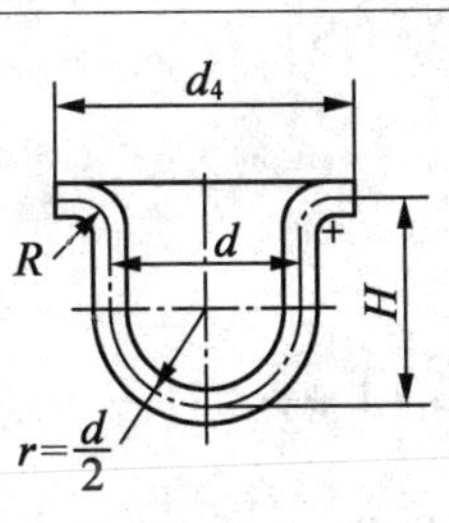	$D=\sqrt{8r^2+4dH-4dr-1.72dR+0.56R^2+d_4^2-d^2}$
10	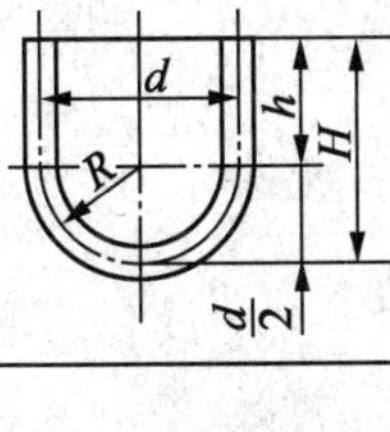	$D=1.414\sqrt{d^2+2dh}$ 或 $D=2\sqrt{dh}$

5.3.3　复杂旋转体拉深件坯料尺寸的确定

复杂旋转体拉深件是指母线较复杂的旋转体零件，其母线可能由一段曲线组成，也可能由若干直线段与圆弧段相接组成。复杂旋转体拉深件的表面积可根据久里金法则求出，即任何形状的母线绕轴旋转一周所得到的旋转体表面积等于该母线的长度与其形心绕该轴线旋转所得周长的乘积。如图 5.13 所示,旋转体表面积为

$$A=2\pi R_x L$$

根据拉深前后表面积相等的原则,坯料直径可按下式求出:

$$\pi D^2/4=2\pi R_x L$$

$$D=\sqrt{8R_x L} \tag{5.3}$$

式中 A——旋转体表面积,mm^2;

R_x——旋转体母线形心到旋转轴线的距离(称为旋转半径),mm;

L——旋转体母线长度,mm;

D——坯料直径,mm。

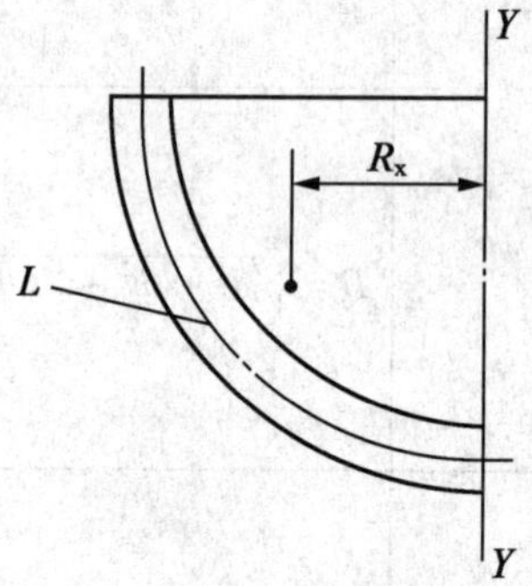

图 5.13 旋转体表面积的计算

由式(5.3)可知,只要知道旋转体母线长度及其形心的旋转半径,就可以求出坯料的直径。当母线较复杂时,可先将其分成简单的直线和圆弧,分别求出各直线和圆弧的长度 L_1, L_2,…,L_n 及其形心到旋转轴的距离 R_{x1},R_{x2},…,R_{xn}(直线的形心在其中点,圆弧的形心可从有关手册中查得),再根据下式进行计算:

$$D=\sqrt{8\sum_{i=1}^{n}R_{xi}L_i} \tag{5.4}$$

5.4 圆筒形件的拉深工艺计算

5.4.1 拉深系数及其极限

圆筒形件拉深的变形程度大小,通常可用拉深系数 $m=d/D$ 来表示,比值小的变形程度大,比值大的变形程度小,其数值总是小于 1。

当零件需要多次拉深时,各次拉深系数可表示如下:

第一次拉深系数 $m_1=d_1/D$

第二次拉深系数 $m_2=d_2/d_1$

⋮ ⋮

第 n 次拉深系数 $m_n=d_n/d_{n-1}$

式中　D——坯料直径；

$d_1,d_2,\cdots,d_{n-1},d_n$——各次拉深后的工序件直径，如图 5.14 所示。零件总的拉深系数等于各次拉深系数的乘积，即 $m=m_1\times m_2\times m_3\times\cdots m_n$。

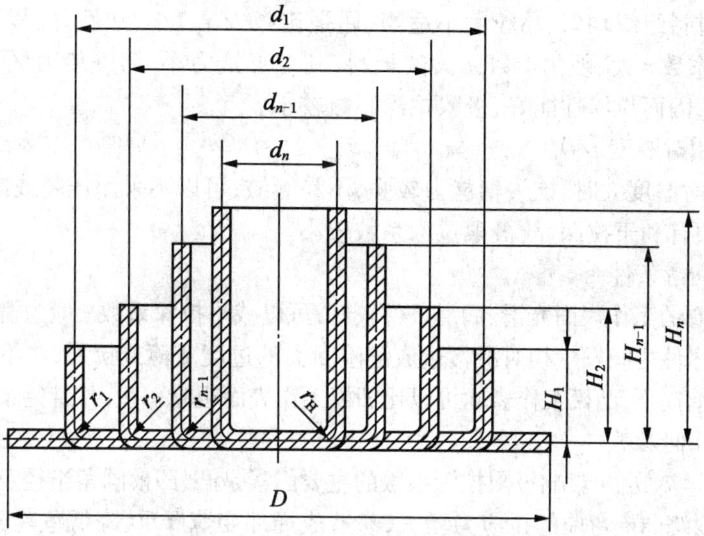

图 5.14　圆筒形件的多次拉深

为了防止在拉深过程中产生起皱和拉裂的缺陷，拉深变形程度不能过大（即拉深系数不能过小）。图 5.15 所示为用同一材料、同一厚度的坯料，在凸、凹模尺寸相同的模具上用逐步加大坯料直径（即逐步减小拉深系数）的办法进行试验的情况。其中，图 5.15(a)表示在无压料装置的情况下，当坯料尺寸较小时（即拉深系数较大时），拉深能够顺利进行；当坯料直径加大，使拉深系数减小到一定数值（如 $m=0.75$）时，会出现起皱。如果增加压料装置（图 5.15(b)），则能防止起皱，此时进一步增大坯料直径、减小拉深系数，拉深还可以顺利进行。但当坯料直径加大到一定数值、拉深系数减小到一定数值（如 $m=0.50$）后，筒壁出现拉裂现象，拉深过程被迫中断。

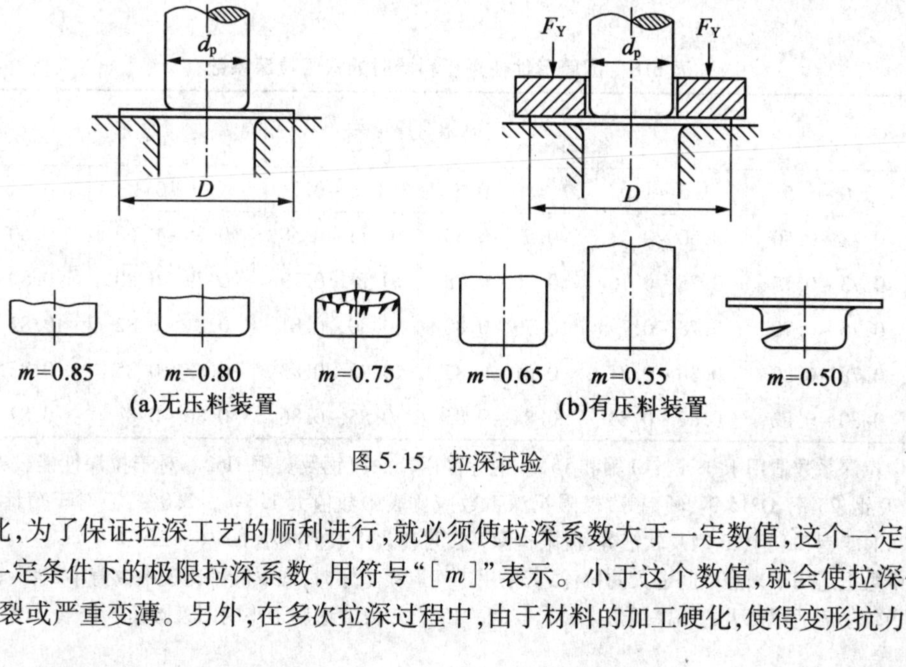

图 5.15　拉深试验

因此，为了保证拉深工艺的顺利进行，就必须使拉深系数大于一定数值，这个一定的数值即为在一定条件下的极限拉深系数，用符号“[m]”表示。小于这个数值，就会使拉深件发生起皱、拉裂或严重变薄。另外，在多次拉深过程中，由于材料的加工硬化，使得变形抗力不断增大,所以各次极限拉深系数必须逐次递增,即$[m_1]<[m_2]<[m_3]<\cdots<[m_n]$。

影响极限拉深系数的因素的因素较多,主要有:

(1)材料的组织与力学性能。

一般来说,材料组织均匀、晶粒大小适当、屈强比(σ_s/σ_b)小、塑性好、板平面方向性系数Δr小、板厚方向系数r大、硬化指数n大的板料,其变形抗力小,筒壁传力区不容易发生局部严重变薄和拉裂,因而拉深性能好,极限拉深系数较小。

(2)板料的相对厚度t/D。

当板料的相对厚度大时,抗失稳能力较强,不易起皱,可以不采用压料或减少压料力,从而减少了摩擦损耗,有利于拉深,故极限拉深系数较小。

(3)摩擦与润滑条件。

凹模与压料圈的工作表面光滑、润滑条件较好,可以减小拉深系数。但为避免在拉深过程中凸模与板料或工序件之间发生相对滑移造成危险断面的过度变薄或拉裂,在不影响拉深件内表面质量和脱模的前提下,凸模工作表面可以比凹模工作表面粗糙一些,并避免涂抹润滑剂。

(4)模具的几何参数。

在模具的几何参数中,影响极限拉深系数的主要因素是凸、凹模圆角半径及间隙。凸模圆角半径r_p太小,板料绕凸模弯曲的拉应力增大,易造成局部变薄严重,降低危险断面的强度,因而会降低极限变形程度;凹模圆角半径r_d太小,板料在拉深过程中通过凹模圆角半径时弯曲阻力增大,增加了筒壁传力区的拉应力,也会降低极限变形程度;凸、凹模间隙太小,板料会受到太大的挤压作用和摩擦阻力,增大了拉深力,使极限变形程度减小。因此,为了减小极限拉深系数,凸、凹模圆角半径及间隙应适当取较大值。但是,凸、凹模圆角半径和间隙也不宜取得过大,过大的圆角半径会减小板料与凸模和凹模端面的接触面积及压料圈的压料面积,板料悬空面积增大,容易产生失稳起皱;过大的凸、凹模间隙会影响拉深件的精度,使拉深件的锥度和回弹较大。

除此以外,影响极限拉深系数的因素还有拉深方法、拉深次数、拉深速度、模具间隙、拉深件形状等。由于影响因素很多,在实际生产中,极限拉深系数的数值一般是在一定的拉深条件下用试验方法得出的,见表5.8和表5.9。

表5.8 圆筒形件使用压料圈时的极限拉深系数

拉深系数	坯料相对厚度$\frac{t}{D}$/%					
	2.0~1.5	1.5~1.0	1.0~0.6	0.6~0.3	0.3~0.15	0.15~0.08
$[m_1]$	0.48~0.50	0.50~0.53	0.53~0.55	0.55~0.58	0.58~0.60	0.60~0.63
$[m_2]$	0.73~0.75	0.75~0.76	0.76~0.78	0.78~0.79	0.79~0.80	0.80~0.82
$[m_3]$	0.76~0.78	0.78~0.79	0.79~0.80	0.80~0.81	0.81~0.82	0.82~0.84
$[m_4]$	0.78~0.80	0.80~0.81	0.81~0.82	0.82~0.83	0.83~0.85	0.85~0.86
$[m_5]$	0.80~0.82	0.82~0.84	0.84~0.85	0.85~0.86	0.86~0.87	0.87~0.88

注:①表中拉深系数适用于08钢、10钢和15Mn钢等普通拉深碳钢及黄铜H62。对于拉深性能较差的材料,如20钢、25钢、Q215钢、硬铝等,极限拉深系数应比表中数值大1.5%~2.0%;而对于塑性较好的材料,如05钢、08钢、10钢及软铝等,极限拉深系数可比表中数值减小1.5%~2.0%

②表中数据适用于未经中间退火的拉深,若采用中间退火工序时,则取值可比表中数值小2%~3%

③表中较小值适用于大的凹模圆角半径$r_d=(8\sim15)t$,较大值适用于小的凹模圆角半径$r_d=(4\sim8)t$

表 5.9　圆筒形件不使用压料圈时的极限拉深系数

拉深系数	坯料相对厚度$\frac{t}{D}$/%				
	1.5	2.0	2.5	3.0	>3
$[m_1]$	0.65	0.60	0.55	0.53	0.50
$[m_2]$	0.80	0.75	0.75	0.75	0.70
$[m_3]$	0.84	0.80	0.80	0.80	0.75
$[m_4]$	0.87	0.84	0.84	0.84	0.78
$[m_5]$	0.90	0.87	0.87	0.87	0.82
$[m_6]$	—	0.90	0.90	0.90	0.85

注:此表适用于 08 钢、10 钢及 15Mn 钢等材料,其余各项同表 5.8 的注解

需要指出的是,在实际生产中,并不是所有情况下都采用极限拉深系数。为了提高工艺稳定性,提高零件质量,必须采用稍大于极限值的拉深系数。

5.4.2　圆筒形件的拉深次数

当拉深件的拉深系数 $m=d/D$ 大于第一次极限拉深系数$[m_1]$,即 $m>[m_1]$时,则该拉深件只需一次拉深就可拉出,否则就要进行多次拉深。

需要多次拉深时,其拉深次数可按以下方法确定。

1. 推算法

先根据 t/D 和是否采用压料圈从表 5.8 或表 5.9 查出$[m_1]$,$[m_2]$,$[m_3]$,…,然后从第一道工序开始依次算出各次拉深工序件直径,即 $d_1=[m_1]D$,$d_2=[m_2]d_1$,…,$d_n=[m_n]d_{n-1}$,直到 $d_n\leqslant d$,即当计算所得直径 d_n 稍小于或等于拉深件所要求的直径 d 时,计算的次数即为拉深的次数。

2. 查表法

圆筒形件的拉深次数还可从各种实用的表格中查取。如表 5.10 是根据坯料相对厚度 t/D 与零件的相对高度 H/d 查取拉深次数;表 5.11 则是根据 t/D 与总拉深系数 m 查取拉深次数。

表 5.10　圆筒形件相对高度 H/d 与拉深次数的关系

拉深次数	坯料的相对厚度$\frac{t}{D}$/%					
	2 ~ 1.5	1.5 ~ 1.0	1.0 ~ 0.6	0.6 ~ 0.3	0.3 ~ 0.15	0.15 ~ 0.08
1	0.94 ~ 0.77	0.84 ~ 0.65	0.71 ~ 0.57	0.62 ~ 0.50	0.52 ~ 0.45	0.46 ~ 0.38
2	1.88 ~ 1.54	1.60 ~ 1.32	1.36 ~ 1.10	1.13 ~ 0.94	0.96 ~ 0.83	0.90 ~ 0.70
3	3.50 ~ 2.70	2.80 ~ 2.20	2.30 ~ 1.80	1.90 ~ 1.50	1.60 ~ 1.30	1.30 ~ 1.10
4	5.60 ~ 4.30	4.30 ~ 3.50	3.60 ~ 2.90	2.90 ~ 2.40	2.40 ~ 2.00	2.00 ~ 1.50
5	8.90 ~ 6.60	6.60 ~ 5.10	5.20 ~ 4.10	4.10 ~ 3.30	3.30 ~ 2.70	2.70 ~ 2.00

注:①大的 H/d 值适用于第一道工序的大凹模圆角 $r_d\approx(8\sim15)t$

②小的 h/d 值适用于第一道工序的小凹模圆角 $r_d\approx(4\sim8)t$

③表中数据适用的材料为 08F 和 10F

表 5.11 圆筒形件总拉深系数 m 与拉深次数的关系

拉深系数	坯料的相对厚度 $\frac{t}{D}$/%				
	2～1.5	1.5～1.0	1.0～0.5	0.5～0.2	0.2～0.06
2	0.33～0.36	0.36～0.40	0.40～0.43	0.43～0.46	0.46～0.48
3	0.24～0.27	0.27～0.30	0.30～0.34	0.34～0.37	0.37～0.40
4	0.18～0.21	0.21～0.24	0.24～0.27	0.27～0.30	0.30～0.33
5	0.13～0.16	0.16～0.19	0.19～0.22	0.22～0.25	0.25～0.29

注:表中数值适用于08钢及10钢的圆筒形件(使用压料圈)

5.4.3 圆筒形件各次拉深工序尺寸的计算

当圆筒形件需多次拉深时,就必须计算各次拉深的工序件尺寸,以作为设计模具及选择压力机的依据。

1. 各次工序件的直径

当拉深次数确定之后,先从表中查出各次拉深的极限拉深系数,并加以调整后确定各次拉深实际采用的拉深系数。调整的原则是:

①保证 $m_1 m_2 \cdots m_n = d/D$。

②使 $m_1 \leqslant [m_1], m_2 \leqslant [m_2], \cdots, m_n \leqslant [m_n]$,且 $m_1 < m_2 < \cdots < m_n$。

然后根据调整后的各次拉深系数计算各次工序件直径:

$$d_1 = m_1 D$$

$$d_2 = m_2 d_1$$

$$\vdots$$

$$d_n = m_n d_{n-1} = d$$

2. 各次工序件的圆角半径

工序件的圆角半径 r 等于相应拉深凸模的圆角半径 r_p,即 $r = r_p$。但当材料厚度 $t \geqslant 1$ 时,应按中线尺寸计算,这时 $r = r_p + t/2$。凸模圆角半径的确定可参考5.9节。

3. 各次工序件的高度

在各工序件的直径与圆角半径确定之后,可根据圆筒形件坯料尺寸计算公式推导出各次工序件高度的计算公式为

$$H_1 = 0.25\left(\frac{D^2}{d_1} - d_1\right) + 0.43\frac{r_1}{d_1}(d_1 + 0.32r_1)$$

$$H_2 = 0.25\left(\frac{D^2}{d_2} - d_2\right) + 0.43\frac{r_2}{d_2}(d_2 + 0.32r_2)$$

$$\vdots$$

$$H_n = 0.25\left(\frac{D^2}{d_n} - d_n\right) + 0.43\frac{r_n}{d_n}(d_n + 0.32r_n) \tag{5.5}$$

式中 $H_1, H_2, \cdots, H_n$——各次工序件的高度;

$d_1, d_2, \cdots, d_n$——各次工序件的直径；

$r_1, r_2, \cdots, r_n$——各次工序件的底部圆角半径；

D——坯料直径。

例 5.1　计算图 5.16 所示圆筒形件的坯料尺寸、拉深系数及各次拉深工序件尺寸。材料为 10 钢，板料厚度 $t = 2$ mm。

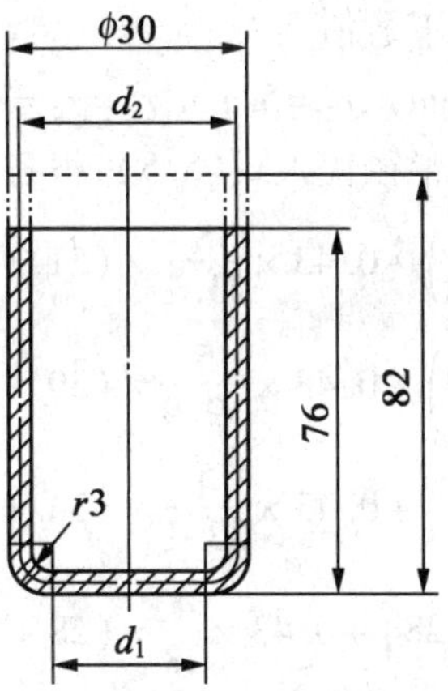

图 5.16　圆筒形件

解　因板料厚度 $t > 1$ mm，故按板厚中线尺寸计算。

(1) 计算坯料直径。

根据拉深件尺寸，其相对高度为 $h/d = (76 - 1) \div (30 - 2) \approx 2.7$，查表 5.5 得到切边余量 $\Delta h = 6$ mm。从表 5.7 中查得坯料直径的计算公式为

$$D = \sqrt{d^2 + 4dH - 1.72dr - 0.56r^2}$$

由图 5.16 可知，$d = 30 - 2 = 28(\text{mm})$，$r = 3 + 1 = 4(\text{mm})$，$H = 76 - 1 + 6 = 81(\text{mm})$，代入上式得

$$D = \sqrt{28^2 + 4 \times 28 \times 81 - 1.72 \times 28 \times 4 - 0.56 \times 4^2} = 98.3(\text{mm})$$

(2) 确定拉深次数。

根据坯料的相对厚度 $t/D = 2 \div 98.3 \times 100\% = 2\%$，按表 5.2 可采用也可不采用压料圈，但为了保险起见，拉深时采用压料圈。

根据 $t/D = 2\%$，查表 5.8 得各次拉深的极限拉深系数为 $[m_1] = 0.50$，$[m_2] = 0.75$，$[m_3] = 0.78$，$[m_4] = 0.80$，…。故

$$d_1 = [m_1]D = 0.50 \times 98.3 = 49.2(\text{mm})$$

$$d_2 = [m_2]d_1 = 0.75 \times 49.2 = 36.9(\text{mm})$$

$$d_3 = [m_3]d_2 = 0.78 \times 36.9 = 28.8(\text{mm})$$

$$d_4 = [m_4]d_3 = 0.80 \times 28.8 = 23.0(\text{mm})$$

因 $d_4 = 23$ mm < 28 mm，所以需采用四次拉深成形。

(3) 计算各次拉深工序件尺寸。

为了使第四次拉深的直径与零件要求一致，需对极限拉深系数进行调整。调整后各次拉深的实际拉深系数为 $m_1 = 0.52$，$m_2 = 0.78$，$m_3 = 0.83$，$m_4 = 0.846$。

各次工序件直径为

$$d_1 = m_1 D = 0.52 \times 98.3 = 51.1(\text{mm})$$
$$d_2 = m_2 d_1 = 0.78 \times 51.1 = 39.9(\text{mm})$$
$$d_3 = m_3 d_2 = 0.83 \times 39.9 = 33.1(\text{mm})$$
$$d_4 = m_4 d_3 = 0.846 \times 33.1 = 28.0(\text{mm})$$

各次工序件底部圆角半径取以下数值:

$$r_1 = 8\ \text{mm}, r_2 = 5\ \text{mm}, r_3 = r_4 = 4\ \text{mm}$$

把各次工序件直径和底部圆角半径代入式(5.5),得各次工序件高度为

$$H_1 = 0.25 \times \left(\frac{98.3^2}{51.1} - 51.1\right) + 0.43 \times \frac{8}{51.1} \times (51.1 + 0.32 \times 8) = 38.1(\text{mm})$$
$$H_2 = 0.25 \times \left(\frac{98.3^2}{39.9} - 39.9\right) + 0.43 \times \frac{5}{39.9} \times (39.9 + 0.32 \times 5) = 52.8(\text{mm})$$
$$H_3 = 0.25 \times \left(\frac{98.3^2}{33.1} - 33.1\right) + 0.43 \times \frac{4}{33.1} \times (33.1 + 0.32 \times 4) = 66.3(\text{mm})$$
$$H_4 = 0.25 \times \left(\frac{98.3^2}{28} - 28\right) + 0.43 \times \frac{4}{28} \times (28 + 0.32 \times 4) = 81(\text{mm})$$

以上计算所得工序件尺寸都是中线尺寸,换算成与零件图相同的标注形式后,所得各工序件的尺寸如图 5.17 所示。

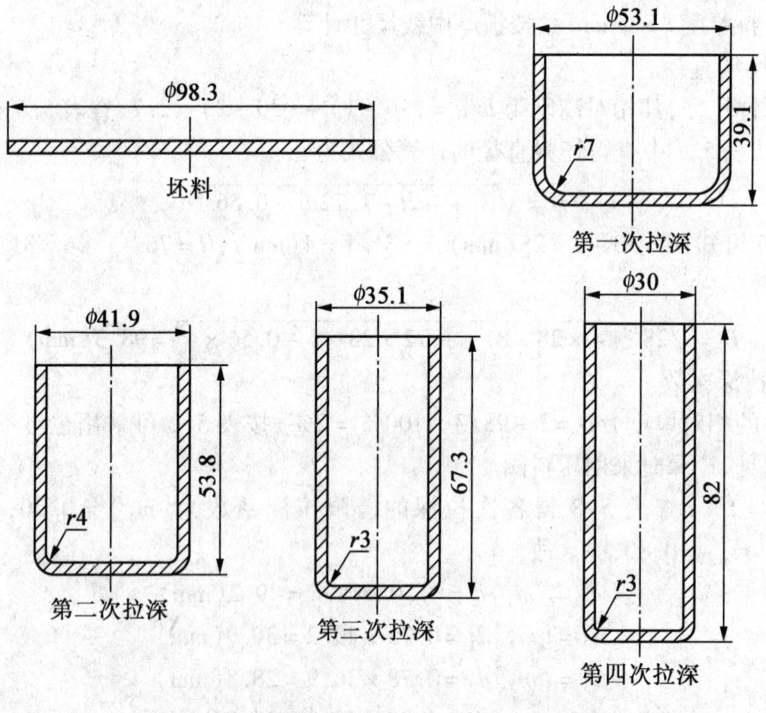

图 5.17 圆筒形件的各次拉深工序件的尺寸

5.5　拉深力、压料力与压料装置

5.5.1　拉深力的确定

图 5.18 所示为试验测得一般情况下的拉深力随凸模行程变化的曲线。从图中可以看出，在拉深开始时，由于凸缘变形区材料的变形不大，冷作硬化也小，所以虽然变形区面积较大，但材料变形抗力与变形区面积相乘所得的拉深力并不大；从初期到中期，材料冷作硬化的增长速度超过了变形区面积的减小速度，拉深力逐渐增大，于前中期拉深力达到最高点；拉深到中期以后，变形区面积减小的速度超过了冷作硬化增加的速度，于是拉深力逐渐下降。零件拉深完以后，由于还要从凹模中推出，曲线出现延缓下降，这是摩擦力作用的结果，不是拉深变形力。

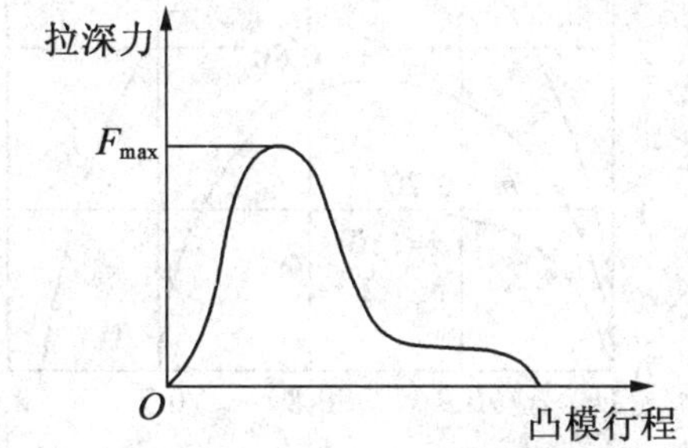

图 5.18　拉深力变化曲线

由于影响拉深力的因素比较复杂，按实际受力和变形情况来准确计算拉深力是比较困难的，所以，实际生产中通常是以危险断面的拉应力不超过其材料抗拉强度为依据，采用经验公式进行计算。对于圆筒形件：
首次拉深有

$$F = K_1 \pi d_1 t \sigma_b \tag{5.6}$$

以后各次拉深有

$$F = K_2 \pi d_i t \sigma_b \quad (i = 2, 3, \cdots, n) \tag{5.7}$$

式中　F——拉深力；

$d_1, d_2, \cdots, d_n$——各次拉深工序件直径，mm；

t——板料厚度，mm；

σ_b——拉深件材料的抗拉强度，MPa；

K_1、K_2——修正系数，与拉深系数有关，见表 5.12。

表 5.12　修正系数 K_1 和 K_2 的数值

m_1	0.55	0.57	0.60	0.62	0.65	0.67	0.70	0.72	0.75	0.77	0.80
K_1	1.00	0.93	0.86	0.79	0.72	0.66	0.60	0.55	0.50	0.45	0.40
$m_2, m_3, \cdots, m_n$	0.70	0.72	0.75	0.77	0.80	0.85	0.90	0.95			
K_2	1.00	0.95	0.90	0.85	0.80	0.70	0.60	0.50			

5.5.2 压料力的确定

压料力的作用是防止拉深过程中坯料的起皱。压料力的大小应适当，压料力过小时，防皱效果不好；压料力过大时，则会增大传力区危险断面上的拉应力，从而引起坯料严重变薄甚至拉裂。因此，应在保证坯料变形区不起皱的前提下，尽量选用较小的压料力。

拉深所需压料力的大小与影响坯料起皱的因素有关，拉深过程所需最小压料力的试验曲线如图5.19所示。由图5.19可以看出，随着拉深系数的减小，所需最小压料力是增大的。同时，在拉深过程中，所需最小压料力也是随凸模行程的变化而变化的，一般产生起皱可能性最大的时刻所需的压料力最大。

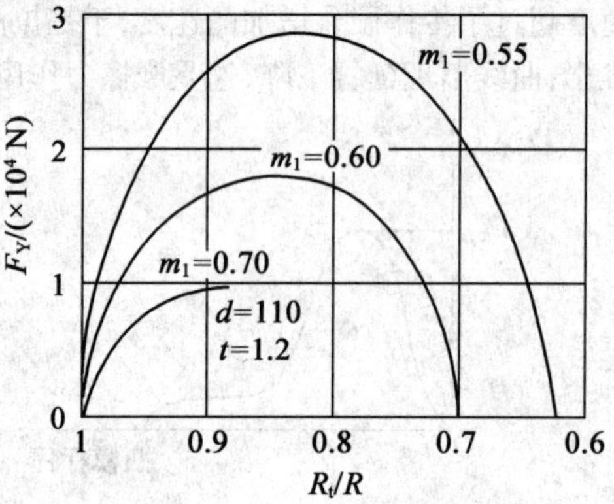

图5.19 拉深过程所需最小压料力的试验曲线

R_t—拉深过程中的凸缘外缘半径；R—坯料半径

应该指出，压料力的大小应允许在一定范围内调节。一般来说，随着拉深系数的减小，压料力许可调节范围减小，这对拉深工作是不利的，因为这时当压料力稍大些时就会发生破裂，压料力稍小些时会产生起皱，即拉深的工艺稳定性不好；相反，拉深系数较大时，压料力可调节范围增大，工艺稳定性较好。这也是拉深时采用的拉深系数应尽量比极限拉深系数大一些的原因。

在模具设计时，压料力可按下列经验公式计算：

对于任何形状的拉深件

$$F_Y = Ap \tag{5.8}$$

对于圆筒形件首次拉深

$$F_Y = \pi[D^2 - (d_1 + 2r_{d1})^2]p/4 \tag{5.9}$$

对于圆筒形件以后各次拉深

$$F_Y = \pi(d_{i-1}^2 - d_i^2)p/4 \quad (i = 2, 3, \cdots) \tag{5.10}$$

式中 F_Y——压料力，N；

A——压料圈下坯料的投影面积，mm^2；

p——单位面积压料力，MPa，可查表5.13；

D——坯料直径，mm；

$d_1, d_2, \cdots, d_n$——各次拉深工序件的直径，mm；

$r_{d1}, r_{d2}, \cdots, r_{dn}$——各次拉深凹模的圆角半径，mm。

表 5.13　单位面积压料力

材料	单位压料力 p /MPa	材料	单位压料力 p /MPa
铝	0.8～1.2	软钢($t<0.5$ mm)	2.5～3.0
纯铜、硬铝(已退火)	1.2～1.8	镀锡钢	2.5～3.0
黄铜	1.5～2.0	耐热钢(软化状态)	2.8～3.5
软钢($t>0.5$ mm)	2.0～2.5	高合金钢、不锈钢、高锰钢	3.0～4.5

5.5.3　压料装置

目前生产中常用的压料装置有弹性压料装置和刚性压料装置。这些压料装置所产生的压料力一般都难以符合图 5.19 所示的变化曲线，只能通过采取适当的限位措施来控制压料力，因而如何探索理想的压料装置是拉深工作的重要课题之一。

1. 弹性压料装置

在单动压力机上进行拉深加工时，一般都是采用弹性压料装置来产生压料力。根据产生压料力的弹性元件不同，弹性压料装置可分为弹簧式压料装置、橡胶式压料装置和气垫式压料装置三种，如图 5.20 所示。

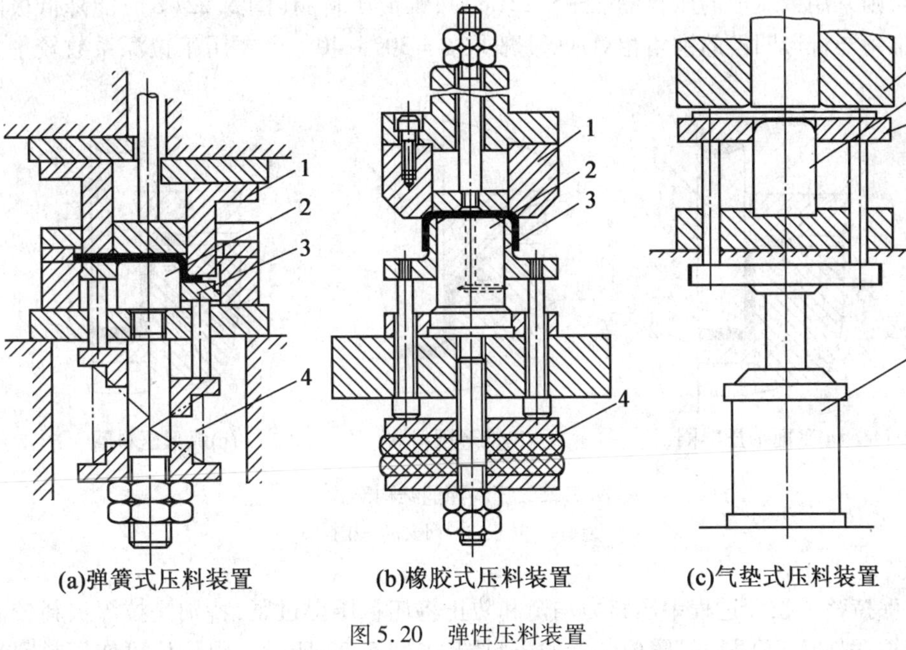

图 5.20　弹性压料装置

1—凹模；2—凸模；3—压料圈；4—弹性元件(弹顶器或气垫)

上述三种压料装置的压料力变化曲线如图 5.21 所示。由图 5.21 可以看出，弹簧式和橡胶式压料装置的压料力是随着工作行程(拉深深度)的增加而增大的，尤其是橡胶式压料装置更突出。这样的压料力变化特性会使拉深过程中的拉深力不断增大，从而增大拉裂的风险性。因此，弹簧和橡胶压料装置通常只用于浅拉深。但是，这两种压料装置结构简单，在中小型压力机上使用较为方便。只要正确地选用弹簧的规格和橡胶的牌号及尺寸，并采取适当的限位措施,就能减少它的不利方面。弹簧应选总压缩量大、压力随压缩量增加而缓慢增大的规格。橡胶应选用软橡胶,并保证相对压缩量不过大,建议橡胶总厚度不小于拉深工作行程的 5 倍。

气垫式压料装置压料效果好,压料力基本上不随工作行程而变化(压料力的变化可控制在 10% ~15% 内),但气垫装置结构复杂。

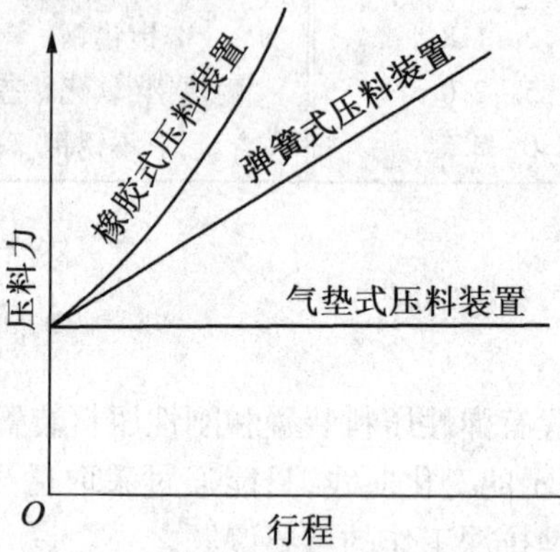

图 5.21　各种弹性压料装置的压料力变化曲线

压料圈是压料装置的关键零件,常见的结构形式有平面形、锥形和弧形,如图 5.22 所示。一般的拉深模采用平面形压料圈(图 5.22(a));当坯料相对厚度较小,拉深件凸缘小且圆角半径较大时,则采用带弧形的压料圈(图 5.22(c));锥形压料圈(图 5.22(b))能降低极限拉深系数,其锥角与锥形凹模的锥角相对应,一般取 $\beta = 30° \sim 40°$,主要用于拉深系数较小的拉深件。

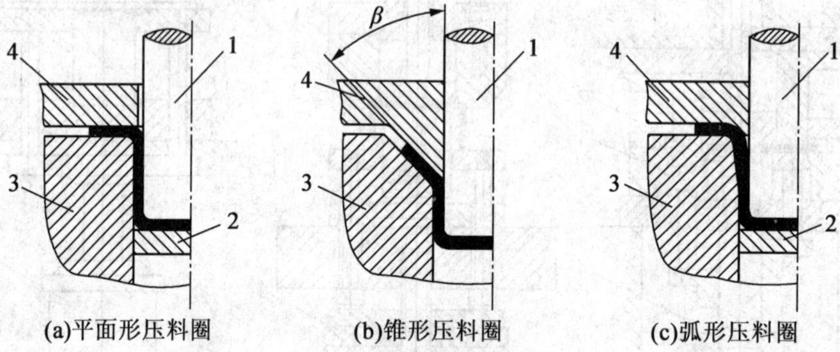

图 5.22　压料圈的结构形式

1—凸模;2—顶板;3—凹模;4—压料圈

为了保持整个拉深过程中压料力均衡和防止将坯料压得过紧,特别是拉深板料较薄且凸缘较宽的拉深件时,可采用带限位装置的压料圈,如图 5.23 所示。限位柱可使压料圈和凹模之间始终保持一定的距离 s。对于带凸缘零件的拉深,$s = t + (0.05 \sim 0.1)$ mm;对于铝合金零件的拉深,$s = 1.1t$;对于钢板零件的拉深,$s = 1.2t$(t 为板料厚度)。

2. 刚性压料装置

刚性压料装置一般设置在双动压力机上用的拉深模中。图 5.24 所示为双动压力机用拉深模的刚性压料,件 4 即为刚性压料圈(又兼作落料凸模),压料圈固定在外滑块上。在每次冲压行程开始时,外滑块带动压料圈下降压在坯料的凸缘上,并在此停止不动,随后内滑块带动凸模下降,并进行拉深变形。

刚性压料装置的压料作用是通过调整压料圈与凹模平面之间的间隙 c 获得的,而该间隙则靠调节压力机外滑块得到。考虑到拉深过程中坯料凸缘区有增厚现象,所以这一间隙应略大于板料厚度。

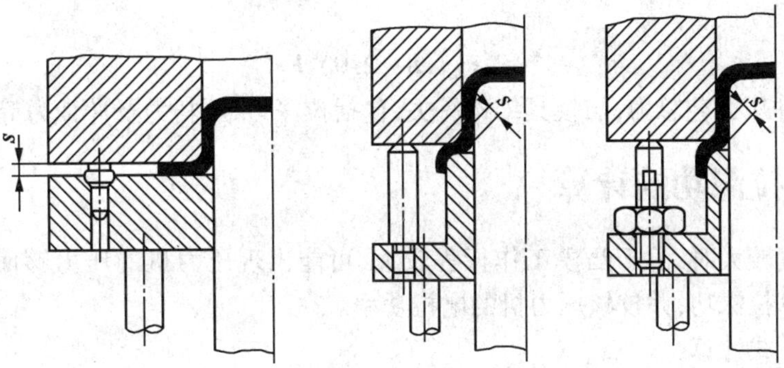

图5.23　有限位装置的压料圈

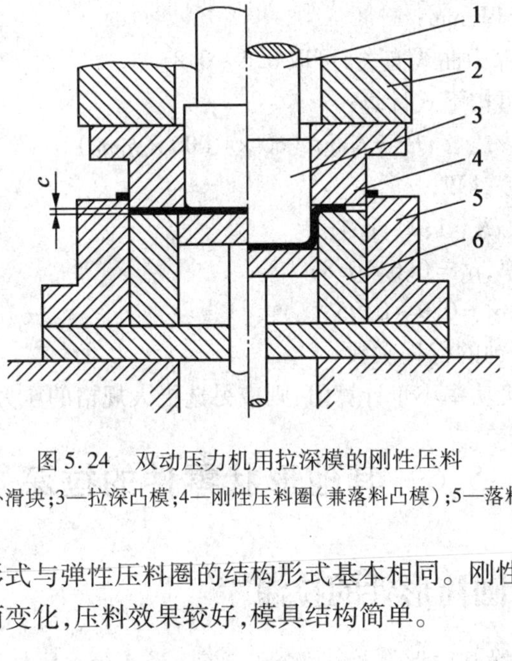

图5.24　双动压力机用拉深模的刚性压料

1—凸模固定杆;2—外滑块;3—拉深凸模;4—刚性压料圈(兼落料凸模);5—落料凹模;6—拉深凹模

刚性压料圈的结构形式与弹性压料圈的结构形式基本相同。刚性压料装置的特点是压料力不随拉深的工作行程而变化,压料效果较好,模具结构简单。

5.5.4　压力机公称压力的确定

对于单动压力机,其公称压力 P 应大于拉深力 F 与压料力 F_Y 之和,即

$$P > F + F_Y$$

对于双动压力机,应使内滑块公称压力 $P_{内}$ 和外滑块的公称压力 $P_{外}$ 分别大于拉深力 F 和压料力 F_Y,即

$$P_{内} > F \quad P_{外} > F_Y$$

确定压力机公称压力时必须注意,当拉深工作行程较大,尤其是落料拉深复合时,应使拉深力曲线位于压力机滑块的许用压力曲线之下,而不能简单地按压力机公称压力大于拉深力

或拉深力与压料之和的原则去确定规格。

在实际生产中也可以按下式来确定压力机的公称压力：

对于浅拉深

$$P \geqslant (1.6 \sim 1.8)\ F_{\Sigma} \tag{5.11}$$

对于深拉深

$$P \geqslant (1.8 \sim 2.0)\ F_{\Sigma} \tag{5.12}$$

式中　F_{Σ}——冲压工艺总力，与模具结构有关，包括拉深力、压料力及冲裁力等。

5.5.5　拉深功的计算

当拉深高度较大时，由于凸模工作行程较大，可能出现压力机的压力够而功率不够的现象。这时应计算拉深功，并校核压力机的电机功率。

拉深功按下式计算：

$$W = CF_{max}h/1\ 000 \tag{5.13}$$

式中　W——拉深功，J；

F_{max}——最大拉深力(包含压料力)，N；

h——凸模工作行程，mm；

C——系数，与拉深力曲线有关，可取 0.6～0.8。

压力机的电机功率可按下式计算：

$$P_w = KWn/(60 \times 1\ 000 \times \eta_1\eta_2) \tag{5.14}$$

式中　P_w——电动机功率，kW；

K——不均衡系数，$K = 1.2 \sim 1.4$；

η_1——压力机效率，$\eta_1 = 0.6 \sim 0.8$；

η_2——电机效率，$\eta_2 = 0.9 \sim 0.95$；

n——压力机每分钟的行程次数。

若所选压力机的电机功率小于计算值，则应另选更大规格的压力机。

5.6　其他形状零件的拉深

5.6.1　带凸缘圆筒形件的拉深

图 5.25 所示为带凸缘圆筒形件及其坯料。通常，当 $d_t/d = 1.1 \sim 1.4$ 时，将零件称为窄凸缘圆筒形件；当 $d_t/d > 1.4$ 时，将零件称为宽凸缘圆筒形件。

带凸缘圆筒形件的拉深看上去很简单，好像是拉深无凸缘圆筒形件的中间状态。但当其各部分尺寸关系不同时，拉深中要解决的问题是不同的，拉深方法也不相同。当拉深件凸缘为非圆形时，在拉深过程中仍需拉出圆形的凸缘，最后再用切边或其他冲压加工方法完成工件所需的形状。

1. 拉深方法

(1)窄凸缘圆筒形件的拉深。

窄凸缘圆筒形件是凸缘宽度很小的拉深件，这类零件需多次拉深时，由于凸缘很窄，可先按无凸缘圆筒形件进行拉深，再在最后一次工序用整形的方法压成所要求的窄凸缘形状。为了使凸缘容易成形，第$n-1$次可采用锥形凹模和锥形压料圈进行拉深，留出锥形凸缘。整形时可减小凸缘区切向的拉深变形，对防止外缘开裂有利。例如图 5.26 所示的窄凸缘圆筒形件，共需三次拉深成形，前两次均拉成无凸缘圆筒形工序件，在第三次拉深时才留出锥形凸缘。

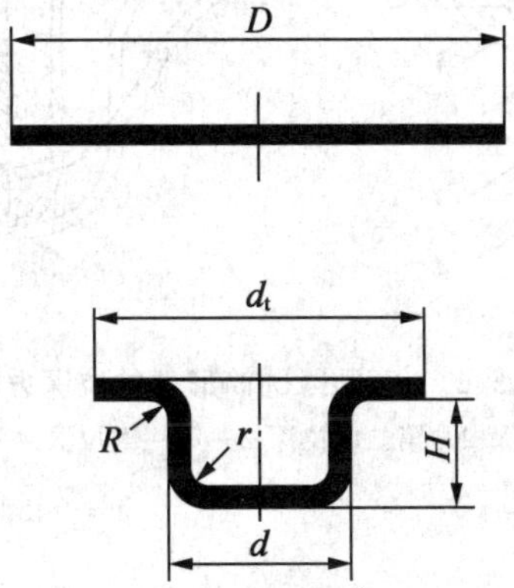

图 5.25　带凸缘圆筒形件及其坯料

(2)宽凸缘圆筒形件的拉深。

宽凸缘圆筒形件需多次拉深时，拉深的原则是：第一次拉深就必须使凸缘尺寸等于拉深件的凸缘尺寸（加切边余量），以后各次拉深时凸缘尺寸要保持不变，仅仅依靠筒形部分的材料转移来达到拉深件尺寸。因为在以后的拉深工序中，即使凸缘部分产生很小的变形，也会使筒壁传力区产生很大的拉应力，从而使底部危险断面发生拉裂。

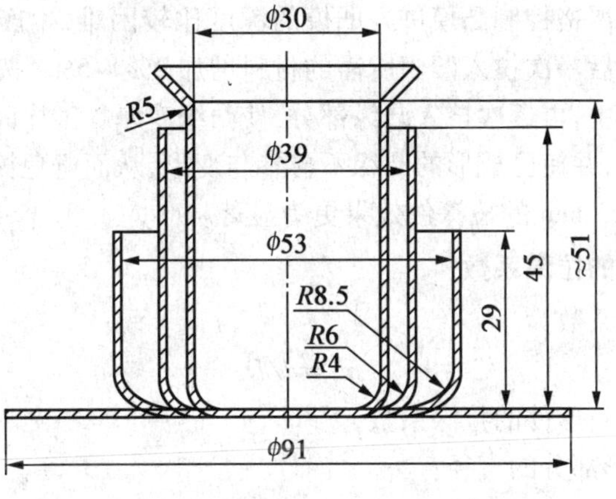

图 5.26　窄凸缘圆筒形件的拉深

在生产实际中，宽凸缘圆筒形件需多次拉深时的拉深方法有两种，如图 5.27 所示。

①通过多次拉深，逐渐缩小筒形部分直径并增加其高度（图 5.27(a)）。这种拉深方法就是直接采用圆筒形件的多次拉深方法，通过各次拉深逐次缩小直径，增加高度，各次拉深的凸缘圆角半径和底部圆角半径不变或逐次减小。用这种方法拉成的零件表面质量不高，其直壁和凸缘上保留着圆角弯曲和局部变薄的痕迹，需要在最后增加整形工序，适用于材料较薄、高度大于直径的中小型带凸缘的圆筒形件。

②高度不变法（图 5.27(b)）。首次拉深尽可能地取较大的凸缘圆角半径和底部圆角半径，高度基本拉到零件要求的尺寸，以后各次拉深时仅减小圆角半径和筒形部分直径，而高度

基本不变。这种方法由于拉深过程中变形区材料所受到的折弯较轻,所以拉成的零件表面较光滑,没有折痕。但它只适用于坯料相对厚度较大、采用大圆角过渡且不易起皱的情况。

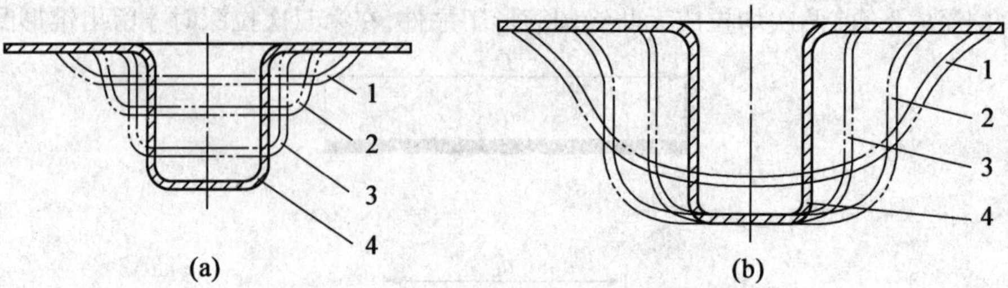

图5.27　宽凸缘圆筒形件的拉深方法

1—第一次拉深;2—第二次拉深;3—第三次拉深;4—第四次拉深

2. 变形特点

与无凸缘圆筒形件相比,带凸缘圆筒形件的拉深变形具有如下特点:

①带凸缘圆筒形件不能用一般的拉深系数来反映材料实际的变形程度,而必须将拉深高度考虑进去。因为对于同一坯料直径 D 和筒形部分直径 d,可有不同凸缘直径 d_t 和高度 H 对应,尽管拉深系数相同($m=d/D$),若拉深高度 H 不同,其变形程度也不同。在生产实际中,通常用相对拉深高度 H/d 来反映其变形程度。

②宽凸缘圆筒形件需多次拉深时,第一次拉深必须将凸缘尺寸拉到位,以后各次拉深中,凸缘的尺寸应保持不变。这就要求正确地计算拉深高度和严格地控制凸模进入凹模的深度。考虑到在普通压力机上严格控制凸模进入凹模的深度比较困难,生产实践中通常有意把第一次拉入凹模的材料比最后一次拉入凹模所需的材料增加3% ~5%(按面积计算),这些多拉入的材料在以后各次拉深中,再逐次挤入凸缘部分,使凸缘变厚。工序间这些材料的重新分配保证了所要求的凸缘直径,并使已成形的凸缘不再参与变形,从而避免筒壁拉裂的危险。这一方法对于材料厚度小于0.5 mm的拉深件效果更为显著。

3. 带凸缘圆筒形件的拉深系数

带凸缘筒件的拉深系数为

$$m_t = d/D \tag{5.15}$$

式中　m_t——带凸缘圆筒形件的拉深系数;

d——拉深件筒形部分的直径;

D——坯料直径。

当拉深件底部圆角半径 r 与凸缘处圆角半径 R 相等,即 $r=R$ 时,坯料直径为

$$D=\sqrt{d_t^2+4dH-3.44dR}$$

所以

$$m_t = d/D = \frac{1}{\sqrt{\left(\dfrac{d_t}{d}\right)^2+4\dfrac{H}{d}-3.44\dfrac{R}{d}}} \tag{5.16}$$

由上式可以看出,带凸缘圆筒形件的拉深系数取决于下列三组有关尺寸的相对比值:凸缘的相对直径 d_t/d;零件的相对高度 H/d;相对圆角半径 R/d。其中,d_t/d 影响最大,H/d 的影响次之,R/d 影响较小。

带凸缘圆筒形件首次拉深的极限拉深系数见表 5.14。由表 5.14 可以看出，$d_t/d \leqslant 1.1$ 时，极限拉深系数与无凸缘圆筒形件基本相同，d_t/d 较大时，其极限拉深系数比无凸缘圆筒形件的极限拉深系数小。而且当坯料直径 D 一定时，凸缘相对直径 d_t/d 越大，极限拉深系数越小，这是因为在坯料直径 D 和圆筒形直径 d 一定的情况下，带凸缘圆筒形件的凸缘相对直径 d_t/d 大，意味着只要将坯料直径稍加收缩即可达到零件凸缘外径，筒壁传力区的拉应力远没有达到许可值，因而可以减小其拉深系数，但这并不表明带凸缘圆筒形件的变形程度大。

表 5.14　带凸缘圆筒形件首次拉深的极限拉深系数 $[m_1]$

凸缘的相对直径 d_t/d	坯料相对厚度 $\frac{t}{D}$/%				
	2 ~ 1.5	1.5 ~ 1.0	1.0 ~ 0.6	0.6 ~ 0.3	0.3 ~ 0.1
1.1 以下	0.51	0.53	0.55	0.57	0.59
1.3	0.49	0.51	0.53	0.54	0.55
1.5	0.47	0.49	0.50	0.51	0.52
1.8	0.45	0.46	0.47	0.48	0.48
2.0	0.42	0.43	0.44	0.45	0.45
2.2	0.40	0.41	0.42	0.42	0.42
2.5	0.37	0.38	0.38	0.38	0.38
2.8	0.34	0.35	0.35	0.35	0.35
3.0	0.32	0.33	0.33	0.33	0.33

由上述分析可知，在影响 m_t 的因素中，因 R/d 的影响较小，因此当 m_t 一定时，则 d_t/d 与 H/d 的关系也就基本确定了。这样就可用拉深件的相对高度来表示带凸缘圆筒形件的变形程度。带凸缘圆筒形件首次拉深的极限相对高度 $[H_1/d_1]$ 见表 5.15。

表 5.15　带凸缘圆筒形件首次拉深的极限相对高度 $[H_1/d_1]$

凸缘的相对直径 d_t/d	坯料相对厚度 $\frac{t}{D}$/%				
	2 ~ 1.5	1.5 ~ 1.0	1.0 ~ 0.6	0.6 ~ 0.3	0.3 ~ 0.10
1.1 以下	0.90 ~ 0.75	0.82 ~ 0.65	0.57 ~ 0.70	0.62 ~ 0.50	0.52 ~ 0.45
1.3	0.80 ~ 0.65	0.72 ~ 0.56	0.60 ~ 0.50	0.53 ~ 0.45	0.47 ~ 0.40
1.5	0.70 ~ 0.58	0.63 ~ 0.50	0.53 ~ 0.45	0.48 ~ 0.40	0.42 ~ 0.35
1.8	0.58 ~ 0.48	0.53 ~ 0.42	0.44 ~ 0.37	0.39 ~ 0.34	0.35 ~ 0.29
2.0	0.51 ~ 0.42	0.46 ~ 0.36	0.38 ~ 0.32	0.34 ~ 0.29	0.30 ~ 0.25
2.2	0.45 ~ 0.35	0.40 ~ 0.31	0.33 ~ 0.27	0.29 ~ 0.25	0.26 ~ 0.22
2.5	0.35 ~ 0.28	0.32 ~ 0.25	0.27 ~ 0.22	0.23 ~ 0.20	0.21 ~ 0.17
2.8	0.27 ~ 0.22	0.24 ~ 0.19	0.21 ~ 0.17	0.18 ~ 0.15	0.16 ~ 0.13
3.0	0.22 ~ 0.18	0.20 ~ 0.16	0.17 ~ 0.14	0.15 ~ 0.12	0.13 ~ 0.10

注：①表中大数值适用于大圆角半径，小数值适用于小圆角半径。随着凸缘直径的增加及相对高度的减小，其数值也随着减小

②表中数值适用于 10 钢，比 10 钢塑性好的材料取接近表中的大数值，比 10 钢塑性差的材料取接近表中的小数值

当带凸缘圆筒形件的总拉深系数 $m_t = d/D$ 大于表 5.14 的极限拉深系数，且零件的相对高度 H/d 小于表 5.15 的极限值时，则可以一次拉深成形，否则需要两次或多次拉深。

带凸缘圆筒形件以后各次拉深系数为

$$m_i = d_i / d_{i-1} \quad (i=2,3,\cdots,n) \tag{5.17}$$

其值与凸缘宽度及外形尺寸无关，可取与无凸缘圆筒形件的相应拉深系数相等或略小的数值，见表 5.16。

表 5.16 带凸缘圆筒形件以后各次的极限拉深系数

拉深系数	坯料相对厚度 $\frac{t}{D}$/%				
	2~1.5	1.5~1.0	1.0~0.6	0.6~0.3	0.3~0.1
$[m_2]$	0.73	0.75	0.76	0.78	0.80
$[m_3]$	0.75	0.78	0.79	0.80	0.82
$[m_4]$	0.78	0.80	0.82	0.83	0.84
$[m_5]$	0.80	0.82	0.84	0.85	0.86

4. 带凸缘圆筒形件的各次拉深高度

根据带凸缘圆筒形件坯料直径的计算公式（见表 5.7），可推导出各次拉深高度的计算公式：

$$H_i = \frac{0.25}{d_i}(D^2 - d_t^2) + 0.43(r_i + R_i) + \frac{0.14}{d_i}(r_i^2 - R_i^2) \quad (i=1,2,3,\cdots,n) \tag{5.18}$$

式中 $H_1, H_2, \cdots, H_n$——各次拉深工序件的高度；

$d_1, d_2, \cdots, d_n$——各次拉深工序件的直径；

D——坯料直径；

$r_1, r_2, \cdots, r_n$——各次拉深工序件的底部圆角半径；

$R_1, R_2, \cdots, R_n$——各次拉深工序件的凸缘圆角半径。

5. 带凸缘圆筒形件的拉深工序尺寸的计算程序

带凸缘圆筒形件拉深与无凸缘圆筒形件拉深的最大区别在于首次拉深，现结合实例说明其工序尺寸的计算程序。

例 5.2 试对图 5.28 所示的带凸缘圆筒形件的拉深工序进行计算。零件材料为 08 钢，厚度 $t=1$ mm。

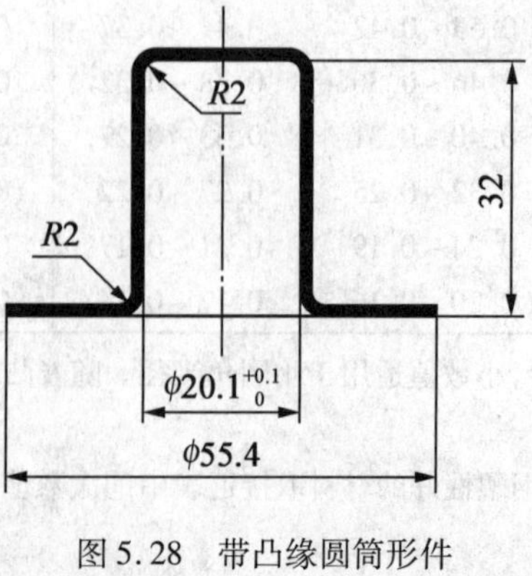

图 5.28 带凸缘圆筒形件

解　板料厚度 $t=1$ mm，故按中线尺寸计算。

(1)计算坯料直径 D。

根据零件尺寸查表 5.6，得切边余量 $\Delta R=2.2$ mm，故实际凸缘直径 $d_t=(55.4+2\times2.2)=59.8$(mm)。由表 5.7 查得带凸缘圆筒形件的坯料直径计算公式为

$$D=\sqrt{d_1^2+6.28rd_1+8r^2+4d_2h+6.28Rd_2+4.56R^2+d_4^2-d_3^2}$$

如图 5.28 所示，$d_1=16.1$ mm，$R=r=2.5$ mm，$d_2=21.1$ mm，$h=27$ mm，$d_3=26.1$ mm，$d_4=59.8$ mm，代入上式得

$$D=\sqrt{3\,200+2\,895}\approx78(\text{mm})$$

其中，$3\,200\times\pi/4$ 为该拉深件除去凸缘平面部分的表面积。

(2)判断可否一次拉深成形。

根据

$$t/D=1\div78=1.28\%$$

$$d_t/d=59.8\div21.1=2.83$$

$$H/d=32\div21.1=1.52$$

$$m_t=d/D=21.1\div78=0.27$$

查表 5.14 和表 5.15，得 $[m_1]=0.35$，$[H_1/d_1]=0.21$，说明该零件不能一次拉深成形，需要多次拉深。

(3)确定首次拉深工序件尺寸。

初定 $d_t/d_1=1.3$，查表 5.14 得 $[m_1]=0.51$，取 $m_1=0.52$，则

$$d_1=m_1\times D=0.52\times78=40.5(\text{mm})$$

取 $r_1=R_1=5.5$(mm)。

为了使以后各次拉深时凸缘不再变形，取首次拉入凹模的材料面积比最后一次拉入凹模的材料面积(即零件中除去凸缘平面以外的表面积 $3\,200\times\pi/4$)增加 5%，故坯料直径修正为

$$D=\sqrt{3\,200\times105\%+2\,895}\approx79(\text{mm})$$

按式(5.18)，可得首次拉深高度为

$$\begin{aligned}H_1&=\frac{0.25}{d_1}(D^2-d_t^2)+0.43(r_1+R_1)+\frac{0.14}{d_1}(r_1^2-R_1^2)\\&=\frac{0.25}{40.5}\times(79^2-59.8^2)+0.43\times(5.5+5.5)+\frac{0.14}{40.5}\times(5.5^2-5.5^2)\\&=21.2(\text{mm})\end{aligned}$$

验算所取 m_1 是否合理：根据 $t/D=1.28\%$，$d_t/d_1=59.8\div40.5=1.48$，查表 5.15 可知 $[H_1/d_1]=0.58$。因 $H_1/d_1=21.2\div40.5=0.52<[H_1/d_1]=0.58$，故所取 m_1 是合理的。

(4)计算以后各次拉深的工序件尺寸。

查表 5.16 得，$[m_2]=0.75$，$[m_3]=0.78$，$[m_4]=0.80$，则

$$d_2=[m_2]\times d_1=0.75\times40.5=30.4(\text{mm})$$

$$d_3=[m_3]\times d_2=0.78\times30.4=23.7(\text{mm})$$

$$d_4=[m_4]\times d_3=0.80\times23.7=19.0(\text{mm})$$

因 $d_4=19.0<21.1$，故共需四次拉深。

对于调整以后各次的拉深系数，取 $m_2=0.77$，$m_3=0.80$，$m_4=0.844$。故以后各次拉深工序件的直径为

$$d_2 = m_2 \times d_1 = 0.77 \times 40.5 = 31.2(\text{mm})$$
$$d_3 = m_3 \times d_2 = 0.80 \times 31.2 = 25.0(\text{mm})$$
$$d_4 = m_4 \times d_3 = 0.844 \times 25.0 = 21.1(\text{mm})$$

以后各次拉深工序件的圆角半径取

$$r_2 = R_2 = 4.5\ \text{mm}, r_3 = R_3 = 3.5\ \text{mm}, r_4 = R_4 = 2.5\ \text{mm}$$

设第二次拉深时多拉入3%的材料(其余2%的材料返回到凸缘上),第三次拉深时多拉入1.5%的材料(其余1.5%的材料返回到凸缘上),则第二次和第三次拉深的假想坯料直径分别为

$$D' = \sqrt{3\,200 \times 103\% + 2\,895} = 78.7(\text{mm})$$
$$D'' = \sqrt{3\,200 \times 101.5\% + 2\,895} = 78.4(\text{mm})$$

以后各次拉深工序件的高度为

$$\begin{aligned} H_2 &= \frac{0.25}{d_2}(D'^2 - d_t^2) + 0.43(r_2 + R_2) + \frac{0.14}{d_2}(r_2^2 - R_2^2) \\ &= \frac{0.25}{31.2} \times (78.7^2 - 59.8^2) + 0.43 \times (4.5 + 4.5) + \frac{0.14}{31.2} \times (4.5^2 - 4.5^2) \\ &= 24.8(\text{mm}) \end{aligned}$$

$$\begin{aligned} H_3 &= \frac{0.25}{d_3}(D''^2 - d_t^2) + 0.43(r_3 + R_3) + \frac{0.14}{d_3}(r_3^2 - R_3^2) \\ &= \frac{0.25}{25} \times (78.4^2 - 59.8^2) + 0.43 \times (3.5 + 3.5) + \frac{0.14}{25} \times (3.5^2 - 3.5^2) \\ &= 28.7(\text{mm}) \end{aligned}$$

最后一次拉深后达到零件的高度 $H_4 = 32$ mm,上工序多拉入的1.5%的材料全部返回到凸缘,拉深工序至此结束。

将上述按中线尺寸计算的工序件尺寸换算成与零件图相同的标注形式后,所得各工序件的尺寸如图5.29所示。

5.6.2 阶梯圆筒形件的拉深

阶梯圆筒形件如图5.30所示。阶梯圆筒形件拉深的变形特点与圆筒形件拉深的特点相同,可以认为圆筒形件以后各次拉深时不拉到底就得到阶梯形件,变形程度的控制也可采用圆筒形件的拉深系数。但是,阶梯圆筒形件的拉深次数及拉深方法等与圆筒形件拉深是有区别的。

1. 判断能否一次拉深成形

判断阶梯圆筒形件能否一次拉深成形的方法是:先计算零件的高度 H 与最小直径 d_n 的比值 H/d_n(图5.30),然后根据坯料相对厚度 t/D 查表5.10,如果拉深次数为1,则可一次拉深成形,否则需多次拉深成形。

2. 阶梯圆筒形件多次拉深的方法

阶梯圆筒形件需多次拉深时,根据阶梯圆筒形件的各部分尺寸关系不同,其拉深方法也有所不同。

当任意相邻两个阶梯直径之比 d_i/d_{i-1} 均大于相应圆筒形件的极限拉深系数 $[m_i]$ 时,则可

由大阶梯到小阶梯依次拉出(图 5.31(a)),这时的拉深次数等于阶梯直径数目与最大阶梯成形所需的拉深次数之和。

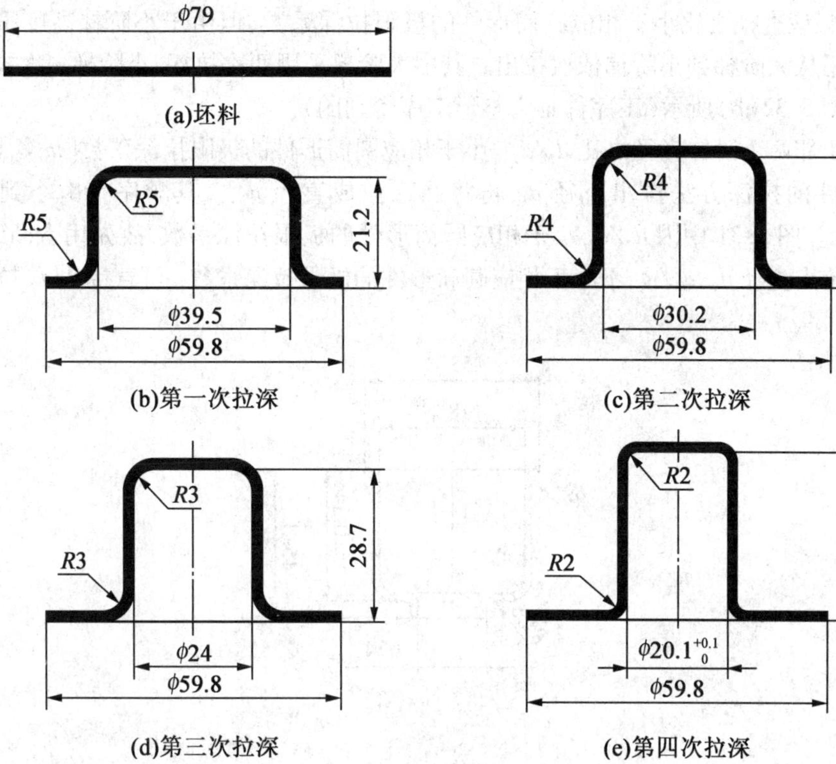

图 5.29　带凸缘圆筒形件的各次拉深工序尺寸

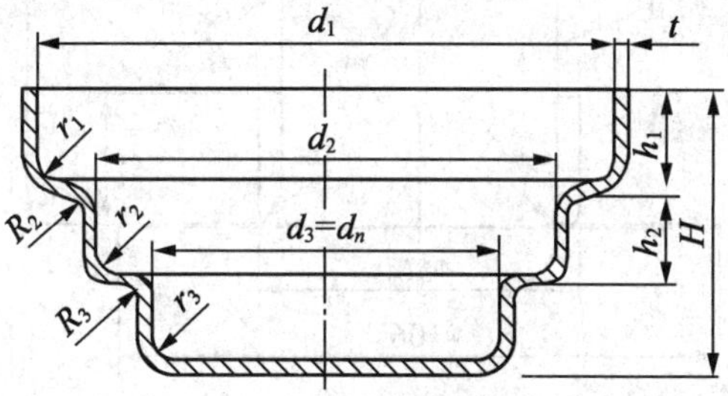

图 5.30　阶梯圆筒形件

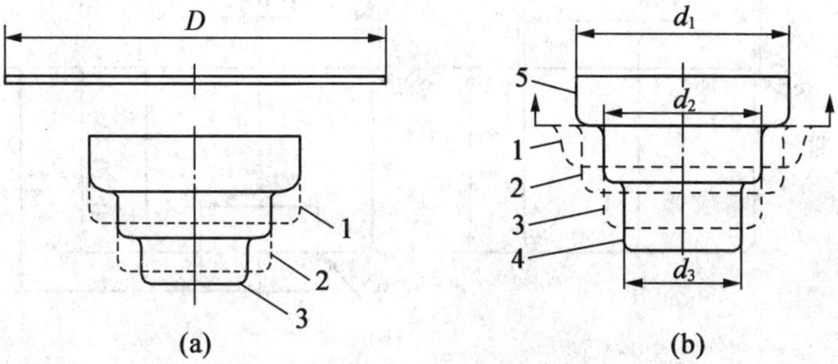

图 5.31　阶梯圆筒形件多次拉深方法

例如图 5.32(a)所示的阶梯形拉深件,材料为 H62 黄铜,厚度为 1 mm。该零件可先拉深成阶梯形件后切底而成。由图求得坯料直径 $D=106$ mm,$t/D\approx1.0\%$,$d_2/d_1=24\div48=0.5$,查表5.8 可知,该直径之比小于相应圆筒形件的极限拉深系数,但由于小阶梯高度很小,实际生产中仍采用从大阶梯到小阶梯依次拉出。其中大阶梯采用两次拉深,小阶梯一次拉出,拉深工序顺序如图 5.32(b)所示(工序件Ⅲ为整形工序得到的)。

如果某相邻两个阶梯直径之比 d_i/d_{i-1} 小于相应圆筒形件的极限拉深系数[m_i],则可先按带凸缘筒形件的拉深方法拉出直径 d_i,再将凸缘拉成直径 d_{i-1},其顺序是由小到大,如图 5.31(b)所示。图 5.31 中因 d_2/d_1 小于相应圆筒形件的极限拉深系数,故先用带凸缘筒形件的拉深方法拉出直径 d_2,d_3/d_2 不小于相应圆筒形件的极限拉深系数,可直接从 d_2 拉到 d_3,最后拉出 d_1。

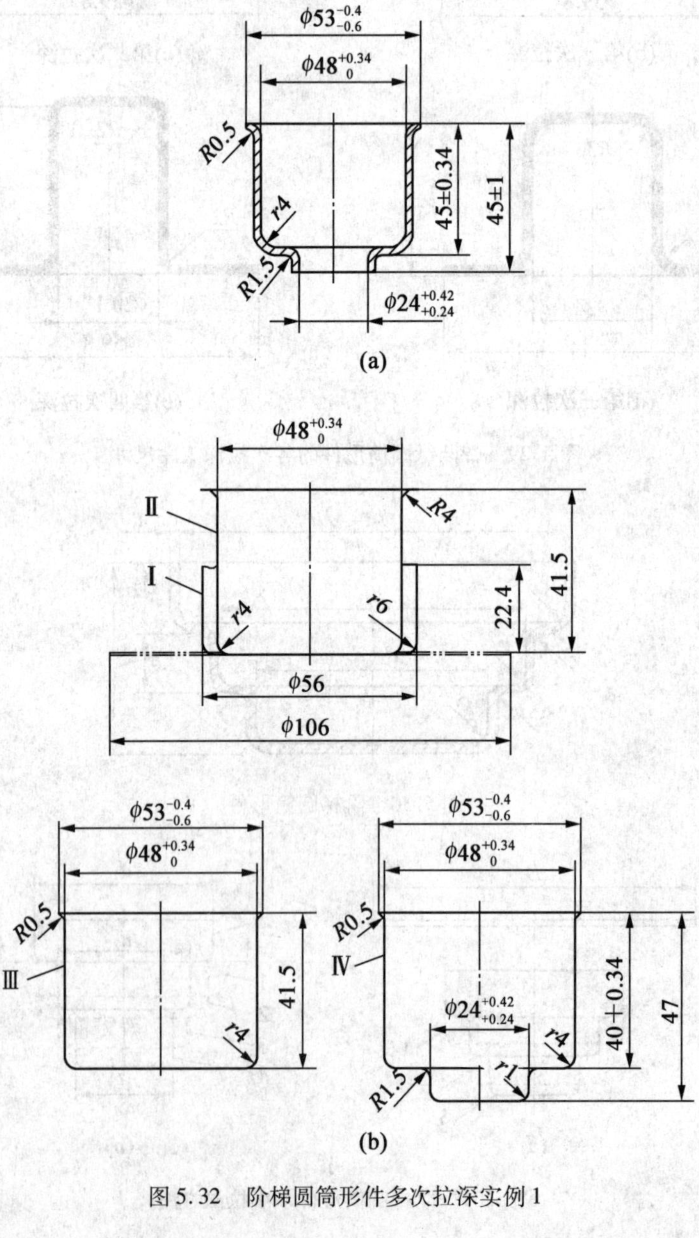

图 5.32 阶梯圆筒形件多次拉深实例 1

如图 5.33 所示，V 为最终拉深的零件，材料为 H62，厚度为 0.5 mm。因 $d_2/d_1 = 16.5 \div 34.5 = 0.48$，该值显然小于相应的拉深系数，故先采用带凸缘筒形件的拉深方法拉出直径 16.5 mm，然后再拉出直径 34.5 mm。

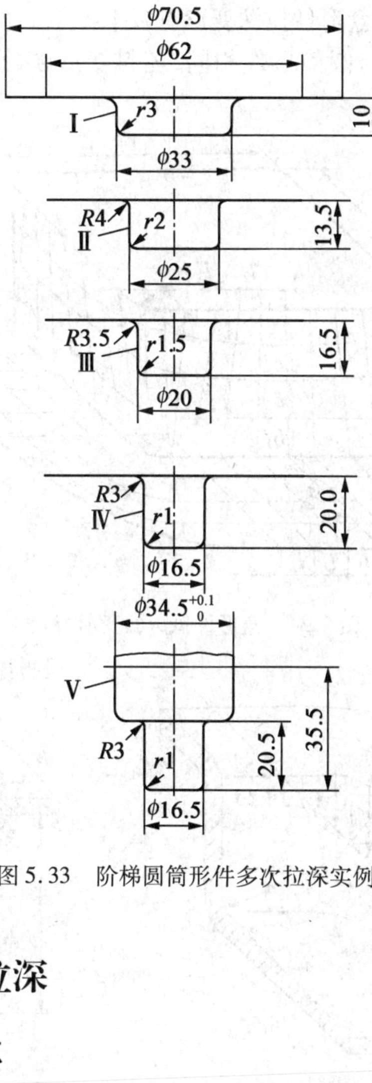

图 5.33　阶梯圆筒形件多次拉深实例 2

5.6.3　盒形件的拉深

1. 盒形件拉深的变形特点

如图 5.34 所示，盒形件可以划分为四个长度分别为 $(L-2r_g)$ 和 $(B-2r_g)$ 的直边部分及四个半径均为 r_g 的圆角部分。圆角部分是四分之一的圆柱面；直边部分是直壁平面。假设圆角部分与直边部分没有联系，则零件的成形可以假想为由直边部分的弯曲和圆角部分的拉深变形所组成。但实际上直边和圆角是一个整体，在成形过程中必有互相作用和影响，两者之间也没有明显的界线。

为了观察盒形件拉深的变形特点，在拉深成形之前将坯料表面的圆角部分按圆筒形件拉深试验的同样方法划出网格，直边部分则划成由相互垂直的等距离平行线组成的网格（$l_1 = l_2 = l_3 = b_1 = b_2 = b_3$，如图 5.34 所示）。经过拉深成形后，其圆角部分网格的变化与圆筒形件拉深的情况相似，但也有差别：平板坯料上的径向放射线经变形后不是成为与底面垂直的平行线，而是口部距离大底部距离小的斜线，这说明圆角部分的金属材料有向直边转移的现象。直边部分经变形后，横向尺寸 $l_1 > l_1' > l_2' > l_3'$，纵向尺寸 $b_1 < b_1' < b_2' < b_3'$，这说明直边部分在变形过

程中受到圆角部分材料的挤压作用,其横向压缩变形是不均匀的,靠近圆角处压缩变形大,直边中间处压缩变形小。沿高度方向伸长变形也是不均匀的,靠近口部处变形大,而靠近底部处变形小。

根据上述观察和分析,可知盒形件拉深变形有以下特点:

①盒形件拉深的变形性质与圆筒形件相同,坯料变形区(凸缘)也是一拉一压的应力状态,如图5.35所示。

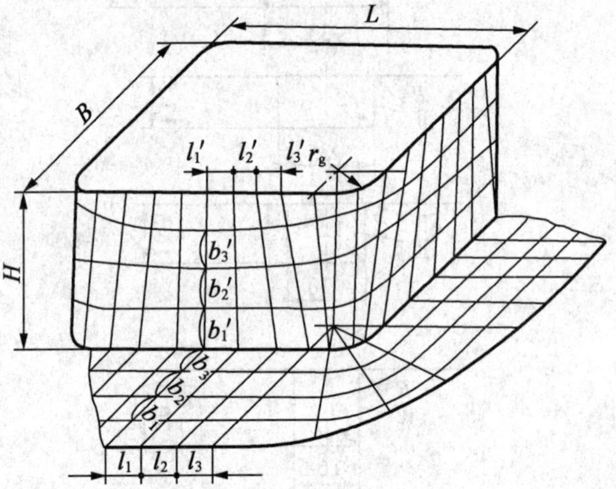

图5.34　盒形件拉深的变形特点

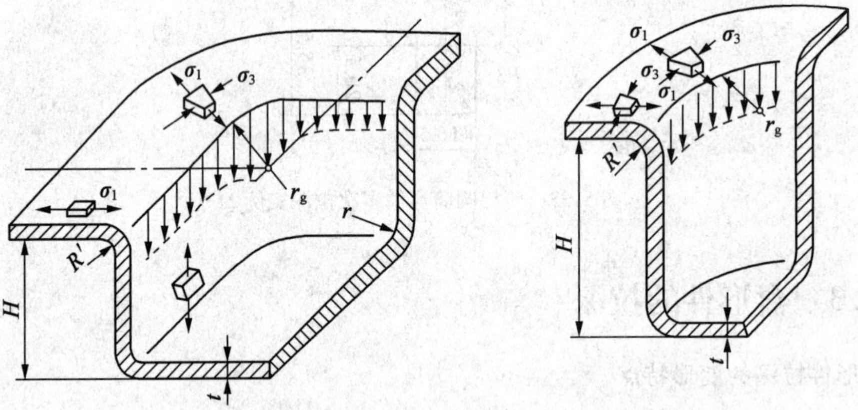

图5.35　盒形件拉深时的应力分布

②盒形件拉深时沿坯料周边上的应力和变形分布是不均匀的。由于圆角部分金属向直边流动,减轻了圆角部分材料的变形程度。拉应力 σ_1 在圆角中间处最大,而向直边逐步减小,变形所需要的拉应力平均值比相应圆筒形件小得多,这就减小了危险断面拉裂的可能性,因此盒形件可以取较小的拉深系数。压应力 σ_3 从圆角中部最大值向直边逐渐减小,因此,圆角部分与相应圆筒形件相比,起皱的趋向性减小。直边部分除了承受弯曲力之外,还承受横向挤压力作用,但 σ_1 和 σ_3 比圆角处小得多,破裂和起皱趋向性很小。

③直边与圆角变形相互影响的程度取决于相对圆角半径(r_g/B)和相对高度(H/B)。r_g/B 越小,直边部分对圆角部分的变形影响越显著(如果 $r_g/B=0.5$,则盒形件成为圆筒形件,也就不存在直边与圆角变形的相互影响了);H/B 越大,直边与圆角变形相互影响也越显著。因

此，r_g/B 和 H/B 两个尺寸参数不同的盒形件，在坯料展开尺寸和工艺计算上都有较大的不同。

2. 盒形件坯料的形状和尺寸的确定

在盒形件拉深时，正确地确定坯料的形状和尺寸很重要，它不仅关系到节约原材料，而且关系到拉深时材料的变形和零件的质量。坯料形状及尺寸不适当，将进一步增大坯料周边变形的不均匀程度，影响拉深工作的顺利进行，并影响盒形件质量。

对于口部要求不高的低盒形件，拉深后可以不切边。口部要求较高的或高盒形件一般都要经过切边。盒形件的切边余量见表 5.17。

表 5.17　盒形件的切边余量 Δh

所需拉深的工序数目	1	2	3	4
切边余量 Δh	$(0.03\sim0.05)H$	$(0.04\sim0.06)H$	$(0.05\sim0.08)H$	$(0.06\sim0.1)H$

盒形件坯料形状和尺寸的初步确定方法与盒形件的 r_g/B 和 H/B 两个尺寸参数有关，因为这两个参数对圆角部分材料向直边转移程度的影响极大。以下列举两类典型盒形件的坯料形状和尺寸的确定方法。

(1) 一次拉深成形的低盒形件坯料的确定。

对于 r_g/B 和 H/B 均较小的盒形件，其坯料的形状和尺寸可以按下述步骤来确定(图 5.36)：

①首先将盒形件的直边按弯曲变形、圆角部分按四分之一圆筒形拉深变形分别展开，得到 $ABCDEF$ 轮廓的坯料，其中

$$l_z = H + 0.57r \tag{5.19}$$

$$R = \sqrt{2r_gH}\quad(\text{当 } r_g = r \text{ 时}) \tag{5.20}$$

或

$$R = \sqrt{r_g^2 + 2r_gH - 0.86r(r_g + 0.16r)}\quad(\text{当 } r_g > r \text{ 时}) \tag{5.21}$$

②修正展开的坯料形状，使圆角到直边光滑过渡。做法是：由 BC 中点作圆弧 R 的切线，再以 R 为半径作圆弧与直边和切线相切。这时面积 $A_1 \approx A_2$，拉深时圆角部分多出的面积 A_1 向直边转移以补充直边部分面积 A_2 的不足。

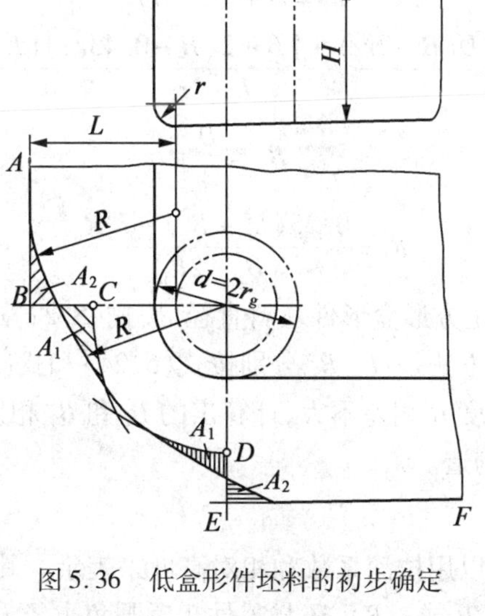

图 5.36　低盒形件坯料的初步确定

(2)多次拉深成形的高盒形件坯料的确定。

①多次拉深成形的高正方形盒形件的坯料。高正方形盒形件的坯料为圆形(图5.37),其直径按下式计算:

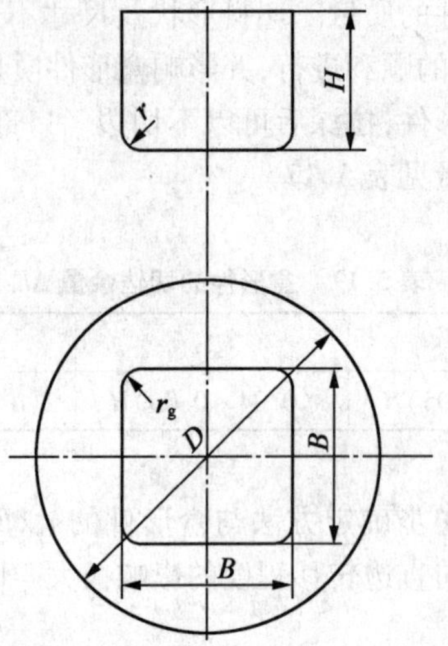

图5.37 高正方形盒形件坯料的形状与尺寸

当 $r_g=r$ 时有

$$D=1.13\sqrt{B^2+4B(H-0.43r_g)1.72r_g(H+0.33r_g)} \tag{5.22}$$

当 $r_g>r$ 时有

$$D=1.13\sqrt{B^2+4B(H-0.43r)-1.72r_g(H+0.5r_g)-4r(0.11r-0.18r_g)} \tag{5.23}$$

② 多次拉深成形的高矩形盒形件的坯料。这种零件可以看成由宽度 B 的两个半正方形和中间宽度为 B、长度为 $L-B$ 的槽形所组成。坯料的外形有两种(图5.38):一种是椭圆形坯料;另一种是长圆形坯料。长圆形坯料的落料模比椭圆形坯料的落料模容易制造。

椭圆形坯料尺寸可按以下公式求得:

$$L_z=D+(L-B) \tag{5.24}$$

$$B_z=\frac{D(B-2r_g)+[B+2(H-0.43r)](L-B)}{L-2r_g} \tag{5.25}$$

$$R_b=\frac{D}{2} \tag{5.26}$$

$$R_1=\frac{0.25(L_z^2+B_z^2)-L_zR_b}{B_z-2R_b} \tag{5.27}$$

式中 D——边长为 B 的高正方形盒形件坯料直径,按式(5.22)或式(5.23)求得。

长圆形坯料尺寸的计算方法是:L_z、B_z 分别按式(5.24)和式(5.25)求出,$R=0.5B_z$。

当矩形件的长度 L 和宽度 B 相差不大,计算出的 L_z 和 B_z 相差不远时,可以把坯料简化为圆形,以利于坯料落料模的制造。

3. 盒形件拉深变形程度

盒形件拉深变形程度可以用拉深系数和相对高度来表示。其极限变形程度不仅取决于材料性质和坯料的相对厚度 t/D(或 t/B),还与零件相对圆角半径 r/B 有密切关系。

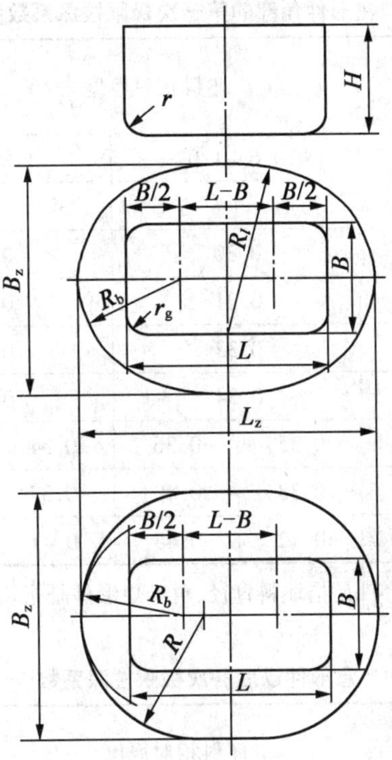

图5.38　高矩形盒形件坯料的形状与尺寸

对于具有较小圆角半径的盒形件拉深，其拉深变形程度可以用角部拉深系数表示：
首次拉深为

$$m_1=\frac{r_{g1}}{R_y} \tag{5.28}$$

式中　R_y——坯料圆角的假想半径，$R_y=R_b-0.7(B-2r_g)$，对于图5.36，$R_y=R$；

r_{g1}——首次拉深后工序件口部的圆角半径；

m_1——首次的拉深系数。

以后各次拉深为

$$m_i=\frac{r_{gi}}{r_{g(i-1)}}\quad(i=2,3,4,\cdots,n) \tag{5.29}$$

式中　r_{gi}——以后各次拉深后工序件口部的圆角半径；

m_i——以后各次的拉深系数，其极限值可查表5.18和表5.19。

当$r_g=r$时，首次拉深变形程度也可以用盒形件相对高度来表示：

$$m=\frac{d}{D}=\frac{2r_g}{2\sqrt{2r_gH}}=\frac{1}{\sqrt{2H/r_g}} \tag{5.30}$$

式中　H/r_g——盒形件相对高度，盒形件第一次拉深的最大许可相对高度见表5.20。

如果根据零件尺寸求得的拉深系数m大于表5.18中的$[m_1]$值，或盒形件相对高度H/r_g小于表5.20中的$[H/r_{g1}]$值，则可以一次拉深成形，否则就要多次拉深成形。

表 5.18　盒形件角部的第一次极限拉深系数[m_1]

r_g/B_1	坯料相对厚度$\frac{t}{D}$/%							
	0.3~0.6		0.6~1.0		1.0~1.5		1.5~2.0	
	矩形	方形	矩形	方形	矩形	方形	矩形	方形
0.025	0.31		0.30		0.29		0.28	
0.05	0.32		0.31		0.30		0.29	
0.10	0.33		0.32		0.31		0.30	
0.15	0.35		0.34		0.33		0.32	
0.20	0.36	0.38	0.35	0.36	0.34	0.35	0.33	0.34
0.30	0.40	0.42	0.38	0.40	0.37	0.39	0.36	0.38
0.40	0.44	0.48	0.42	0.45	0.41	0.43	0.40	0.42

注:材料为08钢和10钢;D对于正方形件是指坯料直径,对于矩形件是指坯料宽度

表 5.19　盒形件以后各次极限拉深系数[m_i]

r_g/B	坯料相对厚度$\frac{t}{D}$/%			
	0.3~0.6	0.6~1.0	1.0~1.5	1.5~2.0
0.025	0.52	0.50	0.48	0.45
0.05	0.56	0.53	0.50	0.48
0.10	0.60	0.56	0.53	0.50
0.15	0.65	0.60	0.56	0.53
0.20	0.70	0.65	0.60	0.56
0.30	0.72	0.70	0.65	0.60
0.40	0.75	0.73	0.70	0.67

注:材料为08钢和10钢

表 5.20　盒形件第一次拉深的最大许可相对高度[H/r_{g1}]

r_g/B_1	方形			矩形		
	坯料相对厚度$\frac{t}{D}$/%					
	0.3~0.6	0.6~1	1~2	0.3~0.6	0.6~1	1~2
0.4	2.2	2.5	2.8	2.5	2.8	3.1
0.3	2.8	3.2	3.5	3.2	3.5	3.8
0.2	3.5	3.8	4.2	3.8	4.2	4.6
0.1	4.5	5.0	5.5	4.5	5.0	5.5
0.05	5.0	5.5	6.0	5.0	5.5	6.0

注:材料为10钢

4. 盒形件的多次拉深

盒形件多次拉深时的变形特点，不但不同于圆筒形件的多次拉深，而且与盒形件的首次拉深也有较大的区别。盒形件以后各次拉深变形过程如图 5.39 所示，工件底部和已进入凹模高度为 h_2 的直壁是传力区；宽度为 b_n 的环形部分为变形区；高度为 h_1 的直壁部分是待变形区。在拉深过程中，随着拉深凸模的向下运动，高度 h_2 不断增大，而高度 h_1 则逐渐减小，直到全部进入凹模而形成盒形件的侧壁。

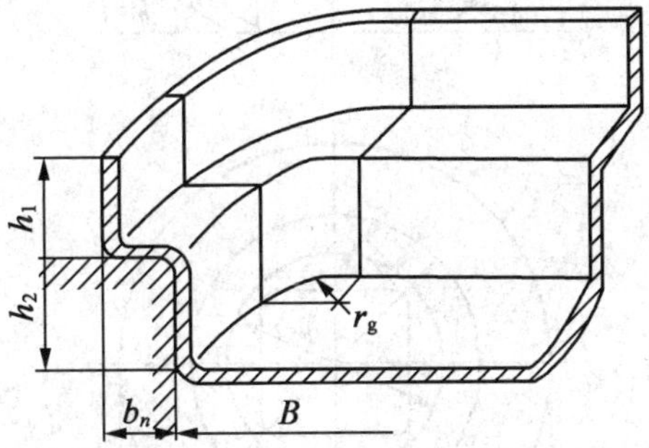

图 5.39　盒形件以后各次拉深变形过程

从拉深变形过程来看，因变形区既有圆角部分又有直边部分，要使拉深顺利进行并保证零件的质量，必须使变形区内各部分的变形均匀，否则这种不均匀的变形受到高度为 h_1 的待变形区侧壁的阻碍，必然在变形区内产生附加应力。在受到附加压应力作用的部位，可能产生材料的堆积或横向起皱；在受到附加拉应力作用的部位，可能产生材料厚度过分变小甚至破裂。因此，对于盒形件的拉深，除了应保证沿盒形件周边各点上的拉深变形程度不超过其侧壁抗拉强度所允许的极限值以外，还必须保证拉深变形区内各部分变形均匀一致。这是确定盒形件工序顺序、变形工艺参数、工序件形状和尺寸及模具设计着重考虑的问题。

在确定盒形件多次拉深工序件形状和尺寸时，一般应先初步确定拉深次数。盒形件多次拉深所能达到的最大相对高度（H/B）可按表 5.21 确定。

表 5.21　盒形件多次拉深所能达到的最大相对高度（H/B）

拉深次数	坯料相对厚度 $\frac{t}{B}$/%			
	0.3～0.5	0.5～0.8	0.8～1.3	1.3～2.0
1	0.5	0.58	0.65	0.75
2	0.7	0.8	1.0	1.2
3	1.2	1.3	1.6	2.0
4	2.0	2.2	2.6	3.5
5	3.0	3.4	4.0	5.0
6	4.0	4.5	5.0	6.0

确定盒形件多次拉深工序件形状和尺寸的方法有多种，这里介绍一种控制角部壁间距 δ 的计算方法。

图5.40所示为正方形件多次拉深的工序件形状和尺寸。采用直径为 D 的圆形坯料，各中间工序都拉成圆筒形，最后一次才拉深成方形件。计算从第 $n-1$ 次开始，第 $n-1$ 次拉深工序件的直径为

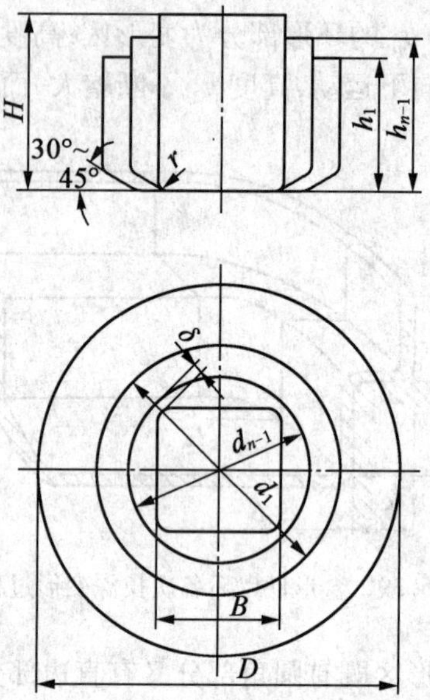

图5.40 正方形件多次拉深的工序件形状和尺寸

$$D_{n-1}=1.41B-0.82r_g+2\delta \tag{5.31}$$

式中 D_{n-1}——第 $n-1$ 次拉深后所得的工序件内径；

B——正方形件的边长（内形尺寸）；

r_g——正方形件角部内圆角半径；

δ——角部壁间距，即由第 $n-1$ 次拉深后得到工序件的圆角内表面到盒形件角部内表面的距离。

角部壁间距 δ 值直接影响拉深变形区的变形程度及其均匀性。保证变形区内适度而均匀的 δ 值可查表5.22。控制角部壁间距，实际上是控制角部拉深系数。

表5.22 角部壁间距 δ 值 mm

角部相对圆角半径 r_g/B	0.025	0.05	0.10	0.20	0.30	0.40
相对壁间距 δ/r_g	0.12	0.13	0.135	0.16	0.17	0.20

其他各道拉深工序相当于将坯料直径为 D 的工件拉深成直径为 d_{n-1}、高度为 H_{n-1} 的圆筒形件，故其工序尺寸计算与圆筒形件拉深的计算方法相同。

图5.41所示为矩形件多次拉深的工序件形状和尺寸。通过各中间工序拉深成椭圆形，最后拉深成矩形。计算也是从第 $n-1$ 次开始，第 $n-1$ 次拉深成椭圆形，其半径为

$$R_{l(n-1)}=0.705L-0.41r_g+\delta \tag{5.32}$$

$$R_{b(n-1)}=0.705B-0.41r_g+\delta \tag{5.33}$$

式中 $R_{l(n-1)}$、$R_{b(n-1)}$——第 $n-1$ 次拉深所得的椭圆形工序件在短轴和长轴上的曲率半径；

L、B——矩形件的长度和宽度；

r_g——矩形件角部内圆角半径；

δ——角部壁间距，与方形件相同。

$R_{l(n-1)}$ 和 $R_{b(n-1)}$ 的圆心可按图 5.41 的尺寸关系确定，画圆弧并平滑连接即得第 $n-1$ 次拉深工序件的形状和尺寸。当第 $n-1$ 次拉深工序件的形状和尺寸确定后，用盒形件首次拉深的计算方法核算是否可以由平板坯料一次拉成，如果不行，再进行第 $n-2$ 次拉深工序的计算。第 $n-2$ 次拉深是从椭圆形到椭圆形，此时应保证

$$\frac{R_{l(n-1)}}{R_{l(n-1)}+l_{n-1}}=\frac{R_{b(n-1)}}{R_{b(n-1)}+b_{n-1}}=0.75\sim0.85 \tag{5.34}$$

式中　l_{n-1}、b_{n-1}——第 $n-2$ 次与第 $n-1$ 次工序件之间在短轴与长轴上的壁间距离。

由式(5.34)可求得 l_{n-1} 和 b_{n-1} 如下：

$$l_{n-1}=(0.18\sim0.33)R_{l(n-1)} \tag{5.35}$$

$$b_{n-1}=(0.18\sim0.33)R_{l(n-1)} \tag{5.36}$$

求出 l_{n-1} 和 b_{n-1} 之后，在对称轴上找到 M 点和 N 点，然后选定半径 R_l 和 R_b 作圆弧使其通过 N 点和 M 点，并圆滑连接，即得第 $n-2$ 次拉深工序件的形状和尺寸。R_l 和 R_b 的圆心应比 $R_{l(n-1)}$ 和 $R_{b(n-1)}$ 的圆心更靠近矩形件的中心 O。

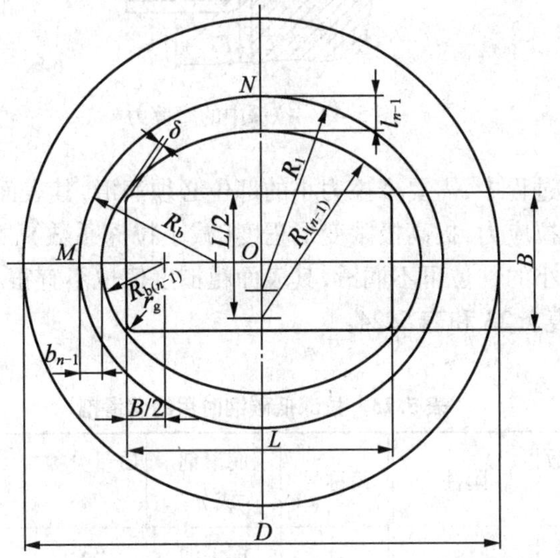

图 5.41　矩形件多次拉深的工序件形状和尺寸

得出第 $n-2$ 次拉深工序件的形状和尺寸后，再核算是否可以由平板坯料一次拉成。如果不行，则再进行第 $n-3$ 次拉深工序计算。依次类推，直到初次拉深为止。

为了使最后一次拉深能顺利进行，通常将第 $n-1$ 次拉深成具有与零件相同的平底形状，并以 45°斜角和大的圆角半径将其与侧壁连接起来，如图 5.40 所示。

5.7　拉深工艺的辅助工序

为了保证拉深过程的顺利进行或提高拉深件质量和模具寿命，需要安排一些必要的辅助工序，如润滑、热处理及酸洗等。

5.7.1 润滑

在拉深过程中，板料与模具的接触面之间要产生相对滑动，因而有摩擦力存在。如图5.42所示，F_1 为板料与凹模及压边圈之间的摩擦力；F_2 为板料与凹模角之间的摩擦力；F_3 为板料与凹模壁之间的摩擦力；F_4 为板料与凸模壁之间的摩擦力；F_5 为板料与凸模角之间的摩擦力。其中，摩擦力 F_1、F_2 和 F_3 不但增大了侧壁传力区的拉应力，而且会刮伤模具和工件表面，特别是在拉深不锈钢、耐热钢及其合金、钛合金等易粘模的材料时更严重，因而对拉深成形不利，应采取措施尽量减少；而摩擦力 F_4、F_5 则有阻止板料在危险断面处变薄的作用，因而对拉深成形是有益的，不应过小。

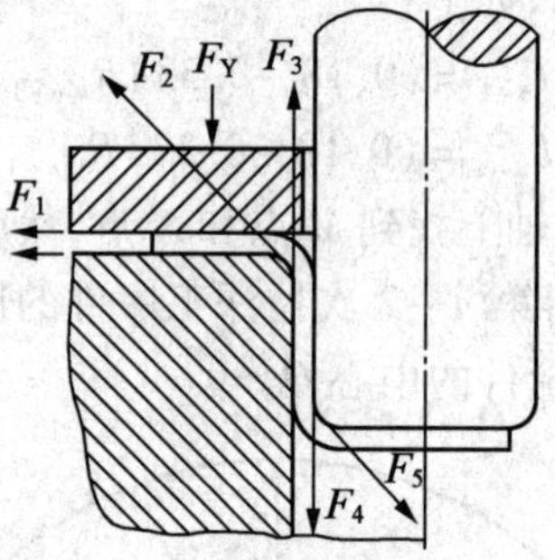

图5.42 拉深中的摩擦力

由此可见，在拉深过程中，需要摩擦力小的部位必须润滑，其表面粗糙度值也应较小，以降低摩擦系数，从而减小拉应力，提高极限变形程度（减小拉深系数），并提高拉深件质量和模具寿命；而摩擦力不必过小的部位可不润滑，其表面粗糙度值也不宜很小。

常见的润滑剂见表5.23和表5.24。

表5.23 拉深低碳钢时用的润滑剂

简称号	润滑剂成分	质量分数/%	附注	简称号	润滑剂成分	质量分数/%	附注
L－AN5	锭子油 鱼肝油 石墨 油酸 硫黄 钾肥皂 水	43 8 15 8 5 6 15	用这种润滑剂可收到最好的效果，硫黄应以粉末状加入	L－AN10	锭子油 硫化蓖麻油 鱼肝油 白垩粉 油酸 氢氧化钠 水	33 1.6 1.2 45 5.5 0.1 13	润滑剂很容易去除，用于单位压料力大的拉深件
L－AN6	锭子油 黄油 滑石粉 硫黄 酒精	40 40 11 8 1	硫黄应以粉末状加入	L－AN2	锭子油 黄油 鱼肝油 白垩粉 油酸 水	12 25 12 20.5 5.5 25	这种润滑剂比以上几种略差

续表 5.23

简称号	润滑剂成分	质量分数/%	附注	简称号	润滑剂成分	质量分数/%	附注
L－AN9	锭子油 黄油 石墨 硫黄 酒精 水	20 40 20 7 1 12	将硫黄溶于温度约为160 ℃的锭子油内，其缺点是保存时间太久后会分层	L－AN8	钾肥皂 水	20 80	将肥皂溶在温度为 60～70 ℃的水里，用于球形及抛物线形工件的拉深
				—	乳化液 白垩粉 焙烧苏打 水	37 45 1.3 16.7	将肥皂溶在温度为 60～70 ℃的水里，用于球形及抛物线形工件的拉深

表 5.24 拉深有色金属及不锈钢时用的润滑剂

材料名称	润滑剂
铝	植物油（豆油）、工业凡士林
硬铝	植物油乳浊液
紫铜、黄铜、青铜	菜油或肥皂与油的乳浊液（将油与浓的肥皂水溶液混合）
镍及其合金	肥皂与油的乳浊液
2Cr13、1Cr18Ni9Ti、耐热钢	用氯化乙烯漆（G01－4）喷涂板料表面，拉深时另涂机油

5.7.2 热处理

在拉深过程中，由于板料因塑性变形而产生较大的加工硬化，致使其继续变形困难甚至不可能。为了后续拉深或其他成形工序的顺利进行，或消除工件的内应力，必要时应进行工序间的热处理或最后消除应力的热处理。

对于普通硬化的金属（如 08 钢、10 钢、15 钢、黄铜和退火过的铝等），若工艺过程制订得正确，模具设计合理，一般可不需要进行中间退火。而对于高度硬化的金属（如不锈钢、耐热钢、退火紫铜等），一般在 1～2 次拉深工序后就要进行中间热处理。

不需进行中间热处理所能完成的拉深次数见表 5.25。如果降低每次拉深的变形程度（即增大拉深系数），增加拉深次数，由于每次拉深后的危险断面是不断向上转移的，结果使拉裂的矛盾得以缓和，于是可以增加总的变形程度而不需要或减少中间的热处理工序。

表 5.25 不需进行中间热处理所能完成的拉深次数

材料	次数	材料	次数
08、10、15	3～4	不锈钢	1～2
铝	4～5	镁合金	1
黄铜	2～4	钛合金	1
纯铜	1～2		

为了消除加工硬化而进行的热处理方法，对于一般金属材料是退火，对于奥氏体不锈钢、耐热钢则是淬火。退火又分为低温退火和高温退火。低温退火是把加工硬化的工件加热到再结晶温度，使之得到再结晶组织，消除硬化，恢复塑性。高温退火是把加工硬化的工件加热到临界点以上一定的温度，使之得到经过相变的新的平衡组织，完全消除了硬化现象，塑性得到了更好的恢复。低温退火由于温度低，表面质量较好，是拉深中常用的方法。高温退火温度高，表面质量较差，一般用于加工硬化严重的情况。

无论是工序间热处理还是最后消除应力的热处理，应尽量及时进行，以免由于长期存放造成冲件在内应力作用下产生变形或龟裂，特别对于不锈钢、耐热钢及黄铜冲件更是如此。

5.7.3　酸洗

经过热处理的工序件，表面有氧化皮，需要清洗后方可继续进行拉深或其他冲压加工。在许多场合，工件表面的油污及其他污物也必须清洗，方可进行喷漆或搪瓷等后续工序。有时在拉深成形前也需要对坯料进行清洗。

在冲压加工中，清洗的方法一般是采用酸洗。酸洗时先用苏打水去油，然后将工件或坯料置于加热的稀酸中浸蚀，接着将其在冷水中漂洗，而后在弱碱溶液中将残留的酸液中和，最后在热水中洗涤并将其烘干。各种材料的酸洗溶液成分见表5.26。

表5.26　酸洗溶液成分

工件材料	酸洗溶液		说明
	化学成分	含量	
低碳钢	硫酸或盐酸 水	15%~20%(质量分数) 余量	
高碳钢	硫酸 水	10%~15%(质量分数) 余量	预浸
	氢氧化钠或氢氧化钾	50~100 g/L	最后酸洗
不锈钢	硝酸 盐酸 氢氟酸 水	10%(质量分数) 1%~2%(质量分数) 0.1%(质量分数) 余量	得到光亮的表面
铜及其合金	硝酸 盐酸 炭黑	200份(质量) 1~2份(质量) 1~2份(质量)	预浸
	硝酸 硫酸 盐酸	75份(质量) 100份(质量) 1份(质量)	光亮酸洗
铝及锌	氢氧化钠或氢氧化钾 氯化钠 盐酸	100~200 g/L 13 g/L 50~100 g/L	闪光酸洗

5.8 拉深模的典型结构

拉深模的结构一般较简单,但结构类型较多:按使用的压力机不同,可将拉深模分为单动压力机上使用的拉深模与双动压力机上使用的拉深模;按工序的组合程度不同,可将拉深模分为单工序拉深模、复合工序拉深模与级进工序拉深模;按结构形式与使用要求的不同,可将拉深模分为首次拉深模与以后各次拉深模、有压料装置拉深模与无压料装置拉深模、顺装式拉深模与倒装式拉深模、下出件拉深模与上出件拉深模等。

拉深模的结构设计应在拉深工艺计算与拉深工序制订之后进行,主要依据拉深件的生产批量和尺寸精度要求并考虑安全生产因素来确定。这里仅以简单拉深件的常用拉深模为例进行分析与介绍。

5.8.1 单动压力机上使用的拉深模

1. 首次拉深模

(1)无压料首次拉深模。

图5.43所示为无压料装置的下出件首次拉深模。工作时,平板坯料由定位板2定位,凸模1下行将坯料拉入凹模3内。凸模下止点要调到使已成形的工件直壁全部越出凹模工作带,这时由于回弹,工件口部直径稍有增大,回程后工件被凹模工作带下的台阶挡住而卸下。坯料厚度小时,工件容易卡在凸、凹模之间的缝隙内,需在凹模台阶处设置刮件板或刮件环。这种拉深模主要适用于坯料相对厚度 $t/D>2\%$ 的厚料拉深,成形后的工件尺寸精度不高,底部不够平整。

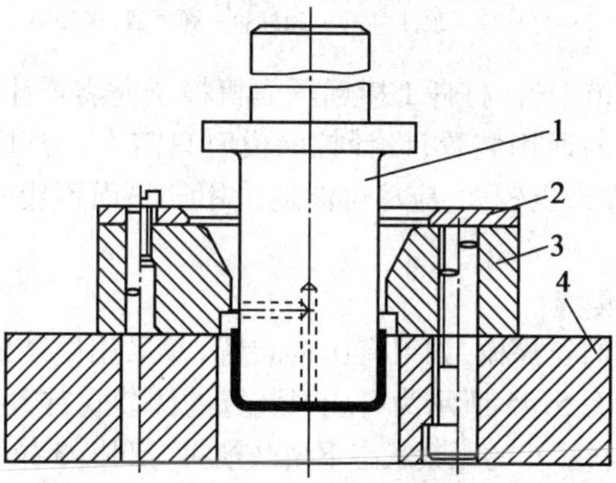

图5.43 无压料装置的下出件首次拉深模

1—凸模;2—定位板;3—凹模;4—下模座

这种模具的凸模常与模柄制成一体,以使模具结构简单。但当凸模直径较小时,可与模柄分体制造,中间用模板和固定板并借助螺钉将两者连接起来。为了便于卸件,拉深凸模的工作端要开通气孔,其直径可视凸模直径的大小在 $\phi3\sim\phi8$ mm之间选取。通气孔过长会给钻孔带来困难,可在超出工件高度处钻一个横孔与之相通,以减小中心孔的钻孔深度。该模具的凹模为锥形凹模,可提高坯料的变形程度。当工件相对高度 H/d 较小时,也可采用全直壁凹模,使凹模更容易加工。

只进行拉深而没有冲裁加工的拉深模可以不用导向模架,安装模具时,下模先不要固定死,在凹模孔口放置几块厚度与拉深件材料厚度相同的板条,将凸模引入凹模时下模沿横向做稍许移动便可自动将拉深间隙调整均匀。在闭合状态下,将下模固定死,抬起上模,便可以进行拉深加工了。

图 5.44 所示为无压料装置的上出件首次拉深模,与图 5.43 所示的下出件拉深模相比,增加了由顶件块 2、顶杆 3 及弹顶器 4 组成的顶出装置。顶出装置的作用不仅在于形成上出件方式,即将拉深完的工件从凹模内顶出,而且在拉深过程中能始终将板料压紧于顶板与凸模端面之间,并在拉深后期可对拉深件底部进行校平。因此采用这种上出件方式,拉深完的工件底部比较平整,形状也比较规则。

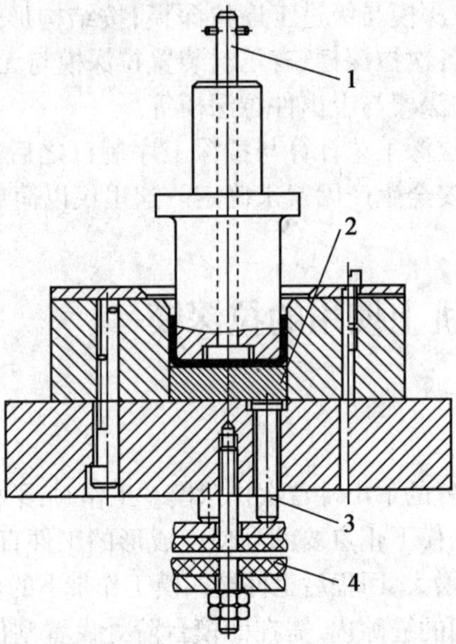

图 5.44 无压料装置的上出件首次拉深模

1—打杆;2—顶件块;3—顶杆;4—弹顶器(橡胶垫)

如果回程时工件随凸模上升,打杆 1 撞到压力机横梁时将产生推件力,使工件脱离凸模。弹顶器一般都是冲压车间的通用装置,设计拉深模时只需在下模座留出与螺杆相配的螺孔。当工件较大时,需要的顶件力也较大,应尽可能地采用气垫而不用橡胶垫,以减小对压力机的冲击破坏作用。

(2)有压料首次拉深模。

在单动压力机上使用的拉深模,如果有压料装置,常采用倒装式结构,以便于采用通用的弹顶器并缩短凸模长度。图 5.45 所示为有压料装置的倒装式首次拉深模,坯料由定位板 5 定位,上模下行时,坯料在压料圈 6 的压紧状态下由凸模 4 与凹模 3 拉深成形。拉深完的工件在回程时由压料圈 6 从凸模上顶出,再由推件块 2 从凹模内推出。为了便于放入坯料,定位板的内孔应加工出较大的倒角,余下的直壁高度应小于坯料厚度。凸模 4 为阶梯式结构,通过凸模固定板 8 与下模座 9 相连接,这种固定方式便于保证凸模与下模座的垂直度。

2. 以后各次拉深模

(1)无压料以后各次拉深模。

图 5.46 所示为无压料装置的以后各次拉深模,前次拉深后的工序件由定位板 6 定位,凸模下行时将工序件拉入凹模成形,拉深后凸模回程,工件由凹模孔台阶卸下。为了减小工件与凹模间的摩擦,凹模直边高度 h 取 9 ~ 13 mm。该模具适用于变形程度不大、拉深件直径和壁厚要求均匀的以后各次拉深。

(2)有压料以后各次拉深模。

图 5.47 所示为有压料装置的以后各次拉深模,压料圈 6 兼有定位的作用,前次拉深后的

工序件套在压料圈上进行定位。压料圈的高度应大于前次工序件的高度，其外径最好按已拉成的前次工序件的内径配作。拉深完的工件在回程时分别由压料圈顶出和推件块3推出。可调式限位柱5可控制压料圈与凹模之间的间距，以防止拉深后期由于压料力过大造成工件侧壁底角附近板料过分减薄，甚至拉裂。

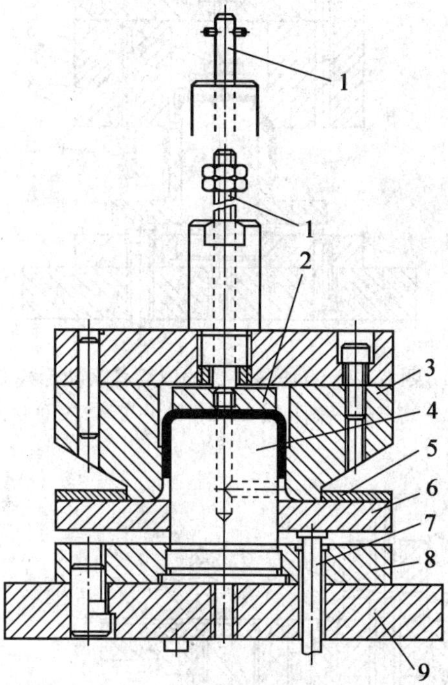

图5.45　有压料装置的倒装式首次拉深模

1—打杆；2—推件块；3—凹模；4—凸模；5—定位板；6—压料圈；7—顶杆；8—凸模固定板；9—下模座

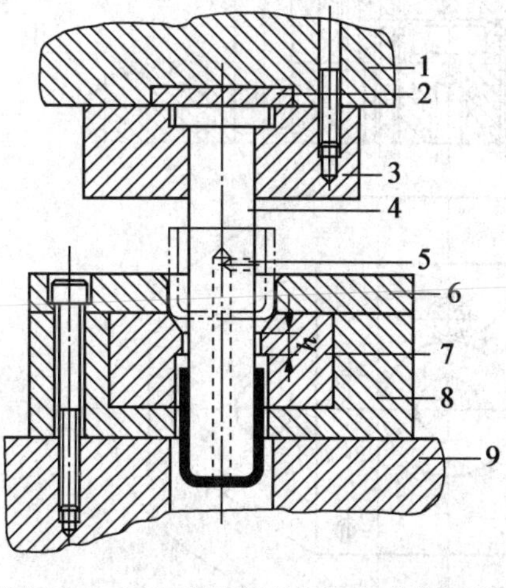

图5.46　无压料装置的以后各次拉深模

1—上模座；2—垫板；3—凸模固定板；4—凸模；5—通气孔；6—定位板；7—凹模；8—凹模座；9—下模座

3. 复合拉深模

（1）落料－拉深复合模。

图5.48所示为落料－拉深复合模，条料由两个导料销11进行导向，由挡料销12定距。

由于排样图取消了纵搭边，落料后废料中间将自动断开，因此可不设置卸料装置。

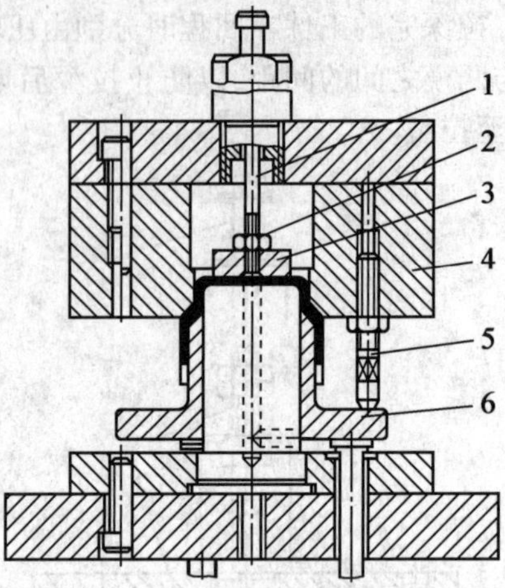

图 5.47　有压料装置的以后各次拉深模

1—打杆；2—螺母；3—推件块；4—凹模；5 —可调式限位柱；6—压料圈

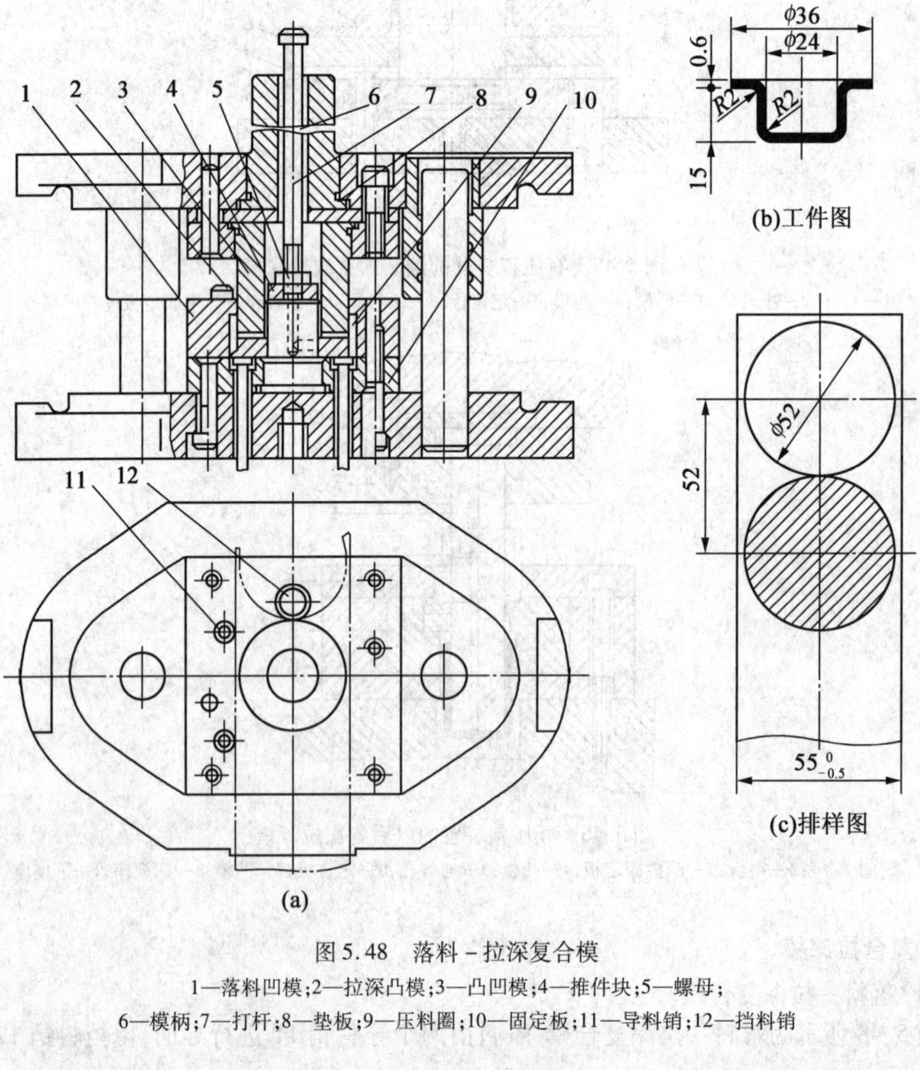

图 5.48　落料 - 拉深复合模

1—落料凹模；2—拉深凸模；3—凸凹模；4—推件块；5—螺母；

6—模柄；7—打杆；8—垫板；9—压料圈；10—固定板；11—导料销；12—挡料销

开始工作时，首先由落料凹模 1 和凸凹模 3 完成落料，紧接着由拉深凸模 2 和凸凹模进行拉深。拉深结束后，回程时由推件块 4 将工件从凸凹模内推出。压料圈 9 兼作为顶件块，在拉深过程中起压料作用，回程时又能将工件从凸模上顶起，使其脱离凸模。为了保证先落料、后拉深，模具装配时，应使拉深凸模 2 比落料凹模 1 低约 1 ~ 1.5 倍材料厚度的距离。

该模具采用了中间导柱模架，可保证均匀的冲裁间隙，提高模具的刃磨寿命，并使模具的调试简单化，因此兼有冲裁加工的拉深模都采用模架进行导向。

落料 - 拉深复合模与单工序模相比可提高生产效率，但模具较复杂，装配难度也较大。由于计算的拉深件坯料尺寸不一定准确，常需经试模修正，因此应在拉深件坯料经单工序模验证合适之后，为了提高生产率，才设计落料 - 拉深复合模。对于较小的拉深件，从安全角度考虑，也可采取落料与拉深复合的方案，这时在变形程度允许的条件下，可适当加大坯料尺寸，以提高模具的可靠性。对于非圆形拉深件，一般不宜采用落料与拉深复合的方案，因为其坯料尺寸计算的可靠性更差。除非拉深件的变形程度较小，允许将坯料尺寸加大，才考虑设计落料 - 拉深复合模。

(2)落料 - 正、反拉深 - 冲孔复合模。

如图 5.49 所示，该模具集中了落料、正向拉深、反向拉深和冲孔四个工序，对成形图中所示的拉深件是很适合的。

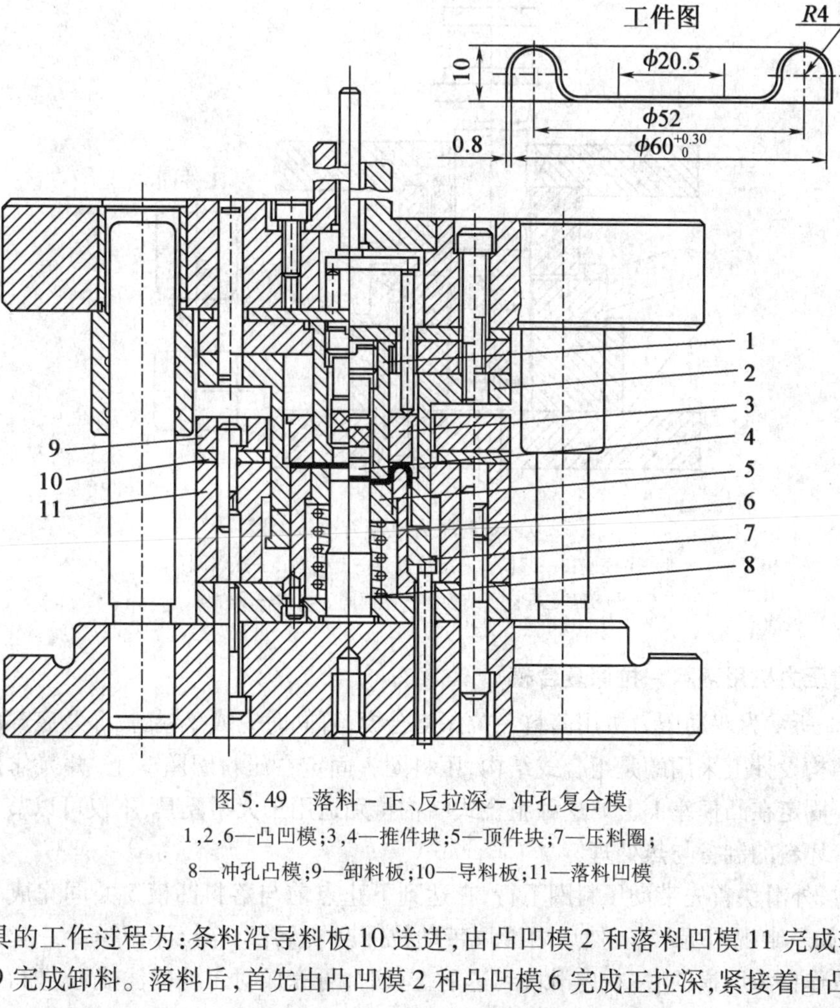

图 5.49　落料 - 正、反拉深 - 冲孔复合模

1,2,6—凸凹模;3,4—推件块;5—顶件块;7—压料圈;
8—冲孔凸模;9—卸料板;10—导料板;11—落料凹模

该模具的工作过程为：条料沿导料板 10 送进，由凸凹模 2 和落料凹模 11 完成落料，由固定卸料板 9 完成卸料。落料后，首先由凸凹模 2 和凸凹模 6 完成正拉深，紧接着由凸凹模 1 和

凸凹模6完成反拉深,最后由冲孔凸模8和凸凹模1完成冲孔。之后压力机滑块进入回程,冲孔废料由推件块4从凸凹模1的凹模孔内推出。工件如果留在上模,可由推件块3从凸凹模2的凹模孔内推出;工件如果留在下模,可由顶件块5从凸凹模6的凹模孔内顶出,同时压料圈7也能起顶件作用。该模具零件较多,结构较为复杂,但零件并不难加工,只是模具装配调整较为复杂。

采用这种多工序复合模具有明显的优点,不仅生产效率较高,而且可获得尺寸精度较高的拉深件,同时可消除单工序生产的不安全因素。

5.8.2 双动压力机上使用的拉深模

1. 双动压力机用首次拉深模

图5.50所示为双动压力机用首次拉深模,下模由凹模2、定位板3、凹模固定板8、顶件块9和下模座1组成,上模的压料圈5通过上模座4固定在压力机的外滑块上,凸模7通过凸模固定杆6固定在内滑块上。工作时,坯料由定位板定位,外滑块先行下降带动压料圈将坯料压紧,接着内滑块下降带动凸模完成对坯料的拉深。回程时,内滑块先带动凸模上升将工件卸下,接着外滑块带动压料圈上升,同时顶件块在弹顶器作用下将工件从凹模内顶出。

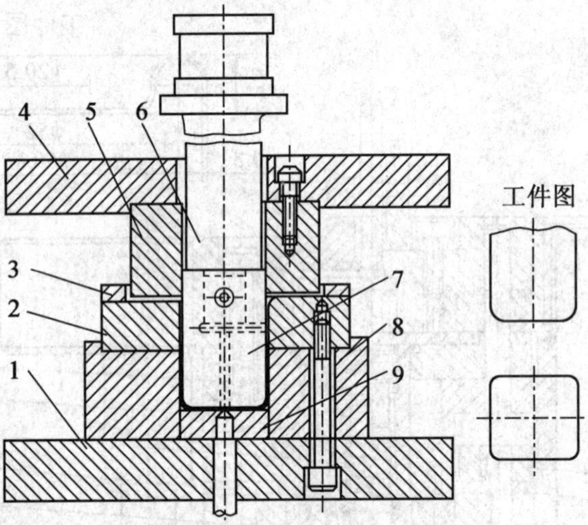

图5.50 双动压力机用首次拉深模

1—下模座;2—凹模;3—定位板;4—上模座;5—压料圈;6—凸模固定杆;7—凸模;8—凹模固定板;9—顶件块

2. 双动压力机用落料–拉深复合模

图5.51所示为双动压力机用落料–拉深复合模,可同时完成落料、拉深及底部的浅成形。该模具在结构设计上采用的是组合式结构,压料圈3固定在压料圈座2上,并兼作落料凸模,拉深凸模4固定在凸模座1上。这种组合式结构特别适用于大型模具,不仅可以节省模具钢,而且也便于坯料的制备与热处理。

工作时,外滑块首先带动压料圈下行,在达到下止点前与落料凹模5共同完成落料,接着进行压料(如左半视图所示)。然后内滑块带动拉深凸模下行,与拉深凹模6一起完成拉深。顶件块7兼作拉深凹模的底,在内滑块到达下止点时,可完成对工件的浅成形(如右半视图所示)。回程时,内滑块先上升,然后外滑块上升,最后由顶件块 7 将工件顶出。

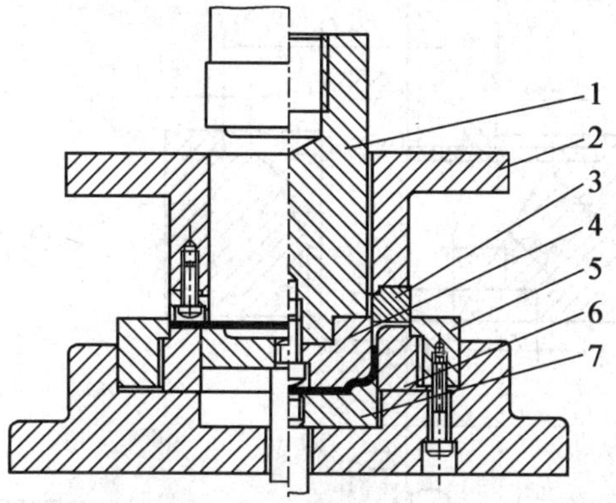

图 5.51　双动压力机用落料－拉深复合模

1—凸模座;2—压料圈座;3—压料圈(兼落料凸模);4—拉深凸模;5—落料凹模;6—拉深凹模;7—顶件块

5.9　拉深模工作零件的设计与制造

5.9.1　拉深模工作零件的设计

1. 凸、凹模的结构

凸、凹模的结构设计得是否合理,不但直接影响拉深时的坯料变形,而且还影响拉深件的质量。凸、凹模常见的结构形式有以下几种。

(1)无压料时的凸、凹模。

图 5.52 所示为无压料一次拉深成形时所用的凸、凹模结构,其中圆弧形凹模(图 5.52(a))结构简单,加工方便,是常用的拉深凹模结构形式;锥形凹模(图 5.52(b))和渐开线形凹模(图 5.52(c))对抗失稳起皱有利,但加工较复杂,主要用于拉深系数较小的拉深件。图 5.53 所示为无压料多次拉深所用的凸、凹模结构。上述凹模结构中,$a = 5 \sim 10$ mm,$b = 2 \sim 5$ mm,锥形凹模的锥角一般取 30°。

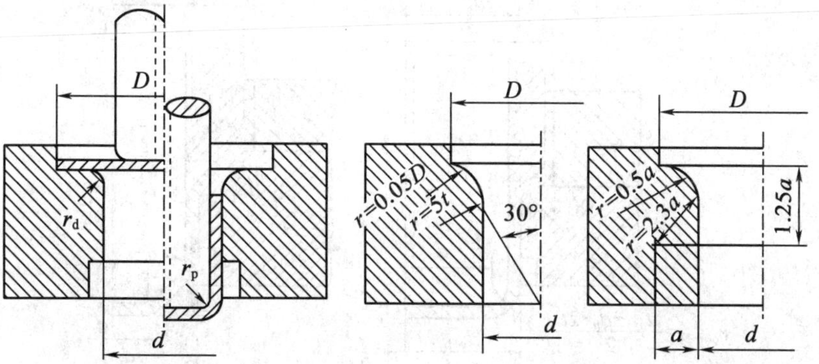

(a)圆弧形　(b)锥形　(c)渐开线形

图 5.52　无压料一次拉深成形时所用的凸、凹模结构

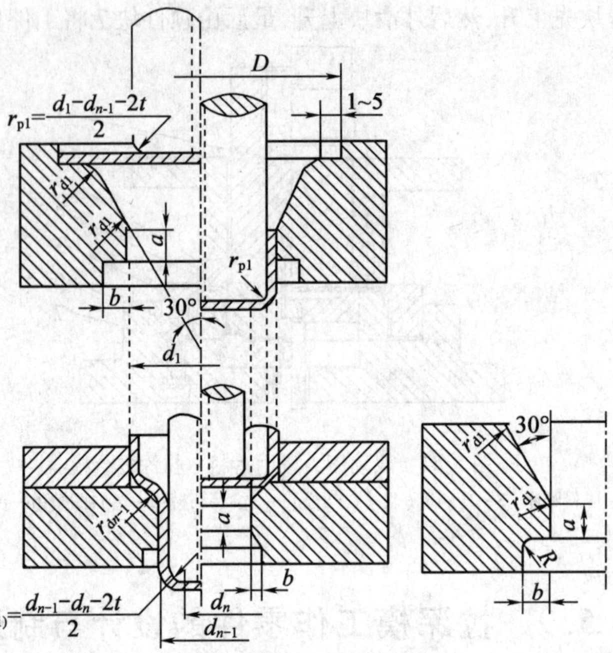

图 5.53 无压料多次拉深的凸、凹模结构

(2)有压料时的凸、凹模。

压料时的凸、凹模结构如图 5.54 所示，其中图(a)用于直径小于 100 mm 的拉深件；图(b)用于直径大于 100 mm 的拉深件，这种结构除了具有锥形凹模的特点外，还可减轻坯料的反复弯曲变形，以提高工件的侧壁质量。

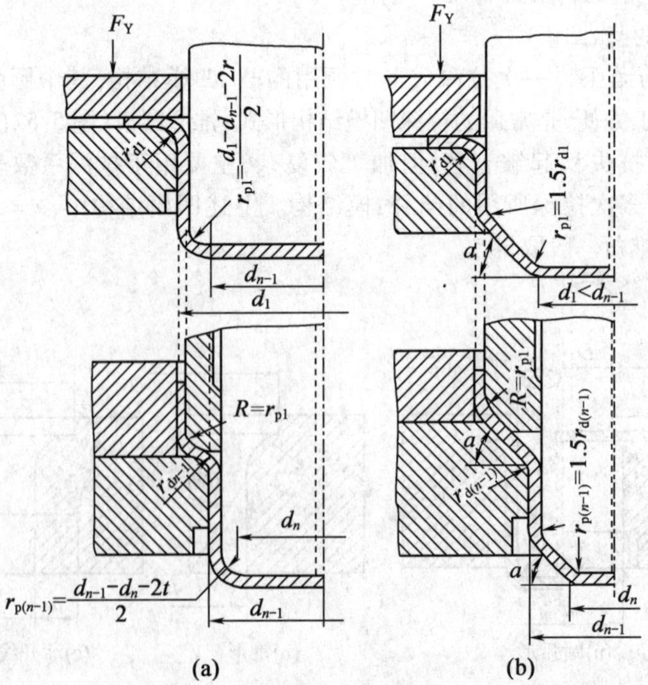

图 5.54 有压料多次拉深的凸、凹模结构

2. 凸、凹模的圆角半径

(1)凹模圆角半径。

凹模圆角半径 r_d 越大,材料越易进入凹模,但 r_d 过大,材料易起皱。因此,在材料不起皱的前提下,r_d 宜取大一些。

设计多次拉深的凸、凹模结构时,必须十分注意前后两次拉深中凸、凹模的形状尺寸具有恰当的关系,尽量使前次拉深所得工序件形状有利于后次拉深成形,而后一次拉深的凸、凹模及压料圈的形状与前次拉深所得工序件相吻合,以避免坯料在成形过程中的反复弯曲。为了保证拉深时工件底部平整,应使前一次拉深所得工序件的平底部分尺寸不小于后一次拉深工件的平底尺寸。

第一次(包括只有一次)拉深的凹模圆角半径可按以下经验公式计算:

$$r_{d1}=0.8\sqrt{(D-d)t} \tag{5.37}$$

式中　r_{d1}——凹模圆角半径;

D——坯料直径;

d——凹模内径(当工件材料厚度 $t\geqslant 1$ 时,也可取首次拉深时工件的中线尺寸);

t——材料厚度。

当凹模内径 $d>200$ mm 时,r_{d1}也可按下式确定:

$$r_{d1\min}=0.039d+2 \tag{5.38}$$

以后各次拉深时,凹模圆角半径应逐渐减小,一般可按以下关系确定:

$$r_{di}=(0.6\sim0.9)r_{d(i-1)}\quad(i=2,3,\cdots,n) \tag{5.39}$$

盒形件拉深凹模圆角半径按下式计算:

$$r_d=(4\sim8)t \tag{5.40}$$

r_d 也可根据拉深件的材料种类与厚度参考表 5.27 确定。

表 5.27　拉深凹模圆角半径 r_d 的数值　mm

拉深件材料	材料厚度 t	r_d	拉深件材料	材料厚度 t	r_d
钢	<3	$(10\sim6)t$	铝、黄铜、紫铜	<3	$(8\sim5)t$
	3~6	$(6\sim4)t$		3~6	$(5\sim3)t$
	>6	$(4\sim2)t$		>6	$(3\sim1.5)t$

注:对于第一次拉深和较薄的材料,应取表中上限值;对于以后各次拉深和较厚的材料,应取表中下限值

以上计算所得凹模圆角半径均应符合 $r_d\geqslant 2t$ 的拉深工艺性要求。对于带凸缘的筒形件,最后一次拉深的凹模圆角半径还应与零件的凸缘圆角半径相等。

(2)凸模圆角半径。

凸模圆角半径 r_p 过小,会使坯料在此受到过大的弯曲变形,导致危险断面材料严重变薄甚至拉裂;r_p 过大,会使坯料悬空部分增大,容易产生“内起皱” 现象。

一般 $r_p<r_d$,单次拉深或多次拉深的第一次拉深可取

$$r_{p1}=(0.7\sim1.0)r_{d1} \tag{5.41}$$

以后各次拉深的凸模圆角半径可按下式确定:

$$r_{p(i-1)}=\frac{d_{i-1}-d_i-2t}{2}\quad(i=3,4,\cdots,n) \tag{5.42}$$

式中　d_{i-1}、d_i——各次拉深工序件的直径。

最后一次拉深时，凸模圆角半径 r_{pn} 应与拉深件底部圆角半径 r 相等。但当拉深件底部圆角半径小于拉深工艺性要求时，则凸模圆角半径应按工艺性要求确定（$r_p \geq t$），然后通过增加整形工序得到拉深件所要求的圆角半径。

3. 凸、凹模间隙

拉深模的凸、凹模间隙对拉深力、拉深件质量、模具寿命等都有较大的影响。间隙小时，拉深力大，模具磨损也大，但拉深件回弹小，精度高。间隙过小，会使拉深件壁部严重变薄甚至拉裂。间隙过大，拉深时坯料容易起皱，而且口部的变厚得不到消除，拉深件出现较大的锥度，精度较差。因此，拉深凸、凹模间隙应根据坯料厚度及公差、拉深过程中坯料的增厚情况、拉深次数、拉深件的形状及精度等要求确定。

（1）对于无压料装置的拉深模，其凸、凹模单边间隙可按下式确定：

$$Z = (1 \sim 1.1)t_{max} \tag{5.43}$$

式中　Z——凸、凹模的单边间隙；

t_{max}——材料厚度的最大极限尺寸。

对于系数 1~1.1，小值用于末次拉深或精度要求高的零件拉深，大值用于首次和中间各次拉深或精度要求不高的零件拉深。

（2）对于有压料装置的拉深模，其凸、凹模单边间隙可根据材料厚度和拉深次数参考表 5.28 确定。

表 5.28　有压料装置的凸、凹模单边间隙值 Z　　mm

总拉深次数	拉深工序	单边间隙 Z	总拉深次数	拉深工序	单边间隙 Z
1	第一次拉深	$(1\sim1.1)t$	4	第一、二次拉深	$1.2t$
2	第一次拉深	$1.1t$		第三次拉深	$1.1t$
	第二次拉深	$(1\sim1.05)t$		第四次拉深	$(1\sim1.05)t$
3	第一次拉深	$1.2t$	5	第一、二、三次拉深	$1.2t$
	第二次拉深	$1.1t$		第四次拉深	$1.1t$
	第三次拉深	$(1\sim1.05)t$		第五次拉深	$(1\sim1.05)t$

注：① t 为材料厚度，取材料允许偏差的中间值

② 当拉深精度要求较高的零件时，最后一次拉深间隙取 $Z = t$

（3）对于盒形件拉深模，其凸、凹模单边间隙可根据盒形件精度确定，当精度要求较高时，$Z = (0.9 \sim 1.05)t$；当精度要求不高时，$Z = (1.1 \sim 1.3)t$。最后一次拉深取较小值。

另外，由于盒形件拉深时坯料在角部变厚较多，因此圆角部分的间隙应较直边部分的间隙大 $0.1t$。

4. 凸、凹模工作尺寸及公差

拉深件的尺寸和公差是由最后一次拉深模保证的，考虑拉深模的磨损和拉深件的弹性回复，最后一次拉深模的凸、凹模工作尺寸及公差按如下确定：

当拉深件标注外形尺寸时（图 5.55(a)），则

$$D_d = (D_{max} - 0.75\Delta)^{+\delta_d}_{0} \tag{5.44}$$

$$D_p = (D_{max} - 0.75\Delta - 2Z)_{-\delta_p}^{0} \tag{5.45}$$

当拉深件标注内形尺寸时(图 5.55(b)),则

$$d_p = (d_{min} + 0.4\Delta)_{-\delta_p}^{0} \tag{5.46}$$

$$d_d = (d_{min} + 0.4\Delta + 2Z)_{0}^{+\delta_d} \tag{5.47}$$

式中　D_d、d_d——凹模工作尺寸;

D_p、d_p——凸模工作尺寸;

D_{max}、d_{min}——拉深件的最大外形尺寸和最小内形尺寸;

Z——凸、凹模单边间隙;

Δ——拉深件的公差;

δ_p、δ_d——凸、凹模的制造公差,可按 IT6 ~ IT9 级确定,或查表 5.29。

表 5.29　拉深凸、凹模制造公差　mm

材料厚度 t	拉深件直径 d					
	≤20		20 ~ 100		>100	
	δ_d	δ_p	δ_d	δ_p	δ_d	δ_p
≤0.5	0.02	0.01	0.03	0.02	—	—
0.5 ~ 1.5	0.04	0.02	0.05	0.03	0.08	0.05
1.5	0.06	0.04	0.08	0.05	0.10	0.06

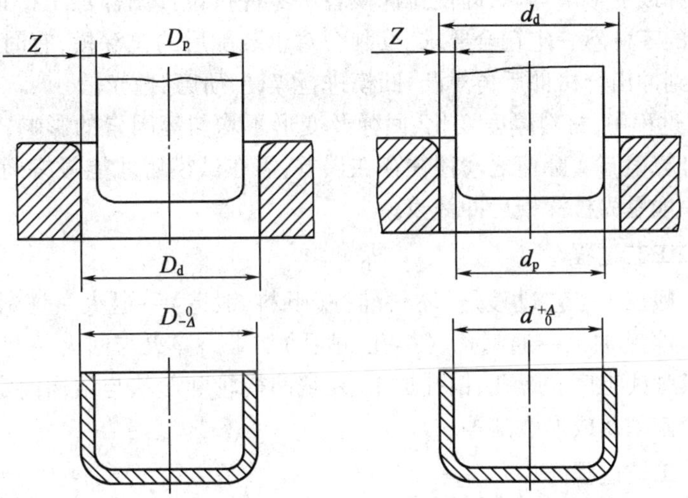

图 5.55　拉深件尺寸与凸、凹模工作尺寸

对于首次和中间各次拉深模,因为工序件尺寸无须严格要求,所以其凸、凹模工作尺寸取相应工序的工序件尺寸即可。若以凹模为基准,则

$$D_d = D_{0}^{+\delta_d} \tag{5.48}$$

$$D_p = (D - 2Z)_{-\delta_p}^{0} \tag{5.49}$$

式中　D——各次拉深工序件的基本尺寸。

5.9.2 拉深模工作零件的制造

1. 拉深模工作零件的加工特点

(1)凸、凹模的断面形状和尺寸精度是选择加工方法的主要依据。对于圆形断面,一般先采用车削加工,经热处理淬硬后再磨削达到图样要求,圆角部分和某些表面还需进行研磨、抛光;对于非圆形断面,一般按画线进行铣削加工,再热处理淬硬后进行研磨或抛光;对于大、中型零件的拉深凸、凹模,必要时先做出样板,然后按样板进行加工。

(2)凸、凹模的圆角半径是一个十分重要的参数,凸模圆角半径通常根据拉深件要求决定,可一次加工而成。而凹模圆半径一般与拉深件尺寸没有直接关系,往往要通过试模修正才能达到较佳的数值,因此凹模圆角的设计值不宜过大,要留有修模时由小变大的余地。

(3)因为拉深凸、凹模的工作表面与坯料之间产生一定的相对滑动,因此其表面粗糙度要求比较高,一般凹模工作表面粗糙度值应达到0.8 μm,凹模圆角处表面粗糙度值应达到0.4 μm;凸模工作表面粗糙度值也应达到0.8 μm,凸模圆角处表面粗糙度值可以大一点,但一般也应达到1.6~0.8 μm。为此,凸、凹模工作表面一般都要进行研磨、抛光。

(4)拉深凸、凹模的工作条件属于磨损型,凹模受径向胀力和摩擦力,凸模受轴向压力和摩擦力,所以凸、凹模材料应具有良好的耐磨性和抗黏附性,热处理后一般凸模的硬度应达到HRC58~62,凹模的硬度应达到HRC60~64。有时还需采用表面化学热处理的方法来提高其抗黏附能力。

(5)拉深凸、凹模的淬硬处理有时可在试模后进行。在拉深工作中,特别是复杂零件的拉深,由于材料的回弹或变形不均匀,即使拉深模各个零件按设计图样加工得很精确,装配得也很好,但拉深出来的零件不一定符合要求。因此,对于装配后的拉深模,有时要进行反复的试冲和修整加工,直到冲出合格件后再对凸、凹模进行淬硬、研磨、抛光。

(6)由于拉深过程中,材料厚度变化、回弹及变形不均匀等因素的影响,复杂拉深件的坯料形状和尺寸的计算值与实际值之间往往存在误差,需在试模后才能最终确定,因此,模具设计与加工的顺序一般是先拉深模后冲裁模。

2. 凸模的加工工艺过程

拉深凸模的一般加工工艺过程是:坯料准备(下料、锻造)→退火→坯料外形加工→(画线)→型面粗加工、半精加工→通气孔、(螺孔、销孔)加工→淬火与回火→型面精加工→研磨或抛光。是否安排画线工序和螺孔、销孔加工,要视凸模轮廓形状与结构而定,非圆断面型面精加工通常有仿形刨削及成形磨削等。

3. 凹模的加工工艺过程

拉深凹模的一般加工工艺过程是:坯料准备(下料、锻造)→退火→坯料外形加工→画线→型孔粗加工、半精加工→螺孔、销孔或穿丝孔加工→淬火与回火→型孔精加工→研磨或抛光。非圆形型孔精加工通常有仿形铣、电火花及线切割等。

5.10 拉深模的装配与调试

拉深模的装配与调试过程基本与弯曲模的相应操作相似,只是由于拉深成形的特点决定了其试模、调整和修模比弯曲模的相应操作更复杂。

在单动压力机上调试拉深模的一般程序如下。

(1)检查压力机的技术状态和模具的安装条件。

压力机的技术状态要完好,对模具安装的条件(如闭合高度、安装槽孔位置、排料等)要完全适应,压力机的吨位和行程要满足拉深的要求。

(2)安装模具。

先将模具上下平面及与之接触的压力机滑块底面和工作台面擦干净,并开动压力机,使滑块上升到上止点,将模具放到压力机工作台面上;检查和调整在上止点时的滑块底面到处在闭合状态的模具上平面的距离,使之大于压力机行程;下降滑块到下止点,调节连杆长度到与处在闭合状态的模具上平面接触,并将上模紧固在滑块上;采用垫片法或样件调整凸、凹模之间的间隙,并调整压料装置,使压料力大小合适后紧固下模;开动压力机空车走几次,检查模具安装的正确性。

(3)试冲与修整。

使用符合图样规定的坯料(钢号、拉深级别、表面质量及厚度等)进行试冲,并根据试冲过程中出现的拉深件缺陷,分析其产生的原因,设法加以修整,直至加工出合格的拉深件。对于形状复杂的拉深件,还要按照拉深深度分阶段进行调整。

拉深模试冲时的常见问题、产生原因及调整方法见表 5.30。

表 5.30　拉深模试冲时的常见问题、产生原因及调整方法

试冲时的常见问题	产生原因	调整方法
拉深件起皱	①没有使用压料圈或压料力太小 ②凸、凹模之间间隙太大或不均匀 ③凹模圆角过大 ④板料太薄或塑性差	①增加压料圈或增大压料力 ②减小拉深间隙值 ③减小凹模圆角半径 ④更换材料
拉深件破裂或有裂纹	①材料太硬,塑性差 ②压料力太大 ③凸、凹模圆角半径太小 ④凹模圆角半径太粗糙,不光滑 ⑤凸、凹模之间间隙不均匀,局部过小 ⑥拉深系数太小,拉深次数太少 ⑦凸模轴线不垂直	①更换材料或将材料退火处理 ②减小压料力 ③加大凸、凹模圆角半径 ④修光凹模圆角半径,越光越好 ⑤调整间隙,使其均匀 ⑥增大拉深系数,增加拉深次数 ⑦重装凸模,保持垂直
拉深件高度不够	①坯料尺寸太小 ②拉深间隙过大 ③凸模圆角半径太小	①放大坯料尺寸 ②更换凹模或凸模,使间隙调整合适 ③增大凸模圆角半径
拉深件高度太大	①坯料尺寸太大 ②拉深间隙过小 ③凸模圆角半径太大	①减小坯料尺寸 ②修整凸模或凹模,使间隙合适 ③减小凸模圆角半径

续表 5.30

试冲时的常见问题	产生原因	调整方法
拉深件壁厚和高度不均	①凸模与凹模不同轴,间隙向一边偏斜 ②定位板或挡料销位置不正确 ③凸模轴线不垂直 ④压料力不均匀 ⑤凹模的几何形状不正确	①重装凸模与凹模,使间隙均匀一致 ②重新调整定位板或挡料销 ③修整凸模后重装 ④调整顶杆长度或弹簧位置 ⑤重新修正凹模
拉深件表面拉毛	①拉深间隙太小或不均匀 ②凹模圆角表面粗糙、不光滑 ③模具或板料表面不清洁,有脏物或砂粒 ④凹模硬度不够,有黏附板料现象 ⑤润滑剂选用不合适	①修整拉深间隙 ②修光凹模圆角半径 ③清洁模具表面和板料 ④提高凹模表面硬度,修光表面,进行镀铬或氮化等处理 ⑤更换润滑剂
拉深件底面不平	①凸模上无通气孔 ②顶件块或压料板未压实 ③材料本身存在弹性	①在凸模上加工出通气孔 ②调整冲模结构,使冲模达到闭合高度时顶出块或压料板将拉深件压实 ③改变凸模、凹模和压料板形状

5.11 拉深模设计与制造实例

拉深图 5.28 所示的带凸缘圆筒形零件,材料为 08 钢,厚度 $t=1$ mm,需大批量生产。试确定拉深工艺,设计拉深模,并确定主要模具零件的加工工艺。

1. 零件的工艺性分析

该零件为带凸缘圆筒形件,要求内形尺寸,材料厚度 $t=1$mm,没有厚度不变的要求;零件的形状简单、对称,底部圆角半径 $r=2$ mm $>t$,凸缘处的圆角半径 $R=2$ mm $=2t$,满足拉深工艺对形状和圆角半径的要求;尺寸 $\phi 20.1^{+0.2}_{0}$ mm 为 IT12 级,其余尺寸为自由公差,满足拉深工艺对精度等级的要求;零件所用材料 08 钢的拉深性能较好,易于拉深成形。

综上所述,该零件的拉深工艺性较好,可用拉深工序加工。

2. 确定工艺方案

为了确定零件的成形工艺方案,先应计算拉深次数及有关工序尺寸。

该零件的拉深次数与工序尺寸计算见例 5.2,其计算结果列于表 5.31。

表 5.31 拉深次数与各次拉深工序件尺寸 mm

拉深次数 n	凸缘直径 d_t	筒体直径 d(内形尺寸)	高度 H	圆角半径	
				R(外形尺寸)	r(内形尺寸)
1	ϕ59.8	ϕ39.5	21.2	5	5
2	ϕ59.8	ϕ30.2	24.8	4	4

续表 5.31

拉深次数 n	凸缘直径 d_t	筒体直径 d（内形尺寸）	高度 H	圆角半径	
				R（外形尺寸）	r（内形尺寸）
3	ϕ59.8	ϕ24	28.7	3	3
4	ϕ59.8	ϕ20.1	32	2	2

根据上述计算结果，本零件需要落料（制成 ϕ79 mm 的坯料）、四次拉深和切边（达到零件要求的凸缘直径 ϕ55.4 mm）共六道冲压工序。考虑该零件的首次拉深高度较小，且坯料直径（ϕ79）与首次拉深后的筒体直径（ϕ39.5）的差值较大，为了提高生产效率，可将坯料的落料与首次拉深复合。因此，该零件的冲压工艺方案为：落料与首次拉深复合→第二次拉深→第三次拉深→第四次拉深→切边。

本例以下仅以第四次拉深为例介绍拉深模设计与主要零件的加工。

3. 拉深力与压料力的计算

（1）拉深力。

拉深力根据式（5.7）计算，由金属材料手册可知 08 钢的强度极限 $\sigma_b = 400$ MPa，由 $m_4 = 0.844$ 查表 5.12 得 $K_2 = 0.70$，则

$$F = K_2 \pi d_4 t \sigma_b = 0.70 \times 3.14 \times 20.1 \times 1 \times 400 = 17\,672(\text{N})$$

（2）压料力。

压料力根据式（5.10）计算，查表 5.13 取 $p = 2.5$ MPa，则

$$F_Y = \pi(d_3^2 - d_4^2)p/4 = 3.14 \times (24^2 - 20.1^2) \times 2.5 \div 4 = 338(\text{N})$$

（3）压力机公称压力。

根据式（5.12）和 $F_\Sigma = F + F_Y$，取 $P \geqslant 1.8F_\Sigma$，则

$$P \geqslant 1.8 \times (17\,672 + 338) = 32\,418(\text{N}) = 32.4\ \text{kN}$$

4. 模具工作部分尺寸的计算

（1）凸、凹模间隙。

由表 5.28 查得凸、凹模的单边间隙为 $Z = (1 \sim 1.05)t$，取 $Z = 1.05\,t = 1.05 \times 1 = 1.05$(mm)。

（2）凸、凹模圆角半径。

因是最后一次拉深，故凸、凹模圆角半径应与拉深件相应圆角半径一致，故凸模圆角半径 $r_p = 2$ mm，凹模圆角半径 $r_d = 2$ mm。

（3）凸、凹模工作尺寸及公差。

由于工件要求内形尺寸，故凸、凹模工作尺寸及公差分别按式（5.46）和式（5.47）计算。查表 5.29，取 $\delta_p = 0.02$，$\delta_d = 0.04$，则

$$d_p = (d_{min} + 0.4\Delta)_{-\delta_p}^{\ 0} = (20.1 + 0.4 \times 0.2)_{-0.02}^{\ 0} = 20.18_{-0.02}^{\ 0}(\text{mm})$$

$$\begin{aligned} d_d &= (d_{min} + 0.4\Delta + 2Z)_{\ 0}^{+\delta_d} \\ &= (20.1 + 0.4 \times 0.2 + 2 \times 1.05)_{\ 0}^{+0.04} = 22.28_{\ 0}^{+0.04}(\text{mm}) \end{aligned}$$

（4）凸模通气孔。

根据凸模直径大小，取通气孔直径为 ϕ5 mm。

5. 模具的总体设计

拉深模总装图如图 5.56 所示。因为压料力不大（$F_Y = 338$ N），故在单动压力机上拉深。

本模具采用倒装式结构，凹模 11 固定在模柄 7 上，凸模 13 通过固定板 15 固定在下模座 3 上。由上道工序拉深的工序件套在压料圈 14 上定位，拉深结束后，由推件块 12 将卡在凹模内的工件推出。

6. 压力机选择

根据公称压力 $P \geqslant 32.4$ kN，滑块行程 $S \geqslant 2h_{工件} = 2 \times 32 = 64$(mm)及模具闭合高度 $H = 188$ mm，查表 1.2，确定选择型号为 JC23—35 的压力机。

7. 模具主要零件设计

根据模具总装图结构、拉深工作要求及前述模具工作部分的计算，设计出的拉深凸模、拉深凹模及压料圈分别如图 5.57、图 5.58 和图 5.59 所示。

8. 模具主要零件的加工工艺过程

这里仅以拉深凸模和拉深凹模为例，其加工工艺过程分别见表 5.32 和表 5.33。

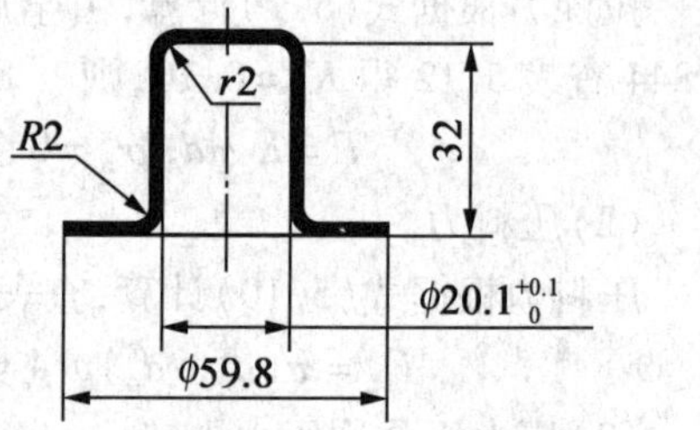

工件图

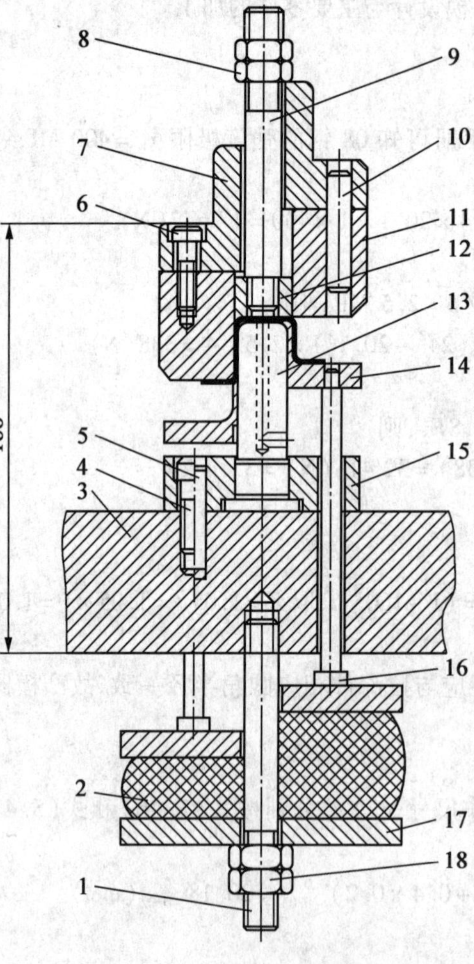

图 5.56 拉深模总装图

1—螺杆；2—橡胶；3—下模座；4,6—螺钉；5,10—销钉；7—模柄；8,18—螺母；9—打杆；11—凹模；12—推件块；13—凸模；14—压料圈；15—固定板；16—顶杆；17—托板

表 5.32　拉深凸模的加工工艺过程

工序号	工序名称	工序内容	设备
1	备料	将毛坯锻成 $\phi35$ mm × 92 mm 的圆料	
2	热处理	退火	
3	车削	车两端面，保持长度 88 mm，钻中心孔。	车床
4	车削	车外圆、圆角、切槽，钻 $\phi5$ mm 轴向通气孔（深 60 mm），$\phi20.18_{-0.02}^{0}$ m 及 $\phi22_{+0.015}^{+0.028}$ m，留单面磨量 0.2 ~ 0.3 mm	车床
5	钳工	钻 $\phi5$ mm 径向通气孔（深 11 mm），去毛刺	钻床
6	热处理	淬火、回火，保证 58 ~ 62HRC	
7	钳工	研中心孔	车床
8	磨外圆	磨 $\phi22_{+0.015}^{+0.028}$ mm 及其端面到尺寸，磨 $\phi20.18_{-0.02}^{0}$ mm，留研磨量 0.01 mm，并保证同轴度公差要求。	外圆磨床
9	平磨	磨 $\phi20.18_{-0.02}^{0}$ mm 尺寸的端面	平面磨床
10	钳工	研磨 $\phi20.18_{-0.02}^{0}$ mm 使其达到要求，抛光 $R2$ 圆角	车床
11	检验		

表 5.33　拉深凹模的加工工艺过程

工序号	工序名称	工序内容	设备
1	备料	将毛坯锻成 $\phi90$ mm × 56 mm 的圆料	
2	热处理	退火	
3	车削	车外圆、端面、倒角、内孔及圆角，$\phi22.28_{0}^{+0.04}$ mm，留单面磨量 0.2 ~ 0.3 mm	车床
4	钳工	画线	
5	钳工	钻攻 3 - M10 mm，钻铰 2 - $\phi10_{0}^{+0.015}$，去毛刺	钻床
6	热处理	淬火、回火，保证硬度为 HRC60 ~ 64	
7	磨平面	磨上、下面见光，保证平行度公差要求	平面磨床
8	磨内孔	磨 $\phi22.28_{0}^{+0.04}$ mm 内孔，留研磨量 0.01 mm	内圆磨床
9	研磨	研磨 $\phi22.28_{0}^{+0.04}$ mm 使其达到要求，抛光 $R2$ 圆角	车床
10	检验		

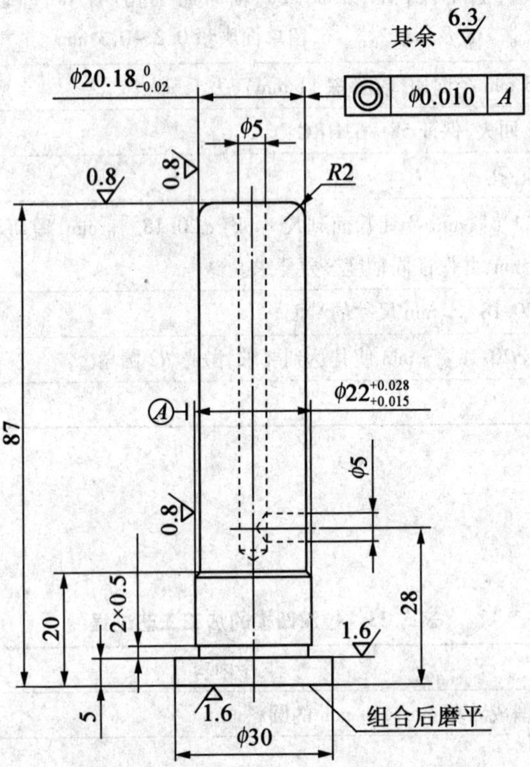

图 5.57　拉深凸模

（材料为 T10A；热处理后硬度为 HRC58～62）

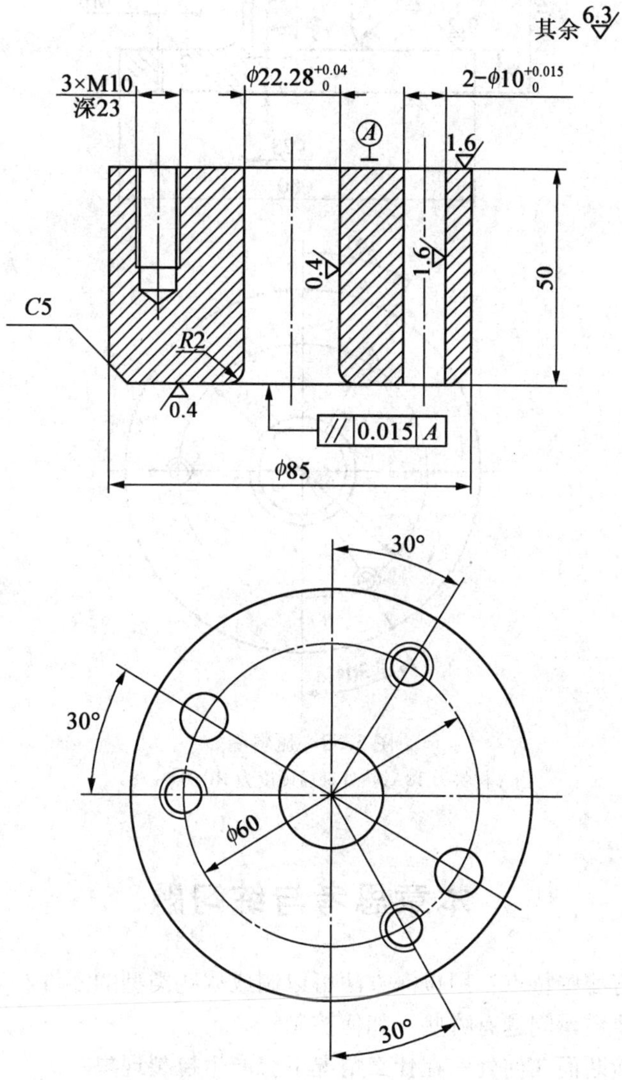

图 5.58　拉深凹模

（材料为 T10A；热处理后硬度为 HRC60～64）

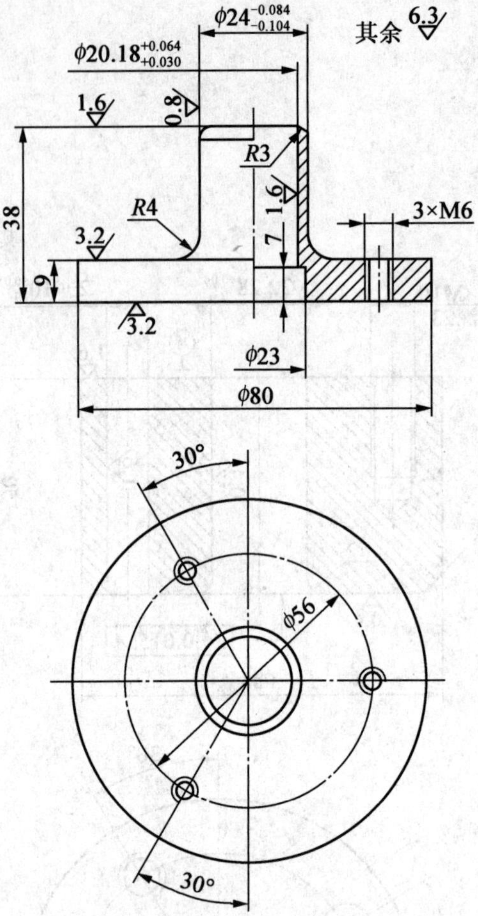

图 5.59　压料圈
（材料为 T8A；热处理后硬度为 HRC54～58）

本章思考与练习题

1. 拉深变形具有哪些特点？用拉深方法可以制成哪些类型的零件？

2. 拉深件的主要质量问题有哪些？如何控制？

3. 拉深件的危险断面在何处？在什么情况下会产生拉裂现象？

4. 何谓圆筒形件的拉深系数？影响拉深系数的因素主要有哪些？

5. 拉深件的坯料尺寸计算应遵循哪些原则？

5. 带凸缘圆筒形件需多次拉深时的拉深方法有哪些？为什么首次拉深时就应使凸缘直径与零件凸缘直径（加切边余量）相同？

6. 带凸缘圆筒形件的拉深系数越大，是否说明其变形程度也越大？为什么？

7. 在什么情况下，弹性压料装置中应设置限位柱？

8. 盒形件拉深有什么特点？为什么说在同等截面周长的情况下盒形件比圆筒形件的拉深变形要容易？

9. 拉深过程中润滑的目的是什么？哪些部位需要润滑？

10. 以后各次拉深模与首次拉深模主要有哪些不同？为何在单动压力机上使用的以后各次拉深模常常采用倒装式结构？

11. 图 5.60 所示为一个拉深件及其首次拉深的不完整模具结构图，拉深件的材料为 08F 钢，厚度 $t=1$ mm。试完成以下内容：

(1) 计算拉深件的坯料尺寸、拉深次数及各次拉深工序件的工序尺寸。

(2) 指出模具结构图中所缺少的零部件，并在原图中补画出来。

(3) 说明模具的工作原理。

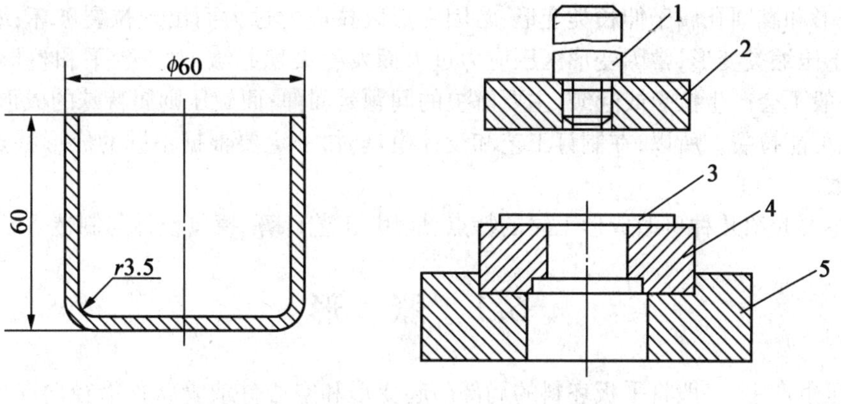

图 5.60　题 11 图

1—模柄；2—上模座；3—坯料；4—凹模；5—下模座

12. 拉深图 5.61 所示零件，材料为 10 钢，厚度 $t=2$ mm，需大批量生产。完成以下工作内容：

(1) 分析零件的工艺性。

(2) 计算零件的拉深次数及各次拉深工序件的尺寸。

(3) 计算各次拉深时的拉深力与压料力。

(4) 绘制最后一次拉深时的拉深模结构草图。

(5) 确定最后一次拉深模的凸、凹模工作部分尺寸，绘制凸、凹模零件图。

(6) 编制凸、凹模零件的加工工艺过程。

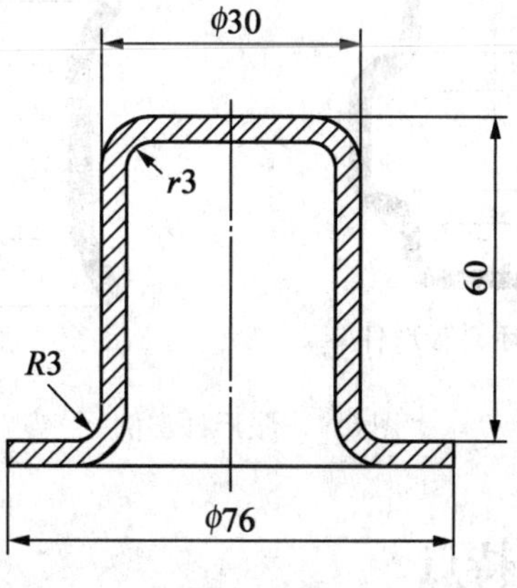

图 5.61　题 12 图

第 6 章　成形模设计与制造

成形是指用各种局部变形的方法来改变坯料或工序件形状的加工方法,包括胀形、翻孔、翻边、缩口、校平、整形及旋压等冲压工序。从变形特点来看,它们的共同点均属局部变形,区别在于:胀形和翻圆孔属于伸长类变形,常因变形区拉应力过大而出现拉裂破坏;缩口和外缘翻凸边属于压缩类变形,常因变形区压应力过大而发生失稳起皱;对于校平和整形,由于变形量不大,一般不会产生拉裂或起皱,主要解决的问题是回弹;而旋压则属特殊的成形方法,既可能起皱,也可能拉裂。所以,在制订工艺和设计模具时,一定要根据不同的成形特点确定合理的工艺参数。

本章主要介绍几种典型成形工序的特点、应用、工艺计算、模具设计与制造等基本知识。

6.1　胀　形

在冲压生产中,一般将平板坯料的局部凸起变形和空心件或管状件沿径向向外扩张的成形工序统称为胀形,图 6.1 所示为几种胀形件的实例。

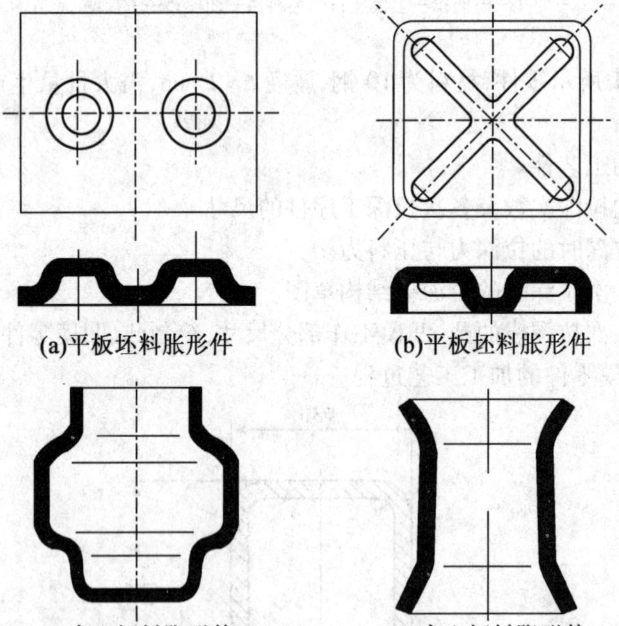

图 6.1　胀形件实例

6.1.1　胀形的变形特点

图 6.2 所示为胀形时坯料的变形情况,由于坯料的外形尺寸较大,平面部分又被压料圈压住,所以坯料的变形区是图中的阴影部分。在凸模的作用下,变形区大部分材料受双向拉应力

作用而变形,其厚度变薄、表面积增大,形成一个凸起。由于胀形变形区内金属处于双向受拉的应力状态,因而其成形极限受到拉裂的限制。材料的塑性越好,硬化指数 n 值越大,可能达到的极限变形程度就越大。在一般情况下,胀形变形区内金属不会发生失稳起皱,其表面光滑、质量好。同时,由于变形区材料截面上拉应力沿厚度方向的分布比较均匀,所以卸载后的回弹很小,容易得到尺寸精度较高的零件。

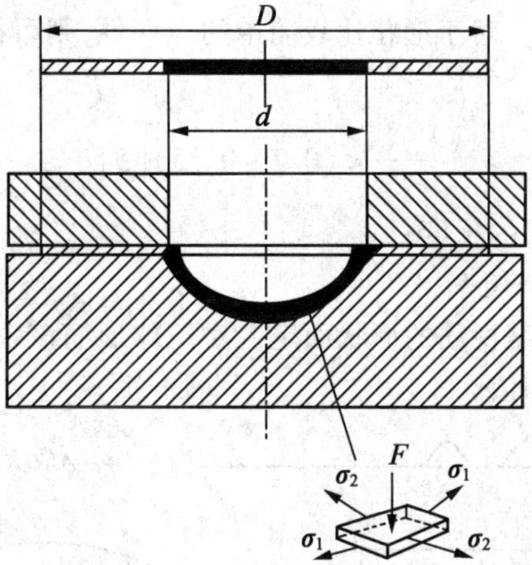

图6.2 胀形时坯料的变形情况

6.1.2 平板坯料的胀形

平板坯料的胀形又称为起伏成形,主要用于增加零件的刚度、强度和美观,如压制加强筋、凸包、凹坑、花纹图案及标记等。图6.3 所示为一些平板坯料胀形实例。

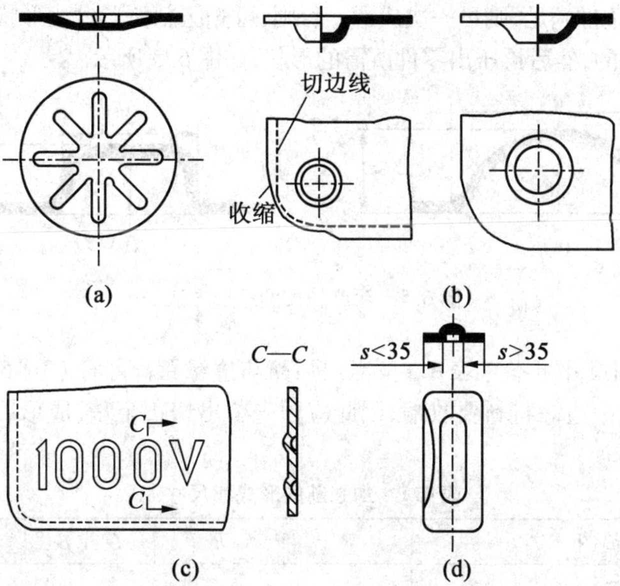

图6.3 平板坯料胀形实例

(a),(b)—平板坯料胀形件;(c),(d)—空心坯料胀形件

1. 压筋成形

压筋成形就是在平板坯料上压出加强筋。由于压筋后零件惯性矩的改变和材料加工后的硬化,能够有效地提高零件的刚度和强度,因此压筋成形在生产中应用广泛。

压筋成形的极限变形程度主要受到材料的性能、筋的几何形状、模具结构及润滑等因素的影响。对于形状较复杂的压筋件,成形时应力应变分布比较复杂,其危险部位和极限变形程度一般要通过试验的方法确定。对于形状比较简单的压筋件,则可按下式近似地确定其极限变形程度(图6.4):

$$\frac{l-l_0}{l}<(0.7\sim0.75)[\delta] \tag{6.1}$$

式中　l、l_0——材料变形前后的长度;

$[\delta]$——材料的断后伸长率;

0.7~0.75——系数,需视筋的形状而定。对于球形筋该系数取大值,对于梯形筋该系数取小值。

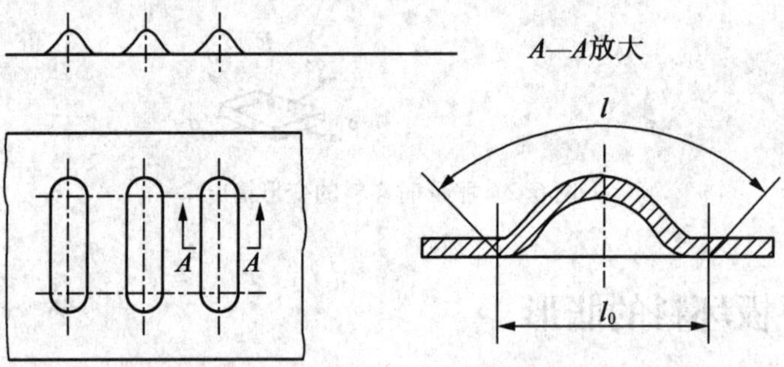

图6.4　平板坯料胀形前后的长度

如果式(6.1)的条件满足,则可一次成形。否则,可先压制弧形过渡形状,达到在较大范围内聚料和均匀变形的目的,然后再压出零件所需的形状,如图6.5所示。

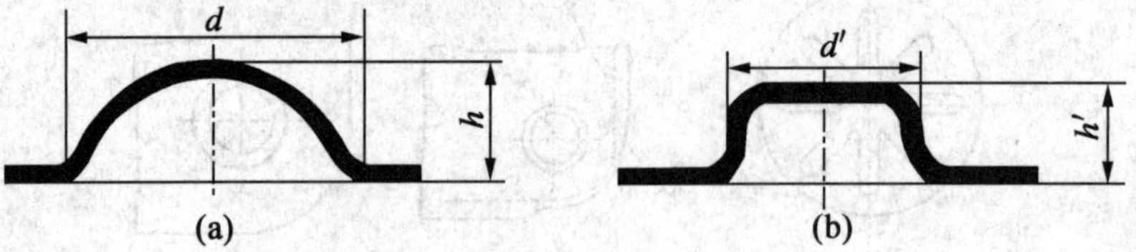

图6.5　深度较大的胀形方法

加强筋的形式和尺寸可参考表6.1。当加强筋与边缘距离小于$(3\sim5)t$时(图6.3(b)和(d)),由于成形过程中边缘材料要收缩,因此应预先留出切边余量,成形后再切除。

表6.1　加强筋的形式和尺寸

名称	简图	R	h	D或B	r	α
压筋	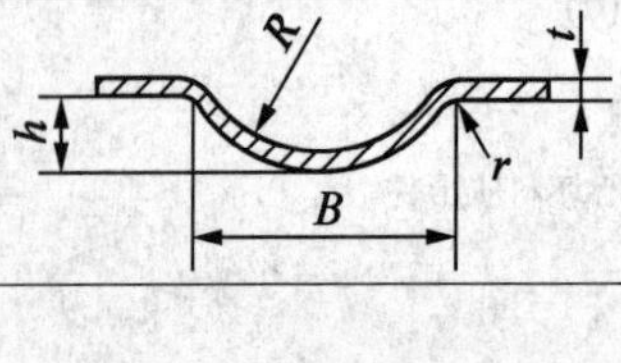	$(3\sim4)t$	$(2\sim3)t$	$(7\sim10)t$	$(1\sim2)t$	—

续表 6.1

名称	简图	R	h	D 或 B	r	a
压凸	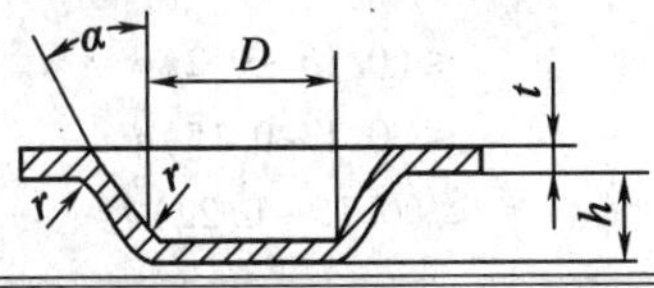	—	(1.5 ~ 2)t	≥3h	(0.5 ~ 1.5)t	15° ~ 30°

简图	D/mm	L/mm	l/mm
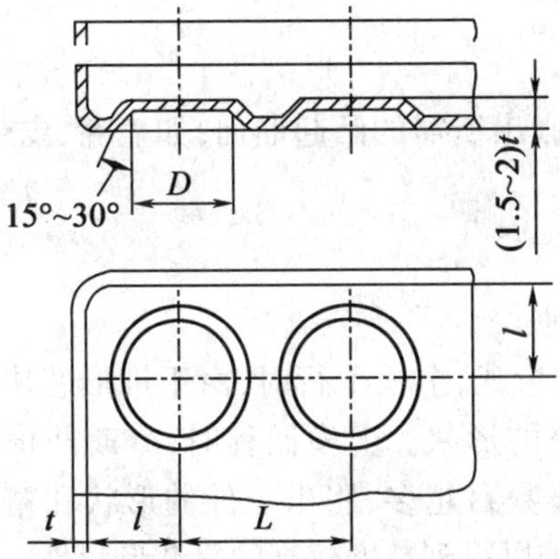	6.5	10	6
	8.5	13	7.5
	10.5	15	9
	13	18	11
	15	22	13
	18	26	16
	24	34	20
	31	44	26
	36	51	30
	43	60	35
	48	68	40
	55	78	45

压制加强筋时,所需的冲压力可用下式估算:

$$F = KLt\sigma_b \tag{6.2}$$

式中　L——加强筋的周长,mm;

t——材料厚度,mm;

σ_b——材料的抗拉强度,MPa;

K——系数,一般 $K=0.7 \sim 1.0$(加强筋形状窄而深时取大值,宽而浅时取小值)。

在曲轴压力机上对厚度小于 1.5 mm、面积小于 2 000 mm^2 的薄料小件进行压筋成形时,所需冲压力可用下式估算:

$$F = KAt^2 \tag{6.3}$$

式中　F——胀形冲压力,N;

A——胀形面积,mm^2;

t——材料厚度,mm;

K——系数,对于钢 $K=200 \sim 300$,对于黄铜 $K=150 \sim 200$。

2. 压凸包

在平板坯料上压制凸包时,有效坯料直径与凸包直径的比值(D/d)应大于 4 ,此时坯料凸缘区是相对的强区,不会向内收缩,属于胀形性质的起伏成形,否则便成为拉深成形。

压制凸包时,凸包的高度因受材料塑性的限制不能太大,表 6.2 列出了平板坯料压凸包时的许用成形高度。凸包成形高度还与凸模形状及润滑条件有关,球形凸模较平底凸模成形高度大,润滑条件较好时成形高度也较大。

表 6.2 平板坯料压凸包时的许用成形高度

简图	材料	许用凸包成形高度 h/mm
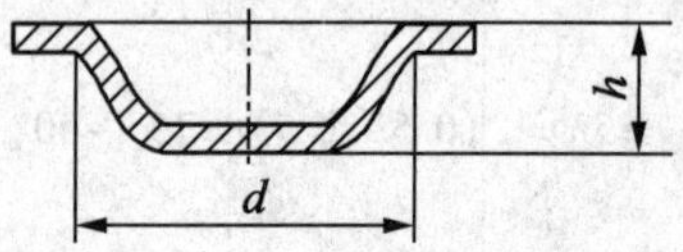	软钢	$\leqslant (0.15 \sim 0.2) d$
	铝	$\leqslant (0.1 \sim 0.15) d$
	黄铜	$\leqslant (0.15 \sim 0.22) d$

6.1.3 空心坯料的胀形

空心坯料的胀形俗称凸肚，它使材料沿径向拉伸，胀出所需的凸起曲面，如壶嘴、皮带轮、波纹管及各种接头等。

1. 胀形方法

胀形方法一般分为刚性凸模胀形和软凸模胀形两种。

图 6.6 所示为刚性凸模胀形，凸模做成分瓣式结构形式，上模下行时，由于锥形芯块 2 的作用，使分瓣凸模 1 向四周顶开，从而将坯料胀出所需的形状。上模回程时，分瓣凸模在顶杆 4和拉簧 5 的作用下复位，便可取出工件。凸模分瓣数目越多，胀出工件的形状和精度越好。这种胀形方法的缺点是模具结构复杂、成本高，且难以得到精度较高的复杂形状件。

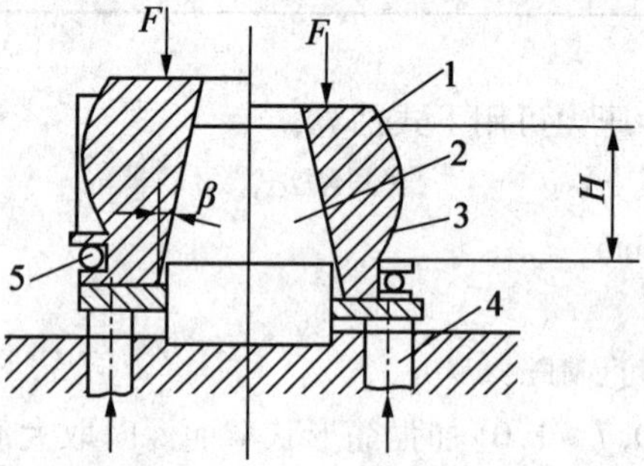

图 6.6 刚性凸模胀形

1—分瓣凸模；2—锥形芯块；3—工件；4—顶杆；5—拉簧

图 6.7 所示为软凸模胀形，其原理是利用橡胶、液体、气体及钢丸等代替刚性凸模。橡胶胀形如图 6.7(a)所示，橡胶 3 作为胀形凸模，胀形时，橡胶在柱塞 1 的压力作用下发生变形，从而使坯料沿分块凹模 2 内壁胀出所需的形状。橡胶胀形的模具结构简单，坯料变形均匀，能成形形状复杂的零件，所以在生产中广泛应用。图 6.7(b)所示为液压胀形，液体 5 作为胀形凸模，上模下行时斜楔 4 先使分块凹模 2 合拢，然后柱塞 1 的压力传给液体，凹模内的坯料在高压液体的作用下直径胀大，最终紧贴凹模内壁成形。液压胀形可加工大型零件，零件表面质量较好。

图 6.8 所示为采用轴向压缩和高压液体联合作用的胀形方法。首先将管坯置于下模，然后将上模压下，再使两端的轴头压紧管坯端部，继而从两轴头孔内通入高压液体，管坯在高压液体和轴向压缩力的共同作用下发生胀形而获得所需零件。使用这种方法可以加工出高精度的零件，如高压管接头、自行车管接头等。

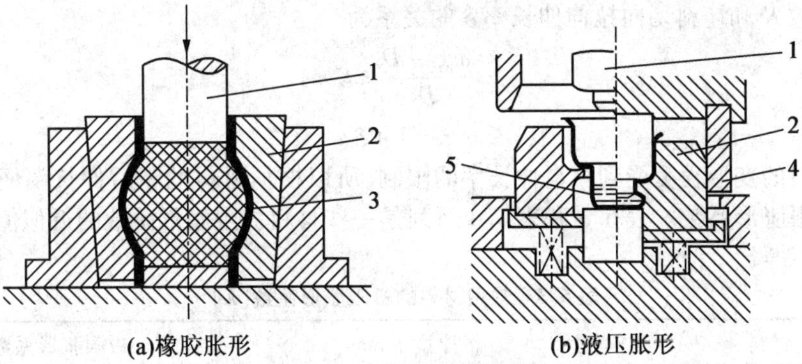

图 6.7　软凸模胀形

1—柱塞;2—分块凹模;3—橡胶;4—斜楔;5—液体

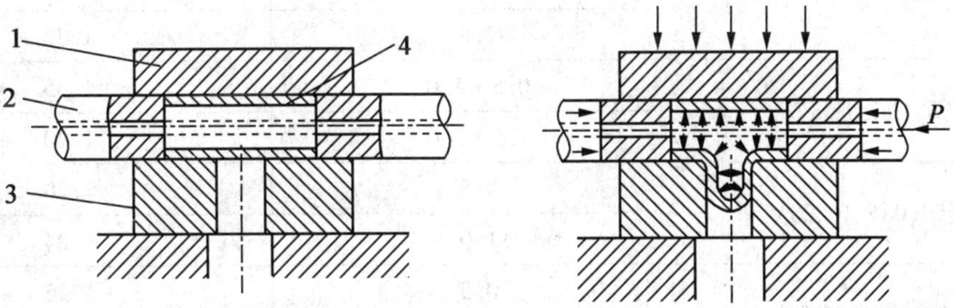

图 6.8　采用轴向压缩和高压液体联合作用的胀形方法

1—上模;2—轴头;3—下模;4—管坯

2. 胀形变形程度

空心坯料胀形时,材料切向受拉应力作用产生拉伸变形,其极限变形程度用胀形系数 K 表示(图 6.9):

$$K = \frac{d_{max}}{D} \tag{6.4}$$

式中　d_{max}——胀形后零件的最大直径,mm;

D——空心坯料的原始直径,mm。

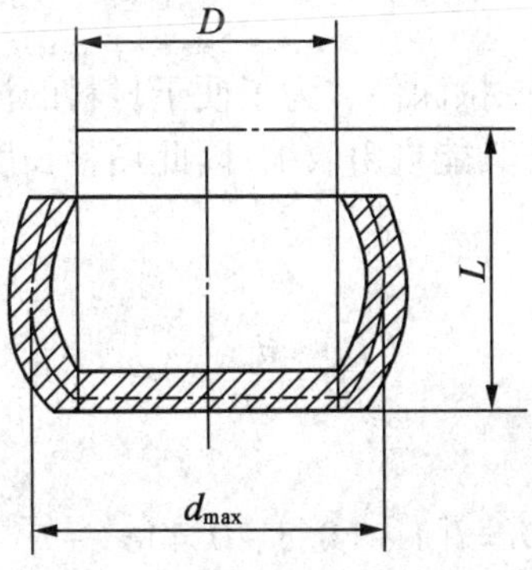

图 6.9　空心坯料胀形尺寸

胀形系数 K 和坯料切向拉伸伸长率 δ 的关系为

$$\delta = \frac{d_{max} - D}{D} = K - 1$$

或

$$K = 1 + \delta \tag{6.5}$$

由于坯料的变形程度受到材料伸长率的限制，所以根据材料的断后伸长率便可按上式求出相应的极限胀形系数。表 6.3 和表 6.4 所列是一些材料极限胀形系数的近似值，可供参考。

表 6.3 常用材料的极限胀形系数[K]

材料	厚度 t/mm	极限胀形系数[K]
铝合金（LF21 - M）	0.5	1.25
纯铝（L1 ~ L6）	1.0	1.28
	1.5	1.32
	2.0	1.32
黄铜（H62、H68）	0.5 ~ 1.0	1.35
	1.5 ~ 2.0	1.40
低碳钢（08F、10、20）	0.5	1.20
	1.0	1.24
不锈钢（1Cr18Ni9Ti）	0.5	1.26
	1.0	1.28

表 6.4 铝管坯料的试验极限胀形系数

胀形方法	极限胀形系数[K]
用橡胶的简单胀形	1.2 ~ 1.25
用橡胶并对坯料轴向加压的胀形	1.6 ~ 1.7
局部加热至 200 ~ 250 ℃	2.0 ~ 2.1
加热至 380 ℃使锥形凸模的端部胀形	约 3.0

3. 胀形坯料的计算

空心坯料一般采用空心管坯或拉深件。为了便于材料的流动，减小变形区材料的变薄量，胀形时坯料端部一般不予固定，使其能自由收缩，因此坯料长度要考虑增加一个收缩量并留出切边余量。

由图 6.9 可知，坯料直径为

$$D = \frac{d_{max}}{K} \tag{6.6}$$

坯料长度为

$$L = l[1 + (0.3 \sim 0.4)\delta] + b \tag{6.7}$$

式中 l——变形区母线的长度，mm；

δ——坯料切向拉伸的伸长率；

b——切边余量，一般取 $b = 5 \sim 15$ mm；

0.3 ~0.4——切向伸长而引起高度减小所需的系数。

4. 胀形力的计算

空心坯料胀形时,所需的胀形力 F 可按下式计算:

$$F = pA \tag{6.8}$$

式中　p——胀形时所需的单位面积压力,MPa;

A——胀形面积,mm^2。

胀形时所需的单位面积压力 p 可用下式近似计算:

$$p = 1.15\sigma_b \frac{2t}{d_{max}} \tag{6.9}$$

式中　σ_b——材料的抗拉强度,MPa;

d_{max}——胀形最大直径,mm;

t——材料的原始厚度,mm。

6.1.4　胀形模结构与设计要点

1. 胀形模结构

图 6.10 所示为分瓣式刚性凸模胀形模,工序件由下凹模 7 及分瓣凸模 2 定位,当上凹模 1 下行时,将迫使分瓣凸模沿锥形芯块 3 下滑的同时向外胀开,在下止点处完成对工序件的胀形。上模回程时,弹顶器(图中未画出)通过顶杆 6 和顶板 5 将分瓣凸模连同工件一起顶起。由于分瓣凸模在拉簧 4 的作用下始终紧贴锥形芯块,顶起过程中分瓣凸模直径逐渐减小,因此至上止点时能将已胀形的工件顺利地从分瓣凸模上取下。

图 6.11 所示为橡胶软凸模胀形模,工序件 1 在托板 5 和定位圈 6 上定位,上模下行时,凹模 4 压下由弹顶器或气垫支撑的托板 5,托板向下挤压橡胶凸模 2,将工序件胀出凸筋。上模回程时,托板和橡胶凸模复位,并将工件顶起。如果工件卡在凹模内,可由推件板 3 推出。

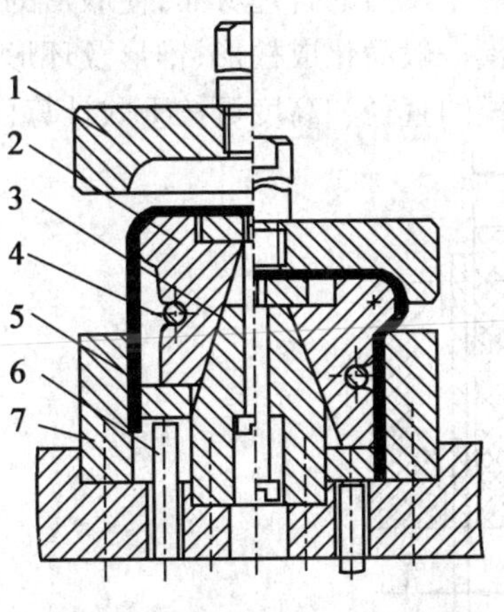

图 6.10　分瓣式刚性凸模胀形模

1—上凹模;2—分瓣凸模;3—锥形芯块;4—拉簧;5—顶板;6—顶杆;7—下凹模

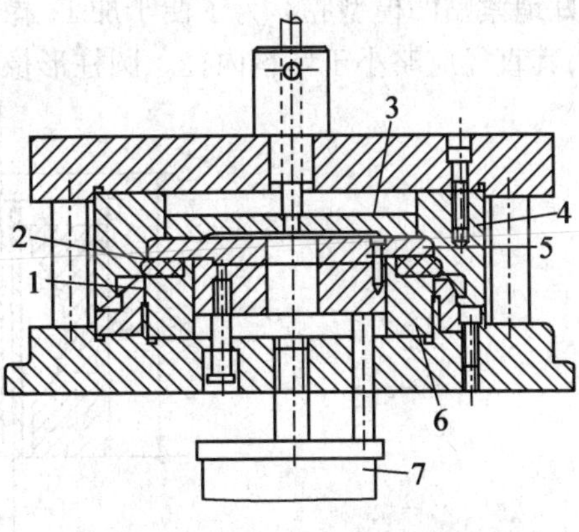

图 6.11　橡胶软凸模胀形模

1—工序件;2—橡胶凸模;3—推件板;4—凹模;5—托板;6—定位圈;7—气垫

图 6.12 所示为自行车中接头橡胶胀形模,空心坯料在分块凹模 2 内定位,胀形时,上、下冲头 1 和 4 一起挤压橡胶及坯料,使坯料与凹模型腔紧密贴合而完成胀形。胀形完成以后,先取下模套 3,再撬开分块凹模便可取出工件。该中接头经胀形以后,还需经过冲孔和翻孔等工

序才能最后成形。

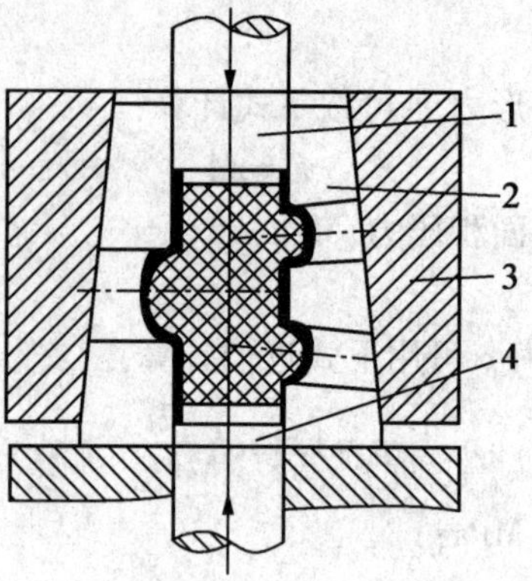

图 6.12　自行车中接头橡胶胀形模

1,4—冲头;2—分块凹模;3—模套

2. 胀形模设计要点

胀形模的凹模一般采用钢、铸铁、锌基合金、环氧树脂等材料制造,其结构有整体式和分块式两类。整体式凹模工作时承受较大的压力,必须要有足够的强度。增加凹模强度的方法是采用加强筋,也可以在凹模外面套上模套,凹模和模套间采用过盈配合,构成预应力组合凹模,这比单纯增加凹模壁厚更有效。

分块式胀形凹模必须根据胀形零件的形状合理选择分模面,分块数应尽量少。在模具闭合状态下,分模面应紧密贴合,形成完整的凹模型腔,在拼缝处不应有间隙和不平。分模块用整体模套固紧并采用圆锥面配合,其锥角应小于自锁角,一般取 $\alpha=5°\sim10°$ 为宜。为了防止模块之间错位,模块之间应有定位销连接。

橡胶胀形凸模的结构尺寸需设计合理。由于橡胶凸模一般在封闭状态下工作,其形状和尺寸不仅要保证能使其顺利进入空心坯料,还要有利于压力的合理分布,使胀形的零件各部位都能很好地紧贴凹模型腔。为了便于加工,橡胶凸模一般简化成柱形、锥形及环形等简单的几何形状,其直径应略小于坯料内径。圆柱形橡胶凸模的直径和高度可按下式计算(图 6.13):

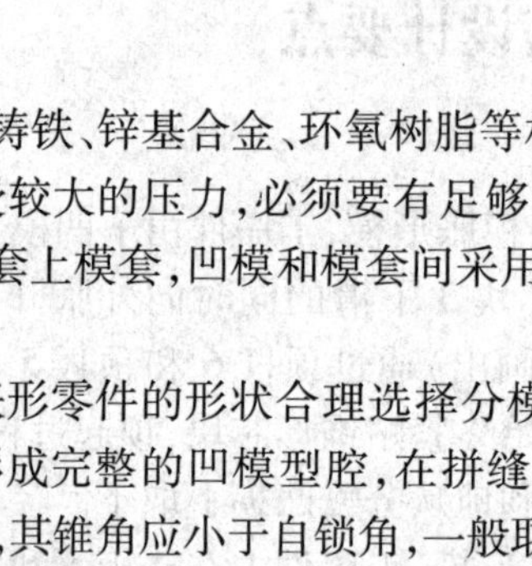

图 6.13　圆柱形橡胶凸模的尺寸确定

$$d=0.895D \tag{6.10}$$

$$h_1=K\frac{LD^2}{d^2} \tag{6.11}$$

式中　d——橡胶凸模的直径,mm;

D——空心坯料内径,mm;

h_1——橡胶凸模高度,mm;

L——空心坯料长度,mm;

K——考虑橡胶凸模压缩后体积缩小和提高变形力的系数,一般取 $K = 1.1 \sim 1.2$。

6.1.5　胀形模设计实例

图 6.14 所示为罩盖胀形件,材料为 10 钢,材料厚度为 0.5 mm,中批量生产,试设计胀形模。

1. 工艺分析

由零件形状可知,其侧壁是由空心坯料胀形而成,底部凸包是由平板坯料胀形而成,实质为两种胀形同时成形。

2. 胀形工艺计算

(1)底部平板坯料胀形的计算。

查表 6.2 得该零件底部凸包胀形的许用成形高度为

$$h = (0.15 \sim 0.2)d = 2.25 \sim 3(\text{mm})$$

此值大于零件底部凸包的实际高度,所以可一次胀形成形。

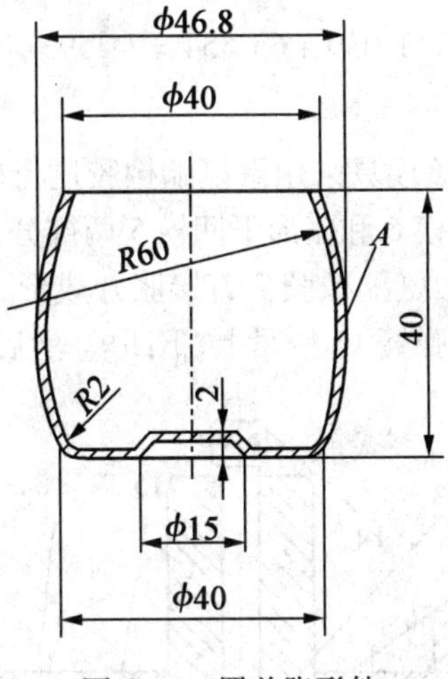

图 6.14　罩盖胀形件

胀形力由式(6.3)计算(取 $K = 250$):

$$F_1 = KAt^2 = 250 \times \frac{\pi}{4} \times 15^2 \times 0.5^2 = 11\ 039(\text{N})$$

(2)侧壁胀形的计算。

已知 $D = 40$ mm,$d_{max} = 46.8$ mm,由式(6.4)算得零件侧壁的胀形系数为

$$K = \frac{d_{max}}{D} = \frac{46.8}{40} = 1.17$$

查表 6.3 得极限胀形系数 $[K] = 1.20$,该零件的胀形系数小于极限胀形系数,故侧壁可一次胀形成形。

零件胀形前的坯料长度 L 由式(6.7)计算:

$$L = l[1 + (0.3 \sim 0.4)\delta] + b$$

式中　δ——坯料伸长率,其值为 $\delta = \dfrac{d_{max} - D}{D} = \dfrac{46.8 - 40}{40} = 0.17$;

l——零件胀形部位母线长度，即图 6.14 中 A 所指的 $R60$ mm 一段圆弧的长，由几何关系可以算出 $l=40.8$ mm；

b——切边余量，取 $b=3$ mm。则

$$L=40.8\times[1+(0.3\sim0.4)\times0.17]+3$$
$$=40.8\times(1+0.35\times0.17)+3=46.23(\text{mm})$$

取整数 $L=46$ mm。

橡胶胀形凸模的直径及高度分别由式(6.10)和式(6.11)计算：

$$d=0.895D=0.895\times(40-1)\approx35(\text{mm})$$

$$h_1=K\frac{LD^2}{d^2}=1.1\times\frac{46\times39^2}{35^2}\approx63(\text{mm})$$

侧壁的胀形力近似按两端不固定的形式计算，$\sigma_b=430$ MPa，由式(6.9)得单位胀形力 p 为

$$p=1.15\sigma_b\frac{2t}{d_{max}}=1.15\times430\times\frac{2\times0.5}{46.8}=10.6(\text{MPa})$$

故胀形力为

$$F_2=pA=p\pi d_{max}l=10.6\times\pi\times46.8\times40.8=63\ 554(\text{N})$$

总胀形力为

$$F=F_1+F_2=11\ 039+63\ 554=74\ 593(\text{N})\approx75(\text{kN})$$

3. 模具结构设计

图 6.15 所示为罩盖胀形模，该模具采用聚氨酯橡胶进行软模胀形，为了使工件在胀形后便于取出，将胀形凹模分成胀形上凹模 6 和胀形下凹模 5 两部分，上、下凹模之间通过止口定位，单边间隙取 0.05 mm。工件侧壁靠聚氨酯橡胶 7 直接胀开成形，底部由橡胶通过压包凹模 4 和压包凸模 3 成形。上模下行时，先由弹簧 13 压紧上、下凹模，然后上固定板 9 压紧橡胶进行胀形。

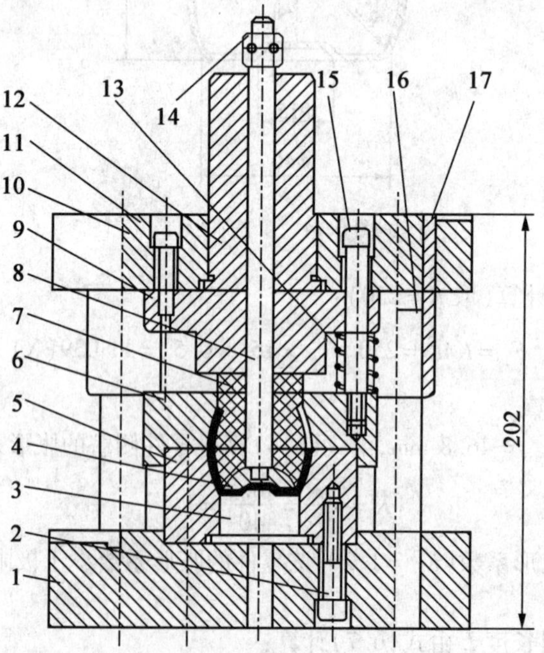

图 6.15 罩盖胀形模

1—下模座；2，11—螺钉；3—压包凸模；4—压包凹模；5—胀形下凹模；6—胀形上凹模；7—聚氨酯橡胶；8—拉杆；9—上固定板；10—上模座；12—模柄；13—弹簧；14—螺母；15—阶形螺钉；16—导柱；17—导套

4. 压力机的选用

虽然总胀形力不大(75 kN),但由于模具的闭合高度较大(202 mm),故压力机的选用应以模具尺寸为依据。查表1.2,选用型号为J23—25的开式双柱可倾压力机,其公称压力为250 kN,最大装模高度为220 mm。

6.2　翻孔与翻边

6.2.1　翻孔

翻孔是在预先制好孔的工序件上沿孔边缘翻起竖立直边的成形方法;翻边是在坯料的外边缘沿一定曲线翻起竖立直边的成形方法。利用翻孔和翻边可以加工各种具有良好刚度的立体零件(如自行车中接头、汽车门外板等),还能在冲压件上加工出与其他零件装配的部位(如铆钉孔、螺纹底孔及轴承座等)。因此,翻孔和翻边也是冲压生产中常用的工序之一。图6.16所示为几种翻孔与翻边零件实例。

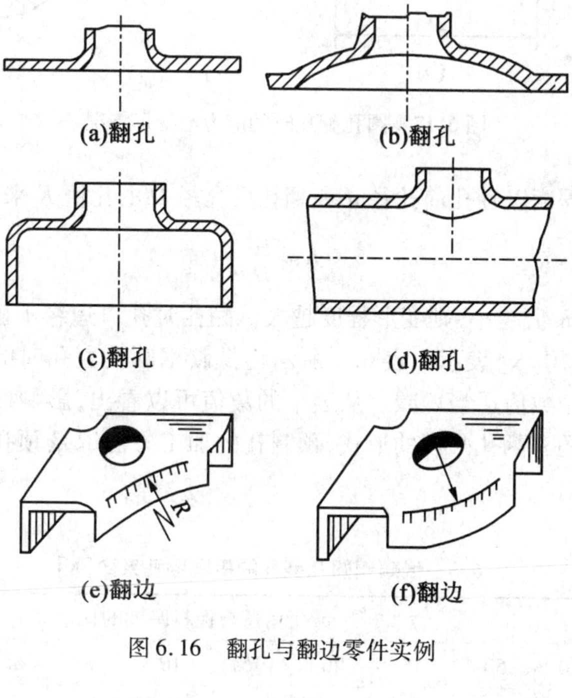

图6.16　翻孔与翻边零件实例

1. 圆孔翻孔

(1)翻孔的变形程度与变形特点。

如图6.17所示,设翻孔前坯料孔径为d,翻孔后的直径为D。翻孔时,在凸、凹模作用下d不断扩大,凸模下面的材料向侧面转移,最后使平面环形变成竖立的直边。变形区是内径d和外径D之间的环形部分。

为了分析圆孔翻孔的变形情况,同样可采用网格试验法。从图6.17所示的坐标网格变化可以看出:变形区坐标网格由扇形变为矩形,说明变形区材料沿切向伸长,越靠近孔口伸长越大;同心圆之间的距离变化不明显,说明其径向变形量很小。另外,竖边的壁厚有所减小,尤其在孔口处减薄更为严重。由此不难分析,圆孔翻孔的变形区主要受切向拉应力作用并产生切向伸长形变,在孔口处拉应力和拉应变达到最大值;变形区的径向拉应力和变形均很小,径向尺寸可近似认为不变;圆孔翻孔的主要危险在于孔口边缘被拉裂,拉裂的条件取决于变形程度的大小。

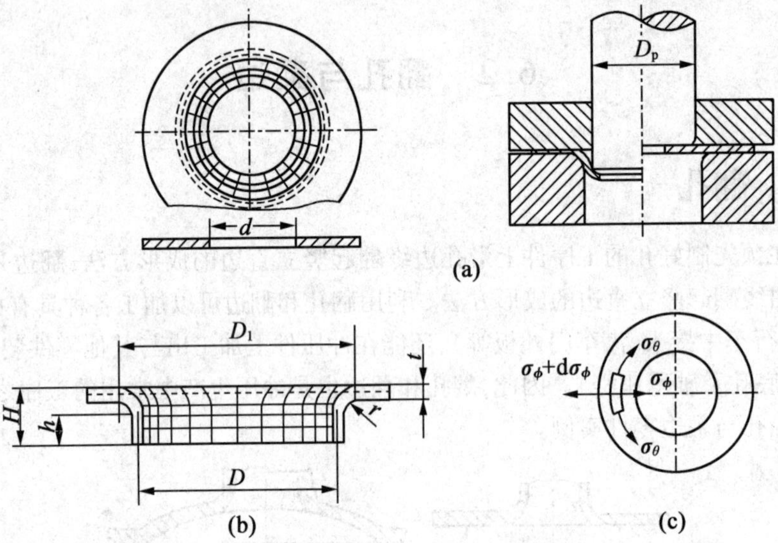

图 6.17 圆孔翻孔时的应力与变形情况

圆孔翻孔的变形程度以翻孔前孔径 d 和翻孔后孔径 D 的比值 K 来表示,即

$$K=\frac{d}{D} \tag{6.12}$$

K 称为翻孔系数,K 值越小,则变形程度越大。翻孔时孔口边缘不破裂所能达到的最小 K 值称为极限翻孔系数,用[K]表示。表 6.5 所示为低碳钢圆孔翻孔时的极限翻孔系数。对于其他材料可以参考表中数值适当增减。从表中的数值可以看出,影响极限翻孔系数的因素很多,除材料的塑性外,还有翻孔凸模的形式、预制孔的加工方法以及预孔孔径与板料厚度的比值等。

表 6.5 低碳钢圆孔翻孔的极限翻孔系数[K]

翻孔凸模的形式	预制孔的加工方法	预孔孔径与板料厚度的比值 d/t										
		100	50	35	20	15	10	8	6.5	5	3	1
球形	钻孔去毛刺	0.70	0.60	0.52	0.45	0.40	0.36	0.33	0.31	0.30	0.25	0.20
	冲孔	0.75	0.65	0.57	0.52	0.48	0.45	0.44	0.43	0.42	0.42	—
圆柱形平底	钻孔去毛刺	0.80	0.70	0.60	0.50	0.45	0.42	0.40	0.37	0.35	0.30	0.25
	冲孔	0.85	0.75	0.65	0.60	0.55	0.52	0.50	0.50	0.48	0.47	—

翻孔后竖立直边的厚度有所变薄,变薄后的厚度可按下式估算:

$$t'=t\sqrt{d/D}=t\sqrt{K} \tag{6.13}$$

式中 t'——翻孔后竖立直边的厚度;

t——翻孔前坯料的原始厚度;

K——翻孔系数。

(2)翻孔的工艺计算。

①平板坯料翻孔的工艺计算。在平板坯料上翻孔前,需要在坯料上预先加工出待翻孔的孔,如图 6.18 所示。由于翻孔时径向尺寸近似不变,故预孔孔径 d 可按弯曲展开的原则求出,即

$$d = D - 2(H - 0.43r - 0.72t) \tag{6.14}$$

式中符号均表示于图 6.18 中。

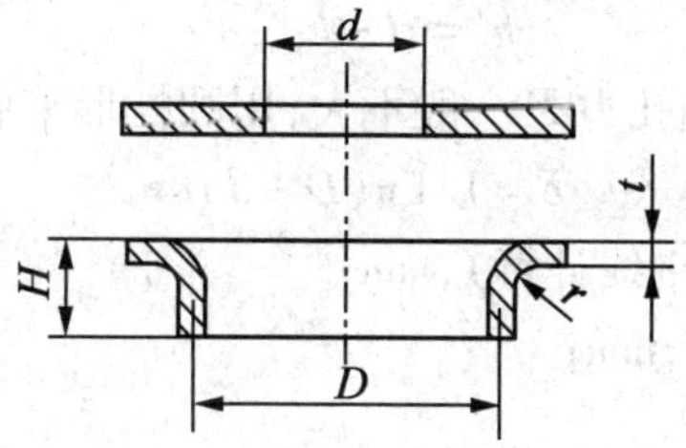

图 6.18　平板坯料翻孔尺寸计算

竖边高度则为

$$H = \frac{D-d}{2} + 0.43r + 0.72t = \frac{D}{2}(1-K) + 0.43r + 0.72t \tag{6.15}$$

如将极限翻孔系数 $[K]$ 代入,便可求出一次翻孔可达到的极限高度 H_{max} 为

$$H_{max} = \frac{D}{2}(1-[K]) + 0.43r + 0.72t \tag{6.16}$$

当零件要求的翻孔高度 $H > H_{max}$ 时,说明不能一次翻孔成形,这时可以采用加热翻孔、多次翻孔或先拉深后冲预孔再翻孔的方法。

采用多次翻孔时,应在每两次工序间进行退火,第一次翻孔以后的极限翻孔系数 $[K']$ 可取为

$$[K'] = (1.15 \sim 1.20)[K] \tag{6.17}$$

② 先拉深后冲预孔再翻孔的工艺计算。采用多次翻孔所得的零件壁部变薄较严重,若对壁部变薄有要求时,则可采用先拉深,在底部冲预孔后再翻孔的方法。在这种情况下,应先确定拉深后翻孔所能达到的最大高度 h,然后根据翻孔高度 h 及零件高度 H 再来确定拉深高度 h' 及预孔直径 d。

由图 6.19 可知,先拉深后翻孔的翻孔高度 h 可由下式计算(按板厚的中线尺寸计算):

$$h = \frac{D-d}{2} + 0.57r = \frac{D}{2}(1-K) + 0.57r \tag{6.18}$$

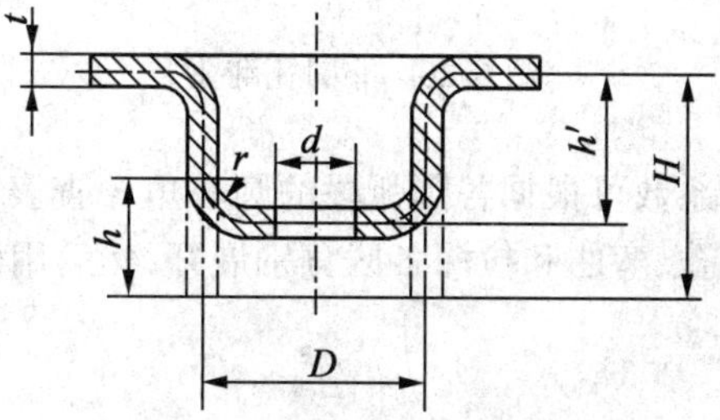

图 6.19　先拉深再翻孔的尺寸计算

若将极限翻孔系数[K]代入，可求得翻孔的极限高度 h_{max} 为

$$h_{max} = \frac{D}{2}(1 - [K]) + 0.57r \tag{6.19}$$

此时，预孔直径 d 为

$$d = [K]D \tag{6.20}$$

或

$$d = D + 1.14r - 2h_{max} \tag{6.21}$$

拉深高度 h' 为

$$h' = H - h_{max} + r \tag{6.22}$$

(3)翻孔力的计算。圆孔翻孔力 F 一般不大，用圆柱形平底凸模翻孔时，可按下式计算：

$$F = 1.1\pi(D - d)t\sigma_s \tag{6.23}$$

式中 D——翻孔后的直径（按中线计算），mm；

d——翻孔前的预孔直径，mm；

t——材料厚度，mm；

σ_s——材料的屈服极限，MPa。

2. 非圆孔翻孔

图6.20所示为非圆孔翻孔，从变形情况看，可以沿孔边分成Ⅰ、Ⅱ、Ⅲ三种性质不同的变形区，其中只有Ⅰ区属于圆孔翻孔变形，Ⅱ区为直边，属于弯曲变形，而Ⅲ区则与拉深变形性质相似。由于Ⅱ、Ⅲ区两部分的变形可以减轻Ⅰ区翻孔部分的变形程度，因此非圆孔翻孔系数 K_f（一般是指最小圆弧部分的翻孔系数）可小于圆孔翻孔系数 K，两者关系大致是：

$$K_f = (0.85 \sim 0.95)K \tag{6.24}$$

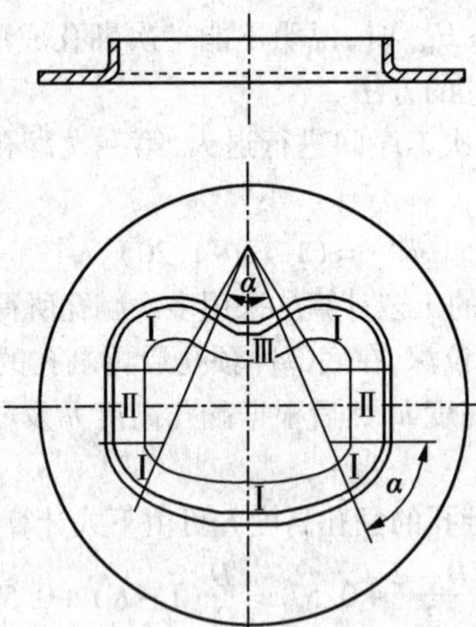

图6.20 非圆孔翻孔

非圆孔翻孔的极限翻孔系数可根据各圆弧段的圆心角 α 查表6.6。非圆孔翻孔坯料的预孔形状和尺寸可以按圆孔翻孔、弯曲和拉深各区分别展开，然后用作图法把各展开线交接处光滑连接起来得到。

表 6.6　低碳钢非圆孔翻边的极限翻孔系数[K_f]

α/(°)	比值 d/t						
	50	33	20	12.5～8.3	6.6	5	3.3
180～360	0.80	0.60	0.52	0.50	0.48	0.46	0.45
165	0.73	0.55	0.48	0.46	0.44	0.42	0.41
150	0.67	0.50	0.43	0.42	0.40	0.38	0.375
135	0.60	0.45	0.39	0.38	0.36	0.35	0.34
120	0.53	0.40	0.35	0.33	0.32	0.31	0.30
105	0.47	0.35	0.30	0.29	0.28	0.27	0.26
90	0.40	0.30	0.26	0.25	0.24	0.23	0.225
75	0.33	0.25	0.22	0.21	0.20	0.19	0.185
60	0.27	0.20	0.17	0.17	0.16	0.15	0.145
45	0.20	0.15	0.13	0.13	0.12	0.12	0.11
30	0.14	0.10	0.09	0.08	0.08	0.08	0.08
15	0.07	0.05	0.04	0.04	0.04	0.04	0.04
0	弯曲变形						

6.2.2　翻边

按变形性质不同，翻边可分为伸长类翻边和压缩类翻边。伸长类翻边是在坯料外缘沿不封闭的内凹曲线进行的翻边，如图 6.21(a)所示；压缩类翻边是在坯料外缘沿不封闭的外凸曲线进行的翻边，如图 6.21(b)所示。

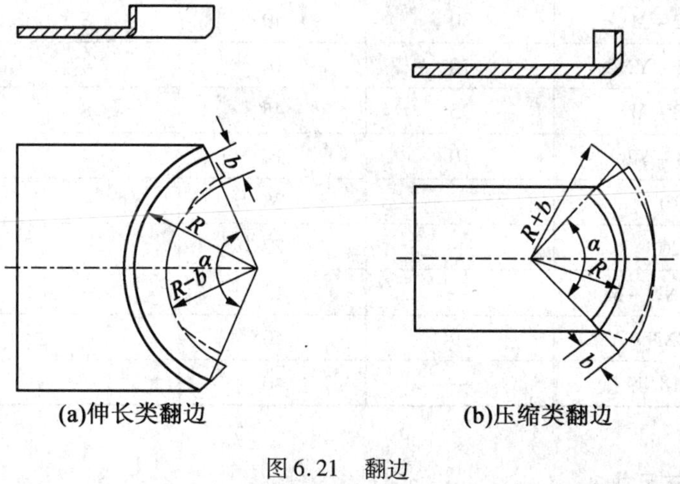

(a)伸长类翻边　　(b)压缩类翻边

图 6.21　翻边

1. 变形程度

由图 6.21 可知，伸长类翻边的变形情况近似于圆孔翻孔，变形区主要为切向受拉，变形过程中孔口边缘容易拉裂；压缩类翻边的变形情况近似于浅拉深，变形区主要为切向受压，变形过程中材料容易起皱。翻边过程中是否会产生起皱或拉裂，主要取决于变形程度的大小。翻边的变形程度可表示如下：

对于伸长类翻边（图 6.21（a）），其变形程度为

$$\varepsilon_d = \frac{b}{R-b} \tag{6.25}$$

对于压缩类翻边（图 6.21（b）），其变形程度为

$$\varepsilon_p = \frac{b}{R+b} \tag{6.26}$$

翻边允许的极限变形程度见表 6.7。

表 6.7 翻边允许的极限变形程度

材料名称及牌号		$[\varepsilon_d]$ /%		$[\varepsilon_p]$ /%	
		橡皮成形	模具成形	橡皮成形	模具成形
铝合金	L4 - M	25	30	6	40
	L4 - Y	5	8	3	12
	LF21 - M	23	30	6	40
	LF21Y	5	8	3	12
	LF2 - M	20	25	6	35
	LF2 - Y	5	8	3	12
	LY12 - M	14	20	6	30
	LY12 - Y	6	8	0.5	9
	LY11 - M	14	20	4	30
	LY11 - Y	5	6	0	0
黄铜	H62 - M	30	40	8	45
	H62 - Y2	10	14	4	16
	H68 - M	35	45	8	55
	H68 - Y2	10	14	4	16
钢	10	—	38	—	10
	20	—	22	—	10
	1Cr18Ni9 - M	—	15	—	10
	1Cr18Ni9 - Y	—	40	—	10
	2Cr18Ni9	—	40	—	10

2. 坯料形状与尺寸

对于伸长类翻边，坯料形状与尺寸按一般圆孔翻孔的方法确定。对于压缩类翻边，坯料形状与尺寸按浅拉深的方法确定。但由于是沿不封闭的曲线翻边，坯料变形区内的应力应变分布是不均匀的，中间变形大，两端变形小，若采用与宽度 b 一致的坯料形状，则翻边后零件的高度就不平齐，竖边的端线也不垂直。为了得到平齐的翻边高度，应对坯料的轮廓线进行必要的

修正,采用图 6.21 中虚线所示的形状,其修正值根据变形程度和 α 的大小而不同,一般通过试模确定。如果翻边的高度不大,且翻边沿线的曲率半径很大时,则可不做修正。

6.2.3　翻孔翻边模结构与设计要点

1. 翻孔翻边模结构

图 6.22 所示为翻孔模,其结构与拉深模基本相似。图 6.23 所示为翻孔、翻边复合模,在同一模具上同时进行翻孔与翻边。

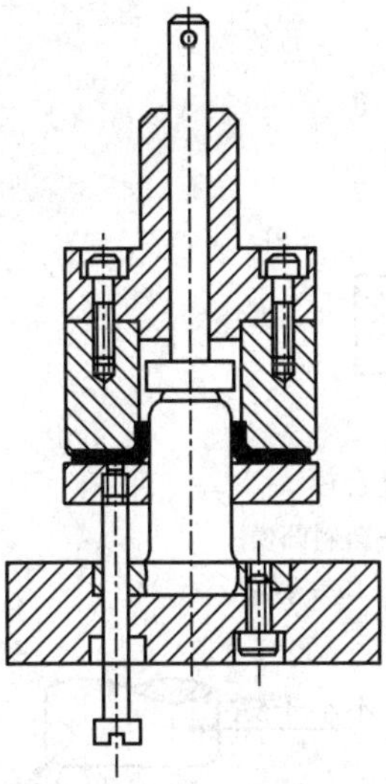

图 6.22　翻孔模

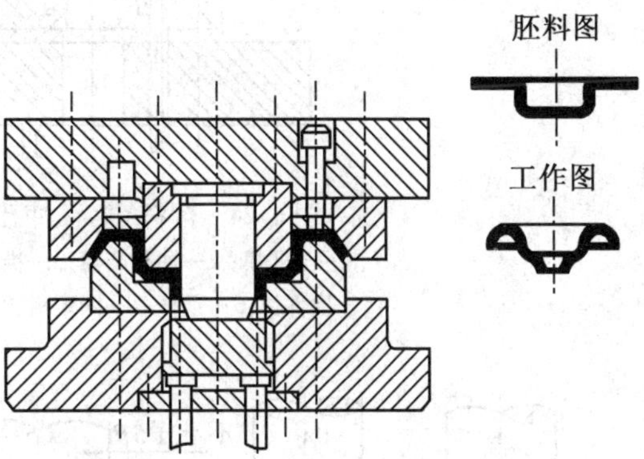

图 6.23　翻孔、翻边复合模

图 6.24 所示为落料、拉深、冲孔、翻孔复合模。凸凹模 8 与落料凹模 4 均固定在固定板 7 上,以保证同轴度。冲孔凸模 2 固定在凸凹模 1 内,并以垫片 10 调整它们的高度差,以控制冲孔前的拉深高度。该模具的工作过程为:上模下行,首先在凸凹模 1 和落料凹模 4 的作用下落料;上模继续下行,在凸凹模 1 和凸凹模 8 的相互作用下对坯料进行拉深,弹顶器通过顶杆 6 和顶件块 5 对坯料施加压料力。当拉深到一定高度后,由冲孔凸模 2 和凸凹模 8 进行冲孔,并由凸凹模 1 与凸凹模 8 完成翻孔;当上模回程时,在顶件块 5 和推件块 3 的作用下将工件推出,条料由卸料板 9 卸下。

2. 翻孔翻边模设计要点

翻孔翻边模的凹模圆角半径对翻孔翻边成形的影响不大,可直接按工件圆角半径确定。凸模圆角半径一般取得较大,平底凸模可取 $r_p \geqslant 4t$,以利于翻孔或翻边成形。为了改善金属塑性流动条件,翻孔时还可采用抛物线形凸模或球形凸模。

图 6.25 所示为几种常用的翻孔凸模的形状和尺寸,其中图 6.25(a)为平底翻孔凸模,图 6.25(b)为球形翻孔凸模,图 6.25(c)为抛物线形翻孔凸模。从利于翻孔变形角度看,抛物线形翻孔凸模最好,球形翻孔凸模次之,平底翻孔凸模再次之,而从凸模的加工难易看角度则结相反。图 6.25(d) ~ (f)为带定位部分的翻孔凸模,其中图 6.25(d)用于预孔直径为 10 mm 以上的翻孔,图 6.25(e)用于预孔直径为 10 mm 以下的翻孔,图 6.25(f)用于无预孔的不精确翻孔。当翻孔模采用压料圈时,则不需要凸模肩部。

由于翻孔后材料要变薄，翻孔凸、凹模单边间隙 Z 可小于材料原始厚度 t，一般可取 $Z=(0.75\sim0.85)t$。其中，系数 0.75 用于拉深后的翻孔，系数 0.85 用于平板坯料的翻孔。

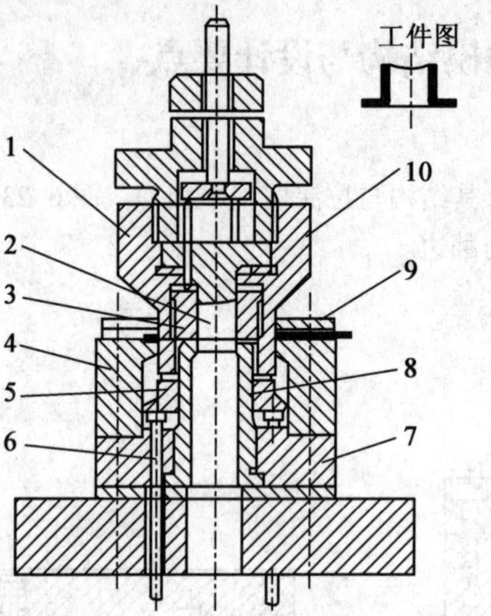

图 6.24　落料、拉深、冲孔、翻孔复合模

1,8—凸凹模；2—冲孔凸模；3—推件块；4—落料凹模；5—顶件块；6—顶杆；7—固定板；9—卸料板；10—垫片

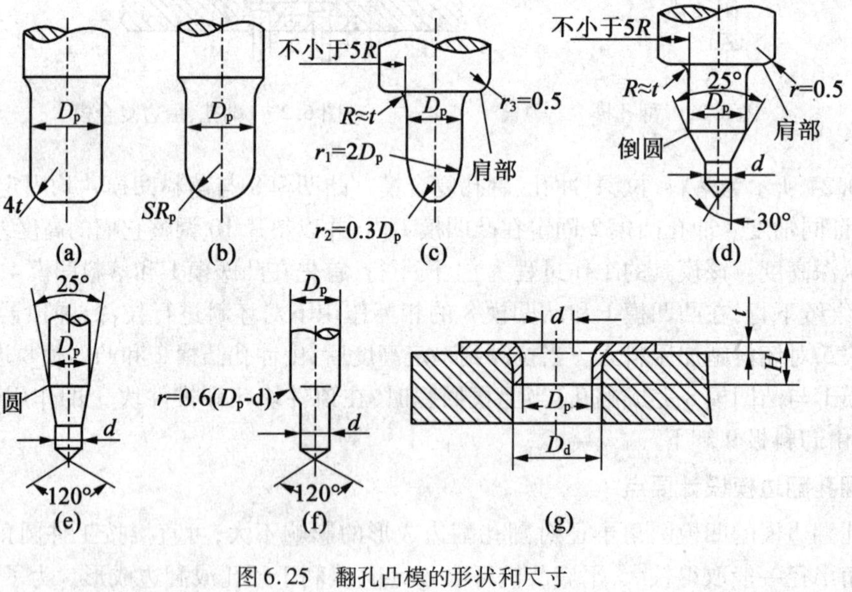

图 6.25　翻孔凸模的形状和尺寸

6.2.4　翻孔模设计实例

图 6.26 所示为固定套翻孔件，其材料为 08 钢，厚度 $t=1$ mm，需中批量生产，试设计翻孔模。

1. 工艺分析

由固定套零件形状可知，$\phi40$ mm 由圆孔翻孔成形，翻孔前应先冲预孔，$\phi80$ mm是圆筒形拉深件,经计算可一次拉深成形。因此,该零件的冲压工序安排为:落料→拉深→冲预孔→翻孔。翻孔前圆筒形工序件的直径为 ϕ80 mm、高 15 mm,如图 6.27 所示。

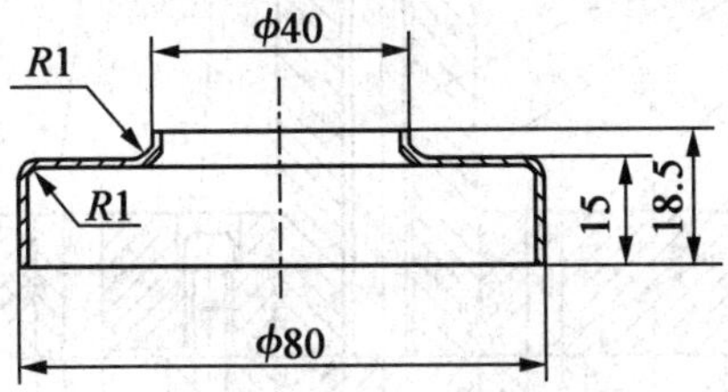

图 6.26　固定套翻孔件

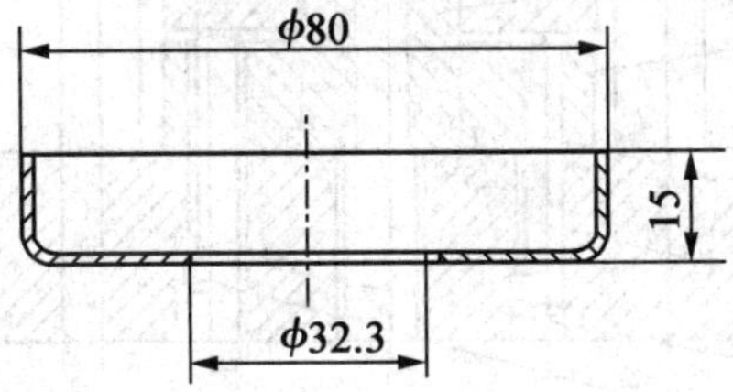

图 6.27　翻孔前的工序件

2. 翻孔工艺计算

(1)预孔直径 d。

翻孔前的预孔直径根据式(6.14)计算。由图 6.26 可知,$D=39$ mm,$H=18.5-15+1=4.5$(mm),则

$$d=D-2(H-0.43r-0.72t)=39-2\times(4.5-0.43\times1-0.72\times1)=32.3(\text{mm})$$

(2)判断可否一次翻孔成形。

设采用圆柱形平底翻孔凸模,预孔由冲孔获得,而 $d/t=32.3/1=32.3$,查表 6.5 得 08 钢圆孔翻孔的极限翻孔系数 $[K]=0.65$,则由式(6.16)可求出一次翻孔可达到的极限高度为

$$\begin{aligned}H_{\max}&=\frac{D}{2}(1-[K])+0.43r+0.72t\\&=\frac{39}{2}\times(1-0.65)+0.43\times1+0.72\times1=7.98(\text{mm})\end{aligned}$$

因零件的翻孔高度 $H=4.5\ \text{mm}<H_{\max}=7.98$ mm,所以该零件能一次翻孔成形。

(3)翻孔力。

08 钢的屈服极限 $\sigma_s=196$ MPa,由式(6.23)可算得圆孔翻孔力为

$$F=1.1\pi(D-d)t\sigma_s=1.1\times3.14\times(39-32.3)\times1\times196=4\ 536(\text{N})$$

3. 模具结构设计

图 6.28 所示为该固定套的翻孔模,采用倒装式结构,使用大圆角圆柱形平底翻孔凸模 7,工序件利用预孔套在定位销 9 上定位,压料力由装在下模的气垫或弹顶器提供。上模下行时,在翻孔凸模 7 和凹模 10 的作用下,将工序件顶部翻孔成形。开模后工件由压料板 8 顶出,若工件留在上模,则由推件板 11 推下。

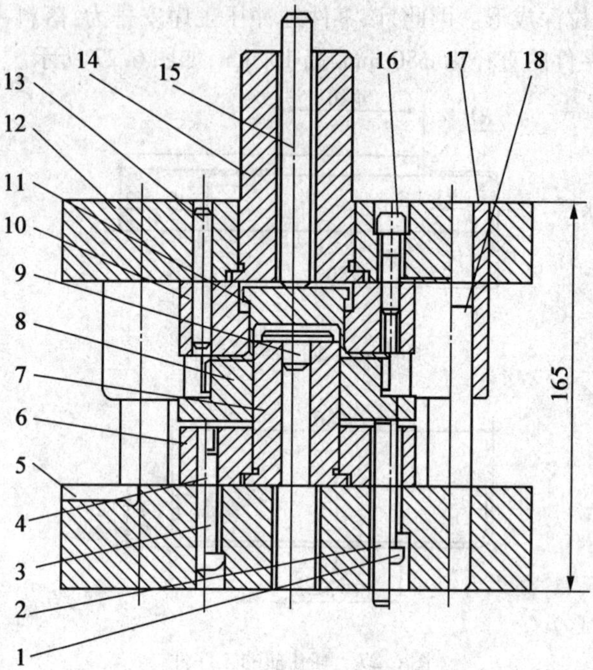

图 6.28 固定套的翻孔模

1—阶形螺钉;2—顶杆;3,16—螺钉;4,13—销钉;5—下模座;6—凸模固定板;7—凸模;8—压料板;9—定位销;10—凹模;11—推件块;12—上模座;14—模柄;15—打杆;17—导套;18—导柱

4. 压力机的选用

因翻孔力较小,故主要根据固定套零件尺寸和模具闭合高度选择压力机。查表 1.7,选用 J23—16 双柱可倾式压力机,其公称压力为 160 kN,最大装模高度为 180 mm。

6.3 缩 口

缩口是将管坯或预先拉深好的圆筒形件通过缩口模将其直径缩小的一种成形方法。缩口工艺在国防工业和民用工业中都有广泛的应用。若用缩口代替拉深加工某些零件,可以减少成形工序。如图 6.29 所示的工件,原来采用拉深和冲底孔,共需五道工序,现改用管坯缩口工艺后只需三道工序。

6.3.1 缩口变形特点及变形程度

缩口的应力应变特点如图 6.30 所示。缩口时,在压力 F 作用下,缩口凹模压迫坯料口部,坯料口部则发生变形而成为变形区。在缩口过程中,变形区受两向压应力的作用,其中切向压应力是最大主应力,使坯料直径减小,使其高度和壁厚有所增加,因而切向可能发生失稳起皱。同时,在非变形区的筒壁,由于承受全部缩口压力 F,也易产生轴向的失稳变形。故缩口的极限变形程度主要受失稳条件的限制,防止失稳是缩口工艺要解决的主要问题。

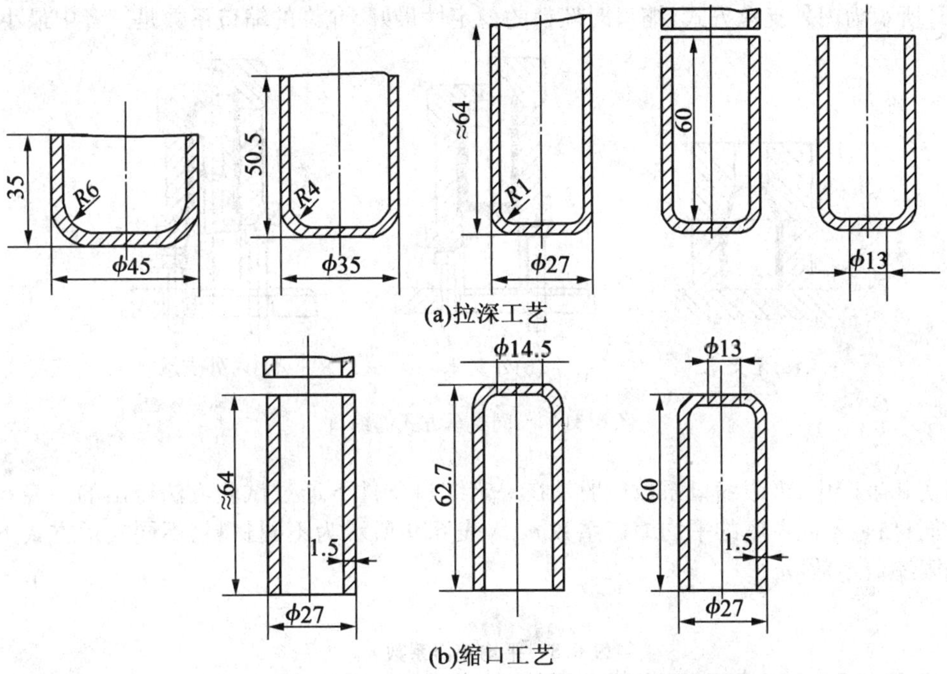

图 6.29　缩口与拉深工艺比较

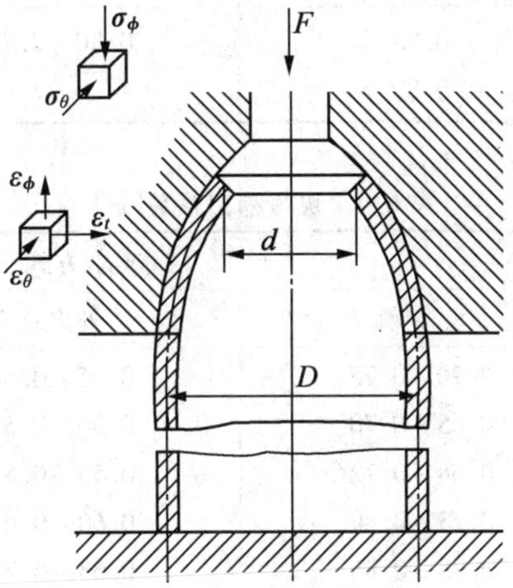

图 6.30　缩口的应力应变特点

缩口的变形程度用缩口系数 m 表示(图 6.30)：

$$m=\frac{d}{D} \tag{6.27}$$

式中　d——缩口后直径,mm;

D——缩口前直径,mm。

缩口系数 m 越小,变形程度越大。一般来说,材料的塑性好,厚度越大,模具对筒壁的支承刚性越好,则允许的缩口系数就可以越小。如图 6.31 所示,模具对筒壁的三种不同支承方式中,图 6.31(a)所示为无支承方式,缩口过程中坯料的稳定性差,因而允许的缩口系数较大;图 6.31(b)所示为外支承方式,缩口时坯料的稳定性较前者好,允许的缩口系数可小些;图

6.31(c)所示为内外支承方式,缩口时坯料的稳定性最好,允许的缩口系数是三者中最小的。

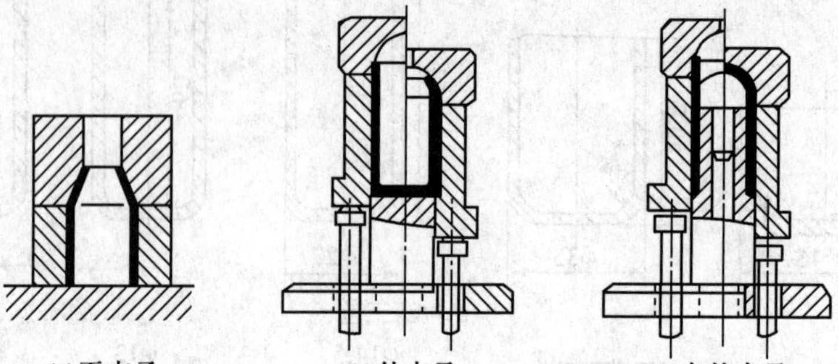

(a)无支承 (b)外支承 (c)内外支承

图6.31 不同支承方式的缩口

在实际生产中,极限缩口系数一般是在一定缩口条件下通过试验方法得出的。表6.8所示为不同材料、不同厚度的平均缩口系数 m_0。表6.9所示为不同材料、不同支承方式下所允许的极限缩口系数[m]。

表6.8 平均缩口系数 m_0

材料	材料厚度 t/mm		
	≤0.5	0.5~1	>1
黄铜	0.85	0.80~0.70	0.70~0.65
钢	0.80	0.75	0.70~0.65

表6.9 极限缩口系数[m]

材料	支承方式		
	无支承	外支承	内外支承
软钢	0.70~0.75	0.55~0.60	0.30~0.35
黄铜H62、H68	0.65~0.70	0.50~0.55	0.27~0.32
铝	0.68~0.72	0.53~0.57	0.27~0.32
硬铝(退火)	0.73~0.80	0.60~0.63	0.35~0.40
硬铝(淬火)	0.75~0.80	0.68~0.72	0.40~0.43

缩口后零件口部略有增厚,其厚度可按下式估算:

$$t' = t\sqrt{D/d} = t\sqrt{1/m} \tag{6.28}$$

式中 t'——缩口后口部厚度;

t——缩口前坯料的原始厚度;

m——缩口系数。

6.3.2 缩口工艺计算

1. 缩口次数

当工件的缩口系数 m 大于允许的极限缩口系数[m]时,则可以一次缩口成形。否则,需进行多次缩口。缩口次数 n 可按下式估算：

$$n=\frac{\ln m}{\ln m_0}=\frac{\ln d-\ln D}{\ln m_0} \tag{6.29}$$

式中 m_0——平均缩口系数，见表6.8。

多次缩口时，一般取首次缩口系数 $m_1=0.9m_0$，以后各次取 $m_n=(1.05\sim1.1)m_0$，则零件总的缩口系数 $m=\frac{d}{D}=m_1m_2\cdots m_n\approx m_0^n$。每次缩口工序后最好进行一次退火处理。

2. 缩口直径

各次缩口直径为

$$\begin{aligned}d_1&=m_1D\\d_2&=m_nd_1=m_1m_nD\\d_3&=m_nd_2=m_1m_n^2D\\&\vdots\\d_n&=m_nd_{n-1}=m_1m_n^{n-1}D\end{aligned} \tag{6.30}$$

d_n 应等于工件的缩口直径。缩口后，由于回弹，工件尺寸要比模具尺寸增大0.5%～0.8%。

3. 坯料高度

缩口前坯料的高度，一般根据变形前后体积不变的原则计算。不同形状工件缩口前坯料高度 H 的计算公式如下（图6.32）。

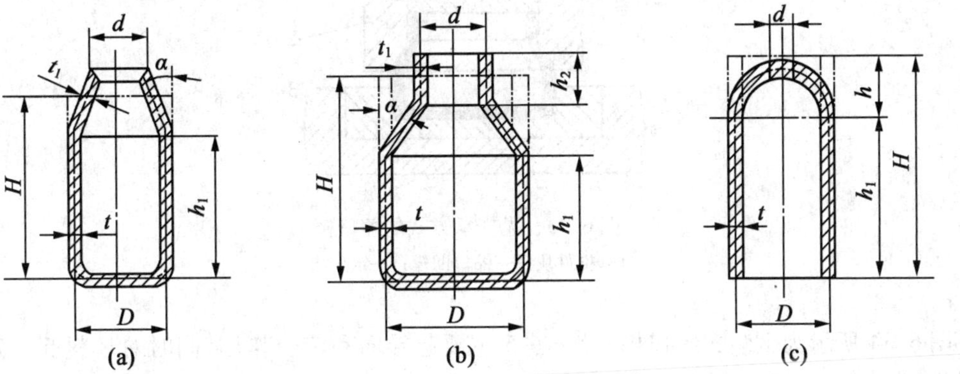

图6.32 缩口坯料高度的计算

对于图6.32(a)所示工件

$$H=1.05\left[h_1+\frac{D^2-d^2}{8D\sin\alpha}\left(1+\sqrt{\frac{D}{d}}\right)\right] \tag{6.31}$$

对于图6.32(b)所示工件

$$H=1.05\left[h_1+h_2\sqrt{\frac{d}{D}}+\frac{D^2-d^2}{8D\sin\alpha}\left(1+\sqrt{\frac{D}{d}}\right)\right] \tag{6.32}$$

对于图6.32(c)所示工件

$$H=h_1+\frac{1}{4}\left(1+\sqrt{\frac{D}{d}}\right)\sqrt{D^2-d^2} \tag{6.33}$$

4. 缩口力

图6.32(a)所示工件在无心柱支承的缩口模上进行缩口时,其缩口力 F 可按下式计算:

$$F=K\left[1.1\pi Dt\sigma_{b}\left(1-\frac{d}{D}\right)(1+\mu\cot\alpha)\frac{1}{\cos\alpha}\right] \tag{6.34}$$

式中 μ——坯料与凹模接触面间的摩擦系数;

σ_b——材料的抗拉强度,MPa;

K——速度系数,在曲柄压力机上工作时 $K=1.15$。

其余符号如图6.32(a)所示。

6.3.3 缩口模结构与设计要点

1. 缩口模结构

图6.33所示为无支承方式的缩口模,带底圆筒形坯料在定位座3上定位,上模下行时,缩口凹模2对坯料进行缩口。上模回程时,推件块1在橡胶弹力作用下将工件推出凹模。该模具对坯料无支承作用,适用于高度不大的带底圆筒形零件的锥形缩口。

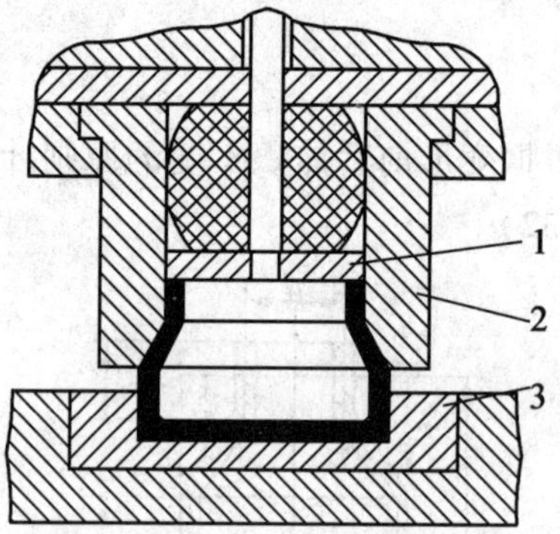

图6.33 无支承方式的缩口模

1—推件块;2—缩口凹模;3—定位座

图6.34所示为倒装式缩口模,导正圈5主要起导向和定位作用,同时对坯料起一定的外支承作用。凸模3设计成台阶式结构,其小端恰好伸入坯料内孔起定位导向及内支承作用。缩口时,将管状坯料放在导正圈内定位,上模下行,凸模先导入坯料内孔,继而依靠台肩对坯料施加压力,使坯料在凹模6的作用下缩口成形。上模回程时,利用顶杆将工件从凹模内顶出。该模具适用于较大高度零件的缩口,而且模具的通用性好,更换不同尺寸的凹模、导正圈和凸模,可进行不同孔径的缩口。

2. 缩口模设计要点

缩口模的主要工作零件是凹模。凹模工作部分的尺寸根据工件缩口部分的尺寸来确定,但应考虑工件缩口后的尺寸比缩口模实际尺寸大0.5%~0.8%的弹性回复量,以减小试模时的修正量。另外,凹模的半锥角 α 对缩口成形过程有重要影响,α 取值合理时,允许的缩口系数可以比平均缩口系数小10%~15%,一般应使 $\alpha<45°$,最好使 $\alpha<30°$。为了便于坯料成形和避免划伤工件,凹模的表面粗糙度值一般要求不大于0.4 μm。

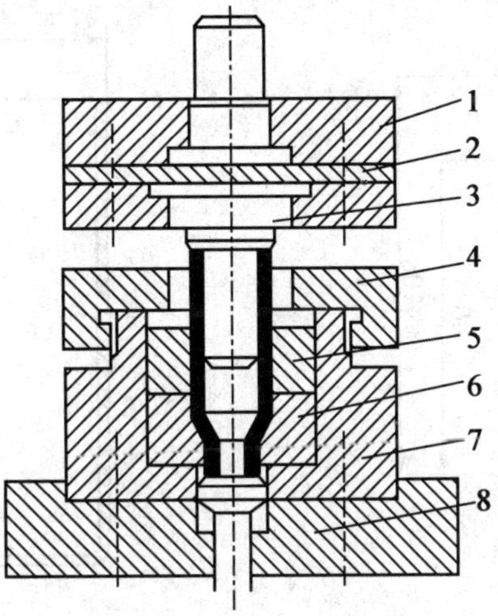

图6.34　倒装式缩口模

1—上模座;2—垫板;3—凸模;4—紧固套;5—导正圈;6—凹模;7—凹模套;8—下模座

当缩口件的刚性较差时,应在缩口模上设置支承坯料的结构,具体支承方式视坯料的结构和尺寸而定。反之,可不采用支承方式,以简化模具结构。

6.3.4　缩口模设计实例

图6.35所示为气瓶缩口件,材料为08钢,厚度 $t=1.0$ mm,需中批量生产,试设计缩口模。

1.工艺分析

气瓶为带底的筒形缩口件,可采用拉深工艺制成圆筒形坯料,再进行缩口成形。该零件的高度较大,相对厚度较小,为了提高缩口时坯料的稳定性,模具结构应采用支承方式。

2.缩口工艺计算

(1)缩口系数。

由图6.35可知,$d=35$ mm,$D=50-1=49$(mm),则缩口系数 m 为

$$m=\frac{d}{D}=\frac{35}{49}=0.71$$

因为该工件是有底的缩口件,所以只能采用外支承方式的缩口模具,查表6.9,$[m]=0.6$,因 $m>[m]$,故该工件可以一次缩口成形。

(2)缩口前的坯料高度。

由图6.35可知,$h_1=80-1=79$(mm),$\alpha=25°$,按式(6.31)可算得坯料高度 H 为

$$H=1.05\left[h_1+\frac{D^2-d^2}{8D\sin\alpha}\left(1+\sqrt{\frac{D}{d}}\right)\right]$$

$$=1.05\times\left[79+\frac{49^2-35^2}{8\times49\times\sin 25°}\times\left(1+\sqrt{\frac{49}{35}}\right)\right]=99.2(\text{mm})$$

取 $H=99.5$ mm,则得到缩口前的坯料如图6.36所示。

(3)缩口力。

取凹模与工件间的摩擦系数 $\mu=0.1$,08钢的 $\sigma_b=430$ MPa,曲柄压力机取 $K=1.15$,由式(6.34)可算得缩口力 F 为

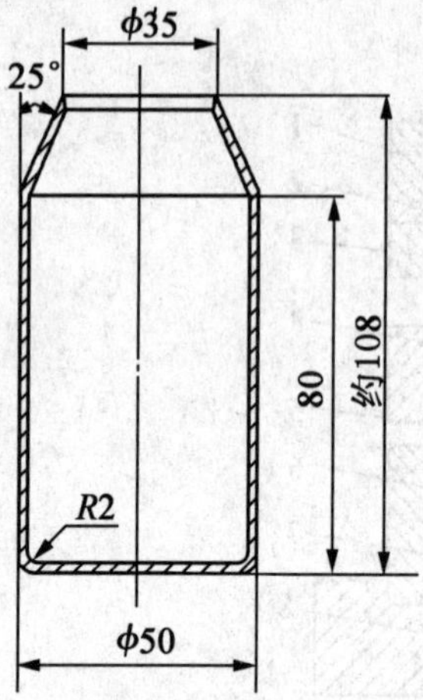

图 6.35　气瓶缩口件

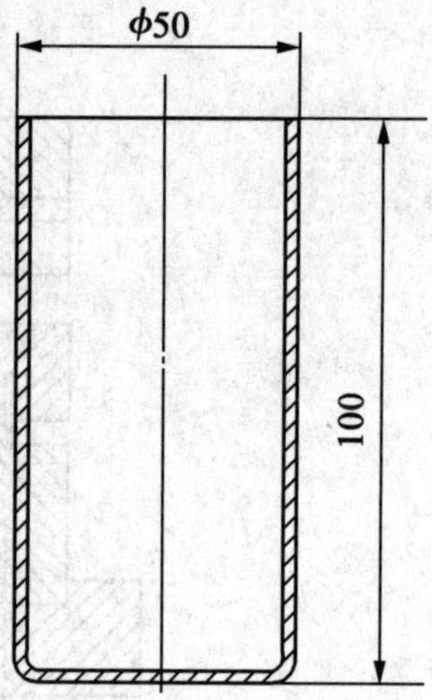

图 6.36　缩口前的坯料

$$
\begin{aligned}
F &= K\left[1.1\pi Dt\sigma_{\mathrm{b}}\left(1-\frac{d}{D}\right)(1+\mu\cot\alpha)\frac{1}{\cos\alpha}\right]\\
&= 1.15\times\left[1.1\times\pi\times 49\times 1\times 430\times\left(1-\frac{35}{49}\right)\times(1+0.1\times\cot 25^{\circ})\frac{1}{\cos 25^{\circ}}\right]\\
&= 32\ 057(\mathrm{N})\approx 32\ \mathrm{kN}
\end{aligned}
$$

3. 模具的结构设计

气瓶缩口模结构如图 6.37 所示，采用外支承方式一次缩口成形，缩口凹模工作面要求表面粗糙度值为 0.4 μm，使用标准下弹顶器，采用后侧导柱模架，导柱、导套加长，模具闭合高度为 275 mm。

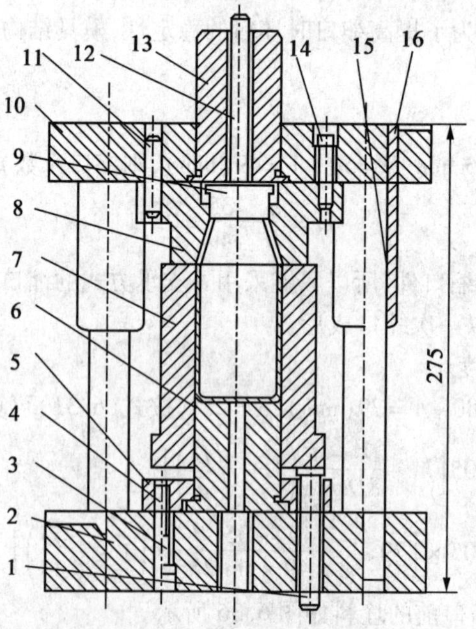

图 6.37　气瓶缩口模结构

1—顶杆；2—下模座；3，14—螺钉；4，11—圆柱销；5—固定板；6—垫块；7—外支承套；8—凹模；9—推件块；10—上模座；12—打杆；13—模柄；15—导柱；16—导套

4. 压力机的选用

考虑模具闭合高度较大，选用 J23-40 开式双柱可倾式压力机，其公称压力为 400 kN，最大闭合高度为 300 mm。

6.4　校平与整形

校平与整形是指冲件在经过各种冲压加工之后，因其平面度、圆角半径或某些形状尺寸还不能达到图样要求，通过校平与整形模使其产生局部的塑性变形，从而得到合格零件的冲压工序。这类工序关系到产品的质量及稳定性，因而应用也较广泛。

校平与整形工序的特点为：

①只在工件的局部位置产生不大的塑性变形，以达到提高工件的形状与尺寸的目的，使工件符合零件图样的要求。

②由于校平与整形后工件的精度比较高，因而模具的精度要求也相应较高。

③要求压力机的滑块到达下止点时对工件施加校正力，因此所用的设备要有一定的刚性，最好使用精压机。若用一般的机械压力机，则必须带有过载保护装置，以防材料厚度波动等原因损坏设备。

6.4.1　校平

把不平整的工件放入模具内压平的工序称为校平。校平主要用于提高平板零件（主要是冲裁件）的平面度。由于坯料不平或冲裁过程中材料的穹弯（尤其是斜刃冲裁和无压料的级进冲裁），都会使冲裁件产生不平整的缺陷，当对零件的平面度要求较高时，必须在冲裁工序之后进行校平。

1. 校平变形特点与校平力

校平的变形情况如图 6.38 所示，在校平模的作用下，工件材料产生反向弯曲变形而被压平，并在压力机的滑块到达下止点时被强制压紧，使材料处于三向压应力状态。校平的工作行程不大，但压力很大。

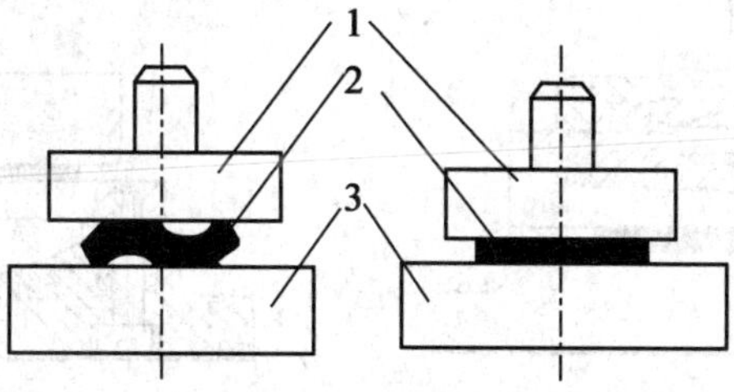

图 6.38　校平的变形情况

1—上模板；2—工件；3—下模板

校平力 F 可用下式估算：

$$F = pA \tag{6.35}$$

式中　p——单位面积上的校平力，MPa，可查表 6.10；

A——校平面积，mm^2。

表 6.10 校平与整形单位面积压力

校形方法	p/MPa	校形方法	p/MPa
光面校平模校平	50～80	敞开形工件整形	50～100
细齿校平模校平	80～120	拉深件减小圆角及对底面、侧面整形	150～200
粗齿校平模校平	100～150		

校平力的大小与工件的材料性能、材料厚度、校平模齿形等有关，因此在确定校平力时可对表 6.10 中的数值做适当的调整。

2. 校平方式

校平方式有多种，有模具校平、手工校平及在专门设备上校平等。模具校平多在摩擦压力机或精压机上进行；在大批量生产中，厚板料还可以成叠地在液压机上校平，此时压力稳定并可长时间保持；当校平与拉深、弯曲等工序复合时，可采用曲轴压力机或双动压力机，这时须在模具或设备上安装保护装置，以防止因料厚的波动而损坏设备；对于不大的平板零件或带料还可采用滚轮碾平；当零件的表面不允许有压痕，或零件尺寸较大而又要求具有较高平面度时，可采用加热校平。加热校平时，一般先将需校平的零件叠成一定高度，并用夹具夹紧压平，然后整体入炉加热（铝件的加热温度为 300～320 ℃，黄铜件的加热温度为 400～450 ℃）。由于温度升高后材料的屈服极限下降，压平时反向弯曲变形引起的内应力也随之下降，所以回弹变形减小，从而保证了较高的校平精度。

3. 校平模

平板零件的校平模分为光面校平模和齿面校平模两种。

图 6.39 所示为光面校平模，适用于软材料、薄料或表面不允许有压痕的零件。光面校平模对改变材料内应力状态的作用不大，仍有较大的回弹，特别是对于高强度材料的零件校平效果比较差。在生产实际中，有时将工件背靠背地叠起来，能收到一定的效果。为了使校平不受压力机滑块导向精度的影响，校平模最好采用浮动式结构，图 6.39(a)所示为上模浮动式结构，图 6.39(b)所示为下模浮动式结构。

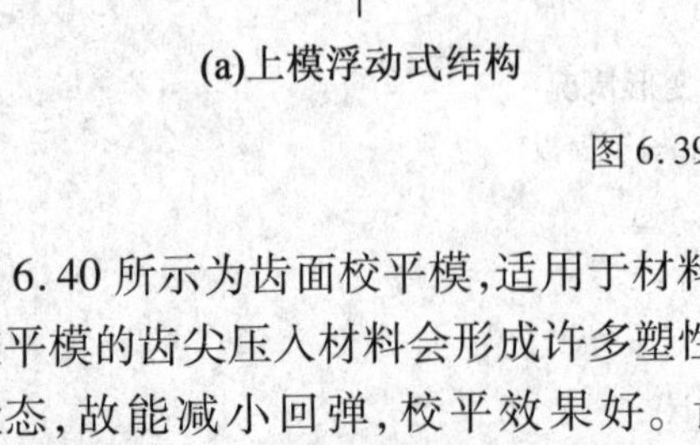

(a)上模浮动式结构

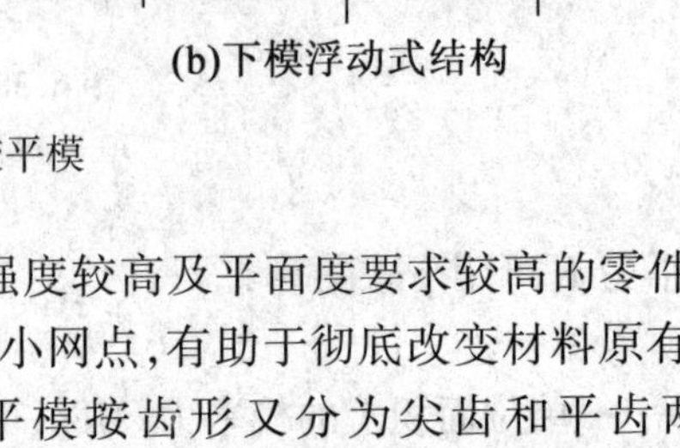

(b)下模浮动式结构

图 6.39 光面校平模

图 6.40 所示为齿面校平模，适用于材料较硬、强度较高及平面度要求较高的零件。由于齿面校平模的齿尖压入材料会形成许多塑性变形的小网点，有助于彻底改变材料原有的应力应变状态，故能减小回弹，校平效果好。齿面校平模按齿形又分为尖齿和平齿两种，图 6.41(a)所示为尖齿齿形，图 6.41(b)所示为平齿齿形。工作时上模齿与下模齿应互相错开，否则校平效果较差，也会使齿尖过早磨平。尖齿校平模的齿形压入工件表面较深，校平效果较

好，但在工件表面上留有较深的痕迹，且工件也容易粘在模具上不易脱模，一般只用于表面允许有压痕或板料厚度较大（$t=3\sim15$ mm）的零件校平。平齿校平模的齿形压入零件表面的压痕浅，因此生产中常用此校平模，尤其是薄材料和软金属的零件校平。

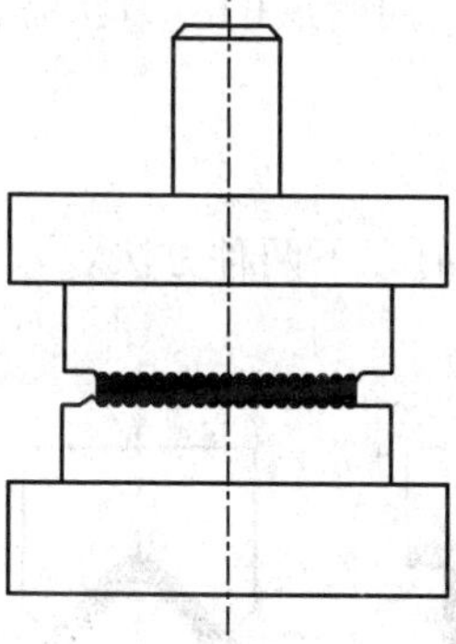

图 6.40　齿面校平模

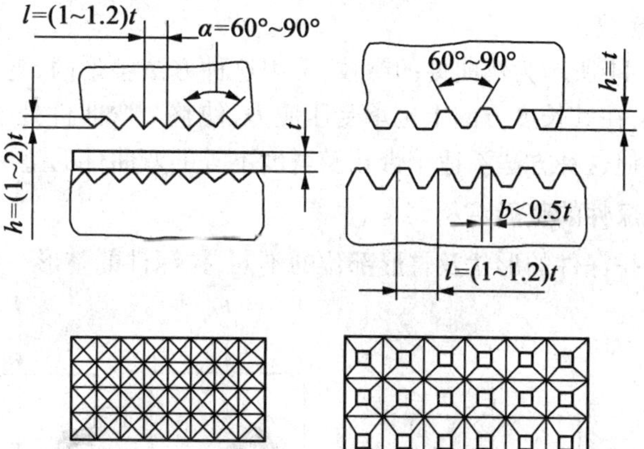

(a)尖齿齿形　(b)平齿齿形

图 6.41　齿面校平模的齿形

图 6.42 所示为带有自动弹出器的通用校平模，通过更换不同的模板，可校平具有不同要求的平板件。上模回程时，自动弹出器 3 可将校平后的工件从下模板上弹出，并使之顺着工件滑道 2 离开模具。

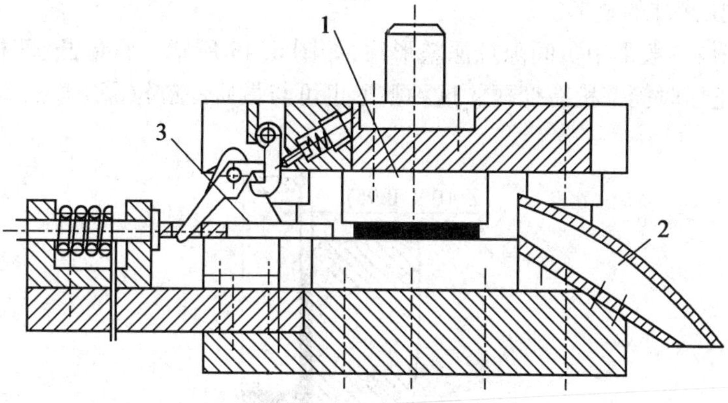

图 6.42　带有自动弹出器的通用校平模

1—上模板；2—工件滑道；3—自动弹出器

6.4.2　整形

整形一般安排在拉深、弯曲或其他成形工序之后，用整形的方法可以提高拉深件或弯曲件的尺寸和形状精度，减小圆角半径。整形模与相应工序件的成形模相似，只是工作部分的精度和表面粗糙度要求更高，圆角半径和凸、凹模间隙取得更小，模具的强度和刚度要求也高。

根据冲压件的几何形状及精度要求不同，所采用的整形方法也有所不同。

1. 弯曲件的整形

弯曲件的整形方法有压校和镦校两种。

(1)压校。

图6.43所示为弯曲件的压校，因在压校中坯料沿长度方向无约束，整形区的变形特点与该区弯曲时的变形特点相似，坯料内部应力状态的性质变化不大，因而整形效果一般。

(2)镦校。

图6.44所示为弯曲件的镦校，采用这种方法整形时，弯曲件除了在表面的垂直方向上受压应力外，在其长度方向上也承受压应力，使整个弯曲件处于三向受压的应力状态，因而整形效果好。但这种方法不适于带孔及宽度不等的弯曲件的整形。

2. 拉深件的整形

根据拉深件的形状及整形部位的不同，拉深件的整形一般有以下两种方法。

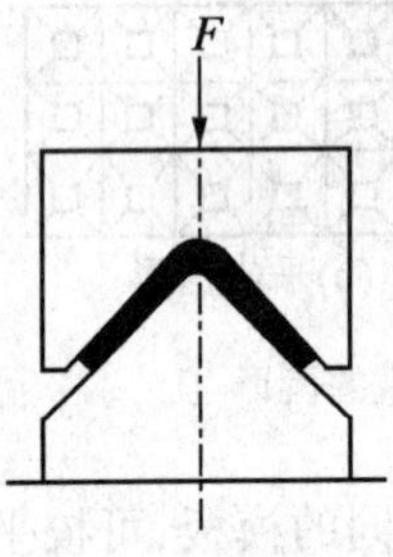

图6.43 弯曲件的压校

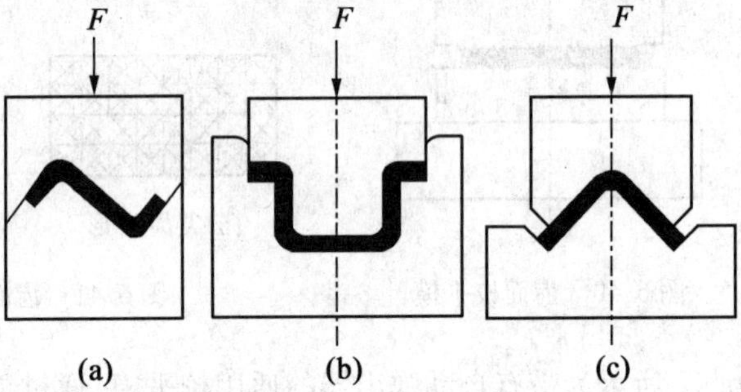

图6.44 弯曲件的镦校

(1)无凸缘拉深件的整形。

无凸缘拉深件一般采用负间隙拉深整形法，如图6.45所示。整形凸、凹模的间隙 Z 可取 $(0.9\sim0.95)t$，整形时筒壁稍有变薄。这种整形也可与最后一道拉深工序合并，但应取稍大一些的拉深系数。

图6.45 无凸缘拉深件的整形

(2)带凸缘拉深件的整形。

带凸缘拉深件的整形如图6.46所示，整形部位可以是凸缘平面、底部平面、筒壁及圆角。其中凸缘平面和底部平面的整形主要是利用模具的校平作用，模具闭合时推件块与上模座、顶件板(压料圈)与固定板均应相互贴合，以传递并承受校平力；筒壁的整形与无凸缘拉深件的整形方法相同，主要采用负间隙拉深整形法；而圆角整形时由于圆角半径变小，要求从邻近区域补充材料，如果邻近材料不能流动过来(如凸缘直径大于筒壁直径的2.5倍时，凸缘的外径已不可能发生收缩变形)，则只有靠变形区本身的材料变薄来实现。这时，变形部位的材料伸长变形以不超过2%～5%为宜,否则变形过大会生拉裂。这种整形方法一般要经过反复试验后,才能决定整形模各工作部分零件的形状和尺寸。

整形力 F 可用下式估算:

$$F = pA \tag{6.36}$$

式中　p——单位面积上的整形力,MPa,可查表6.10;

A——整形面的投影面积,mm^2。

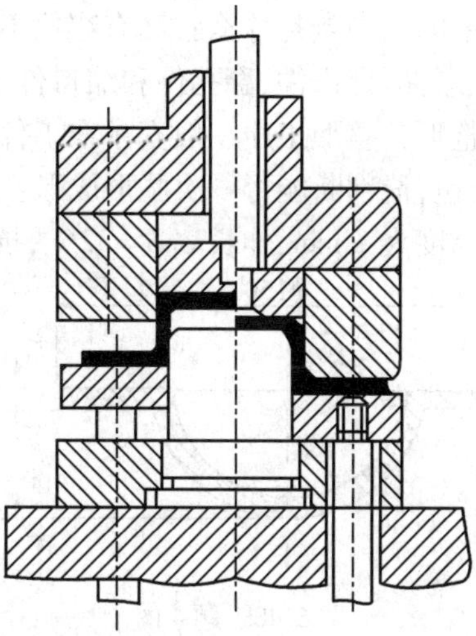

图6.46　带凸缘拉深件的整形

6.5　成形模制造特点

成形模的制造与拉深模、弯曲模的制造基本相同,所不同的主要是成形模工作零件的硬度和表面质量要求更高些。因此,成形模工作零件的加工有如下特点:

①成形模的凸模型面和凹模型腔一般都是由不同的平面和曲面组合而成,简单型面或型腔用普通的金属切削加工机床便可加工,复杂型面可采用数控加工机床或电加工机床加工。

②成形模中的特殊型面(或型腔)的形状和尺寸很难用卡尺、百分表等通用测量工具检测,一般需采用样板或样件进行测量,如图6.47所示。此外,轮廓形状测量仪也是一种小型高精度成形模具的有效测量工具,大型、精密的成形模还可用三坐标测量仪进行测量。

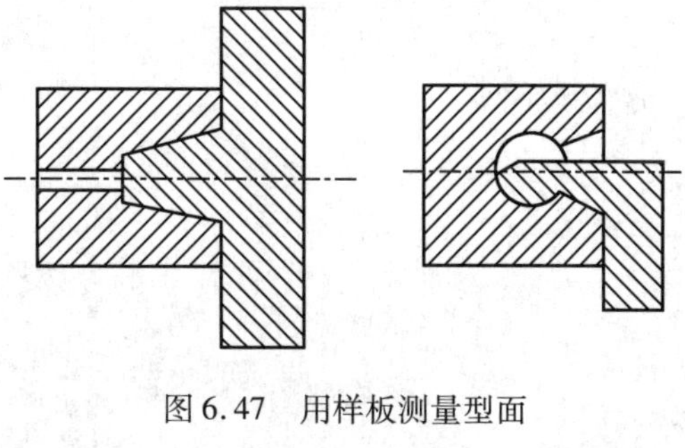

图6.47　用样板测量型面

③对于精度要求不太高而型面较复杂的成形模,其凸、凹模的精加工通常放在淬硬热处理之前进行,热处理之后仅对型面进行抛光处理。

④对于精度高、形状复杂的成形模工作零件,通常在热处理后还要进行修研、抛光和氮化处理。

成形模的装配方法及特点与拉深模、弯曲模的装配基本相同。

本章思考与练习题

1. 各成形工序在变形过程中的共同点是什么?又有哪些不同点?

2. 试分别各列举 2 ~ 3 种胀形件、翻边件、翻孔件和缩口件实例。

3. 工件在什么情况下需要整形?整形工序一般安排在工件冲压过程中的什么位置?

4. 要压制图 6.48 所示的凸包,请判断能否一次胀形成形?并计算用刚性模具成形的冲压力。工件材料为 08 钢,其材料厚度为 1 mm,伸长率 $\delta = 32\%$,抗拉强度 $\sigma_b = 430$ MPa。

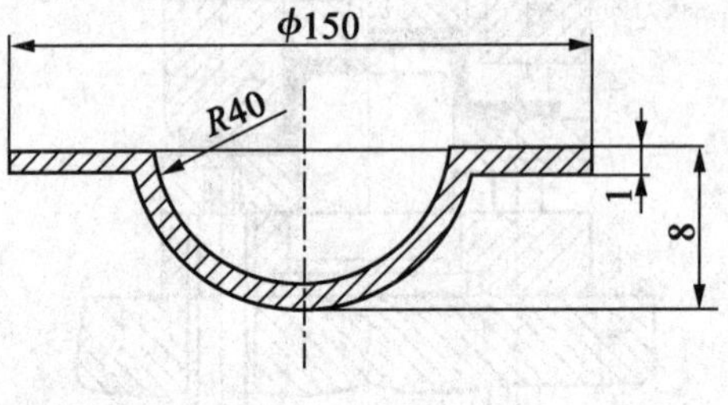

图 6.48 题 4 图

5. 试分析确定图 6.49 所示各零件的冲压工艺方案,并进行工艺计算。

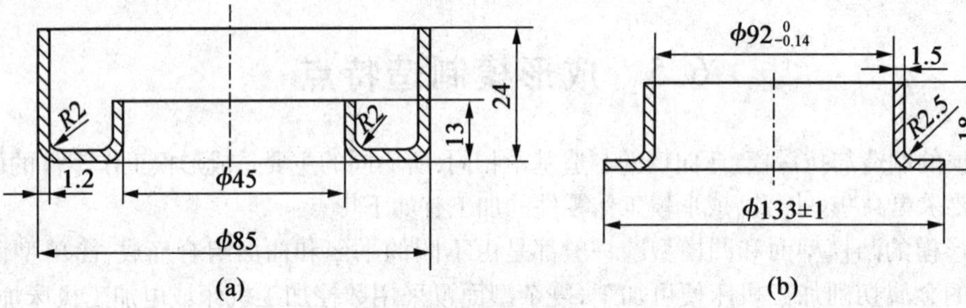

图 6.49 题 5 图

6. 设计图 6.49(a)所示零件的 $\phi 45$ 圆孔的翻孔模结构。

第7章　多工位级进模设计与制造

多工位级进模是在普通级进模的基础上发展起来的精密、高效、高寿命的先进模具。多工位级进模一般与自动送料、自动出件、自动检测与自动保护等装置配置在一起，以实现自动化生产，主要用于生产批量大、材料厚度较薄、形状复杂、精度要求较高的中小型冲件的生产。

7.1　多工位级进模的特点与分类

7.1.1　多工位级进模的特点

多工位级进模作为现代冲压生产的先进模具，与普通冲模相比具有以下显著特点：

(1)冲压生产效率高。

多工位级进模在不同工位连续完成复杂零件的冲裁、弯曲、拉深、翻孔、翻边及其他成形和装配等工序，大大减少了中间运转和复杂的定位等环节，显著提高了生产效率，尤其是高速压力机的应用更是成倍地提高了小型复杂零件的生产率。

(2)操作安全，自动化程度高。

多工位级进模一般都带有自动送料、自动出件装置，模具中设有安全检测装置，冲压加工发生误送或其他意外时，压力机能自动停机。一个操作工人能操作管理多台压力机，操作工人的手不需要进入危险区。这些充分体现了操作安全和自动化程度高的优点。

(3)冲件质量高。

多工位级进模通常具有高精度的导向和定距系统，能够保证冲压零件的加工精度。

(4)模具寿命长。

多工位级进模在冲压时，可将复杂零件的内形或外形加以分解，并在不同的工位逐段冲切、成形，简化了凸、凹模的刃口或型面形状。在工序集中的区域可增设空位，保证了凹模的强度。工作零件结构的优化，延长了模具的使用寿命。

(5)设计制造难度大，但冲压生产的总成本较低。

多工位级进模设计制造难度大、周期长、制造成本高，材料的利用率一般也比较低，但由于级进模生产效率高，压力机占有数少，需要的操作工人数和车间面积少，省略了储存和运输环节，因而产品零件的综合生产成本并不高，仍有较好的经济效益。这也是多工位级进模得到广泛应用的根本原因。

7.1.2　多工位级进模的分类

多工位级进模的类型很多，通常有如下两种分类方法。

1. 按级进模所包含的工序性质分类

多工位级进模按所包含的冲压工序性质不同，可分为冲裁多工位级进模、冲裁拉深多工位级进模、冲裁弯曲多工位级进模、冲裁成形(胀形、翻孔、翻边、缩口及整形等)多工位级进模、冲裁拉深弯曲多工位级进模及冲裁拉深弯曲成形多工位级进模等。

2. 按冲件成形方法分类

(1)封闭型孔级进模。

这种级进模的各工作型孔(除侧刃外)与被冲零件的各个型孔及外形(对于弯曲件即展开外形)的形状完全一致,并分别设置在一定的工位上,材料沿各工位经过连续冲压,最后获得所需要的冲件,如图 7.1 所示。

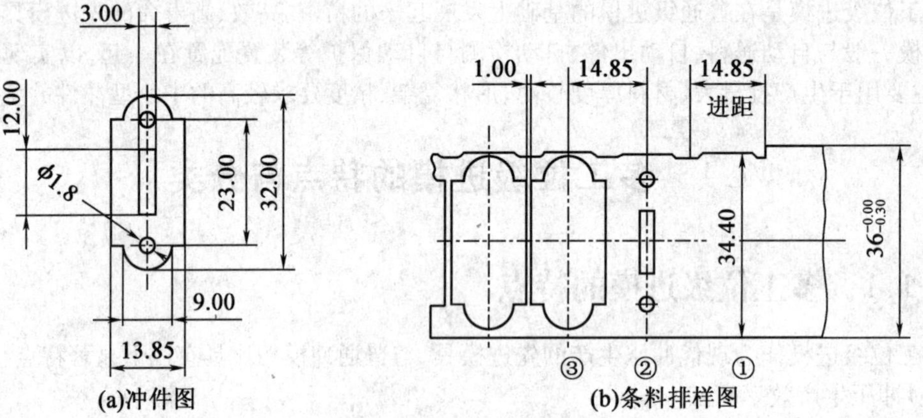

图 7.1　封闭型孔多工位级进冲压

(2)切除余料级进模。

这种级进模是对冲件较为复杂的外形和型孔,采取逐步切除余料的办法,经过逐个工位的连续冲压,最后获得所需要的冲件,如图 7.2 所示。显然,这种级进模工位数一般比封闭型孔级进模多。

7.2　多工位级进模的排样设计

多工位级进模的排样设计得合理与否,直接影响到模具设计的成败。多工位级进模工位数很多,要充分考虑分段切除和工序安排的合理性,并使条料在连续冲压过程中畅通无阻,级进模便于制造、使用、维修和刃磨。因此,设计排样图时应考虑多个方案,并进行分析、比较、综合后确定出最佳方案。

7.2.1　排样设计的原则及考虑的因素

1. 排样设计的原则

多工位级进模的排样设计是与工件冲压方向、变形次数及相应的变形程度密切相关的,还要考虑模具制造的可能性与工艺性。因此,排样图设计时应遵循下列原则:

(1)尽可能提高材料的利用率。

尽量按少、无废料排样,以便降低冲件成本,提高经济效益。双排或多排排样比单排排样要节省材料,但模具结构复杂,制造困难,给操作也带来不便,应综合考虑后加以确定。

(2)合理确定工位数。

在不影响凹模强度的原则下,工位数越少越好,这样可以减少累积误差,使冲出的零件精度高。但有时为了提高凹模的强度或便于安装凸模,需在排样图上设置空工位。原则上进距小($s<8$ mm)时宜多设空位,进距大($s>16$ mm)时应少设空位。

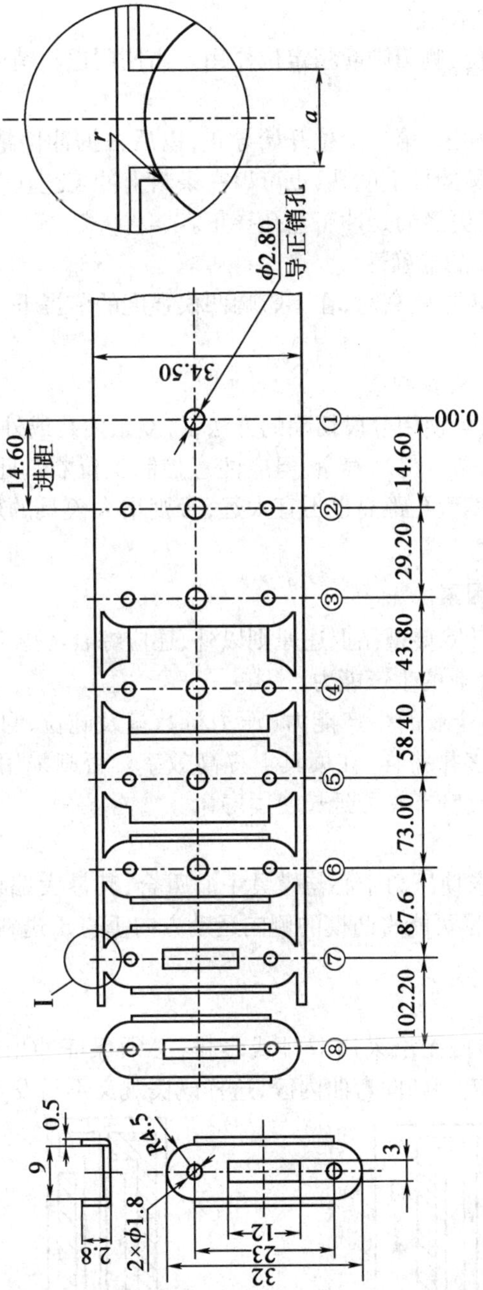

(a)冲件图

(b)条料排样图

图7.2　切除余料的多工位级进冲压

(3)合理安排工序顺序。

原则上宜先安排冲孔、切口及切槽等冲裁工序,再安排弯曲、拉深、成形等工序,最后切断或落料分离。但如果孔位于成形工序的变形区,则在成形后冲出。对于精度要求高的零件,应在成形工序之后增加校平或整形工序。

(4)保证条料送进进距的精度。

一般应设置导正销精定位,侧刃则起粗定位作用。当使用送料精度较高的送料装置时,可不设侧刃,只设导正销即可。

导正销孔应在第一工位冲出,第二工位开始导正,以后根据冲件精度要求,每隔适当工位设置导正销。导正销孔可以是冲件上的孔,也可以在条料上冲工艺孔。对于带料级进拉深,也可借助拉深凸模进行导正,但更多的是冲工艺孔导正。

(5)保证冲件形状及尺寸的准确性。

冲件上的型孔位置精度要求较高时,在不影响凹模强度的前提下,应尽量安排在同一工位或相邻两工位上冲出。

(6)提高凹模强度及便于模具制造。

冲压形状复杂的零件时,可使用分段切除的方法,将复杂内孔或外形分步冲出,以使凸、凹模形状简单规则,便于模具制造并提高寿命,但应注意控制工位数。此外,也要防止凹模型孔距离太近而影响其强度。凹模型孔距离也不宜太远,否则增大模具的尺寸既浪费材料又显得笨重,而且还会降低冲裁精度。

2. 排样设计时应考虑的因素

多工位级进模的排样设计除要遵循上述原则以外,还应综合考虑下列因素:

(1)冲件的生产批量与企业的生产能力。

当冲件的生产批量大,而企业的生产能力(压力机数量及吨位、自动化程度、工人技术水平等)不足时,可采用双排或多排排样,在模具上提高效率。否则采用单排排样较好,因为单排排样的模具结构简单,便于制造,并可延长使用寿命。

(2)冲压力的平衡。

排样图设计的结果应力求使压力中心与模具中心重合,其最大偏移量不能超过模具长度的1/6。需要侧向冲压时,应尽可能将凸模的侧向运动方向垂直于送料方向,以便侧向机构设在送料方向的两侧。

(3)冲件的毛刺方向。

当冲件有毛刺方向要求时,无论采用双排或多排,必须保证冲出的毛刺方向一致,如图7.3所示。对于弯曲件,应使毛刺朝向弯曲内区,这样既美观又不易发生弯裂。

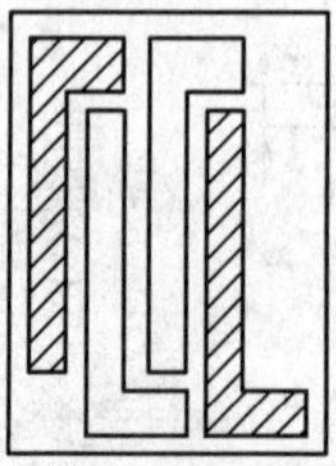

(a)两件毛刺方向相反

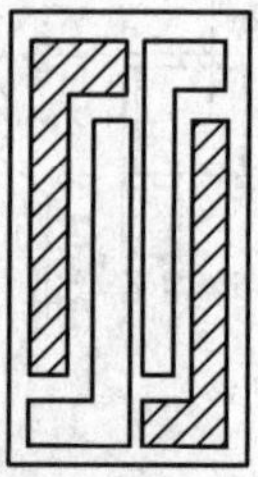

(b)两件毛刺方向相同

图7.3 排样图中冲件的毛刺方向

(4)成形工序件方向的设置。

在多工位级进冲压过程中,必须保持条料的基本平面为同一水平面,其成形部位只能向上或向下。对于弯曲、拉深等成形工序,究竟采用向上或向下成形,主要考虑模具结构和送料方法以及卸料与顶件的可靠性,力求使模具结构简单、送料方便、卸料顶件可靠稳定。

7.2.2　载体设计

载体就是级进冲压时条料上连接工序件并将工序件在模具上平稳送进的部分。载体与一般冲压排样时的搭边有相似之处,但作用完全不同。搭边是为了满足把工件从条料上冲切下来的工艺要求而设置的,而载体是为运载条料上的工序件至后续工位而设计的。载体必须具有足够的强度,能平稳地将工序件送进。如载体发生变形,条料的送进精度就无法保证,甚至阻碍条料送进或造成事故,损坏模具。载体与工序件之间的连接段称为搭接头。

根据冲件形状、变形性质及材料厚度等情况的不同,载体可有下列几种形式。

1. 单侧载体

单侧载体是在条料的一侧留出一定宽度的材料,并在适当位置与工序件连接,实现对工序件的运载,如图 7.4 所示。单侧载体的尺寸如图 7.5(a)所示。

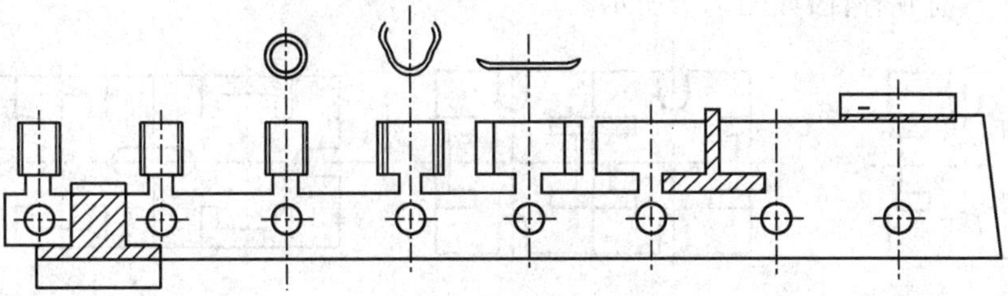

图 7.4　单侧载体应用示例

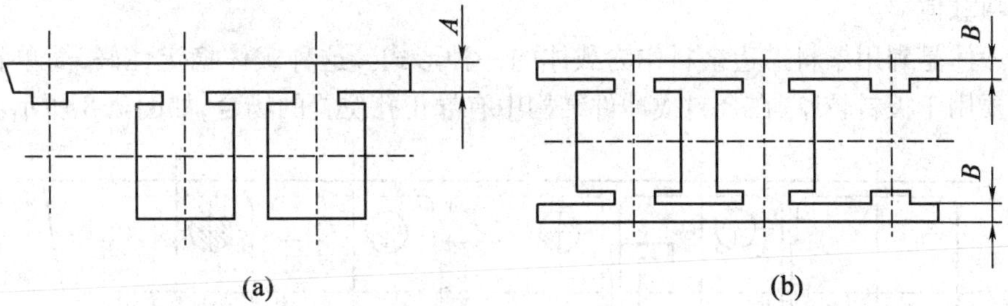

(a)　(b)

t	A_{min}	B_{min}	t	A_{min}	B_{min}
<0.3	3	1.5	0.8~1.2	6	3
0.3~0.8	4	2	1.2~2.0	8	4

(c)

图 7.5　单侧和双侧载体的尺寸

2. 双侧载体

双侧载体又称标准载体,是单侧载体的一种加强形式,它是在条料两侧分别留出一定宽度的材料运载工序件,如图 7.2 所示。双侧载体比单侧载体更稳定,具有更高的定位精度,主要用于材料较薄、冲件精度要求较高的场合,但材料利用率低。双侧载体的尺寸如图 7.5(c)所示。

3. 中间载体

中间载体位于条料中部,它比单侧或双侧载体节省材料,在弯曲件的工序排样中应用较多,如图 7.6 所示。中间载体的宽度可根据冲件的特点灵活确定,但不应小于单侧载体的宽度。

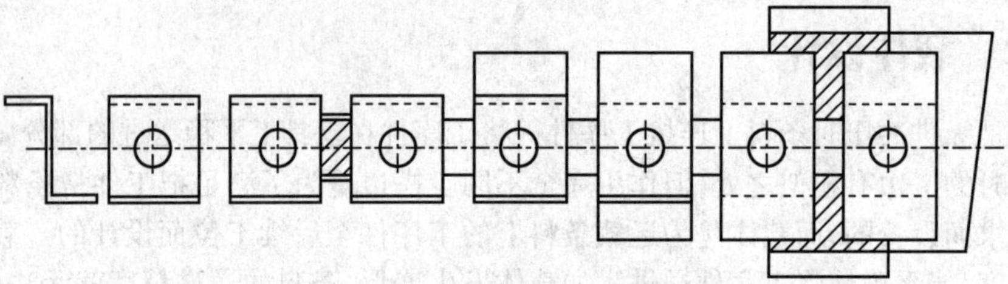

图 7.6 中间载体应用示例

4. 无载体

无载体实际上与坯料无废料排样是一致的,冲件外形具有一定的特殊性,即要求坯料左右边界在几何上具有互补性,如图 7.7 所示。

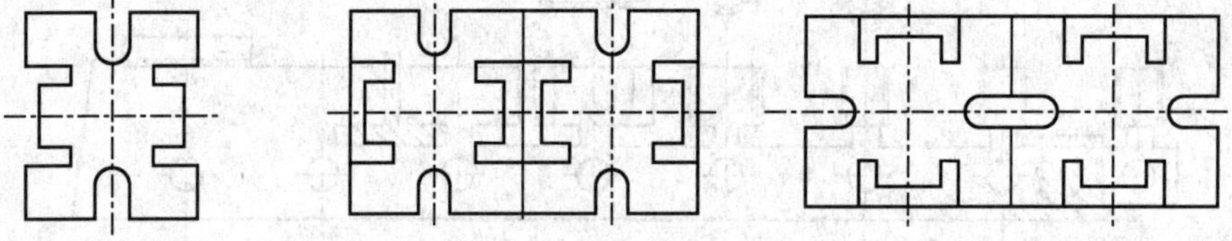

图 7.7 无载体应用示例

5. 边料载体

边料载体是利用条料搭边余料作为载体的一种形式。这种载体稳定性好,简单省料。边料载体主要用于板料较厚、在余料或冲件结构中有导正孔位置的场合,如图 7.8 所示。

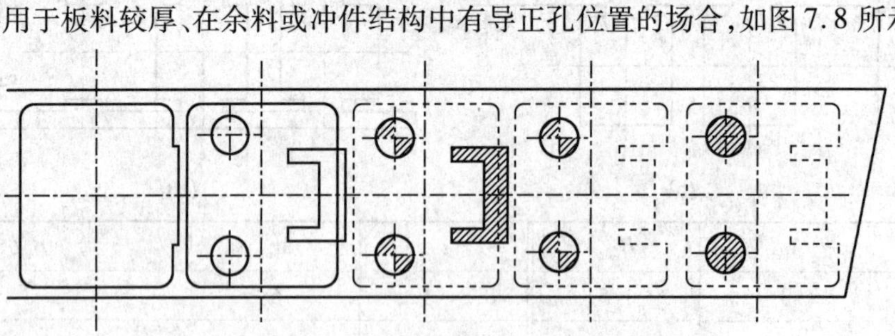

图 7.8 边料载体应用示例

7.2.3 冲切刃口设计

为实现复杂零件的冲压或优化模具结构,在切除余料级进模中,一般总是将复杂外形和内形孔分几次冲切,这就要求设计合理的凸模和凹模刃口外形,实现冲件轮廓的分解和重组,这一工作称为冲切刃口设计。

1. 冲切刃口设计的原则

冲切刃口设计一般在坯料排样后进行，设计时应遵循的原则是：刃口分解与重组应保证冲件的形状和尺寸精度；轮廓分解的段数应尽量少，分解后各段间的连接应平直圆滑，并有利于简化模具结构，重组后形成的凸模和凹模外形要简单规则，有足够的强度，便于加工等。图 7.9 所示为冲切外形时两种较好的刃口分解和组合方式。

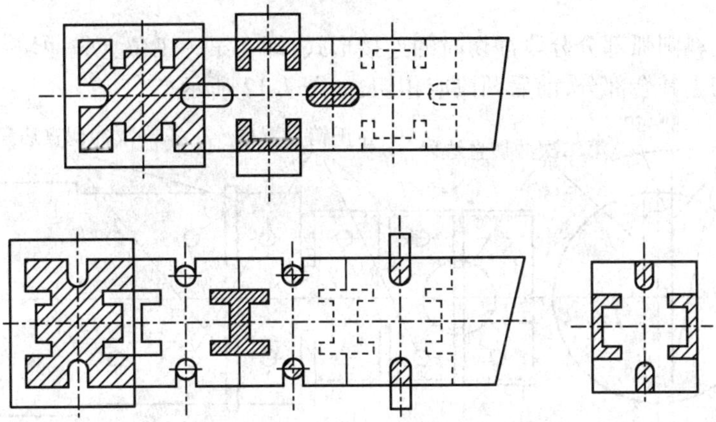

图 7.9　刃口分解和组合示例

2. 轮廓分解时分段搭接头的基本形式

内、外形轮廓分解后，各段之间必然要形成搭接头，不恰当的分解会导致搭接头处产生毛刺、错牙、尖角、塌角、不平直及不圆滑等质量问题。常见的搭接头形式有以下三种：

(1) 搭接。

搭接是指毛坯轮廓经分解与重组后，冲切刃口之间相互交错，有少量重叠部分，如图 7.10 所示。按搭接方式进行刃口分解，对保证搭接头连接质量比较有利，使用得最普遍。搭接量一般大于 $0.5t$，若不受搭接型孔尺寸的限制，搭接量可达 $(1\sim2.5)t$。

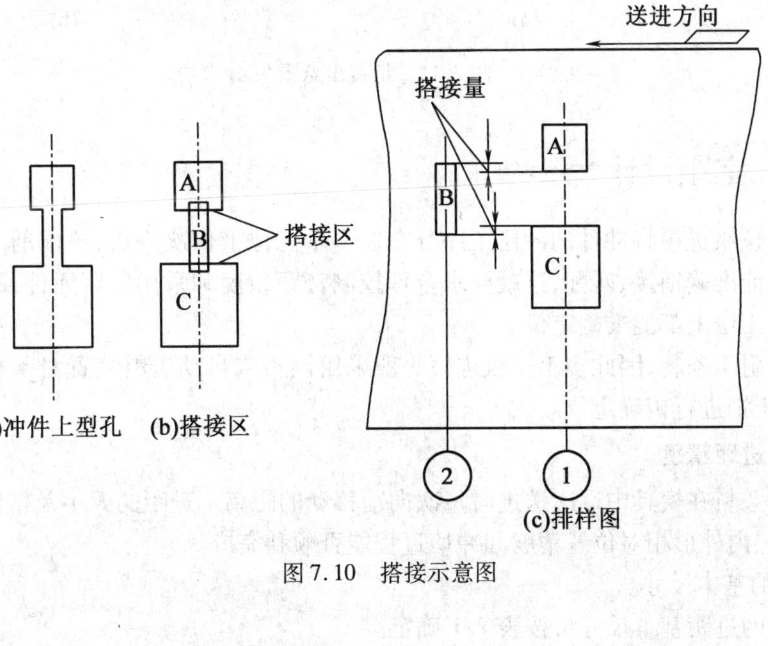

图 7.10　搭接示意图

(2)平接。

平接是在冲件的直边上先冲切一段,在另一工位再冲切余下的一段,经两次或多次冲切后,形成完整的平直直边,如图 7.11 所示。这种连接方式可提高材料利用率,但设计制造模具时,其进距精度、凸模和凹模制造精度都要求较高,并且在直线的第一次冲切和第二次冲切的两个工位上必须设置导正销导正。

(3)切接。

切接是在坯料圆弧部分分段冲切时的连接形式,即在第一工位上先冲切一部分圆弧段,在后续工位上再切去其余部分,前后两段应相切,如图 7.12 所示。

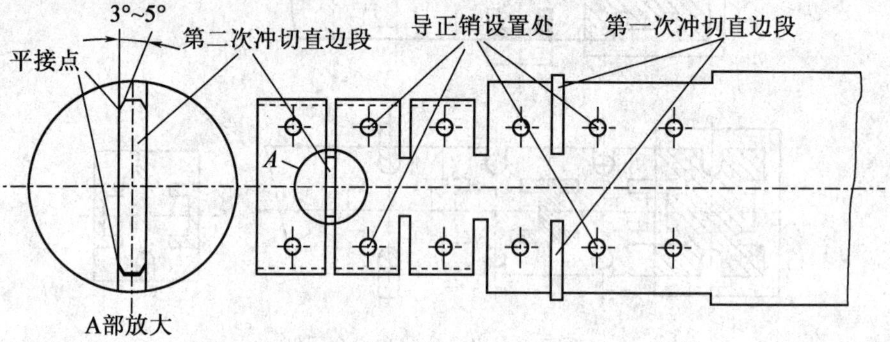

图 7.11　平接示意图

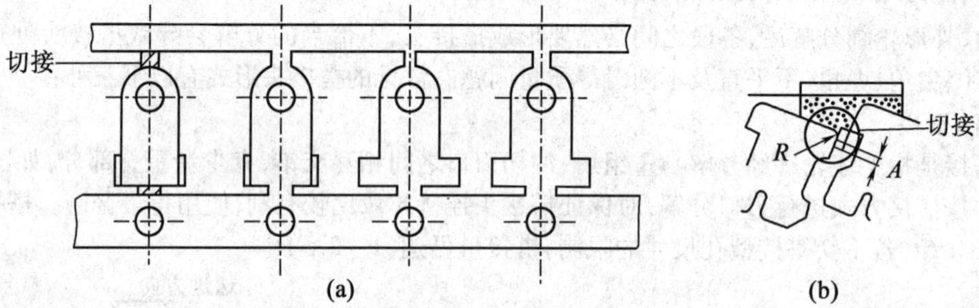

图 7.12　切接示意图

7.2.4　定距设计

由于多工位级进模将冲件的冲压工序分布在多个工位上依次完成,要求前后工位上工序件的冲切部位能准确衔接、匹配,这就要求合理控制订距精度和采用定距元件或定距装置,使工序件在每个工位上都能准确定位。

工序件依附于条料,因此多工位级进模一般采用侧刃或自动送料装置对条料进行送进定距,并设置导正销进行精确定位。

1. 进距和进距精度

进距是指条料在模具中逐次送进时每次向前移动的距离。进距的大小及精度直接影响冲件的外形精度、内外形相对位置精度和冲切过程能否顺利完成。

(1)进距的基本尺寸。

常见排样的进距基本尺寸可按表 7.1 确定。

表 7.1　常见排样进距的基本尺寸

<table>
<tr><td>排样方式（自右向左送料）</td><td>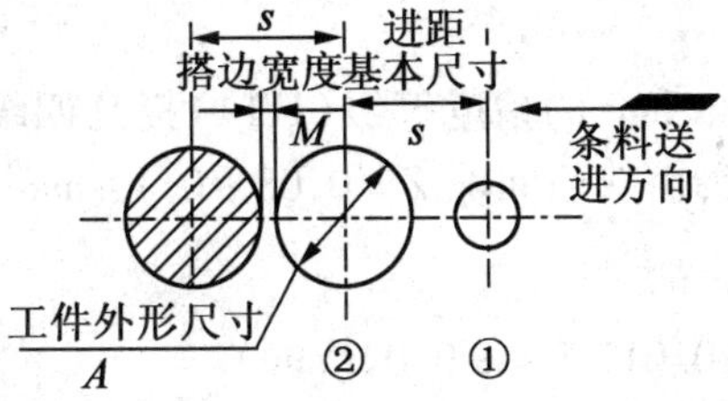
</td><td>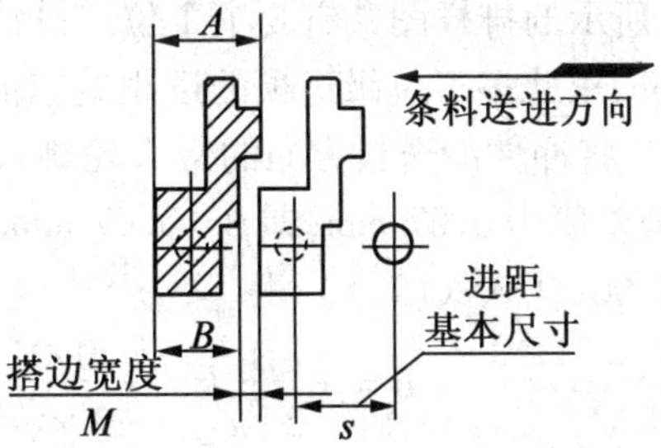
</td></tr>
<tr><td>进距基本尺寸</td><td>$s = A + M$</td><td>$s = B + M$</td></tr>
<tr><td>排样方式（自右向左送料）</td><td>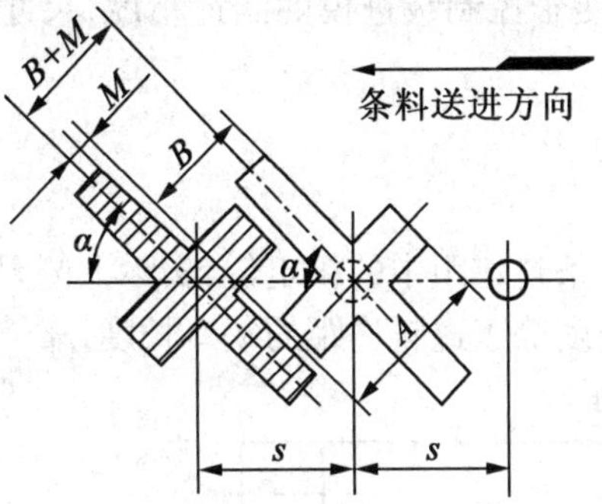
</td><td>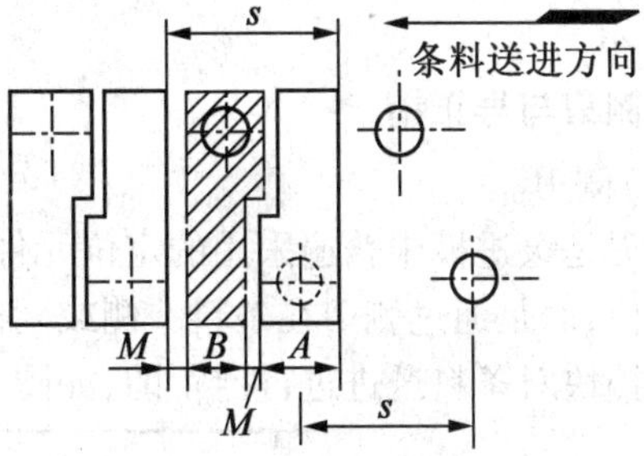
</td></tr>
<tr><td>进距基本尺寸</td><td>$s = \dfrac{M + B}{\sin\alpha}$</td><td>$s = A + B + 2M$</td></tr>
</table>

（2）进距精度。

进距精度越高，冲件的精度也越高，但进距精度过高将给模具加工带来困难。影响进距精度的主要因素有冲件的精度等级、复杂程度、材质、材料厚度、模具的工位数以及冲压时条料的送进方式和定距方式等。

采用导正销定距的多工位级进模，其进距精度一般可按如下经验公式估算：

$$\delta = \pm \frac{\beta}{2\sqrt[3]{n}}k \tag{7.1}$$

式中　δ——多工位级进模进距对称偏差值，mm；

β——将冲件沿送料方向最大轮廓尺寸的精度等级提高四级后的实际公差值，mm；

n——模具设计的工位数；

k——修正系数，见表 7.2。

表 7.2　修正系数 k 值

冲裁间隙 Z（双面）/mm	k	冲裁间隙 Z（双面）/mm	k
0.01～0.03	0.85	0.12～0.15	1.03
0.03～0.05	0.90	0.15～0.18	1.06
0.05～0.08	0.95	0.18～0.22	1.10
0.08～0.12	1.00		

例 7.1 如图 7.2(a)所示,冲件经展开后沿送料方向的最大轮廓尺寸为13.85 mm,按图7.2(b)所示的排样图共有 8 个工位。设冲件的精度等级为 IT14 级,模具的双面间隙为0.08 ~ 0.10 mm,求此多工位级进模的进距偏差值。

解 将冲件沿送料方向的最大轮廓尺寸 13.85 mm 的精度等级(IT14)提高四级后(IT10级)的公差值为 0.07 mm,即 $\beta=0.07$ mm,而 $n=8$,由双面间隙 $Z=0.08\sim0.10$ mm,查表 7.2 得 $k=1.00$,代入式(7.1),得

$$\delta=\pm\frac{\beta}{2\sqrt[3]{n}}k=\pm\frac{0.07}{2\times\sqrt[3]{8}}\times1=\pm0.017\,5\approx\pm0.02(\text{mm})$$

为了克服多工位级进模各工位之间进距的累积误差,在标注凹模、凸模固定板、卸料板等零件中与进距有关的孔位尺寸时,均以第一工位为尺寸基准向后标注,并以对称偏差值 δ 标注进距公差,这样可避免各工位间积累误差的影响,便于控制级进模的制造精度,尺寸标注如图 7.13 所示。

2. 侧刃与导正销

(1)侧刃。

侧刃是级进模中普遍采用的定位元件,常用于条料定距中的粗定位,实际上侧刃并不直接用于定位,而是通过侧刃在条料一侧或两侧冲切长度等于送料进距的缺口长度,靠缺口台肩抵住侧刃挡块对条料送进进行定距的,如图 7.14 所示。

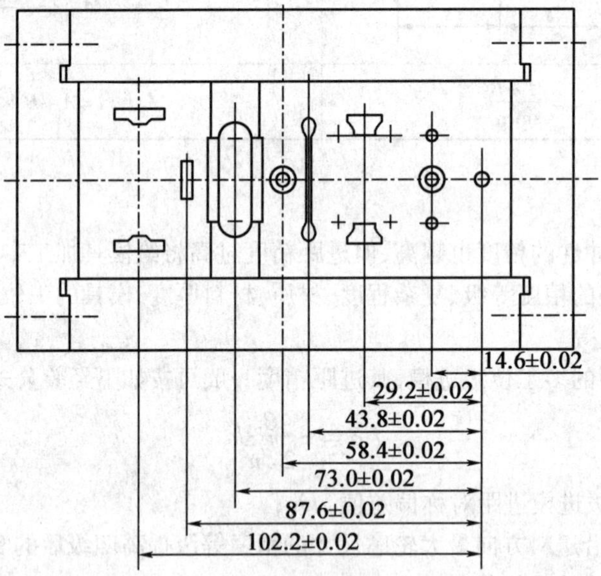

图 7.13 多工位级进模凹模进距尺寸及公差标注

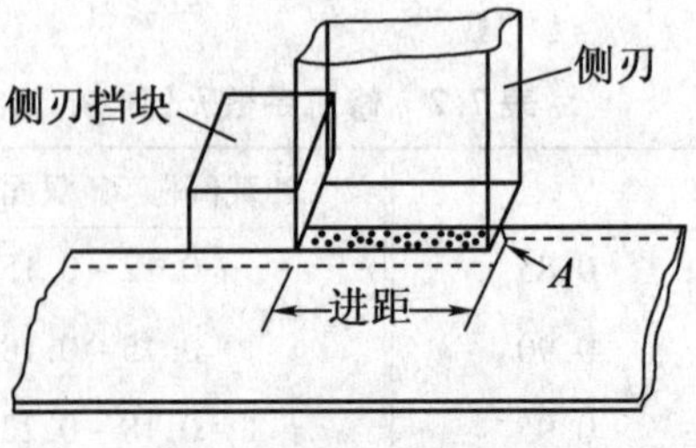

图 7.14 侧刃定距原理

侧刃冲切缺口的宽度尺寸如图 7.15 所示。根据 A 值的大小,有时还要对坯料排样时确定的条料宽度进行适当调整。经侧刃冲切后的条料与导料板之间的间隙不宜过大,一般在 0.05 ~0.15 mm,薄料取小值,厚料取大值。

侧刃冲切缺口长度应略大于进距基本尺寸,以使导正销插入条料导正孔后有回退 0.03 ~ 0.15 mm 的余地,从而达到精确定位的目的。否则,导正销无法顺利插入导正孔,若强行插入,则会引起小直径导正销弯曲或导正孔变形,难以实现对条料的精确定位。

在高速冲压时,一般采用自动送料装置实现带料的自动送进,其送料进距精度主要取决于送料装置的精度。当进距精度要求高时,送料装置的送进一般也只用作粗定位,还需用导正销进行精定位。

(2)导正销。

在多工位级进模中,导正销常用于插入条料上的导正孔以校正条料的位置,保持凸模、凹模和冲件三者之间具有正确的相对位置。导正销起精定位的作用,一般与其他粗定位方式结合使用,其定位原理如图 7.16 所示。

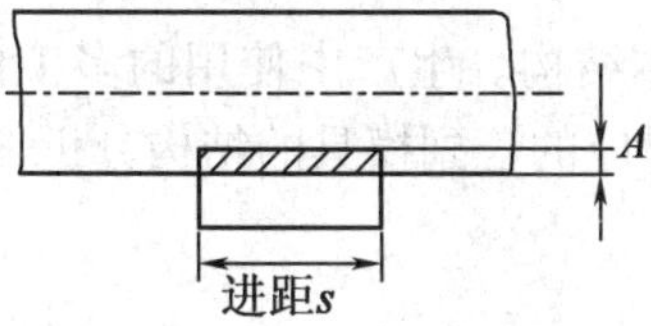

t	A_{min}
<0.3	1.0
0.3~0.8	1.5
0.8~1.2	2.0
1.2~2.0	3.0
2.0~2.6	4.0

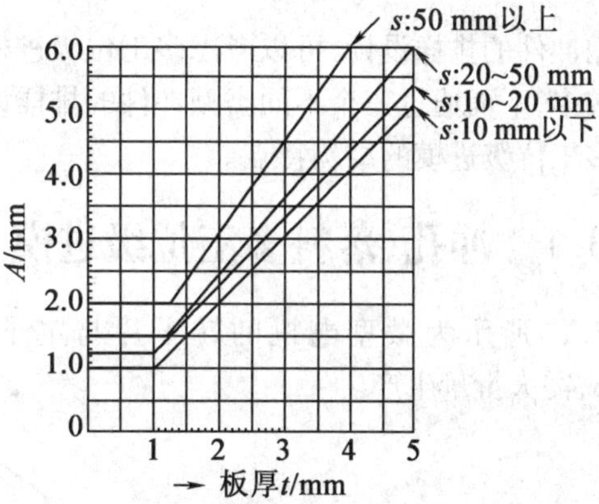

图 7.15　侧刃冲切缺口的宽度尺寸

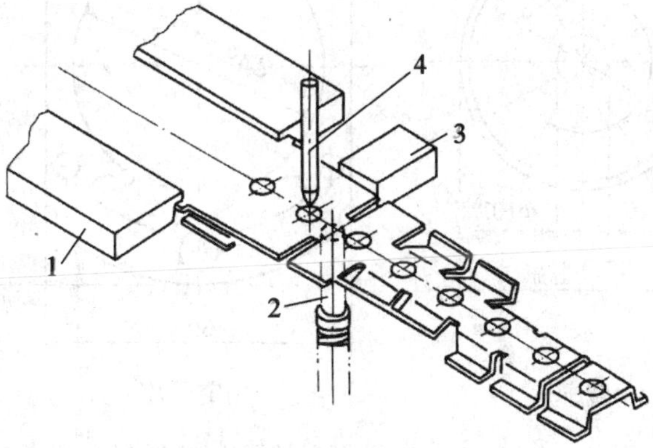

图 7.16　导正销定位原理示意图

1—导料板;2—顶料销;3—侧刃挡块;4—导正销

①导正孔直径。导正孔直径与导正销校正能力有关。导正孔直径过小,导正销易弯曲变形,导正精度差;导正孔过大则会降低材料的利用率和载体强度。一般导正孔直径大于或等于材料厚度的 2 倍,对于薄料($t<0.5$ mm),导正孔直径应大于或等于 1.5 mm,导正孔直径的经验值见表 7.3。

表 7.3 导正孔直径的经验值

t/mm	d_{min}/mm
<0.5	1.5
0.5~1.5	2.0
>1.5	2.5

②导正销的设置。导正孔要在第一工位冲出,紧接的工位上要有导正销。在以后的工位上,还应优先在材料易窜动或重要的工位上设置导正销,单侧载体的末工位也要有导正销,以校正载体横向弯曲。导正销至少要设置两个,当导正销数量超过两个时,可等间距布置。

7.3 多工位级进模的典型结构

根据冲件的排样设计,可以考虑多工位级进模的整体结构。生产中使用的多工位级进模的类型较多,下面通过三个不同类型冲件的排样设计和对应的三副模具的结构分析,介绍不同类型的多工位级进模的结构特点。

7.3.1 冲孔、落料多工位级进模

图 7.17 所示为微型电机的转子片与定子片简图,材料为电工硅钢片,材料厚度为 0.35 mm,需大批量生产。

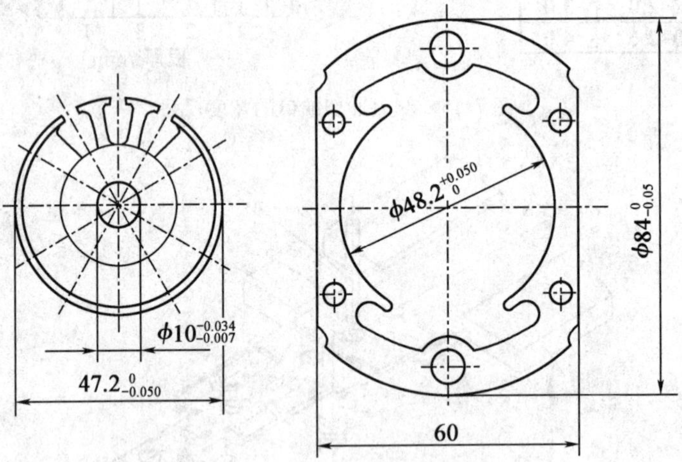

(a)转子片 (b)定子片

图 7.17 微型电机的转子片与定子片

1. 排样图设计

由于微型电机的转子片和定子片在使用中所需数量相等,转子的外径比定子的内径小 1 mm,因此定子片和转子片具备套冲的条件。由图可知,定子、转子冲件的精度要求较高,形状也比较复杂,故适宜采用多工位级进模冲压,冲件的冲压工序均为冲孔和落料。冲件的异形孔较多,在级进模的结构设计和加工制造上都有一定的难度,因此要精心设计,各种问题都要考虑周全。

微电机的定子、转子冲片是大批量生产,故选用硅钢片卷料,采用自动送料装置送料,其送料精度可达 ±0.05 mm。为了进一步提高送料精度,在模具中还应使用导正销做精定位。

如图7.18所示,排样图分8个工位,各工位的工序内容如下。

①工位1:冲两个 $\phi8$ mm 的导正销孔;冲转子片各槽孔和中心轴孔;冲定子片两端四个小孔的左侧2孔。

②工位2:冲定子片右侧两个孔;冲定子片两端中间两个孔;冲定子片角部两个工艺孔;转子片槽和 $\phi10$ mm 孔校平。

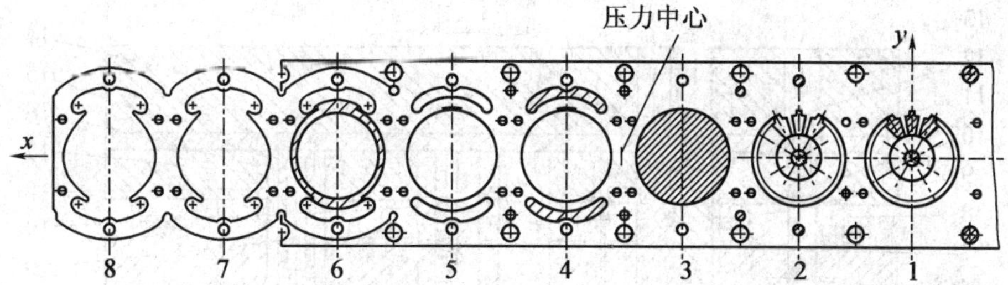

图7.18　微型电机转子片与定子片的排样图

③工位3:转子片外径为 $\phi47.2_{-0.050}^{\ 0}$ mm 落料。

④工位4:冲定子片两端异形槽孔。

⑤工位5:空工位。

⑥工位6:冲定子片 $\phi48.2_{\ 0}^{+0.050}$ mm 内孔,切除定子片两端圆弧余料。

⑦工位7:空工位。

⑧工位8:切断定子片。

排样图进距为60 mm,与定子片宽度相等。

转子片中间 $\phi10$ mm 的孔有较高的精度要求,12个线槽孔要直接缠绕径细、绝缘层薄的漆包线,不允许有明显的毛刺。为此,在工位2设置对 $\phi10$ mm 孔和12个线槽孔的校平工序。通过工位3完成转子片的落料。

定子片中的异形孔比较复杂,孔中有四个较狭窄的突出部分,若不将内形孔分解冲切,则整体凹模中四个突出部位容易损坏。为此,把内形孔分为两个工位冲出,考虑到 $\phi48.2_{\ 0}^{+0.050}$ mm 孔精度较高,应先冲两头长形孔,后冲中孔,同时将三个孔打通,完成内孔冲裁。若先冲中孔,后冲长形孔,可能引起中孔的变形。

工位8采取单边切断的方法,尽管切断处相邻两片毛刺方向不同,但不影响使用。

2. 模具结构

根据排样图,该模具为八工位级进模,进距为60 mm。模具的基本结构如图7.19所示。为保证冲件的精度,采用了四导柱滚珠导向钢板模架。

模具由上、下两部分组成:

(1)下模部分。

①凹模。凹模由凹模基体2和凹模镶块21等组成。凹模镶块共有四块,工位1、2、3为第一块,工位4为第二块,工位5、6为第三块,工位7、8为第四块。每块凹模分别用螺钉和销钉固定在凹模基体上,保证模具的进距精度达 ±0.005 mm。凹模材料为Cr12MoV,淬火硬度为HRC62~64。

②导料装置。在组合凹模的始末端均装有局部导料板，始端导料板 24 装在工位 1 前端，末端导料板 28 设在工位 7 以后，采用局部导料板的目的是避免带料送进过程中产生过大的阻力。中间各工位上设置了四组八个槽式浮顶销 27，其结构如图 7.20 所示，槽式浮顶销在导向的同时具有向上浮料的作用，使带料在运行过程中从凹模面上浮起一定的高度（约 1.5 mm），以利于带料的运行。

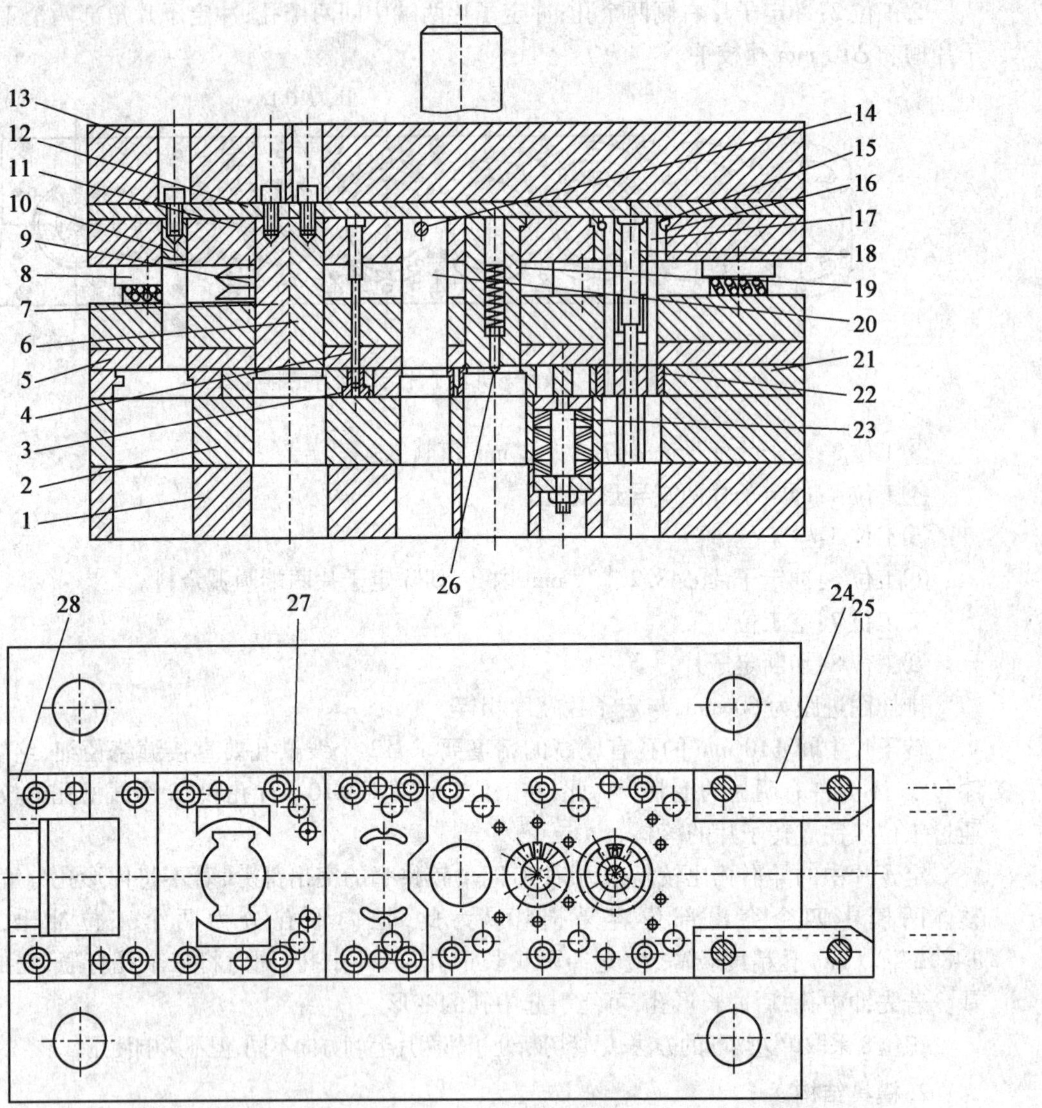

图 7.19　微电机转子片与定子片多工位级进模

1—下模座；2—凹模基体；3—导正销座；4—导正销；5—卸料板；6，7—切废料凸模；8—滚动导柱导套；9—碟形卸料弹簧；10—切断凸模；11—凸模固定板；12—垫板；13—上模座；14—销钉；15—卡圈；16—凸模座；17—冲槽凸模；18—冲孔凸模；19—落料凸模；20—冲异形孔凸模；21—凹模镶块；22—冲槽凹模；23—弹性校平组件；24—始端导料板；25—承料板；26—弹性防粘推杆；27—槽式浮顶销；28—末端导料板

③校平组件。在下模工位 2 的位置设置了弹性校平组件 23，其目的是校平前一工位上冲出的转子片槽和 $\phi10$ mm 孔。校平组件中的校平凸模与槽孔形状相同，其尺寸比冲槽凸模周边大 1 mm 左右，并以间隙配合装在凹模板内。为了提供足够的校平力，采用了碟形弹簧。

(2)上模部分。

①凸模。凸模高度应符合工艺要求,工位 3 的 $\phi 47.2$ mm 的落料凸模 19 和工位 6 的三个凸模较大,应先进入冲裁工作状态,其余凸模均比其短 0.5 mm。当大凸模完成冲裁后,再使小凸模进行冲裁,这样可防止小凸模折断。

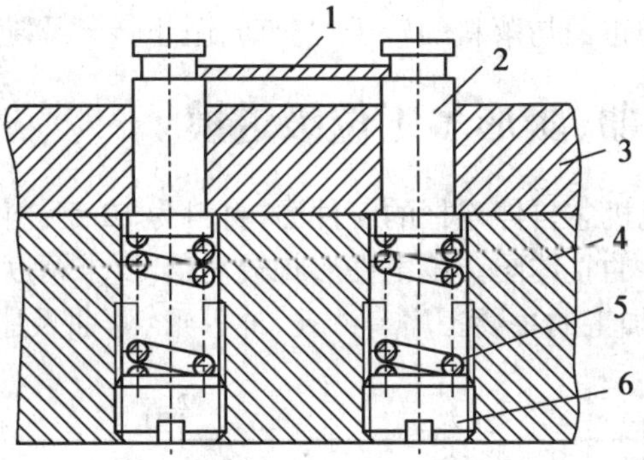

图 7.20　槽式浮顶销

1—带料;2—浮顶销;3—凹模;4—下模座;5—弹簧;6—螺堵

模具中冲槽凸模 17,切废料凸模 6、7,冲异形孔凸模 20 都为异形凸模,无台阶。大一些的凸模采用螺钉紧固,冲异形孔凸模 20 呈薄片状孔,故采用销钉 14 吊装于凸模固定板 11 上,至于环形分布的 12 个冲槽凸模 17 是镶在带台阶的凸模座 16 上相应的 12 个孔内,并采用卡圈 15 固定,如图 7.21 所示。卡圈切割成两半,用卡圈卡住凸模上部磨出的凹槽,可防止凸模卸料时被拔出。

②弹性卸料装置。由于模具中有细小凸模,为了防止细小凸模折断,需采用带辅助导向机构(即小导柱和小导套)的弹性卸料装置,使卸料板对小凸模进行导向保护。小导柱、导套的配合间隙一般为凸模与卸料板之间配合间隙的 1/2,本模具由于间隙值都很小,因此模具中的辅助导向机构是共用的模架滚珠导向机构。

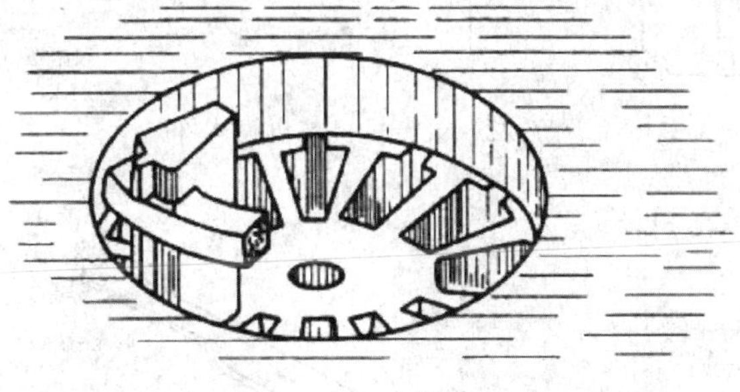

图 7.21　冲槽凸模的固定

为了保证卸料板具有良好的刚性和耐磨性,并便于加工,卸料板共分为四块,每块板厚为 12 mm,材料为 Cr12,并热处理淬火硬度为 HRC55 ~ 58。各块卸料板均装在卸料板基体上,卸料板基体用 45 钢制作,板厚为 20 mm。因该模具所有的工序都是冲裁,卸料板的工作行程小,为了保证足够的卸料力,采用了六组相同的碟形弹簧作为弹性元件。

③定位装置。模具的进距精度为 ±0.005 mm,采用的自动送料装置精度为 ±0.05 mm,为此,分别在模具的工位 1、3、4、8 上设置了四组共八个呈对称布置的导正销,以实现对带料的精确定位。导正销与固定板和卸料板的配合选用 H7/h6。在工位 8,带料上的导正销孔已被切

除,此时可借用定子片两端 ϕ6 mm 孔作为导正销孔,以保证最后切除时的定位精度。在工位3切除转子片外圆时,用装在凸模上的导正销,借用中心孔 ϕ10 mm 导正。

④防粘装置。防粘装置是指弹性防粘推杆26及弹簧等,其作用是防止冲裁时分离的材料粘在凸模上,影响模具的正常工作,甚至损坏模具。工位3的落料凸模上均布了三个弹性防粘推杆,目的是使凸模上的导正销与落料的转子片分离,阻止转子片随凸模上升。

7.3.2 冲裁、弯曲、胀形多工位级进模

图7.22所示为录音机机芯自停连杆的工件图,材料为10钢,料厚0.8 mm,属于大批量生产。图7.23所示为该工件的立体图。该工件形状较复杂,要求精度较高,有a、b、c三处弯曲,还有四个小凸包。该零件加工的主要工序有冲孔、冲外形、弯曲及胀形等,适宜采用多工位级进模进行冲压加工。

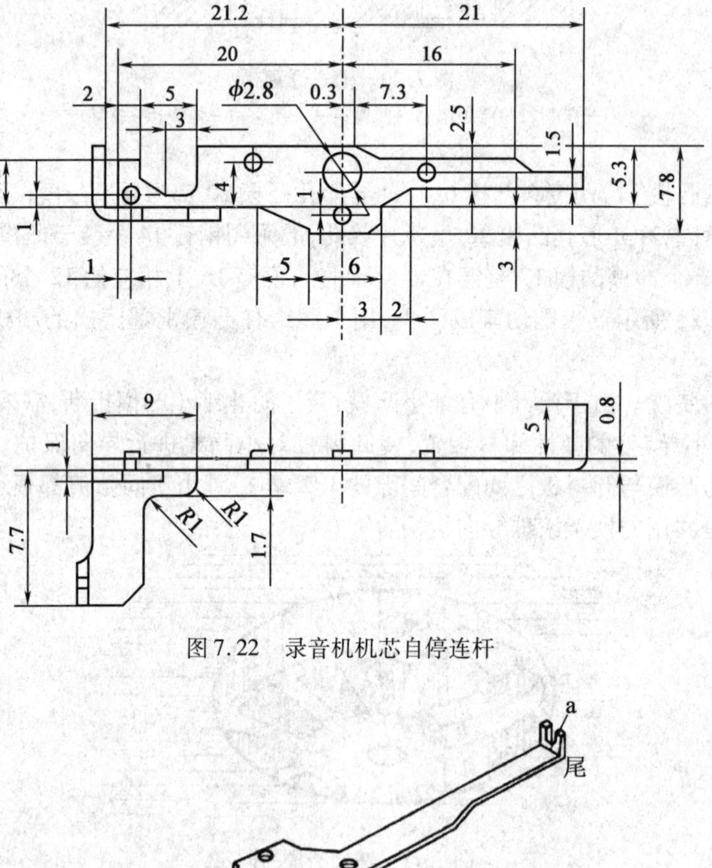

图7.22 录音机机芯自停连杆

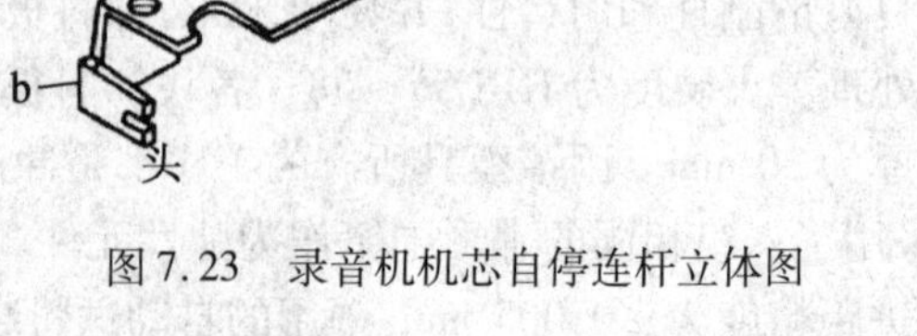

图7.23 录音机机芯自停连杆立体图

1. **排样图设计**

冲压材料采用厚0.8 mm的钢带卷料,用自动送料装置送料。该零件排样图如图7.24所

示,共有六个工位,即

①工位1:冲导正销孔;冲 ϕ2.8 mm 圆孔;冲K区的窄长孔,并冲T区的T形孔。

②工位2:冲工件右侧M区外形和连同下一工位的E区外形。

③工位3:冲工件左侧N区的外形。

④工位4:工件a部位的向上5 mm弯曲,冲四个小凸包。

⑤工位5:工件b部位的向下4.8 mm弯曲。

⑥工位6:工件c部位的向下7.7 mm弯曲;F区连体冲裁,废料从孔中漏出,工件脱离载体,从模具左侧滑出。

工件的外形是分五次冲裁完成的,如图7.24所示。若把工件分为头部、尾部和中部,尾部的冲裁是分左右两次进行的,如果一次冲出尾部外形,则凹模中间部位将处于悬臂状态,容易损坏。工件头部的冲裁也是分两次完成的,第一次是冲头部的T形槽,第二次是E区的连体冲裁,采用搭接的方式以消除搭接处的缺陷。如果两次冲裁合并,则凹模的强度不够。工件中部的冲裁兼有零件切断分离的作用。

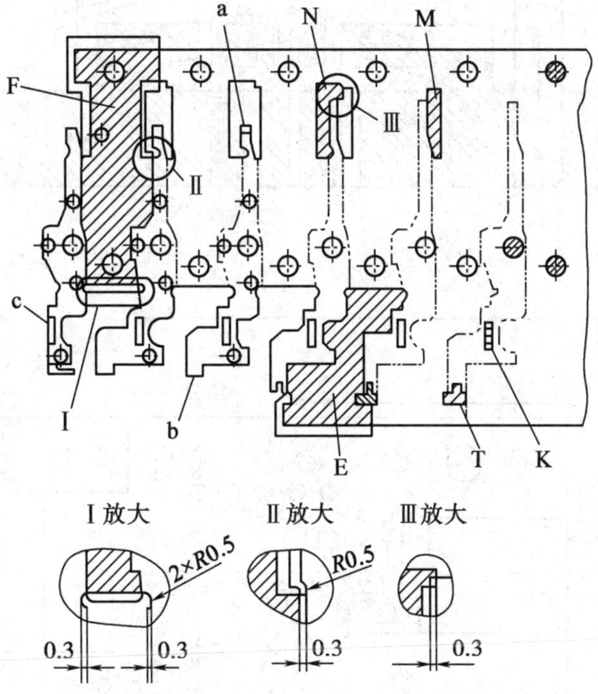

图7.24　机芯自停连杆排样图

2. 模具结构

机芯自停连杆多工位级进模如图7.25所示,带料采用自动送料装置送进,用导正销进行精确定位。在工位1冲出导正销孔后,在工位2和工位5上均设置导正销导正,从而保证零件冲压加工的精度。

模具的上模部分由卸料板、凸模固定板、垫板和各个凸模组成;下模部分由凹模、垫板、导料板及弹顶器等组成。模具采用滑动对角导柱模架。

(1)导向装置。

带料依靠模具两端设置的导料板导向,中间部位采用槽式浮顶销导向。由于工件有弯曲工序,每次冲压后需将带料顶起,以便于带料的运送,槽式浮顶销具有导向和顶料的双重作用。从图 7.25 俯视图可以看出,在送料方向右侧装有五个槽式浮顶销,因在工位 3 左侧 E 区材料已被切除,边缘无材料,因此在送料方向左侧只能装三个槽式浮顶销。在工位 4、工位 5 的左侧是具有弯曲工序的部位,为了使带料在冲压过程中能可靠地顶起,在图示部位设置了弹性顶料销 3。为了防止顶料销钩住已冲出的缺口,造成送料不畅,靠内侧带料仍保持连续的部分下方设置了三个弹性顶料销。这样,就由八个槽式浮顶销和三个弹性顶料销协调工作顶起带料,顶料的弹力大小由装在下模座内的螺堵调节。

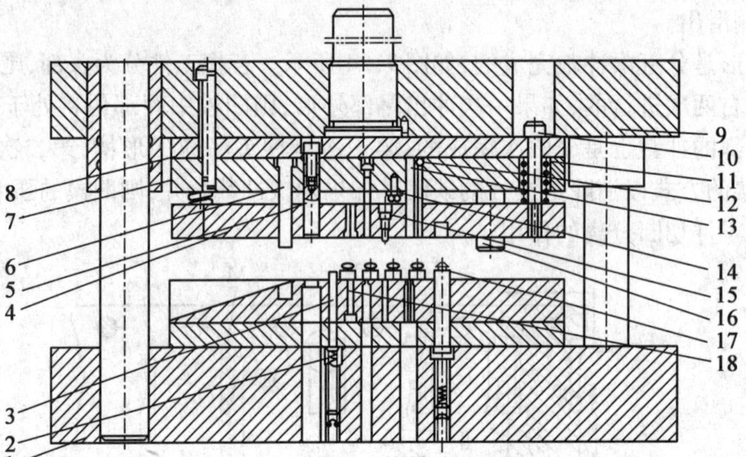

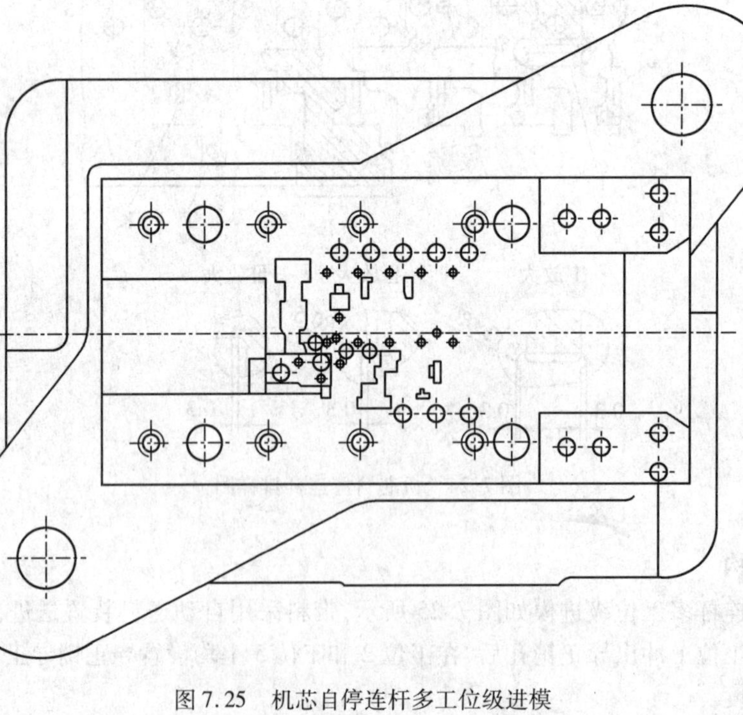

图 7.25　机芯自停连杆多工位级进模

1—下模座;2,11—弹簧;3—弹性顶料销;4—卸料板;5—F 区冲裁凸模;6—弯曲凸模;7—凸模固定板;8—垫板;9—上模座;10—卸料螺钉;12—冲孔凸模;13—T 区冲裁凸模;14—固定凸模用压板;15—导正销;16—小导柱;17—槽式浮顶销;18—压凸包凸模

带料共有三个部位的弯曲,a 部位的弯曲是向上的弯曲,弯曲后并不影响带料在凹模上的运动,但是弯曲的凹模镶块却高出凹模板 3 mm,如果带料不处于顶起状态,将影响送进;b 部位的向下弯曲高度为 4.8 mm,弯曲后凹模上开有槽可作为其送进通道,对带料顶起没有要求;c 部位弯曲后已脱离载体。考虑以上各因素后,只有 a 部位的弯曲凹模影响带料的送进,因而将带料顶起高度定为 3.5 mm。弹性顶料销在自由状态下高出凹模板 3.5 mm,槽式浮顶销在自由状态下其槽的下平面高出凹模板 3.5 mm,这样使两种顶料销的顶料位置处于同一平面上。

(2)凸模。

除圆形凸模外,各异形凸模均设计成直通形式,以便采用线切割机床加工。由于部分凸模强度和刚度比较差,为了保护细小凸模,在凸模固定板上装有四个 $\phi16$ mm 的小导柱,使之与卸料板和凹模形成间隙配合,其双面配合间隙不大于 0.025 mm,这样可以提高模具的精度和凸模刚度。

(3)凹模。

冲裁凹模为整体式结构,所有冲裁凹模型孔均采用线切割机床在凹模板上切出。压凸包凸模 18 作为镶件固定在凹模板上,其工作高度在试模时还可调整,在卸料板上装有凹模镶块。工件 a 部位的向上弯曲属于单边弯曲,为克服回弹的影响,采用校正弯曲。弯曲凹模采用 T 形槽,镶在凹模板上,顶件块与其相邻,由弹簧将其向上顶起,其结构如图 7.26 所示。冲压时,顶件块与凸模形成夹持力,随着凸模下行,完成弯曲,顶件块具有向上顶料的作用。因此顶件块兼起校正镶块的作用,应有足够的强度。工件 b、c 部位的向下弯曲在工位 5、工位 6 进行,由于相距较近,采用同一凹模镶块,用螺钉、销钉固定在凹模板上。b 部位向下弯曲的高度为 4.8 mm,顶料销只能将带料托起 3.5 mm,所以在凹模板上沿其送料方向还需加工出宽约 2 mm、深约 3 mm 的槽,供其送进时通过。

工件在最后一个工位从载体上分离后处于自由状态,容易粘在凸模或凹模上,故在凸模和凹模镶块上各装一个弹性防粘推杆。凹模板侧面加工出斜面,使零件从侧面滑出,也可以在合适部位安装气管喷嘴,利用压缩空气将工件吹离凹模面。

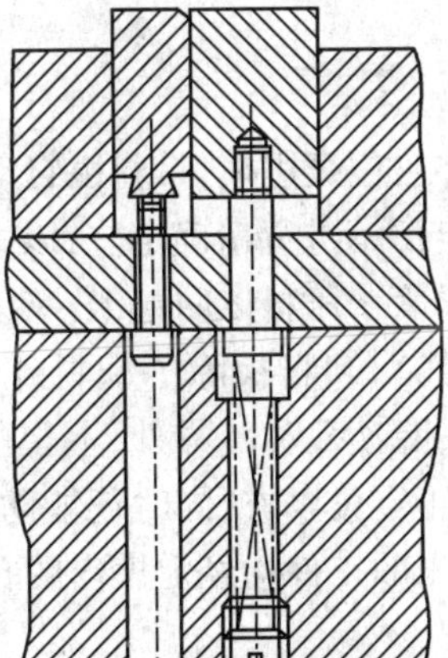

图 7.26 上弯曲凹模部分示意图

7.3.3 冲裁、拉深、翻孔多工位级进模

图 7.27 所示为带凸缘的无底筒形件,该工件尺寸不大,厚度较小($t=0.5$ mm),材料为黄铜 H62,属于大批量生产。经工艺计算,该工件可通过两次拉深、冲底孔、翻孔等工序获得,因此宜采用带料多工位级进模冲压成形。

1. 排样图设计

冲压材料采用厚 0.5 mm 的铜带卷料,采用自动送料装置送料。由于该工件是在带料上多次连续拉深,为了避免拉深时相邻工序件之间因材料相互牵连的影响,需在首次拉深前冲出工艺切口。排样图如图 7.28 所示,共六个工位。

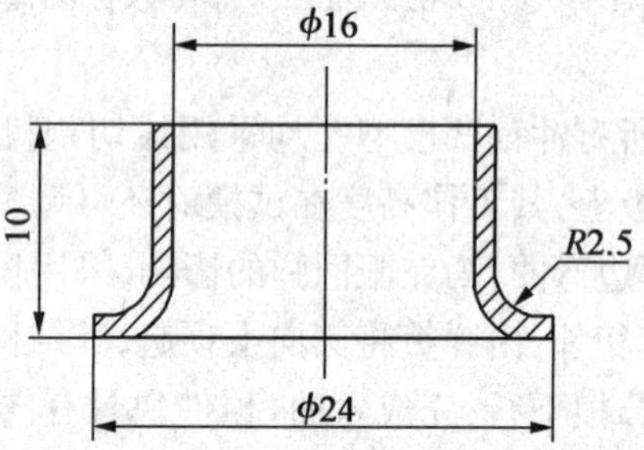

图 7.27 带凸缘的无底筒形件

①工位 1:冲工艺切口。

②工位 2:第一次拉深。

③工位 3:第二次拉深。

④工位 4:冲 ϕ12.4 mm 底孔。

⑤工位 5:翻孔。

⑥工位 6:落料。

2. 模具结构

图 7.29 所示为带凸缘筒形件多工位级进模,带料由自动送料装置送进,分别在工位 5(翻孔)和工位 6(落料)的凸模上设置定位销进行精确定位,以保证工件精度和定距精度。由于第一次拉深压料力较大,故采用碟形弹簧 4 压料以防起皱。卸料采用装在下模的弹压卸料装置(其中冲切口的卸料在上模单独设置),卸料板除了卸料外还能顶起带料,以便于带料送进。为避免带料上的工序件卡在凹模内,除冲孔和落料外,上模的凹模内均设置了弹性推件装置。定位销 7 除了在底孔翻孔工位上导正定位以外,同时还能防止推件板的压料作用而妨碍翻孔变形。该模具的冲孔废料和落料下来的工件均经上模内的孔道逐个地被顶出。

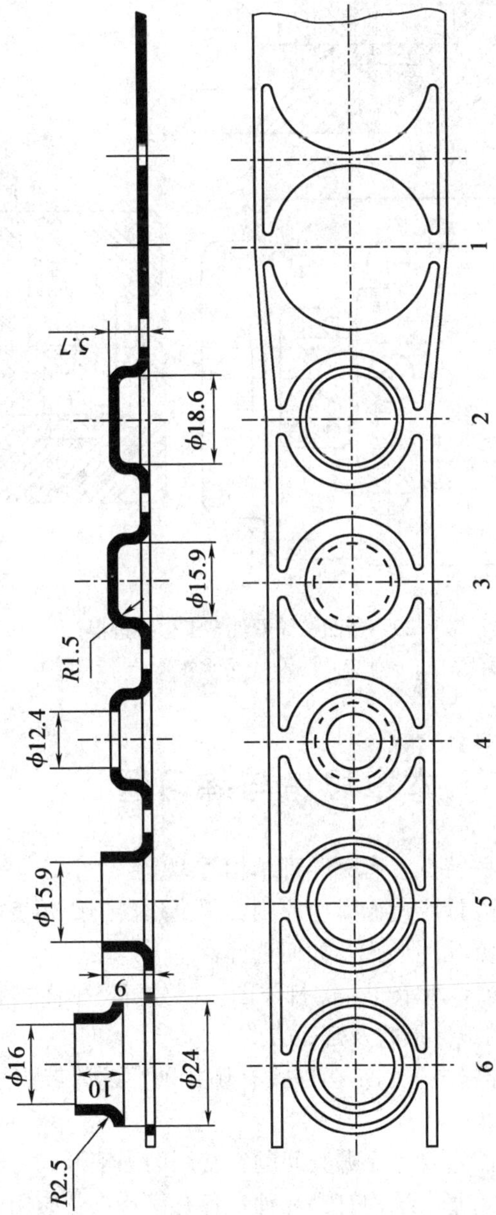

图7.28　排样图

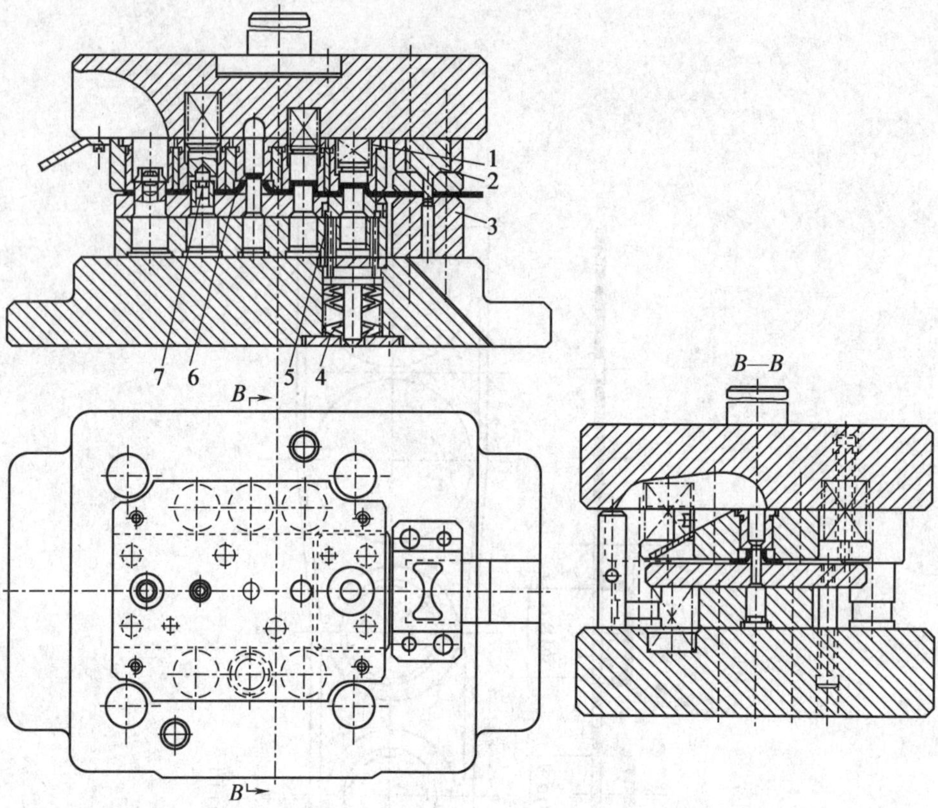

图 7.29　带凸缘筒形件多工位级进模

1—拉深凹模;2—冲切口凸模;3—冲切口凹模;4—碟形弹簧;5—压料圈;6—外套;7—定位销

本章思考与练习题

1. 多工位级进模具有哪些特点？有哪几种结构类型？

2. 多工位级进模的排样设计应遵循哪些原则？提高送料进距精度的措施有哪些？

3. 什么是载体？载体有哪几种形式？如何选择？

4. 图 7.30(b)为图 7.30(a)所示冲件的排样图。试分析该排样方案中的工位数及各工位的工序内容,并说明所采用的载体形式及定距方式。

5. 在多工位级进模中,导料装置的结构形式有哪几种？设计带槽式浮顶销的导料装置应注意哪些问题？

6. 多工位级进模的凸模固定要考虑哪些问题？常用的固定形式有哪些？

7. 多工位级进模中凹模的基本结构有哪几种？各有何特点及应用？

8. 多工位级进模中卸料板的导向装置有哪几种结构形式？各用于何种场合？

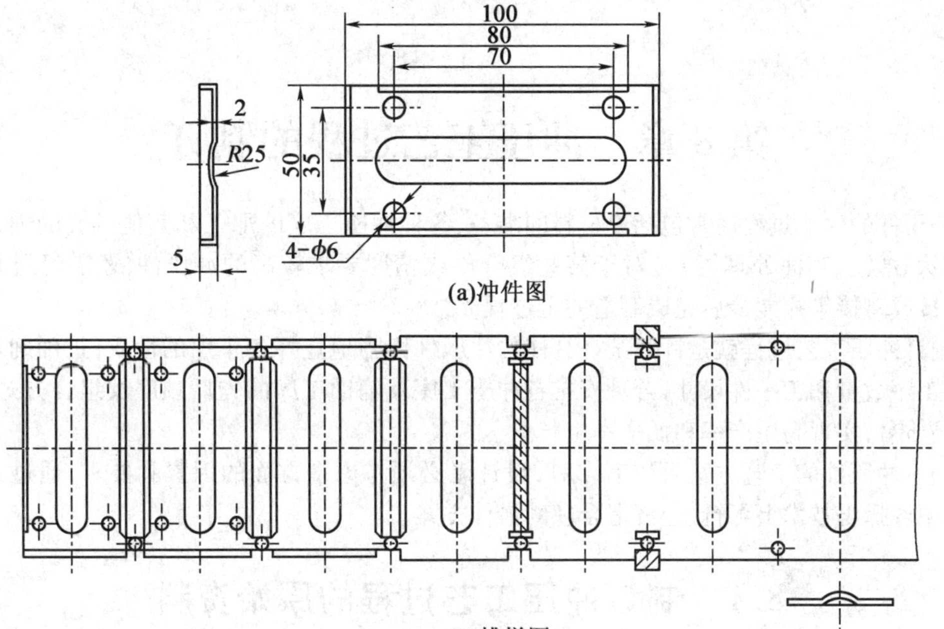

(a)冲件图

(b)排样图

图 7.30　题 4 图

第 8 章　冲压工艺过程的制订

冲压件的生产过程通常包括原材料的准备、各种冲压工序的加工和其他必要的辅助工序(如退火、酸洗、表面处理等)。对于某些组合件或精度要求较高的冲压件,还需经过切削加工、焊接或铆接等才能最后完成制造的全过程。

制订冲压工艺过程就是针对某一具体的冲压件恰当地选择各工序的性质,正确确定坯料尺寸、工序数量和工序件尺寸,合理安排各冲压工序及辅助工序的先后顺序及组合方式,以确保产品质量,实现高生产率和低成本生产。

同一冲压件的工艺方案可以有多种,设计者必须考虑多方面的因素和要求,通过分析比较,从中选择出技术上可行、经济上合理的最佳方案。

8.1　制订冲压工艺过程的原始资料

制订冲压工艺过程应在收集、调查、研究并掌握有关原始资料的基础上进行的,原始资料主要包括以下内容。

1. 冲压件的零件图及使用要求

冲压件的零件图对冲压件的结构形状、尺寸大小、精度要求及有关技术条件做出了明确的规定,它是制订冲压工艺过程的主要依据。而了解冲压件的使用要求及在机器中的装配关系,可以进一步明确冲压件的设计要求,并且在冲压件工艺性较差时向产品设计部门提出修改意见,以改善零件的冲压工艺性。当冲压件只有样件而无图样时,一般应对样件测绘后绘出图样,作为分析与设计的依据。

2. 冲压件的生产批量及定型程度

冲压件的生产批量及定型程度也是制订冲压工艺过程中必须考虑的重要内容,它直接影响加工方法及模具类型的确定。

3. 冲压件原材料的尺寸规格、性能及供应状况

冲压件原材料的尺寸规格是确定坯料形式和下料方式的依据,材料的性能及供应状态对确定冲压件变形程度与工序数量、计算冲压力、是否安排热处理辅助工序等都有重要影响。

4. 冲压设备条件

工厂现有冲压设备的类型、规格及自动化程度等是确定工序组合程度、选择各工序压力机型号、确定模具类型的主要依据。

5. 模具制造条件及技术水平

冲压工艺与模具设计要考虑模具的加工。模具制造条件及技术水平决定了制模能力,从而影响工序组合程度、模具结构与精度的确定。

6. 有关的技术标准、设计资料与手册

制订冲压工艺过程和设计模具时,要充分利用与冲压有关的技术标准、设计资料与手册,这有助于设计者进行分析与设计计算、确定材料与尺寸精度、选用相应标准和典型结构,从而简化设计过程、缩短设计周期、提高工作效率。

8.2　制订冲压工艺过程的步骤及方法

1. 冲压件的分析

(1) 冲压件的功用与经济性分析。

了解冲压件的使用要求及在机器中的装配关系与装配要求;根据冲压件的结构形状特点、尺寸大小、精度要求、生产批量及所用原材料,分析是否利于材料的充分利用,是否利于简化模具设计与制造,产量与冲压加工特点是否相适应,从而确定采用冲压加工是否经济。

(2) 冲压件的工艺性分析。

根据冲压件图样或样件,分析冲压件的形状、尺寸、精度及所用材料是否符合冲压工艺性要求。良好的冲压工艺性表现在材料消耗少、工序数目少、占用设备数量少、模具结构简单而且寿命长、冲压件质量稳定、操作方便等。如果发现冲压件工艺性很差时,则应会同设计人员,在不影响使用要求的前提下,对冲压件的形状、尺寸、精度要求乃至原材料的选用做必要的修改。如图 8.1 所示,图 8.1(a)所示的原设计左边 $R3$ 和右边封闭的铰链弯曲,在板厚为 4 mm 的情况下都很难实现,修改后的零件就比较容易冲压加工;图 8.1(b)所示的原设计为两个弯曲件焊接而成,若在不影响使用条件下改成一个整体零件,则可减少一个零件,工艺过程变得简单,还节约了原材料;图 8.1(c)所示为某汽车消音器后盖,在满足使用要求的条件下,修改后的形状比原设计的形状简单,冲压工序由原来的八道减至两道。

分析冲压件工艺性的另一个目的在于明确冲压该零件的难点,因而要特别注意冲压件图样上的极限尺寸、设计基准及变薄量、翘曲、回弹、毛刺大小及方向要求等,因为这些要求对确定所需工序的性质、数量和顺序,对选择工件的定位方法、模具结构与精度等都有较大的影响。

2. 冲压工艺方案的分析与确定

在对冲压件进行工艺分析的基础上,便可着手确定冲压工艺方案。确定冲压工艺方案主要是确定各次冲压加工的工序性质、工序数量、工序顺序和工序的组合方式。

冲压工艺方案的确定是制订冲压工艺过程的主要内容,需要综合考虑各方面的因素,有的还需要进行必要的工艺计算,因此,实际确定时通常先提出几种可能的方案,再在此基础上进行分析、比较和择优。

(1) 冲压工序性质的确定。

冲压工序性质是指成形冲压件所需要的冲压工序种类,如落料、冲孔、切边、弯曲、拉深、翻孔、翻边、胀形及整形等都是冲压加工中常见的工序。不同的冲压工序各有其不同的变形性质、特点和用途,实际确定时要根据冲压件的形状、尺寸、精度、成形规律及其他具体要求等综合考虑。

①从零件图上直观地确定工序性质。有些冲压件可以从图样上直观地确定其冲压工序性质。如带孔和不带孔的各类平板件,产量小、形状规则、尺寸要求不高时采用剪裁工序,产量大、有一定精度要求时采用落料、冲孔、切口等工序,平整度要求较高时还需增加校平工序;弯曲件一般均采用冲裁工序制出坯料后用弯曲模进行弯曲,相对弯曲半径较小时要增加整形工序,产量不大、形状较规则时可采用弯曲机弯曲;各类开口空心件一般采用落料、拉深、切边工序,带孔的拉深件需增加冲孔工序,径向尺寸精度要求较高或圆角半径小于允许值时需增加整

形工序；对于胀形件、翻边（翻孔）件、缩口件如能一次成形，都是用冲裁或拉深工序制出坯料后直接采用相应的胀形、翻边（翻孔）和缩口工序成形。

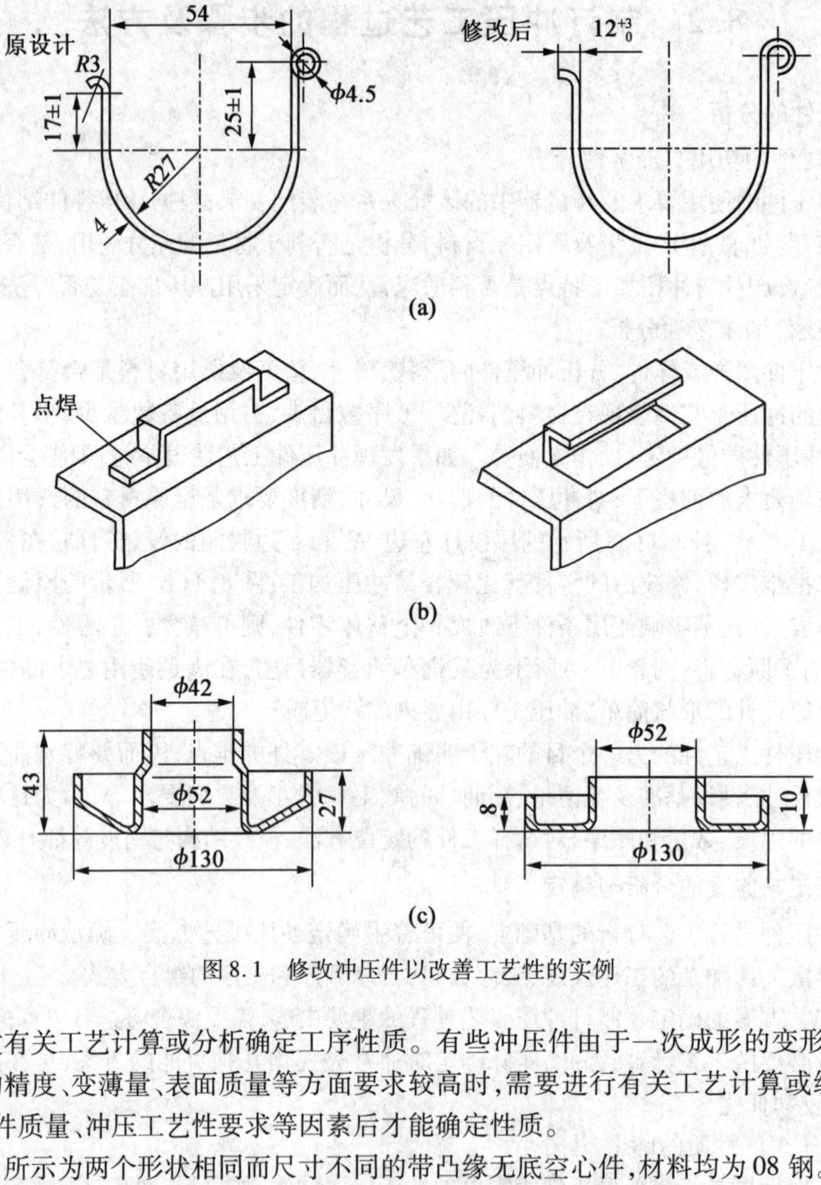

图 8.1 修改冲压件以改善工艺性的实例

②通过有关工艺计算或分析确定工序性质。有些冲压件由于一次成形的变形程度较大，或对零件的精度、变薄量、表面质量等方面要求较高时，需要进行有关工艺计算或综合考虑变形规律、冲件质量、冲压工艺性要求等因素后才能确定性质。

图 8.2 所示为两个形状相同而尺寸不同的带凸缘无底空心件，材料均为 08 钢。从表面上看似乎都可用落料、冲孔、翻孔三道工序完成，但经过计算分析表明，图 8.2(a)的翻孔系数为 0.8，远大于其极限翻孔系数，故可以通过落料、冲孔和翻孔三道工序完成；而图 8.2(b)的翻孔系数为 0.68，接近其极限翻孔系数，这时若直接冲孔后翻孔，由于翻孔力较大，在翻孔的同时也可能产生坯料外径缩小的拉深变形，达不到零件要求的尺寸，因而需采用落料、拉深、冲孔和翻孔四道工序成形。若零件直边部分变薄量要求不高，也可采用拉深（一般需多次拉深）后切底。

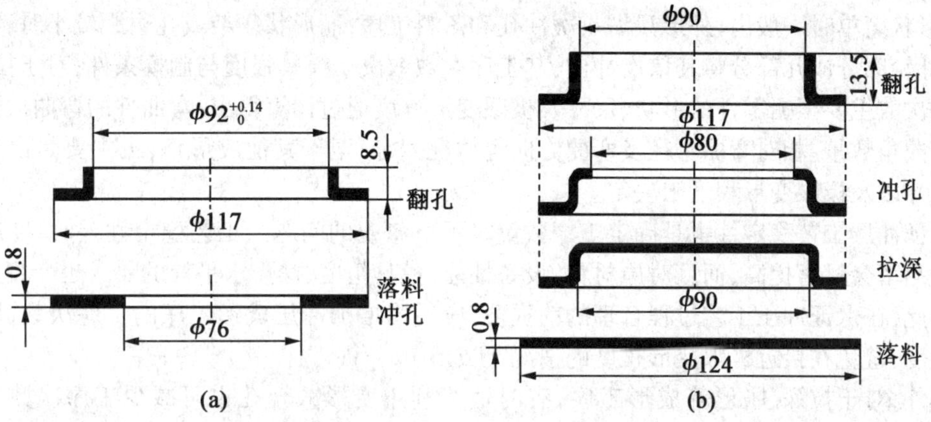

图 8.2　带凸缘无底空心件

又如图 8.3 所示的零件，由于四个凸包的高度太大，一次胀形容易胀裂，为此在不影响零件使用的条件下，可在坯料成形部位增加冲四个预孔的工序，使凸包的底部和周围都成为可以产生一定变形量的弱区，在成形凸包时孔径扩大，补充了周围材料的不足，从而避免了产生胀裂的可能。这里预冲孔工序是一个附加工序，所冲孔不是零件结构所需要的，而是起转移变形区的作用，所以又称为变形减轻孔。这种变形减轻孔在成形复杂形状零件时能使不易成形或不能成形的部位的变形成为可能，适当采用还可以减少有些零件的成形次数。

对于图 8.4 所示的非对称形零件，由于冲压工艺性较差，在成形时坯料会产生偏移，很难达到预期的变形效果，为此可采用成对冲压的方法，增加一道剖切工序，这对改善坯料的变形均匀性、简化模具结构和方便操作等都有很大的好处。有时不宜成对冲压时，也应在坯料上的适当位置冲出工艺孔，利用工艺孔进行定位，防止坯料发生偏移。

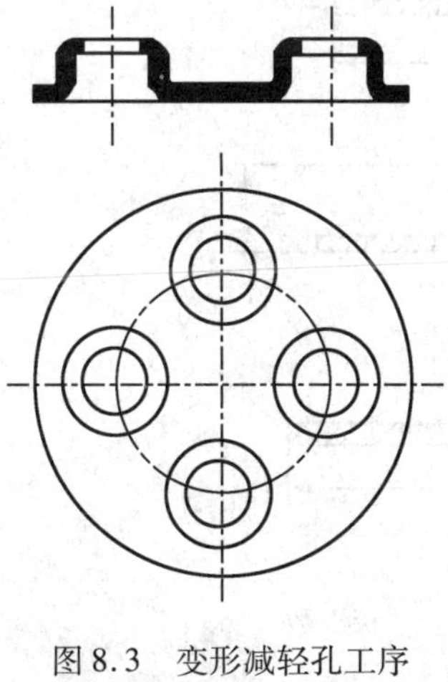

图 8.3　变形减轻孔工序

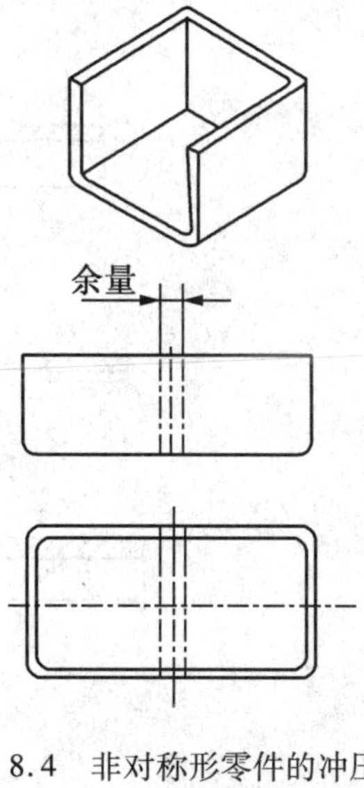

图 8.4　非对称形零件的冲压

(2)工序数量的确定。

工序数量是指同一性质的工序重复进行的次数。工序数量的确定主要取决于零件几何形状的复杂程度、尺寸与精度、材料冲压成形性能、模具强度等，并与冲压工序性质有关。对于冲裁件，形状简单时一般内、外形只需一次冲孔和落料工序，而形状复杂或孔边距较小时，常常需将内、外轮廓分成几部分将其依次冲出，其工序次数取决于模具强度与制模条件；对于拉深件，其拉深次数主要根据零件的形状、尺寸及极限变形程度通过计算得出；弯曲件的弯曲次数一般根据弯曲角数量、相对弯曲半径及弯曲方向等情况而定；至于其他成形件，也主要是由具体形状和尺寸以及极限变形程度来决定。

保证冲压工艺稳定性也是确定工序数量时不可忽视的问题。工艺稳定性差时，冲压加工中的废品率会显著提高，而且对原材料、设备性能、模具精度、操作水平等的要求也会相应苛刻些。为此，在保证冲压工艺过程合理的前提下，应适当增加冲压成形工序的工序次数，以降低变形程度，避免在接近极限变形程度的情况下成形。

另外，对于拉深、胀形等成形工序，有时适当利用变形减轻孔也可减少工序次数。如图 8.5 所示的拉深件，经计算拉深前的坯料直径为 ϕ81 mm，其拉深系数$m = 33 \div 81 = 0.4$，小于极限拉深系数，不能一次拉深成形。但若采用图中所示预先在坯料上冲出 ϕ10.8 mm 的变形减轻孔，由于该孔在拉深时对外部坯料（大于 ϕ33 mm 的部分）的变形有减轻作用，从而一次拉深便可得到直径为 33 mm、高度为 9 mm 的拉深件。因拉深时 ϕ10.8 mm 孔有所变大，所以再进行一次切边冲孔即可得到 ϕ23 mm 底孔，且坯料直径也只需 76 mm。同样，图 8.3 所示零件采用变形减轻孔以后，也使胀形次数变为一次，否则需采用两次或多次胀形。

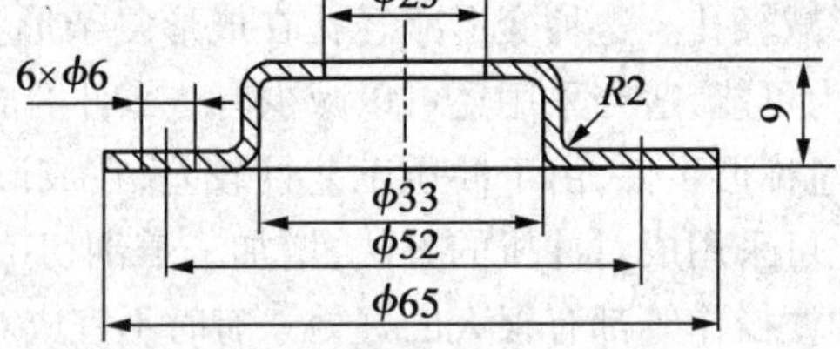

(a)冲六个孔

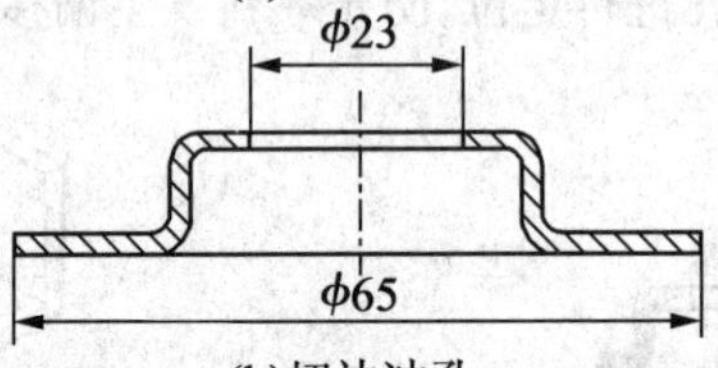

(b)切边冲孔

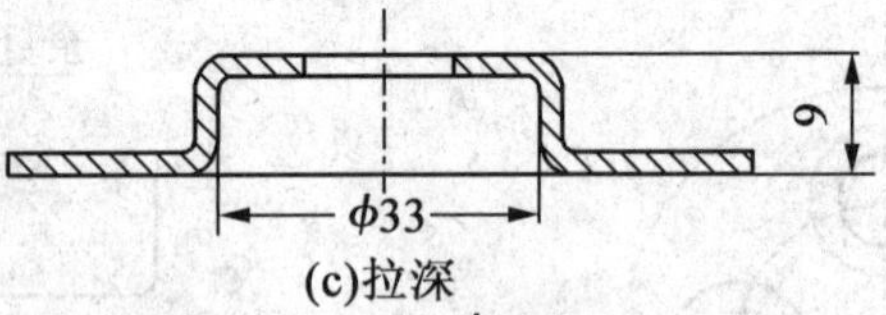

(c)拉深

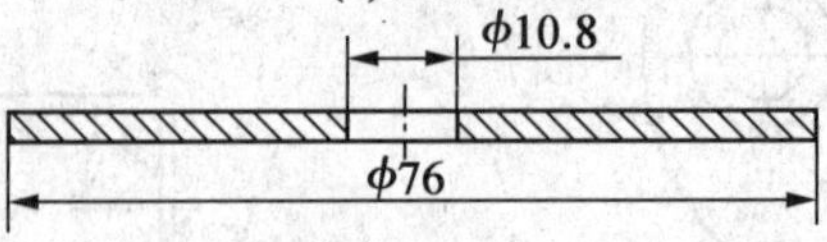

(d)落料冲孔

图 8.5 利用变形减轻孔减少拉深次数

（3）工序顺序的确定。

冲压件各工序的先后顺序，主要取决于冲压变形规律和零件质量要求，如果工序顺序的变更并不影响零件质量，则应当根据操作、定位及模具结构等因素确定。

工序顺序的确定一般可按下列原则进行：

①各工序的先后顺序应保证每道工序的变形区为相对弱区，同时非变形区应为相对强区而不参与变形。当冲压过程中坯料上的强区与弱区对比不明显时，对零件有公差要求的部位应在成形后冲出。如图8.6所示的锁圈，其内径 $\phi22_{-0.1}^{0}$ mm是配合尺寸，如果采用先落料、冲孔后再成形，由于成形时整个坯料都是变形区，很难保证内孔公差要求，因而应采用落料、成形、冲孔的工序顺序。

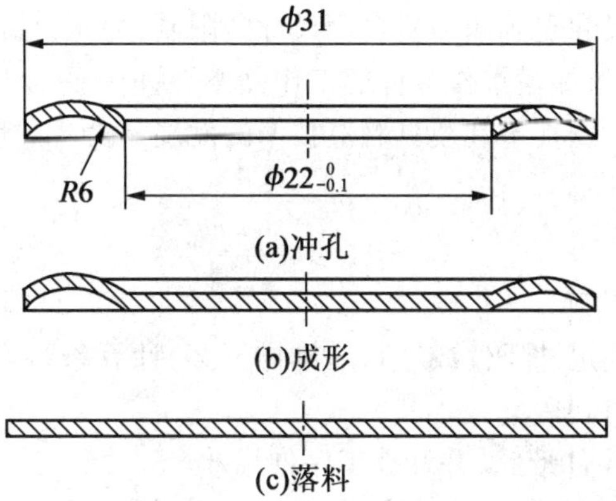

图8.6 锁圈的冲压工序顺序

②前工序成形后得到的符合零件图样要求的部分，在以后各道工序中不得再发生变形。

③对于工件上所有的孔，只要其形状和尺寸不受后续工序的影响，都应在平面坯料上先冲出。先冲出的孔可以用于后续工序的定位，而且可使模具结构简单、生产效率高。

④对于带孔的或有缺口的冲裁件，如果选用单工序模冲裁，一般先落料、再冲孔或切口；使用级进模冲裁时，则应先冲孔或切口，后落料。若工件上同时存在两个直径不同的孔，且其位置又较近时，应先冲大孔再冲小孔，这样可避免冲大孔时变形大而引起小孔变形。

⑤对于带孔的弯曲件，孔边与弯曲变形区的间距较大时，可以先冲孔，后弯曲。如果孔边在弯曲变形区附近或以内，必须在弯曲后再冲孔。孔间距受弯曲回弹影响时，也应先弯曲后冲孔。托架弯曲件的 $\phi10$ mm孔位于弯曲变形区之外，可以在弯曲前冲出。而四个 $\phi5$ mm孔及其中心距36 mm会受到弯曲工序的影响，应在弯曲后冲出。

⑥对于带孔的拉深件，一般来说，都是先拉深、后冲孔，但当孔的位置在零件的底部，且孔径尺寸相对筒体直径较小并要求不高时，也可先在坯料上冲孔，再拉深。

⑦对于多角弯曲件，应从弯曲时材料的变形和运动两方面考虑安排弯曲的先后顺序，一般是先弯外角，再弯内角，详见4.6节。

⑧工件需整形或校平等工序时，均应安排在工件基本成形以后进行。

(4)工序的组合方式。

一个冲压件往往需要经过多道工序才能完成，因此，制订工艺方案时，必须考虑是采用单工序模分散冲压，还是将工序组合起来采用复合模或级进模冲压。一般来说，工序组合的必要性主要取决于冲压件的生产批量。生产批量大时，冲压工序应尽可能地组合在一起，采用复合模或级进模冲压，以提高生产效率，降低成本；生产批量小时，则以单工序模分散冲压为宜。但有时为了操作方便、保障安全，或为了减少冲压件在生产过程中的占地面积和传递工作量，虽然生产批量不大，也把冲压工序相对集中，采用复合模或级进模冲压。另外，对于尺寸过小或过大的冲压件,考虑到多套单工序模的制造费用比复合模的制造费用还高,生产批量不大时也可考虑将工序组合起来,采用复合模冲压。对于精度要求较高的零件,为了避免多次冲压的定位误差,也应采用复合模冲压。

但是,工序集中组合必然使模具结构复杂化。工序组合的程度受到模具结构、模具强度、模具制造与维修以及设备能力的限制。例如孔边距较小的冲孔落料复合和浅拉深件的落料拉深复合,受到凸凹模壁厚的限制;落料、冲孔和翻孔复合 ,受到凸凹模强度限制;较大零件的多工位级进冲压,模具轮廓尺寸受到压力机台面尺寸的限制,冲压力过大时又受到压力机许用压力的限制;工序集中后,如果冲模工作零件的工作面不在同一平面上,就会给修磨带来一定的困难。但尽管如此,随着冲压技术和模具制造技术的发展,在大批量生产中工序组合程度还是越来越高。

3. 有关工艺计算

(1)排样与裁板方案的确定。

根据冲压工艺方案,确定冲压件或坯料的排样方案,计算条料宽度与进距,选择板料规格并确定裁板方式,计算材料利用率。

(2)确定各次冲压工序件形状,并计算工序件尺寸。

冲压工序件是坯料与成品零件的过渡件。对于冲裁件或成形工序少的冲压件(如一次拉深成形的拉深件、简单弯曲件等),工艺过程确定后,工序件形状及尺寸就已确定。而对于形状复杂、需要多次成形工序的冲压件,其工序件形状与尺寸的确定需要注意以下几点:

①根据极限变形参数确定工序件尺寸。受极限变形参数限制的工序件尺寸在成形工序中是很多的,除拉深以外,还有胀形、翻孔、翻边及缩口等。除直径、高度等轮廓尺寸外,圆角半径等也是直接或间接地受极限变形程度的限制,如最小弯曲半径、拉深件的圆角半径等,这些尺寸都应根据需要(如工艺性要求)和变形程度的可能加以确定,有的需要逐步成形达到要求。

②工序件的形状和尺寸应有利于下一道工序的成形。如盒形件的过渡形状与尺寸,包括圆角和锥角等,前后两工序件均应有正确的关系。

③工序件各部位的形状和尺寸必须按等面积原则确定。图 8.7 所示为出气阀罩盖的冲压工艺过程,在第二次拉深所得工序件中,$\phi16.5$ mm 的圆筒形部分与成品零件相同,在以后的各工序中不再变形,其余部分属于过渡部分。被圆筒形部分隔开的内外部分的表面积,应足够满足以后各工序中形成零件相应部分的需要,不能从其他部分来补充材料,但也不能过剩。因此,该零件的两次拉深所得工序件的底部不是平底而是球面形状,这是为了储备材料以满足压出 $\phi5.8$ mm 凹坑的需要。如果做成平底的形状,压凹坑时只能产生局部胀形。

④工序件形状和尺寸必须考虑成形以后零件表面的质量。有时工序件的尺寸会直接影响到成品零件的表面质量,例如,多次拉深的工序件底部或凸缘处的圆角半径过小,会在成品零件表面留下圆角处的弯曲与变薄的痕迹。如果零件表面质量要求较高,则圆角半径就不应取得太小。对于板料冲压成形的零件,产生表面质量问题的原因是多方面的,其中工序件过渡尺寸不合适是一个重要原因,尤其对于复杂形状的零件。

(3)计算各工序冲压力。

根据冲压工艺方案,初步确定各冲压工序所用冲压模具的结构方案(如卸料与压料方式、推件与顶件方式等),计算各冲压工序的变形力(冲裁力、弯曲力、拉深力、胀形力及翻边力等)、卸料力、压料力、推件力及顶件力等。对于非对称形状件的冲压和级进冲压,还需计算压力中心。

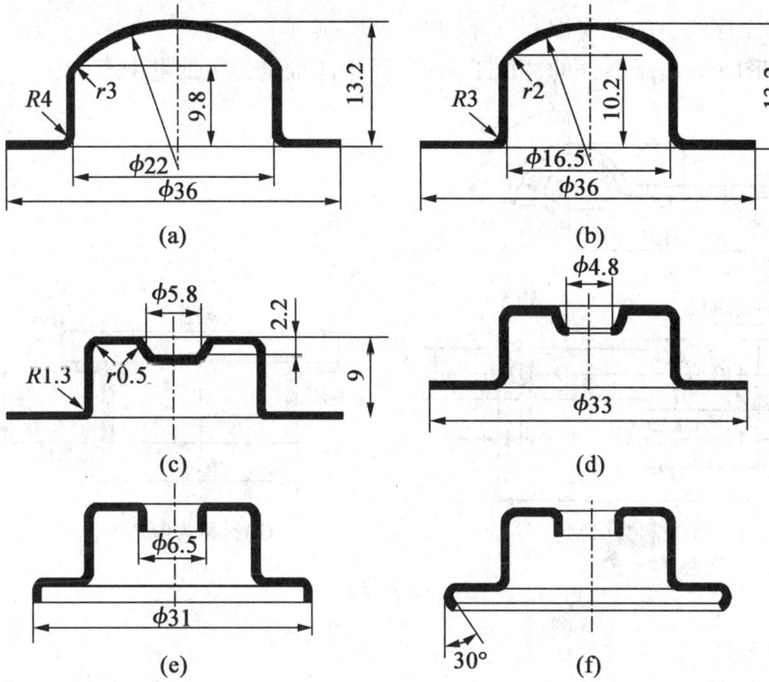

图 8.7　出气阀罩盖的冲压工艺过程

4. 冲压设备的选择

根据工厂现有设备情况、生产批量、冲压工序性质、冲压件尺寸与精度、冲压加工所需的冲压力、变形功以及估算的模具闭合高度及轮廓尺寸等主要因素，合理选定冲压设备的类型和规格。

5. 编写冲压工艺文件

在上述各项工作进行完成以后，根据需要再安排适当的非冲压辅助工序（如机械加工、焊接、铆合、热处理、表面处理、清理及去毛刺等），如此冲压工艺过程的制订就基本完成了。为了将制订的冲压工艺过程实施于生产，需要以工艺文件的形式确定下来，以作为生产准备（如下料、设计与制造模具等）、经济核算和指导生产的依据。

冲压工艺文件主要是冲压工艺过程卡和工序卡。其中，冲压工艺过程卡表示了零件整个冲压工艺过程的有关内容，而工序卡是具体表示每一工序的有关内容。在大批量生产中，需要制订每个零件的工艺过程卡和工序卡；在成批和小批量生产中，一般只需制订工艺过程卡。

在冲压生产中，冲压工艺卡尚无统一的格式，各单位可根据既简单又有利于生产管理的原则进行确定。一般冲压工艺卡的主要内容应包括工序号、工序名称、工序内容、工序草图（加工简图）、工艺装备、设备型号及材料牌号与规格等。

本章思考与练习题

1. 制订冲压工艺过程中应分析研究哪些原始资料？
2. 简述冲压工艺过程制订的主要内容及步骤。
3. 冲压工序顺序的确定一般应考虑哪些原则？

4. 怎样理解工序组合的必要性和可能性?

5. 分别制订图 8.8 所示零件的冲压工艺过程(生产批量为中批量生产)。

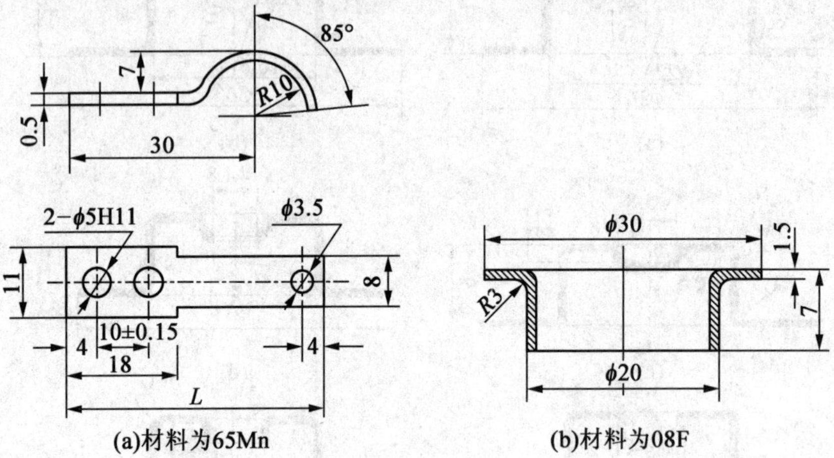

图 8.8 题 5 图

参考文献

[1] 徐政坤. 冲压模具设计与制造[M].2版.北京：机械工业出版社,2015.

[2] 李奇涵. 冲压成形工艺与模具设计[M].2版.北京：科学出版社,2012.

[3] 韩飞,崔令江,于洋,等.冲压及塑料注射模具课程设计指导与实例[M]. 2版.哈尔滨：哈尔滨工业大学出版社, 2017.

[4] 陈剑鹤. 冷冲压工艺与模具设计[M].北京：机械工业出版社,2001.

[5] 沈兴东. 冲压工艺与模具设计[M].济南：山东科学技术出版社,2004.

[6] 曾霞文,徐政坤.冷冲压工艺及模具设计[M].长沙:中南大学出版社,2006.

[7] 徐政坤. 冲压模具及设备[M].北京：机械工业出版社,2005.

[8] 陈剑鹤. 冷冲压工艺与模具设计[M].北京：机械工业出版社,2001.

[9] 卢险峰. 冲压工艺模具学[M].北京：机械工业出版社,2000.

[10] 杜东福. 冷冲压工艺及模具设计[M]. 长沙：湖南科学技术出版社, 2003.

[11] 模具实用技术丛书编委会.冲模设计应用实例[M].北京:机械工业出版社, 2000.

[12] 彭建声,秦晓刚.冷冲模制造与修理[M].2版.北京：机械工业出版社, 2000.

[13] 王孝培. 冲压手册[M].2版.北京:机械工业出版社,1990.

[14] 李云程. 模具制造技术[M]. 北京：机械工业出版社,2002.

[15] 彭建声,秦晓刚. 模具技术问答[M]. 北京：机械工业出版社,2003.

[16] 甄瑞麟. 模具制造技术[M]. 北京：机械工业出版社,2008.

[17] 周斌兴. 冲压模具设计与制造实训教程[M]. 北京：国防工业出版社, 2006.

[18] 冯炳尧,韩泰荣,蒋文森,等. 模具设计与制造简明手册[M]. 2版. 上海：上海科学技术出版社,1998.

[19] 段来根. 多工位级进模与冲压自动化[M]. 北京：机械工业出版社,2001.

[20] 程培源. 模具寿命与材料[M]. 北京：机械工业出版社,1999.

[21] 张鲁阳. 模具失效与防护[M]. 北京：机械工业出版社,1998.

[22] 许发樾. 模具标准应用手册[M]. 北京：机械工业出版社,1997.

[23] 翁其金. 冷冲压技术[M]. 北京：机械工业出版社,2001.

[24] 高鸿庭,刘建超. 冷冲模设计及制造[M].北京：机械工业出版社,2002.

[25] 中国机械工业教育协会.冷冲模设计与制造[M].北京:机械工业出版社, 2002.